Office 2010

入门与提高

徐 慧 于海宝 李少勇 编著

印刷工业出版社

北京希望电子出版社
Beijing Hope Electronic Press
www.bhp.com.cn

内容提要

这是一本专门为计划在短时间内掌握电脑办公软件的人员编写的教程。

全书由18章组成，详细、系统地介绍了目前最为流行的电脑办公软件Office 2010的主要组成部分，包括Word 2010、Excel 2010和PowerPoint 2010的基础知识和操作方法，并通过大量实例，将基础知识与实际应用相结合，方便读者尽快掌握书中内容。

本书实例丰富、繁简得当、通俗易懂。适用于想学习电脑办公软件的人员，尤其适合高职高专院校、各类计算机职业教育学校作为办公自动化的教材，同时也是办公人员、家庭电脑初学者的最佳自学教材。

本书配套光盘内容为书中部分实例所需的素材文件及视频文件。

图书在版编目（CIP）数据

Office 2010入门与提高/徐慧，于海宝，李少勇编著.-北京:印刷工业出版社，2011.9

ISBN 978-7-5142-0284-7

Ⅰ.①O… Ⅱ.①徐… ②于… ③李… Ⅲ.①办公自动化－应用软件，Office 2010 Ⅳ.①TP317.1

中国版本图书馆CIP数据核字(2011)第167425号

Office 2010入门与提高

编　　著：徐　慧　于海宝　李少勇

责任编辑：郭　平　李　毅　周凤明　　　责任校对：岳智勇　黄如川

责任印制：张利君　双　青　　　责任设计：张　羽　深度文化

出版发行：印刷工业出版社（北京市翠微路2号　邮编：100036）

北京希望电子出版社（北京市海淀区上地三街9号嘉华大厦C座610　邮编：100085）

网　　址：www.bhp.com.cn

经　　销：各地新华书店

印　　刷：北京市四季青双青印刷厂

开　　本：787mm×1092mm　1/16

字　　数：611千字

印　　张：26.5

印　　数：1～3500

印　　次：2011年10月第1版　2011年10月第1次印刷

定　　价：49.80元　（配1张DVD光盘）

I S B N：978-7-5142-0284-7

前言

本书从实用角度出发，系统讲述文字处理软件Word 2010、电子表格处理软件Excel 2010以及PowerPoint 2010的各种功能。这些软件都是目前使用最多也是最流行的软件，本书正是基于这些软件的最新版本进行讲解的。

本书共18章，内容包括认识Office 2010、Word 2010操作基础、图像的编排和图形绘制、页面设置和打印、长篇文档的排版、表格的制作与编辑、使用Word的高级自动功能、认识并使用Excel 2010、工作表的格式化操作与打印、图表的编辑应用与技巧、数据管理的高级操作、PowerPoint 2010操作基础、幻灯片的编辑与设计、演示文稿的放映与打印等内容，并在每章中添加了实用的案例，并详细介绍了制作步骤，让读者融会贯通、举一反三，逐步精通，成为实战高手。

本书全面、详细地讲解了Office 2010的各项核心技术与精髓内容，帮助读者在最短的时间内从入门到精通软件，从新手成为高手。

本书主要由徐慧、于海宝、李少勇编写，其他参与编写的人员有：张林、刘蒙蒙、王海峰、王玉、李乐乐、张云、李娜和弭蓬，多媒体教学光盘由王雄健录制。感谢德州职业技术学院的王成志、张锋、相世强、刘涛以及胡静为本书提供了很多Office 2010的教案及写作意见，其他参与编写的还有陈月娟、陈月霞、刘希林、黄健、黄永生、田冰、徐昊。感谢北方电脑学校的温振宁、黄荣芹、刘德生、宋明、刘景君老师等材料的组织、版式设计、校对、编排以及大量图片的处理上所做的工作。

由于作者水平有限，书中难免存在疏漏之处，欢迎广大读者和有关专家批评指正。

编著者

目录

第1章 Office 2010操作基础

第2章 Word 2010基础操作

第6章 Word 2010文档的高级编排

第7章 Word中的页面设置与打印

第11章 美化Excel工作表

第12章 操作Excel工作表与工作簿

第16章 PowerPoint基本操作

第17章 设置幻灯片

第18章 幻灯片的放映与打印

第1章 Office 2010操作基础

本章要点

本章介绍了如何安装并启动Office 2010应用程序，并讲解了如何建立应用文档、自定义功能区、快捷键和为文档添加密码等知识，使读者初步了解Office 2010。

本章内容主要包括

- 安装与修复Office 2010
- 了解Office 2010应用程序工作界面
- 建立应用文档
- 自定义功能区与快捷键
- 为文档添加密码

go>>

1.1 安装与修复Office 2010

在使用Office 2010的各个组件之前，要先安装这个产品。下面介绍如何安装和修复Office 2010。

1.1.1 安装Office 2010

与Office先前版本相同，Office 2010系列软件的安装过程比较简单，下面将介绍安装步骤。

01 打开计算机，启动Windows操作系统。

02 将Office 2010的安装光盘放入光驱中，如果用户的Windows具有自动运行功能，则会自动启动安装程序；如果取消了光驱的自动运行功能，则应双击“我的电脑”图标，在“我的电脑”窗口中双击光盘驱动器，然后双击setup.exe图标启动安装程序，如图1.1所示。

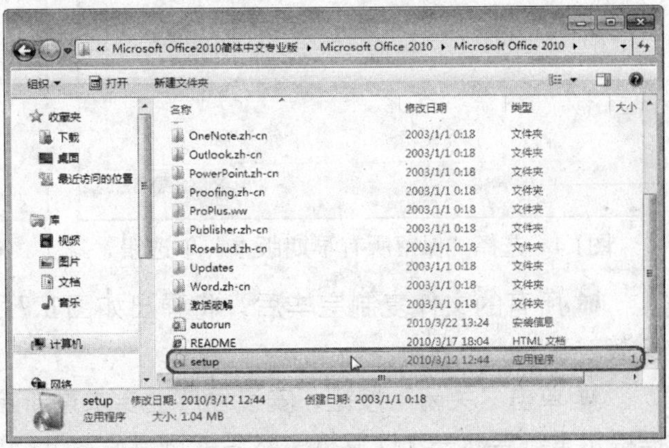

图1.1 选择office 2010安装程序

03 安装程序启动后，将弹出一个对话框，提示正在准备必要的文件。

04 准备完成后，弹出如图1.2所示的对话框，勾选“我接受此协议的条款”复选框。

05 接受协议条款后单击对话框右下角的“继续”按钮，在弹出的对话框中选择“自定义”按钮，进行自定义安装，如图1.3所示。

06 在打开的对话框中有4个选项卡，在“升级”选项卡中选择“保留所有早期版本”单选钮，如图1.4所示。

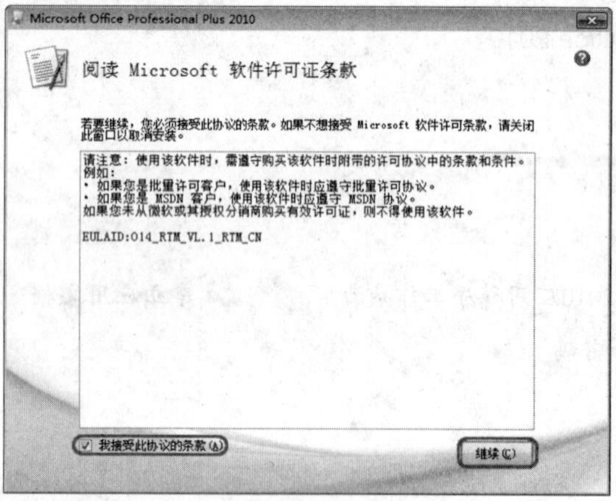

图1.2　接受协议条款

图1.3　选择“自定义”按钮

07 切换到“文件位置”选项卡，可以选择文件的安装位置。若默认安装则会安装在系统所在分区，单击“浏览”按钮可以为文件选择不同的安装位置，如图1.5所示。

08 设置完成后，单击“立即安装”按钮，弹出如图1.6所示的“安装进度”对话框。

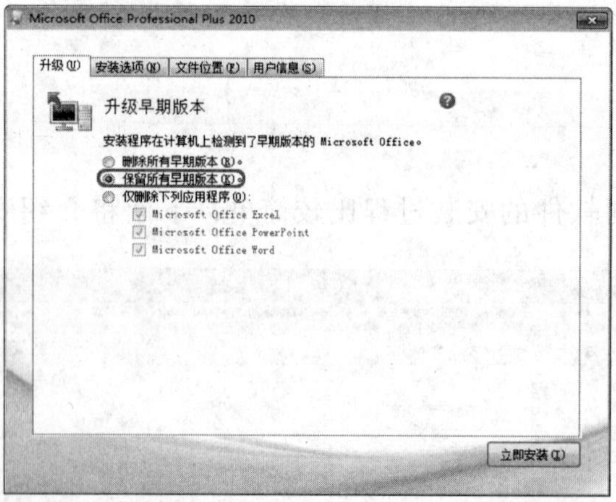

图1.4　选择“保留所有早期版本”单选钮

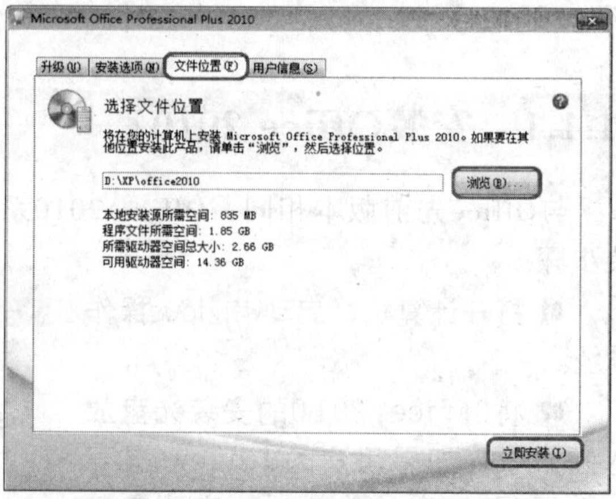

图1.5　为文件选择安装位置

09 所有的文件复制完毕后，将弹出如图1.7所示的对话框，提示完成Office 2010的安装。

10 单击“关闭”按钮，安装程序会要求重新启动计算机来完成Office 2010的配置，根据提示重新启动一次计算机，然后就可以使用Office 2010了。

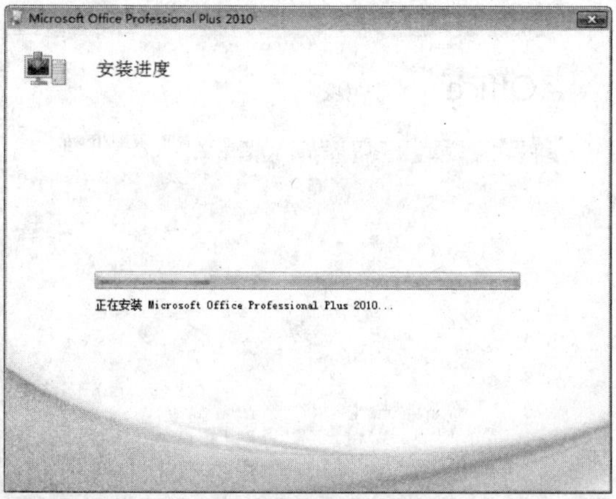

图1.6 “安装进度”对话框

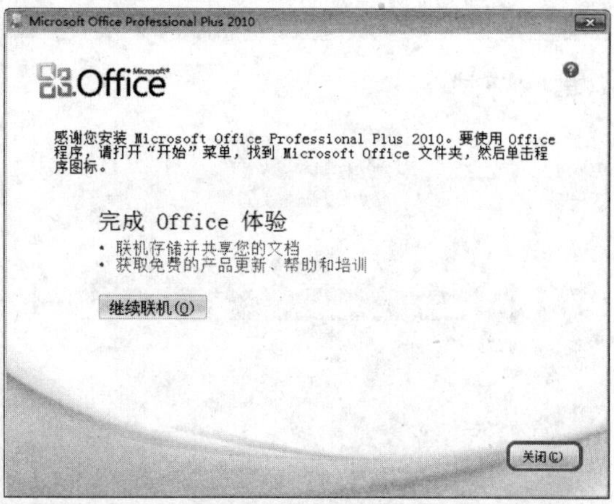

图1.7 安装完成

提示 如果选择“升级”安装，原有的Office版本将被覆盖；如果选择“自定义”安装，则会安装一个新的版本，原来的Office版本还会保留。

1.1.2 修复Office 2010

如果用户在使用Office 2010时程序出错误，可以使用修复功能对其进行修复，具体操作步骤如下。

01 选择“开始”→“控制面板”选项，打开“控制面板”对话框，选择“程序”选项，在弹出的对话框中选择“程序和功能”选项。

02 在“程序和功能”对话框中选择“名称”列表框中的“Microsoft Office Professional Plus 2010”安装项，单击“更改”按钮，如图1.8所示。

03 在弹出的对话框中选择“修复”单选钮，如图1.9所示。

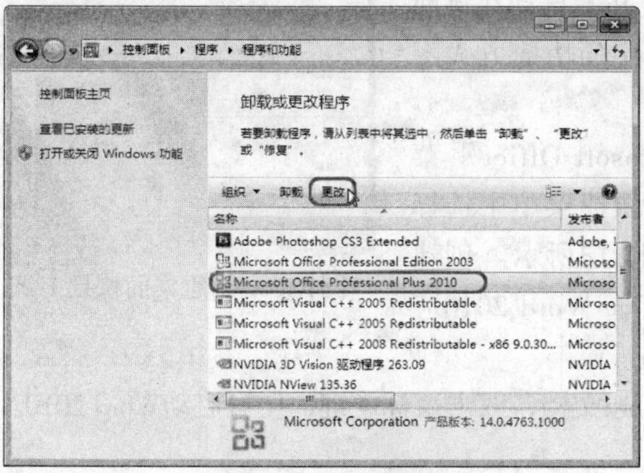

图1.8 选择程序

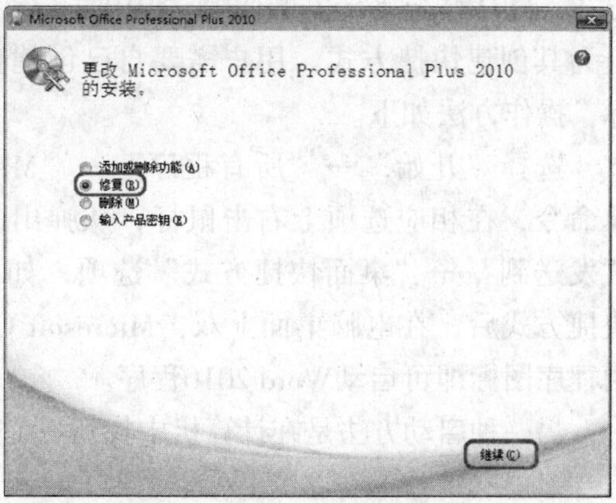

图1.9 选择“修复”单选钮

04 单击“继续”按钮，打开“配置进度”对话框，如图1.10所示。

05 更改完成后，弹出如图1.11所示的对话框。

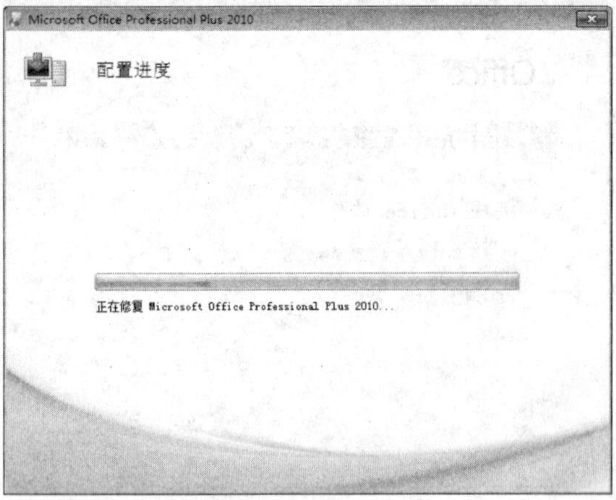

图1.10 “配置进度”对话框

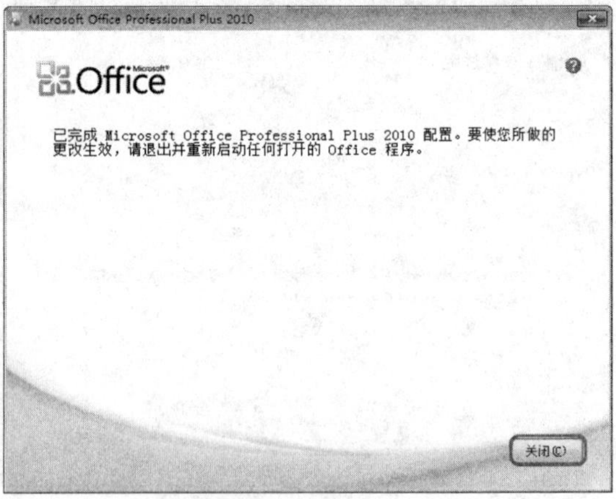

图1.11 更改完成

06 在对话框中单击“关闭”按钮，该程序会提示重新启动计算机来完成Office 2010的配置，如图1.12所示，根据提示重新启动一次计算机，然后就可以使用Office 2010了。

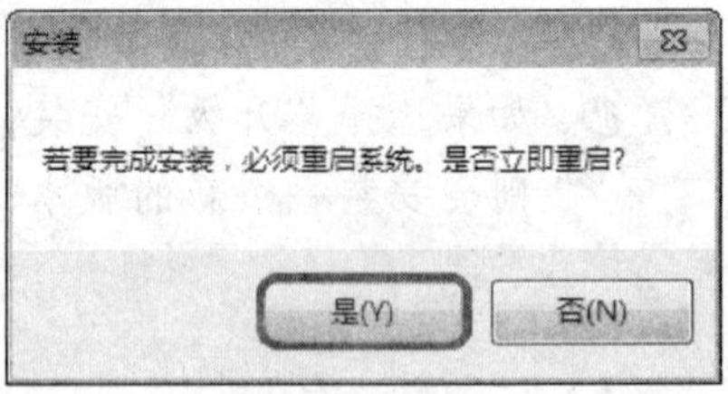

图1.12 提示

1.2 启动Office 2010

启动Office 2010比较简单，用户启动Office老版本的方法仍然适用。通常启动Office 2010的方法有两种，用户可以利用桌面快捷方式和Office文档启动Office 2010。

对于经常使用的程序，我们可以为其在桌面上创建快捷方式。默认情况下，安装Office 2010时，系统并不自动在桌面上为其创建快捷方式。用户需要自己创建程序的快捷方式图标，操作方法如下。

选择“开始”→“所有程序”→“Microsoft Office”菜单命令，在相应选项上右击鼠标，从弹出的快捷菜单中选择“发送到”→“桌面快捷方式”选项，如图1.13所示。创建快捷方式后，在电脑桌面上双击Microsoft Office Word 2010应用程序图标即可启动Word 2010程序。

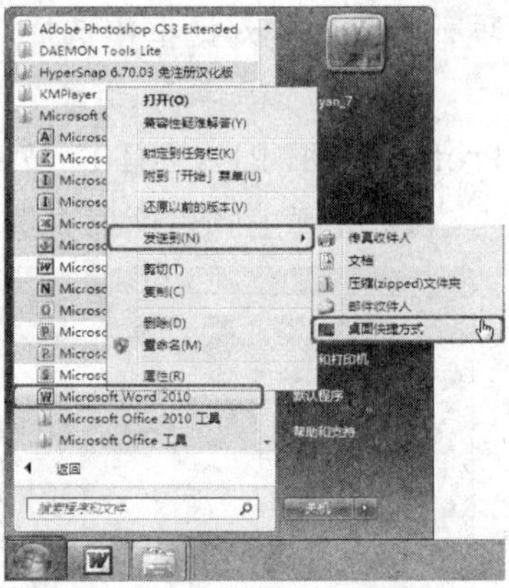

图1.13 创建桌面快捷方式

另一种启动方法是在计算机中找到一个Word文档，双击鼠标左键，便可启动Word 2010。

1.3 Office 2010工作界面

启动Word 2010后，系统会自动建立一个名为“文档1”的空白文档。该窗口界面与普通的Windows窗口不同，其中附加了许多与文档编辑相关的信息，如快速访问工具栏、标题栏、选项卡、状态栏等，如图1.14所示。

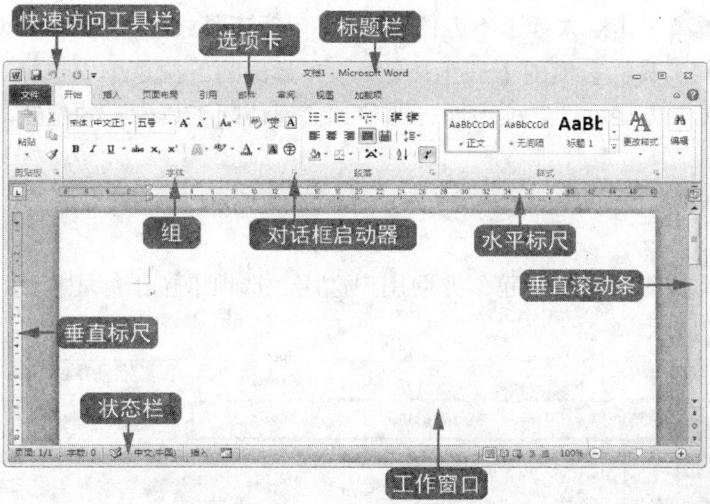

图1.14　Word 2010窗口界面

1.3.1　标题栏

标题栏位于窗口的最上面，用来标注文档的标题名称，在标题栏上单击鼠标右键，将会打开控制菜单，如图1.15所示。用户使用这个菜单可以移动、最小化、最大化程序窗口和关闭程序等。

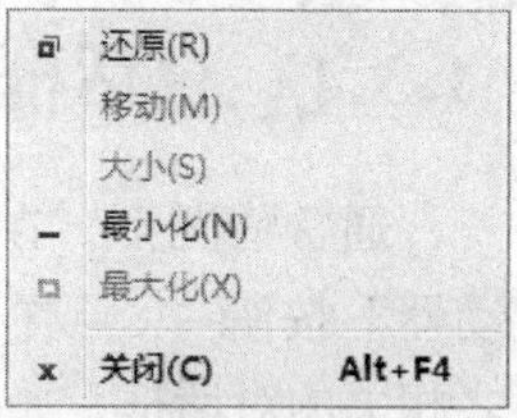

图1.15　控制菜单

1.3.2　快速访问工具栏

在默认情况下，快速访问工具栏位于标题栏的左侧，快速访问工具栏是一个可自定义的工具栏，它包含一组独立于当前显示的功能区的选项卡的命令。用户可以向快速访问工具栏中添加代表命令的按钮，并且可以移动快速访问工具栏。

1. 向快速访问工具栏添加命令

如果需要将某个命令添加到快速访问工具栏中，可单击快速访问工具栏右侧的下三角按钮▾，在弹出的下拉菜单中选择需要添加到“快速访问工具栏”上的命令，如图1.16所示，或在功能区中单击相应的选项卡或组，当显示出要添加到快速访问工具栏的命令后右击该命令，然后在弹出的快捷菜单中选择“添加到快速访问工具栏”选项，即可将该命令添加到快速访问工具中。

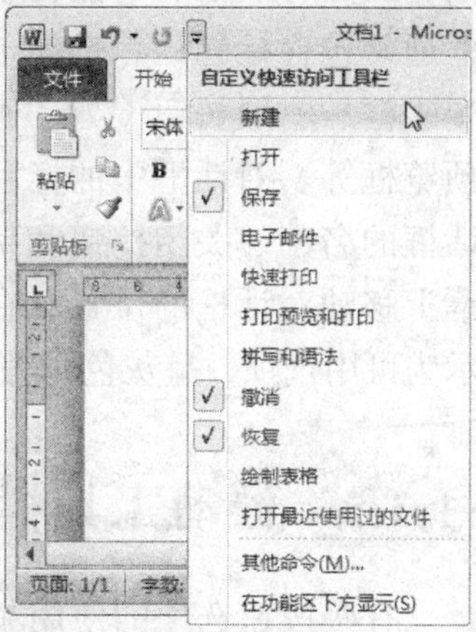

图1.16　自定义快速访问工具栏

2. 移动快速访问工具栏

如果不希望快速访问工具栏显示在当前位置，可以将其移到其他位置。如果用户觉得程序图标的默认位置离工作区太远了不方便，可以将其移到靠近工作窗口的位置上。

单击快速访问工具栏右侧的下三角按钮，在弹出的下拉菜单中选择“在功能区下方显示”或“在功能区上方显示”选项，即可调整“快速访问工具栏”的位置。

1.3.3 选项卡

选项卡将一类功能组织在一起，方便用户选用。选项卡位于标题栏的下方，其中包括若干个组，如图1.17所示。

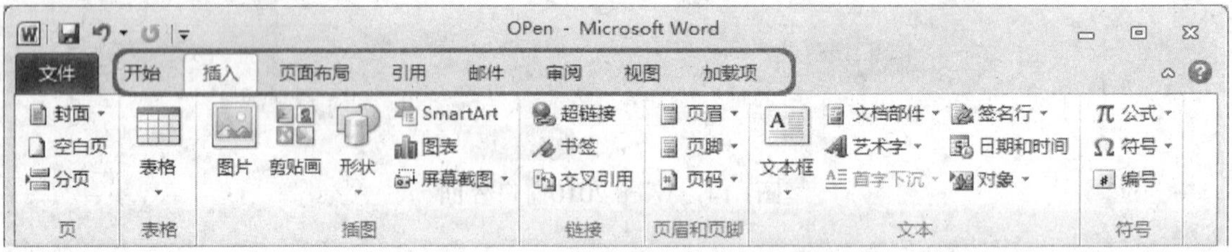

图1.17 选项卡

1.3.4 对话框启动器

通常情况下，在选项卡的组中单击右下角的“对话框启动器”按钮，或在下拉列表中选择某些选项，都会打开与之相关的对话框，如图1.18所示。对话框提供了更多的选项、提示信息或说明某项任务未能成功执行的原因等。通过对话框，用户可以与计算机系统进行信息交流。

虽然对话框的功能各不相同，但其结构是相似的。对话框通常包含标题栏、选项卡、选项（如复选框、单选钮）、列表框、一般按钮（如“确定”按钮、“取消”按钮等）和预览框等。对话框中的标题栏同窗口标题栏一样，给出了对话框的名字、关闭按钮和帮助按钮。拖动标题栏，可以在屏幕上移动对话框的位置。在对话框中，当选项为黑色时，表示为可用选项，呈灰色时表示选项当前不可用。

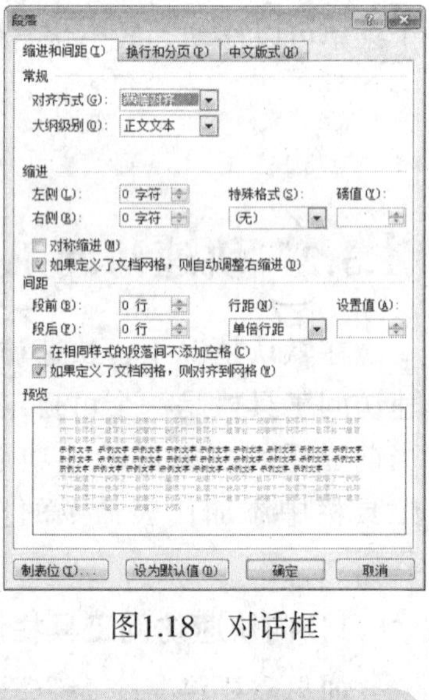

图1.18 对话框

1.3.5 浮动工具栏

有些按钮选项的使用频率非常高，用户希望在执行任何操作时都可以访问这些按钮选项。为了满足这个需要，Office 2010特别设计了一个“浮动工具栏”功能，它会在文本被选定时立即浮现出来供用户使用。

在Word 2010文档编辑时，如果要快速设置一些文本的格式，但是用户正在使用“插入”选项卡。通常我们可以选择“开始”选项卡来查看格式选项，现在还有一个更快捷的方法：拖动鼠标选择文本，然后指向所选的文本。这时，浮动工具栏将以淡入形式出现，用鼠标指向浮动工具栏，它的颜色会加深，单击其中一个格式选项，如“加粗”按钮，即可执行相应的操作，如图1.19所示。浮动工具栏非常适用于设置字体格式。

图1.19　浮动工具栏

1.4 建立应用文档

除了每次启动Word 2010会创建一个空白文档外，还有其他方法可以创建Word文档。

- 单击“文件”→“新建”→“创建”按钮，创建一个Word文档。
- 按Ctrl+N键，创建一个Word文档。

除此之外，Word 2010还准备了许多创建文档的模板，如果需要使用模板创建文档，可选择“文件”→“新建”选项，在弹出的界面右侧单击“样本模板”按钮，再在“样本模板”选项区域单击所需的样本模板，单击“创建”按钮，即可创建所选的样本模板，如图1.20所示。

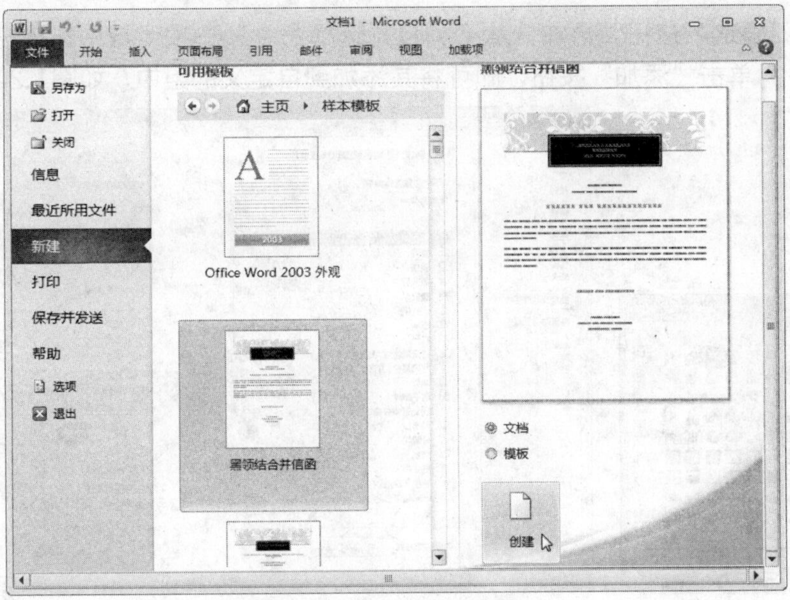

图1.20　使用模板创建文档

1.5 自定义功能区与快捷键

用户可以向自定义组中添加命令，但无法更改Microsoft Office 2010内置的默认选项卡和组。当默认组中的命令处于灰色不可用状态时，无法对其进行编辑。

1.5.1 自定义功能区

自定义功能区的操作方法如下。

01 单击“文件”→“选项”按钮，弹出如图1.21所示的“Word选项”对话框。

02 在左侧的列表框中选择“自定义功能区”选项卡。

03 单击“新建选项卡”按钮，即可新建一个选项卡，如图1.22所示。

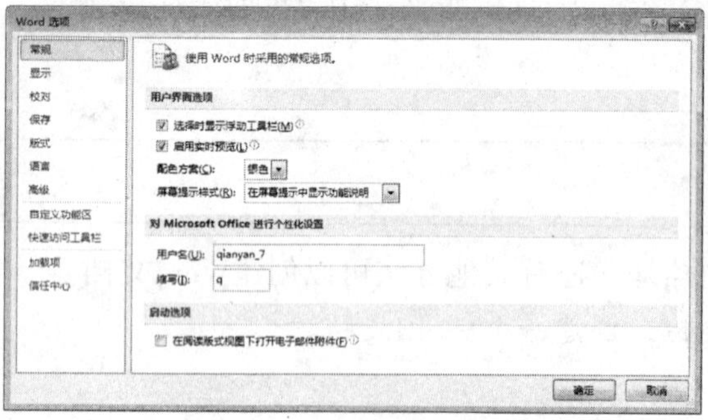

图1.21 “Word选项”对话框

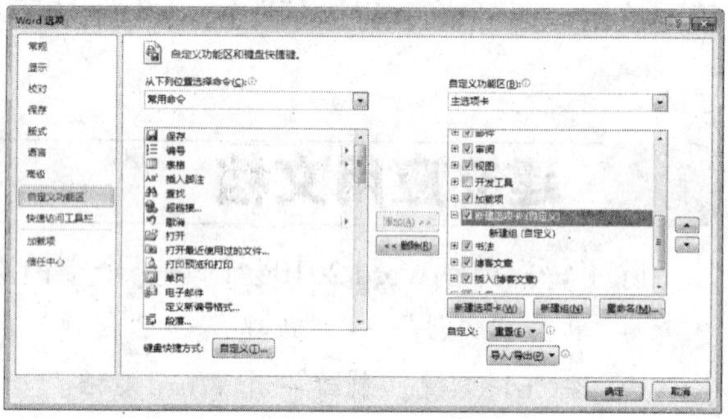

图1.22 新建选项卡

04 在新建选项卡下方选择“新建组”，并单击“重命名”按钮，在弹出的“重命名”对话框中的“符号”列表框中选择一种符号，再在“显示名称”文本框中输入新建组的名称，如图1.23所示。

05 单击“确定”按钮，再在“从下列位置选择命令”选项区域中选择需要添加到自定义组中的命令，单击“添加”按钮，即可将其添加到自定义的组中，如图1.24所示。

图1.23 “重命名”对话框

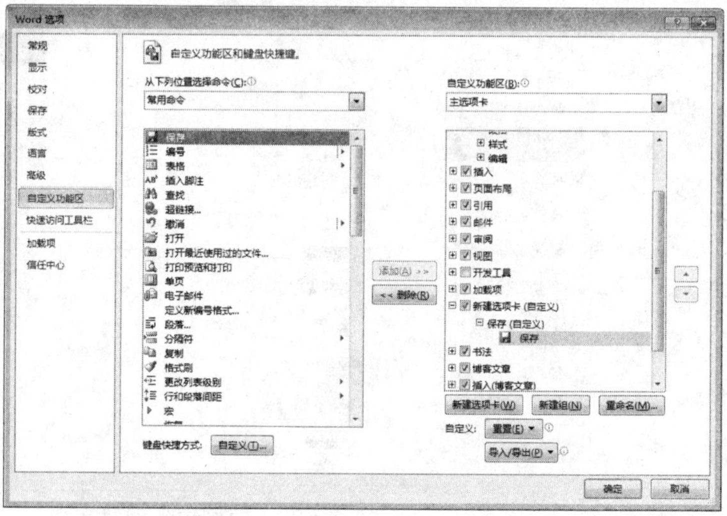

图1.24 向组中添加自定义命令

06 单击“确定”按钮，即可在功能区中显示新建的选项卡及组，如图1.25所示。

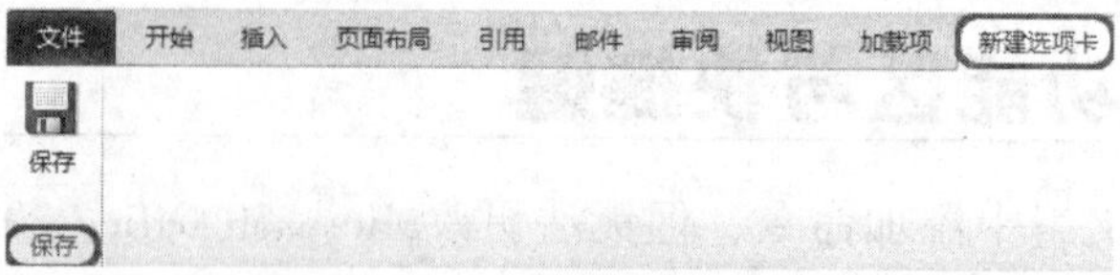

图1.25 新建选项卡及组

提示 在“自定义功能区”列表中，自定义选项卡和组的名称后面带有“自定义”字样，但“自定义”这几个字不会显示在功能区中。

用户除了可以添加自定义选项卡或组外，还可以对其进行删除，如果想删除自定义的选项卡或组，在“自定义功能区”对话框中的“自定义功能区”下方的列表框中，选择要删除的选项卡或组，单击“删除”按钮，即可将选中的选项卡或组删除。

1.5.2 自定义快捷键

通过将快捷键指定给命令、宏、字体、样式或常用符号，可以提高工作效率，用户可以自定义快捷键，也可以删除快捷键。自定义快捷键的具体操作步骤如下。

01 单击“文件”→“选项”选项，选择“自定义功能区”选项卡。

02 在“自定义功能区”右侧单击“自定义”按钮，弹出“自定义键盘”对话框，如图1.26所示。

03 在对话框左侧的“类别”列表框中选择命令所在的选项卡，然后在右侧的“命令”列表框中选择相应的命令。例如，为插入图片设置快捷键，单击“类别”列表框中的“插入选项卡”，在“命令”列表框中选择“InsertPicture”选项，在“请按新快捷键”文本框中输入快捷键，如图1.27所示。

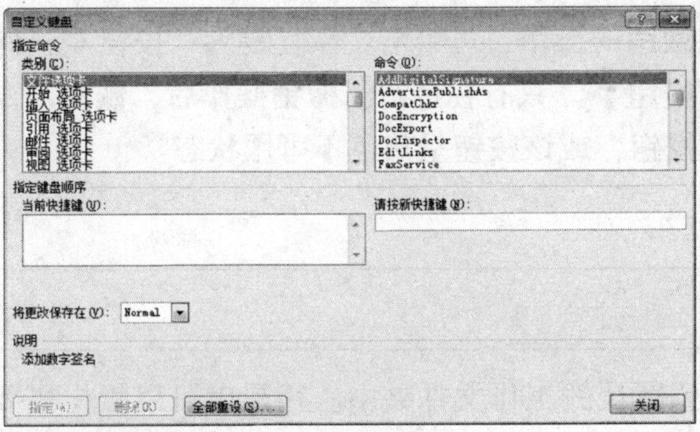

图1.26 “自定义键盘”对话框

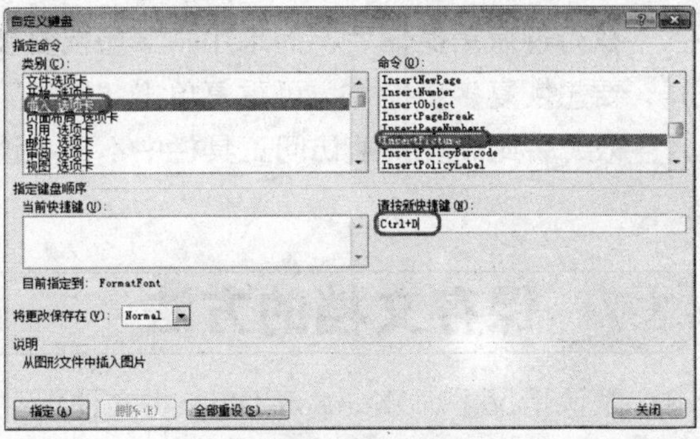

图1.27 设置快捷键

04 单击“指定”按钮，再单击“关闭”按钮，返回到“Word选项”对话框中，单击“确定”按钮，将其关闭，完成自定义快捷键。

提示 重新指定键击组合意味着您将不能再使用该组合达到原来的目的。例如，按Ctrl+D键可以插入图片。如果将Ctrl+D键重新指定给某个新命令或其他项，就不能再通过按Ctrl+D键插入图片了，除非通过在“自定义键盘”对话框中单击“全部重设”按钮，将快捷键指定还原为原始设置。

如果用户想将自定义的快捷键删除，在“自定义键盘”对话框中选择需要删除快捷键的命令，在“当前快捷键”文本框中选择所设置的快捷键，再单击“删除”按钮，即可将所设置的快捷键删除。

1.6 操作的撤销和恢复

在文档的操作过程中，出现各种错误是不可避免的，这时需要对其进行修改。下面介绍撤销、恢复命令的使用方法。

1.6.1 撤销操作

Word会随时观察用户的工作，并记住操作的细节，这样，我们就可以撤销一个或多个错误的操作。

如果只需撤销最后一步操作，可在快速访问工具栏中单击“撤销键入”按钮。如果要撤销多步操作，可一直重复单击“撤销键入”按钮，或单击“撤销”按钮右侧的下拉三角按钮，在弹出的下拉菜单中拖动鼠标，选择要撤销的一系列操作，无论用户单击菜单中的哪一项，该操作及其后的所有操作都将被撤销，如图1.28所示。

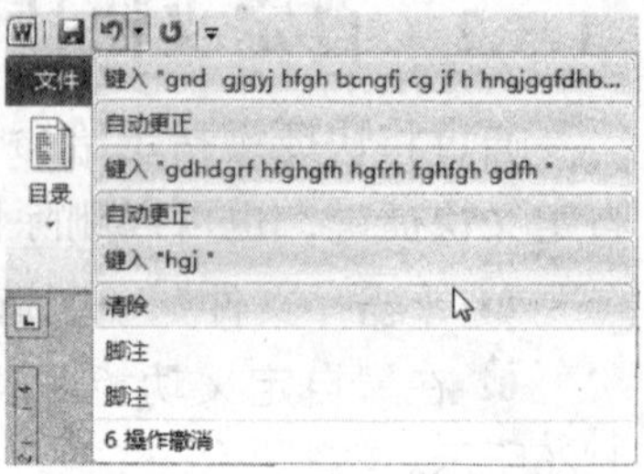

图1.28 “撤销”下拉菜单

1.6.2 恢复操作

执行过撤销操作后，如果用户又想恢复被撤销的操作，可单击“恢复键入”按钮。同样，要想恢复多步操作，可重复单击“恢复”按钮。只有在进行了撤销操作后，恢复命令才生效，否则，在快速访问工具栏中不显示该按钮，或该按钮呈灰色不可用状态。

1.7 保存文档的方法

默认情况下，Microsoft Office将文件保存到默认的工作文件夹中。用户也可以根据需要指定其他位置。通常保存文档的方式有两种：手动保存和自动保存，下面就对这两种保存方法进行简要介绍。

1.7.1 手动保存

在第一次对文档进行编辑后，选择“文件”→“保存”命令，或者按Ctrl+S键，在弹出的“另存为”对话框中选择所要存储的位置，在“文件名”处输入文件名称，并单击“保存”按钮，完成对文件的保存。

1.7.2 自动保存

除了手动保存文档外，用户还可以使用自动保存功能，该功能可以每隔一段时间自动保存一次文档，用户可以根据需要设置自动保存时间的间隔，具体操作步骤如下。

01 选择“文件”→“选项”命令，在弹出的“Word选项”对话框中选择“保存”选项卡。

02 在“保存文档”选项区域中，勾选“保存自动恢复信息时间间隔”复选框，并在后面的文本框中输入间隔的时间，如图1.29所示。

03 在“保存文档”选项区域中设置自动恢复文件的位置，单击“确定”按钮，保存设置。

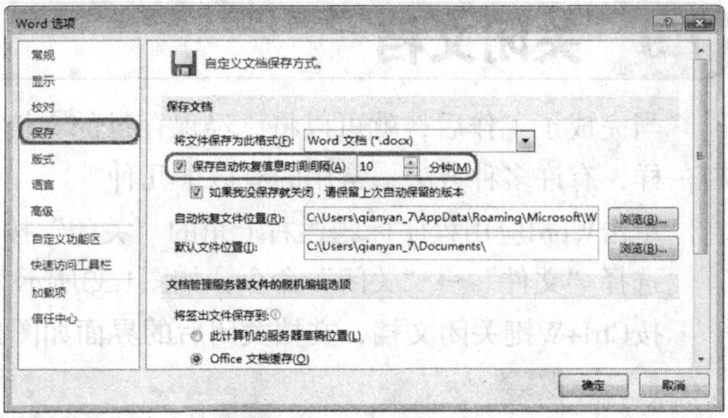

图1.29 输入间隔的时间

1.8 为文档添加密码

在Microsoft Office 2010中，用户可以使用密码保护自己的文档，阻止其他人打开或修改文档、工作簿和演示文稿，为文档添加密码的具体操作步骤如下。

01 选择“文件”→“信息”命令，再单击“保护文档”按钮，在弹出的下拉列表中选择“用密码进行加密”选项，如图1.30所示。

02 在弹出的“加密文档”对话框中输入密码，单击“确认”按钮，在弹出的“确认密码”对话框中再次输入密码，如图1.31所示。

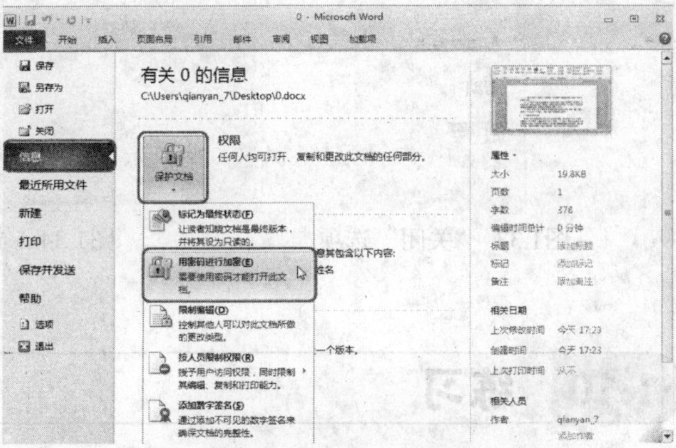

图1.30 选择“用密码进行加密”选项

03 单击“确定”按钮，就为该文档添加了密码。

以后打开该文档时，就会出现如图1.32所示的“密码”对话框，在“请键入打开文件所需的密码”文本框中输入正确的密码，然后按“确认”按钮打开该文档。

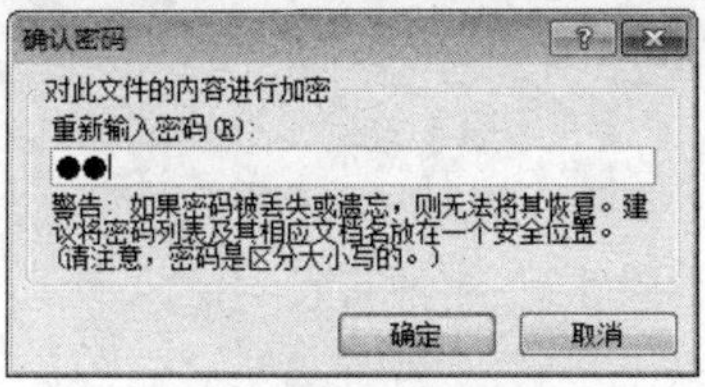

图1.31 输入确认密码

图1.32 “密码”对话框

提示 Microsoft不能取回丢失或忘记的密码，因此应将密码和相应文件名的列表存放在安全的地方。

1.9 关闭文档

当完成了工作后，就可以将已经保存过的文档直接关闭了。关闭文档与关闭应用程序窗口一样，有许多种方法，常用的有以下几种。

单击Word应用程序标题栏右上角的“关闭”按钮。

选择“文件”→“关闭”命令，如图1.33所示。

按Ctrl+W键关闭文档，文档关闭后的界面如图1.34所示。

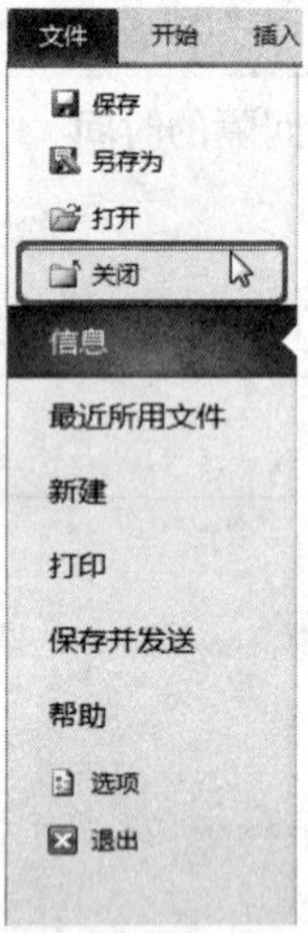

图1.33 “关闭”选项

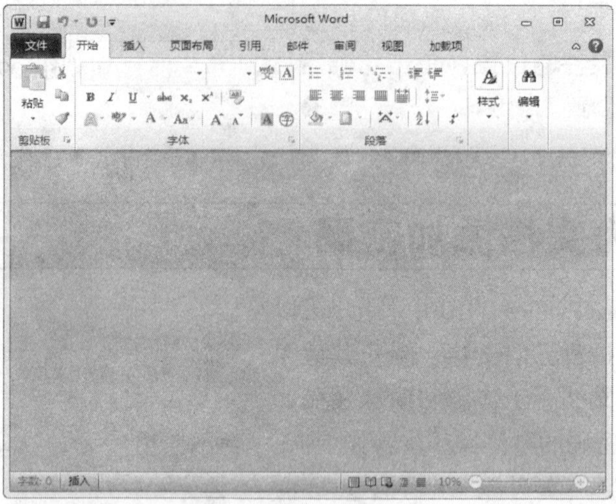

图1.34 文档关闭后的界面

1.10 练习

1. 填空题

（1）选项卡位于________的下面。

（2）按________组合键可以保存文档。

（3）如果想要自定义功能区，可在________对话框中进行设置。

2. 问答题

（1）如何为文档添加密码？

（2）关闭文档的方法有几种？如何操作？

第2章 Word 2010基础操作

本章要点

本章介绍了如何在Word 2010中新建文档、输入并选择文本、对文本进行移动、复制和删除、查找和替换文本，使读者了解Word 2010的基本操作，为后面的学习打下坚实基础。

本章内容主要包括

- 新建文档
- 基础操作
- 文档的视图显示方式
- 选择区域的方法
- 常用的编辑操作
- 浏览与定位文档
- 查找和替换

go>>

2.1 新建文档

每次启动Word 2010时，系统会自动打开一个新的空白Word文档，用户还可以用其他方法创建新的Word文档。

- 基于空白文档或已有文档建立文档。
- 使用模板创建文档。
- 为文档插入空白页。

提示 启动Word 2010时，Word 2010窗口中会自动创建一个新空白文档，并自动命名为“文档1”。此后，如果接着再新建空白文档，Word将以“文档2”、“文档3”、“文档4”……这样的顺序为新文档命名。

新建文档的操作方法如下。

选择“文件”→“新建”命令，在“可用模板”选区选择“空白文档”，然后单击“创建”按钮，如图2.1所示。

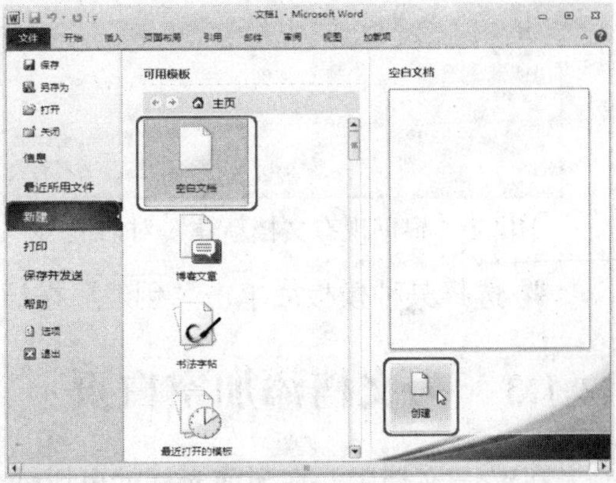

图2.1 新建文档

2.1.1 基于空白或已有文档建立文档

1．基于空白文档创建新文档

在“新建文档”对话框左侧的窗口中选择“空白文档和最近使用的文档”选项，在中间的窗口中将显示“空白文档”等选项。

单击“空白文档”图标，再单击“创建”按钮，将创建一个新的空白文档。直接双击“空白文档”图标，也可以打开一个新的空白文档。

2．根据现有文档内容创建文档

在“新建文档”对话框左侧的窗口中选择“根据现有内容新建”选项，弹出如图2.2所示的“根据现有文档新建”对话框。

在该对话框中选择已有的某个Word文档，打开该文档后，在此基础上就可以继续创建文档了。

2.1.2 使用模板创建文档

每次启动Word 2010时，都会打开Normal.dotm模板，该模板包含了决定文档基本外观的默认样式和自定义设置。启动Word 2010后，窗口中将显示一个新的空白文档，该文档就是基于Word 2010的Normal.dotm模板的。

Word 2010带有许多预先定义好的模板，用户可以直接使用它们。这些模板反映了常见的一些文档的需求，例如传真、发票、贺卡和报表等。

使用模板创建文档的步骤如下。

01 选择“文件”→“新建”命令。

02 在窗口中选择“可用模板”选项，如图2.3所示。

图2.2 “根据现有文档新建”对话框

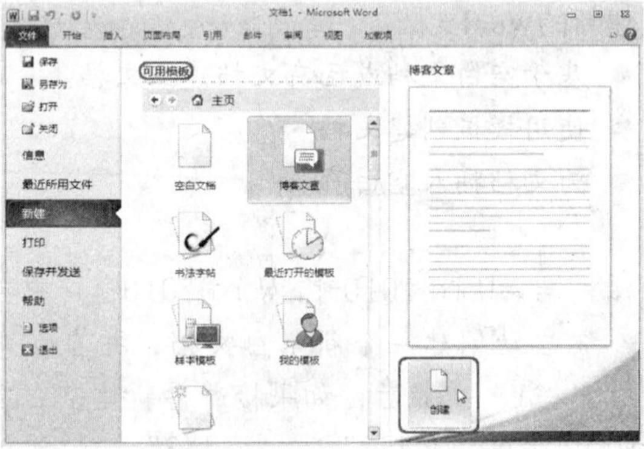

图2.3 Word中的“已安装的模板”

03 选择某种模板后单击“创建”按钮（或直接双击某个模板），新建一个文档。

2.1.3 为文档添加空白页

在Word文档中，在当前光标处可以插入一个新的空白页，插入空白页的方法如下。

01 将光标移动到插入空白页的位置。

02 单击“插入”选项卡中“页”组中的“空白页”按钮，就可以在光标处插入一个空白页。

2.2 基础操作

在Word 2010中输入文本时，经常需要使用插入日期和时间、输入特殊符号、设置格式及样式等命令。下面将介绍这些命令的具体用法。

2.2.1 输入文字并进行编辑

在文档中输入文本的基本操作包括输入文字、在文档中插入被遗漏的文字、删除或修改输入错误的文字等。

使用键盘上的4个方向键，可在文档中自由移动插入符的位置。在文档中，将插入符移动到指定的位置后，按Backspace键可删除插入符左侧的字符，按Delete键可删除插入符右侧的字符。在未选中一句话、一行、一段或整个文档的情况下，用Backspace键和Delete键只能一个一个地删除文字。

在Word中，按Insert键或单击状态栏上的“插入”图标，可以切换插入状态与改写状态。如果首先选中需要改写的文本，则输入新的文本后原有内容自动被替换，如图2.4所示。

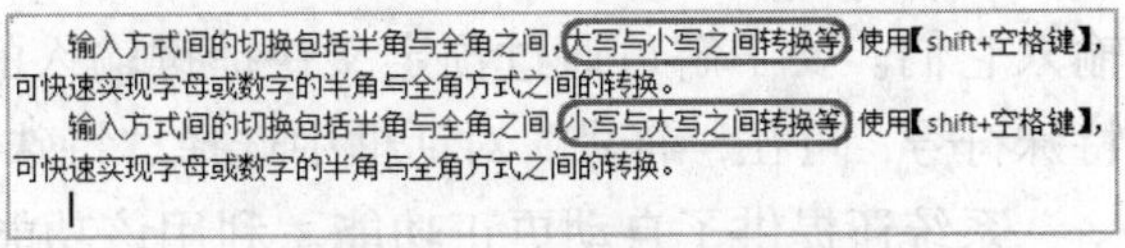

图2.4 文本的自动改写

2.2.2 输入特殊符号

通常情况下，文档中除了包含一些汉字和标点符号外，还会包含一些特殊符号，如£、等。用户可以使用输入法自带的模拟键盘输入部分符号。但是，可通过模拟键盘输入的符号不是很多。为此，可按下面介绍的方法输入所需的符号。

要在Word中输入符号，可选择“插入”选项卡，在“符号”组中单击“符号”按钮，在弹出的下拉列表中选择要插入的特殊符号，如图2.5所示。

单击下拉列表中的“其他符号”选项，可以打开“符号”对话框，如图2.6所示，在该对话框中有许多的符号可以选择，双击需要的符号或在选定符号后单击“插入”按钮，就可以将其插入到文档中。

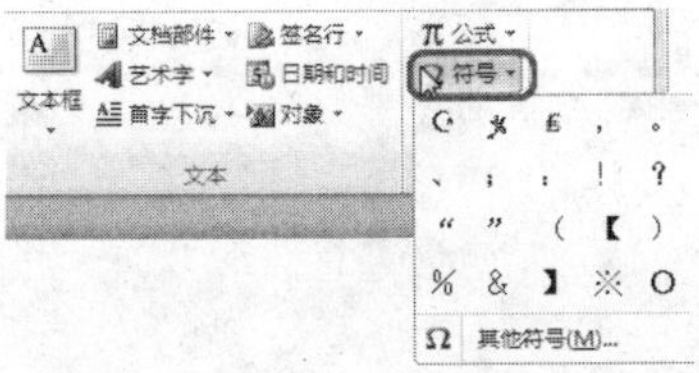

图2.5 “符号”下拉列表

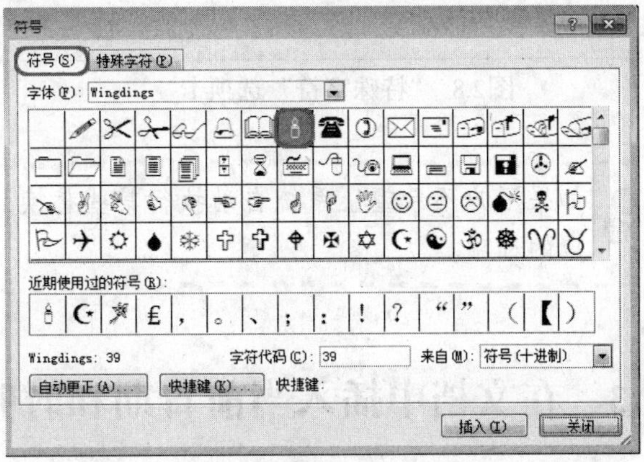

图2.6 “符号”对话框

提示 “符号”对话框以及后面要介绍的“查找与替换”对话框不同于一般的对话框。当用户打开这类对话框时，可以不关闭对话框，而通过在文档中单击继续编辑文档。因此，这类对话框被称为伴随对话框。

值得注意的是，通过在“字体”下拉列表中选择不同的字体，用户可以输入各种特殊符号，如图2.7所示。此外，如果在文档中常用到某些特殊符号，还可在“符号”对话框中选定该特殊符号后，单击“快捷键”按钮，将其设置成快捷键，以后只要简单地按快捷键即可快速输入设置好的特殊符号。

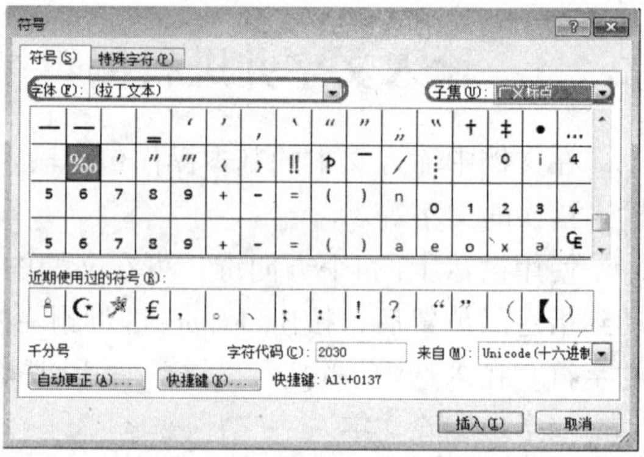

图2.7 通过“字体”选择输入更多的特殊符号

系统为了用户的方便，还为某些特殊符号设定了一组快捷键，用户可通过按这些快捷来输入它们。要了解可通过预定义快捷键输入的特殊符号，可在“符号”对话框中选择“特殊字符”选项卡，如图2.8所示。

系统还提供了自动更正功能。利用该功能，用户在需要输入某些特殊符号时“如©”，可直接输入该符号的代用符号，如“（c）”。要查看和编辑系统提供的自动更正功能，可在“符号”对话框中单击“自动更正”按钮，此时系统将打开如图2.9所示的“自动更正”对话框。

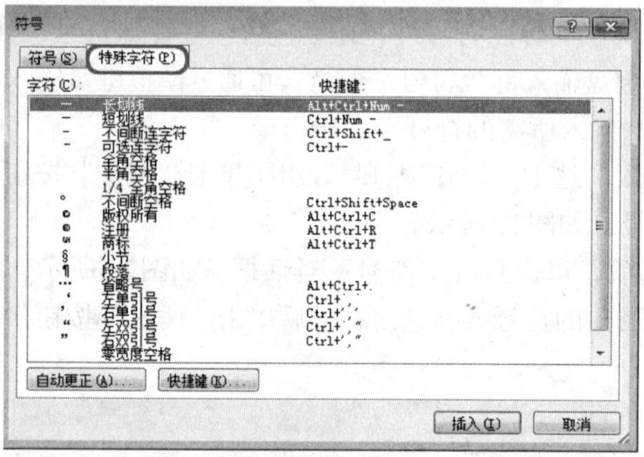

图2.8 “特殊字符”选项卡

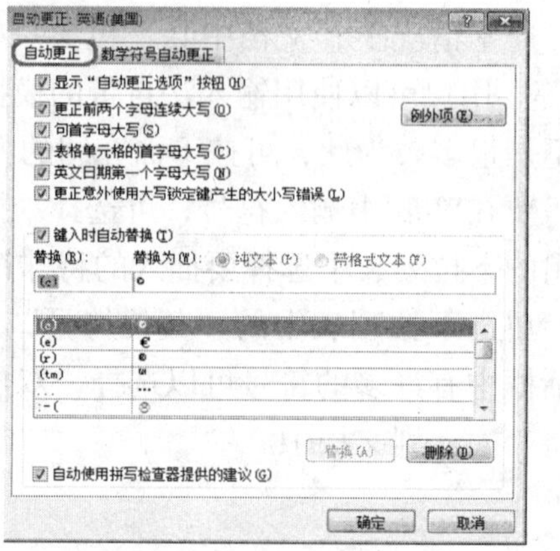

图2.9 “自动更正”对话框

提示 如果用户不希望让系统自动执行某些替换，可在“自动更正”对话框中禁止这些相应的选项。

2.2.3 在文档中插入当前日期和时间

用户可在Word文档中插入固定的日期或时间，也可以用数据域插入当前使用的日期和时间，以便获得总的编辑时间、文档创建日期、最后打开日期或保存日期等信息。在文档中插入当前日期和时间的操作步骤如下。

01 选择“插入”选项卡，在“文本”组中单击“日期和时间”按钮，打开“日期和时间”对话框，如图2.10所示。

02 如果需要选择当前的日期和时间，在打印文档时要勾选“自动更新”复选框。如果在打印文档时没有勾选，那么文档将始终打印插入时的日期和时间。设置完成后单击“确定”按钮。

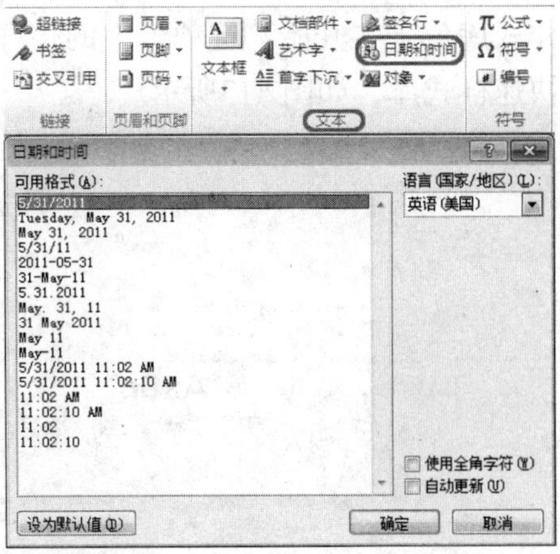

图2.10 “日期和时间”对话框

03 在“可用格式”列表框中选择一种所需的格式。如果要选择国家和地区，可以在“语言（国家/地区）”下拉列表框中选择。

2.2.4 输入方式间的切换

输入方式的切换包括半角与全角之间、大写与小写之间的切换等，使用Shift+空格键，可以实现字母或数字的半角与全角方式的切换。使用Ctrl+“.”键，可以快速实现符号间的全角方式与半角方式的切换。

使用Shift+F3快捷键，可实现所选单词在全大写、全小写、首字母大写的状态之间的快速切换。在没有选择的情况下，只对插入符所在的英文单词有效。使用“更改大小写”命令，则可实现更多的关于英文、数字及键盘符号风格的改变，具体操作步骤如下。

01 选中要改变的英文字母、数字或符号。

02 选择“开始”选项卡，在“字体”组中单击“更改大小写”按钮Aa，在弹出的下拉列表中选择所需的选项，如图2.11所示。操作完毕，即可实现所需的转换。

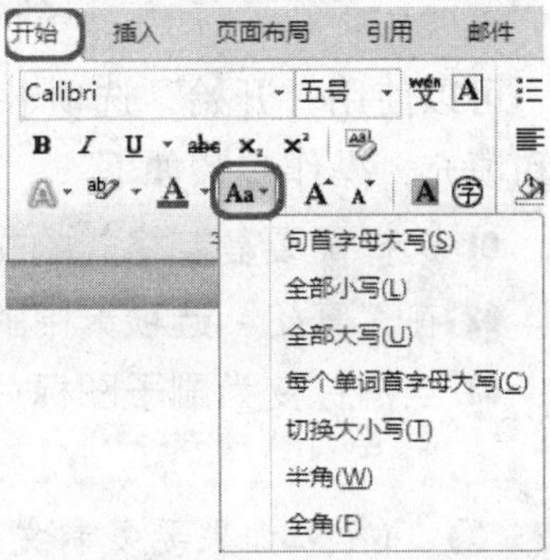

图2.11 “更改大小写”下拉列表

2.2.5 样式设置

在Word 2010中，设置样式的方法有3种。

- 使用预先定义好的快速样式库中的样式。快速样式库中存放着Word预先定义好的一些样式，用户可以直接将这些样式应用到创建的文档中。
- 使用“样式”窗口中的样式，将其直接运用到文档中。
- 用户先自行定义颜色，然后再将样式应用到文档中。

在Word 2010中，不但可以在“开始”选项卡中的“样式”组中应用某种特定的样式，还可以选择一组样式，使这些样式共同工作，以创建整齐美观的文档。

选择适用于文档种类的快速样式集，然后在创建文档时从快速样式库中选择应用。快速样式库位于“开始”选项卡中的“样式”组中，如图2.12所示。单击“其他”按钮可以展开快速样式库，如图2.13所示。

图2.12 “样式”组中的快速样式库

图2.13 展开的快速样式库

在“开始”选项卡中的“样式”组中单击“样式”对话框启动器，打开“样式”对话框。按Alt+Ctrl+Shift+S快捷键，可以打开“应用样式”对话框，在“样式名”下拉列表中选择所需的样式，从而应用样式。

2.2.6 格式刷

可以使用“开始”选项卡中的“格式刷”来应用文本格式和一些基本图形格式，例如边框和填充，操作步骤如下。

01 选择需要复制格式的文本或图形。

02 在“开始”选项卡中的“剪贴板”组中单击“格式刷”按钮。

03 当指针变为刷子图标后，选择要更改格式的文字内容，即可改变其格式。

提示 （1）如果要复制文本格式，先选择段落的一部分。如果要复制文本和段落格式，请选择整个段落，包括段落标记。

（2）如果想更改文档中的多个选定内容的格式，双击“格式刷”按钮，然后选择要设置格式的文本或图形即可。要停止设置格式，按Esc键。

（3）“格式刷”不能应用于艺术字文本的字体和字号。

2.3 文档的视图显示方式

屏幕上显示文档的方式称为视图，Word提供了“普通视图”、“Web版式视图”、“页面视图”、“大纲视图”和“阅读版式”等多种视图模式。不同的视图模式分别从不同的角度、按不同的方式显示文档，并适应不同的工作特点。因此，采用正确的视图模式，将极大地提高工作效率。

要在各视图间进行切换，可单击“视图”选项卡，选择“文档视图”组中的适当选项，即可完成各种视图间的切换。也可单击状态栏右侧的视图按钮切换视图。

2.3.1 普通视图和页面视图

普通视图是Word中最常用的工作视图。该视图与其他视图模式相比，其页面布局最简单，它只显示字体、字号大小、字形、段落缩进以及行间距等最基本的文本格式。

由于简化了页面布局，普通视图在重新分页、屏幕刷新和响应滚动命令等方面的速度最快，可以在输入文本或插入图形后快速显示这些文本或图形，所以这种视图方式最合适在输入、编辑文本或只需设置简单文档格式时使用。

在普通视图中，页与页之间只用一条虚线作为分页符，节与节之间用双行虚线作为分节符，这种显示方式能够连续地显示文档内容，使文档阅读起来比较连贯，也使对文本的操作更加方便。不过，由于普通视图不是按照打印时的页面效果来显示文本的，它不能显示页眉、页脚以及多栏版式等。

页面视图也是Word中最常见的视图之一，它按照文档的打印效果显示文档，如图2.14所示。由于页面视图可以更好地显示排版的格式，因此，常用于文本、格式或版面外观修改等操作。

在页面视图方式下，可直接看到文档的外观以及图形、文字、页眉页脚、脚注、尾注在页面上的精确位置以及多栏的排列效果，用户在屏幕上就可以很直观地看到文档打印在纸上的样子。页面视图能够显示出水平标尺和垂直标尺，用户可以用鼠标移动图形、表格等在页面上的位置，并可以对页眉、页脚进行编辑。

用户可以直接在状态栏右侧拖动（显示比例）滑块来改变整个页面的显示大小，如图2.15所示。

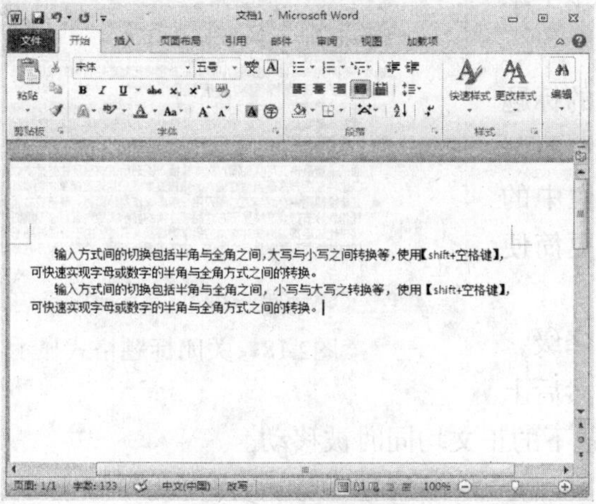

图2.14 页面视图

图2.15 显示比例滑块

提示 在各种视图方式下都可以设置不同的显示比例。

2.3.2 大纲视图

大纲视图用于显示、修改或创建文档的大纲，如图2.16所示。转入大纲视图模式后，系统会自动在文档编辑区上方打开大纲工具栏。通过单击该工具栏中的“显示级别”右侧的下拉按钮，可决定文档显示至哪一级别标题，或者显示全部内容。

若已选定了“所有级别”，勾选“仅显示首行”复选框后，系统将仅显示每段正文的第一行内容，如图2.17所示。

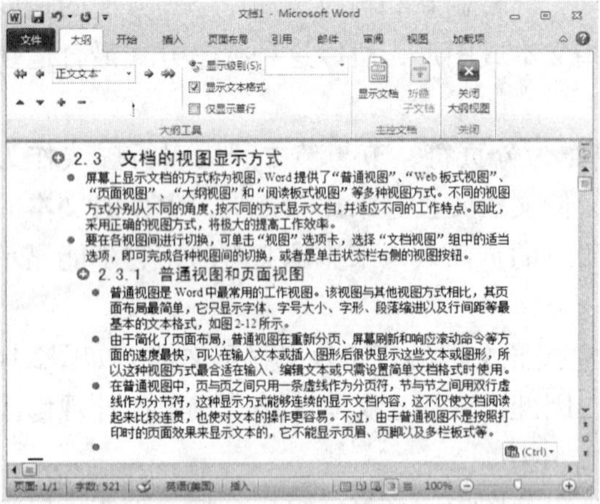

图2.16 大纲模式

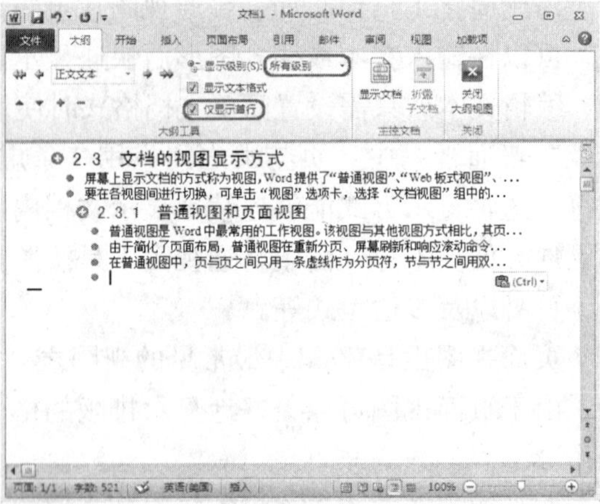

图2.17 显示所有级别

勾选“显示文本格式”复选框，可关闭标题格式显示，如图2.18所示。关闭标题格式显示后，可使屏幕上显示更多的内容。

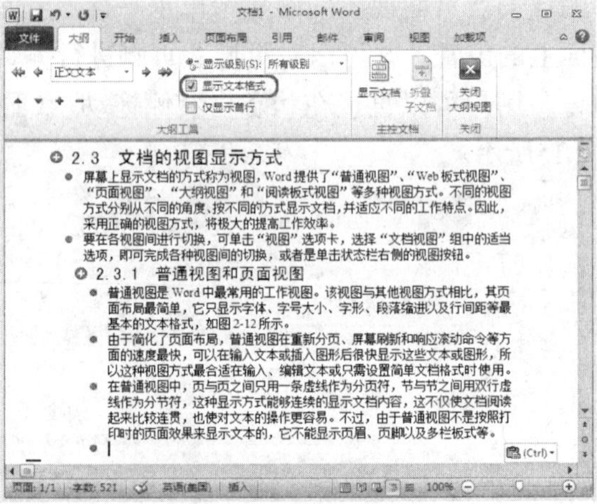

图2.18 关闭标题格式显示

要选定某个标题及其下面的正文，可单击该标题前面的“+”号，此时光标呈花十字形状。

要展开标题，用户可首先在要展开的标题行上单击鼠标，然后单击大纲工具栏中的“+”工具；要折叠标题，可单击大纲工具栏中的“-”工具。此外，展开或折叠标题的更简便方法是，双击选定标题前面的“+”号。

要上下移动标题，或将标题升级、降级，可首先将光标移至标题前的“+”号，然后上下或左右拖动标题。移动标题后，该标题下的正文均同时被移动。

提示 要上移或下移标题及其下面的正文，可在选定该标题及其下面的正文后，单击大纲工具栏中的▲▼工具；要升级、降级或将标题降级为正文，可首先将插入符定位在该标题上，然后单击大纲工具栏中的⇇ ← 或 → ⇉ 工具。

2.3.3 Web版式视图

Web版式视图主要用于编辑Web页。选择Web版式视图模式时，编辑窗口中的文档将以Web布局显示。也就是说，此时显示的视图与使用浏览器打开文档时的画面一样。

2.3.4 阅读版式

如果用户打开文档是为了进行阅读，利用Word 2010的“阅读版式”可以为用户提高工作效率，优化阅读体验，如图2.19所示。

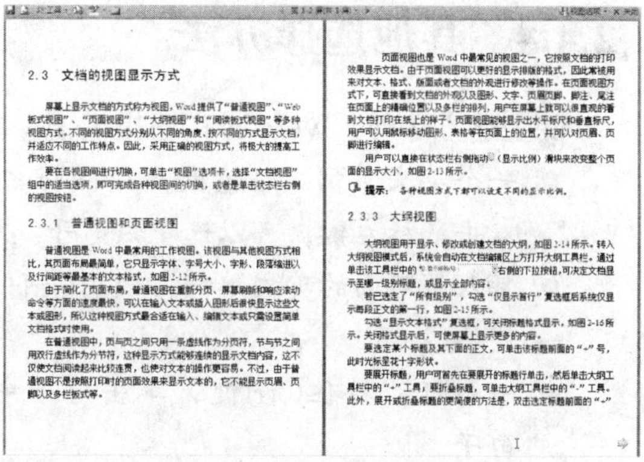

2.3 文档的视图显示方式

屏幕上显示文档的方式称为视图，Word提供了“普通视图”、“Web板式视图”、“页面视图”、“大纲视图”和“阅读板式视图”等多种视图方式。不同的视图方式分别从不同的角度、按不同的方式显示文档，并适应不同的工作特点。因此，采用正确的视图方式，将极大的提高工作效率。

要在各视图间进行切换，可单击“视图”选项卡，选择“文档视图”组中的适当选项，即可完成各种视图间的切换，或者是单击状态栏右侧的视图按钮。

2.3.1 普通视图和页面视图

普通视图是 Word 中最常用的工作视图。该视图与其他视图方式相比，其页面布局最简单，它只显示字体、字号大小、字形、段落缩进以及行间距等最基本的文本格式，如图 2-12 所示。

由于简化了页面布局，普通视图在重新分页、屏幕刷新和响应滚动命令等方面的速度最快，可以在输入文本或插入图形后很快显示这些文本或图形，所以这种视图方式最合适在输入、编辑文本或只需设置简单文档格式时使用。

在普通视图中，页与页之间只用一条虚线作为分页符，节与节之间用双行虚线作为分节符，这种显示方式能够连续的显示文档内容，这不仅使文档阅读起来比较连贯，也使对文本的操作更容易。不过，由于普通视图不是按照打印时的页面效果来显示文本的，它不能显示页眉、页脚以及多栏板式等。

页面视图也是 Word 中最常见的视图之一，它按照文档的打印效果显示文档。由于页面视图可以更好的显示排版的格式，因此常被用来对文本、格式、版面或者文档的外观进行修改等操作。在页面视图方式下，可直接看到文档的外观以及图形、文字、页眉页脚、脚注、尾注在页面上的精确位置以及多栏的排列，用户在屏幕上就可以很直观的看到文档打印在纸上的样子。页面视图能够显示出水平标尺和垂直标尺，用户可以用鼠标移动图形、表格等在页面上的位置，并可以对页眉、页脚进行编辑。

用户可以直接在状态栏右侧拖动（显示比例）滑块来改变整个页面的显示大小，如图 2-13 所示。

提示：各种视图方式下都可以设定不同的显示比例。

2.3.3 大纲视图

大纲视图用于显示、修改或创建文档的大纲，如图 2-14 所示。转入大纲视图模式后，系统会自动在文档编辑区上方打开大纲工具栏。通过单击该工具栏中的右侧的下拉按钮，可决定文档显示至哪一级别标题，或显示全部内容。

若已选定了“所有级别”，勾选“仅显示首行”复选框后系统仅显示每段正文的第一行，如图 2-15 所示。

勾选“显示文本格式”复选框，可关闭标题格式显示，如图 2-16 所示。关闭格式显示后，可使屏幕上显示更多的内容。

要选定某个标题及其下面的正文，可单击该标题前面的“+”号，此时光标呈花十字形状。

要展开标题，用户可首先在要展开的标题行单击，然后单击大纲工具栏中的“+”工具，要折叠标题，可单击大纲工具栏中的“-”工具。此外，展开或折叠标题的更简便的方法是，双击选定标题前面的“+”

图2.19 阅读版式

2.4 选择文本的方法

在Word 2010中，利用鼠标或键盘，可以选中任何样式的文本。被选中的文本或图形等均以淡蓝色的底标志显示。

2.4.1 鼠标拖动法进行选择

当使用鼠标拖动的方法选择文本时，应首先把鼠标的I形指针置于要选定的文本之前，然后单击鼠标左键，向上或向下拖动鼠标，直到到达要选择的文本末端，再松开鼠标左键，如图2.20所示。

用户还可以将鼠标指针定位在文档选择行的左侧（此时鼠标指针呈↗形状），然后拖动鼠标进行选择，此时可选定若干连续行，如图2.21所示。

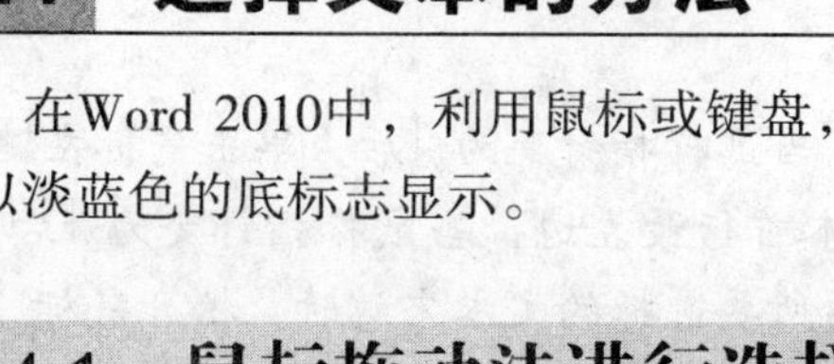

在普通视图中，页与页之间只用一条虚线作为分页符，节与节之间用双行虚线作为分节符，这种显示方式能够连续的显示文档内容，这不仅使文档阅读起来比较连贯，也使对文本的操作更容易。不过，由于普通视图不是按照打印时的页面效果来显示文本的，它不能显示页眉、页脚以及多栏板式等。

页面视图也是 Word 中最常见的视图之一，它按照文档的打印效果显示文档。由于页面视图可以更好的显示排版的格式，因此常被用来对文本、格式、版面或者文档的外观进行修改等操作。

图2.20 利用拖动方法选择文本

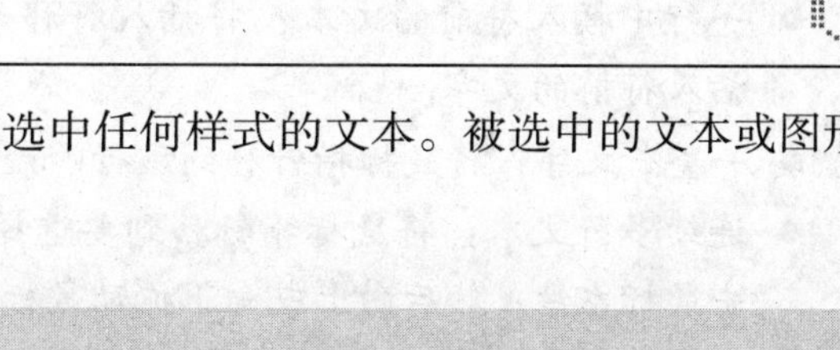

在普通视图中，页与页之间只用一条虚线作为分页符，节与节之间用双行虚线作为分节符，这种显示方式能够连续的显示文档内容，这不仅使文档阅读起来比较连贯，也使对文本的操作更容易。不过，由于普通视图不是按照打印时的页面效果来显示文本的，它不能显示页眉、页脚以及多栏板式等。

页面视图也是 Word 中最常见的视图之一，它按照文档的打印效果显示文档。由于页面视图可以更好的显示排版的格式，因此常被用来对文本、格式、版面或者文档的外观进行修改等操作。

图2.21 选定连续行

2.4.2 利用键盘选择文本

将鼠标的I形指针置于要选定的文本之前，按住Shift键，然后按↑、↓、←、→键或Page

Up、Page Down键，则在移动插入符的同时选中文本。

2.4.3　鼠标配合Shift键选择文本

将鼠标的I形指针置于要选定的文本之前，单击鼠标左键，确定要选择文本的初始位置，再将鼠标移动到要选定的文本末端，按住Shift键，单击鼠标左键。

2.4.4　其他选择方法

除上述方法外，Word 2010还提供了一些选中文本的其他方法。

- 一个英文单词或任意两个分隔符之间的一个句子：双击该单词或在两个分隔符之间双击鼠标左键，可以选中该句子。
- 插入符后面的英文单词：使用Ctrl+Shift+→键，可选中插入符之后的单词及其后面的空格。
- 一句话：按住Ctrl键，单击句子中的任何位置，可选中两个句子中间的一个完整句子。
- 一行中插入符后的文本：将插入符移至插入位置后，按住Shift+End键，即可选中插入符后的文字。
- 一行中插入符前的文本：将插入符移至插入位置后，按住Shift+Home键，即可选中插入符前的文字。
- 一整行文字：将鼠标指针移到该行的最左边，当鼠标指针变为↗后，单击鼠标左键。
- 连续多行文本：将鼠标指针移到要选择的文本首行最左边，当鼠标指针变为↗后，单击鼠标左键，然后向上或向下拖动鼠标。到达所要选择的文本末端时，松开鼠标。
- 一个段落：将鼠标指针移到本段任何一行的最左端，当鼠标指针变为↗后，双击鼠标左键；或在该段内的任意位置，连击三次鼠标左键，即可选中一个段落。
- 多个段落：将鼠标指针移到本段任何一行的最左端，当鼠标指针变为↗后，单击鼠标左键，并向上或向下拖动鼠标。
- 选择矩形文本区域：将鼠标指针置于文本的一角，然后按住Alt键，拖动鼠标指针到文本块的对角，即可选定一块文本，如图2.22所示。
- 整篇文档：在“开始”选项卡中单击“编辑”按钮右边的下三角按钮，在弹出的下拉列表中选择“选择”→“全选”命令；或按住Ctrl+A组合键；或将鼠标指针移到文档任一行的左边，当鼠标指针变为↗后，连击三下鼠标左键。

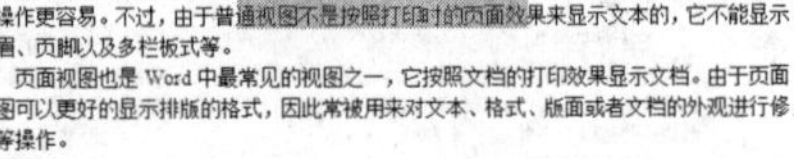
在普通视图中，页与页之间只用一条虚线作为分页符，节与节之间用双行虚线作为分节符，这种显示方式能够连续的显示文档内容，这不仅使文档阅读起来比较连贯，也使对文本的操作更容易。不过，由于普通视图不是按照打印时的页面效果来显示文本的，它不能显示页眉、页脚以及多栏板式等。

页面视图也是 Word 中最常见的视图之一，它按照文档的打印效果显示文档。由于页面视图可以更好的显示排版的格式，因此常被用来对文本、格式、版面或者文档的外观进行修改等操作。

图2.22　拖动时配合Alt键选择一块文本

2.4.5　调节或取消选中的文本

在编辑文档时，若发现选择的文本区域范围过小或过大，可以通过重新选择来调节选择区域，也可以利用Word 2010提供的以下几种方法来调节所选中的文本区域。

按住Shift键并按上、下、左、右方向键可以扩展或收缩选择区，按住Shift键，用鼠标单击选择区预期的终点，则选择区将扩展或收缩到该点为止。

要取消选中的文本，可以将鼠标指针移动到选择区域外的任意位置，然后单击鼠标。

2.5 常用的编辑操作

World 2010中最常用的编辑操作是移动、复制和删除。例如，删除不需要的文本，复制需要重复出现的文本等。

2.5.1 Office 2010的新型剪贴板工具

Word的早期版本均使用Windows的剪贴板，剪贴板是文档进行信息传输的中间媒介，是将信息传送到其他文档或其他程序的一个通道。

Office剪贴板用于暂存Office 2010中的待粘贴项目，用户可以根据需要确定在任务栏中显示或不显示Office剪贴板的图标。在Word 2010文档中显示Office剪贴板的操作步骤如下。

01 打开Word 2010文档窗口，在“开始”选项卡的“剪贴板”组中单击“剪贴板”右下角的按钮，如图2.23所示。

02 在打开的Office剪贴板任务窗口中，单击任务窗口底部的“选项”按钮，在弹出的菜单中选择“在任务栏上显示Office剪贴板的图标”选项，如图2.24所示。

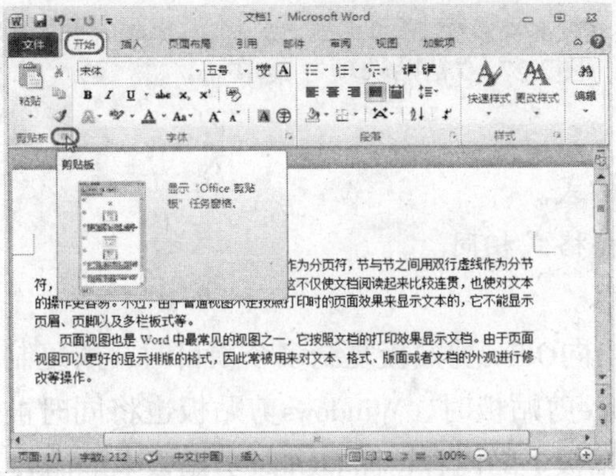

图2.23 “剪贴板”对话框

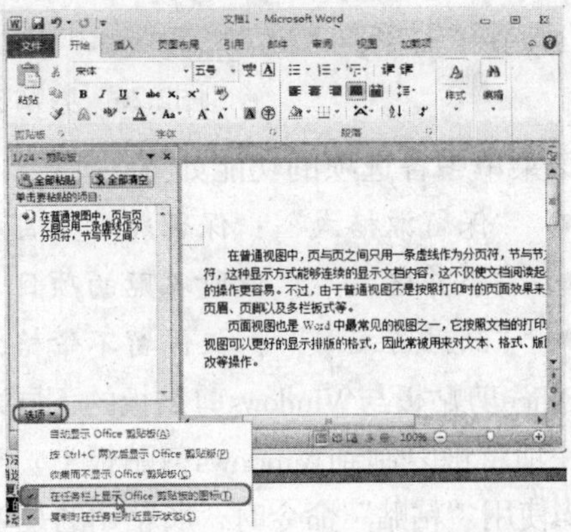

图2.24 选择“在任务栏上显示Office剪贴板的图标”

在使用Windows的剪贴板对文本进行复制或者移动操作时，先将文本内容复制或剪切到剪贴板上，在需要的时候再将暂时存放在剪贴板上的信息粘贴到当前文档、其他Office文件或Windows环境下的其他程序所建立的文档中的任何一个位置。存放在剪贴板上的内容可以多次粘贴。Windows剪贴板在同一时刻只能存放一项内容，如果剪切或者复制了新的内容，它原有的内容将被替换掉。

Office 2010中的Office剪贴板设有24个子剪贴板，可以同时存放多达24项的剪切和复制内容。Office剪贴板中的内容可以在任务窗口中查看，可以为所有Office应用程序共享，用户可以切换到不同的Office程序中进行移动和复制操作。如果在窗口上看不到Office剪贴板，在“开始”选项卡的“剪贴板”组中单击“剪贴板”右下角的按钮，即可在窗口左侧打开“剪贴板”任务窗口，如图2.25所示。

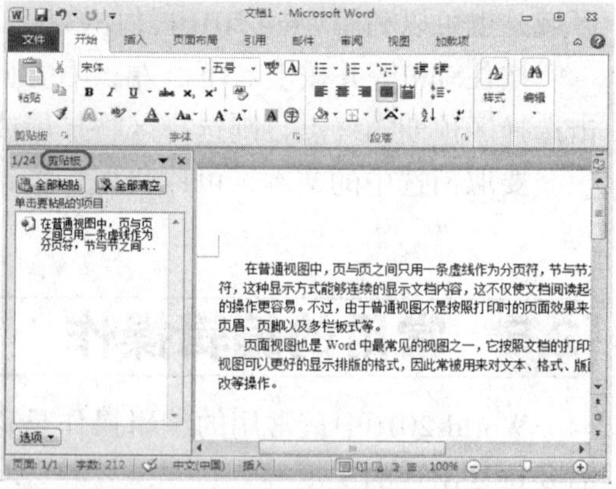

图2.25　Office 2010的剪贴板工具

当鼠标指针在其中一个剪贴项目上停留时，即可选中该剪贴项目。此时单击这个剪切项目右侧的图标，将弹出一个剪贴提示菜单，显示与这个剪贴项目粘贴或者删除操作相关的命令，如图2.26所示。要清空Office剪贴板中的全部内容，单击“剪贴板”工具栏上的“全部清空”按钮即可。

“剪贴板”任务窗口中可以显示全部或部分剪贴项目的内容和格式。在剪贴项目粘贴到当前文档中后，可进一步对剪贴项目的格式进行调整。在刚刚粘贴的剪贴项目右下方会出现一个“粘贴选项”的智能标记，单击其中的下拉按钮，即可弹出如图2.27所示的菜单。

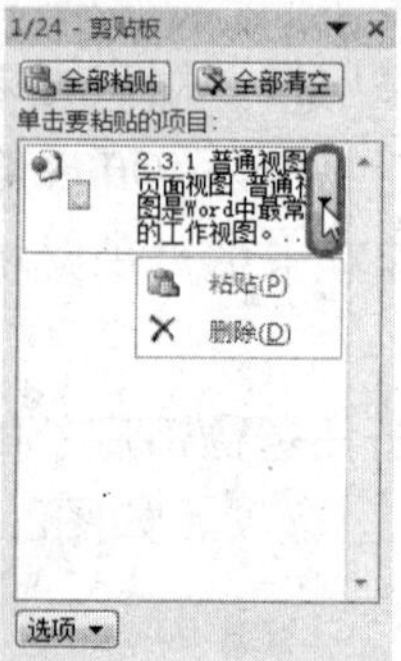

图2.26　剪贴提示

图2.27　“粘贴选项”菜单

该菜单中各选项的功能如下。

- “保留源格式”：保留粘贴项目源文档的格式。
- “合并格式”：使所粘贴的项目与当前文档格式相同。
- “只保留文本”：仅保留不带格式的纯文本。

Office剪贴板与Windows剪贴板的不同之处是，当向Office剪贴板复制多个项目时，所复制的最后一项将被复制到Windows剪贴板上。当清空Office剪贴板时，Windows剪贴板也将同时被清空。当使用“粘贴”命令时，所粘贴的是Windows剪粘板上的内容，而非Office剪贴板上的内容。

2.5.2　运用剪贴板移动或复制文本

运用剪贴板移动文本和复制文本的工作原理大致相同，不同的是，复制文本是将选中的文本信息复制到剪贴板中，并不删除所选中的内容。移动文本则是将选中的文本内容复制到剪贴板的同时，删除所选内容，形成所选内容被“剪切”的效果。

移动文本和复制文本的操作步骤基本相同，下面仅介绍复制文本的操作步骤，要移动文本，只需将以下步骤中的“复制”变成“剪切”即可。利用office剪贴板复制文本的操作步骤如下。

01 选中自己想要复制的内容。

02 选择“开始”选项卡下的“剪贴板”组，单击“复制”按钮，或单击鼠标右键，在弹出的快捷菜单中选择“复制”选项，如图2.28所示。

03 如果还要继续向剪贴板中复制其他内容，可重复步骤1、步骤2的操作。

04 将插入符移至要插入文本的新位置。

05 选择“开始”选项卡，在“剪贴板”组中单击“粘贴”按钮，或单击鼠标右键，在弹出的快捷菜单中选择“粘贴选项”，如图2.29所示，可将最后复制到剪贴板上的内容粘贴到插入符所在的位置。

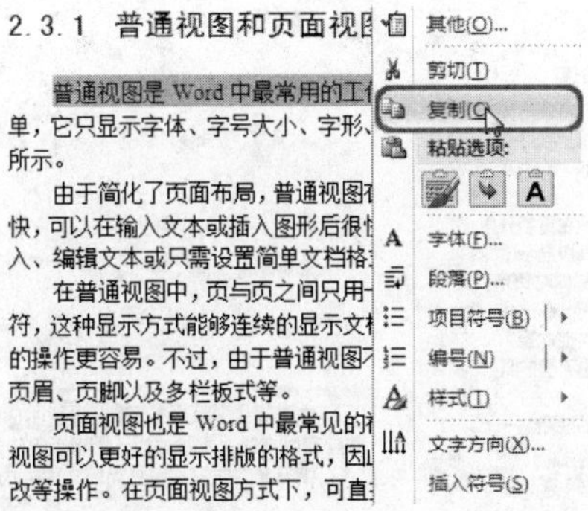

图2.28 选择“复制”选项

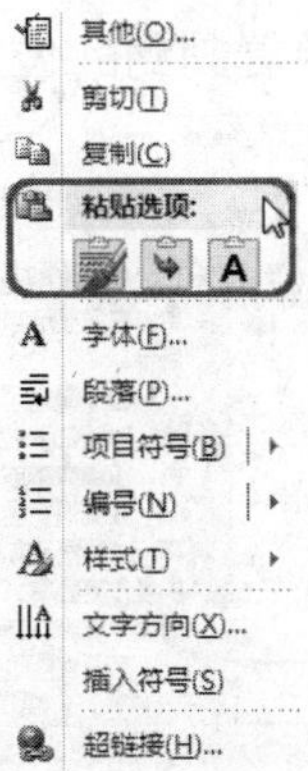

图2.29 粘贴功能

06 单击“剪贴板”任务窗口中的“粘贴”按钮，Office剪贴板中的内容将被粘贴到插入符所在位置。

07 重复步骤4至步骤6的操作，可以在多个地方粘贴同样的文本。

2.5.3 拖动鼠标移动或复制文本

当用户在同一个文档中进行短距离的文本复制或移动时，可使用拖动的方法。由于使用拖动方法复制或移动文本时不经过“剪贴板”，因此，这种方法要比通过剪贴板交换数据简单一些。用拖动鼠标的方法移动或复制文本的操作步骤如下。

01 选择需要移动或复制的文本。

02 将鼠标指针移到选中的内容上，直到鼠标指针变成形状。

03 按住鼠标左键拖动文本（如果把选中的内容拖到窗口的顶部或底部，Word将自动向上或向下滚动文档），将其拖动到合适的位置上后释放鼠标，即可将文本移动到新的位置。此时分别以 | 标志新插入符，以标识移动动作，如图2.30所示。

04 如果需要复制文本，在按住Ctrl键的同时单击鼠标左键并拖动鼠标，可将选中的文本复制到新的位置。此时分别以 | 标识新插入符，以标识复制动作，如图2.31所示，将其拖动到合适的位置上后松开鼠标，即可复制所选的文本。

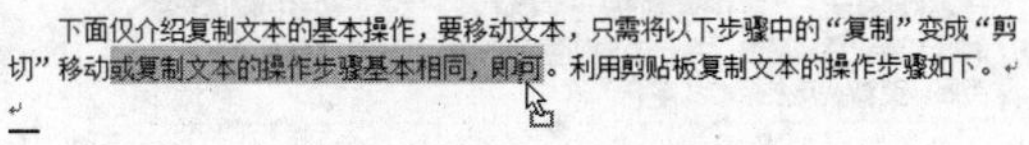

图2.30 移动文本

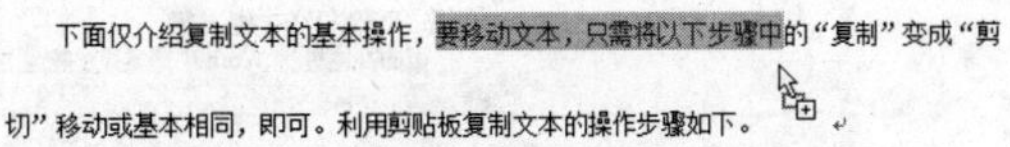

图2.31 复制文本

2.5.4 用功能键移动或复制文本

当文本需要连续做移动或复制的操作时，使用F2功能键或Shift+F2键是最好的方法，在连续操作当中可以将多处文本复制或移动到同一个位置。此方法多多练习，定会感觉到它的优越性。

1. 利用Shift+F2键复制文本

01 选中需要复制的文本。

02 按Shift+F2键，在状态栏左边将提示“复制到何处？”，如图2.32所示。

03 单击文本要复制到的位置，插入符变为虚竖线 |，如图2.33所示。

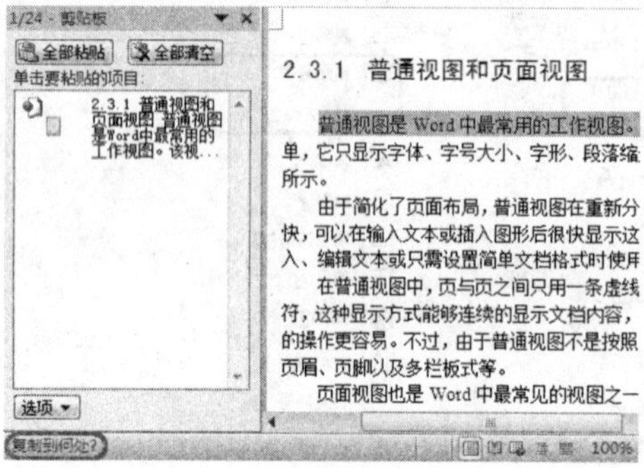

图2.32 复制到何处

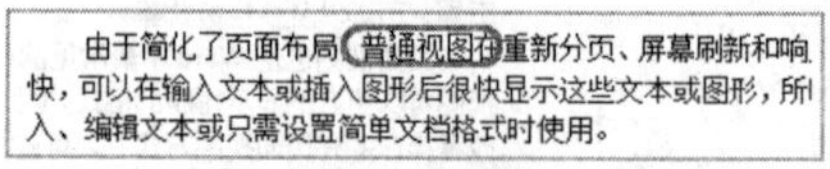

图2.33 虚竖线

04 按Enter键，即完成复制文本的操作。

如果还要复制其他内容，则按照下列步骤操作。

01 将插入符放置在要复制的文本位置。

02 按Shift+F2键。此时，状态栏左边将提示“从何处复制？”。

03 用鼠标拖动的方法选中要复制的文本，被拖动过的文本下方会出现虚线，表示文本已被选中。

04 将插入符放置到需要粘贴的位置，按Enter键，选中的文本被粘贴到插入符所在位置。

2. 利用F2键移动文本

01 选中需要移动的文本。

02 按F2键，在状态栏最左边将显示“移至何处？”，如图2.34所示。

03 单击文本要移动的位置，光标变为虚竖线“ ¦ ”，如图2.35所示。

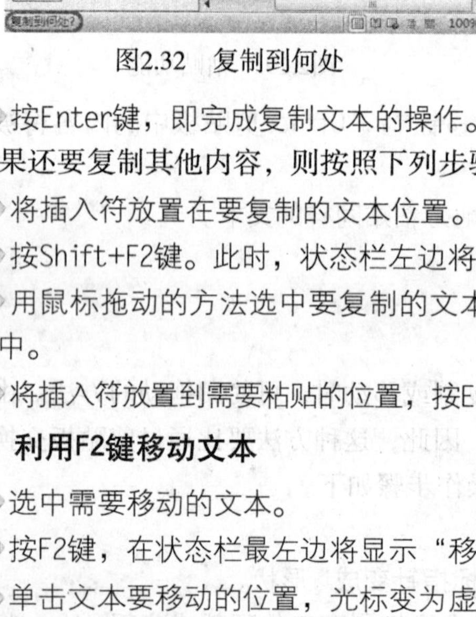

图2.34 移至何处

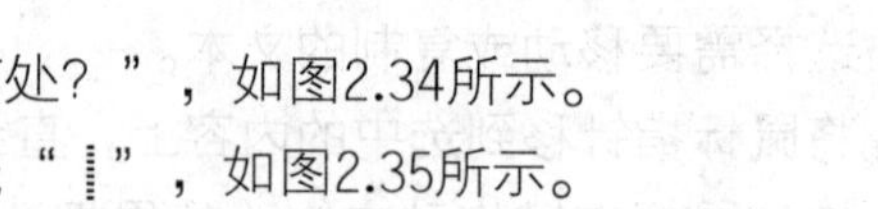

图2.35 虚竖线

04 按Enter键，即完成文本的移动操作。

如果还要移动其他文本内容，则按照下列步骤操作。

01 将插入符放置到文本要移动到的位置。

02 按F2键，此时状态栏左边将显示“从何处移动？”。

03 用鼠标拖动的方法选择要移动的文本，被拖动过的文本下方出现虚线，表示文本已被选中。

04 将插入符放置在需要移动到的新位置上，按Enter键。选中的文本被移动到插入符所在位置。

提示 此方法只能在同一个文档中进行移动或复制操作。并且移动或复制的操作必须是连续的。

2.6 浏览与定位文档

最方便的浏览文档的方式是拖动文档编辑窗口右侧滚动条上的滑块。滚动条包括向上方移动、向下方移动、前一页、选择游览对象和下一页按钮。

快速定位插入符是文档编辑的另一项基础工作。用户一般是通过浏览文档找到自己需要的位置，然后在该位置单击鼠标来定位插入符。此外，用户还可以利用查找和定位方法来定位插入符。Word不仅能够根据文档内容来查找和定位，还可根据格式（如字体、段落和样式等）和文档元素（如批注、脚注、尾注和图形等）来定位。

2.6.1 使用垂直滚动条快速浏览文档

由于文档窗口只能排列一定行数的文字，一般内容多的文档都不能在一个文档窗口内全部显示出来。用户可以根据需要拖动垂直或水平滚动条来浏览文档。

如果用屏幕滚动的方法从文档的一处移向另一处，插入符不会同时移动。在进行输入、粘贴或其他有修改性的操作前，要重新定位及查看插入符。下面介绍用鼠标进行屏幕滚动来浏览文档的基本操作方法，如图2.36所示。

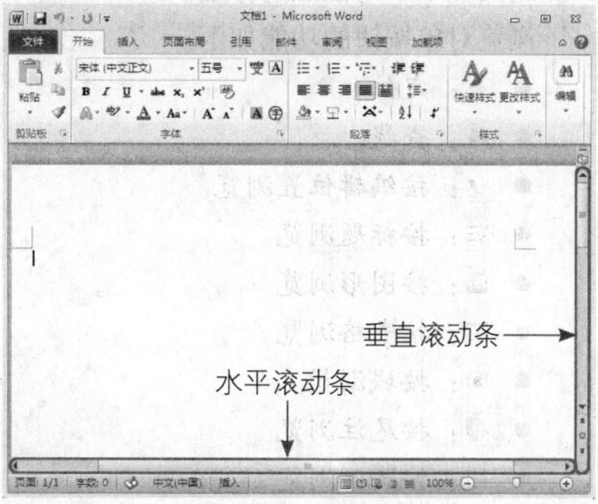

图2.36 滚动键

- 向上或向下滚动一行：单击垂直滚动条中的或。
- 向上或向下滚动一页：单击垂直滚动条下方的或。

- 向上或向下按块滚动：单击垂直滚动滑块的滚动条。
- 向上或向下连续滚动：按住垂直滚动条中的或，文档就会连续滚动，直至松开鼠标左键、遇到文件开头或结尾时方能结束。
- 滚动到指定页：拖动垂直滚动条中的滚动滑快，直到指定页。
- 向左或向右滚动：单击水平滚动条中的或。

拖动滚动滑快可以远距离地快速在文档中上下或左右移动。如果要将滚动滑块拖动到文档的准确位置是很困难的。因此，用户可以把滚动滑块拖动到所选区的附近，再用其他滚动工具进行准确定位。

提示 垂直滚动条下方的和按钮的意义可通过单击两个按钮中间的“浏览对象”按钮来进行设置，单击该按钮，从弹出的列表框中选择不同的项目，可以改变和按钮的作用，从而使用户能很容易地通过单击和按钮将插入符定位在指定的页、标题、脚注、尾注、域、表格及图形等。

2.6.2 使用浏览对象按钮

在对文档进行检查时，一般是分步骤进行的。借助浏览对象按钮，可以在浏览整个文档时，从一个浏览对象直接跳到下一个同类型的浏览对象出现的地方。按标题浏览的操作步骤如下。

01 选择文档中的一个标题，单击垂直滚动条下方的按钮，弹出如图2.37所示的列表框。

图2.37 浏览对象列表框

02 单击“按标题浏览”按钮。

03 Word会立即将插入符移至插入符下面的一个标题里。通过单击和按钮，用户可浏览到文档中不同位置的标题。

浏览对象按钮的功能如下。

- →：定位。
- ：查找。
- ：按编辑位置浏览。
- ：按标题浏览。
- ：按图形浏览。
- ：按表格浏览。
- {a}：按域浏览。
- ：按尾注浏览。
- ：按脚注浏览。
- ：按批注浏览。
- ：按节浏览。
- ：按页浏览。

2.6.3 利用键盘快速定位插入符

Word提供了许多键盘快捷键用于定位插入符。在文档中可以使用键盘快捷键滚动屏幕，也可以在滚动屏幕时移动插入符。比如，利用光标定位，按键盘中的“←”、“→”、“↑”、“↓”箭头键可以移动插入符，利用Page Down键向前翻页、Page Up键向后翻页等，利用Home键移至行首、End键移至行尾，按Ctrl+Home键移至文档首，按Ctrl+End键移至文档尾。

2.6.4 用命令设置插入符的位置

在编辑内容较多的文档时，若已知要编辑的内容在文档中的页号或者节号，可以用“定位”命令快速定位插入符到指定的行、节或页等的位置。在不分节的文档中或每一节的页号不重新开始的文档中，只需在定位选项卡中输入需要的页号，Word将很快地定位插入符到指定页第一行的起始处。使用“定位”命令的基本操作步骤如下。

01 按F5键或单击“选择浏览对象”按钮，在弹出的列表框中单击“定位”按钮→，均可打开如图2.38所示的“查找和替换”对话框。

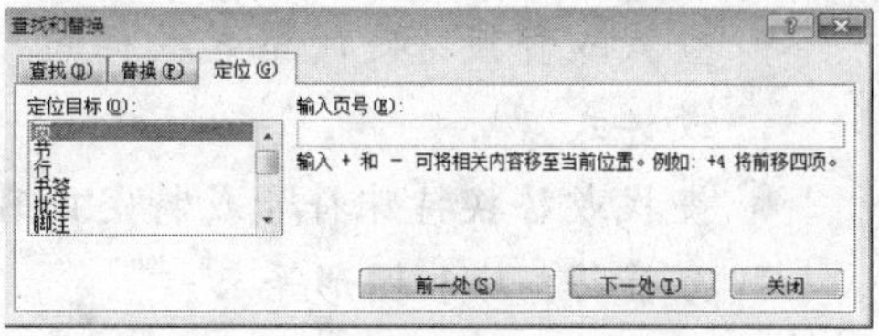

图2.38 “查找和替换”对话框

02 在“查找和替换”对话框中选择“定位”选项卡，并在右侧的文本框中输入要定位的具体值。如果不输入具体值，则插入符将在选定的定位目标之间移动。

03 单击“前一处”、“下一处”或“定位”（指定具体值时，“前一处”按钮被禁止，“下一处”按钮的提示变为“定位”）按钮或按回车键，Word将插入符移至指定的位置。

使用“定位”命令移动文档时，可以直接移动到某个指定的位置，也可以在选定的某种定位目标之间的前、后移动。例如，若在“选择目标”列表中选择“图形”，且不指定图形编号，则单击“上一处”或“下一处”按钮可在各图形间移动。如果在“输入图形编号”框中输入8，Word会将插入符移至文档中的第8个图形。如果在框中输入-1，则从当前位置起向后移动一个图形。如果在框中输入+1，则从当前位置起向前移动一个图形。

提示 单击“关闭”按钮或按Esc键，可关闭“查找和替换”对话框。

如果文档是按节编页号的，且各页之间页号不连续，当需要利用“定位”命令定位插入符时，需要在编辑框中指定节号（以“i”打头，比如，若选定定位目标为“节”，并在编辑框中输入“4i6”，表示将插入符定位到第6节的第4页）。此外，用户也可以在“滚动列表”中选定“页”，然后输入想要的页号以进入指定的页。

2.6.5 回到原位置编辑

在进行编辑时，有时需要从文档的某一位置跳到同一文档的另一位置。或者，同时打开了两个不同的文档，可能经常要从一个文档移到另一个文档。

Word会在“返回”列表中记录下用户最后三处的编辑位置和当前插入符的位置。通常，只有当插入符处进行了编辑修改，才将其加入到“返回”列表中，如果只是简单地将插入符移动到文档的某一位置，是不会加到“返回”列表中的。使用“返回”功能可快速移到这些编辑点。简单地重复按Shift+F5键或Ctrl+Alt+Z键，可使用户在最后三个插入符位置之间循环。

2.7 查找和替换

查找与替换是字处理程序中一个非常有用的功能。Word允许对文字甚至文档的格式进行查找和替换，使查找与替换的功能更加强大有效。Word强大的查找和替换功能，使得在整个文档范围内进行枯燥的修改工作变得十分迅速和有效，查找和替换命令可进行的主要工作包括以下内容。

- 查找或替换特定的格式或样式：如制表位格式、边框格式、语言格式、图文框格式或样式。
- 查找或替换特殊符号或特定内容：如段落标记、制表符、连字符、脚注引用标记、分节符、域和图形等。
- 查找或替换单词的各种形式：如以“Standing”替换“Better”，以“Better”替换“Standing”。
- 删除文本：找到要删除的文本，并用空格来替换，可删除要删除的文本。

2.7.1 设置搜索规则

执行查找和替换操作时应先确定搜索规则，Word会严格地按照要求执行“查找”工作。只有充分理解每个查找选项，才能给Word准确的查找指示。这里，我们将“找到符合查找条件的内容”称为“与查找条件相匹配”。

要设置搜索规则，可单击“开始”选项卡中的“编辑”按钮，在弹出的下拉菜单中单击“查找”右侧的下三角按钮，在弹出的子菜单中选择“高级查找”选项，或在弹出的下拉菜单中单击“替换”按钮，打开“查找和替换”对话框，然后单击“更多”按钮，将该对话框的折叠部分展开，如图2.39所示。

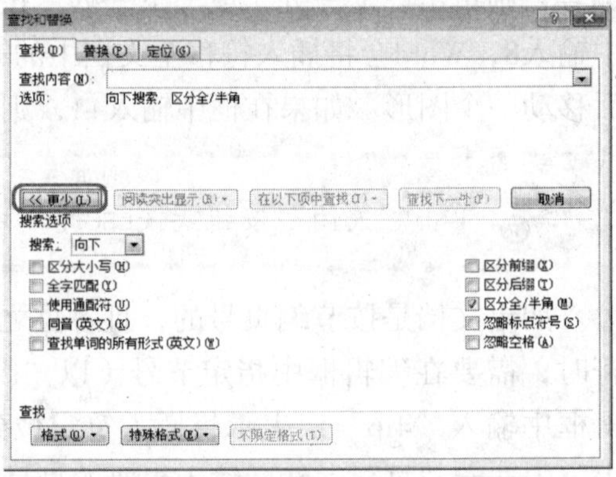

图2.39 “查找和替换”对话框

确定搜索规则包括如下内容。

（1）设置查找内容：Word将以前执行过的最后7个“查找”内容显示在“查找内容”下拉列表框中。

（2）设置搜索范围：搜索范围可以是整个文档或选中的部分文档。

（3）设置搜索复选框：在对话框中的搜索选项区有10个复选框，通过设置不同的复选框可以扩大或缩小搜索范围。各复选框的意义如下。

- “区分大小写”：该复选框的意义十分明确，即在查找时区分字母的大小写。例如，查找Cxz和CXZ将得到不同的查找结果。
- “全字匹配”：适用于英文，只查找完全符合条件的英文单词。例如，若输入“men”作为查找文本，则只查找该单词，而跳过women等单词。
- “使用通配符”：所谓通配符是指可以匹配其他字符的字符，例如，利用“？”可匹配任意字符，输入“m？n”表示查找men、man、min等。
- “同音（英文）”：表示同时查找发音相同，但拼写不同的单词。
- “查找单词的所有形式（英文）”：表示查找所输入单词的复数、过去式等不同形式。
- “区分前缀”与“区分后缀”：表示搜索时忽略与当前所要查找单词不同前缀或后缀的单词。如要搜索“men”，那么在选择“区分前缀”选项后，women就不会被查找到。
- “区分全/半角”：查找时区分全角和半角字符，这主要是针对英文字符而言的。
- “忽略标点符号”：表示搜索时，那些与查找内容相同，但其中带有标点符号的内容，也计入查找结果。如要查找“掩耳盗铃”，那么“掩耳，盗铃”也会被搜索到。
- “忽略空格”：与“忽略标点符号”选项相似，表示搜索时，那些与查找内容相同，但其中带有空格的内容，也计入查找结果。如要查找“掩耳盗铃”，那么“掩耳 盗铃”也会被搜索到。

2.7.2 查找

查找功能只用于在文本中定位，而对文本不做任何修改。查找文本有以下几种基本操作方式。

查找无格式字符：此时可按上面介绍的方法设置搜索规则。

查找带格式字符：例如，用户可以查找所有二级标题样式的文本。

查找特殊格式字符：用户可查找制表符、段落标记、图形和分栏符等特殊字符。

1．查找无格式字符

01 单击“开始”选项卡中的“编辑”按钮，在弹出的下拉菜单中单击“查找”右侧的下三角按钮，选择其中的“高级查找”选项，或单击下拉菜单中的“替换”按钮，打开“查找和替换”对话框。

02 在“查找和替换”对话框中选择“查找”选项卡，可直接在“查找内容”编辑框中输入文字或通配符来进行查找。此时，“不限定格式”按钮呈暗灰色禁用状态，而“格式”和“特殊格式”按钮可用。

03 设定搜索内容和搜索规则后，单击“查找下一处”按钮。Word将按搜索规则查找指定的文本，并用蓝色底纹显示找到的一个符合查找条件的内容，如图2.40所示。

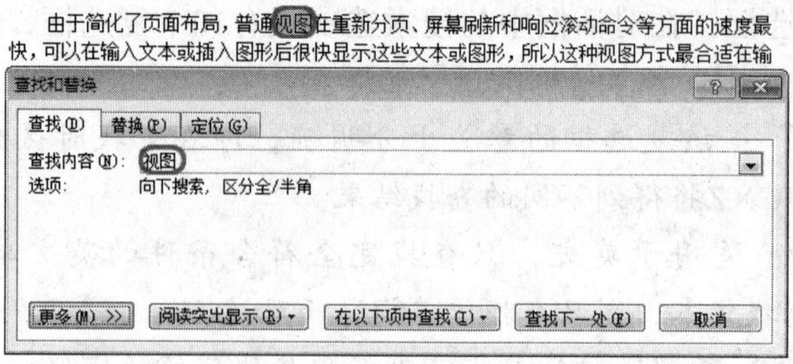

图2.40　查找文本

如果想继续查找，可重复单击“查找下一处”按钮。若想终止查找工作，单击“取消”按钮，就可以关闭“查找和替换”对话框，并返回到原文档中。

注意 Word中的“查找和替换”对话框又称伴随对话框。一般情况下，只有关闭了伴随对话框后才能继续编辑文本。但“查找和替换”对话框不同，用户只要在文档中单击鼠标，即可在不关闭该对话框的情况下编辑和滚动文档。

---

2. 查找格式文本

查找有格式的文本的方法是在查找无格式文本的步骤中加入对查找内容格式的设置。下面以查找字体为宋体、字形为倾斜、颜色为黄色的单词“Word”为例，讲解如何设置有特定格式的文本的搜索规则，具体操作步骤如下。

01 选择“开始”选项卡下的“编辑”组，在弹出的下拉列表中选择“查找”→“高级查找”命令或“替换”命令，打开“查找和替换”对话框。单击“查找”选项卡，并单击“更多”按钮，将对话框中的折叠部分展开。

02 在“查找内容”列表框中输入要查找的内容，如“Word”。

03 单击“格式”按钮，从弹出的下拉列表中选择“字体”选项，如图3.41所示。

04 打开“查找字体”对话框，在该对话框中，设置“中文字体”为“宋体”，“字形”选择“倾斜”，“字体颜色”选择“黄色”，如图2.42所示，最后单击“确定”按钮，返回到“查找和替换”对话框。

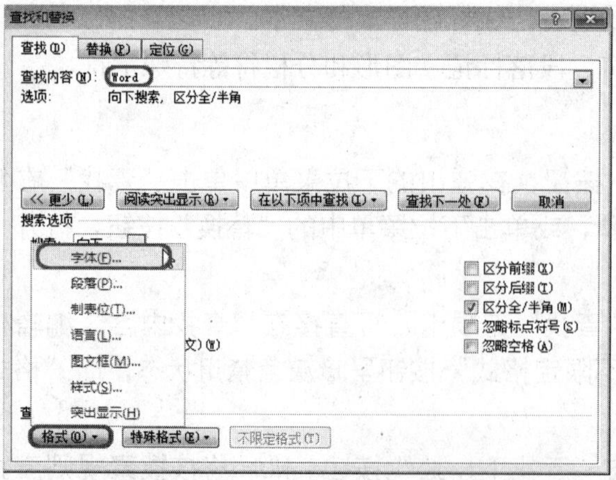

图2.41　选择“字体”命令

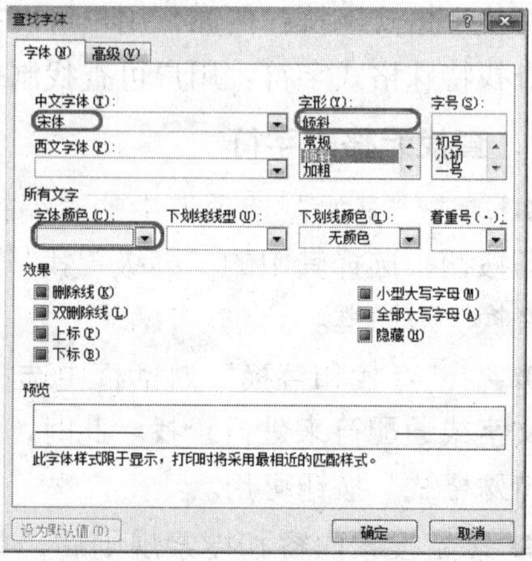

图 2.42　设置字体

05 单击“查找下一处”按钮，开始查找工作，Word只把文档中与设置格式相同的文本“Word”查找到。

提示 要取消格式设置，可单击“不限定格式”按钮。此外，如果设定了格式，用户可不输入具体内容，例如，保持“查找内容”编辑框为空，且设定查找格式为样式“标题3”，则可查找所有此样式的标题。

3. 查找特殊字符

在Word中，除了可以查找文本和格式之外，还可以查找特殊字符，如不间断空格、段落标记等。单击“开始”选项卡中的“编辑”按钮，在弹出的下拉菜单中单击“查找”右侧的下三角按钮，在弹出的子菜单中选择“高级查找”选项，或在弹出的下拉菜单中单击“替换”按钮，打开“查找和替换”对话框。单击“查找”选项卡，并单击“更多”按钮，将对话框中的折叠部分展开。使用“特殊格式”下拉列表对于输入某种特殊字符是很方便的，用户只需将插入符置于“查找内容”列表框中，然后单击“特殊格式”按钮，即可从弹出的下拉列表中选择所需要的字符，如图2.43所示。

在“查找内容”文本框中可合并输入常规文本和特殊字符。例如，我们要查找的文本带有省略号，用户只需在“查找内容”文本框中输入文本，然后单击“特殊格式”按钮，在弹出的列表中选择两次省略号即可，如图2.44所示。

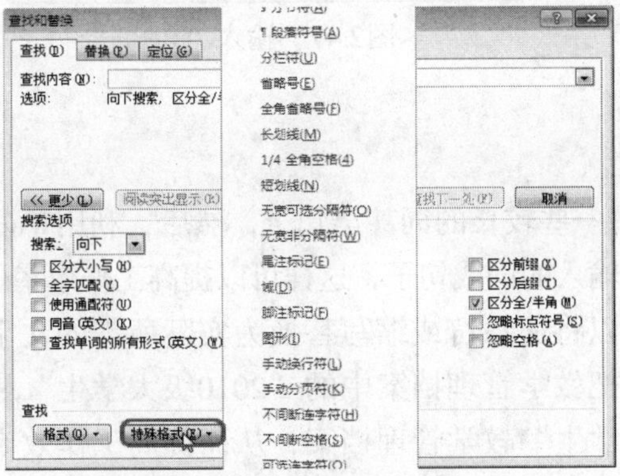

图 2.43　单击“特殊格式”按钮

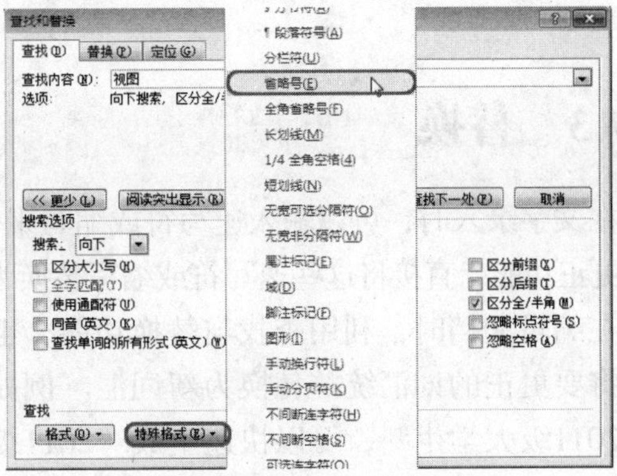

图 2.44　选择“省略号”

4. 查找空白区域

如果用户需要查找两个在一起的单词，如Standing Better，而文档中的这两个单词有可能是用不间断空格（中文空格）来分隔的，亦或是单词之间间隔了两个空格。在这种情况下，用户将查找不到Standing Better，为了能正确地查找到Standing Better，用户可按照下列操作步骤进行查找。

01 在“查找内容”文本框中先输入“Standing”，然后不要碰空格键，如图2.45所示。

02 单击“特殊格式”按钮，在弹出的列表中选择“空白区域”选项。“空白区域”代码“^w”将出现在Standing旁，如图2.46所示。

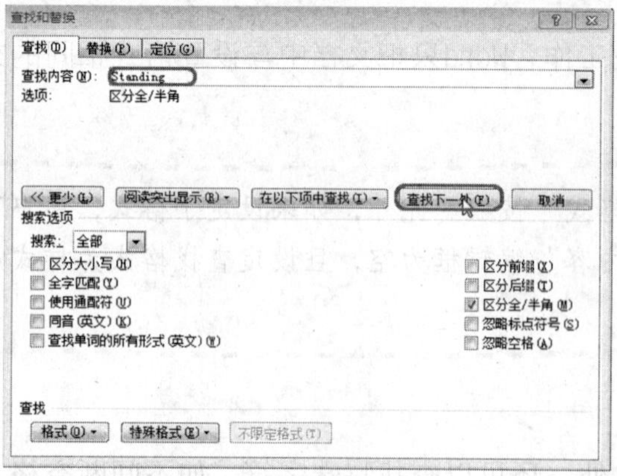

图2.45　输入“Standing”

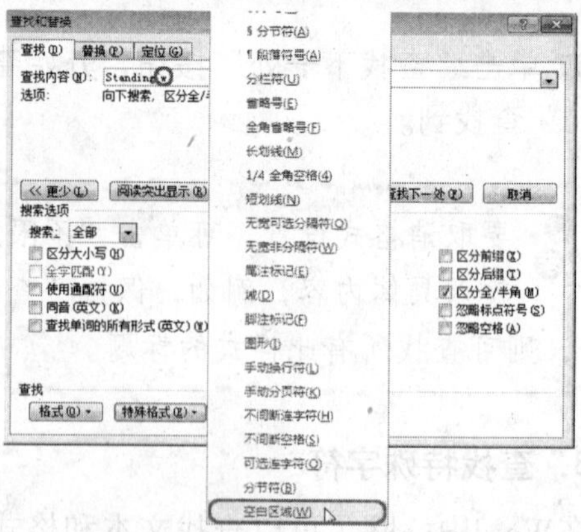

图2.46　选择“空白区域”选项

❸ 然后再输入“Better”，如图2.47所示。此时用户的搜索串将是“Standing ^wBetter”，这样就能正确地进行查找了。

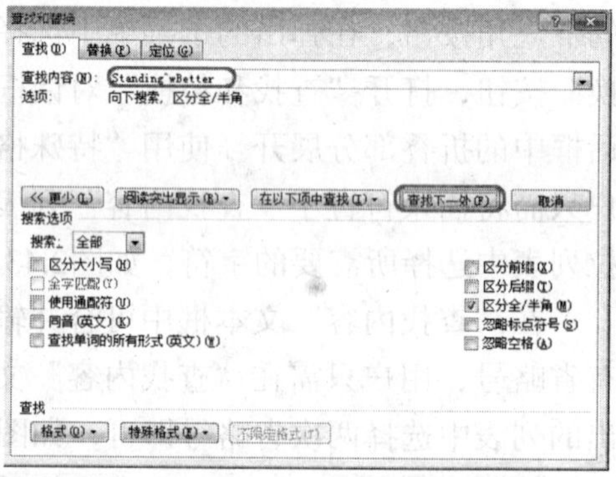

图2.47　输入“Better”

2.7.3　替换

在文字录入时，可以输入速写符或缩写来代替一些较长的词甚至句子，然后，利用Word的自动更正功能，直接将这些速写符或缩写替换为要输入的词或句子，这样可以提高工作效率。

在编辑文档时，利用查找与替换功能，也可以将速写符或缩写替换为实际所需的文字，或者将要更正的词汇统一替换为新词汇。例如，把教学管理档案中的“2010级大学生”替换成“2011级大学生”，可以快速生成“2011级大学生”教学管理档案，从而提高工作效率，节省时间。

1．无格式替换

替换操作的思路是找到以前的内容并删除它，再输入想要的新内容，以新内容替代以前的内容。最简单快捷的替换操作是选中需要修改的内容，然后直接输入新内容，不过这样的操作方式一次就能替换一个对象。要想一次替换多个相同的内容，就要使用Word的替换功能。查找并替换的基本操作步骤如下。

❶ 选择“开始”选项卡中的“编辑”组，在弹出的下拉列表中选择“替换”选项，打开“查找和替换”对话框。

❷ 指定搜索范围和搜索方向。

❸ 在“查找内容”列表框中输入要查找的文本内容，在“替换为”列表框中输入要替

换的文本内容，如图2.48所示。

04 单击“查找下一处”按钮。当找到第一个查找对象时，Word将以蓝色底纹显示要替换的内容，如图2.49所示。

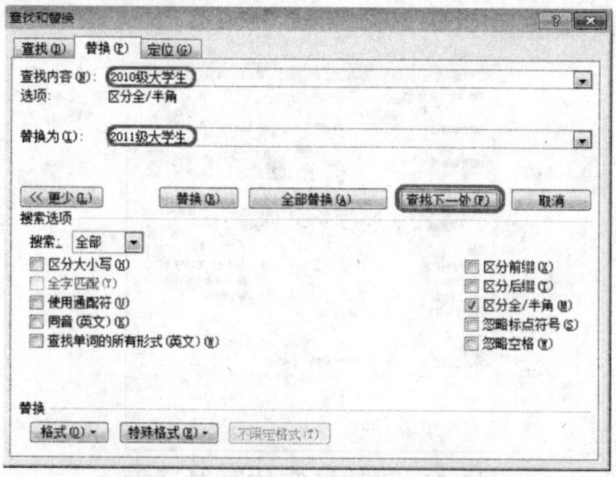

图2.48　需要替换的内容

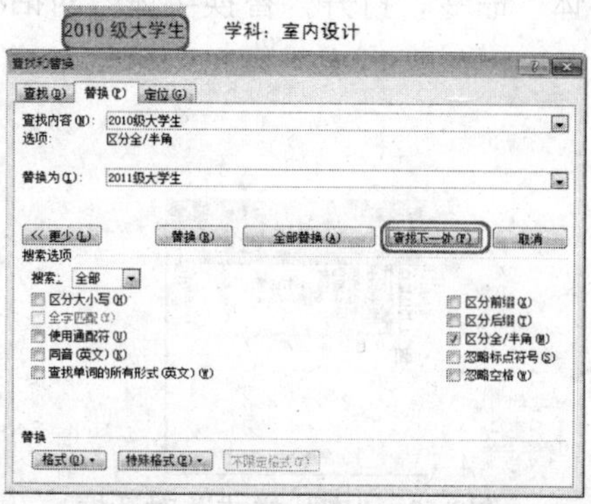

图2.49　显示要替换的内容

05 单击“替换”或“全部替换”按钮后，Word按照搜索规则开始查找和替换。如果单击“全部替换”按钮，则Word自行查找并替换符合查找条件的所有内容，直到完成全部替换操作；如果单击“替换”按钮，则Word用蓝色底纹逐个显示符合查找条件的内容，并在替换前让用户确认。用户可以有选择地进行替换，对于不需要替换的文本，可以单击“查找下一处”按钮，跳过此处。

06 替换完毕后，Word会出现一个对话框，表明已经完成文档的替换，单击“确定”按钮，关闭对话框。

2. 替换格式

如果文档中的所有4级标题都已设置成“隶书”，现又要将其更改为“宋体”，一种方法是通过修改样式来实现，另外一种方法便是利用“查找和替换”命令来完成。其操作步骤如下。

01 选择“开始”选项卡中的“编辑”组，在弹出的下拉列表中“替换”选项，打开“查找和替换”对话框。在对话框中，分别清除“查找内容”列表框中和“替换为”列表框中的内容，如图2.50所示。

02 将插入符置于“查找内容”列表框中，单击“格式”按钮，并从弹出的列表中选择“样式”命令，如图2.51所示。

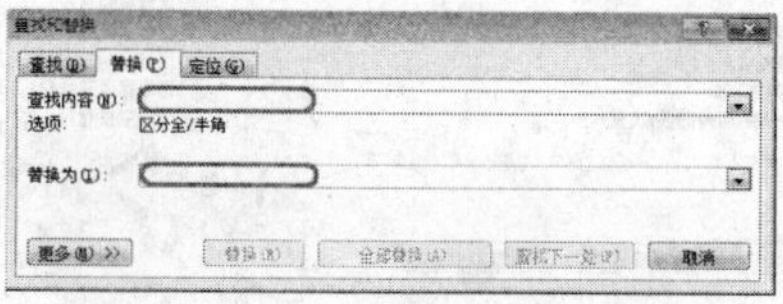

图2.50　列表框

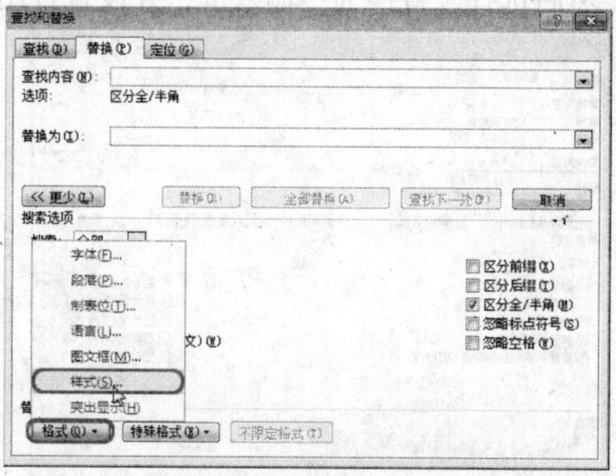

图2.51　选择“样式”命令

03 打开“查找样式”对话框，如图2.52所示。在“查找样式”对话框中的“查找样式”列表中选择“标题4”，然后单击“确定”按钮，返回到“查找和替换”对话框。

04 将插入符置于“替换为”列表框中，然后单击“格式”按钮，并从弹出的列表中选取“字体”命令，打开“替换字体”对话框，如图2.53所示。

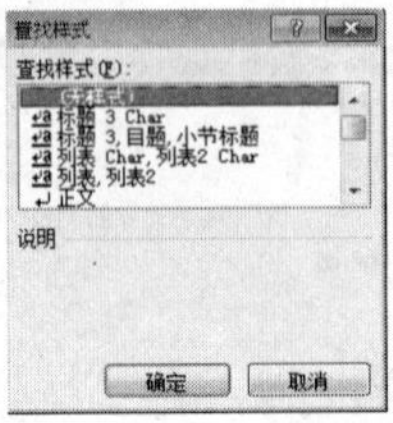

图2.52 “查找样式”对话框

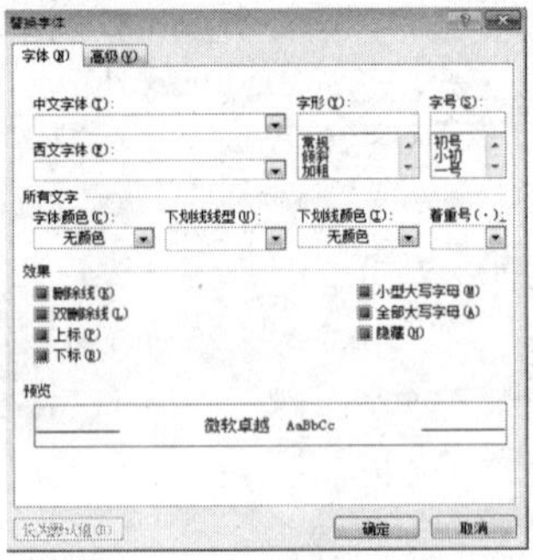

图2.53 “替换字体”对话框

05 在“替换字体”对话框中的“中文字体”下拉列表中选择“宋体”，单击“确定”按钮，返回到“查找和替换”对话框。

06 单击“全部替换”按钮，即可完成替换操作，或单击“替换”按钮，一步一步地进行替换。

提示 应确保非替换格式设置为空。例如，用户不能在本例中设置字形和字号等内容，如误选了这些项目，应将其删除。

3. 组合替换

搜索和替换有时候需要用一些规则约束，以达到特殊的要求。例如，假设要将文档正文中出现的“Standing Better”变为斜体，但不改变该句子出现在标题、目录和索引中的格式。为此，用户可以在“查找内容”框中输入“Standing Better”，然后在“替换为”框中指定“倾斜”字体格式，如图2.54所示。

特定文本格式或文本和格式的组合也可以改变。要改变特定文本的格式，可在“查找内容”和“替换为”文本框中输入用户想要改变的文本。单击“查找内容”输入框，并选取带格式文本的类型，然后选择“替换为”输入框，并设置好用户所需的文本格式类型，如图2.55所示。

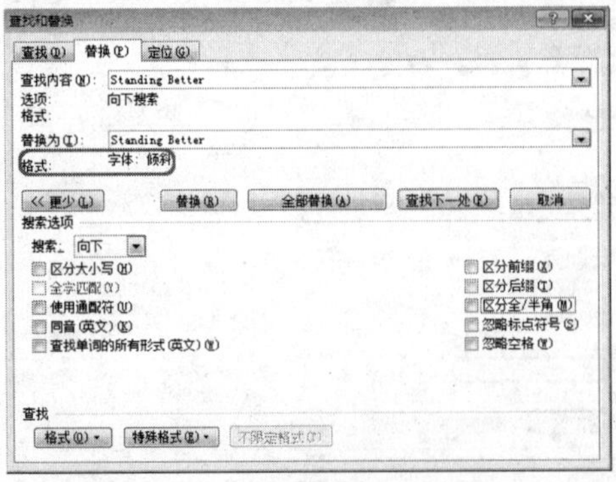

图2.54 倾斜字体格式

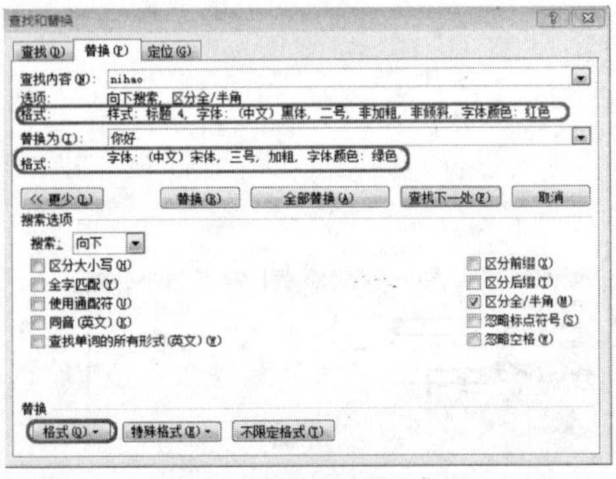

图2.55 文本格式

4. 查找和替换单词的各种形态

在查找和替换单词时，Word可以同时查找和替换单词的各种形态（只限于英语单词）。

- 名词的单数和复数形态：例如，如果设定了用“Man”替换“Woman”，则“Men”将替换“Women”。
- 形容词的比较级：例如，如果设定了用“Worse”替换“Better”，则“Worst”将替换“Best”。
- 动词的时态：例如，如果设定了用“Stand”替换“Sit”，则“Standing”将替换“Sitting”，“Stood”将替换“Sat”。

要避免单词的二义性，例如，单词“Saw”既可能是名词，也可能是动词，如果用户输入“Saw”，Word很难区分它是名词还是动词，因此，如果要查找动词“Saw”，可以在“查找内容”列表框中输入“Sawing”；如果要查找名词“Saw”，可以在“查找内容”列表框中输入“Saws”。

2.8 实战操作

上面介绍了Word 2010的操作基础知识，为了让读者更好地理解本章内容，下面做一个案例来贯穿本章。

2.8.1 制作个人简历

本节将重点讲述使用Word 2010制作个人简历的方法。通过制作个人简历，不仅能够学习到有关Word 2010的基本操作，而且还可以掌握一些制作技巧，使用户对Word 2010有一个更直观、更具体的认识，如图2.56所示。

个人简历

姓名:	霍金娟	性别:	女	
年龄:	23	出生年月:	1989.01.20	
民族:	汉	政治面貌:	团员	
籍贯:	山东济南			
联系方式				
联系电话: QQ: E-mail:	15589130389 653680221 653680221@qq.com			
学历情况				
专业: 学历: 毕业学校: 毕业时间: 业余爱好:	计算机图形图像处理 大专 德州职业技术学院 2011年6月 听歌、逛街、上网……			
获奖情况				
获得2009-2010年度奖学金 在校期间，获得“国家计算机等级考试二级”证书设计				
工作经历				
2010暑假期间打工 2010年十一月份实习				
求职意向				
平面设计、室内设计等				

图2.56 个人简历效果

1．输入简历文本

01 启动Word 2010，系统将自动新建一个空白文档，如图2.57所示。

02 在编辑区中输入文本，输入姓名、性别、年龄、联系方式、学历情况等，具体内容可根据自己的情况来定，如图2.58所示。

图2.57　空白文档

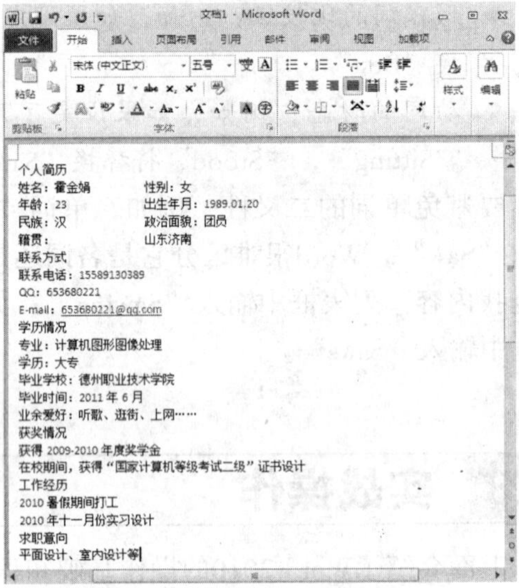

图2.58　输入完文字后的简历

2．更改段落格式及文本格式

01 根据简历中现有的内容进行分类，将姓名、性别、年龄、出生年月、政治面貌、民族和籍贯分为一类；将联系方式分为一类；将学历情况分为一类；将求职意向分为一类……整理划分段落之后的简历如图2.59所示。

02 选中所有的文本，将"字体"设置为"黑体"，"字号"为"五号"，如图2.60所示。

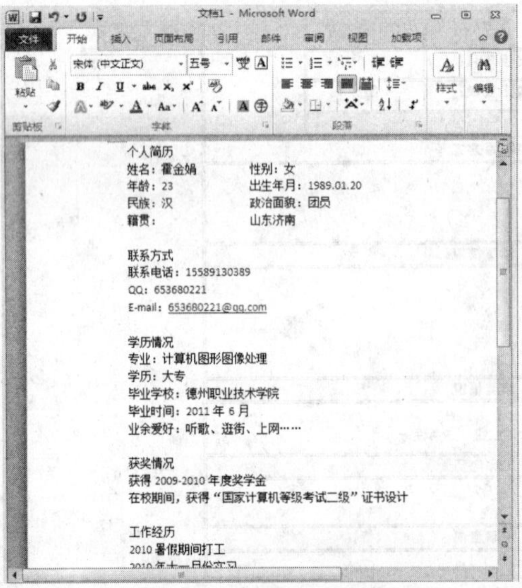

图2.59　整理后的个人简历

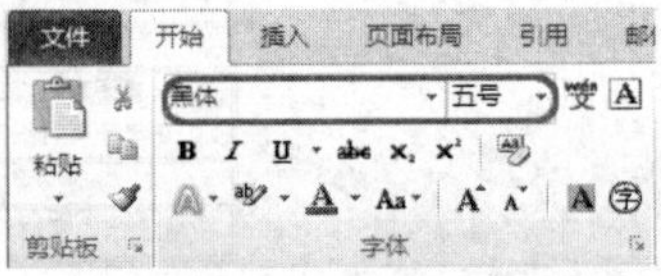

图2.60　设置字体

提示 在输入文字和划分段落时，会遇到换行问题。一般情况下，使用回车键进行换行操作。在本例的制作中，应用到了另一种换行方式——Shift+Enter键。这种换行的换行符显示为↓，而直接使用回车键的换行符显示为↵。这两种换行方式的区别在于，直接使用回车键换行时，上一行和下一行之间并没有连带关系，可以认为是并列关系。而使用Shift+Enter键换行时，其上一行和下一行之间存在一定的连带关系。

3. 插入表格

01 选择“插入”选项卡中“表格”下拉列表框中的“插入表格”选项，如图2.61所示。

02 在弹出的“插入表格”对话框中，将“表格尺寸”选项组中的“列数”和“行数”分别设置为2和14，设置完成后单击“确定”按钮，如图2.62所示。

图2.61 插入表格

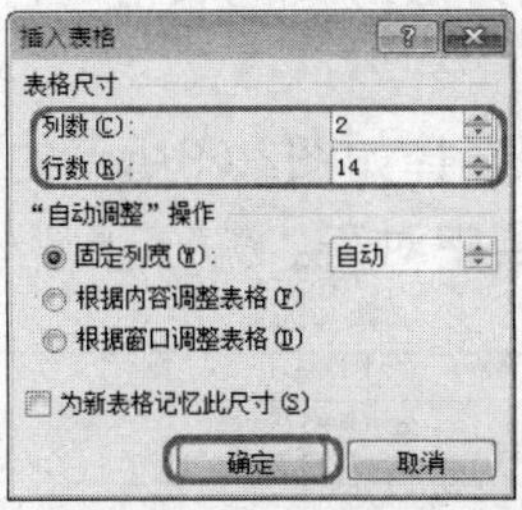

图2.62 设置“列数”和“行数”

03 添加完表格后，将文字内容添加到表格中，完成后的效果如图2.63所示。

04 选择文本“个人简历”，将字体设置为“方正大黑简体”，将字体大小设置为“小四”，单击“居中对齐”按钮，将选择的文本居中对齐，如图2.64所示。然后选择表格对象，单击“开始”选项卡中“段落”组中的“居中”按钮，将表格对象居中对齐，如图2.65所示。

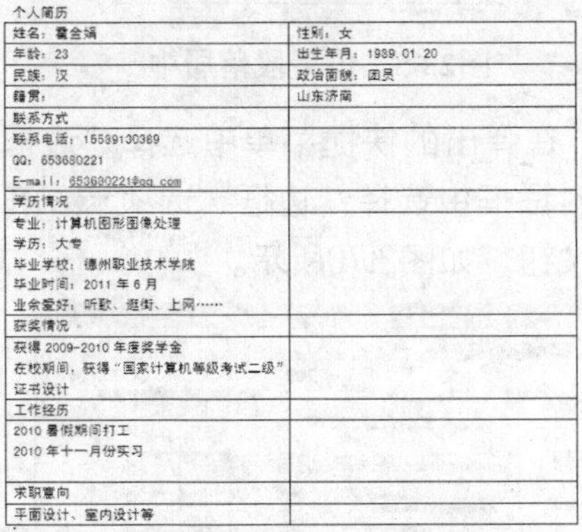

个人简历

姓名：霍金娟	性别：女
年龄：23	出生年月：1989.01.20
民族：汉	政治面貌：团员
籍贯：	山东济南
联系方式	
联系电话：15589130369 QQ：653680221 E-mail：653680221@qq.com	
学历情况	
专业：计算机图形图像处理 学历：大专 毕业学校：德州职业技术学院 毕业时间：2011 年 6 月 业余爱好：听歌、逛街、上网……	
获奖情况	
获得 2009-2010 年度奖学金 在校期间，获得“国家计算机等级考试二级” 证书设计	
工作经历	
2010 暑假期间打工 2010 年十一月份实习	
求职意向	
平面设计、室内设计等	

图2.63 添加完内容的表格

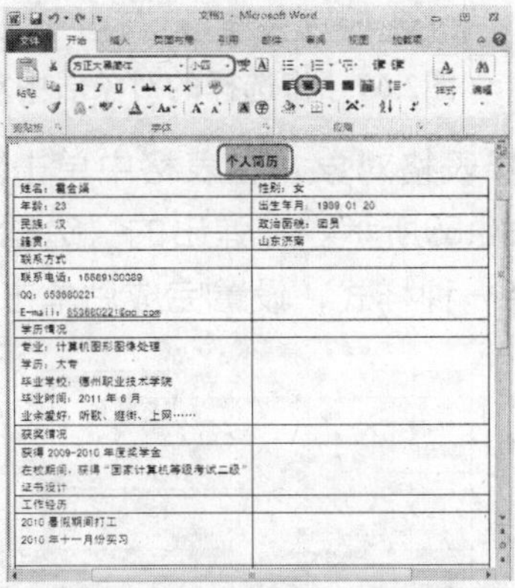

图2.64 设置“个人简历”字体样式

05 在简历中选择第一个表格对象，单击鼠标右键，在弹出的快捷菜单中选择“拆分单元格”命令，弹出“拆分单元格”对话框，在该对话框中，将“列数”和“行数”分别设置为2和1，设置完成后单击“确定”按钮，拆分选中的单元格，如图2.66所示。

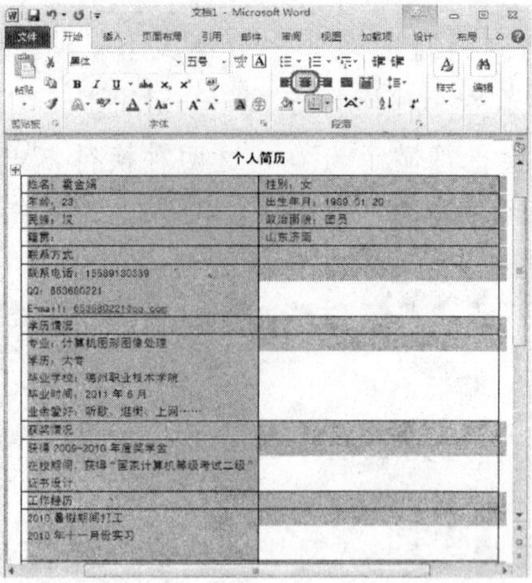

图2.65　将表格居中对齐

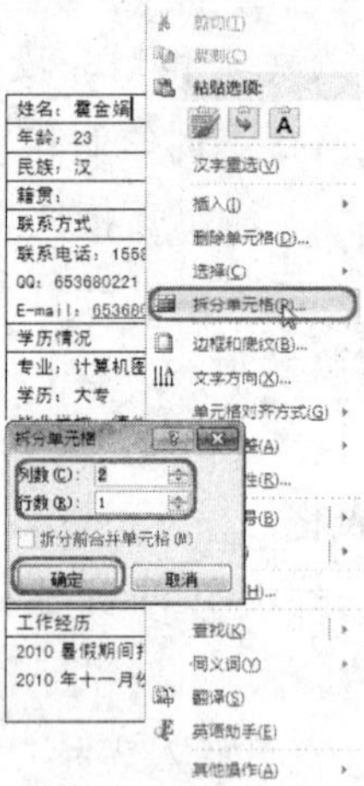

图2.66　拆分单元格

06 使用同样的方法对其他表格进行拆分和合并，然后适当地调整简历内容，制作后的效果如图2.67所示。

07 在简历中，选择如图2.68所示的对象，单击“开始”选项卡中“段落”组中的按钮，将选择的对象居中对齐。

图2.67　将选择的对象居中对齐

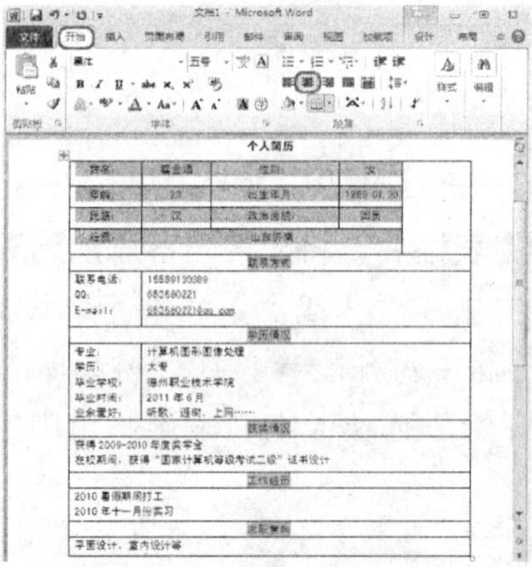

图2.68　设置段落居中

08 选择表格对象，在表格中单击鼠标右键，在弹出的快捷菜单中选择“边框和底纹”命令，如图2.69所示。在弹出的“边框和底纹”对话框中选择“边框”选项卡，在“样式”列表中选择一种样式，设置完成后单击“确定”按钮，如图2.70所示。

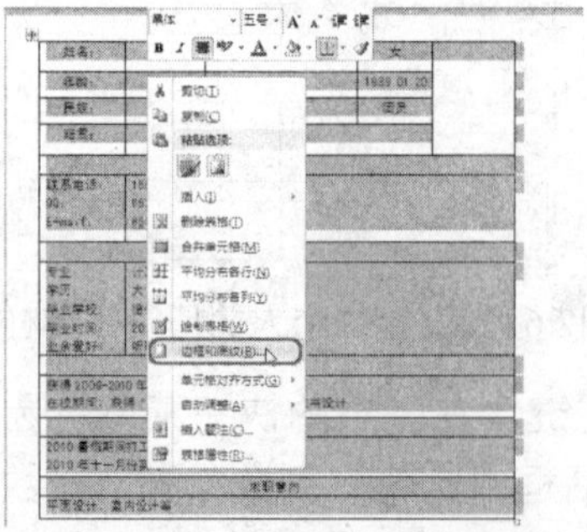

图2.69　右击选择边框和底纹

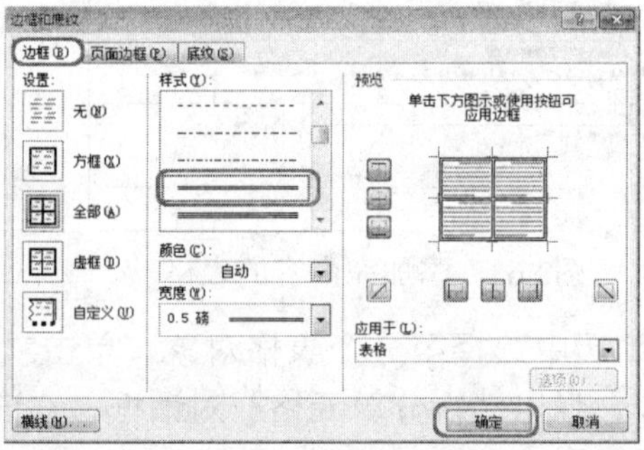

图2.70　设置边框样式

4．添加底纹

01 在简历中选择如图2.71所示的表格，单击鼠标右键，在弹出的快捷菜单中选择“边框和底纹”命令。

02 在弹出的“边框和底纹”对话框中选择“底纹”选项卡，在“填充”区域中单击按钮，在弹出的下拉列表中选择“其他颜色”选项，弹出“颜色”对话框，选择“自定义”选项卡，并将红色、绿色和蓝色的色值分别设置177、247和253，如图2.72所示。

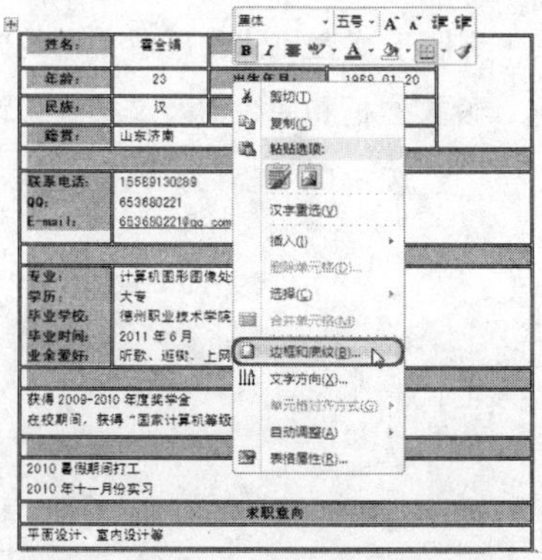

图2.71 右击选择边框和底纹

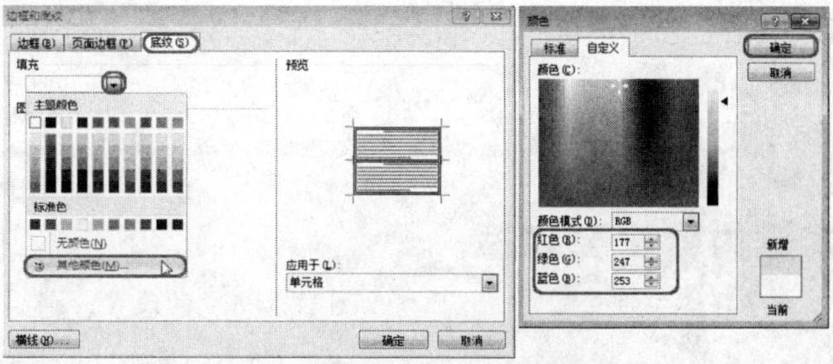

图2.72 设置底纹颜色

03 设置完成后，单击“确定”按钮，为选择的单元格添加底纹，最终效果如图2.73所示。

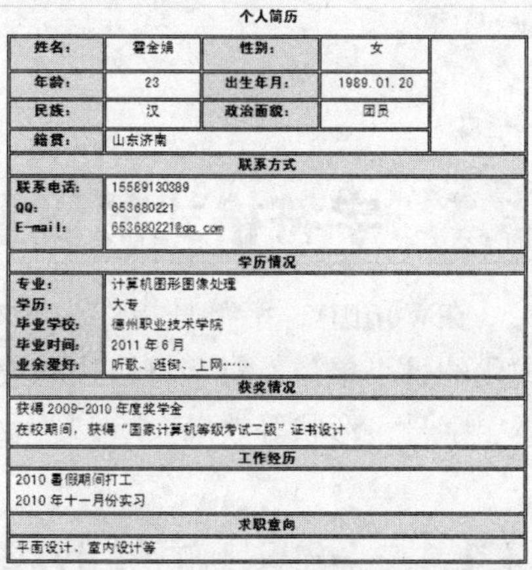

个人简历

姓名：	霍金娟	性别：	女
年龄：	23	出生年月：	1989. 01. 20
民族：	汉	政治面貌：	团员
籍贯：	山东济南		
联系方式			
联系电话： QQ: E-mail:	15589130389 653680221 653680221@qq.com		
学历情况			
专业： 学历： 毕业学校： 毕业时间： 业余爱好：	计算机图形图像处理 大专 德州职业技术学院 2011 年 6 月 听歌、逛街、上网……		
获奖情况			
获得 2009-2010 年度奖学金 在校期间，获得“国家计算机等级考试二级”证书设计			
工作经历			
2010 暑假期间打工 2010 年十一月份实习			
求职意向			
平面设计、室内设计等			

图2.73 添加底纹后的效果

2.9 练习

1．填空题

（1）在文档中输入文本的基本操作包括________、________、________或________等。

（2）________是文档进行信息传输的中间媒介，是将信息传送到其他文档或其他程序的一个通道。

2．问答题

（1）新建文档有哪些方法？

（2）举例说明几种常用的选择区域的方法？

第3章 Word文档的基本操作

本章要点

给文档设置必要的格式，可使文档具有更加美观的版式效果，更便于读者阅读和理解文档的内容。本章主要介绍设置字体、设置段落格式、使用项目符号和编号、设置边框和底纹以及文档背景设置等内容。

本章内容主要包括

- 字符格式的设置
- 段落格式的设置
- 项目符号和编号的使用
- 美化Word文档

go>>

3.1 字符格式的设置

在Word中，字符是指作为文本输入的汉字、字母、数字和标点符号等。字符是文档格式化的最小单位。对字符格式的设置决定了字符在屏幕上或打印时的形式。字符格式包括字体、字号、形状等效果。

3.1.1 字体、字号的设置

如果用户在输入文本之前没有设置格式，则输入文本的时候，Word将按照默认格式进行设置。

1. 字体设置

Windows操作系统为用户提供了一些常用的中、英文字体。不同的字体有不同的外观形态，一些字体还可带有自己的符号集。

如果需要设置字体，单击“开始”选项卡的“字体”组右下角的按钮，弹出如图3.1所示的“字体”对话框。如果用户需要设置中文字体，单击“字体”选项卡中的“中文字体”右侧的按钮，用户可以根据自己的需要选择一种中文字体。选择字体后，在对话框

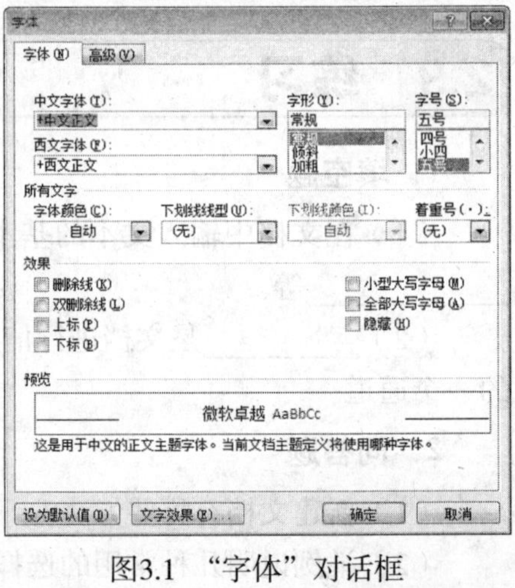

图3.1 “字体”对话框

下方的“预览”框中可以看到字体设置后的预览效果。设置西文字体的步骤同上。

2. 字号设置

字号设置决定文字字体的大小。在Word中，一般都是用“号”和“磅”两种单位来度量字体的大小。当以“号”为单位时，数值越小、字体越大。当以“磅”为单位时，磅值越小字体越小。一般情况下，字体的磅值是通过测量字体的最低部到最高部来确定的。

3.1.2 字形和效果的设置

如果用户需要使文字或文章更加美观、突出和引人入目。在Word中可以通过给文字添加一些附加属性来改变文字的形态，改变字形就是指给文字添加粗体、斜体等强调效果，或阴影、空心、下画线、删除线、底纹和边框等特殊效果。可以为一个词、一句话或一段文字设置强调效果或特殊效果。

文字的各种字形和效果都是通过“字体”对话框来设置的，如果用户需要改变字形和效果，应先选中要改变字形和效果的文本，然后在弹出的“字体”对话框进行设置。另外，字形和部分效果也可以通过“开始”选项卡的“字体”组中的相应按钮来设置。“字体”组中各个按钮的含义如下。

- 宋体 (中文正) “字体”按钮：设置所选文字的字体。
- 五号 “字号”按钮：设置选定文字的字号。
- “增大字体”按钮：增大所选文字的字号。
- “缩小字体”按钮：减小所选文字的字号。
- “清除格式”按钮：清除所选文字的格式。
- “拼音指南”按钮：设置所选文字的标注拼音。
- “字符边框”按钮：为选中文字添加或取消边框。
- “加粗”按钮：为选中文字添加加粗效果。
- “倾斜”按钮：添加或取消选中文字的倾斜效果。
- “下画线”：添加或取消选中文字的下画线。同样，单击按钮右侧的下三角按钮，会弹出下画线类型下拉列表，从中选择一种所需的下画线。此外，用户还可利用该工具的下拉列表设置下画线的颜色。
- “删除线”按钮：为选中的文字添加或取消删除线。
- “下标”按钮：在文字的基线下方创建小字符。
- “上标”按钮：在文本行的上方创建小字符。
- “文本效果”按钮：对所选文本应用外观效果。如阴影、发光和映像等。
- “更改大小写”按钮：将选中的所有文字改为全部大写、全部小写或其他常见的大小写形式。
- “以不同颜色突出显示文本”按钮：使文字看上去像是用荧光笔作了标记一样。单击右侧的下三角按钮，可在弹出的列表中设置所需的颜色。
- “字体颜色”按钮：更改文字的颜色。单击右侧的下三角按钮，可以在弹出的颜色下拉列表中选择颜色。

- A “字符底纹”按钮：对整个行添加底纹背景。
- 字 “带圈字符”按钮：在字符周围放置圆圈或边框，加以强调。

3.1.3 字符间距、缩放和位置的设置

如果要对字符间距、字符缩放比例和字符位置进行调整，单击“开始”选项卡中“字体”组的右下角按钮，弹出“字体”对话框，在其中单击“高级”选项卡，在“字符间距”选项区域中进行设置，如图3.2所示。

图3.2 “高级”选项卡

在没有设置的情况下，字符的间距为“标准”间距。如果需要调整相邻字符的间距，可以在“间距”选项中进行设置，包括标准、加宽和紧缩三种，用户可根据实际需要进行调整；如果用户想让一些文本突出，或者区别于其他文本，可以单击“缩放”右侧的按钮，在下拉列表中选择自己需要的缩放比例。不过，缩放字符只能在水平方向进行缩小或放大；一般情况，字符是以行基线为中心，处于“标准”位置。用户可以根据需要单击“位置”右侧的按钮，在下拉列表中选择“提升”或“降低”来设置字符的位置。

3.1.4 中文版式的设置

在编排文档时，Word为中文添加了给文字加注拼音、字符合并和双行合一等特殊的设置功能。

1. 给文字加注拼音

如果需要给汉字加注拼音，先选定这些文字，在“开始”选项卡中的“字体”组中单击“拼音指南”按钮，弹出如图3.3所示的对话框。

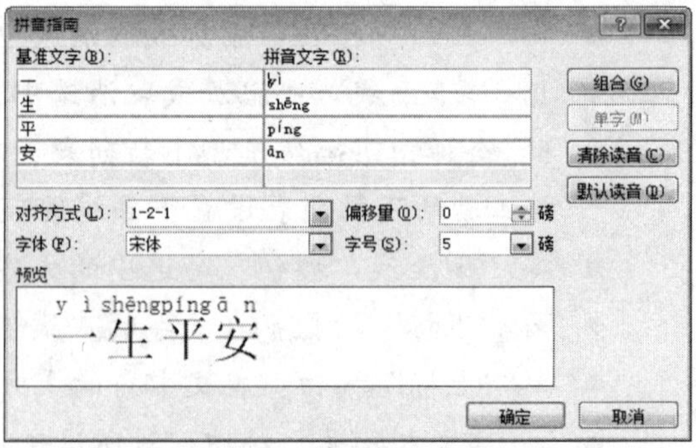

图3.3 “拼音指南”对话框

在没有设置的情况下，系统会自动根据拼音输入法提供的值为文字注音。“拼音指南”对话框中的其他按钮的作用如下。

- “组合”：按组合词汇注音。
- “单字”：按单字注音。
- “清除读音”：删除文字的拼音。
- “单字”：按单字注音。
- “默认读音”：由系统根据拼音输入法提供的值为文字注音。
- “对齐方式”下拉列表：设置拼音与文字的对齐方式。
- “字体”和“字号”下拉列表：设置拼音本身所采用的字体和字号。

2. 文字加圈设置

在一些时候，用户可能需要为多个文字、数字或单个文字、字母或数字加上一个圈，使其在文章中突出、美观或表达特殊的含义。如果用户需要为字符加圈，选中需要加圈的内容，然后选择“开始”选项卡，在“字体”组中单击“带圈字符”按钮，弹出“带圈字符”对话框。在该对话框中，提供了4种圈样式，如图3.4所示。

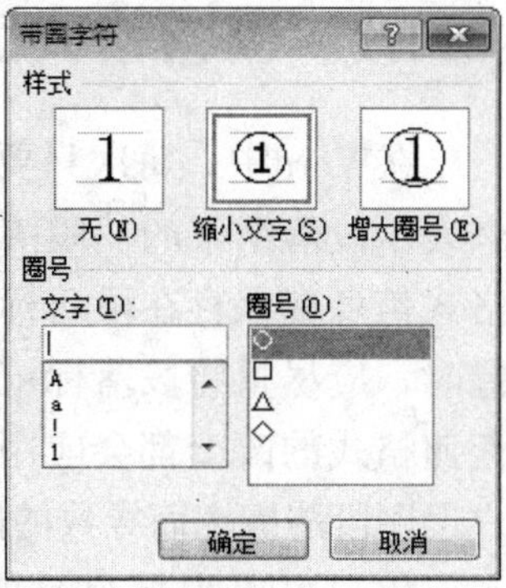

图3.4 “带圈字符”对话框

3. 纵横混排的设置

如果用户需要将字符转置，先选中字符，选择“开始”选项卡，在“段落”组中单击“中文版式”按钮，在下拉列表中选择“纵横混排”选项，弹出如图3.5所示的“纵横混排”对话框，直接单击“确定”按钮即可。

如果用户需要取消转置的字符。先选定已转置的字符，然后打开“纵横混排”对话框，在该对话框中单击“删除”按钮即可。

图3.5 “纵横混排”对话框

4. 合并字符设置

合并字符功能主要是将选定的文字上下排列，如“一生平安”中的“一生平安”4个字。如果需要使用该功能，先选中“一生平安”4个字符（不能多于6个），选择“开始”选项卡，在“段落”组中单击“中文版式”按钮，在下拉列表中选择“合并字符”选项，弹出“合并字符”对话框，如图3.6所示。再单击“确定”按钮即可。

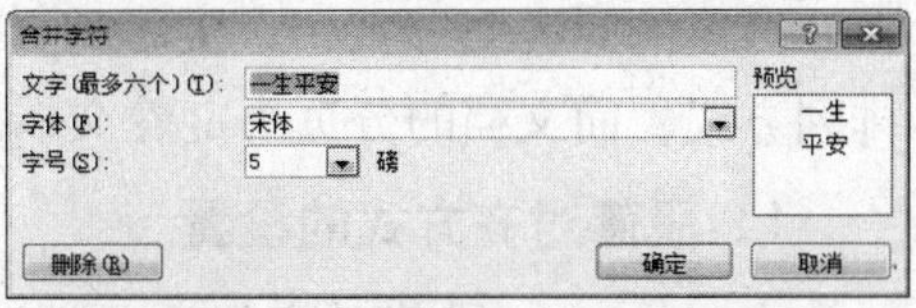

图3.6 “合并字符”对话框

5. 双行合一设置

Word提供了字符的双行合一功能，用户如果需要使用该功能，选中“一生平安”文字，选择“开始”选项卡，在“段落”组中单击“中文版式”按钮，在下拉列表中选择“双行合一”选项，弹出“双行合一”对话框。调整完后再单击“确定”按钮即可。

3.2 段落格式的设置

段落格式是指以段落为单位的格式设置。用户若想同时设置多个段落格式，应先选择这些段落，再进行段落格式的设置。

在Word中，可直接用“标尺”和“段落”组中的工具对段落进行设置。如果用户需要对段落进行更准确地设置，首先在“开始”选项卡中单击“段落”组右下角的按钮，弹出“段落”对话框，在其中，用户可以根据自己的需要对段落进行设置。

3.2.1 段落格式设置的步骤

在Word中，每次只要按一次Enter键，就会产生一个新的段落。每个段落的结尾处有一个表示段落结束的“段落标记”↵，任何应用到段落中的格式信息都保存在段落标记中。用户在对段落进行格式设置时，应尽量将段落标记显示在屏幕上，这不仅可以确保任何格式的改变都会应用到整个段落中，还有助于避免用户误删段落标记而导致的段落格式化信息的丢失。

用户可以根据自己的需要，对文本段落进行格式设置。设置段落格式的步骤如下。

01 选中要格式化的段落或段落标记，如果是给空段落设置格式，应直接选中段落标记。

02 使用“段落”组中的工具按钮，或选择“开始”选项卡，单击“段落”右下角的按钮，弹出“段落”对话框，如图3.7所示。在对话框中，用户可以根据自己的需要为段落设置格式。

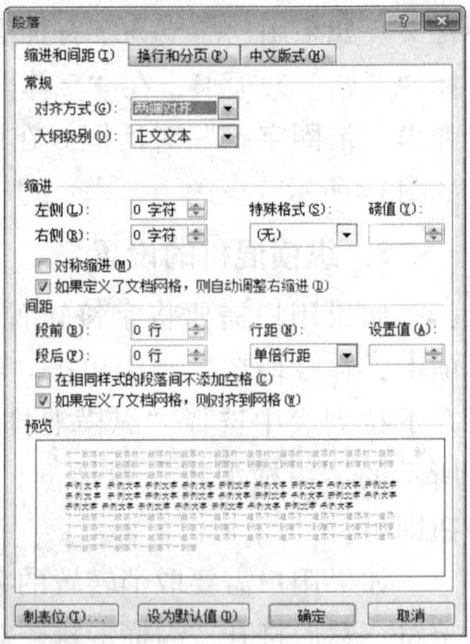

图3.7 “段落”对话框

3.2.2 段落对齐与分页控制的设置

段落的对齐与分页，直接影响文档的版面效果。段落的对齐方式控制了段落中文本行的排列方式，而文档的分页决定着文档的版面是否美观和是否符合排版规则。

1．段落对齐方式的设置

在Word中，段落对齐包括两端对齐、左对齐、居中对齐、右对齐和分散对齐等对齐方式，在“开始”选项卡的“段落”组中设置了相应的对齐按钮。

除了上述设置对齐方式的方法外，用户还可以按以下步骤设置段落的对齐方式，选择“开始”选项卡，单击“段落”组右下角的按钮，弹出“段落”对话框，在“缩进与间距”选项卡的“对齐方式”下拉列表中进行设置即可。

2．调整分页的设置

在输入、排版文本或增加、删除文档内容时，Word会按照用户的设置或默认设置，自动增加一个分页符来给文档分页。在文档中，影响分页符位置的因素很多，比如，纸张的大小、页边距的设置、段落格式等。在页面视图和打印浏览视图中，文档直接以页为单位显示，在普通视图和大纲视图下，文档将连续显示，相邻页之间用点状线的分页符隔开。

如果用户需要保持段落的完整性，或想获得更完美的外观效果，可以手工插入分页符来调整分页，还可以通过设置“分页”条件控制分页。操作步骤如下。

01 选择“开始”选项卡，单击“段落”组右下角的按钮，弹出“段落”对话框，选择“换行和分页”选项卡，如图3.8所示。

02 在“分页”设置区，用户可以设置以下选项内容，如图3.9所示。

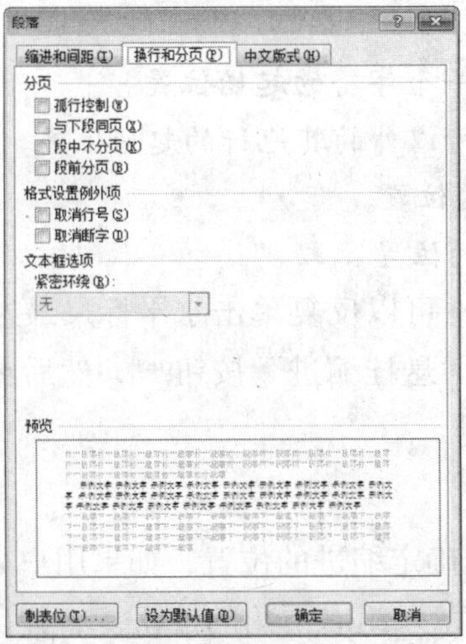

图3.8 “换行和分页”选项卡

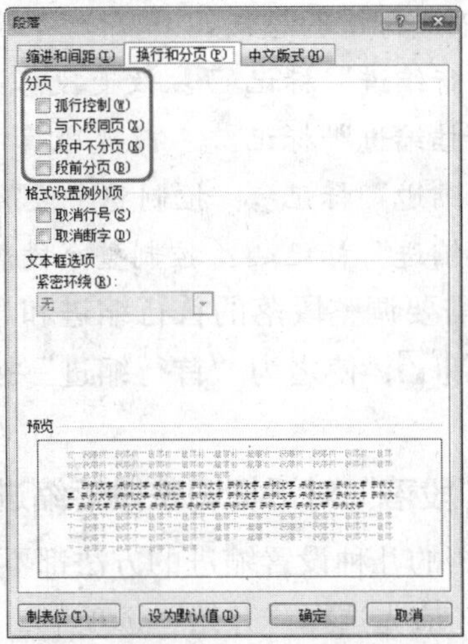

图3.9 “分页”设置区

- 选中“孤行控制”复选框：Word会自动调整分页，以避免将段落的第一行留在上一页，或将段落的最后一行推至下一页。
- 选中“与下段同页”复选框：可使当前段落与下一段共处于同一页中。
- 选中“段中不分页”复选框：则一个段落的所有行将共处于同一页中，中间不得分页。但此设置对表格无效，因为表格中的每一个表项被视为一个独立的段落。
- 选中“段前分页”复选框：可使当前段落排在新页的开头，如本书中每一章的标题都排在新页的开头。

3.2.3 段落缩进的设置

段落缩进是指段落相对于左右页边距向页内缩进一段距离。设置段落缩进可以将一个段落与其他段落分开，或显示出条理更加清晰的段落层次，以方便读者阅读。段落缩进包括以下格式。

- “左（右）缩进”：整个段落中的所有行的左、右边界向右、左缩进，左缩进和右缩进合用可产生嵌套段落，通常用于引用的文字。
- “对称缩进”：相对的方向，同等缩小或者放大。
- “首行缩进”：从一个段落首行的第一个字符开始向右缩进，使之区别于前面的段落。
- “悬挂缩进”：将整个段落中除了首行外的所有行的左边界向右缩进。

要设置段落缩进格式，可以用多种方法实现，如标尺、浮动工具栏或“段落”对话框等。

1．使用选项卡上的缩进按钮设置段落的整体缩进

单击一次“减少缩进量”按钮或“增加缩进量”按钮，所选文本段落的所有行将减少或增加一个汉字的缩进量。

2．使用水平标尺上的缩进按钮设置段落缩进

在标尺上移动缩进标记可以方便地对文本进行左缩进、右缩进、首行缩进和悬挂缩进等操作。这些缩进标记的意义如下。

- “首行缩进”标记▽：改变段落第一行第一个字符的起始位置。
- “悬挂缩进”标记△：改变段落中除第一行以外的其他行的起始位置。
- “左缩进”标记□：控制整个段落左边界的位置。
- “右缩进”标记△：控制整个段落右边界的位置。

用户若需要调整段落的首行缩进和悬挂缩进，可以反复单击水平标尺最左侧的“制表符”切换按钮，使之为“首行缩进”按钮或“悬挂缩进”按钮，然后在水平标尺上拖动即可。

3. 用“段落”对话框调整段落缩进

上面介绍的几种设置缩进的方法都不能精确地确定缩进的位置，如果用户需要精确地缩进段落文本，应先选择“开始”选项卡，单击“段落”组右下角的按钮，弹出“段落”对话框。在“段落”对话框中选择“缩进与间距”选项卡，在“缩进”选项区域进行设置。其中各选项的含义如下。

- 在“左侧”框中可以设置段落与左页边的距离：输入一个正值表示向右缩进，输入一个负值表示向左缩进。
- 在“右侧”框中可以设置段落与右页边的距离：输入一个正值表示向左缩进，输入一个负值表示向右缩进。

在“特殊格式”列表框中可以选择“首行缩进”或“悬挂缩进”，然后在“磅值”框中指定缩进的具体数值。

3.2.4 行间距与段间距的设置

行间距是指行与行之间的距离，段间距是两个相邻段落之间的距离。用户可以根据需要来调整文本的行间距和段间距。

1. 行间距的设置

在用户没有设置行间距时，Word自动设置段落内文本的行间距为一行，即单倍行距。在平常情况下，当行中出现图形或字体变化时，Word会自动调节行距以容纳较大的字体。只有当行间距设置为固定值时，增大字体时行间距保持不变。在这种情况下，当增大字体时，较大的文本可能会显示不完整，用户可以适当增加“设置值”框中指定的行距大小，直到文字被完整地显示出来。在图3.10中分别给出了设置行距的“最小值”小于13磅（下）和设置行距的“固定值”大于13磅（上）的两段文字，在增大文本字体后的布用情形。

如果用户要设置行间距，先选择“开始”选项卡，单击“段落”组右下角的按钮，弹出“段落”对话框，在“段落”对话框中选择“缩进和间距”选项卡，然后在“间距”选项区中单击“行距”右侧的按钮，在弹出的下拉列表中进行选择。此外，用户还可以通过在“开始”选项卡中单击“段落”组中的“行和段落间距”按钮，在弹出的下拉列表中选择段落行距，如图3.11所示。

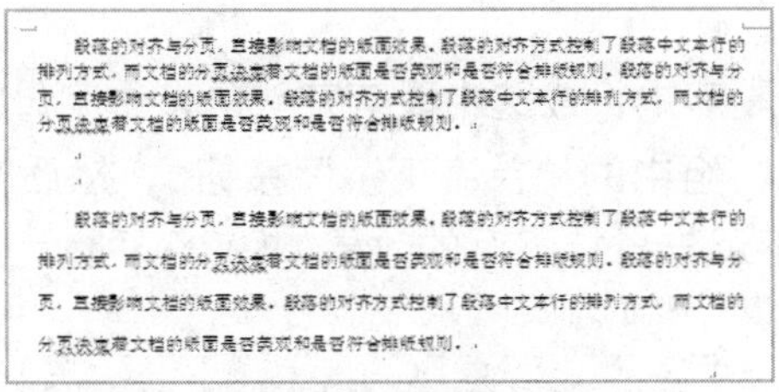

图3.10　行距最小值和固定值示例

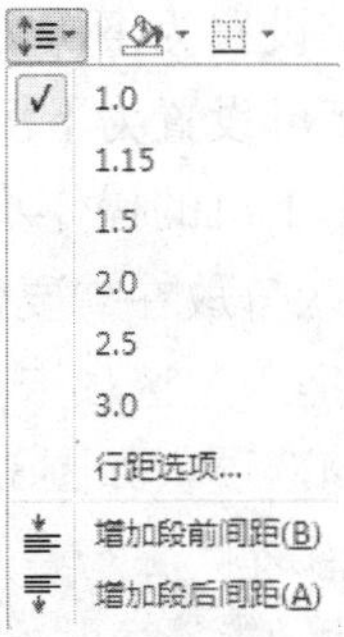

图3.11　“行和段落间距”的下拉列表

2．段间距的设置

用户对段间距的设置可以有效地改善版面的外观效果。设置段间距的一种简单方法是在段落间按Enter键加入空白行。而通过设置段前、段后的空白距离调整段间距的方式具有以下优点。

- 可精确设置段间距。
- 段落移动后，段落前后的空白区的大小保持不变，而用Enter键增加的空行则不能自动随段落移动。
- 段落前后空白区与段落中的字号无关，而按Enter键增加的空行与段落中的字号有关。
- 段间距可作为样式的组成部分保存。
- 对大多数段落，一般设置其前面的空白距离即可，对图形或表格，则其前后的空白距离都要设定。

设置段间距的操作步骤如下。

01 将插入符放置在要设置段间距的段落内，或选中要设置段间距的段落。

02 在“开始”选项卡中，单击“段落”右下角的按钮，弹出“段落”对话框。

03 在“段落”对话框中，单击“缩进和间距”选项卡，在“间距”选项区的“段前”框中指定段前空白距离，在“段后”框中指定断后空白距离。

04 单击“确定”按钮返回文档。

3.2.5　首字下沉的运用

首字下沉在平常的情况下用于文档的开头，主要用这个方法来修饰文档，使得这段话在这个文档中突出、美观。用户可以将段落开头的第一个或若干个字母、文字变为大号字，并以下沉或悬挂的方式改变文档的版面样式。被设置成首字下沉的文字实际上已成为文本框中的一个独立段落。为了更加美观，也可以给它加上边框和底纹，只有在页面视图方式下才可以查看设置的效果。

1．创建首字下沉

首字下沉又被称为“花式首字母”。在设置时，不必把首字下沉的效果限制为一个字母，可以对选中的多个字母（不能是多个汉字）设置首字下沉。如果要将段落开头的首字母或第一个汉字设置为下沉方式，只需将插入符置于要设置首字下沉的段落中。如果要将段落开头的多个字母设置为下沉方式，则必须选中这些字母。

创建首字下沉的操作步骤如下。

01 将插入符放在需要设置首字下沉的段落中，或选中段落开头的多个字母。

02 在“插入”选项卡中，单击“文本”组中的“首字下沉”按钮，然后在下拉列表中选择所需要的选项，如图3.12所示。首字下沉与悬挂下沉的效果如图3.13所示。

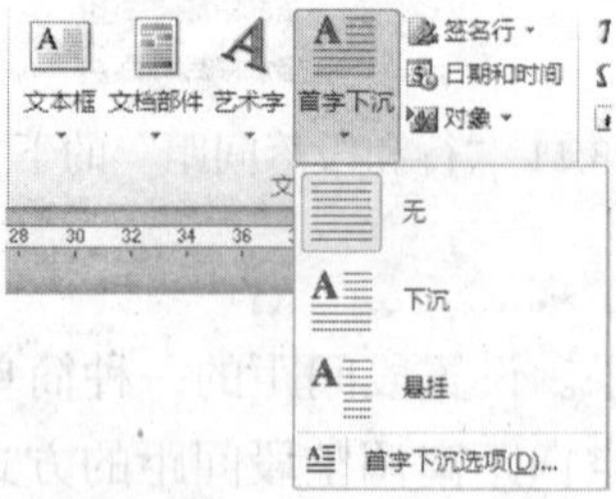

图3.12 “首字下沉”对话框

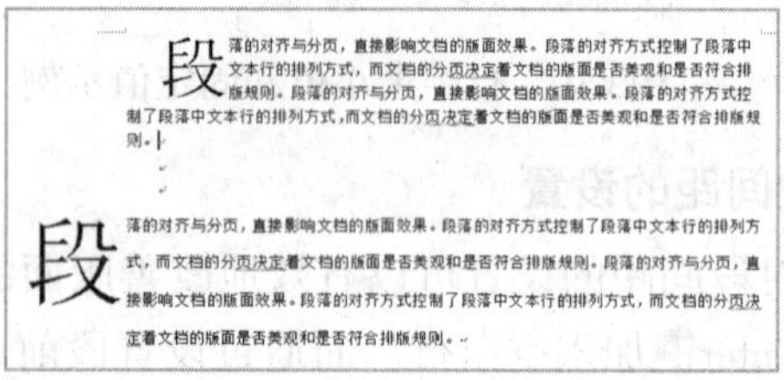

图3.13 “首字下沉”和“悬挂下沉”效果

如果在“插入”选项卡中单击“文本”组中的“首字下沉”按钮，在下拉列表中选择“首字下沉”选项，将弹出“首字下沉”对话框，如图3.14所示。用户可以在“首字下沉”对话框中设置下沉文字的样式，在“下沉行数”框中设置“首字下沉”后下拉的行数，在“距正文”框中设置首字与左侧正文的距离，单击“确定”按钮，如图3.15所示，显示了“多字母下沉”的效果。

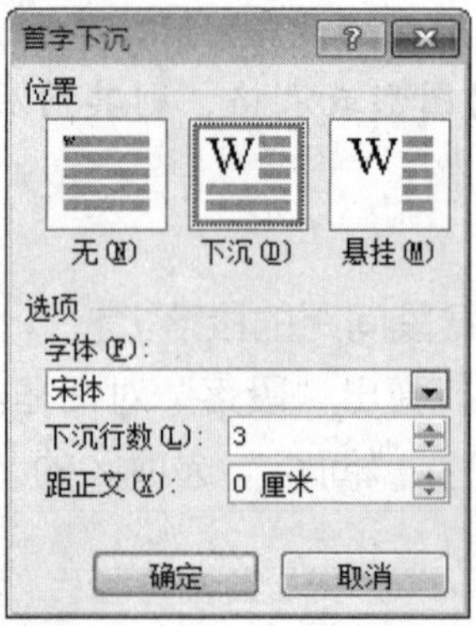

图3.14 “首字下沉”对话框

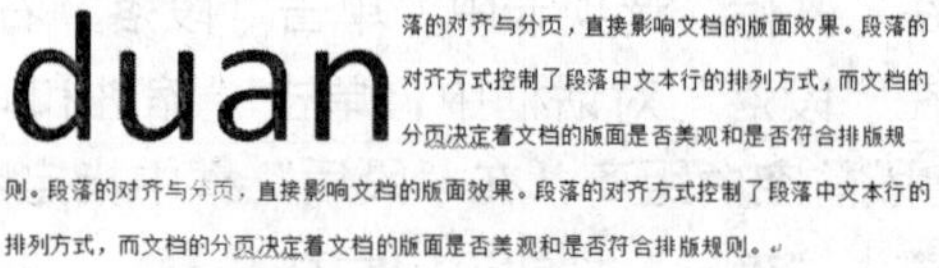

图3.15 “多字母下沉”效果

2. 取消“首字下沉”

如果用户需要取消“首字下沉”，可执行如下步骤。

01 选中设置为“首字下沉”的文字。

02 在“插入”选项卡中，单击“文本”组中的“首字下沉”按钮，在下拉列表中选择“无”选项，即可取消首字下沉。

3.2.6 中文版式中的段落设置

在对文档进行排版时，为了版面美观且便于阅读，会对版面的设计提出一些具体的要求，例如，标点符号不能出现在行首等。选择“开始”选项卡，单击“段落”组右下角的按钮，弹出“段落”对话框，可以在“段落”对话框的“中文版式”选项卡中进行设置，如图3.16所示。

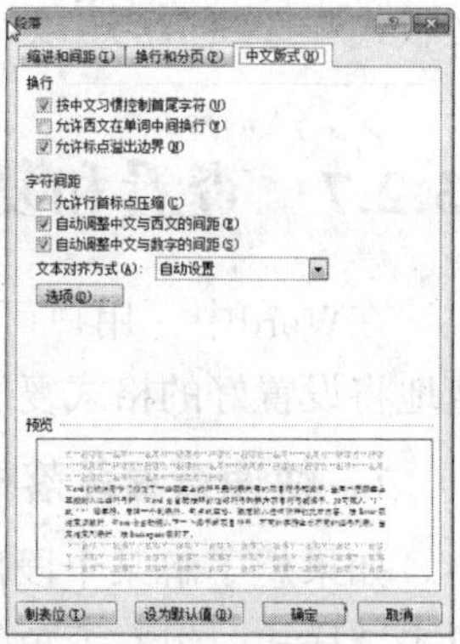

图3.16 “中文版式”选项卡

1．按中文习惯进行行首尾字符的设置

有些标点符号不宜出现在行尾，如：“（”、“《”等，而有些符号也不宜出现在行首，如：“，”、“。”等。用户若需要控制出现在行首或行尾的字符，选择“开始”选项卡，单击“段落”组右下角的按钮，弹出“段落”对话框，在“段落”对话框中选择“中文版式”选项。下面的选项用来控制出现在行首或行尾的字符。

- 选中“按中文习惯控制首尾字符”复选框：可按Word中标准的“前置标点”和“后置标点”设置，控制出现在行首或行尾的标点符号。
- 选中“允许标点溢出边界”复选框：使不能出现在行首的标点符号稍许超出文档的右边界，出现在行尾。
- 选中“允许行首标点压缩”复选框：可将行首的全角符号调整为半角符号。
- 选中“自动调整中文与西文的间距”复选框：当文档中既有中文又有西文时，可保持它们之间有一定的字符间距。
- 选中“自动调整中文与数字的间距”复选框：当文档中既有中文又有数字时，可保持它们之间有一定的字符间距。

单击“文件”按钮，在下拉列表中单击“选项”按钮，弹出“Word选项”对话框，如图3.17所示。在弹出的“Word选项”对话框中单击“版式”选项，在“首尾字符设置”选项区中，如果选择“自定义”单选钮，用户可以增加或删除“前置标点”和“后置标点”框中的避头避尾字符。选择“标准”单选钮，行首和行尾只能使用“前置标点”和“后置标点”框中预设的避头或避尾字符。

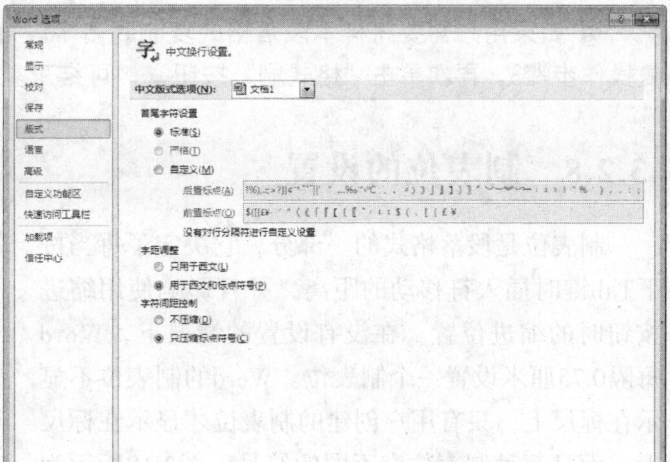

图3.17 “Word选项”对话框

2．允许西文在单词中部断字

选择“开始”选项卡，单击“段落”右下角的按钮，在弹出的“段落”对话框中，选择“中文版式”选项。选中“中文版式”选项卡下的“允许西文在单词中间换行”复选框后，Word将根据页面设置、单词长度以及断字方式等相关因素，自动设置换行位置。

3．文字对齐方式的设置

在编辑文档时，文本段中的字体大小不一致时，用户可通过选择“开始”选项卡，单击“段落”右下角的按钮，在弹出的“段落”对话框中选择“中文版式”选项，然后在“中文版式”选项卡的“文字对齐方式”下拉列表中重新选择一种对齐方式。

3.2.7 查看和复制段落格式

在Word中，用户可以很方便地查看一个段落或字符的格式，用“格式刷”还可以快速地将设置好的格式复制到其他段落、文本中。

1. 快速查看段落格式

如果想了解某个段落的格式，首先将插入符号放置在该段落中，选择“开始”选项卡，单击“样式”组右下角的按钮，弹出“样式”对话框，即可得知该段落的当前设置。

2. 复制段落格式

对一个已经设置好格式的段落——我们称为样本段落，Word允许用户把样本段落的格式复制到其他段落——称为目标段落。

复制段落格式的操作步骤如下。

01 选中一个样本段落。

02 选择“开始”选项卡，单击“剪贴板”组中的“格式刷”按钮，这时鼠标变成一个刷子形状。

03 将鼠标移动到需要复制格式的目标段落中，单击鼠标左键，则将样本段落的格式应用到目标段落中。

04 如果用户需要将样本段落格式复制到多个段落，可双击“格式刷”按钮，然后重复操作步骤3，再次单击“格式刷”按钮，可结束复制操作。

3.2.8 制表位的设置

制表位是段落格式的一部分，它决定了每当按下Tab键时插入符移动的距离，并且影响使用缩进按钮时的缩进位置。在没有设置的情况下，Word每隔0.75厘米设置一个制表位。Word的制表位不显示在标尺上，只有用户创建的制表位才显示在标尺上，而且每种制表位有不同的符号。图3.18所示为一个使用制表位的典型例子。

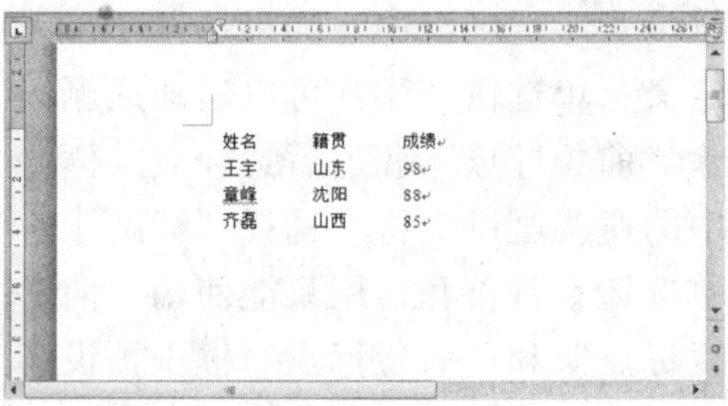

图3.18 制表位

在没有设置制表位时，只能靠插入空格来实现不同行上同一项目间的上、下对齐。如果在每一个项目间设置了适当的制表位，在输入一个项目后，只需要按一次Tab键，插入符就立即移到下一个项目位置，这样不仅可以省去插入空格进行对齐的时间，这样产生的表还可以直接转换为表格形式。

1. 制表符类型的设置

制表位是文字对齐的位置，制表符能表示文字在制表位置上的排列方式。

制表符的类型及其功能如下。

- “左对齐”按钮：从制表位开始向右扩展文字。
- “居中对齐”按钮：使文字在制表位处居中。
- “右对齐”按钮：从制表位开始向左扩展文字。文字填满制表位左边的空白后，会向右扩展。
- “小数点对齐”按钮：在制表位处对齐小数点。文字或没有小数点的数字会向制表位左侧扩展。
- “竖线制表符”按钮：这不是真正的制表符，其作用是在段落中该位置的各行中插入一条竖线，以构成表格的分隔线。

2．利用“制表位”命令设置制表位

如果用户需要精确地设置制表位，或要设置带前导字符的制表位，可使用制表位命令来完成。

操作步骤如下。

01 将插入符放置到需要设置制表位的位置。

02 选择“开始”选项卡，单击“段落”组右下角飞按钮，弹出“段落”对话框。在“段落”对话框中选择“制表位”选项，弹出“制表位”对话框，如图3.19所示。

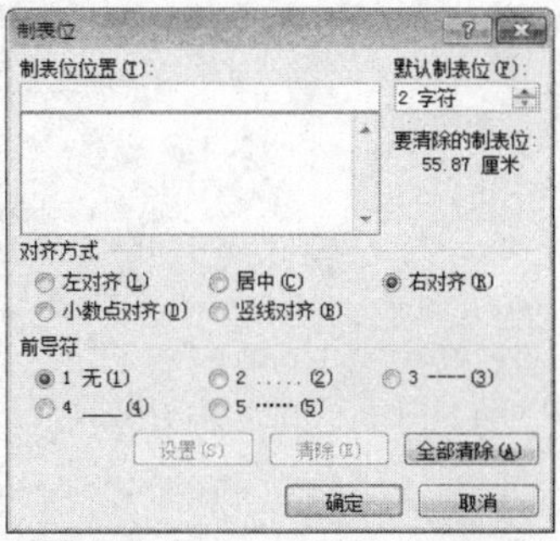

图3.19 “制表位”对话框

03 在“制表位”对话框中的“制表位位置”框中输入一个制表位位置。

04 在“制表位”对话框中的“对齐方式”选项区中指定此制表位上文本的对齐方式。

05 如果要填充制表位左侧的空格，可在“制表位”对话框中的“前导符”选项区选择制表位的前导字符。

06 在“制表位”对话框中单击“设置”按钮，可完成一个制表位的设置。

07 重复步骤2至步骤5，可设置其他制表位。

3．用标尺设置制表位

在水平标尺的最左端有一个“制表位”按钮，默认情况下的制表符是“左对齐”，单击“制表位”按钮可以在制表符间进行切换。使用标尺可以方便快捷地设置制表位。

操作步骤如下。

01 单击水平标尺最左端的“制表位”按钮，选中需要的制表符类型。

02 单击标尺中想要设置制表位的位置，设置一个制表位。

03 重复步骤1和步骤2，直到完成所有制表位的设置。

4．调整和取消制表位

在标尺上直接拖动制表位符号，可以调整制表位的位置。如果用户需要删除某个制表位，只要把该制表位符号拖离水平标尺即可。或选择“开始”选项卡，单击“段落”组右下角的按钮，弹出“段落”对话框。在“段落”对话框中单击“制表位”选项，弹出“制表位”对话框。在“制表位”对话框中的“制表位位置”框中指定要删除的制表位，然后单击“清除”按钮即可。

3.3 项目符号和编号的使用

在Word中，用户在编辑文档的时候经常需要用到项目符号和编号功能。编号分为行编号与段编号两种，都是按照大小顺序为文档中的行或段落加编号。项目符号则是在一些段落的前面加上完全相同的符号。

如果用户需要，可以给文档中的所有行或段落加上编号，也可以只给指定的文本或段落加编号。如果要取消已有的项目符号或编号，首先选中要取消项目符号或编号的项，选中“开始”选项卡，单击“段落”组中“项目符号”右侧的按钮，弹出“项目符号库”对话框，如图3.20所示。单击“段落”组中“编号”右侧的按钮，弹出“编号库”对话框，如图3.21所示。

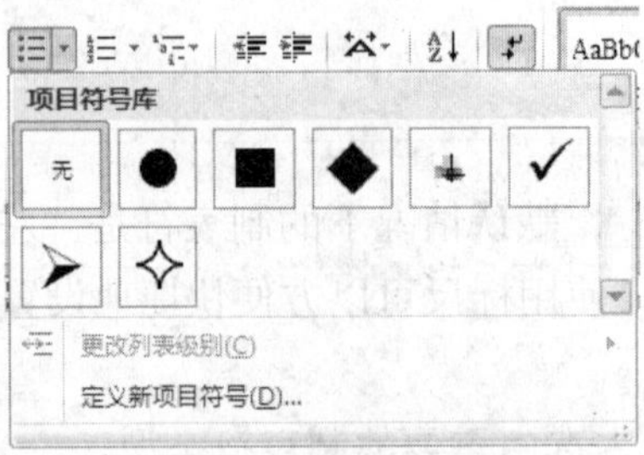

图3.20 “项目符号库”对话框

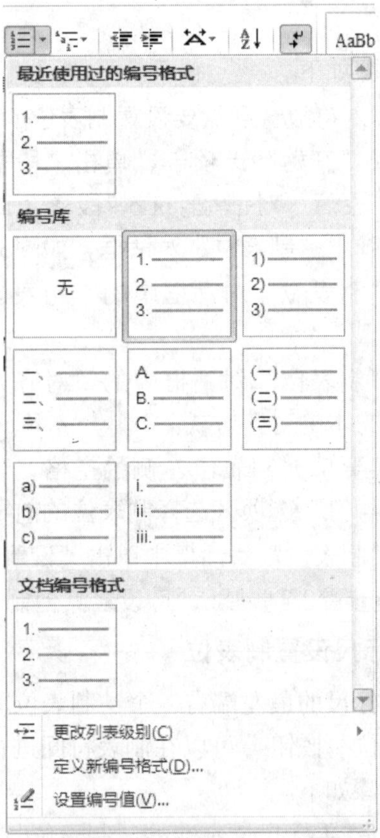

图3.21 “编号库”对话框

3.3.1 对段落按顺序编号

段编号是对文档中的段落所添加的编号。用户可以给已有的文本添加段编号，也可以在输入文本之前先设定段编号。

1．按照默认格式为段落添加编号

Word具有自动编号功能，设置段编号之后，当按Enter键开始一个新的段落时，Word会按照上一段落的编号格式自动为新的段落编号。如果此时连续按两下Enter键，就可以中断段编号。

按照默认的编号格式为段落加编号，操作过程中无须设置编号格式，因而使用起来更加快捷方便。

选中要加编号的段落，选择“开始”选项卡，单击“段落”组中的“编号”按钮，如图3.21所示。即可给已经存在的段落按默认的格式加编号。这时如果选定段落的上面的段落已加了编号，Word将接着上一段落的编号顺序为选中的段落添加编号，并且，使添加的编号具有与上面段落相同的字符格式和分隔符。如果上一段落没有编号，则Word会根据上下文自动选择一种编号格式为段落加编号。

2．用选定的编号格式为段落添加编号

如果用户需要修改编号格式，在“开始”选项卡中，单击“段落”组中的“编号”右侧的按钮，弹出“编号库”对话框，在其中，用户可以根据自己的需要选择编号格式。

操作步骤如下。

01 将插入符放在要添加编号的段落中，或选中要加编号的段落。

02 在“开始”选项卡中，单击“段落”组中“编号”右侧的按钮，弹出“编号库”对话框。在其中选择所需的编号类型，如图3.21所示。

3．为段落添加自定义编号

如果用户需要对段落编号格式进行设置，操作步骤如下。

01 在“开始”选项卡中，单击“段落”组中“编号”右侧的按钮，弹出“编号库”对话框，在“编号库”对话框中单击“定义新编号格式”选项，弹出“定义新编号列表”对话框，如图3.22所示。

02 在“定义新编号列表”对话框，单击“编号样式”右侧的按钮，在弹出的下拉列表中选择所需的编号样式即可。

03 如果用户需要修改编号的字体，可在“定义新编号列表”对话框中单击“字体”按钮，弹出“字体”对话框。在“字体”对话框中设置编号的字体。

04 在“定义新编号列表”对话框中，单击“对齐方式”右侧的按钮，在弹出的下拉列表中设置段落的对齐方式即可。

05 设置完成后，单击“确定”按钮。

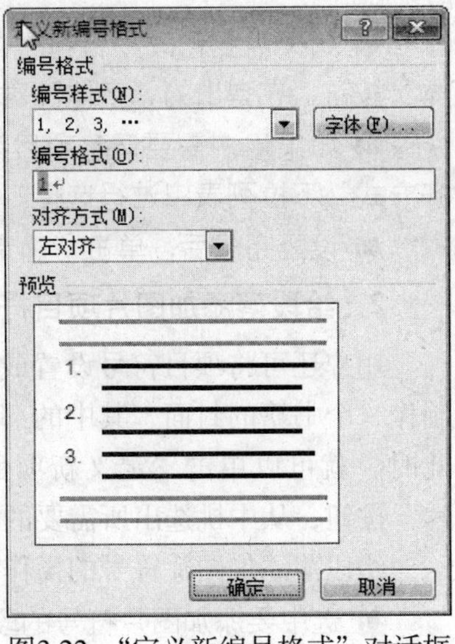

图3.22 “定义新编号格式”对话框

3.3.2 为段落添加项目符号

项目符号与段落编号是相对段落而言的。在“项目符号”样式列表中，同样有Word预设的一些项目符号格式，给段落添加默认的或预设的项目符号的操作，和给段落添加默认的或预设的编号的方法和操作步骤类似。

1．为段落添加自定义的项目符号

如果用户不喜欢Word预定的项目符号格式，可以自定义新的项目符号。

01 选择“开始”选项卡，在“段落”组中单击“项目符号”右侧的下三角按钮，弹出“项目符号库”对话框。在“项目符号库”对话框中单击“定义新项目符号”选项，弹出“定义新项目符号”对话框，如图3.23所示。

02 如果用户需要更改项目符号，可在“定义新项目符号”对话框中单击“符号”按钮，在弹出的“符号”对话框中选择新的项目符号，如图3.24所示。

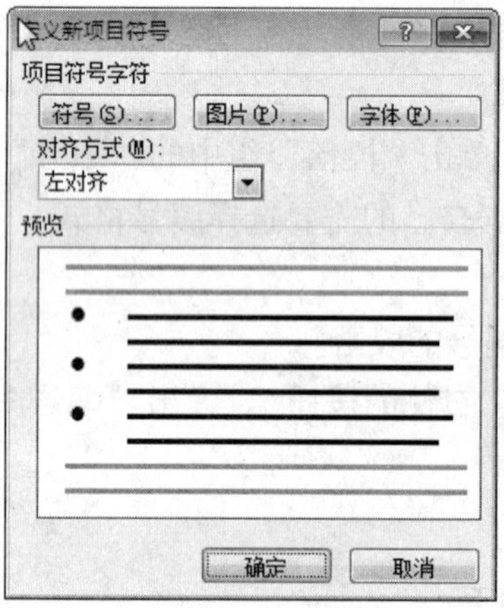

图3.23 “定义新项目符号”对话框

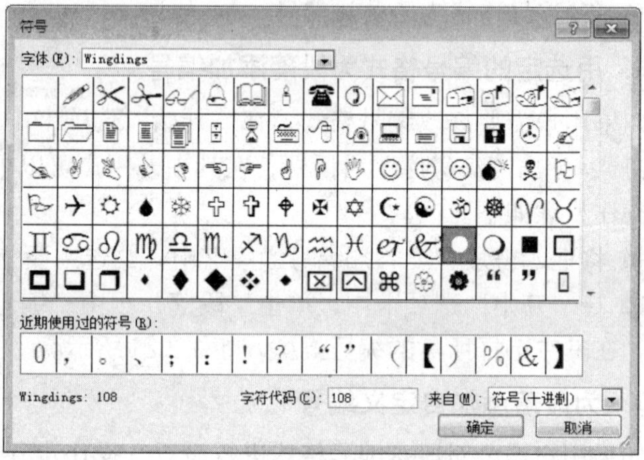

图3.24 “符号”对话框

03 如果需要修改项目符号的字体和大小，可在“定义新项目符号”对话框中单击“字体”按钮，在弹出的“字体”对话框中，选择新的字符格式。

04 如果用户需要调整项目符号的对齐方式，可在“定义新项目符号”对话框中的“对齐方式”下拉列表中进行选择。

05 设置完成后，单击“确定”按钮即可。

2．给段落添加图片项目符号

用户还可将项目符号设置成“图片”符号，例如，要制作一个书籍的封面，其中的部分文本要添加项目符号，此时，就可以单击“定义新项目符号”对话框中的“图片”按钮，从中挑选出所需要的图片符号。

给段落添加图片符号的操作步骤如下。

01 选中要添加图片符号的段落。

02 选择“开始”选项卡，单击“段落”组中的“项目符号”右侧的按钮，弹出“项目符号库”对话框。在“项目符号库”对话框中单击“定义新项目符号”选项，弹出“定义新项目符号”对话框。

03 在“定义新项目符号”对话框中单击“图片”按钮，弹出“图片项目符号”对话框，如图3.25所示。

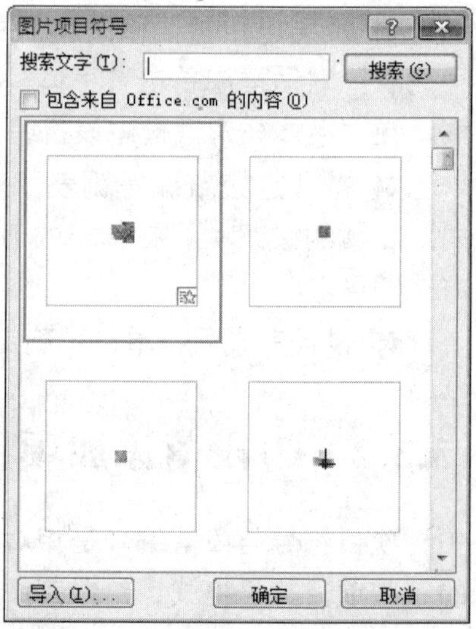

图3.25 “图片项目符号”对话框

04 选择所需的图片符号，单击“确定”按钮，返回

“定义新项目符号”对话框，再单击“确定”按钮，即可将所选图片作为项目符号插入到文档中。

用户也可以将自己喜欢的图案作为项目符号。在“图片项目符号”对话框中单击“导入”按钮，弹出“将剪辑添加到管理器”对话框，从中选择一幅图案，单击“添加”按钮，所选图案就会添加到“图片项目符号”对话框的列表中，单击“确定”按钮。

3. 自动创建项目符号与编号列表

为了方便用户添加编号或项目符号，Word专门指定了一些键盘上的符号来代表常用的项目符号和编号。当用户在键盘上直接输入这些符号时，Word会自动按照约定将符号转换为项目符号或编号。

3.4 美化Word文档

背景在打印文档时并不会被打印出来，只有在页面视图、阅读版式视图及Web版式视图中背景才是可见的。在创建用于联机阅读的Word文档时，添加背景可以增强文本的视觉效果。在Word中，可以用某种颜色或过渡颜色、Word附带的图案甚至一幅图片做背景。

3.4.1 添加和删除背景颜色

如果要为页面背景添加颜色，在“页面布局”选项卡，单击“页面背景”组中的“页面颜色”按钮，弹出如图3.26所示的调色板及选项列表。单击要作为背景的颜色，Word将把该颜色作为纯色背景应用到文档的所有页面上。当用户不想要页面背景的颜色时，可以选择“无颜色”选项，删除文档的背景颜色，这时在Word中引用的背景色为白色。

如果用户对现有的颜色不满意，可以为背景选择其他颜色，在弹出的“颜色”对话框中单击“标准”选项卡，如图3.27所示。在“颜色”区单击选中的颜色，即可将该颜色设置为“新增”的背景颜色，“当前”颜色则显示原来的背景颜色。在“自定义”选项卡中，用户可以进一步调整颜色的亮度、浓度和色彩，如图3.28所示。

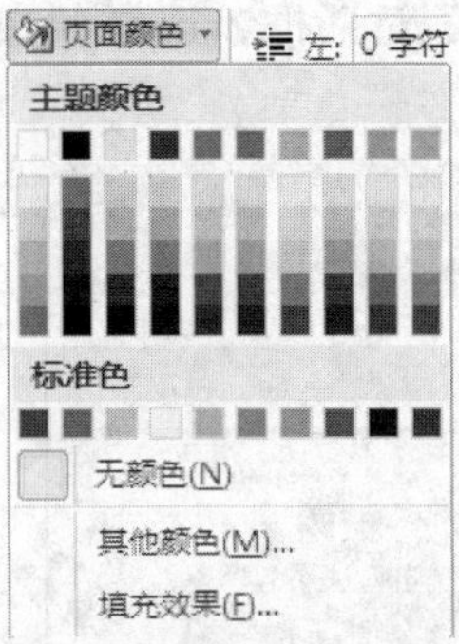

图3.26 “背景”颜色设置

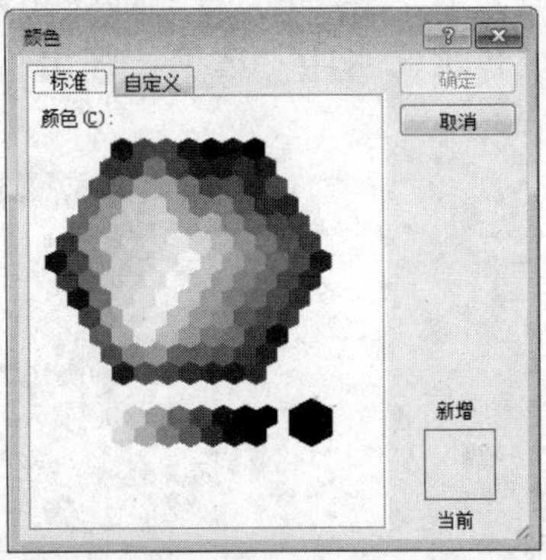

图3.27 “标准”选项卡

图3.28 “自定义”选项卡

3.4.2 设置填充效果

如果用户不喜欢一种背景色，可在“页面布局”选项卡中单击“页面背景”组中的“页面颜色”按钮，在弹出的下拉列表中选择“填充效果”选项，弹出如图3.29所示的“填充效果”对话框，在该对话框中选择不同的选项卡，可得到更为丰富、多彩的背景图案，设置纹理填充后的效果如图3.30所示。

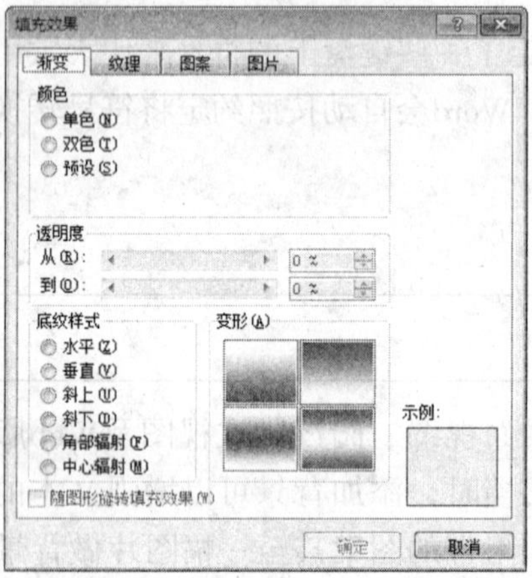

图3.29 “填充效果”对话框

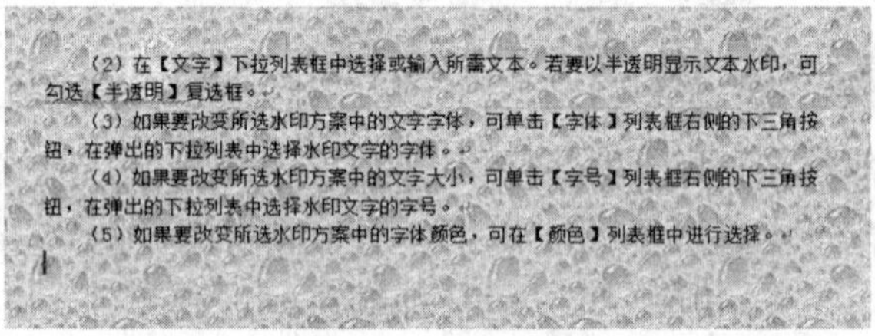

图3.30 给文档加上纹理颜色填充图案

3.4.3 水印的设置

在Word 2010中，添加水印的操作变得更加容易。用户可以使用Word内置的水印，也可以轻松地设置自己想要的水印。既可以在一个新文档中添加水印，也可以在已存在的文档中添加水印。

用户要是想打印文档水印，首先要为打印文档添加水印。在“页面布局”选项卡，单击“页面背景”组中的“水印”按钮，在弹出的下拉列表中选择一种Word内置的水印，即可为文档添加内置水印效果，如图3.31所示。

1. 自定义文字水印

（1）若要自定义文字水印内容，在“页面布局”选项卡，单击“页面背景”组中的“水印”按钮，在下拉列表中选择“自定义水印”选项，弹出“水印”对话框，选择“文字水印”单选钮，如图3.32所示。

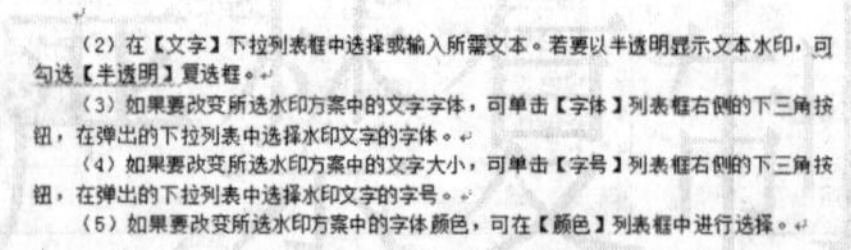

图3.31 为文档添加内置水印效果

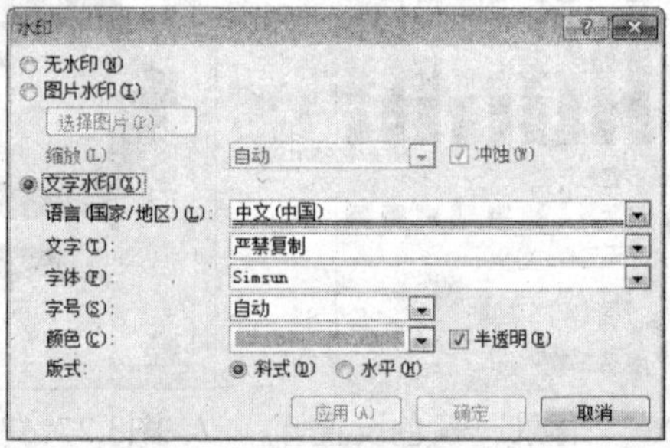

图3.32 “水印”对话框

（2）在“文字”下拉列表框中选择或输入所需文本。若要以半透明形式显示文本水印，可勾选“半透明”复选框。

（3）如果要改变所选水印方案中的文字字体，可单击“字体”列表框右侧的按钮▼，在弹出的下拉列表中选择水印文字的字体。

（4）如果要改变所选水印方案中的文字大小，可单击“字号”列表框右侧的按钮▼，在弹出的下拉列表中选择水印文字的字号。

（5）如果要改变所选水印方案中的字体颜色，可在“颜色”列表框中进行选择。

（6）在“版式”选项区选择一种水印方案的文字方向，例如选择“斜式”或“水平”。

（7）设置完成后，单击“确定”按钮即可。

2. 添加图片水印

用户若想用一幅图片作为水印，可在“水印”对话框中选中“图片水印”单选钮，再单击“选择图片”按钮，在弹出的“插入图片”对话框中选择所需的图片，单击“插入”按钮，返回“水印”对话框，还可在“缩放”下拉列表中选择一种样式，再单击“确定”按钮即可。添加图片水印后的效果如图3.33所示。

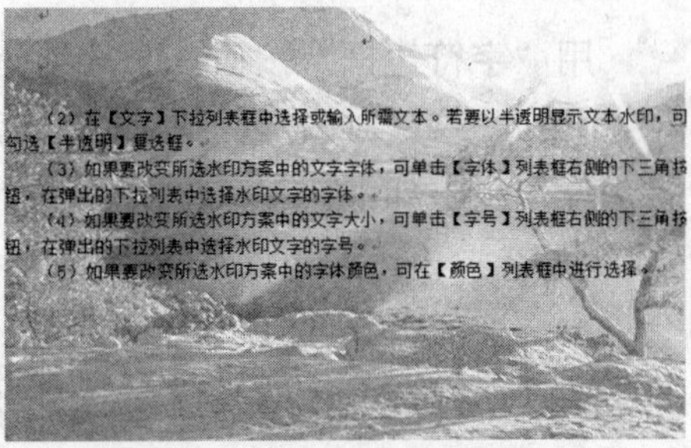

图3.33 添加图片水印后效果

3. 修改和删除水印

在文档中添加水印后，用户如果对所设置的水印不满意，可以很方便地替换或删除水印。在“页面布局”选项卡，单击“页面背景”组中的“水印”按钮，在弹出的下拉列表中选择“删除水印”选项，如图3.34所示，即可删除水印效果。

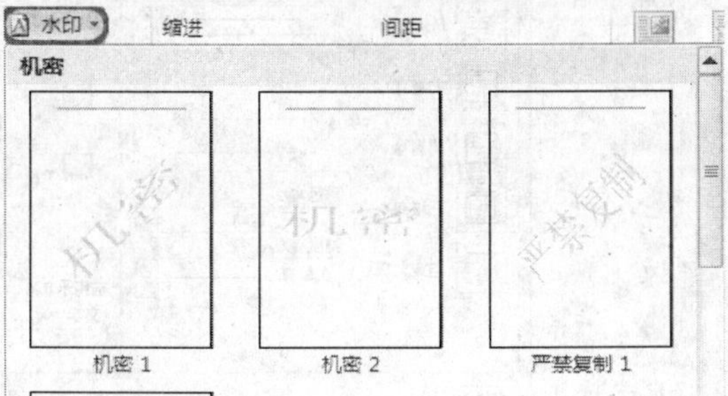

图3.34 删除水印

3.4.4 给文字或段落添加边框

Word提供了多种线型边框和由各种图案组成的艺术型边框，并允许使用多种边框类型。根据需要，用户可以为选中的一个或多个文字添加边框，也可以在选中的段落、表格、图像或整个页面的四周或任意一边添加边框。如果用户在某种特定类型的段落中总是使用同一种边框，还可以将这种边框定义为段落样式的一部分。

1. 利用“字符边框”按钮给文字添加单线框

在“开始”选项卡中，单击“字体”组中的“字符边框”按钮A，可以方便地给选中的一个和多个文字添加单线边框，如图3.35所示。

图3.35 给选中文字加边框

2. 利用“边框和底纹”对话框给段落或文字加边框

用“字符边框”按钮A只能给选中的文字加上单线框，而用“段落”组中的按钮或使用“边框和底纹”对话框，还可以给选中的文字添加其他样式的边框。

操作步骤如下。

01 选中要添加边框的文本。

02 在“开始”选项卡中，单击“段落”组中“下框线”右侧的按钮▾，在弹出的下拉列表中选择所需要的边框线样式，如图3.36所示。

03 单击列表底部的“边框和底纹”选项，弹出“边框和底纹”对话框，选择“边框”选项卡，如图3.37所示。

图3.36 边框线类型列表

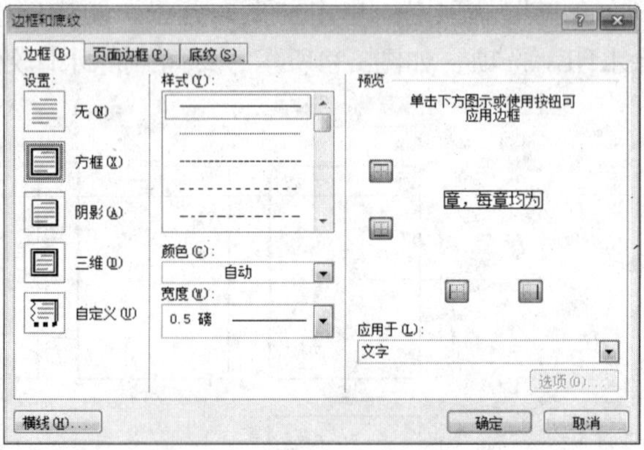

图3.37 “边框”选项卡

04 在“设置”选项区中，选中一种边框类型，在“预览”区中浏览给文字或段落添加边框后的效果。设置选项的内容如下。

- “无”：表示不设边框。若选中的文本或段落原来有边框，边框将被去掉。
- “方框”：表示给选中的文本或段落加上边框。
- “阴影”：表示给选中的文本或段落添加具有阴影效果的边框。
- “三维”：表示给选中的文本或段落添加具有三维效果的边框。
- “自定义”选项：只在给段落加边框时有效。利用该选项可以给段落的某一条或几条边加上“边框线”。选中“自定义”后，直接在预览区示意图中的某个边线上单击，或单击预览区内的边框按钮（、、、），可添加或取消段落中某一条或几条相应的边框。

05 在“样式”列表框中，可选择需要的边框样式。

06 在“颜色”和“宽度”列表框中，可设置边框的颜色和宽度。

07 在“应用于”列表框中，可选择添加边框的应用对象。

- 选择“文字”：在选中的一个或多个文字的四周添加封闭的边框。如果选中的是多行文字，则给每行文字加上封闭边框。
- 选择“段落”：给选中的所有段落加边框。

图3.38和图3.39显示了给文字和段落加边框的区别。在给段落加边框时，通过“选项”按钮，还可以设置段落与边框之间的间距。

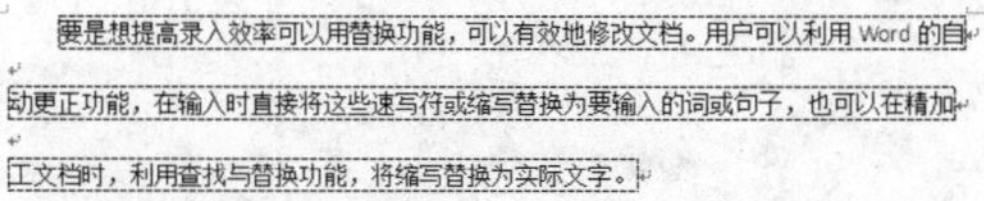

图3.38　在“应用于”中选择“文字”效果

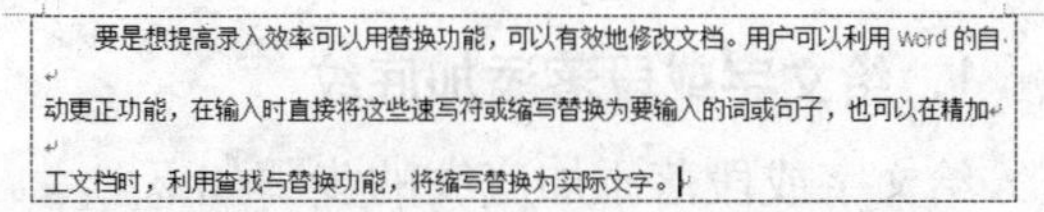

图3.39　在“应用于”中选择“段落”效果

08 设置完成后，单击“确定”按钮即可。

3.4.5　添加页面边框

为了使页面的外观效果更漂亮，还可以在页面周围添加边框。在Word中，除了可以添加线型边框外，还可以在页面周围添加Word提供的艺术型边框。

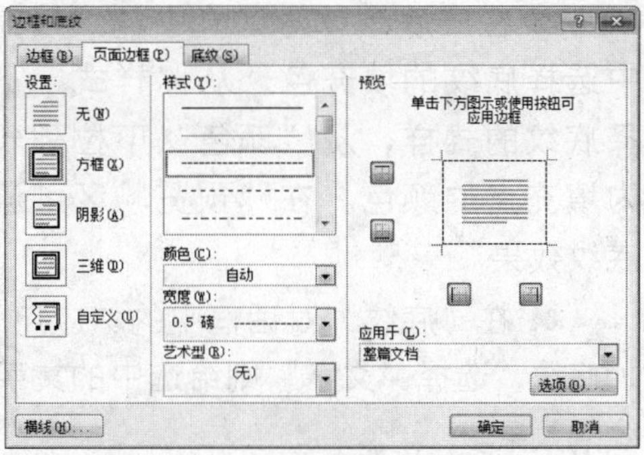

图3.40　“页面边框”选项卡

添加页面边框的操作步骤如下。

01 在“开始”选项卡中，单击“段落”组中的“下框线”右侧的按钮，在弹出的下拉列表中选择“边框和底纹”选项，弹出“边框和底纹”对话框。在“边框和底纹”对话框中选择“页面边框”选项卡，如图3.40所示。

02 在“设置”选项区域中选择一种边框类型。

03 确定一种线型边框或艺术型边框，在“预览”区可观察选中的边框。

- 如果要设置线型边框，可分别从“线型”和“颜色”下拉列表中选择边框的线型和颜色。
- 如果要设置艺术型边框，从“艺术型”下拉列表中选择一种图案即可。

04 在“页面边框”选项卡中，单击“宽度”右侧的按钮，在下拉列表中选择边框的宽度。

05 单击“应用于”右侧的按钮，在下拉列表中选择添加边框的范围。

06 单击“选项”按钮，弹出“边框和底纹选项”对话框。在其中可以改变边框与页边界或正文的距离。

07 单击“确定”按钮，将“边框和底纹”对话框关闭，返回文档。添加页面边框后的效果如图3.41所示。

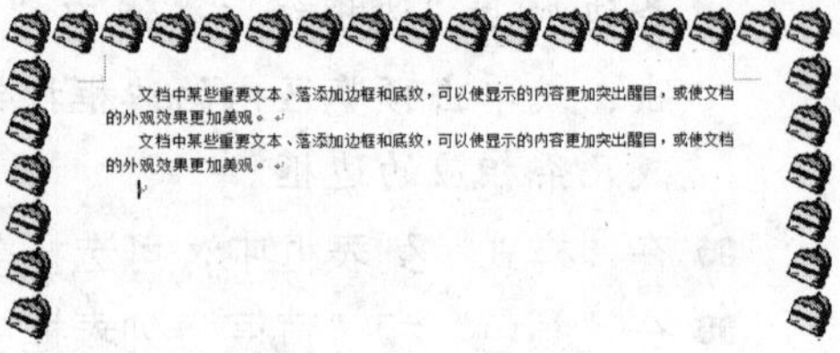

图3.41　设置页面边框

3.4.6　给文字或段落添加底纹

如果用户需要给文本、段落或选中文字添加底纹，首先选中要添加底纹的文本，在“开始”选项卡中，单击“字体”组中的“字符底纹”按钮A，即可给选中的一个或多个文字添加默认底纹。用“边框和底纹”对话框，可以给段落或选中文字添加底纹。

1. 给文字或段落添加底纹

给文字或段落添加底纹的步骤如下。

01 选中要添加底纹的文字或段落，如果仅给一个段落添加底纹，直接将插入符放在该段中即可。

02 在“开始”选项卡中，单击“段落”组中的“下框线”右侧的按钮，在弹出的下拉列表中选择“边框和底纹”选项，弹出“边框和底纹”对话框。在其中选择“底纹”选项卡，如图3.42所示。

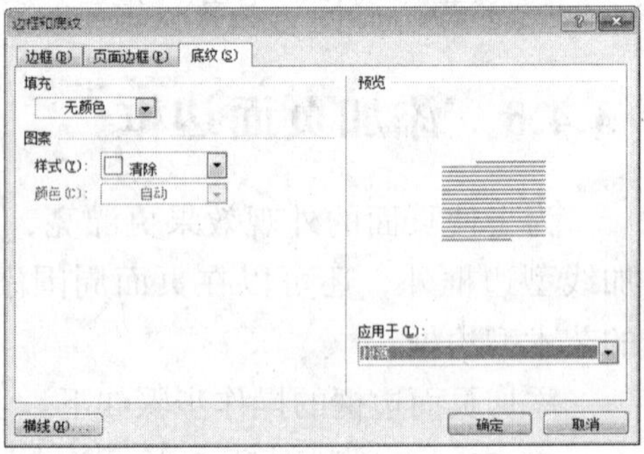

图3.42 “底纹”选项卡

03 在“底纹”对话框中的“填充”下拉列表中选择底纹的填充色，从“样式”下拉列表中选择底纹的式样，从“颜色”下拉列表中选择底纹内填充点的颜色。在“预览”区可浏览到设置的底纹效果。

04 在“底纹”对话框中的“应用于”列表框中选择“段落”选项，可给选中的段落添加底纹，选择“文字”则给选中的文字添加底纹，如图3.43和图3.44所示为给段落和文字底纹的效果。

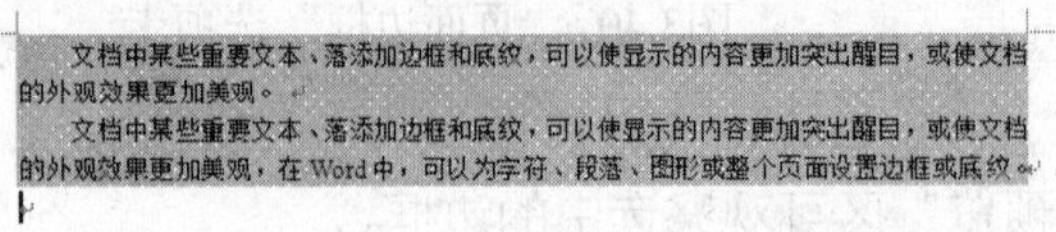

图3.43　给“段落”添加底纹

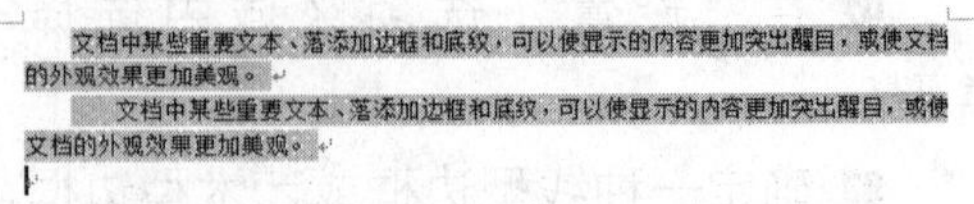

图3.44　给“文字”添加底纹

2. 删除底纹

如果要删除已添加的底纹，操作步骤如下。

01 选中已添加底纹的文本或把插入符移到已添加底纹的段落中。

02 在“开始”选项卡，单击“段落”组中“下框线”右侧的按钮，在弹出的下拉列表中选择“边框和底纹”选项，弹出“边框和底纹”对话框。在“边框和底纹”对话框中选择“底纹”选项卡，在“填充”下拉列表框中选择“无颜色”。

03 在“样式”下拉列表中选择“清除”。

04 在“应用于”列表中选择“文字”或“段落”。

05 单击“确定”按钮即可。

3.5 实战操作

3.5.1 放假通知

通知是广泛使用的一种应用文格式，主要由标题、正文和落款构成。这种文本制作往往很简单，对字体的要求不多，主要工作集中在格式的制作方面，在制作中要保证页面布局规范统一、严肃。

01 首先启动Word 2010，打开随书附带光盘中的CDROM\素材\Cha03\关于2011年十一放假的通知.docx文件，如图3.45所示。

02 首先进行段落格式设置，选中正文的第一段，选择“开始”选项卡，在“段落”组中单击“段落”按钮，弹出“段落”对话框。单击“缩进”选项组中的“特殊格式”右侧的下三角按钮，在弹出的下拉列表中选择“首行缩进”，此时，“磅值”默认值为“2字符”，单击“确定”按钮，如图3.46所示。

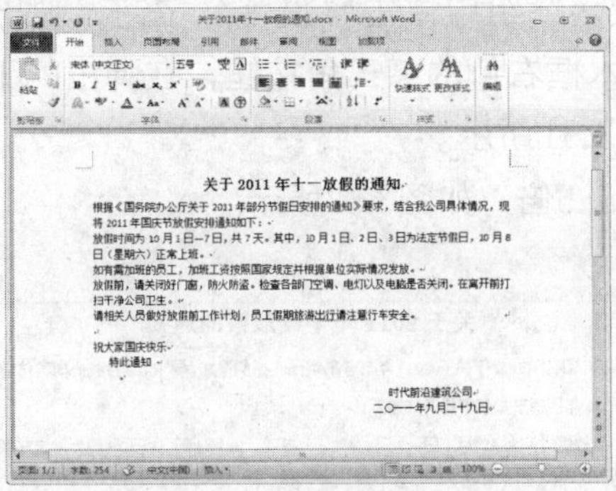

图3.45 打开素材文件

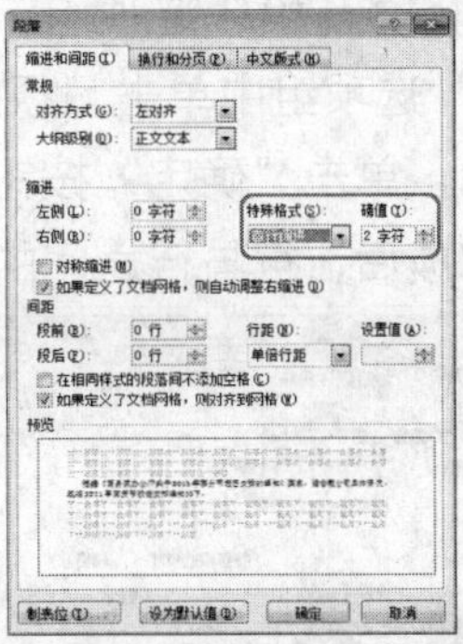

图3.46 “段落”对话框

03 为三个段落设置编号。选中三个段落，选择“开始”选项卡，在“段落”组中单击“编号”右侧的下三角按钮，在弹出的下拉列表中选择横排第二项，如图3.47所示。

04 选择完成后，所选段落的文字即可按照编号1、2、3排列，如图3.48所示。

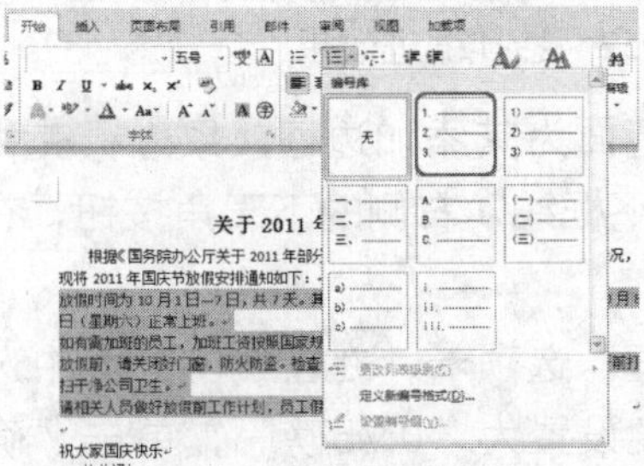

图3.47 选择项目编号

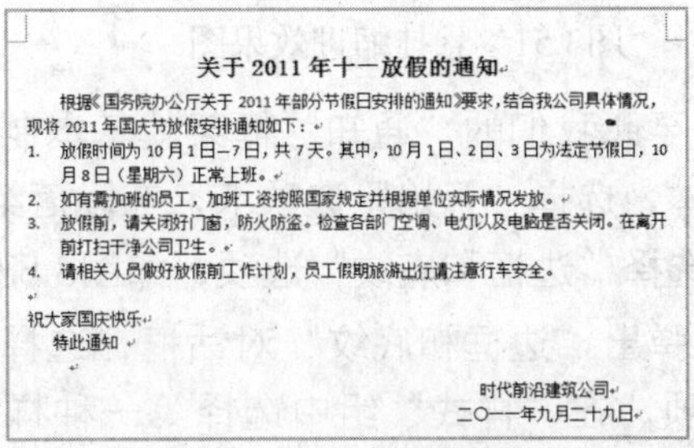

图3.48 项目编号效果

05 设置完成后，为编号设置悬挂缩进，这样可以使编号段落更加突出。选择编号段落，选择“开始”选项卡，在“段落”组中单击“段落”按钮，弹出“段落”对话框。单击“缩进”选项组中“特殊格式”右侧的下三角按钮，在弹出的下拉列表中选择“悬挂缩进”，并将左侧设置为“2字符”，此时“磅值”的默认值为“0.74厘米”，单击“确定”按钮，如图3.49所示。

06 设置完成后，所选段落部分和第一段相差两个字符，如图3.50所示。

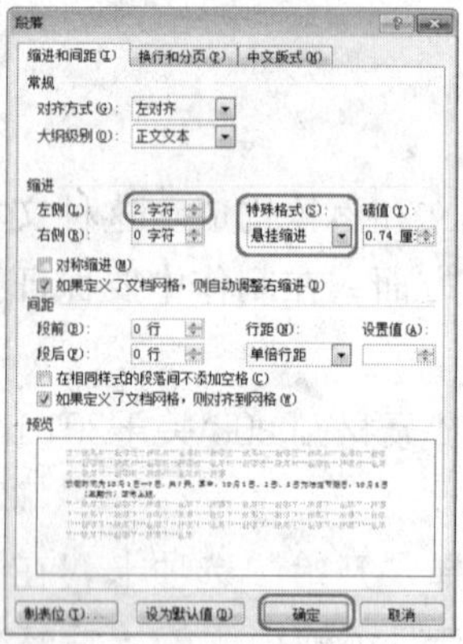

图3.49 设置“悬挂缩进”

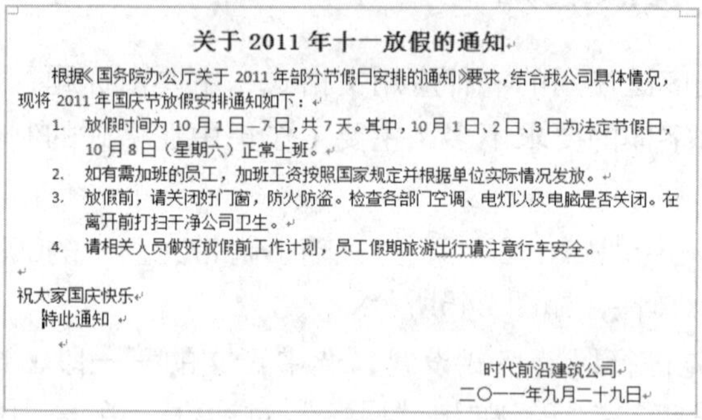

关于2011年十一放假的通知

根据《国务院办公厅关于2011年部分节假日安排的通知》要求，结合我公司具体情况，现将2011年国庆节放假安排通知如下：

1. 放假时间为10月1日—7日，共7天。其中，10月1日、2日、3日为法定节假日，10月8日（星期六）正常上班。
2. 如有需加班的员工，加班工资按照国家规定并根据单位实际情况发放。
3. 放假前，请关闭好门窗，防火防盗。检查各部门空调、电灯以及电脑是否关闭。在离开前打扫干净公司卫生。
4. 请相关人员做好放假前工作计划，员工假期旅游出行请注意行车安全。

祝大家国庆快乐

特此通知

时代前沿建筑公司

二〇一一年九月二十九日

图3.50 悬挂缩进效果

07 此时会发现，行与行之间的文字过于拥挤，下面我们来调整行距。选择第一段和编号段落，选择“开始”选项卡，在“段落”组中单击“段落”按钮，弹出“段落”对话框。在“间距”选项组中单击“行距”文本框右侧的下三角按钮，在弹出的下拉列表中选择“1.5倍行距”，单击“确定”按钮，如图3.51所示。

08 设置完成后，行与行之间的距离为1.5倍，如图3.52所示。

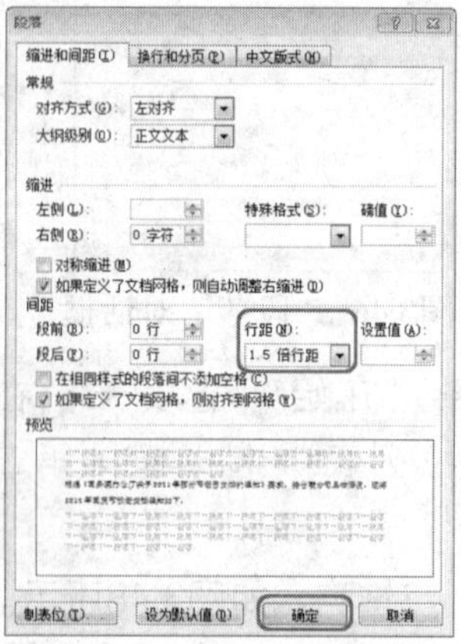

图3.51 悬挂缩进效果图

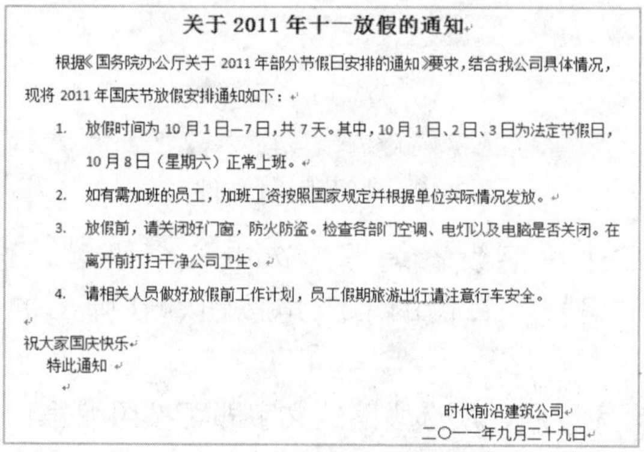

关于2011年十一放假的通知

根据《国务院办公厅关于2011年部分节假日安排的通知》要求，结合我公司具体情况，现将2011年国庆节放假安排通知如下：

1. 放假时间为10月1日—7日，共7天。其中，10月1日、2日、3日为法定节假日，10月8日（星期六）正常上班。
2. 如有需加班的员工，加班工资按照国家规定并根据单位实际情况发放。
3. 放假前，请关闭好门窗，防火防盗。检查各部门空调、电灯以及电脑是否关闭。在离开前打扫干净公司卫生。
4. 请相关人员做好放假前工作计划，员工假期旅游出行请注意行车安全。

祝大家国庆快乐

特此通知

时代前沿建筑公司

二〇一一年九月二十九日

图3.52 悬挂缩进效果

09 至此我们的“通知”框架就基本制作完成，下面为其添加边框效果进行美化。选择所有文本，选择“开始”选项卡，在段落组中单击“下框线”右侧的下三角按钮，在弹出的列表中选择“边框和底纹”选项，如图3.53所示。

10 弹出“边框和底纹”对话框，选择“页面边框”选项卡，在左侧的列表中选择“方框”选项，在“样式”组中选择第一种样式，将宽度设置为“0.75磅”，单击“确定”按钮，如图3.54所示。

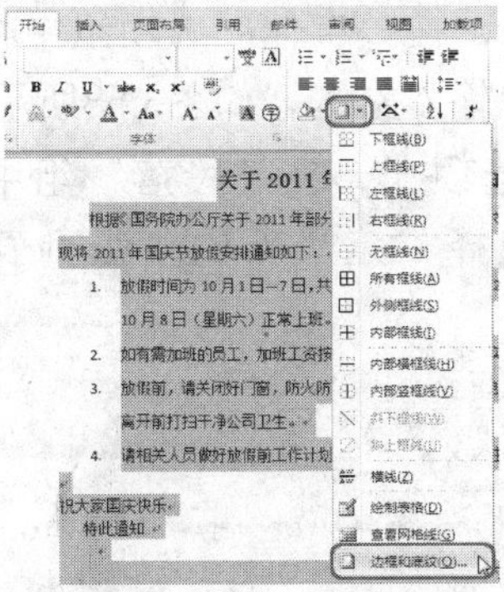

图3.53　选择“边框和底纹”

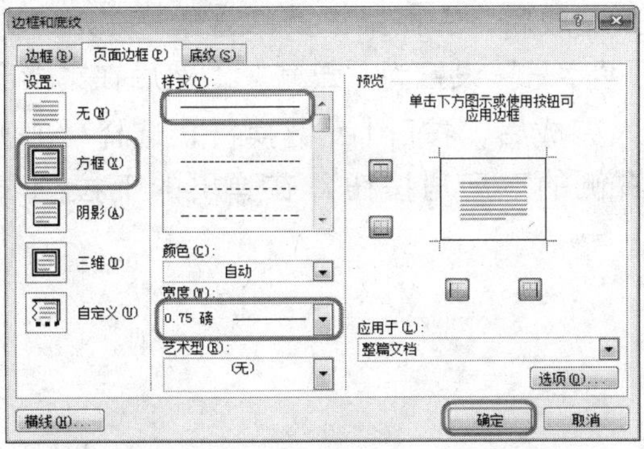

图3.54　“边框和底纹”对话框

⑪ 至此，通知制作完成，如图3.55所示，最后将完成后的文件进行保存。

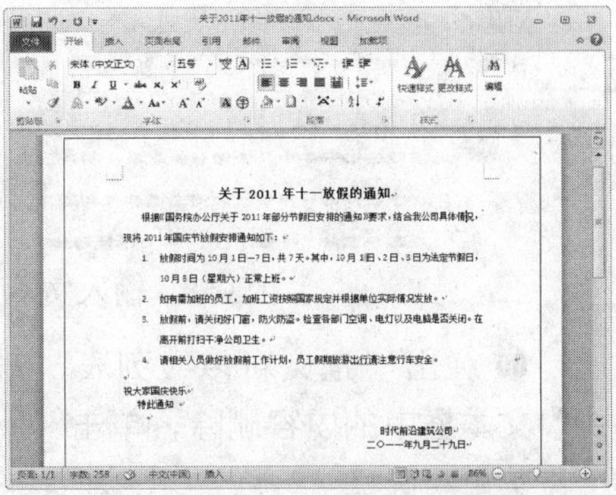

图3.55　放假通知

3.5.2　工作计划

“工作计划”是日常办公中常见的一种应用文格式，通常是将多个层级按顺序和层级关系进行排列，本例我们将介绍“工作计划”的制作方法，主要运用“多级列表”命令对文档进行设置。

01 首先启动Word 2010，此时会自动新建一个文档，选择“插入”选项卡，在“页”组中单击“封面”右侧的下三角按钮，在弹出的列表框中选择“运动型”，如图3.56所示。

02 此时会自动创建一个封面，在“年”文本框中输入“2012”，在“键入文档标题”文本框中输入“时代前沿建筑公司工作计划”，如图3.57所示。然后在右下角输入文本，完善封面设置。

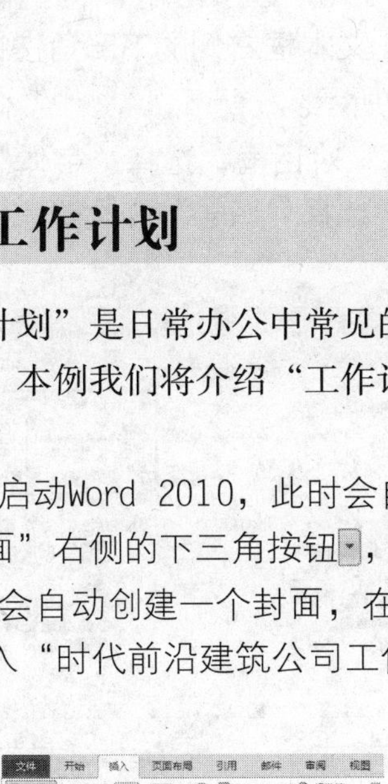

图3.56　选择“运动型”选项

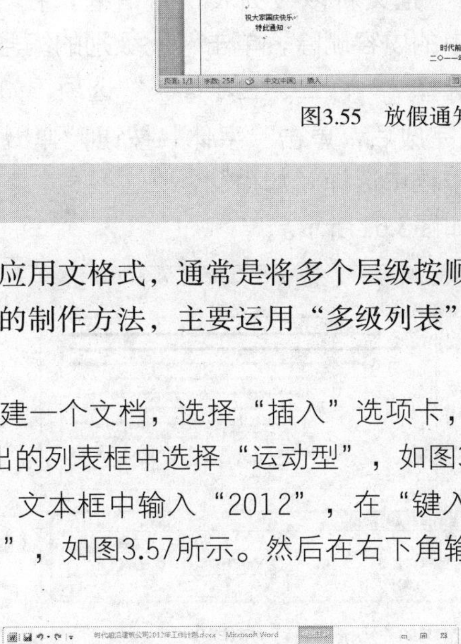

图3.57　在封面输入文本

03 设置完成后，选择第二页，选择“开始”选项卡，在“字体”选项组中将字体设为“隶书”，“字号”设置为“三号”，然后在文档窗口中输入文本，如图3.58所示。

04 输入完成后，按Enter键换行，选择“开始”选项卡，在“段落”组中单击“多级列表”右侧的下三角按钮，在弹出的下拉列表中选择“定义新的多级列表”，如图3.59所示。

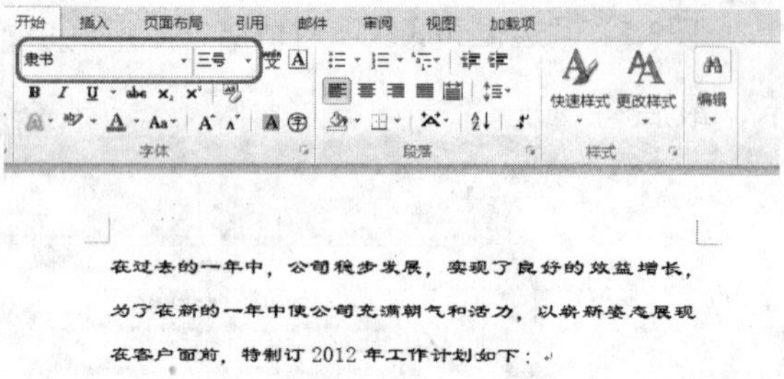

图3.58 输入文本

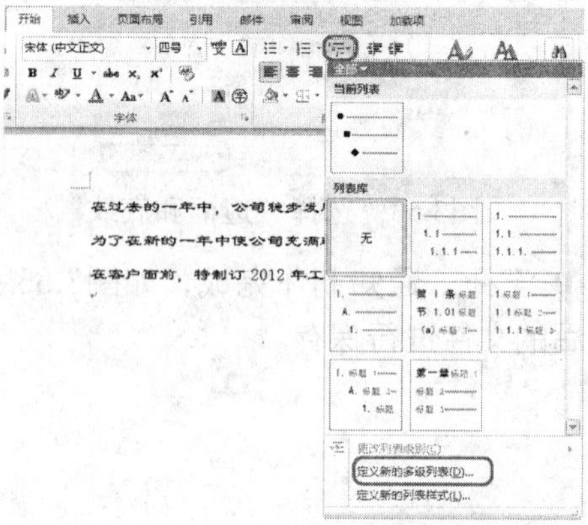

图3.59 选择“定义新的多级列表”

05 弹出“定义新多级列表”对话框，在“编号格式”选项组中，将“输入编号的格式”文本框中的内容删除，单击“此级别的编号样式”文本框右侧的下三角按钮，在弹出的下拉菜单中选择“一、二、三（简）”选项，如图3.60所示。

06 设置完成后，单击“字体”按钮，弹出“字体”对话框，选择“字体”选项卡，在“字形”文本框中选择“加粗”，在“字号”文本框中选择“四号”。设置完成后单击“确定”按钮，如图3.61所示。

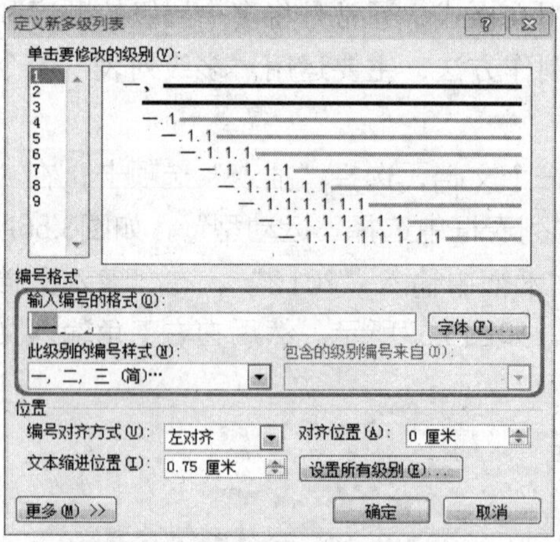

图3.60 “定义新多级列表”对话框

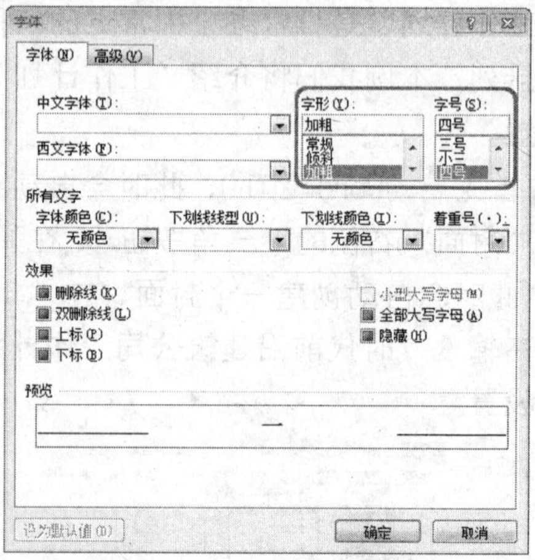

图3.61 “字体”对话框

07 返回到“定义新多级列表”对话框，在“输入编号的格式”文本框中 “一”后面加一个“、”。然后将“编号对齐方式”设置为“左对齐”，“文本缩进位置”设置为“1厘米”，单击左下角的“更多”按钮，此时在对话框中增加了一些选项，“更多”按钮变成“更少”按钮。选择“编号之后”文本框右侧的下三角按钮，在弹出的下拉列表中选择“制表符”，勾选“制表位添加位置”复选框，如图3.62所示。

08 在级别中选择“2”，在“编号格式”选项组中，将“输入编号的格式”文本框中的内容删除，单击“此级别的编号样式”文本框右侧的下三角按钮，在弹出的下拉列表中选择“1、2、3、……选项，单击“字体”按钮，弹出“字体”对话框，选择“字体”选项卡，在“字形”文本框中选择“倾斜”，在“字号”文本框中选择“小四”。设置完成后单击“确定”按钮，如图3.63所示。

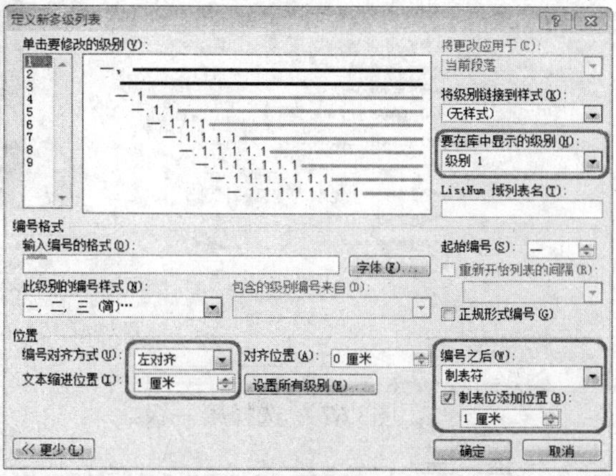

图3.62　设置“级别1”参数

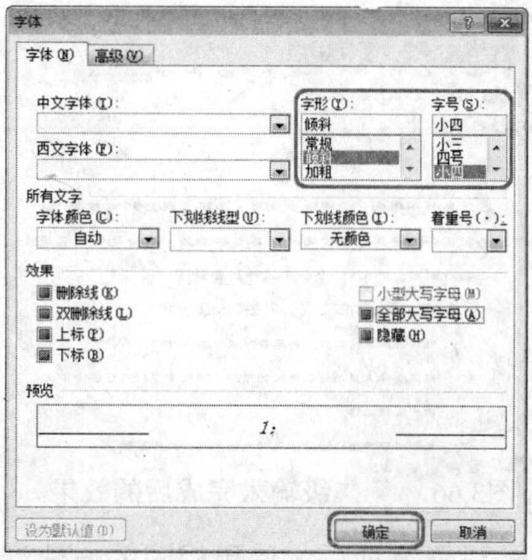

图3.63　设置“级别2”文本样式

09 返回到“定义新多级列表”对话框，在“输入编号的格式”文本框中的“1”后面加一个冒号“：”。然后将“编号对齐方式”设置为“左对齐”，“文本缩进位置”设置为“1.75厘米”，单击“编号之后”文本框右侧的下三角按钮，在弹出的下拉列表中选择“制表符”，勾选“制表位添加位置”复选框，如图3.64所示。

10 设置完成后选择“级别1”，单击“确定”按钮，此时在文档窗口中插入点位置会出现“一、”，如图3.65所示。

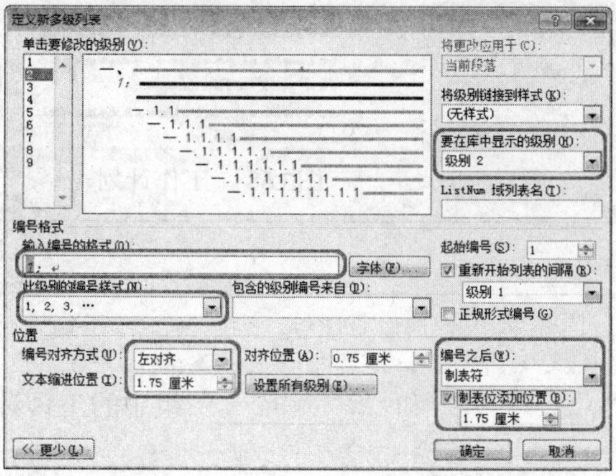

图3.64　设置“级别2”参数

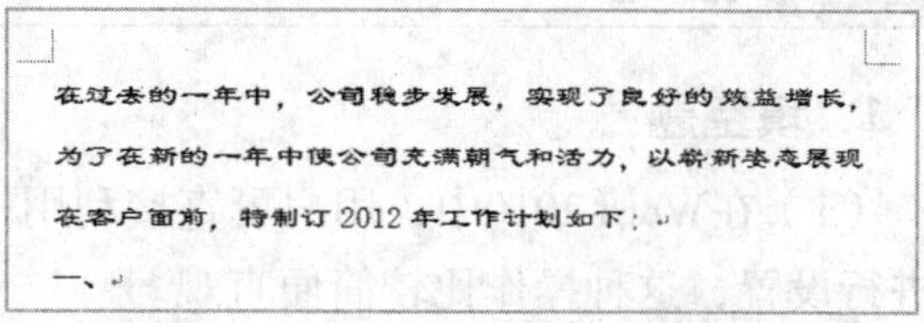

图3.65　插入第一级编号后的文档

11 选择“开始”选项卡，在“字体”选项组中将字体设为“宋体”，“字号”设置为“四号”，然后在文档窗口中输入文本，输入完成后按Enter键换行，此时出现“二、”，按Tab键，可以使输入的文本级数下降一级，此时“二、”变为“1：”。将字体设为“隶书”，“字号”设置为“四号”，然后在文档窗口中输入文本，输入完成后按Enter键换行，继续输入，如图3.66所示。

⑫ 第一级文档输入完成后按Enter键换行，此时出现“4：”，选择“开始”选项卡，在“段落”组中单击“多级列表”右侧的下三角按钮，在弹出的下拉列表中选择“更改列表级别”，在弹出的级联菜单中选择第一项，如图3.67所示。也可以使用Shift+Alt+←快捷键进行更换，使得文本级数上升一级，此时“4：”变为“二、”。

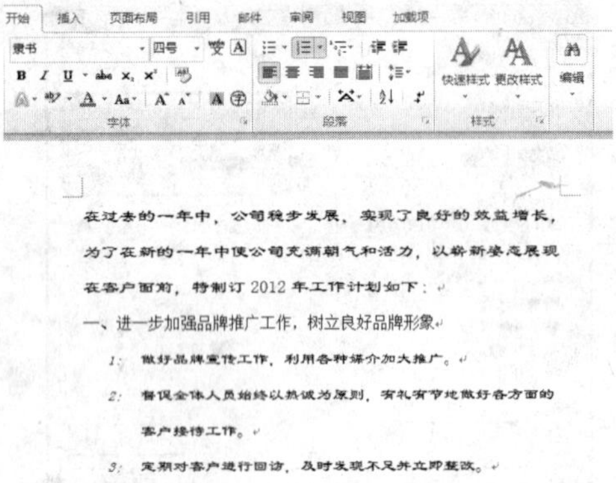

图3.66　第二级输入完成后的效果

图3.67　选择第一级

⑬ 设置完成后，使用相同的方法继续输入文档，最终效果如图3.68所示。

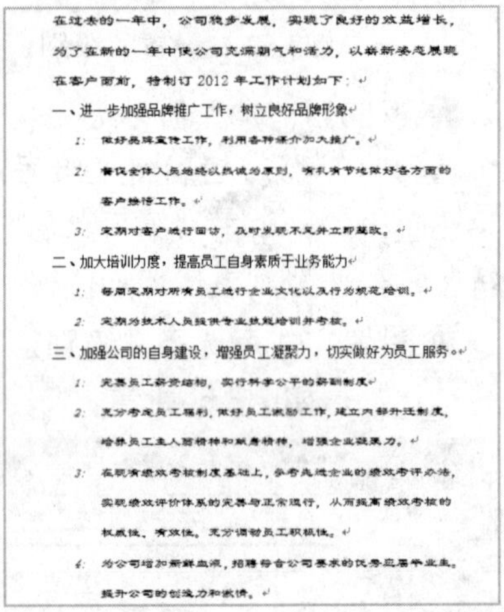

图3.68　工作计划

3.6 练习

1．填空题

（1）在Word 2010中，用户可直接利用“________”和“________”组中的工具对段落进行设置，这种操作比较简便直观。

（2）如果要设置线型边框，可分别从“________”和“________”下拉列表中选择边框的线型和颜色。

2．问答题

（1）如何设置字符间距、缩放和位置？

（2）如何添加和删除背景颜色？

第4章 在Word中插入对象与绘制图形

本章要点

在Word中，可以实现对各种图形对象的绘制、缩放、插入和修改等多种操作，还可以把图形对象与文字结合在一个版面上，实现图文混排，轻松地设计出图文并茂的文档。本章将介绍如何在文档中插入与编辑图形对象，并讲解绘制自选图形的方法。

本章内容主要包括

- 插入图像
- 设置图片
- 创建文本框
- 创建艺术字
- 创建SmartArt图形
- 插入公式
- 绘制与编辑图形

go>>

4.1 插入图像

在Word中，不仅可以编辑文本，也可以对插入图像进行简单编辑。用户可以很方便地在Word文档中插入图像，图像可以是剪贴画、照片或图片。在文档中添加图像可以使文档更加形象生动。

4.1.1 插入剪贴画

剪贴画是一种特殊类型的图片，通常由小而简单的图像组成。Word附带了一个非常丰富的剪贴画库。与以前的版本相比，Word 2010中的剪贴画库种类更齐全，内容更丰富，画面更漂亮，操作也更方便。

插入剪贴画的方法如下。

01 在Word文档中，将光标定位到要插入剪贴画的位置。

02 选择“插入”选项卡，在“插图”组中单击“剪贴画”按钮，弹出“剪贴画”任务窗格。用户可以在“搜索文字”文本框中输入需要查找的内容，单击“搜索”按钮即可弹出所查找的内容。例如，要搜索动物类的剪贴画，在“搜索文字”文本框中输入“动物”，然后单击“搜索”按钮，即可搜索出有关动物的剪贴画，如图4.1所示。

03 当鼠标移到某个剪贴画上时，在该剪贴画的右侧将会出现一个下三角按钮，单击该按钮，在弹出的下拉列表中选择“插入”选项，如图4.2所示。

图4.1 “剪贴画”任务窗格

图4.2 选择“插入”选项

提示 除了可以用上面的方法插入剪贴画外，还可以使用以下几种方法。1. 在需要的剪贴画上右击鼠标，在弹出的快捷菜单中选择“插入”选项。2. 在需要的剪贴画上单击鼠标，即可将所选的剪贴画插入到文档中指定要插入剪贴画的位置处。3. 将鼠标移至需要的剪贴画上，单击鼠标左键并拖动剪贴画到文档中适当的位置处，松开鼠标左键即可。

4.1.2 插入图片

在Word中，可以将多种应用程序（如Photoshop或AutoCAD等）建立的图形文件插入到文档中。

在文档中插入图片文件的方式有三种：直接插入方式、链接方式、插入和链接方式。插入图片的操作方法如下。

01 在Word文档中，指定要插入图片的位置。

02 选择“插入”选项卡，在“插图”组中单击“图片”按钮，打开“插入图片”对话框，如图4.3所示。

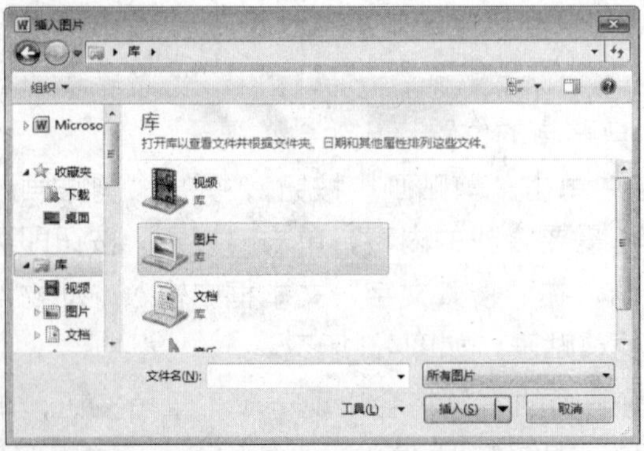

图4.3 “插入图片”对话框

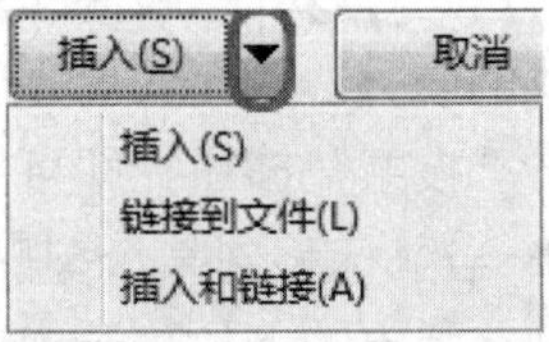

图4.4 插入方式下拉列表

03 在“插入图片”对话框中选择要插入到文档中的图片。

04 单击“插入”按钮右侧的下三角按钮▾，在打开的下拉列表中选择一种插入方式。

- “插入”方式：选择此插入方式时，图片将被插入到当前文档中，成为当前文档中的一部分。当保存文档时，插入的图片会随文档一起保存。当提供这个图片的文件发生变化时，文档中的图片不会自动更新。
- “链接到文件”方式：选择此插入方式时，图片以链接的方式被当前文档所“引用”。这时，插入的图片仍然保存在原图片文件之中，当前文档只保存了这个图片文件所在的位置信息。以链接方式插入的图片不会影响在文档中查看并打印该图片。当提供这个图片的文件被改变后，被“引用”到该文档中的图片也会自动更新。
- “插入和链接”方式：选择此插入方式时，图片被“复制”到当前文档的同时，还建立了和原图片文件的“链接”关系。当保存文档时，插入的图片会随文档一起保存，当提供这个图片的文件发生变化后，文档中的图片会自动更新。

4.2 设置图片

当把不同的图片插入到文档中后，用户可以根据需要对其进行必要的设置，使之能够与文档完美结合。例如，改变它的大小、裁剪掉不需要的部分等。可以通过下面两种方法对图片进行设置。

- 选中需要设置的图片，然后选择“图片工具”下的“格式”选项卡，利用该选项卡中的按钮选项对图片进行具体的设置，如图4.5所示。

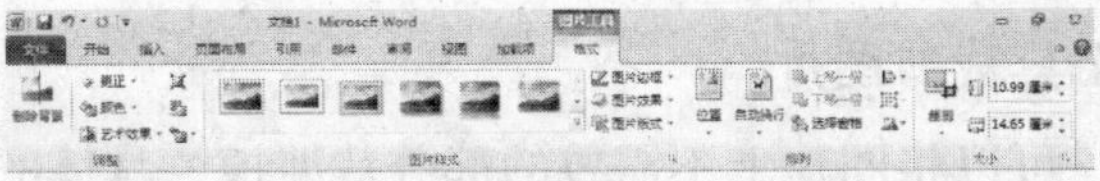

图4.5 “图片工具”下的“格式”选项卡

- 选择“格式”选项卡，在“大小”组中单击右下角的按钮，打开“布局”对话框，如图4.6所示。在该对话框中，可以设置图片的大小、旋转等；单击“图片样式”组右下角的按钮，打开“设置图片格式”对话框，在该对话框中可以设置图片的亮度和对比度等，如图4.7所示。

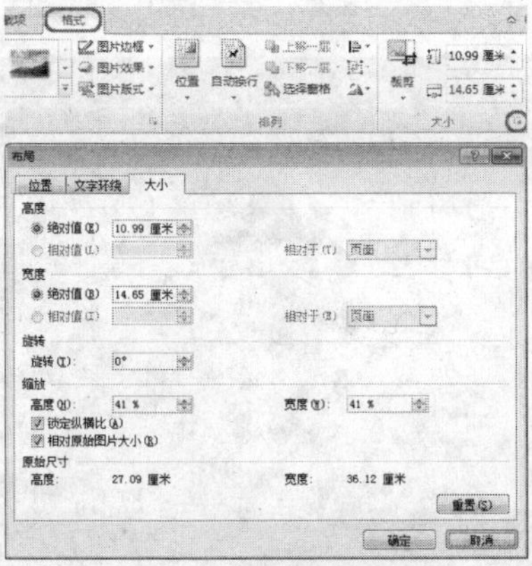

图4.6 “布局”对话框

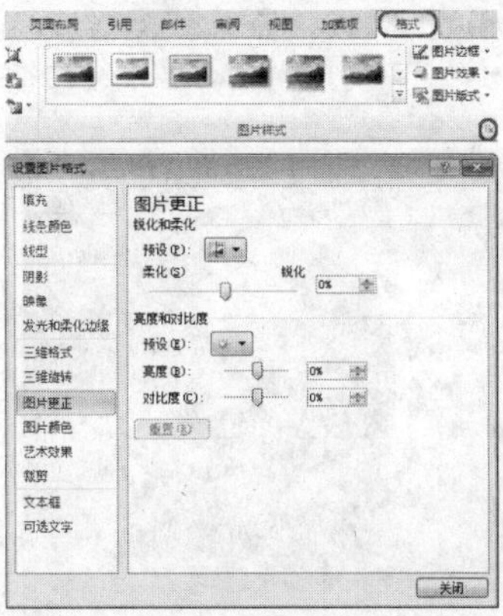

图4.7 “设置图片格式”对话框

4.2.1　调整图片大小

有时，插入到文档中的图片会偏大或偏小，此时就需要我们对它的大小进行调整。选中图片后，移动鼠标到所选图片的某个控制点上，当鼠标指针变成双向箭头时，拖动鼠标可以改变图片的大小。在拖动尺寸控制点时，如果按住Shift键，可使图像等比例缩放。还可以在“格式”选项卡中的“大小”组中调整图片的大小，具体的操作步骤如下。

01 选中需要调整大小的图片。

02 选择“格式”选项卡，在“大小”组中的“形状高度”文本框中输入新的图片高度，或在“形状宽度”文本框中输入新的图片宽度，然后按Enter键确认，即可调整图片的大小。

只要改变了其中一个数值，另一个数值也会随之改变，图片是等比缩放的。如果只想改变一个数值，而不影响另一个数值，在“大小”组中单击右下角的按钮，打开“布局”对话框，在该对话框中，取消“锁定纵横比”复选框的勾选，如图4.8所示。然后单击“确定”按钮就可以了。

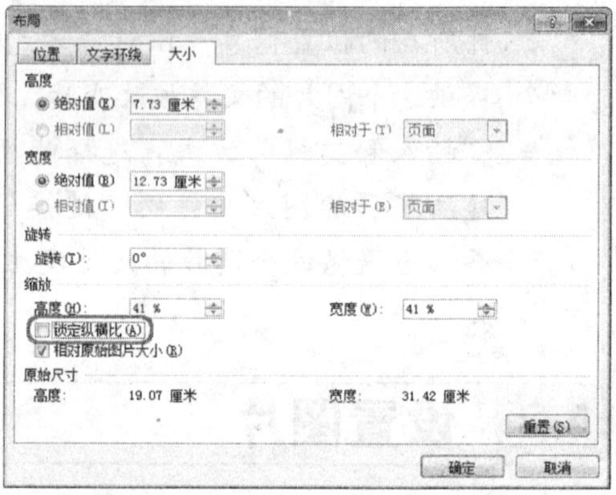

图4.8　取消“锁定纵横比”复选框的勾选

4.2.2　裁剪图片

在Word中，用户可以根据自己的需要对图片进行裁剪。

1. 使用“裁剪”工具裁剪图片

通过使用裁剪工具，可以将图片上不需要的部分裁剪掉，具体的操作步骤如下。

01 选中需要裁剪的图片。

02 选择“格式”选项卡，在“大小”组中单击“裁剪”按钮，此时图片周围会出现8个方向的黑色裁剪控制柄，如图4.9所示。

03 使用鼠标拖动黑色控制柄，对图片进行调整，直至满意为止，如图4.10所示。

图4.9　裁剪控制柄

图4.10　拖动控制柄

04 在空白位置单击鼠标左键，即可裁剪图片，效果如图4.11所示。

图4.11　裁剪后的图片

2. 将图片裁剪为形状

在Word中，可以将图片裁剪成各种各样的形状，具体的操作步骤如下。

01 选中需要裁剪的图片，如图4.12所示。

02 选择“格式”选项卡，在“大小”组中单击“裁剪”按钮，在弹出的下拉列表中选择“裁剪为形状”选项，再在弹出的子菜单中选择一种形状，例如选择“心形”，如图4.13所示。

图4.12　选中图片

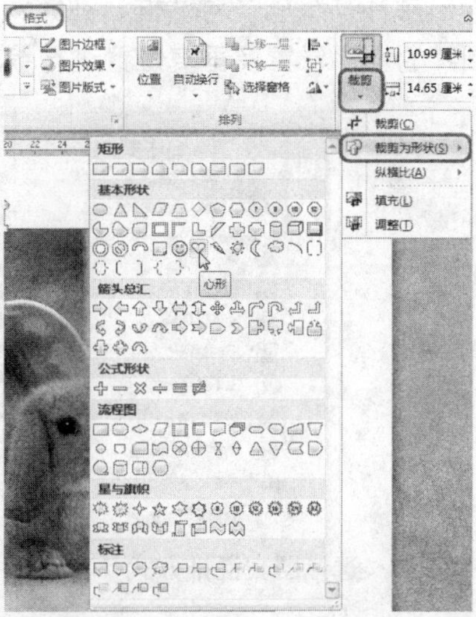

图4.13　选择一种形状

03 即可将图片裁剪成心形，效果如图4.14所示。

图4.14　将图片裁剪为心形

4.2.3　设置图片版式

设置图片版式也就是设置图片与文字的混排形式。

1. 设置图文混排

设置图文混排的方法有两种：一种是选择需要设置的图片，然后选择“图片工具”下的“格式”选项卡，在“排列”组中单击“位置”按钮，在弹出的下拉列表中选择一种方式即可。

下面介绍另一种设置方法。

01 选择需要设置的图片。

02 选择“图片工具”下的“格式”选项卡，在“排列”组中单击“自动换行”按钮，在弹出的下拉列表中选择一种图文混排方式，例如选择“上下型环绕”方式，如图4.15所示。

03 再次单击“排列”组中的“自动换行”按钮，在弹出的下拉列表中选择“其他布局选项”，打开“布局”对话框，在该对话框中选择“位置”选项卡，如图4.16所示，在此可以对图片的水平位置及垂直位置进行编辑。

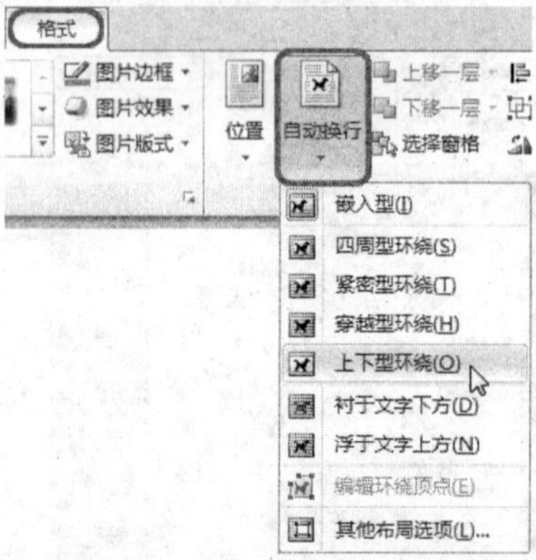

图4.15　选择图文混排方式

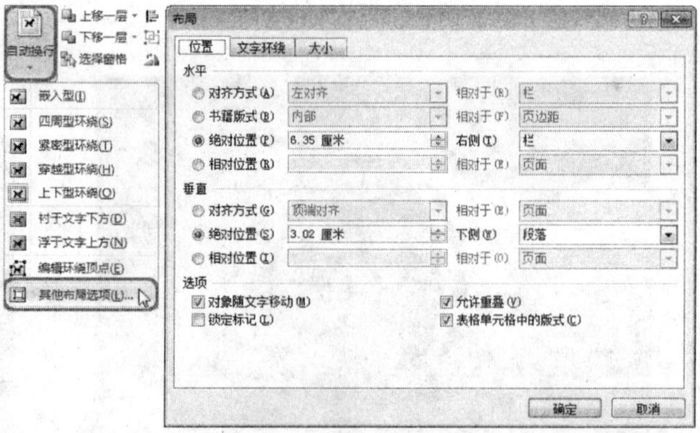

图4.16　“位置”选项卡

2. 编辑图片环绕顶点

如果插入文件中的图片是矢量图（如剪贴画），那么将其设置为“紧密型环绕”方式时，图片的顶点就会与文字环绕，如图4.17所示。如果插入文件中的图片是位图，则只能使用“编辑环绕顶点”的方法，才可以让图片在文本中任意环绕。

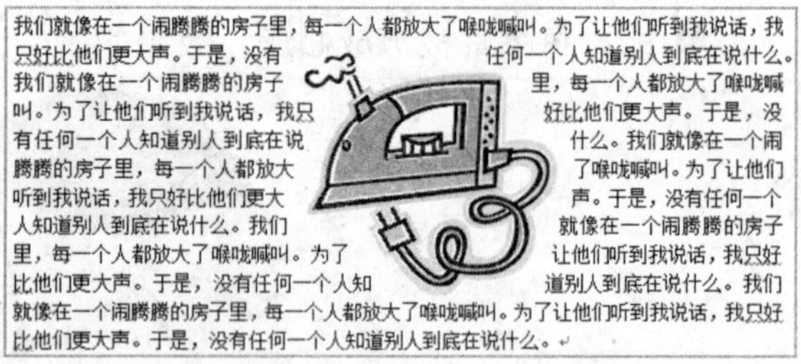

图4.17　设置剪贴画为“紧密型环绕”方式

“编辑环绕顶点”的具体操作步骤如下。

01 选择要编辑的图片，如图4.18所示。

02 选择“图片工具”下的“格式”选项卡，在“排列”组中单击“自动换行”按钮，在弹出的下拉菜单中选择“编辑环绕顶点”选项。

03 此时图片的边框变成红色的实线框，把鼠标指针移到边框线上，指针会变成“✥”形状，按住鼠标左键并拖动，即可改变图片的顶点，图片顶点改变后，文字就会根据顶点的改变而改变环绕方式，如图4.19所示。

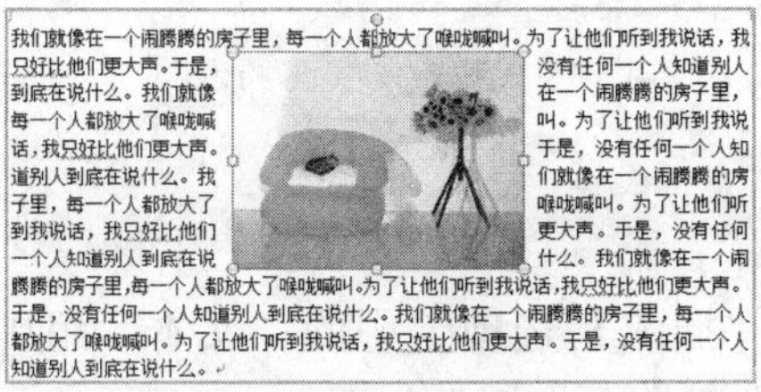

图4.18 选择图片

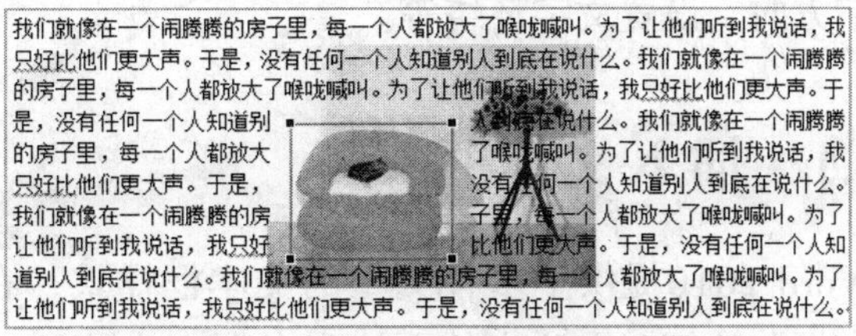

图4.19 调整图片顶点后的环绕方式

4.2.4 为图片添加边框

通过为图片添加边框，可以美化图片，为图片添加边框的方法有两种，一种是选中要添加边框的图片，然后选择“图片工具”下的“格式”选项卡，在“图片样式”组中单击“图片边框”按钮。在弹出的下拉列表中选择一种边框的颜色，然后再设置图片边框的“粗细”及“虚线”选项，如图4.20所示。

下面介绍另一种设置方法。

01 选中要添加边框的图片。

02 选择“图片工具”下的“格式”选项卡，在“图片样式”组中单击右下角的按钮，打开“设置图片格式”对话框。

03 在该对话框的左侧列表中选择“线条颜色”选项。

04 在右侧的“线条颜色”区域中设置线条的类型、颜色及透明度，如图4.21所示。

05 设置完成后，单击“关闭”按钮即可。

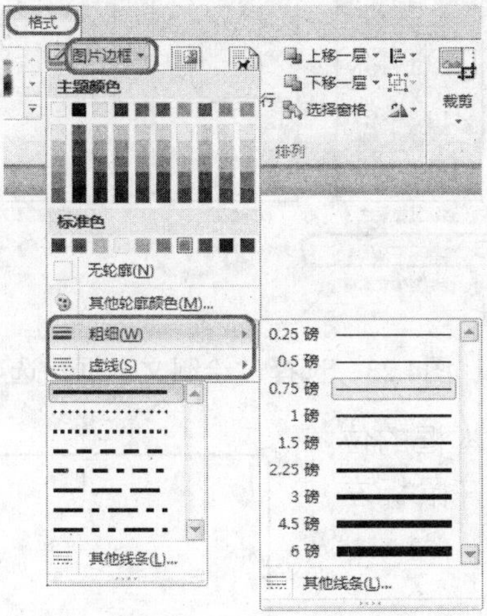

图4.20 设置颜色、粗细及虚线选项

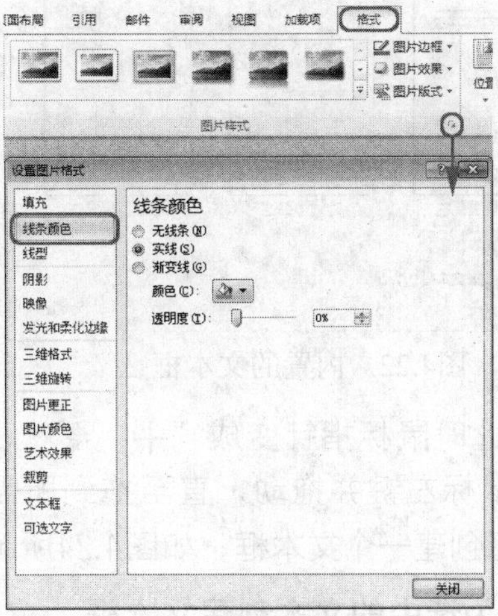

图4.21 “设置图片格式”对话框

4.3 创建文本框

文本框是一种图形对象。它作为存放文本或图形的容器，可以放置在页面的任何位置上，并可随意调整它的大小。将文字或图像放入文本框后，可以进行一些特殊的处理，如更改文字方向、设置文字环绕等。

4.3.1　插入文本框

Word 2010提供了多种类型的文本框样式，在“插入”选项卡中的“文本”组中单击“文本框”按钮，在弹出的下拉列表中，选择Word内置的文本框，如图4.22所示，在需要的内置文本框上单击鼠标左键，即可将其插入到文档中。用户也可以手动绘制文本框，根据文本框中文本的排列方向，可将文本框分为“横排”文本框和“竖排”文本框。

1. 绘制文本框

因为绘制横排文本框与绘制竖排文本框的操作步骤类似，所以下面仅以绘制横排文本框为例，介绍如何在文档中绘制文本框。

01 选择“插入”选项卡，在“文本”组中单击“文本框”按钮，在弹出的下拉列表中选择“绘制文本框”选项，如图4.23所示。

图4.22　内置的文本框

图4.23　选择“绘制文本框”选项

02 此时鼠标指针变成“十”形状，在要插入文本框的位置按住鼠标左键并拖动，直至拖到所需的大小后松开鼠标左键，即可创建一个文本框，如图4.24所示。

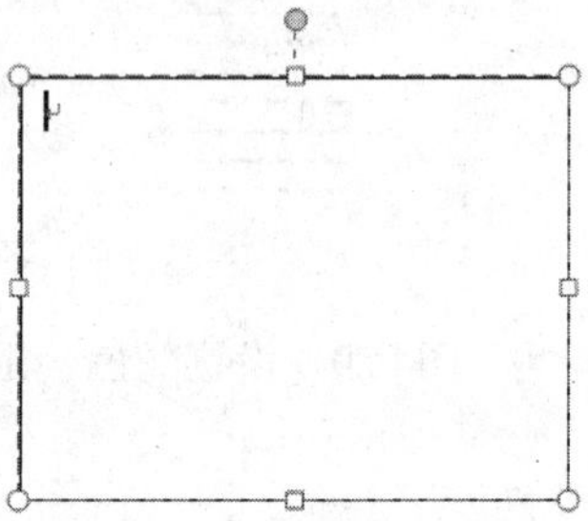

图4.24　绘制的文本框

2. 为选中的文本创建文本框

用户也可以为选中的文本创建一个文本框，操作步骤如下。

01 在文档中选中要创建文本框的文本，如图4.25所示。

02 选择“插入”选项卡，在“文本”组中单击“文本框”按钮，在弹出的下拉列表中选择“绘制文本框”选项（也可以选择“绘制竖排文本框”选项），即可为选中的文本创建文本框，如图4.26所示。

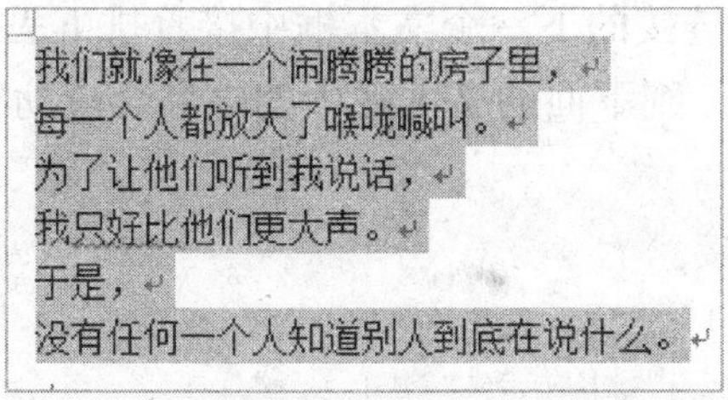

图4.25　选中文本

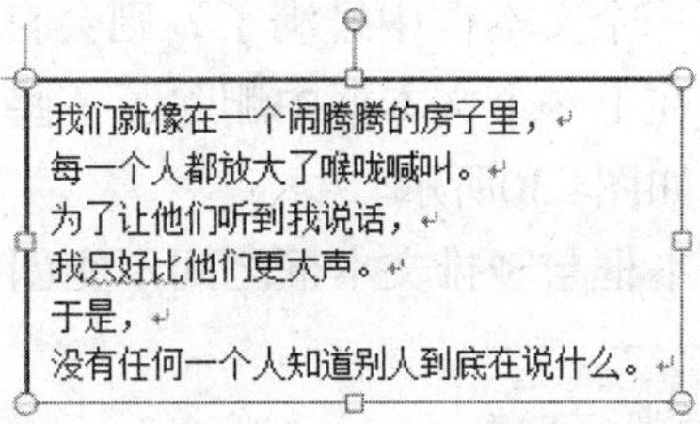

图4.26　为选中的文本创建文本框

4.3.2　编辑文本框

文本框是一个独立的文本编辑框。用户可以用常规方法在文本框中输入文本，或进行选中、移动、复制和删除文本等编辑操作。

1. 在文本框中输入内容

在文本框中输入文本时，文本在到达文本框右边的框线时会自动换行。如果文本框太小，不能全部显示所输入或粘贴的内容，拖动文本框的边框，即可将其拉大，并看到输入的内容。用户还可以对输入到文本框中的内容进行编辑，如改变字体、设置字体大小等。

2. 设置文本框格式

选中文本框，然后选择“绘图工具”下的“格式”选项卡，在“形状样式”组中可以为文本框选择一种样式，也可以设置文本框的填充颜色、轮廓颜色，或为文本框设置一些特殊效果，如图4.27所示。

也可以用另外一种方法设置文本框的格式，单击“形状样式”组中右下角的按钮，打开“设置形状格式”对话框，在该对话框中进行设置，如图4.28所示。

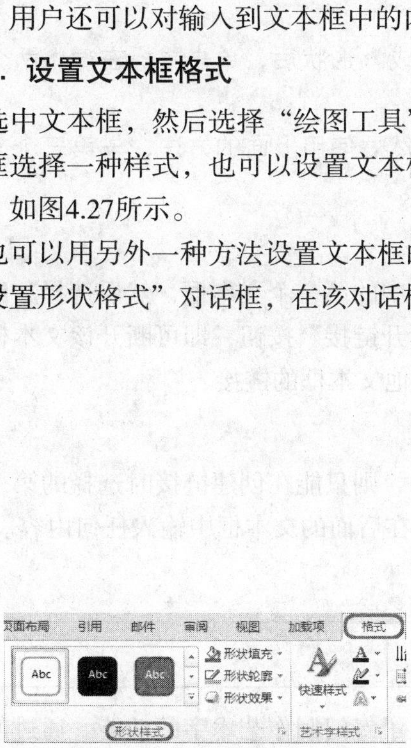

图4.27　形状样式组

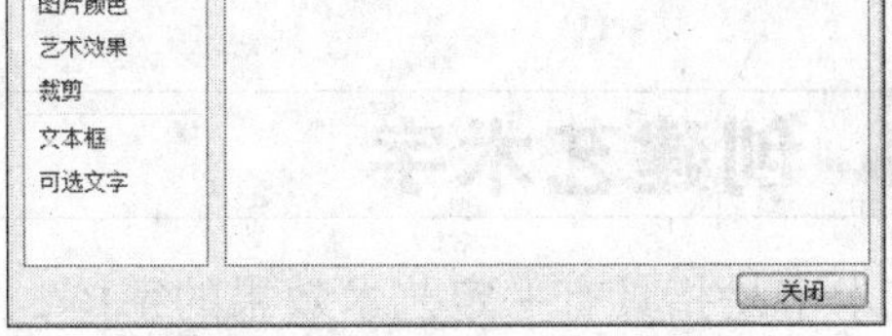

图4.28　“设置形状格式”对话框

4.3.3　设置文本框的链接

文本框的链接就是把两个以上的文本框链接在一起，即使这些链接的文本框被分开放在不同的位置（如在不同的段、不同的页中），文本框中的内容也依然是连为一体的。如果文字内容在上一个文本框中排满了，则会自动在链接的下一个文本框中接着排下去，如图4.29所示。如果在上一个文本框中删除了一些内容，则下面的文本框中的内容会自动补到上一个文本框中，如图4.30所示。

横排文本框与竖排文本框之间不能创建链接。

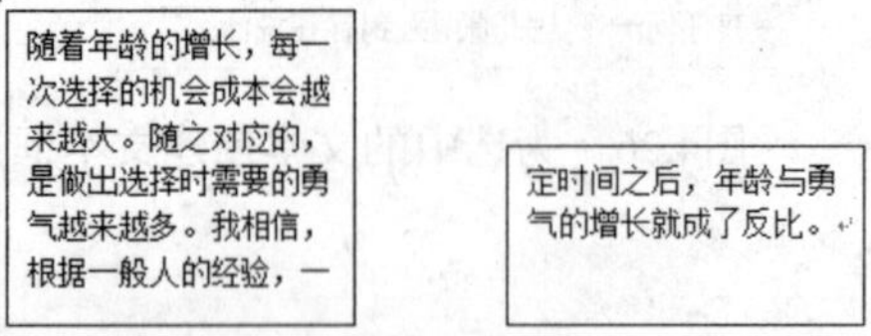

图4.29　创建链接的文本框

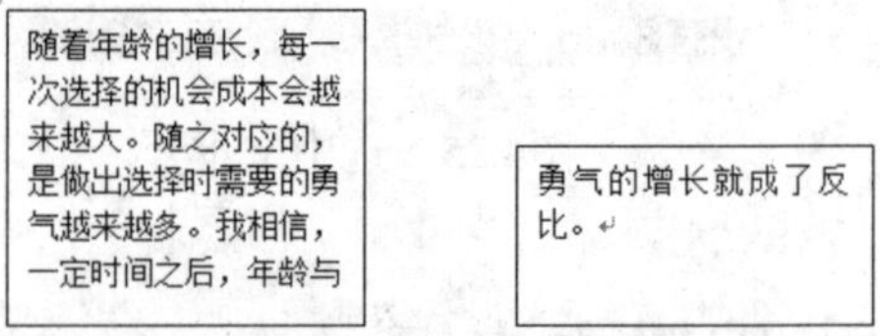

图4.30　删除内容后的效果

1．创建文本框之间的链接

要创建文本框链接，被链接的文本框必须是空的。可以按照下面的操作方法来创建文本框之间的链接。

01 在文档中选中第一个文本框。

02 选择“绘图工具”下的“格式”选项卡，在“文本”组中单击“创建链接”按钮，此时鼠标指针会变成“ ”形状。

03 将鼠标移到第二个文本框中，当鼠标指针变成 形状后，单击鼠标左键，两个文本框之间就建立了链接关系。

04 如果要继续创建链接，选中第二个文本框，然后使用上面的方法，与第三个文本框进行链接，以此类推，即可将多个文本框链接在一起。

2．断开链接

如果要断开文本框之间的链接，先选中文本框链中的第一个文本框，然后选择“绘图工具”下的“格式”选项卡，在“文本”组中单击“断开链接”按钮，即可断开该文本框与其他文本框的链接关系。也可以使用同样的方法断开其他文本框的链接。

3．在链接的文本框中输入文本

如果需要在建立了链接关系的文本框中输入文本，则只能在创建链接时选择的第一个文本框中进行输入。除非第一个文本框已满，否则无法在后面的文本框中输入任何内容。

4.4 创建艺术字

艺术字是指具有一定艺术效果的字体，Word提供了专门制作艺术字的功能。通过使用这些功能，可以创建出各种文字的艺术效果，甚至可以把文字扭曲成各种各样的形状，或设置为具有三维轮廓的形式。

4.4.1 插入艺术字

艺术字是添加到文档中的装饰性文本。在文档中插入艺术字的方法如下。

01 选择“插入”选项卡，在“文本”组中单击“艺术字”按钮，在弹出的下拉列表框中选择一种艺术字样式，如图4.31所示。

02 在弹出的文本框中输入文字，输入完成后，在工作窗口中的空白位置单击鼠标左键，即可创建艺术字，效果如图4.32所示。

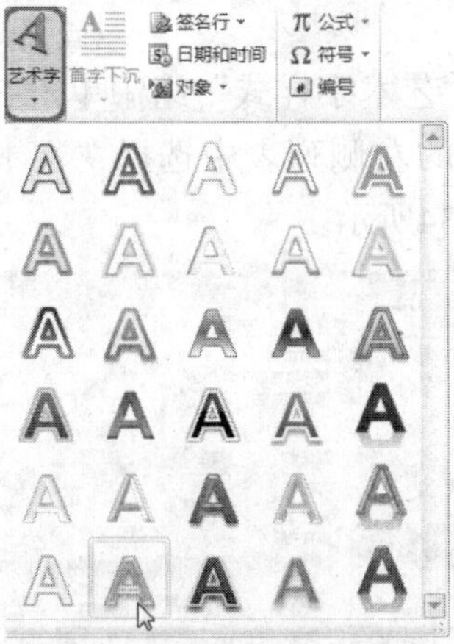

图4.31 选择艺术字样式

图4.32 创建艺术字

4.4.2 编辑艺术字

艺术字创建好后，用户可根据需要对其进行修改。选中要修改的艺术字，在功能区中会自动显示“绘图工具”下的“格式”选项卡，在“格式”选项卡中的“艺术字样式”组中，可以设置艺术字的样式、填充颜色和轮廓颜色等。

1. 修改艺术字的字体和字号

如果要修改艺术字的字体和字号，先选中艺术字，然后选择“开始”选项卡，在“字体”组中设置艺术字的字体和字号。

2. 更改艺术字样式

如果要更改当前艺术字的样式，则先选中艺术字，然后选择“绘图工具”下的“格式”选项卡，在“艺术字样式”组中单击“快速样式”按钮，在弹出的下拉列表中选择一种新的样式即可。

3. 为艺术字填充颜色

默认情况下，新创建的艺术字是根据选择的样式进行填充的。用户也可以为艺术字对象填充纯颜色，或将艺术字的填充颜色设置为渐变。

如果要为艺术字填充其他的纯颜色，操作步骤如下。

01 选择要填充其他颜色的艺术字。

02 选择“绘图工具”下的“格式”选项卡，在“艺术字样式”组中单击“文本填充”按钮A右侧的下三角按钮，在弹出的下拉列表中选择一种颜色即可。

也可以在下拉列表中选择“其他填充颜色”选项，在打开的“颜色”对话框中选择颜色，选择完成后单击“确定”按钮，如图4.33所示。

如果要将艺术字的填充颜色设置为渐变色，操作步骤如下。

01 选择要填充渐变色的艺术字。

02 选择“绘图工具”下的“格式”选项卡，在“艺术字样式”组中单击“文本填充”按钮A右侧的下三角按钮，在弹出的下拉列表中选择“渐变”选项，再在弹出的子列表框中选择一种渐变样式即可。

也可以选择“绘图工具”下的“格式”选项卡，在“艺术字样式”组中单击右下角的按钮，打开“设置文本效果格式”对话框，在该对话框的左侧列表中选择“文本填充”选项，然后在右侧的“文本填充”区域中进行设置，如图4.34所示。

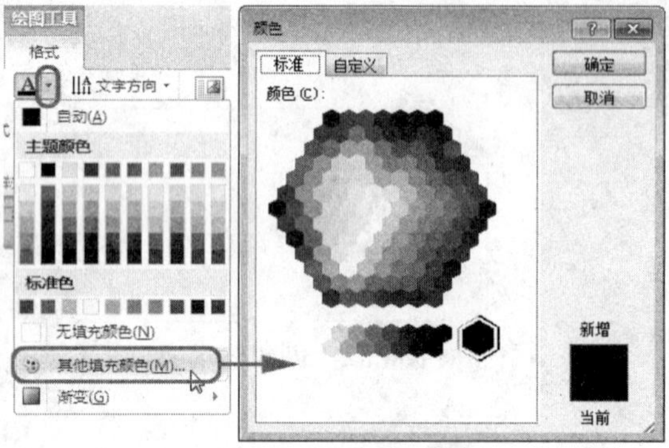

图4.33 “颜色”对话框

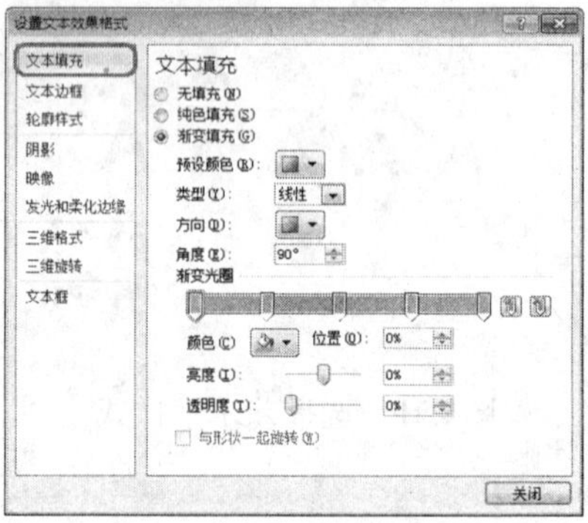

图4.34 “设置文本效果格式”对话框

4. 为艺术字添加效果

在Word中可以为艺术字添加阴影、映像和发光等效果。为艺术字添加效果的操作步骤如下。

01 选择要添加效果的艺术字。

02 选择“绘图工具”下的“格式”选项卡，在“艺术字样式”组中单击“文字效果”按钮，在弹出的下拉列表中选择要添加的效果，然后再在弹出的子列表框中选择一种样式即可。

4.5 创建SmartArt图形

SmartArt图形是信息和观点的视觉表示形式，能够快速、轻松、有效地传达信息。

4.5.1 插入SmartArt图形

插入SmartArt图形的方法比较简单，具体的操作步骤如下。

01 选择“插入”选项卡，在“插图”组中单击SmartArt按钮，打开“选择SmartArt图形”对话框，如图4.35所示。

02 在左侧的列表中选择一种类型，在中间的列表框中选择一种层次布局结构图，单击“确定”按钮，即可在文档中插入选择的层次布局结构图，如图4.36所示。要在插入的层次布局结构图中输入文本，可以直接单击结构图内的“文本”字样，然后输入文本，也可以单击该结构图左侧的三角按钮，在弹出的文本窗格中输入文本。

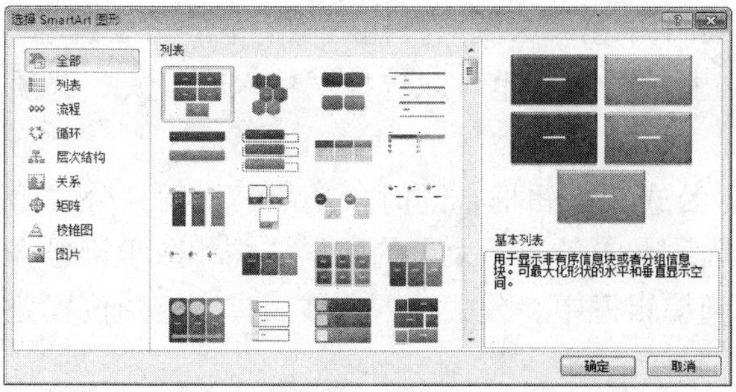

图4.35 “选择SmartArt图形”对话框

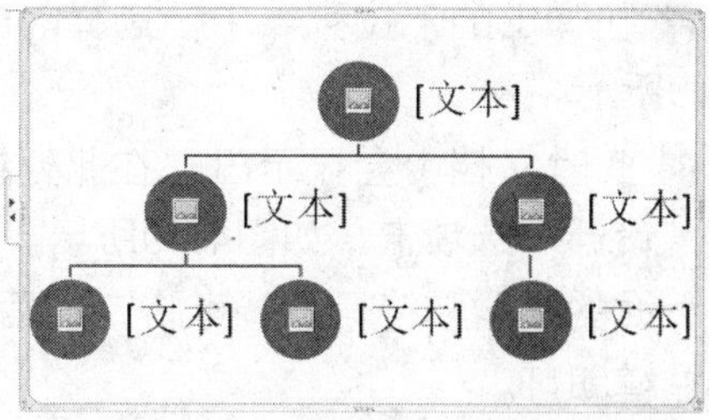

图4.36 插入的层次布局结构图

4.5.2 设计SmartArt图形样式

在文档中插入SmartArt图形后，可以为插入的SmartArt图形设置不同的样式，具体的操作步骤如下。

01 选择要设置样式的SmartArt图形。

02 选择“SmartArt工具”下的“设计”选项卡，在“SmartArt样式”组中单击“其他”按钮，在弹出的下拉列表框中选择一种样式，如图4.37所示。

03 单击“SmartArt样式”组中的“更改颜色”按钮，在弹出的下拉列表框中选择一种颜色，如图4.38所示。

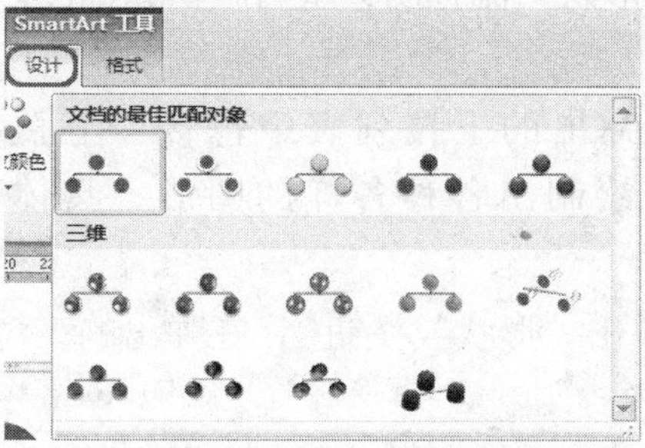

图4.37 选择样式

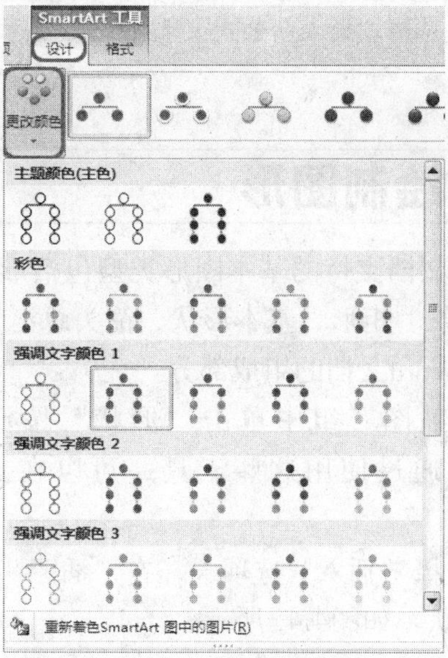

图4.38 更改样式颜色

4.6 插入公式

利用Word 2010中的“公式”工具可以非常方便地在文档中插入公式。

在文档中插入公式的操作步骤如下。

01 选择“插入”选项卡，在“符号”组中单击“公式”按钮右侧的下三角按钮▾。

02 在弹出的下拉列表中，选择Word内置的公式，也可以选择“插入新公式”选项，如图4.39所示。

03 此时文档中会显示出“在此处键入公式”编辑框，同时，功能区出现“公式工具”下的“设计”选项卡，如图4.40所示。该选项卡中包含了大量的数学结构和数学符号，直接单击上面的结构和符号，就可将它们插入到编辑框中。公式输入完成后，在空白位置处单击鼠标左键即可。

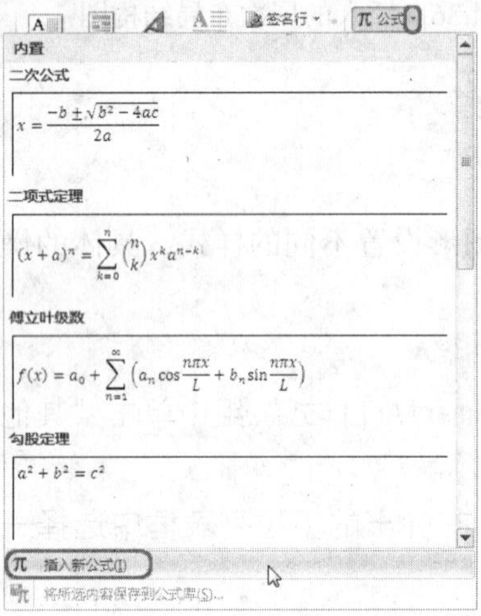

图4.39 选择“插入新公式”选项

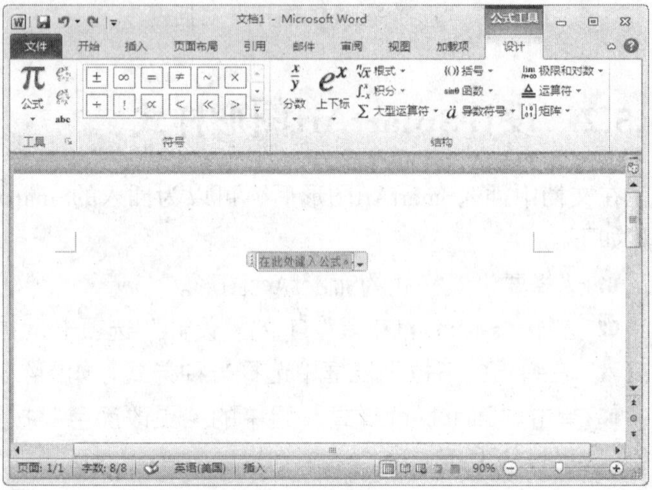

图4.40 “设计”选项卡

4.7 绘制图形

Word文档支持的基本图形类型包括形状、SmartArt、图表、图片和剪贴画。其中，形状又包括线条、矩形、基本形状、箭头总汇、公式形状、流程图、星与旗帜和标注。这些图形对象都是Word文档的组成部分。

在“插图”组中单击“形状”按钮，在弹出的下拉列表中包含了上百种自选图形工具，通过使用这些工具，可以在文档中绘制出各种各样的图形，具体的操作步骤如下。

01 选择“插入”选项卡，在“插图”组中单击“形状”按钮，在弹出的下拉列表中选择一种形状，如图4.41所示。

02 此时鼠标指针变成+形状，在需要插入图形的位置按住鼠标左键并拖动，直至对图形的大小满意后松开鼠标左键，绘制的图形如图4.42所示。

绘制完成一个图形后，该图形呈选定状态，其四周出现几个小圆形，称为顶点。图形中的黄色小菱形称为控制点。当鼠标移动到这个控制点上时，鼠标指针就会变成▷形状，此时拖动鼠标可以改变自选图形的形状，如图4.43所示。

在绘图时按住Shift键：绘图直线时，可以画出水平直线、竖直直线及与水平成15°、

30° 、45° 、60° 、75° 、90° 的直线；绘图圆时，可以画出标准的圆形；绘图矩形时，可以画出正方形。

拖动对象时按住Shift键：对象只能沿水平和竖直方向移动。

选择图形对象时按住Shift键：可同时选中多个图形对象。

拖动图形对象时按住Ctrl键：可以复制出一个相同的对象，相当于执行了复制和粘贴操作。

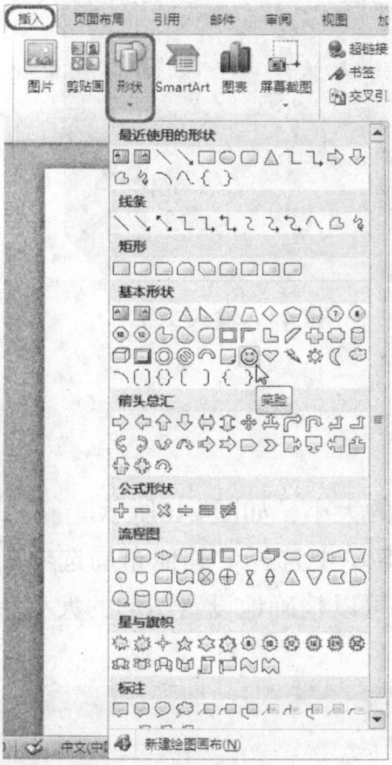

图4.41 选择形状

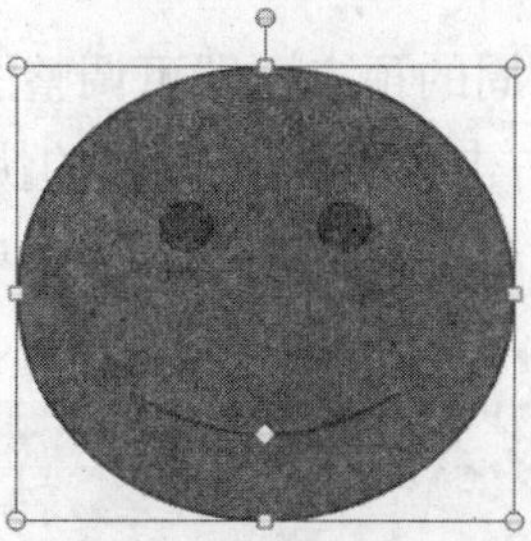

图4.42 绘制的图形

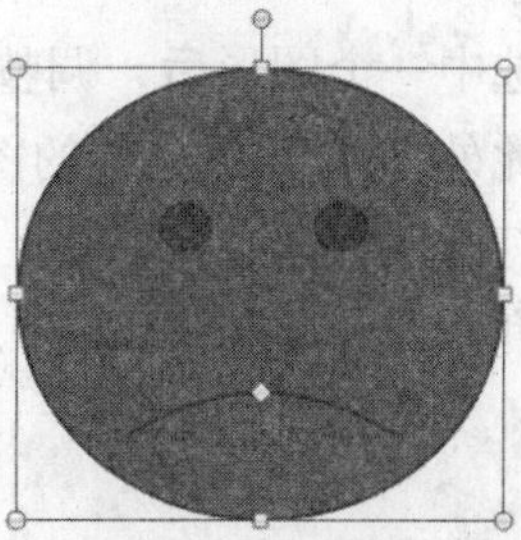

图4.43 通过拖动控制点改变的图形

4.8 编辑图形

绘制好图形后，可以任意改变图形的形状，重新调整图形的大小，也可以对其进行旋转、翻转或添加颜色等，且可以与其他图形组合成更复杂的图形。

4.8.1 为图形添加文字

除了直线、箭头等线条图形外，其他所有的图形都允许向其中添加文字。要在图形中添加文字，只需选中图形，然后右击鼠标，在弹出的快捷菜单中选择“添加文字”选项，如图4.44所示。

然后输入文字即可，如图4.45所示。对于在图形中输入的文字，可以像设置正文一样设置其字体格式和段落格式。如果要编辑图形中的文字，直接单击这些文字，即可进入编辑状态。

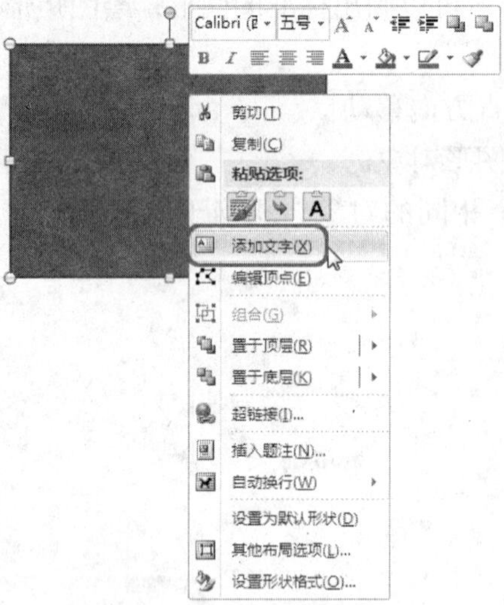

图4.44　选择“添加文字”选项

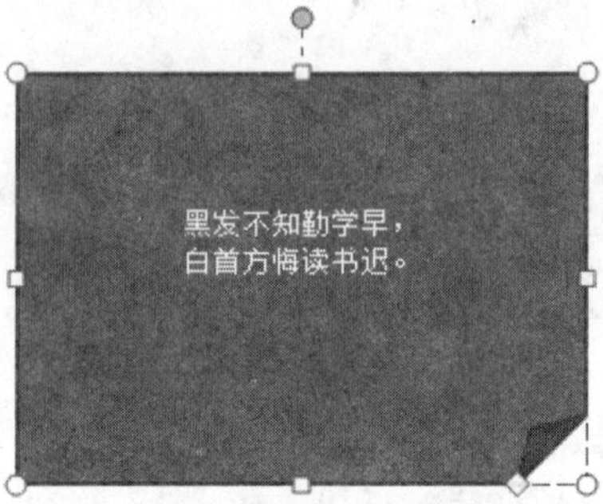

图4.45　输入文字

4.8.2　图形的大小、旋转和对齐

选中一个图形后，调整图形四周的顶点，即可调整图形的大小，如图4.46所示。

此外，也可在选中的图形上右击鼠标，在弹出的快捷菜单中选择“其他布局选项”选项，打开“布局”对话框。在对话框的“大小”选项卡中，可以精确地设置图形的大小和旋转角度，如图4.47所示。

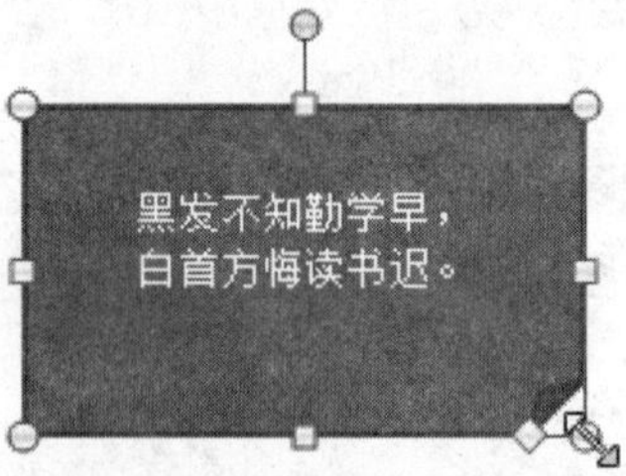

图4.46　调整图形顶点

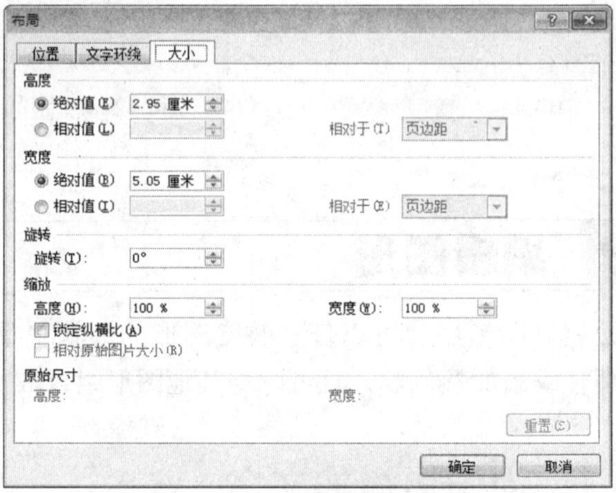

图4.47　“大小”选项卡

要旋转图形对象，可在选中图形后，选择“绘图工具”下的“格式”选项卡，在“排列”组中单击“旋转”按钮，在弹出的下拉列表中选择要旋转的选项，如图4.48所示。另外，在选中图形时，图形上方会显示一个绿色的旋转控制点，将光标移至该点上，光标将变为形状。单击并拖动即可旋转图形对象。

要对齐多个图形对象，首先单击选中第一个图形对象，再按住Shift键单击选中其他对象，然后选择“绘图工具”下的“格式”选项卡，在“排列”组中单击“对齐”按钮，在弹出的下拉列表中选择所需要的对齐方式，如图4.49所示。

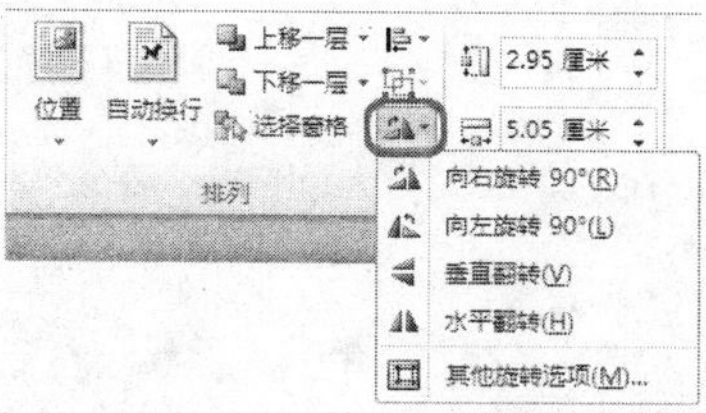

图4.48　旋转选项

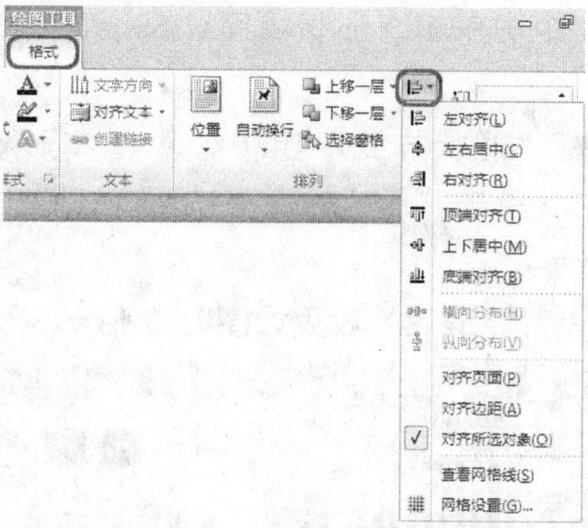

图4.49　“对齐”下拉列表

4.8.3　组合与分解图形

组合图形对象是指将绘制的多个图形对象组合在一起，以便把它们作为一个新的整体对象来移动或更改。组合图形对象的操作步骤如下。

01 选中要组合的图形对象，如图4.50所示。

02 在选中的图形对象上右击鼠标，在弹出的快捷菜单中选择“组合”→“组合”选项，如图4.51所示。

03 即可将选中的图形组合起来，如图4.52所示。

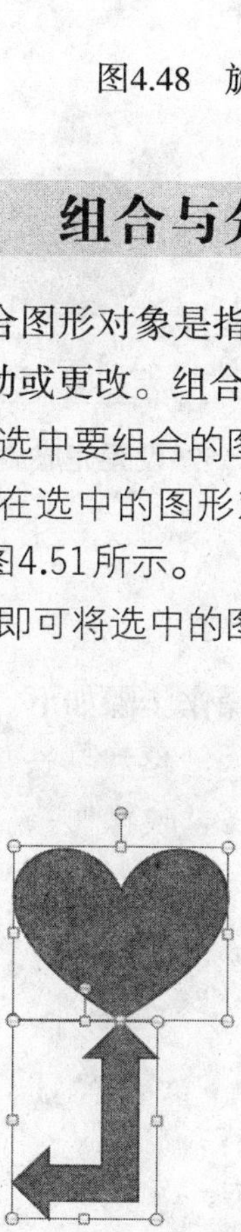

图4.50　选中图形对象

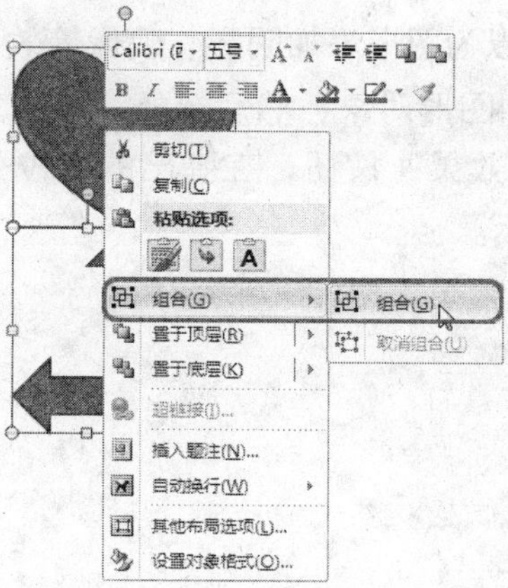

图4.51　选择“组合”选项

图4.52　组合的图形

如果用户想要取消组合，可右击组合图形对象，然后在弹出的快捷菜单中选择“组合”→“取消组合”选项。

4.8.4　设置图形颜色

用户可以根据自己的需要来设置图形的填充颜色、线条颜色、线条粗细和类型等。操作步骤如下。

01 选择要设置颜色的图形对象，然后选择“绘图工具”下的“格式”选项卡，在“形状样式”组中单击“形状填充”按钮，在弹出的下拉列表中选择“红色”选项，如图4.53所示。

02 在“形状样式”组中，单击“形状轮廓”按钮，在弹出的下拉列表中选择“黄色”，再次单击“形状轮廓”按钮，在弹出的下拉列表中选择“粗细”→“3磅”选项，如图4.54所示。

03 设置完成后的效果如图4.55所示。

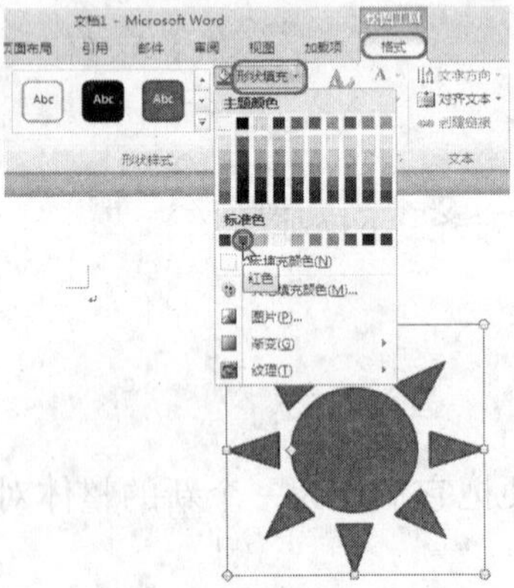

图4.53　选择“红色”选项

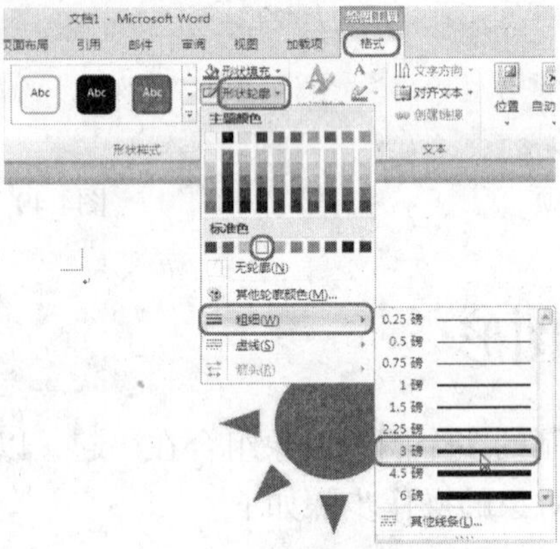

图4.54　设置线条

图4.55　设置完成后的效果

4.8.5　为图形设置形状效果

使用“形状效果”按钮可以为图形添加阴影、映像等效果。具体操作步骤如下。

01 选择要设置形状效果的图形对象，然后选择“绘图工具”下的“格式”选项卡，在“形状样式”组中单击“形状效果”按钮，在弹出的下拉列表中选择“映像”→“紧密映像，接触”选项，如图4.56所示。

02 为图形对象设置的映像效果如图4.57所示。

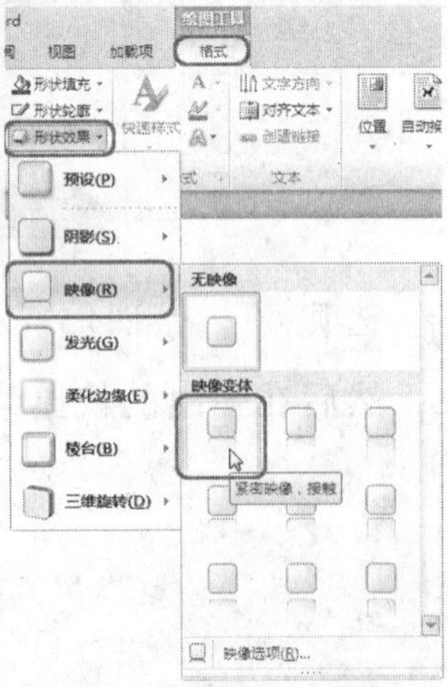

图4.56　选择“紧密映像，接触”选项

图4.57　设置的映像效果

使用上述方法，还可以为图形对象设置其他效果。

4.8.6 调整图形的叠放次序

用户可以在Word文档中调整图形之间和图形与文字之间的叠放次序，从而获得更为灵活的效果。

调整图形之间叠放次序的操作步骤如下。

01 选择需要调整顺序的图形，如图4.58所示。

02 选择“绘图工具”下的“格式”选项卡，在“排列”组中单击“上移一层”按钮右侧的下三角按钮，在弹出的下拉列表中选择“置于顶层”选项，如图4.59所示。

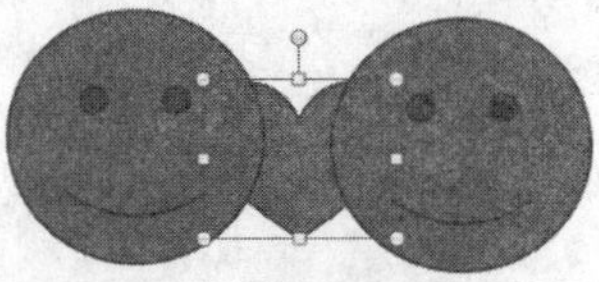

图4.58 选择图形

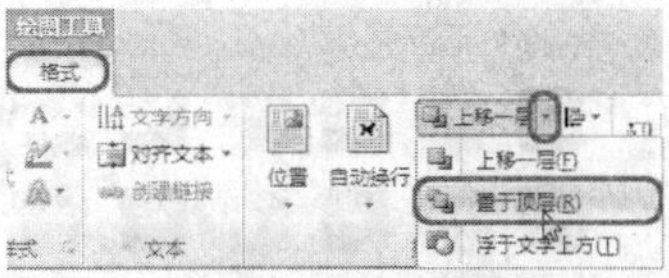

图4.59 选择“置于顶层”选项

03 调整好的图形叠放次序如图4.60所示。

如果要将上面的图形往下移，同样先选择图形，然后选择“绘图工具”下的“格式”选项卡，在“排列”组中单击“下移一层”按钮右侧的下三角按钮，在弹出的下拉列表中选择叠放次序。

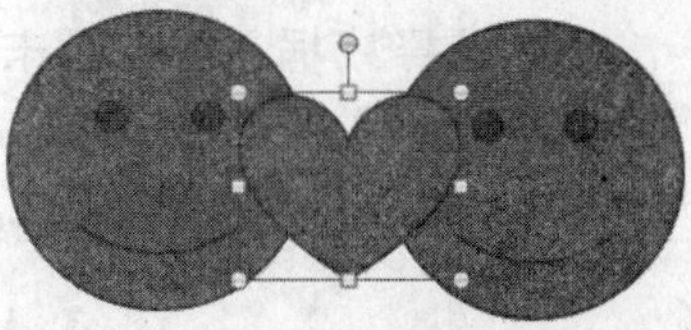

图4.60 调整图形的叠放次序

调整图形与文字之间的叠放次序同样使用上述方法。

4.9 上机练习——制作邀请函

下面介绍邀请函的制作方法，在制作过程中会使用到插入图片、插入文本框、插入艺术字等操作，具体的操作步骤如下。

01 启动Word 2010后，系统会自动新建一个空白文档，选择“插入”选项卡，在“插图”组中单击“形状”按钮，在弹出的下拉列表中选择“矩形”，如图4.61所示。

02 在文档中绘制图形，然后选择“绘图工具”下的“格式”选项卡，在“大小”组中将“形状高度”设置为12.94厘米，“形状宽度”设置为9.51厘米，如图4.62所示。

图4.61 选择“矩形”

图4.62 设置图形的大小

03 选中绘制的图形，然后选择“绘图工具”下的“格式”选项卡，在“形状样式”组中单击“其他”按钮，在弹出的下拉列表框中选择“细微效果—紫色，强调颜色4”选项，如图4.63所示。

04 设置样式后的图形如图4.64所示。

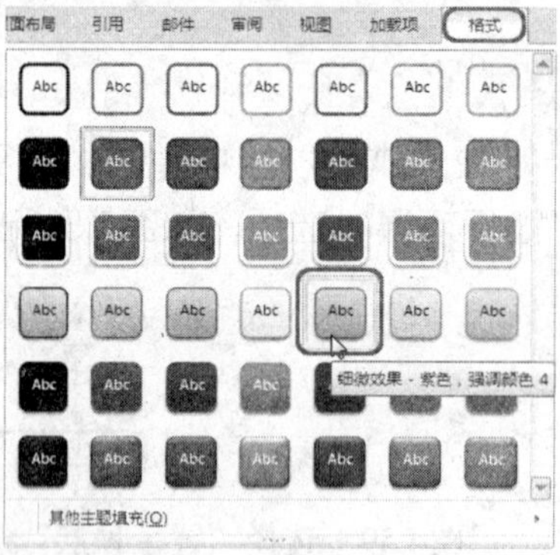

图4.63　选择图形样式

图4.64　设置样式后的图形

05 选择“插入”选项卡，在“插图”组中单击“图片”按钮，如图4.65所示。

06 在弹出的“插入图片”对话框中，选择随书附带光盘中的CDROM\素材\Cha04\图片1.jpg素材图形，如图4.66所示。

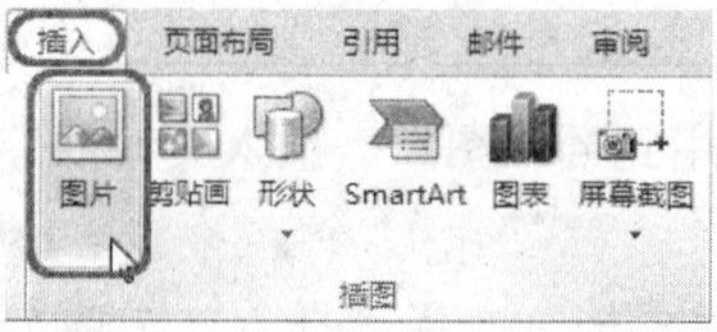

图4.65　单击“图片”按钮

图4.66　“插入图片”对话框

07 单击“插入”按钮，插入图片后会看到，图片位于图形的下方。选择图形对象，然后选择“绘图工具”下的“格式”选项卡，在“排列”组中单击“下移一层”按钮右侧的按钮，在弹出的下拉列表中选择“衬于文字下方”选项，如图4.67所示。

08 选中图片，然后调整图片的大小和位置，如图4.68所示。

图4.67　选择“衬于文字下方”选项

图4.68　调整图片的大小和位置

09 选择“插入”选项卡，在“文本”组中单击“文本框”按钮，在弹出的下拉列表中选择“绘制文本框”选项，如图4.69所示。

10 在文档中绘制文本框，然后选择“绘图工具”下的“格式”选项卡，在“大小”组中将“形状高度”设置为4.1厘米，“形状宽度”设置为5.8厘米，如图4.70所示。

图4.69　选择“绘制文本框”选项

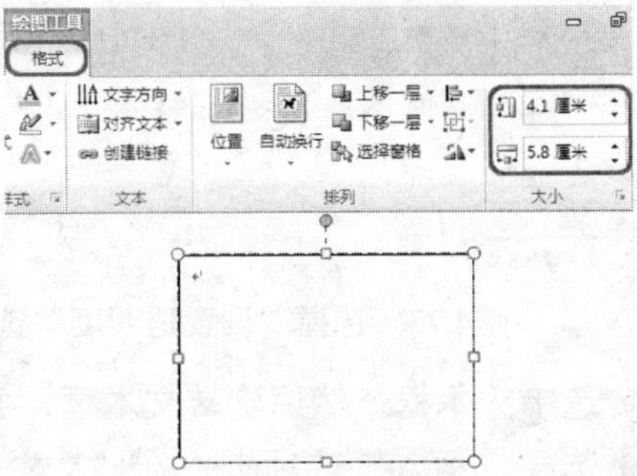

图4.70　设置文本框大小

11 选中文本框，然后选择“绘图工具”下的“格式”选项卡，在“形状样式”组中单击“形状填充”按钮，在弹出的下拉列表中选择“无填充颜色”选项，如图4.71所示。使用同样的方法，将“形状轮廓”设置为“无轮廓”。

12 将光标置入文本框中，然后选择“插入”选项卡，在“插图”组中单击“图片”按钮，在弹出的“插入图片”对话框中，选择随书附带光盘中的CDROM\素材\Cha04\图片2.jpg素材图形，如图4.72所示。

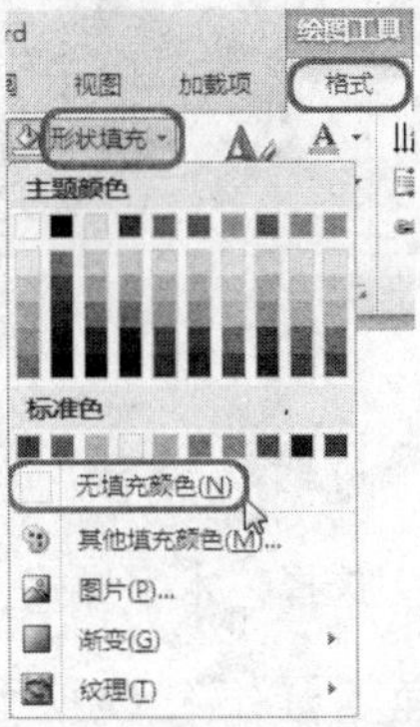

图4.71　选择“无填充颜色”选项

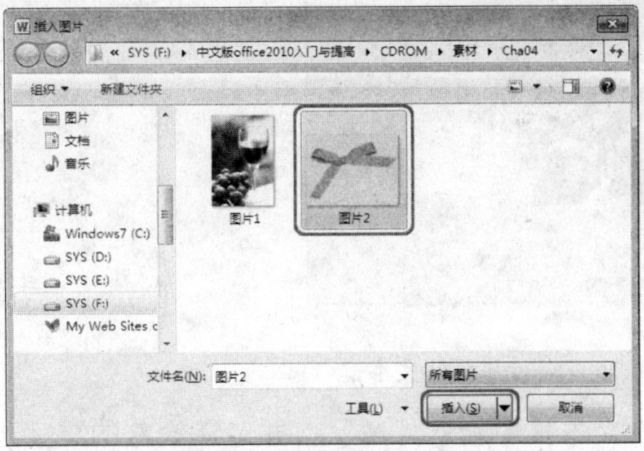

图4.72　“插入图片”对话框

13 单击“插入”按钮，即可将图片插入到文本框中，选中插入的图片，然后选择“图片工具”下的“格式”选项卡，在“调整”组中单击“颜色”按钮，在弹出的下拉列表中选择“设置透明色”选项，如图4.73所示。

14 此时鼠标会变成✐形状，单击图片的背景，即可将图片的背景设置成透明的，如图4.74所示。

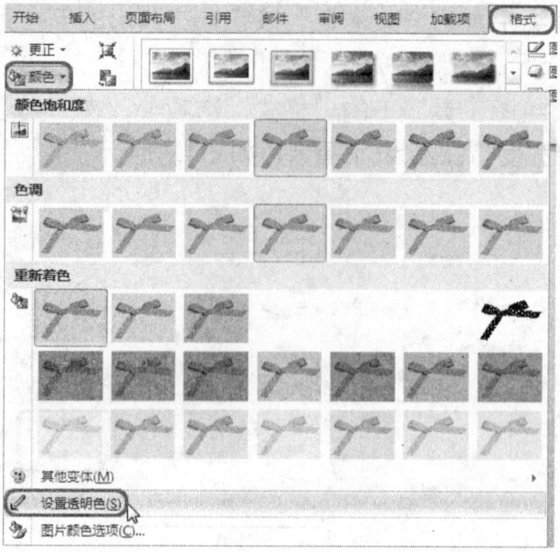

图4.73　选择“设置透明度”选项

图4.74　设置图片背景为透明

⑮ 选中文本框，然后旋转文本框，并调整其位置，如图4.75所示。

⑯ 选择“插入”选项卡，在“文本”组中单击“艺术字”按钮，在弹出的下拉列表中选择“渐变填充—紫色，强调文字颜色4，映像”选项，如图4.76所示。

图4.75　旋转并调整文本框

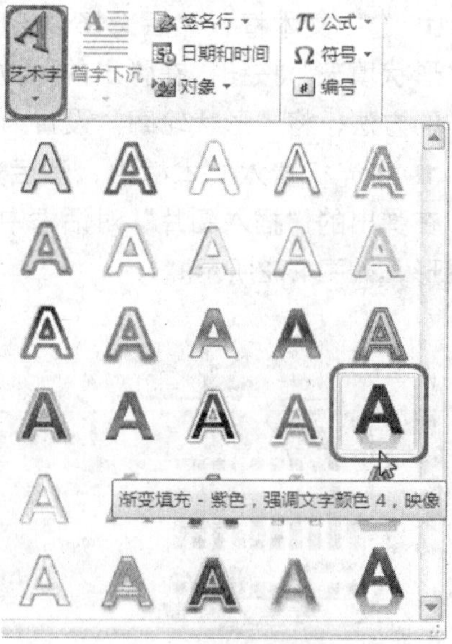

图4.76　选择艺术字样式

⑰ 在文本框中输入“邀”，并选择输入的文字，然后选择“开始”选项卡，在“字体”组中，将“字体”设置为“方正舒体”，“字号”设置为100，并调整其位置，如图4.77所示。

⑱ 单击“艺术字”按钮，在弹出的下拉列表中选择“渐变填充—紫色，强调文字颜色4，映像”选项，在文本框中输入“请函”，并选择输入的文字，然后选择“开始”选项卡，在“字体”组中将“字体”设置为“方正舒体”，将“字号”设置为60，并调整其位置，如图4.78所示。

图4.77 设置字体和字号

图4.78 创建并设置艺术字

⑲继续单击“艺术字”按钮，在弹出的下拉列表中选择“渐变填充—紫色，强调文字颜色4，映像”选项，在文本框中输入“葡萄酒品鉴会”，并选择输入的文字，然后选择“开始”选项卡，在“字体”组中将“字体”设置为“方正舒体”，将“字号”设置为28，并调整其位置，如图4.79所示。

⑳选择“插入”选项卡，在“插图”组中单击“形状”按钮，在弹出的下拉列表中选择“矩形”，在文档中绘制一个与第一个图形大小、样式相同的图形，如图4.80所示。

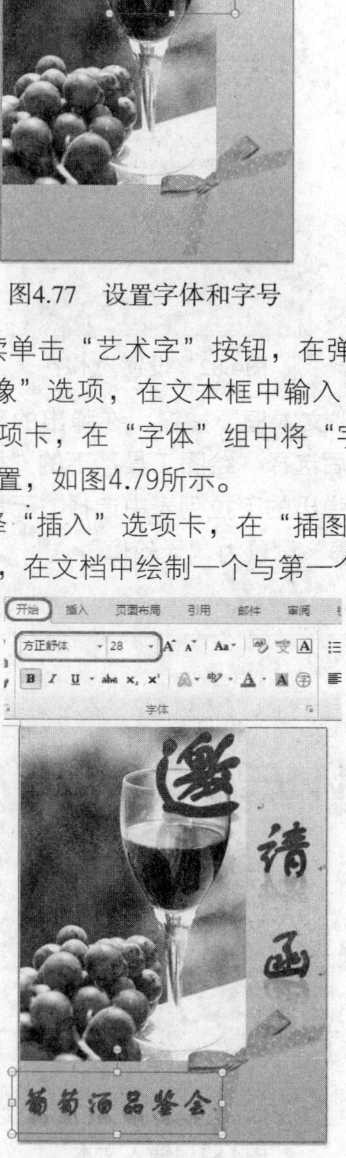

图4.79 继续输入艺术字

图4.80 绘制图形

㉑选择“插入”选项卡，在“文本”组中单击“艺术字”按钮，在弹出的下拉列表中选择“渐变填充—紫色，强调文字颜色4，映像”选项，在文本框中输入文字，如图4.81所示。

22 选择输入的艺术字，然后选择“开始”选项卡，在“字体”组中，将“字体”设置为“方正舒体”，“字号”设置为48，单击“倾斜”按钮 *I* ，并调整其位置，如图4.82所示。

图4.81　输入艺术字

图4.82　设置艺术字

23 选择“插入”选项卡，在“文本”组中单击“文本框”按钮，在弹出的下拉列表中选择“绘制文本框”选项，在文档中绘制文本框，然后选择“绘图工具”下的“格式”选项卡，在“形状样式”组中单击“形状填充”按钮，在弹出的下拉列表中选择“无填充颜色”选项，如图4.83所示。使用同样的方法，将“形状轮廓”设置为“无轮廓”。

24 在文本框中输入文本，如图4.84所示。

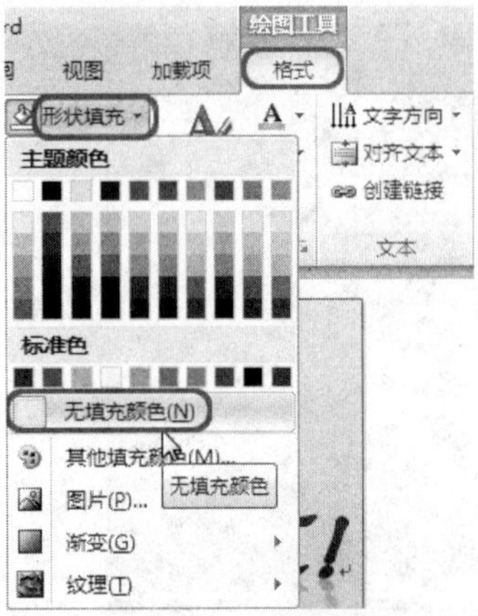

图4.83　选择“无填充颜色”选项

图4.84　输入文本

25 选中输入的文本，然后选择“开始”选项卡，在“字体”组中，将“字体”设置为“宋体”，“字号”设置为10，如图4.85所示。

26 调整文本框的位置，完成后的效果如图4.86所示。

图4.85　设置字体和字号

图4.86　完成后的效果

4.10 练习

1．填空题

（1）根据文本框中文本的排列方向，可将文本框分为_________文本框和___________文本框。

（2）如果要对艺术字进行修改，先选中艺术字，在功能区中会自动显示“绘图工具”下的“格式”选项卡，在“格式”选项卡中的_________组中，可以设置艺术字的样式、填充颜色和轮廓颜色等。

（3）在绘制图形时，按住____________键可以绘制出水平、竖直直线及与水平成15°、30°、45°、60°、75°、90°的直线。

2．问答题

（1）插入剪贴画的方法有几种？分别是什么？

（2）如何断开文本框之间的链接？

（3）简述绘制图形的操作步骤？

第5章 在Word中创建与编辑表格

本章要点

表格的应用在Word中占有重要的地位，一个设计合理的表格可以生动、形象地表现出所要讲述的内容。本章主要介绍如何在Word文档中对表格进行操作，主要包括创建表格，编辑与修改表格，向表格中输入文本、编辑文本，排版表格等。针对不同类型的表格，应使用恰当的制作方法及表现形式，从而快速地制作表格，生动地表现内容。

本章内容主要包括

- 创建表格
- 选择表格或单元格
- 编辑与修改表格
- 向表格中输入文本和编辑文本
- 在表格中进行跨页设置
- 在文档中排版表格
- 设置表格样式
- 表格的排序与计算
- 文本和表格之间的转换

go>>

5.1 创建表格

在使用Word文档的过程中，有时需要创建表格，表格是由水平的行和垂直的列组成的，行与列交叉形成的方框称为单元格，根据不同的需要，有许多种创建表格的方法，下面将介绍几种创建表格的方法。

5.1.1 插入表格

下面介绍在Word文档中插入表格的两种方法。

1. 使用表格网格插入表格

使用表格网格插入表格是创建表格最快捷的方法，适合于创建那些行、列数较少，并具有规范的行高和列宽的简单表格，操作步骤如下。

01 将插入符置于要创建表格的位置。

02 选择“插入”选项卡，在“表格”组中单击“表格”按钮，在弹出的下拉列表中拖动鼠标，选择网格，如果要创建一个4行3列的表格，则应选择4行3列的网格，此时，所选网格会突出显示出来，同时文档中实时显示出要创建的表格，如图5.1所示。

03 选定所需的单元格数量后，单击鼠标左键，即可在插入符处插入一个空表格。

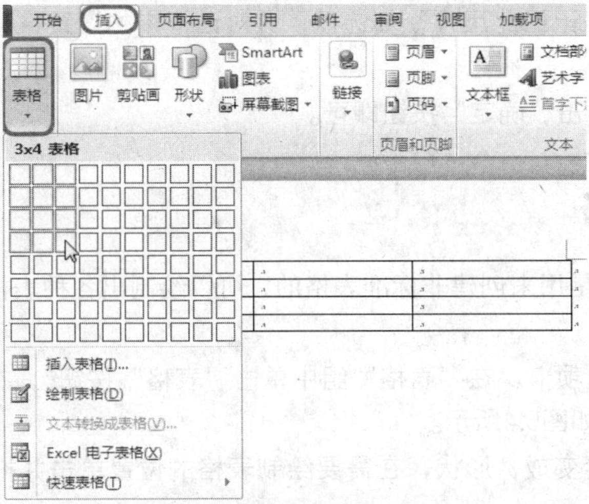

图5.1　选择表格网格

2．使用“插入表格”对话框插入表格

使用“插入表格”对话框创建表格可以不受表格行、列数的限制，而且还可以设置表格的格式，操作步骤如下。

01 将插入符置于要创建表格的位置。

02 选择“插入”选项卡，在“表格”组中单击“表格”按钮，在弹出的下拉列表中选择“插入表格”选项，如图5.2所示。

03 打开“插入表格”对话框，如图5.3所示。在“列数”和“行数”文本框中敲右边的上下箭头按钮，可以改变表格的列数及行数，也可以直接输入列数和行数。

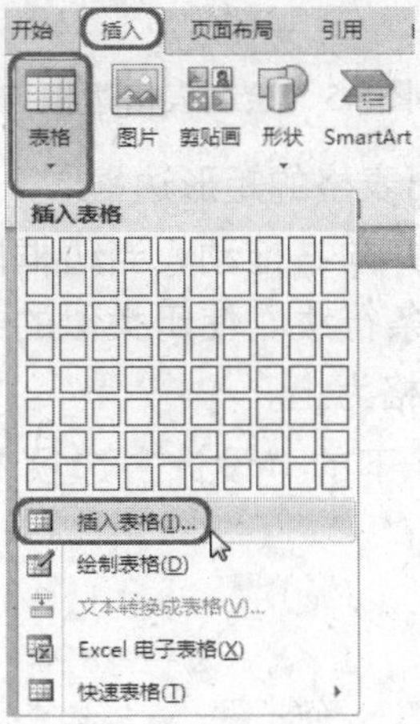

图5.2　选择“插入表格”选项

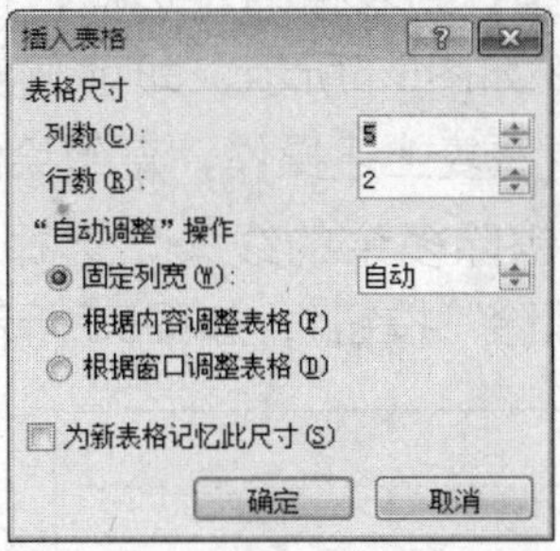

图5.3　选择“插入表格”对话框

04 在“自动调整”操作选项组中，选择一种定义列宽的方式。

- “固定列宽”单选钮：给列宽指定一个确切的值，按指定的列宽建立表格。
- “根据内容调整表格”单选钮：表格列宽随每一列输入的内容多少而自动调整。
- “根据窗口调整表格”单选钮：将“固定列宽”单选钮右侧的文本框设置为“自动”，或勾选“根据窗口调整表格”单选钮，则表格的宽度将与正文区的宽度相同，列宽等于正文区的宽度除以列数。

05 勾选“为新表格记忆此尺寸”复选框，该对话框中的设置将成为以后新建表格的默认值。

06 设置完成后，单击“确定”按钮即可。

5.1.2 绘制表格

“绘制表格”命令是用来创建非标准表格的，可以绘制出各种表格。绘制表格的操作步骤如下。

01 选择“插入”选项卡，在“表格”组中单击“表格”按钮，在弹出的下拉列表中选择“绘制表格”选项，如图5.4所示。

02 此时鼠标指针会变成✎形状，在需要绘制表格的位置单击并拖动鼠标，将显示出如图5.5所示的可变虚线框。

图5.4 选择“绘制表格”选项

图5.5 绘制表格边框

03 确定虚线框的大小后，松开鼠标左键，即可画出表格的矩形边框。

04 移动鼠标指针到表格的左边框，按下鼠标左键并向右拖动，当边框内出现一个水平虚线后松开鼠标，如图5.6所示，即可画出表格中的一条行线。使用类似的方法，还可以在表格中绘制列线。重复上述操作，直到绘制出需要的表格为止。

05 如果需要擦除多余的线条，选择“表格工具”下的“设计”选项卡，在“绘图边框”组中单击“擦除”按钮，如图5.7所示。

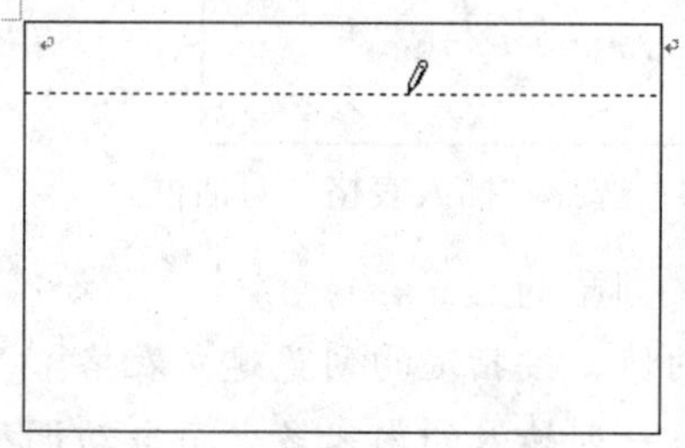

图5.6 绘制表格中的行线

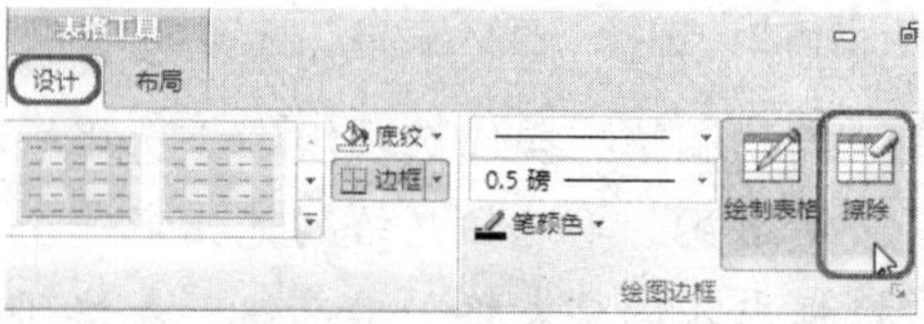

图5.7 单击“擦除”按钮

06 此时鼠标指针会变成橡皮状，单击要擦除的线条，即可将线条擦除，也可以使用鼠标框选要擦除的线条，如图5.8所示。

07 框选完成后松开鼠标左键，即可将选中的线条擦除掉，如图5.9所示。

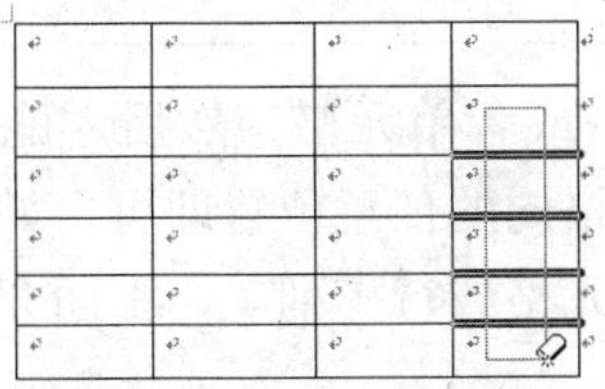

图5.8　框选要擦除的线条

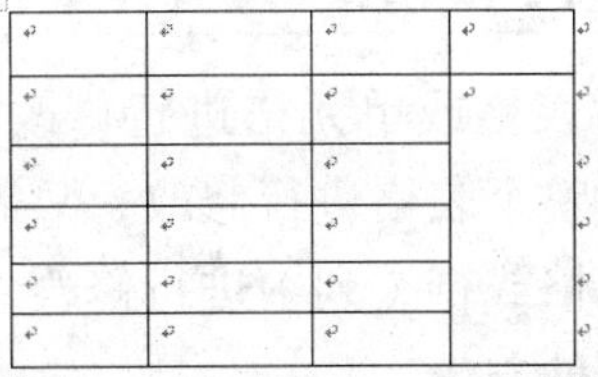

图5.9　线条擦除后的效果

08 如果需要绘制斜线表头，将插入符置于要绘制斜线表头的单元格中，选择“表格工具”下的“设计”选项卡，在“表格样式”组中单击“边框”右侧的下三角按钮，在弹出的下拉列表中选择“斜下框线”选项，如图5.10所示。

09 在单元格中绘制出一条对角的斜线，如图5.11所示。

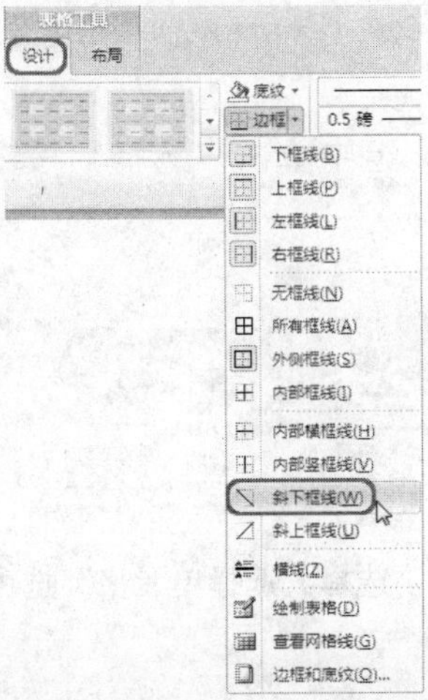

图5.10　选择“斜下框线”选项

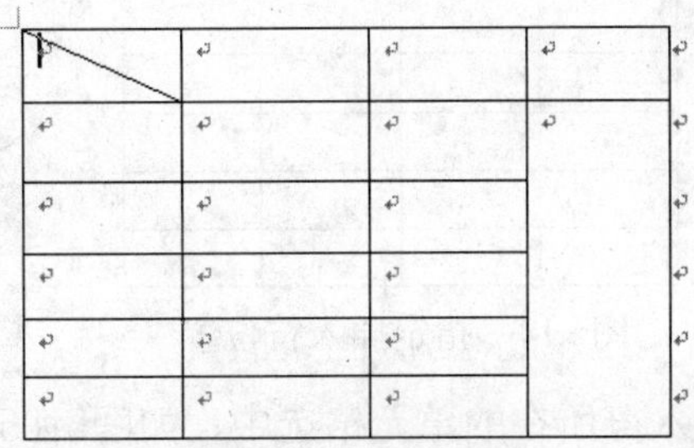

图5.11　绘制的斜线

10 如果需要绘制两条斜线的表头，使用上述方法绘制了一条斜线后，再选择“插入”选项卡，在“插图”组中单击“形状”按钮，在弹出的下拉列表中选择“直线”，如图5.12所示。

11 在单元格内绘制直线，然后在“格式”选项卡的“形状样式”组中，将直线的“形状轮廓”设置为与表格的颜色相同即可，如图5.13所示。

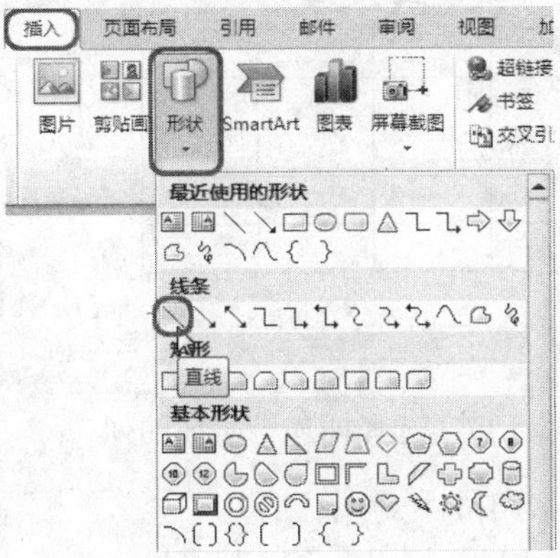

图5.12　选择“直线”选项

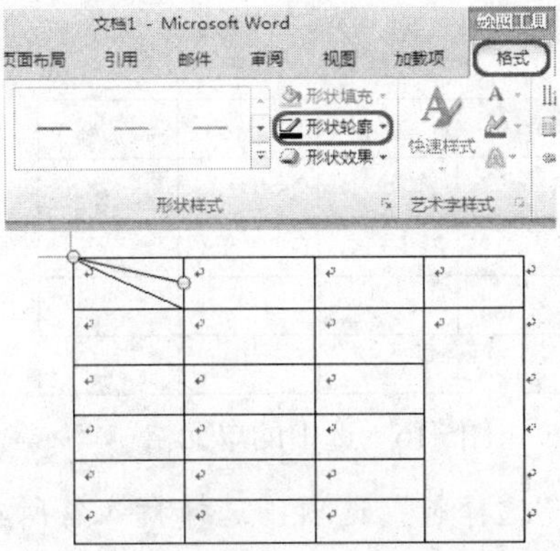

图5.13　绘制直线并设置颜色

5.2 选择表格或单元格

如果要对表格或单元格进行修改，首先要选择表格或者单元格，然后才能对其进行修改。如果要对整个表格进行修改，只需将插入符置于表格内的任意位置即可，如果要对表格中的部分单元格或行（列）进行修改，则应选中这些单元格或行（列）。下面介绍选择表格或单元格的几种方法。

5.2.1 使用“选择”按钮选择

使用“表”组上的“选择”按钮来选择表格或单元格是最简单的方法。由于Word是依据插入符所在的位置进行选择的，所以在执行任何一个“选择”命令之前，用户必须首先确定插入符的位置是否正确。选择单元格的操作步骤如下。

01 将插入符置于要选择的单元格中，如图5.14所示。

02 选择“表格工具”下的“布局”选项卡，在“表”组中单击“选择”按钮，在弹出的下拉列表中选择“选择单元格”选项，如图5.15所示。

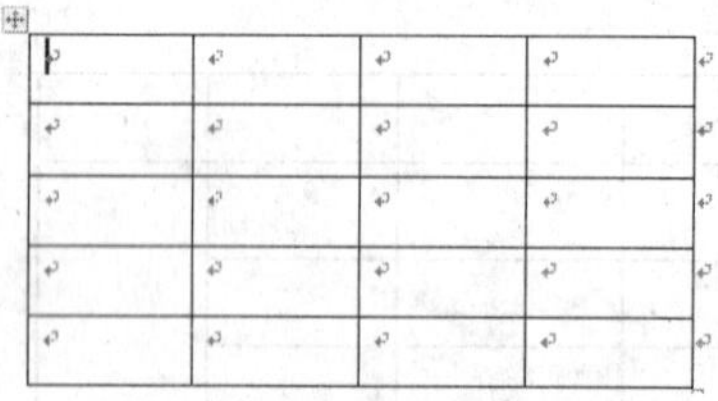

图5.14　指定插入符位置

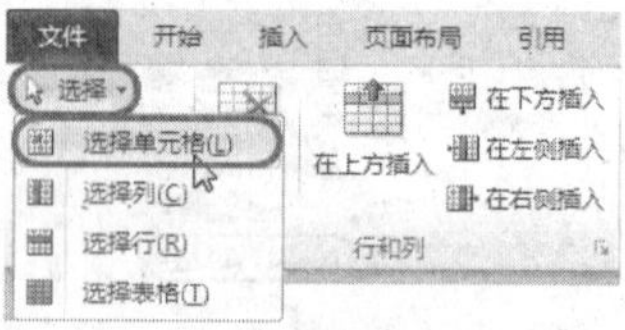

图5.15　选择“选择单元格”选项

03 将插入符所在的单元格选中，如图5.16所示。

“选择”下拉列表中的其他选项。

- “选择列”选项：选择插入符所在的列，如图5.17所示。

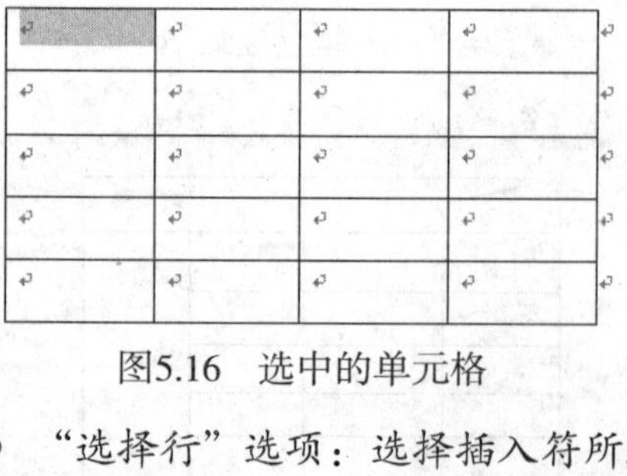

图5.16　选中的单元格

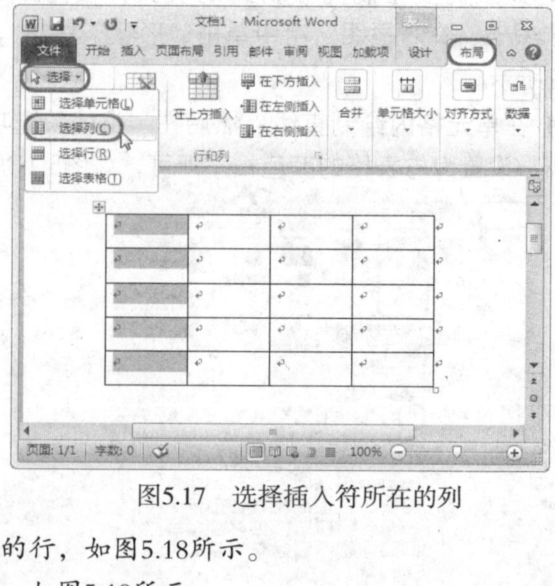

图5.17　选择插入符所在的列

- “选择行”选项：选择插入符所在的行，如图5.18所示。
- “选择表格”选项：选择整个表格，如图5.19所示。

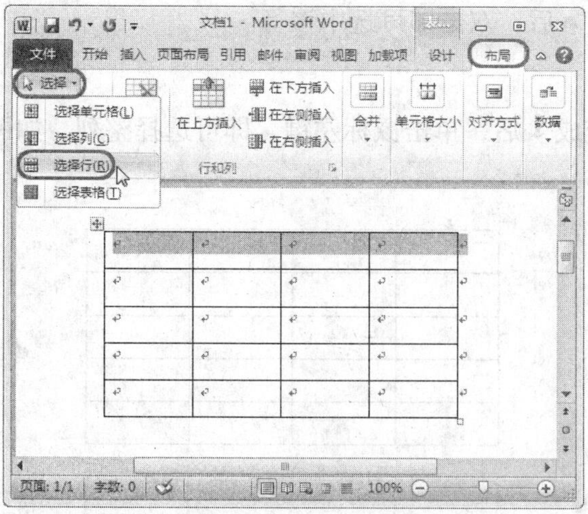

图5.18 选择插入符所在的行

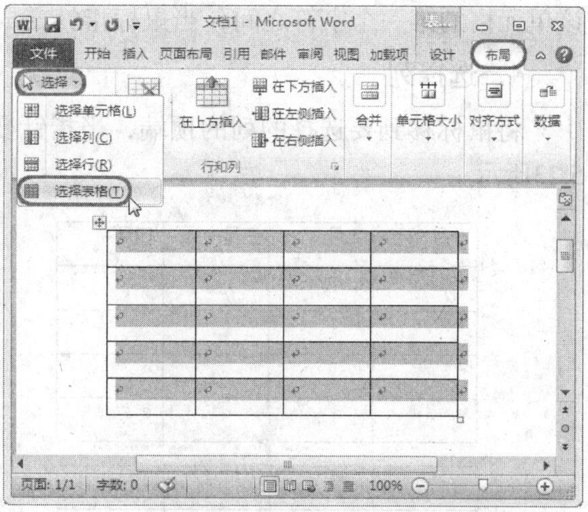

图5.19 选择整个表格

5.2.2 使用鼠标选择

在Word中，可以使用鼠标在表格中直接进行选择。常用的选择表格或单元格的方法有下面几种。

1．选择一个单元格

将鼠标移到要选择的单元格的左边界与第一个字符之间，当鼠标指针变成⬈形状后，单击鼠标左键，即可选中该单元格，如图5.20所示。

2．选择多个单元格

将鼠标移到要选择的第一个单元格中，按住Shift键，在要选择的最后一个单元格中单击鼠标左键，即可选中多个单元格，如图5.21所示。

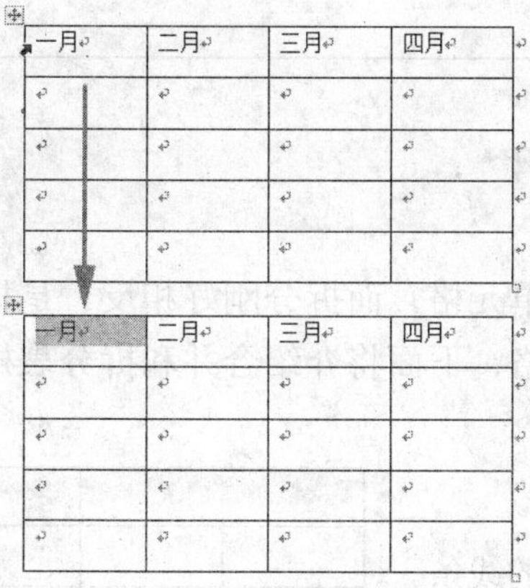

图5.20 选择单元格

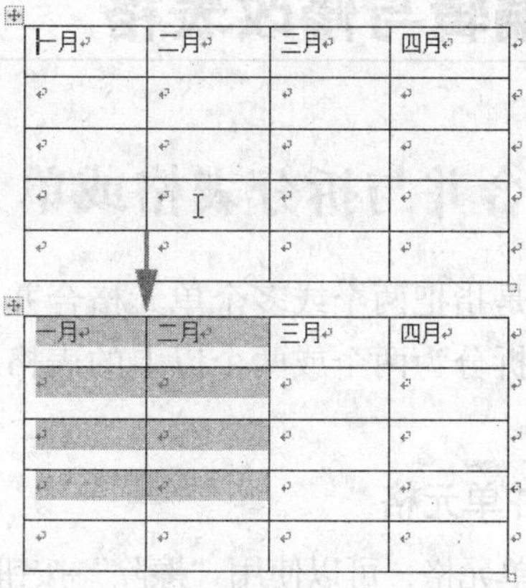

图5.21 选择多个单元格

3．选择行

将鼠标移到要选择的行的左边界的外侧，当鼠标指针变成⬈形状后，单击鼠标左键，即可选中整行，效果如图5.22所示。或者将鼠标移到要选择的行的任意一个单元格的左边界与该单元格的第一个字符之间，当鼠标指针变成↗后，双击即可选中该行。

4．选择列

将鼠标移到要选择的列的顶端，当指针变成↓后，单击鼠标左键，即可选择整列，如图5.23所示。

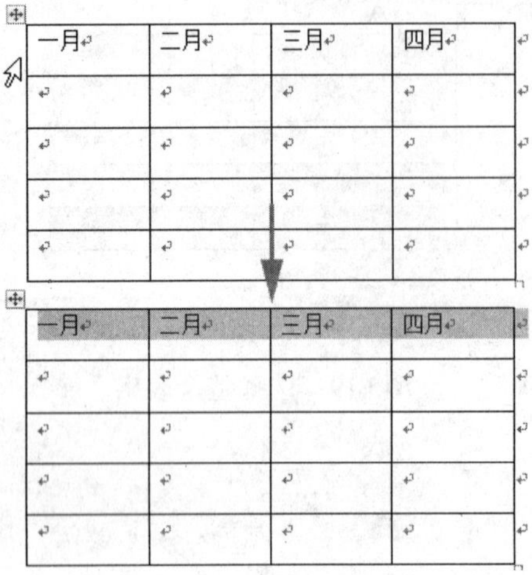

图5.22　选择行

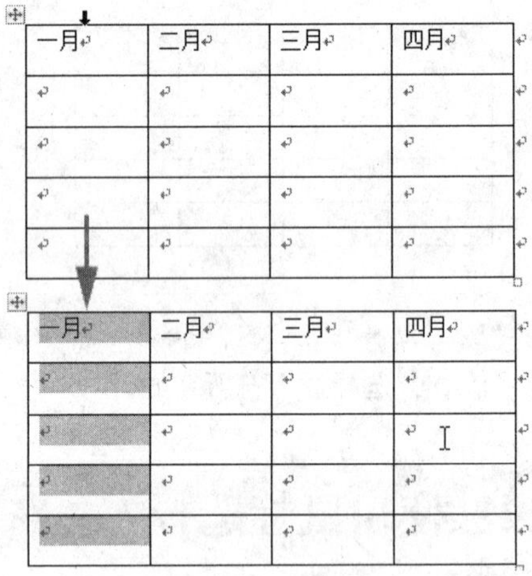

图5.23　选择列

5．选择整个表格的方法

单击表格左上角的⊞，即可选中整个表格，如图5.24所示。

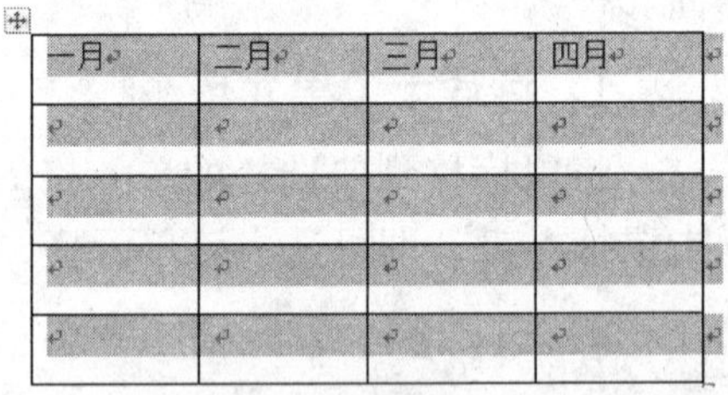

图5.24　选择整个表格

5.3 编辑与修改表格

5.3.1　合并与拆分表格或单元格

合并就是指把两个或多个单元格合并为一个单元格，而拆分刚好相反，是把一个表格或一个单元格拆分为两个或两个以上的表格或单元格，下面将介绍合并和拆分表格、单元格的方法。

1．合并单元格

要合并单元格，可以使用“擦除”按钮把多余的线条擦除，也可以使用“合并单元格”命令，操作步骤如下。

01 选择要合并的单元格，如图5.25所示。

02 选择“表格工具”下的“布局”选项卡，在“合并”组中单击“合并单元格”按钮，如图5.26所示。

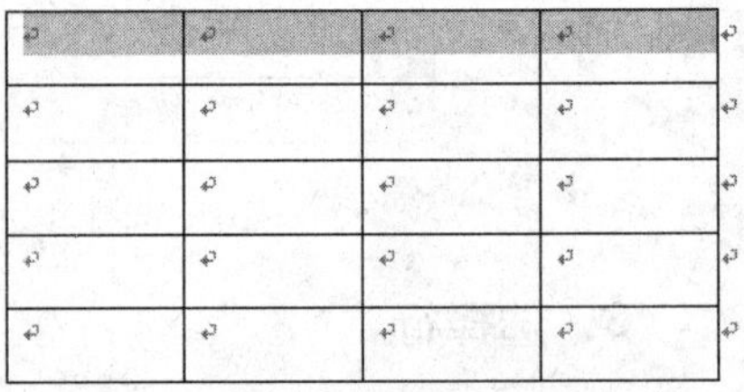

图5.25　选择要合并的单元格

03 合并的单元格效果如图5.27所示。

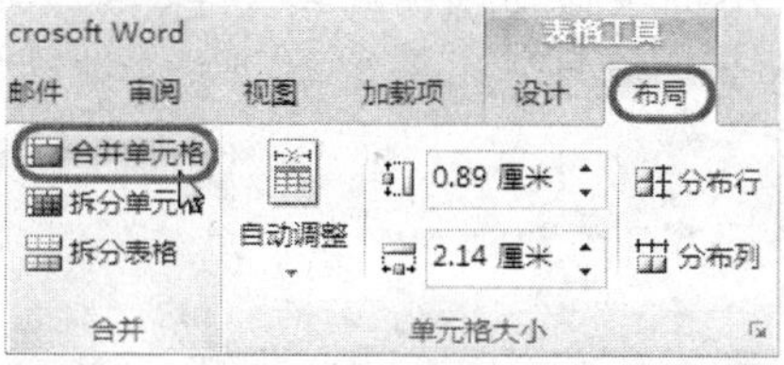

图5.26　单击“合并单元格”按钮

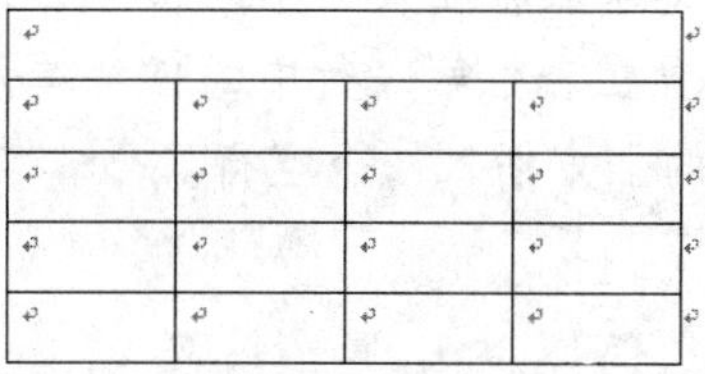

图5.27　合并的单元格

2. 拆分单元格

可以对一个或多个单元格进行拆分，具体操作步骤如下。

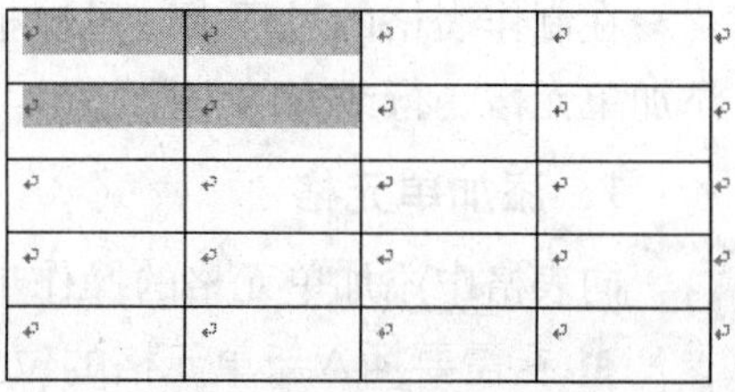

图5.28　选择单元格

01 选择要拆分的单元格，如图5.28所示。

02 选择“表格工具”下的“布局”选项卡，在“合并”组中单击“拆分单元格”按钮，打开“拆分单元格”对话框，取消“拆分前合并单元格”复选框的勾选，然后将“列数”设置为3，如图5.29所示。

03 单击“确定”按钮，即可将选中的单元格进行拆分，如图5.30所示。

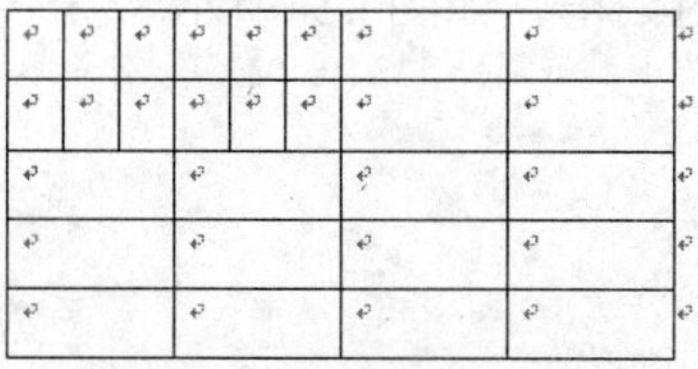

图5.29　输入拆分列数

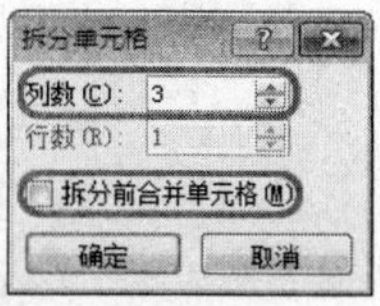

图5.30　拆分单元格

提示 在“拆分单元格”对话框中，如果勾选“拆分前合并单元格”复选框，Word会先将所有选中的单元格合并成一个单元格，然后再根据指定的行数和列数进行拆分；如果没有勾选该复选框，Word将对选中的每一个单元格按指定的列数进行拆分。

3. 拆分表格

拆分表格的操作步骤如下。

01 将插入符置于要拆分的行的任意一个单元格中，如图5.31所示。该行将成为拆分后的新表格的第一行。

02 选择“表格工具”下的“布局”选项卡，在“合并”组中单击“拆分表格”按钮，即可将表格拆分成两个部分，如图5.32所示。

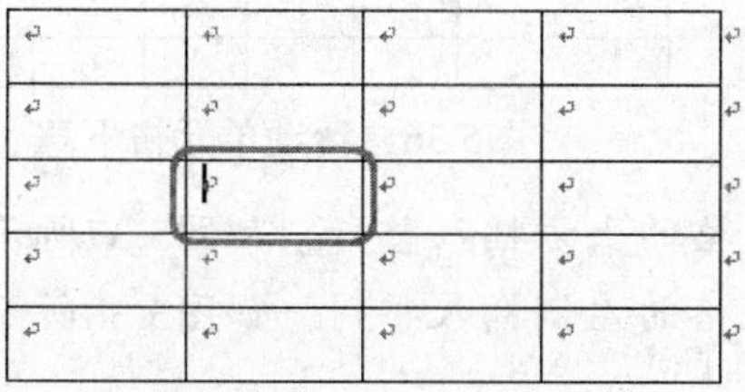

图5.31　指定插入符的位置

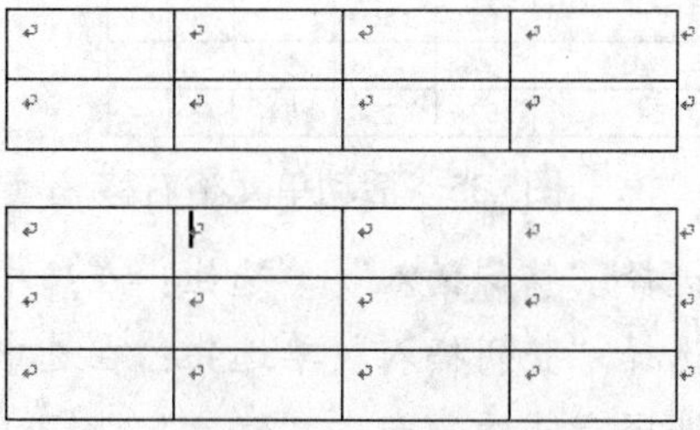

图5.32　拆分的表格

提示 如果表格在页面中的第一行，但要在表格的上面输入标题或文字，只需将插入符放置在表格第一行中的任意单元格中，并在“合并”组中单击“拆分表格”按钮，即可在表格的上方插入一个空行。

5.3.2 添加单元格、行或列

在制作表格的过程中，可以根据需要向表格中添加单元格、行或列。下面介绍向表格中添加单元格、行或列的方法。

1．添加单元格

向表格中添加单元格的操作步骤如下。

01 在需要插入新单元格的位置选中一个或多个单元格，如图5.33所示。

02 选择“表格工具”下的“布局”选项卡，在“行和列”组中，单击右下角的按钮，打开“插入单元格”对话框，如图5.34所示。

城市或城镇	点 A	点 B	点 C	点 D	点 E
点 A	—				
点 B	87	—			
点 C	64	56	—		
点 D	37	32	91	—	
点 E	93	35	54	43	—

图5.33 选中单元格

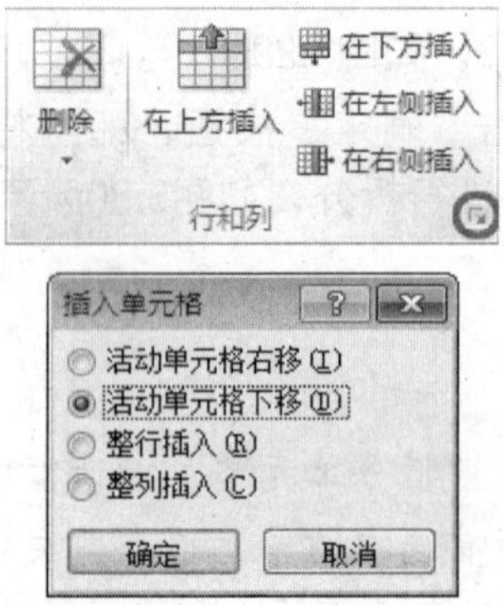

图5.34 选择“插入单元格”对话框

03 在对话框中，选择4个选项中的一项。

- 选择“活动单元格右移”单选钮：在选中的单元格的左侧插入单元格，如图5.35所示。
- 选择“活动单元格下移”单选钮：在选中的单元格的上方插入单元格，如图5.36所示。

城市或城镇	点 A	点 B	点 C			点 D	点 E
点 A	—						
点 B	87	—					
点 C	64	56	—				
点 D	37	32	91	—			
点 E	93	35	54	43	—		

图5.35 活动单元格右移

城市或城镇	点 A	点 B	点 C		
点 A	—			点 D	点 E
点 B	87	—			
点 C	64	56	—		
点 D	37	32	91		
点 E	93	35	54	—	
				43	—

图5.36 活动单元格下移

- 选择“整行插入”单选钮：在选中的单元格的上方插入整行，如图5.37所示。
- 选择“整列插入”单选钮：在选中的单元格的左侧插入整列，如图5.38所示。

04 选择完成后，单击“确定”按钮。

城市或城镇	点 A	点 B	点 C	点 D	点 E
点 A	—				
点 B	87	—			
点 C	64	56	—		
点 D	37	32	91	—	
点 E	93	35	54	43	—

图5.37　整行插入

城市或城镇	点 A	点 B	点 C		点 D	点 E
点 A	—					
点 B	87	—				
点 C	64	56	—			
点 D	37	32	91		—	
点 E	93	35	54		43	—

图5.38　整列插入

2．添加行

向表格中添加行的操作步骤如下。

01 将插入符置于要在上方或下方添加新行的行中的任意单元格中，如图5.39所示。

城市或城镇	点 A	点 B	点 C	点 D	点 E
点 A	—				
点 B	87	—			
点 C	64	56	—		
点 D	37	32	91	—	
点 E	93	35	54	43	—

图5.39　指定插入符位置

02 选择“表格工具”下的“布局”选项卡，在“行和列”组中执行下列操作之一。

- *单击“在上方插入”按钮：将在插入符所在的行的上方插入新行，如图5.40所示。*
- *单击“在下方插入”按钮：将在插入符所在的行的下方插入新行，如图5.41所示。*

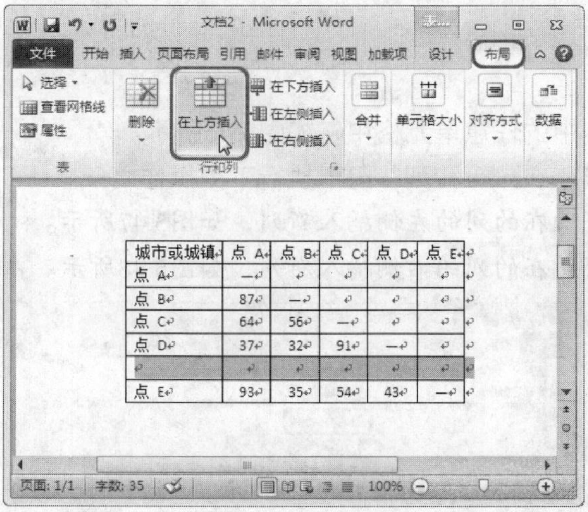

图5.40　在上方插入行

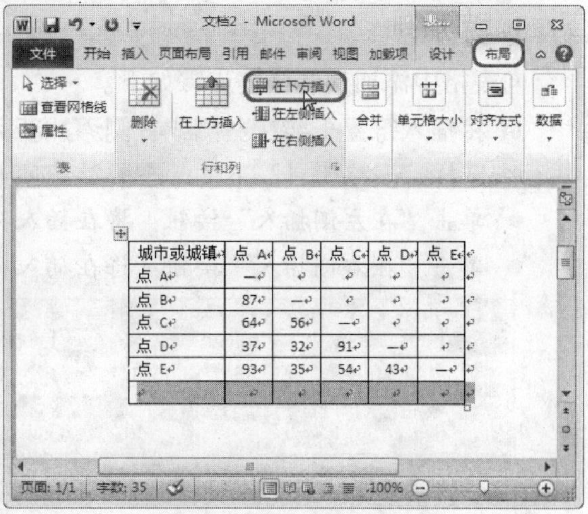

图5.41　在下方插入行

3．使用Tab键和Enter键插入行

使用Tab键只能在表格的最后一行的下方插入新行，操作步骤如下。

01 将插入符置于表格的最后一行中的最后一个单元格中，如图5.42所示。也可以置于最后一行右侧的边框外。

02 按Tab键，即可在表格的最后一行的下方插入新行，如图5.43所示。

城市或城镇	点 A	点 B	点 C	点 D	点 E
点 A	—				
点 B	87	—			
点 C	64	56	—		
点 D	37	32	91	—	
点 E	93	35	54	43	—

图5.42　指定插入符位置

城市或城镇	点 A	点 B	点 C	点 D	点 E
点 A	—				
点 B	87	—			
点 C	64	56	—		
点 D	37	32	91	—	
点 E	93	35	54	43	—

图5.43　使用Tab键插入新行

城市或城镇	点 A	点 B	点 C	点 D	点 E
点 A	—				
点 B	87	—			
点 C	64	56	—		
点 D	37	32	91	—	
点 E	93	35	54	43	—

图5.44　指定插入符的位置

使用Enter键只能在插入符所在行的下方插入新行，操作步骤如下。

01 将插入符置于要在下方插入新行的行的右侧边框外，如图5.44所示。

02 按Enter键，即可在插入符所在的行的下方插入新行，如图5.45所示。

城市或城镇	点 A	点 B	点 C	点 D	点 E
点 A	—				
点 B	87	—			
点 C	64	56	—		
点 D	37	32	91	—	
点 E	93	35	54	43	—

图5.45　使用Enter键插入新行

城市或城镇	点 A	点 B	点 C	点 D	点 E
点 A	—				
点 B	87	—			
点 C	64	56	—		
点 D	37	32	91	—	
点 E	93	35	54	43	—

图5.46　指定插入符的位置

4. 添加列

向表格中添加列的操作步骤如下。

01 将插入符置于要在左侧或右侧添加新列中的任意单元格中，如图5.46所示。

02 选择“表格工具”下的“布局”选项卡，在“行和列”组中执行下列操作之一。

- 单击“在左侧插入”按钮：将在插入符所在的列的左侧插入新列，如图5.47所示。
- 单击“在右侧插入”按钮：将在插入符所在的列的右侧插入新列，如图5.48所示。

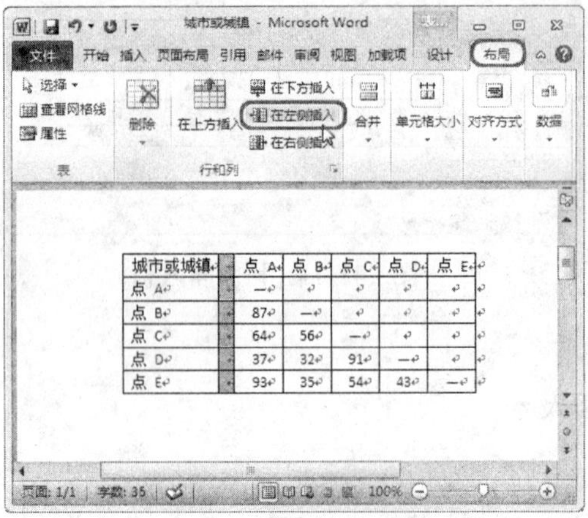

图5.47　在左侧插入列

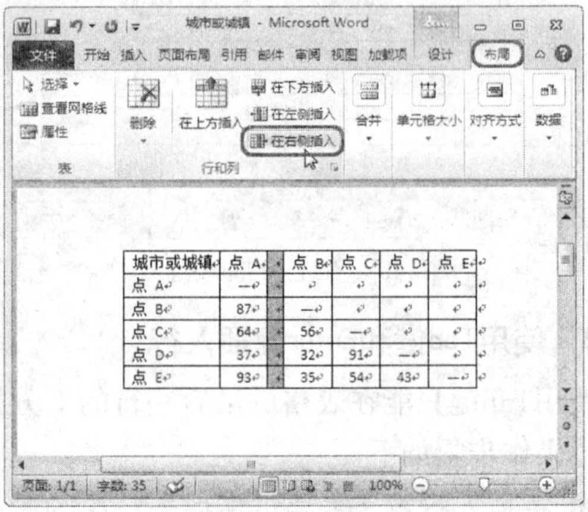

图5.48　在右侧插入列

5. 添加多行或多列

添加多行或多列的方法与添加单行或添加单列的方法基本相同，具体的操作步骤如下。

01 选择多行或多列单元格，例如选择第二行和第三行的单元格，如图5.49所示。

02 选择“表格工具”下的“布局”选项卡，在“行和列”组中执行下列操作之一。

- 如果要在单元格上方添加多行，单击“在上方插入”按钮，如图5.50所示。

城市或城镇	点 A	点 B	点 C	点 D	点 E
点 A	—				
点 B	87	—			
点 C	64	56	—		
点 D	37	32	91	—	
点 E	93	35	54	43	—

图5.49　选择单元格

城市或城镇	点 A	点 B	点 C	点 D	点 E
点 A	—				
点 B	87	—			
点 C	64	56	—		
点 D	37	32	91	—	
点 E	93	35	54	43	—

图5.50　在上方添加多行

- 如果要在单元格下方添加多行，单击“在下方插入”按钮，如图5.51所示。
- 如果要在单元格左侧添加多列，单击“在左侧插入”按钮，如图5.52所示。
- 如果要在单元格右侧添加多列，单击“在右侧插入”按钮，如图5.53所示。

城市或城镇	点 A	点 B	点 C	点 D	点 E
点 A	—				
点 B	87	—			
点 C	64	56	—		
点 D	37	32	91	—	
点 E	93	35	54	43	—

图5.51　在下方添加多行

						城市或城镇	点 A	点 B	点 C	点 D	点 E
						点 A	—				
						点 B	87	—			
						点 C	64	56	—		
						点 D	37	32	91	—	
						点 E	93	35	54	43	—

图5.52　在左侧添加多列

城市或城镇	点 A	点 B	点 C	点 D	点 E						
点 A	—										
点 B	87	—									
点 C	64	56	—								
点 D	37	32	91	—							
点 E	93	35	54	43	—						

图5.53　在右侧添加多列

5.3.3 删除单元格、行、列或表格

在Word中，可以根据需要删除表格中的单元格、行或列，也可以删除整个表格。

1．删除单元格

删除单元格的操作步骤如下。

01 选择要删除的单元格，如图5.54所示。

02 选择“表格工具”下的“布局”选项卡，在“行和列”组中单击“删除”按钮，在弹出的下拉列表中选择“删除单元格”选项，如图5.55所示。

城市或城镇	点 A	点 B	点 C	点 D	点 E
点 A	—				
点 B	87	—			
点 C	64	56	—		
点 D	37	32	91	—	
点 E	93	35	54	43	—

图5.54　选择单元格

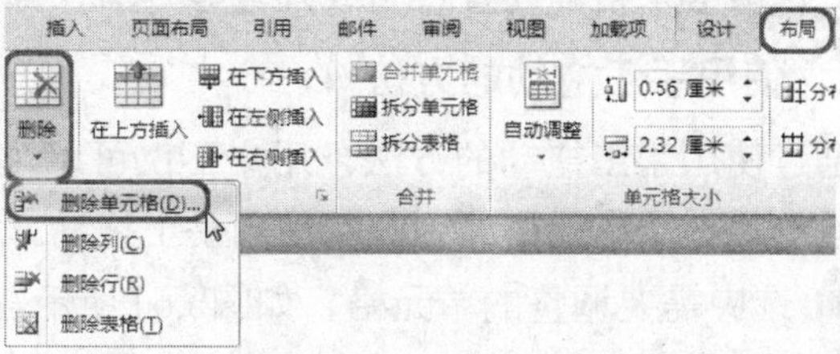

图5.55　选择“删除单元格”选项

03 打开“删除单元格”对话框，如图5.56所示，在该对话框中选择下列选项之一。

- 选择“右侧单元格左移”单选钮，删除选定的单元格，并将该行中的所有其他单元

格左移，如图5.57所示。

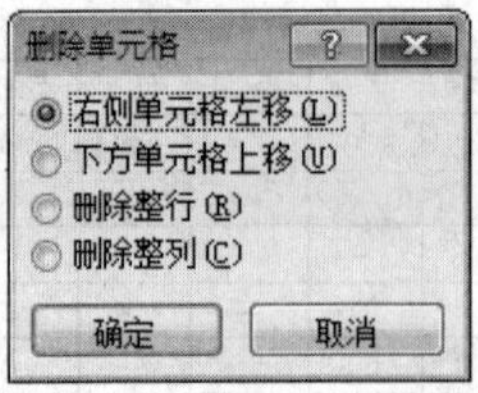

图5.56　选择“删除单元格”对话框

点A	点B	点C	点D	点E	
点A	—				
点B	87	—			
点C	64	56	—		
点D	37	32	91	—	
点E	93	35	54	43	—

图5.57　右侧单元格左移

- 选择“下方单元格上移”单选钮，删除选定的单元格，并将该列中剩余的单元格上移一行，该列底部会添加一个新的空白单元格，如图5.58所示。
- 选择“删除整行”单选钮，删除包含选定的单元格在内的整行，如图5.59所示。
- 选择“删除整列”单选钮，删除包含选定的单元格在内的整列，如图5.60所示。

04 选择完成后，单击“确定”按钮。

点A	点A	点B	点C	点D	点E
点B	—				
点C	87	—			
点D	64	56	—		
点E	37	32	91	—	
	93	35	54	43	—

图5.58　下方单元格上移

点A	—				
点B	87	—			
点C	64	56	—		
点D	37	32	91	—	
点E	93	35	54	43	—

图5.59　删除整行

点A	点B	点C	点D	点E
—				
87	—			
64	56	—		
37	32	91	—	
93	35	54	43	—

图5.60　删除整列

2. 删除行、列或表格

01 选中要删除的行、列或表格。

02 选择“表格工具”下的“布局”选项卡，在“行和列”组中单击“删除”按钮，在弹出的下拉列表中选择所需的选项。

- 选择“删除列”选项：删除所选单元格所在的整列。
- 选择“删除行”选项：删除所选单元格所在的整行。
- 选择“删除表格”选项：删除当前的整个表格。

5.3.4　调整表格或单元格的行高和列宽

在Word中，通过使用手工拖动、“自动调整”命令或“表格属性”对话框中的“行”或“列”选项卡来精确设置行高或列宽等方法，都可以改变表格或单元格的行高或列宽。

1. 使用手工拖动的方法

通过使用手工拖动的方法，用户不仅可以改变表格中某一行（或列）的行高或列宽，还可以改变某一个单元格的列宽。使用手工拖动方法调整单元格列宽的操作步骤如下。

01 选中需要调整的单元格，如图5.61所示。

02 将鼠标移到单元格右侧的边框线上，当鼠标指针变成+||+时，按下鼠标左键并向右拖动鼠标，此时会出现一条垂直的虚线，以显示单元格调整后的大小，如图5.62所示。

城市或城镇	点 A	点 B	点 C	点 D	点 E
点 A	—				
点 B	87	—			
点 C	64	56	—		
点 D	37	32	91	—	
点 E	93	35	54	43	—

图5.61　选中单元格

城市或城镇	点 A	点 B	点 C	点 D	点 E
点 A	—				
点 B	87	—			
点 C	64	56	—		
点 D	37	32	91	—	
点 E	93	35	54	43	—

图5.62　调整列宽

03 确定位置后，松开鼠标左键，完成后的效果如图5.63所示。

城市或城镇	点 A	点 B	点 C	点 D	点 E
点 A	—				
点 B	87	—			
点 C	64	56	—		
点 D	37	32	91	—	
点 E	93	35	54	43	—

图5.63　调整完成后的效果

使用手工拖动的方法调整行高和列宽的操作步骤如下。

01 如果要改变一行或一列的高度或宽度，将插入符置于要调整大小的行或列中的任何一个单元格内。

02 将鼠标移到要调整列宽（或行高）的表格边框线上，当鼠标指针变成↔或↕后，按下鼠标左键，并向左、右（或上、下）拖动鼠标。此时会出现一条垂直（或水平）的虚线，以显示行或列改变后的大小。用鼠标拖动边框线来改变列宽时，不同的操作将会产生不同的效果。

- 当鼠标指针变成↔后直接拖动边框：只使边框左右两列的宽度发生变化，而整个表格的总宽度不变。这时若按住Alt键再拖动鼠标，可在标尺上显示列宽值。
- 按住Shift键后拖动鼠标：只改变边框左侧一列的宽度（整个表格的宽度将随之发生相应的变化），表格中其他列的宽度不变。

03 确定位置后，松开鼠标左键即可。

2. 使用“自动调整”命令

使用“自动调整”命令只能调整表格的列宽，具体的操作步骤如下。

01 将插入符置于要修改的表格内的任意单元格中，或选择整个表格，如图5.64所示。

02 选择“表格工具”下的“布局”选项卡，在“单元格大小”组中单击“自动调整”按钮，如图5.65所示。在弹出的下拉列表中选择一个选项。

- 选择“根据内容自动调整表格”选项：表格会按每一列的文本内容重新调整列宽，调整后的表格看上去更加紧凑、整洁，如图5.66所示。

字母名称	大写	小写
Alpha	A	α
Beta	B	β
Gamma	Γ	γ
Delta	Δ	δ
Epsilon	E	ε
Zeta	Z	ζ

图5.64　指定插入符的位置

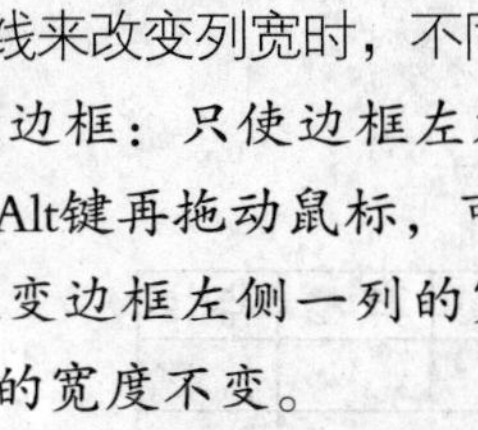

图5.65　单击“自动调整”按钮

字母名称	大写	小写
Alpha	A	α
Beta	B	β
Gamma	Γ	γ
Delta	Δ	δ
Epsilon	E	ε
Zeta	Z	ζ

图5.66　根据内容自动调整表格

- 选择“根据窗口自动调整表格”选项：表格中的每一列的宽度将按照相同的比例扩大，调整后的表格宽度与正文区宽度相同，如图5.67所示。
- 选择“固定列宽”选项：表格中每一列的宽度不会随内容变化，但仍可拖动线框调整列宽。

字母名称	大写	小写
Alpha	A	α
Beta	B	β
Gamma	Γ	γ
Delta	Δ	δ
Epsilon	E	ε
Zeta	Z	ζ

图5.67　根据窗口自动调整表格

提示　通过单击“单元格大小”组中的“分布行”按钮或“分布列”按钮，可以将整个表格或选定的行（列）设置成相同的高度（宽度）。

3．使用“表格属性”对话框中的“行”或“列”选项卡

使用“表格属性”对话框中的“行”或“列”选项卡，可以精确地设置表格的行高或列宽。设置表格行高或列宽的方法类似，下面仅以设置行高为例，介绍设置行高或列宽的方法，操作步骤如下。

01 选择需要调整行高的一行或多行，如图5.68所示。

城市或城镇	点 A	点 B	点 C	点 D	点 E
点 A	—				
点 B	87	—			
点 C	64	56	—		
点 D	37	32	91	—	
点 E	93	35	54	43	—

图5.68　选择行

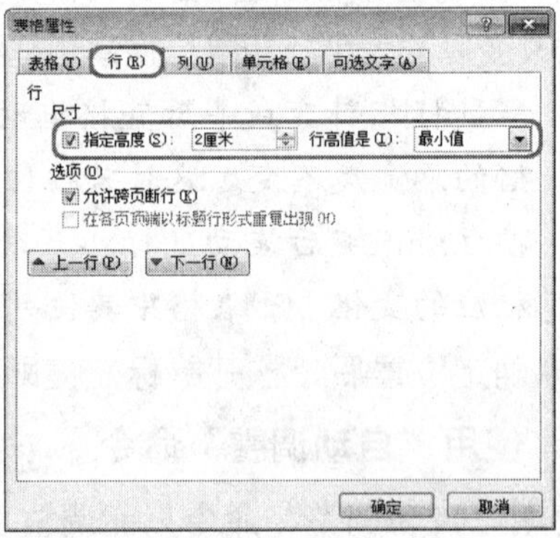

图5.69　选择“表格属性”对话框

02 选择“表格工具”下的“布局”选项卡，在“单元格大小”组中单击右下角的按钮，打开“表格属性”对话框，选择“行”选项卡，勾选“指定高度”复选框，在后面的文本框中输入2厘米，将“行高值是”设置为“最小值”，如图5.69所示。

03 单击“上一行”或“下一行”按钮，在完成现有修改以后，Word会自动选择相邻的上一行或下一行，继续进行设置行高的操作，从而免去了关闭对话框再选择其他行的麻烦。

04 设置完成后，单击“确定”按钮，如图5.70所示。

城市或城镇	点 A	点 B	点 C	点 D	点 E
点 A	—				
点 B	87	—			
点 C	64	56	—		
点 D	37	32	91	—	
点 E	93	35	54	43	—

图5.70　设置行高后的效果

5.4　向表格中输入和编辑文本

表格制作完成后，就需要向表格中输入内容，向表格中输入内容也就是指向单元格中输入内容，输入完文本后，根据需要，可以对输入的文本进行编辑。

5.4.1 向单元格中输入文本

在单元格中输入文本与在文档中输入文本的方法是一样的，都是先指定插入符的位置（在表格中单击要输入文本的单元格，即可将插入符移到要输入文本的单元格中），然后再输入文本。

在单元格中输入文本时，可以配合下面的快捷键在表格中快速地移动插入符。

Tab：移到同一行的下一个单元格中。

Shift+Tab：移到同一行的前一个单元格中。

Alt+Home：移到当前行的第一个单元格中。

Alt+End：移到当前行的最后一个单元格中。

↑：上移键。

↓：下移键。

Alt+Page Up：将鼠标移到插入符所在的列的最上方的单元格中。

Alt+Page Down：将鼠标移到插入符所在的列的最下方的单元格中。

一个单元格中可包含多个段落，通常情况下，Word能自动按照单元格中最高的字符串高度来设置每行文本的高度。当输入的文本到达单元格的右边线时，Word能自动换行并增加行高，以容纳更多的内容；按Enter键，即可在单元格中另起一段。因为单元格中可包含多个段落，所以它也能包含多个段落样式。用户可以在单元格中为不同的段落设置不同的缩进、制表位和行间距等。

5.4.2 编辑文本

输入完成后，可以对文本进行移动和复制等操作，在单元格中移动或复制文本的方法与在文档中移动或复制文本的方法基本相同，使用鼠标拖动、命令按钮或快捷键等方法来移动或复制单元格、行或列中的内容。

在选择文本时，如果选择的内容不包括单元格的结束标记，内容移动或复制到目标单元格时，不会覆盖目标单元格中的原有文本。如果选中的内容包括单元格的结束标记，则内容移动或复制到目标单元格时，会替换目标单元格中原有的文本和格式。

1. 移动或复制单元格中的内容

如果要移动单元格中的内容，可以进行下面的操作。

01 选择要移动的单元格内容，如图5.71所示。

02 选择“开始”选项卡，在“剪贴板”组中单击“剪切”按钮，如图5.72所示。

城市或城镇	点 A	点 B	点 C	点 D	点 E
点 A	—				
点 B	87	—			
点 C	64	56	—		
点 D	37	32	91	—	
点 E	93	35	54	43	—

图5.71 选择单元格内容

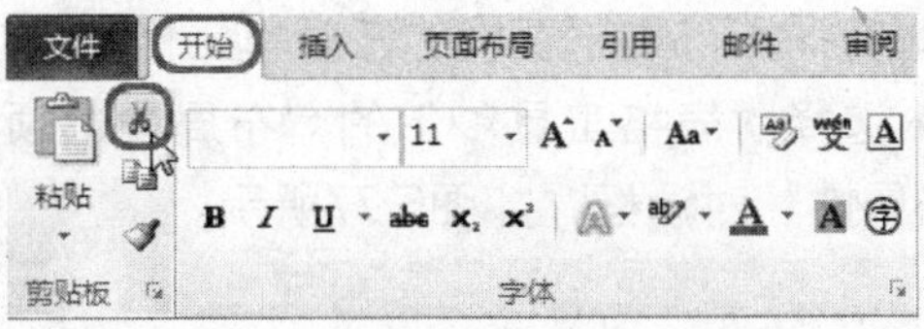

图5.72 单击“剪切”按钮

03 将插入符置于目标单元格中，然后单击“剪贴板”组中的“粘贴”按钮，即可将单元格中的内容移动到目标单元格中，如图5.73所示。

如果要复制单元格中的内容，可以进行下面的操作。

01 选择要复制的单元格的内容，如图5.74所示。

02 选择“开始”选项卡，在“剪贴板”组中单击“复制”按钮。

03 将插入符置于目标单元格中，然后单击“剪贴板”组中的“粘贴”按钮，即可将单元格中的内容复制到目标单元格中，如图5.75所示。

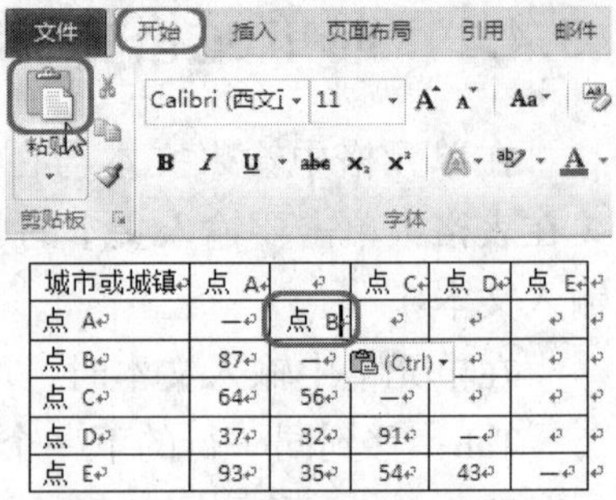

城市或城镇	点 A		点 C	点 D	点 E
点 A	—	点 B			
点 B	87	—			
点 C	64	56	—		
点 D	37	32	91	—	
点 E	93	35	54	43	—

图5.73　移动内容

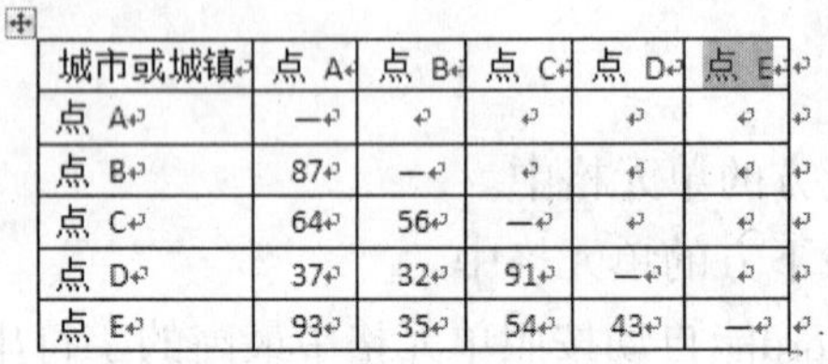

城市或城镇	点 A	点 B	点 C	点 D	点 E
点 A	—				
点 B	87	—			
点 C	64	56	—		
点 D	37	32	91	—	
点 E	93	35	54	43	—

图5.74　选择单元格内容

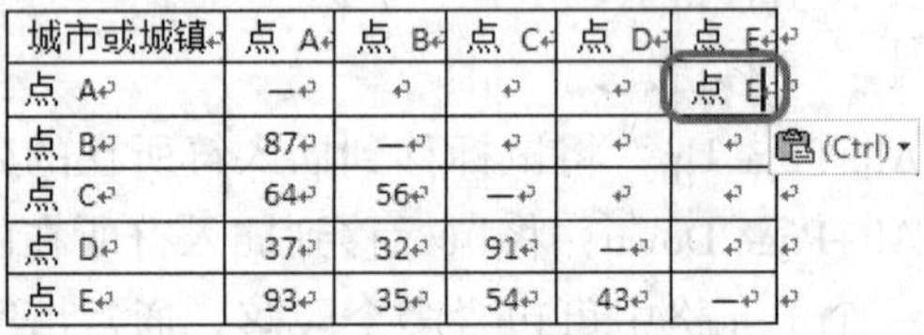

城市或城镇	点 A	点 B	点 C	点 D	点 E
点 A	—				点 E
点 B	87	—			
点 C	64	56	—		
点 D	37	32	91	—	
点 E	93	35	54	43	—

图5.75　复制内容

2. 移动或复制表格的一整行或一整列

移动或复制表格的一整行或一整列的方法与移动或复制单元格中的内容的方法基本相同，操作步骤如下。

01 选中要移动或复制的一整行（包括行尾标记）或一整列。

02 选择“开始”选项卡，在“剪贴板”组中单击“剪切”按钮或“复制”按钮，将选中的内容存放到剪贴板中。

03 将插入符置于目标行或目标列的第一个单元格中，或选中该行（包括行尾标记）或该列。

04 单击“剪贴板”组中的“粘贴”按钮，即可将选择的内容移动或复制到目标行的上方或目标列的左侧，不会替换原有内容。

5.4.3　指定文本到表格线的距离

在表格中输入文本后，默认情况下，文本与表格线是有一定距离的，这个距离也可以由用户来指定。在指定时，可以指定整个表格，也可以单独指定任意单元格中文字到表格线的距离。

指定文字到表格线的距离的操作方法如下。

01 将插入符置于表格的任意单元格中，如图5.76所示。

02 选择“表格工具”下的“布局”选项卡，在“单元格大小”组中单击按钮，打开“表格属性”对话框，如图5.77所示。

城市或城镇	点 A	点 B	点 C	点 D	点 E
点 A	—				
点 B	87	—			
点 C	64	56	—		
点 D	37	32	91	—	
点 E	93	35	54	43	—

图5.76 指定插入符的位置

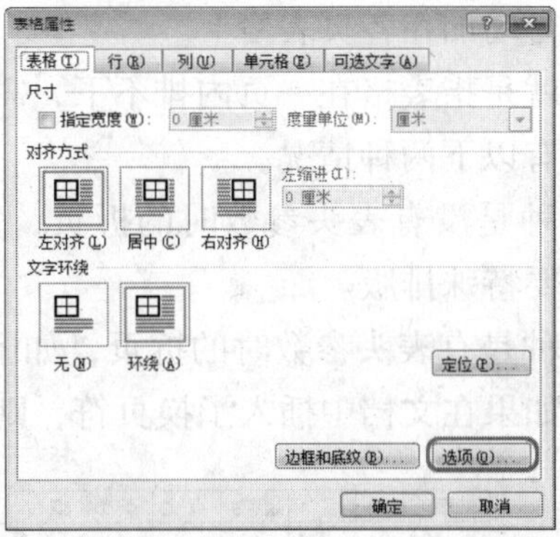

图5.77 选择“表格属性”对话框

03 在“表格”选项卡中，单击“选项”按钮，打开“表格选项”对话框，如图5.78所示。

04 在“默认单元格边距”选项组中可以设置整张表格中的每一个单元格中文字到表格线的距离，例如，将“上”、“下”、“左”和“右”都设置为0，设置完成后，单击“确定”按钮，返回到“表格属性”对话框，再次单击“确定”按钮，最终效果如图5.79所示。

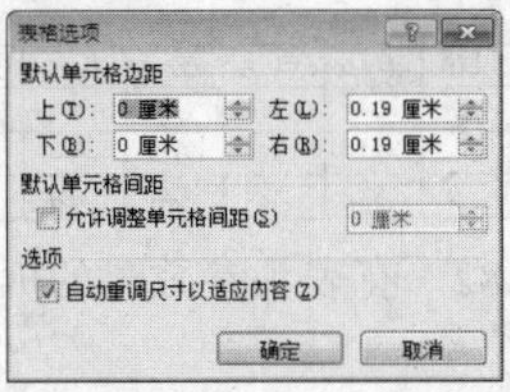

图5.78 选择“表格选项”对话框

城市或城镇	点 A	点 B	点 C	点 D	点 E
点 A	—				
点 B	87	—			
点 C	64	56	—		
点 D	37	32	91	—	
点 E	93	35	54	43	—

图5.79 设置完成后的效果

如果要单独调整某一个单元格的边框距离，将插入符置于要调整的单元格中，然后选择“表格工具”下的“布局”选项卡，在“单元格大小”组中单击按钮，在打开的“表格属性”对话框中选择“单元格”选项卡，然后单击“选项”按钮，打开“单元格选项”对话框，如图5.80所示，在该对话框中进行设置即可。

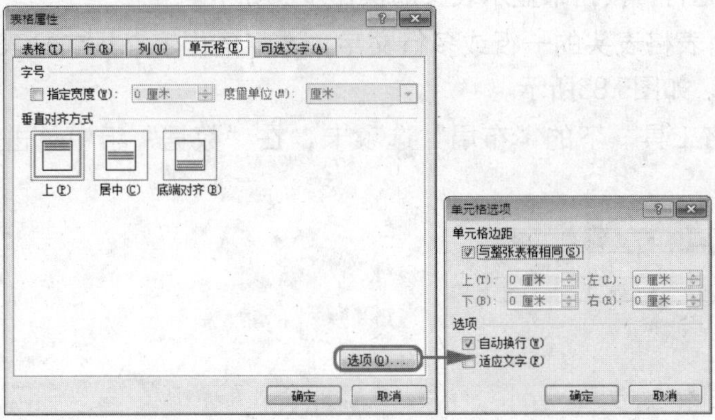

图5.80 “单元格选项”对话框

5.5 在表格中进行跨页设置

如果表格很长，在一页上排不下，需要排好多页，在Word中就可以将表格自动拆页，还能将表头自动加在各页表格上。

拆页就是指表格在一页内排不下，需要在下一页接着排。

拆页有以下两种情况。

第一种是没有表头参数时的拆页，如图5.81所示。该类表格只需按正常的表格跨页即可，不需要特殊排版。

第二种是有表头参数时的拆页，如图5.82所示。重复表头只有在“页面视图”状态下才能看到。如果在文档中插入了换页符，则在下一页不会出现重复表头。

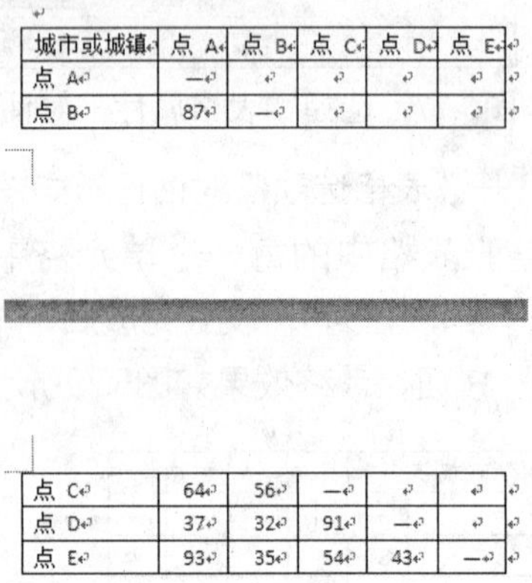

城市或城镇	点A	点B	点C	点D	点E
点A	—				
点B	87	—			

点C	64	56	—		
点D	37	32	91	—	
点E	93	35	54	43	—

图5.81　没有表头参数时的拆页

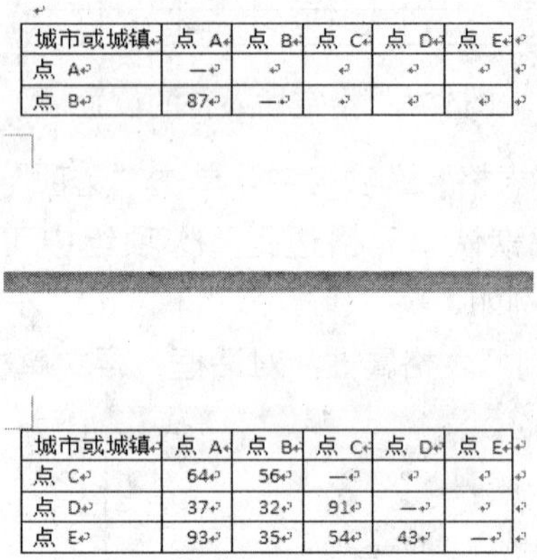

城市或城镇	点A	点B	点C	点D	点E
点A	—				
点B	87	—			

城市或城镇	点A	点B	点C	点D	点E
点C	64	56	—		
点D	37	32	91	—	
点E	93	35	54	43	—

图5.82　有表头参数时的拆页

5.5.1　显示表格的表头跨页

在拆页时，将表格的表头显示出来的方法有两种。

1．使用“重复标题行”按钮

使用“重复标题行”按钮来显示表头的操作步骤如下。

01 选择要作为表格表头的一行或多行文字，选择的内容必须包括表格的第一行，在这里只选择了第一行，如图5.83所示。

02 选择“表格工具”下的“布局”选项卡，在“数据”组中单击“重复标题行”按钮，如图5.84所示。

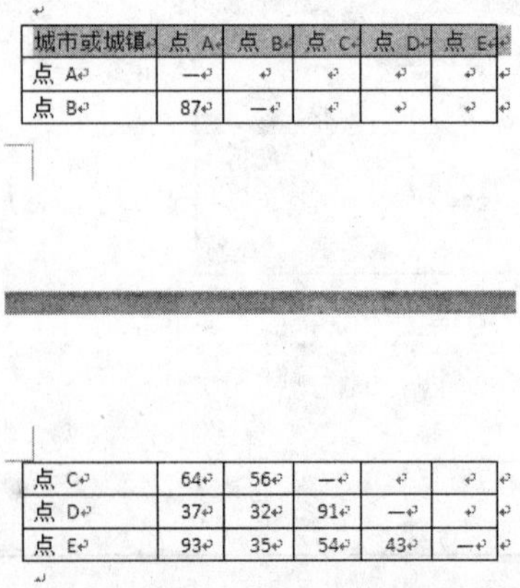

城市或城镇	点A	点B	点C	点D	点E
点A	—				
点B	87	—			

点C	64	56	—		
点D	37	32	91	—	
点E	93	35	54	43	—

图5.83　选择作为表头的内容

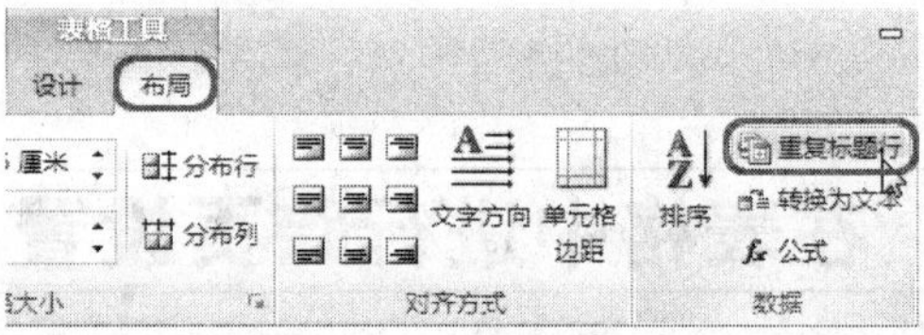

图5.84　单击“重复标题行”按钮

03 即可将表头显示出来，如图5.85所示。

2．使用“表格属性”对话框

使用“表格属性”对话框来显示表头的操作步骤如下。

01 选择要作为表格表头的一行或多行文字，选择的内容必须要包括表格的第一行，如图5.86所示。

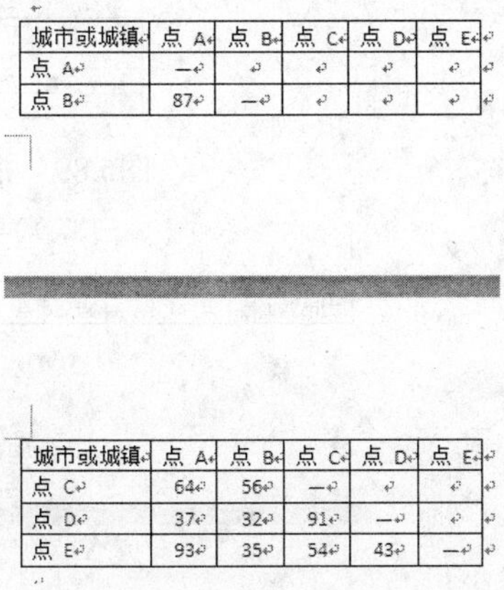

城市或城镇	点 A	点 B	点 C	点 D	点 E
点 A	—				
点 B	87	—			

城市或城镇	点 A	点 B	点 C	点 D	点 E
点 C	64	56	—		
点 D	37	32	91	—	
点 E	93	35	54	43	—

图5.85　显示的表头

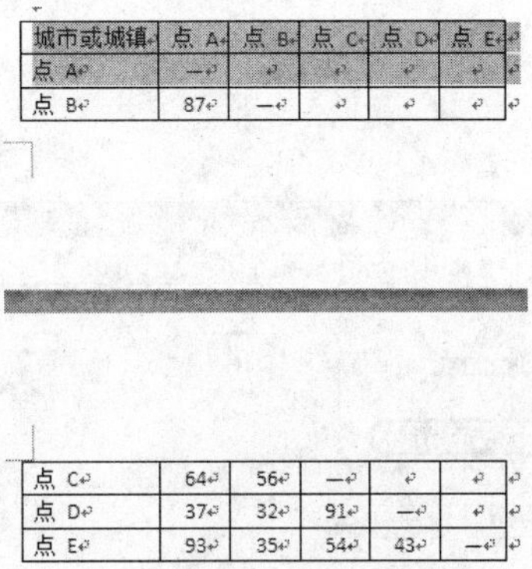

城市或城镇	点 A	点 B	点 C	点 D	点 E
点 A	—				
点 B	87	—			

点 C	64	56	—		
点 D	37	32	91	—	
点 E	93	35	54	43	—

图5.86　选择作为表头的内容

02 选择“表格工具”下的“布局”选项卡，在“单元格大小”组中单击右下角的按钮，打开“表格属性”对话框，在该对话框中选择“行”选项卡，然后勾选“在各页顶端以标题行形式重复出现”复选框，如图5.87所示。

03 单击“确定”按钮，即可将表头显示出来，如图5.88所示。

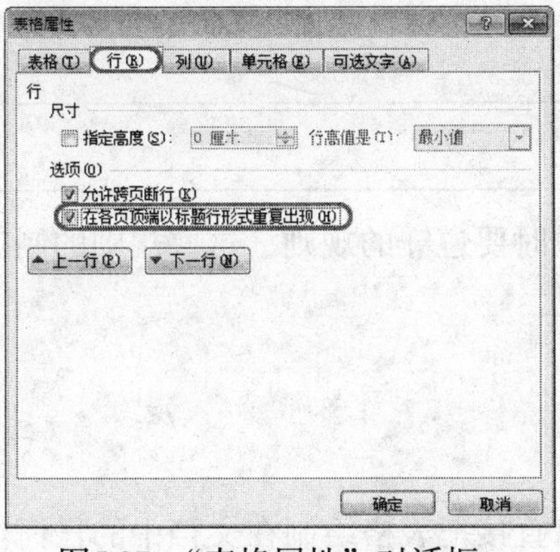

图5.87　“表格属性”对话框

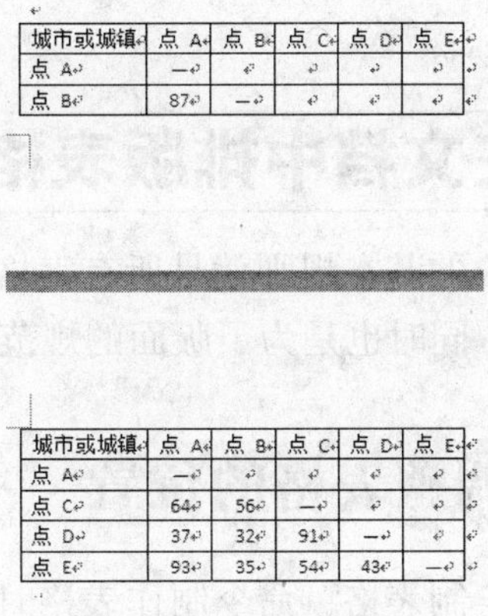

城市或城镇	点 A	点 B	点 C	点 D	点 E
点 A	—				
点 B	87	—			

城市或城镇	点 A	点 B	点 C	点 D	点 E
点 A	—				
点 C	64	56	—		
点 D	37	32	91	—	
点 E	93	35	54	43	—

图5.88　显示表头

5.5.2　防止单元格中的文字跨页拆分

通常情况下，Word允许将单元格中的文字跨页拆分，这就可能导致同一单元格中的内容被拆分到不同的页面上，从而影响文档的阅读效果。因此，可以使用下面的操作防止单元格中的文字跨页拆分。

01 将插入符置于防止文字跨页拆分的单元格中，或单元格所在行的任意单元格中，如图5.89所示。

02 选择“表格工具”下的“布局”选项卡，在“单元格大小”组中单击按钮，打开“表格属性”对话框，在该对话框的“行”选项卡中，取消“允许跨页断行”复选框的勾选，如图5.90所示。

03 单击“确定”按钮，即可防止单元格中的文字跨页拆分，如图5.91所示。

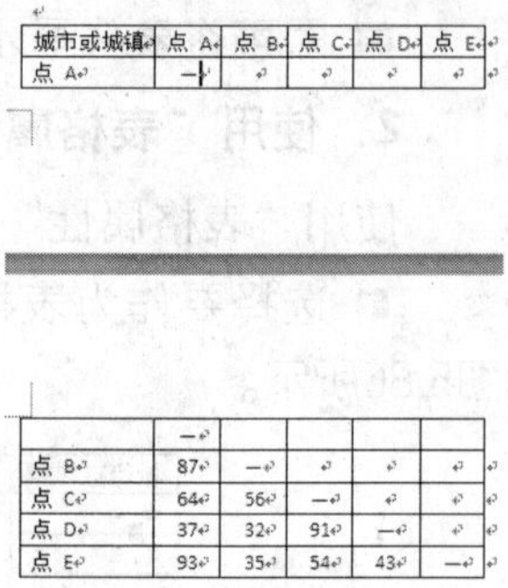

图5.89　指定插入符位置

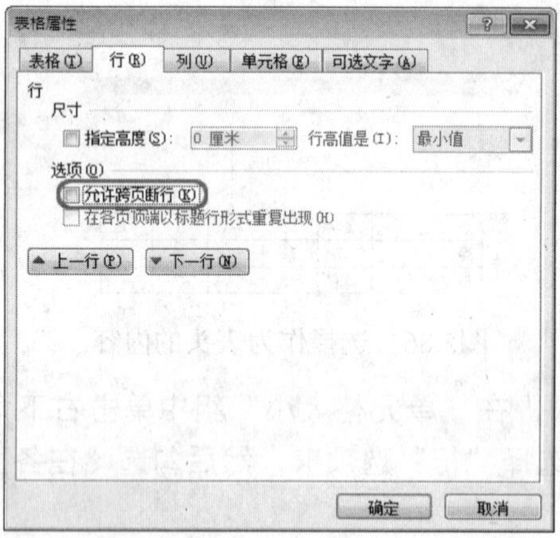

图5.90　取消“允许跨页断行”复选框的勾选

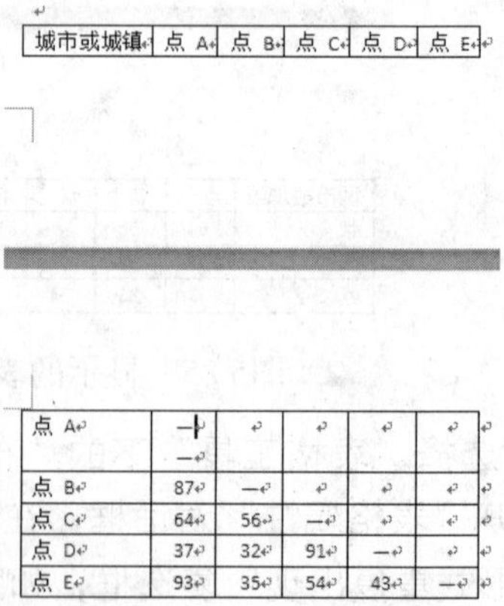

图5.91　防止单元格中的文字跨页拆分

5.6 在文档中排版表格

表格排放的基本规则就是所有表格在排放时要遵守的规则。这些规则的制定，主要是为了方便阅读，同时也是为了版面的规范和美观。

5.6.1 调整表格的位置

使用“绘制表格”命令制作表格时，可以直接把表格绘制在文档中的任何位置，但使用“插入表格”命令制作表格时，表格的左边框总是与文档的左页边距对齐，或在分栏的文档中与栏的左边框对齐。

在Word 2010中，可以随意地调整表格的位置，在每一个表格的左上角和右下角，分别增设了一个表格位置控制点和一个表格大小控制点。这两个控制点只有在页面视图和Web版式视图方式下才能看到。拖动表格位置控制点可随意移动表格的位置。拖动表格大小控制点可随意调整表格的大小。当表格大小发生变化时，表格内的单元格也会自动等比例地调整其大小。

1. 随意移动表格的位置

在页面视图方式下，将鼠标移至表格内的任意位置处，表格的左上角将会显示出表格位置控制点⊞，使用该控制点可以随意移动表格的位置。移动鼠标到表格位置控制点上，当鼠标指针变成✥形状时，单击该控制点并拖动鼠标，即可随意移动表格的位置。这时屏幕上会出现一个随着鼠标移动的虚线框。当移到放置表格的理想位置时，松开鼠标左键即可。利用表格位置控制点可以完成以下操作。

- 单击此控制点可选中整个表格。
- 单击此控制点并拖动鼠标可随意移动表格的位置。

2．精确移动表格

尽管利用表格的位置控制点可以随意地调整表格的位置，但要精确地把表格放置在某个位置，或使多个表格的位置相互对齐，就略显不足了。在表格位置控制点上单击鼠标右键，在弹出的快捷菜单中选择“表格属性”选项，在弹出的“表格属性”对话框中可以精确地设置表格的位置。操作步骤如下。

01 将插入符置于表格中的任意单元格中，从而显示出表格位置控制点。

02 在表格位置控制点上单击鼠标右键，在弹出的快捷菜单中选择“表格属性”选项，如图5.92所示。或者选择“表格工具”下的“布局”选项卡，在“表”组中单击“属性”按钮，打开“表格属性”对话框，在该对话框中选择“表格”选项卡，如图5.93所示。

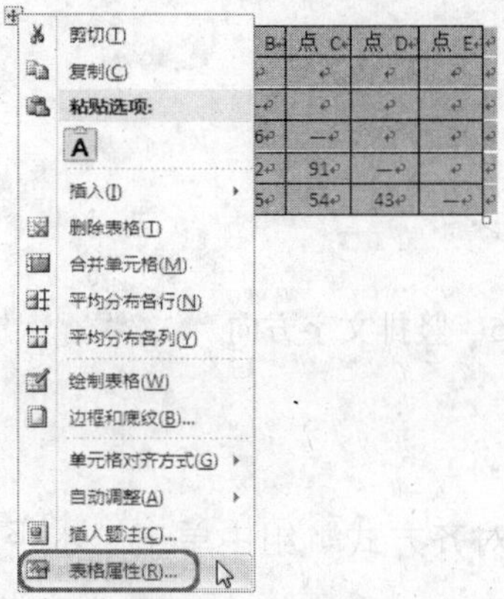

图5.92 选择“表格属性”选项

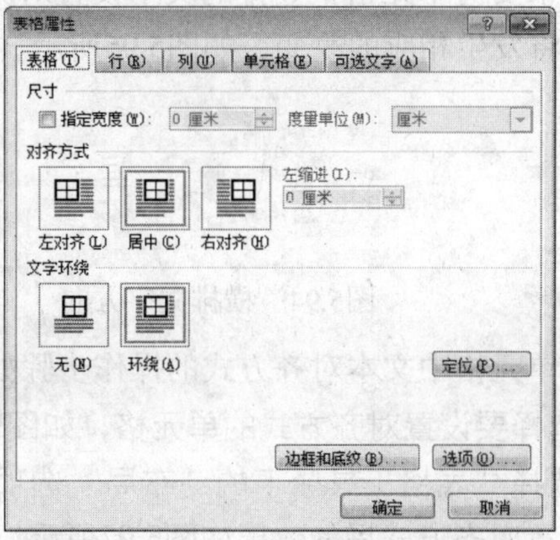

图5.93 选择“表格属性”对话框

03 在“文字环绕”选项区中，选择“无”选项，在“对齐方式”选项区中选择一种对齐方式。

- 选择“左对齐”选项：默认情况下，表格与文档窗口的左缩进线对齐，用户也可以在右边的“左缩进”数值框中，重新设置缩进值。
- 选择“居中”选项：表格被排列在文档窗口的中央位置，表格的左边线与左缩进线之间的距离与表格的右边线与右缩进线之间的距离相等。
- 选择“右对齐”选项：表格与文档窗口的右缩进线对齐。

04 设置完成后单击“确定”按钮。

提示 如果使用“开始”选项卡下的“段落”组中的对齐方式按钮来改变表格的对齐方式，一定要先选中表格，然后再单击所需的对齐方式按钮。

5.6.2 设置单元格中的文本

设置单元格中的文本与设置文档中的文本相同，同样可以设置字体、字号以及改变文字方向，也可以为其添加底纹或修改文本在单元格中的对齐方式。

1．设置文字方向

默认状态下，表格中的文本都是横向排列的。在Word中，可以改变整个表格中文本的文字方向，也可只改变某一个单元格的文字方向，操作步骤如下。

01 选择整个表格，或将插入符置于要改变文字方向的单元格中。

02 选择“表格工具”下的“布局”选项卡，在“对齐方式”组中单击“文字方向”按钮，即可实现单元格内文字横排或竖排方式间的转换。

2．设置单元格中文本的对齐方式

用户可以根据需要调整文本的对齐方式。当对一个或多个单元格中的文本设置对齐方式时，首先应将光标放置在该单元格中或选中这些单元格。若选中整个表格，则对整个表格设置对齐方式。

在“表格工具”下“布局”选项卡中的“对齐方式”组中汇集了多种对齐方式，如图5.94所示。如果要对单元格中竖排的文本设置对齐方式，在选中单元格后，“对齐方式”组中的对齐方式将发生相应的改变，如图5.95所示。

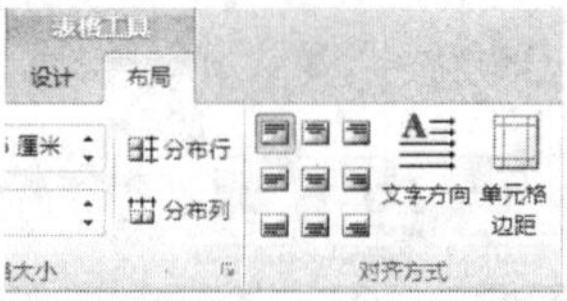

图5.94　横排文字方向

图5.95　竖排文字方向

设置单元格中文本对齐方式的操作步骤如下。

01 选择要设置对齐方式的单元格，如图5.96所示。

02 选择“表格工具”下的“布局”选项卡，在“对齐方式”组中单击“水平居中”按钮，设置对齐方式后的效果如图5.97所示。

城市或城镇	点 A	点 B	点 C	点 D	点 E
点 A	—				
点 B	87	—			
点 C	64	56	—		
点 D	37	32	91	—	
点 E	93	35	54	43	—

图5.96　选择单元格

城市或城镇	点 A	点 B	点 C	点 D	点 E
点 A	—				
点 B	87	—			
点 C	64	56	—		
点 D	37	32	91	—	
点 E	93	35	54	43	—

图5.97　设置对齐方式后的效果

5.6.3 设置表格的环绕方式

通过使用Word 2010中文字环绕表格的功能，可以在表格的四周环绕文字，从而实现表格和文字的混排。这使得表格的制作与处理更加简单方便，适用性也更强了，设置文字环绕表格的操作步骤如下。

01 将插入符置于表格中的任意单元格中。

02 选择“表格工具”下的“布局”选项卡，在“表”组中单击“属性”按钮，打开“表格属性”对话框。

03 在“文字环绕”选项区中选择“环绕”选项。在“对齐方式”选项区中选择一种对齐方式。例如，选择“居中”选项，如图5.98所示。

04 单击“确定”按钮，即可完成对表格的环绕设置，如图5.99所示。

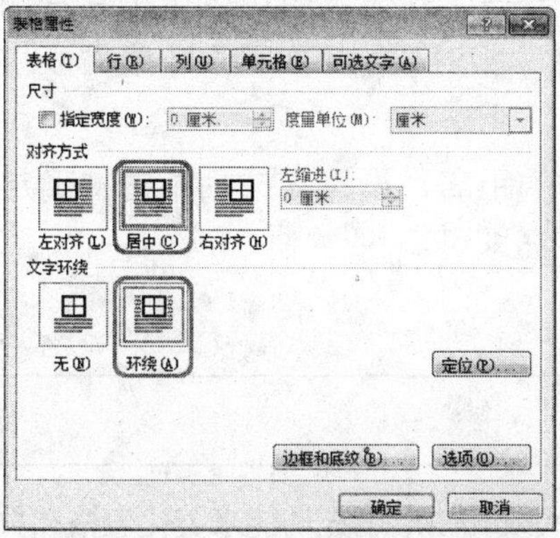

图5.98　选择“表格属性”对话框

通过使用Word 2010中可以在表格的四周环和文字的混排。这使得加简单方便，适用性也Word 2010 中文字环绕格的四周环绕文字，从

项目	所需数目	项目	所需数目
书籍	1	钢笔	3
杂志	3	铅笔	2
笔记本	1	荧光笔	2 色
便笺簿	1	剪刀	1 把

文字环绕表格的功能，绕文字，从而实现表格表格的制作与处理更更强了。通过使用表格的功能，可以在表而实现表格和文字的

混排。这使得表格的制作与处理更加简单方便，适用性也更强了。通过使用 Word 2010 中文字环绕表格的功能，可以在表格的四周环绕文字，从而实现表格和文字的混排。这使得表格的制作与处理更加简单方便，适用性也更强了。

图5.99　设置对齐方式后的效果

把表格设置成环绕方式后，如果表格后面有正文内容，Word会按照选定的环绕方式将正文内容环绕在表格的周围，这时，用户依然可以利用拖动表格位置控制点的办法来随意调整文字环绕表格的效果。这时如果表格的位置发生了变化，正文内容的位置也会发生相应的变化。

5.6.4　定位表格的位置

如果要精确设置表格的环绕方式，以及设置表格与文字之间的距离，可以使用“表格属性”对话框将表格定位到一个指定位置。操作方法如下。

01 将插入符置于表格中的任意单元格中。

02 选择“表格工具”下的“布局”选项卡，在“单元格大小”组中，单击右下角的按钮，打开“表格属性”对话框，在该对话框中选择“表格”选项卡，如图5.100所示。

03 单击“定位”按钮，打开“表格定位”对话框，如图5.101所示。

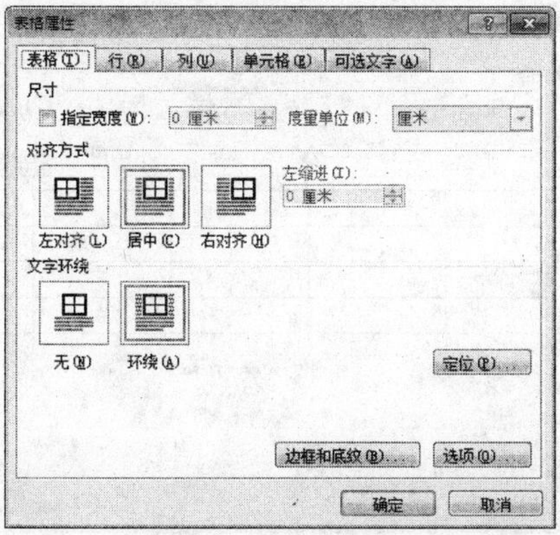

图5.100　选择“表格属性”对话框

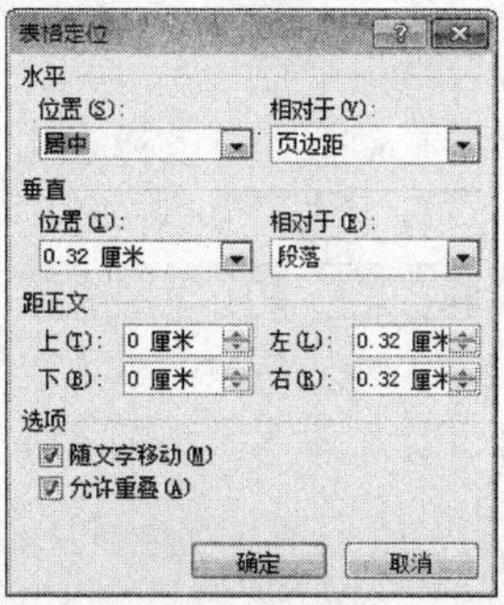

图5.101　选择“表格定位”对话框

提示 只有在“文字环绕”选项组中选择“环绕”选项后，才可以单击“定位”按钮。

04 在“水平”选项组中的“位置”文本框中，输入一个数值，也可以单击其右侧的按钮▾，在弹出的下拉列表中进行选择，还可以在“相对于”下拉列表中设置表格相对于页面左右边界、页边距以及分栏的距离。

05 在“垂直”选项组中的“位置”文本框中，输入一个数值，也可以单击其右侧的按钮▾，在弹出的下拉列表中进行选择，同样，还可以在“相对于”下拉列表中设置表格相对于页面上下边界、页边距以及段落的距离。

06 在“距正文”选项组中，设置表格与周围正文的距离，设置完成后单击“确定”按钮，返回到“表格属性”对话框，再次单击“确定”按钮即可。

5.7 设置表格样式

在Word中，可以使用内置的表格样式或者使用边框、底纹和图形填充功能来美化表格和页面。

5.7.1 套用内置的表格样式

在Word中，提供了90多种内置的表格样式，无论是新建的空白表格，还是已输入数据的表格，都可以套用内置的表格样式，具体的操作步骤如下。

01 将插入符置于表格中的任意单元格中，或选择整个表格。

02 选择“表格工具”下的“设计”选项卡，在“表格样式”组中选择要使用的表格样式，单击列表框右侧的“其他”按钮▾，展开样式列表框，如图5.102所示。在该列表框中选择一种样式后，在该样式上单击鼠标左键，即可将其套用到表格上。

03 在列表框中选择“修改表格样式”选项，打开“修改样式”对话框，如图5.103所示，利用该对话框可以在选择的表格样式的基础上，再进行一些用户自定义设置。

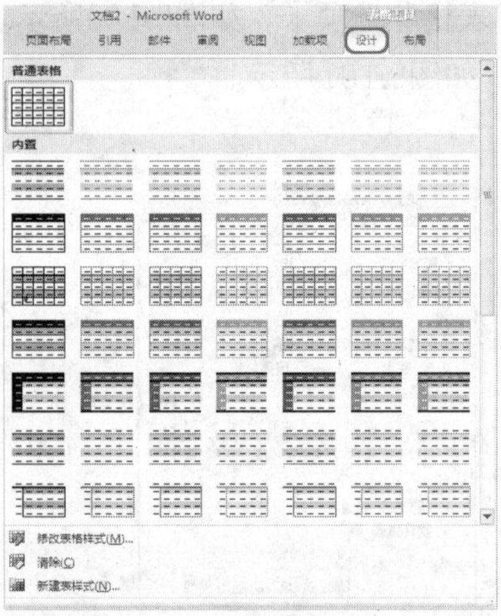

图5.102　表格样式列表框

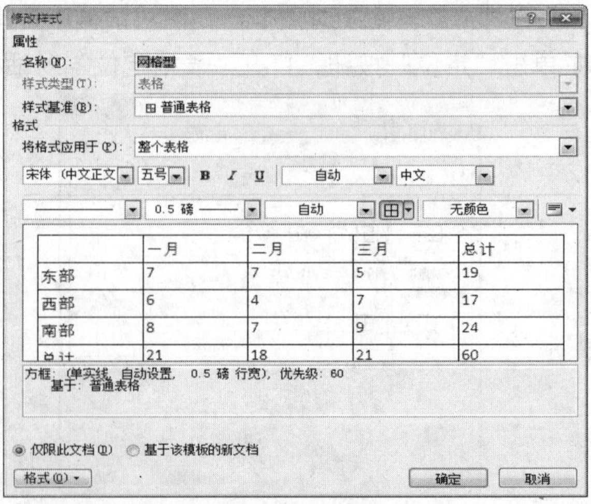

图5.103　“修改样式”对话框

5.7.2 设置表格边框

在Word中，可以将表格设置成只有行线、没有列线或者是四周有边框而中间单元格没有边框的样式，也可以设置边框的粗细、颜色等。使用“边框和底纹”对话框设置表格边框的操作步骤如下。

01 选择要设置边框的表格或单元格，在这里选择的是整个表格，如图5.104所示。

02 在选择的表格上单击鼠标右键，在弹出的快捷菜单中选择“边框和底纹”选项，如图5.105所示。

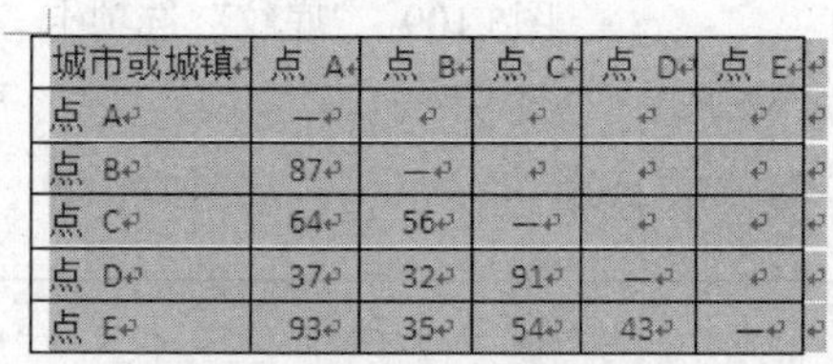

城市或城镇	点 A	点 B	点 C	点 D	点 E
点 A	—				
点 B	87	—			
点 C	64	56	—		
点 D	37	32	91	—	
点 E	93	35	54	43	—

图5.104 选择表格

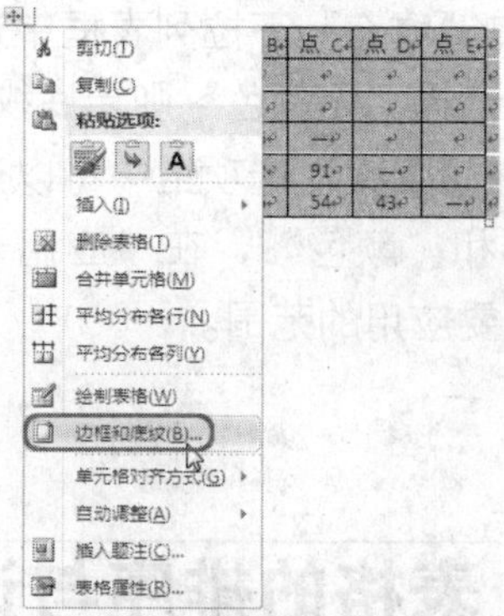

图5.105 选择“边框和底纹”选项

03 打开“边框和底纹”对话框，在该对话框中选择“边框”选项卡，在“设置”区域中，有5个选项，这些选项可以用来设置表格四周的边框，分别是“无”、“方框”、“全部”、“虚框”和“自定义”选项，用户可以根据需要进行选择，在这里选择“方框”选项，如图5.106所示。

04 在“样式”列表框中，选择一种边框样式，在“颜色”下拉列表中选择“红色”，在“宽度”下拉列表中选择“2.25磅”，如图5.107所示。

图5.106 选择“方框”选项

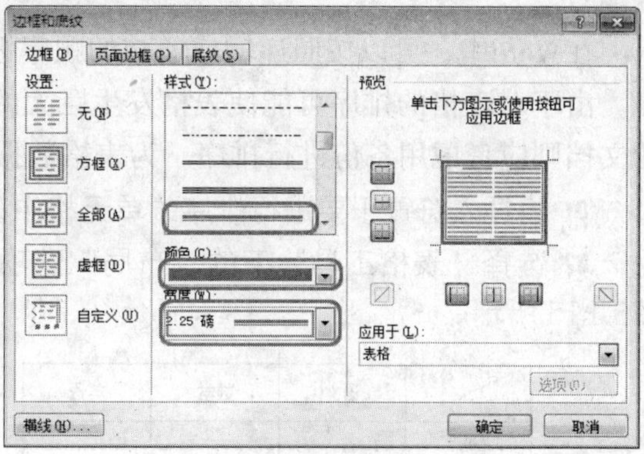

图5.107 设置边框

05 在“应用于”下拉列表中选择“表格”选项，设置完成后，单击“确定”按钮，最终效果如图5.108所示。

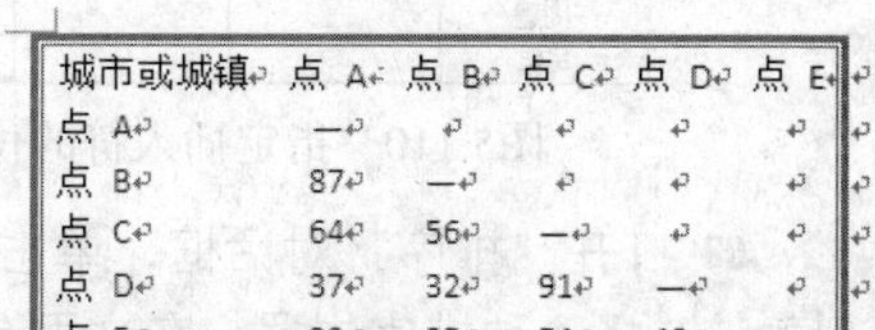

城市或城镇	点 A	点 B	点 C	点 D	点 E
点 A	—				
点 B	87	—			
点 C	64	56	—		
点 D	37	32	91	—	
点 E	93	35	54	43	—

图5.108 完成后的效果

5.7.3 设置表格底纹

设置表格底纹的操作步骤如下。

01 选择要设置底纹的表格或单元格。

02 在选择的表格或单元格上单击鼠标右键，在弹出的快捷菜单中选择“边框和底纹”选项，打开“边框和底纹”对话框，在该对话框中选择“底纹”选项卡，如图5.109所示。

03 在“填充”下拉列表框中选择底纹颜色，如果选择“无颜色”则无底纹颜色。

04 在“图案”选项组中可以选择图案的“样式”和“颜色”，在“应用于”下拉列表中设置要应用的范围。

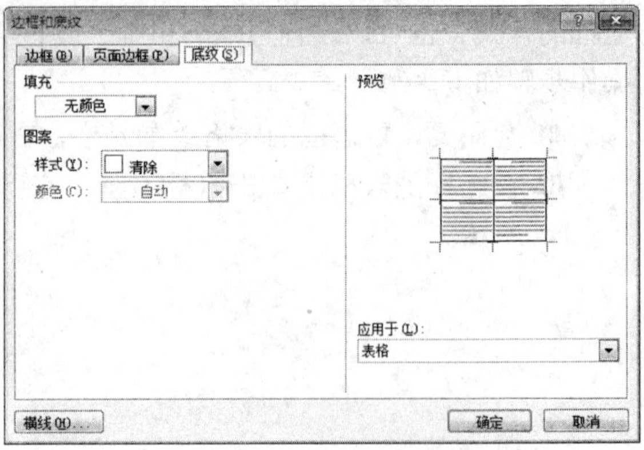

图5.109 “底纹”选项卡

5.8 表格的排序与计算

在Word的表格中，可以依照某列对表格进行排序，对数值型数据还可以按从小到大或从大到小的不同方式排列顺序。此外，利用表格的计算功能，还可以对表格中的数据执行一些简单的运算，如求和、求平均值、求最大值等，并可以方便、快捷地得到计算结果。

5.8.1 表格中的数据排序

在Word中，可以按照递增或递减的顺序把表格的内容按笔画、数字、拼音及日期进行排序。由于对表格的排序可能使表格发生巨大的变化。所以在排序前最好要保存文档。对重要的文档则应考虑用备份进行排序。为表格数据排序的方法如下。

01 将插入符置于要进行排序的单元格中，如图5.110所示。

02 选择“表格工具”下的“布局”选项卡，在“数据”组中单击“排序”按钮，如图5.111所示。

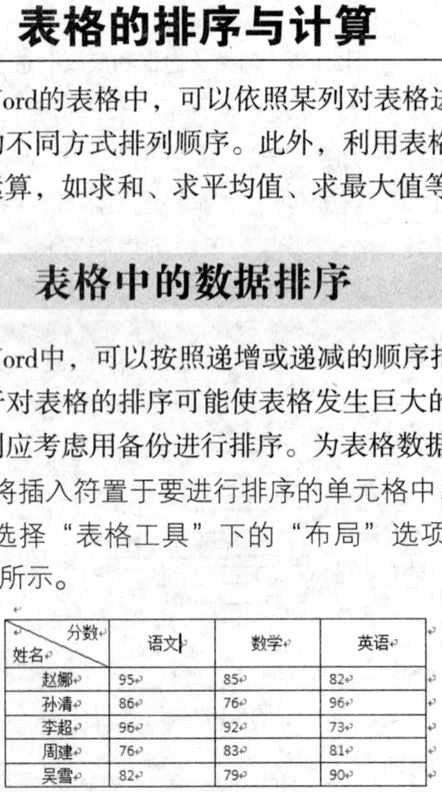

分数 / 姓名	语文	数学	英语
赵娜	95	85	82
孙清	86	76	96
李超	96	92	73
周建	76	83	81
吴雪	82	79	90

图5.110 指定插入符的位置

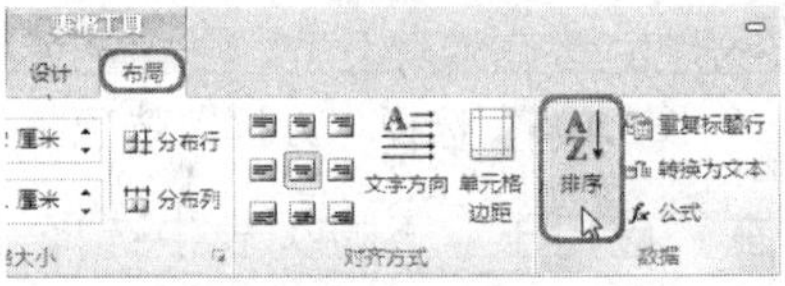

图5.111 单击“排序”按钮

03 打开“排序”对话框，单击“主要关键字”列表框中的下拉按钮，在弹出的下拉列表中选择一种排序依据，在这里选择“语文”。

04 单击“类型”列表框中的下拉按钮，在弹出的下拉列表中选择一种排序类型，在这里选择“数字”。然后勾选“升序”单选钮，如图5.112所示。

05 设置完成后，单击“确定”按钮，排序后的效果如图5.113所示。

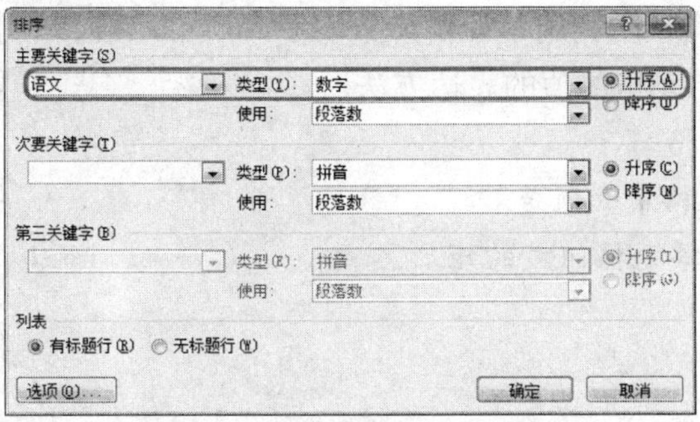

图5.112　选择“排序”对话框

分数 / 姓名	语文	数学	英语
周建	76	83	81
吴雪	82	79	90
孙清	86	76	96
赵娜	95	85	82
李超	96	92	73

图5.113　排序后的效果

在Word中，允许以多个排序依据进行排序。如果要进一步指定排序的依据，可以指定在次要关键字、第三关键字中的排序类型及排序的顺序。

如果只对单独一列进行排序，而不影响左右两边的列，可以按照下面的步骤进行操作。

01 选择要排序的列。

02 选择“表格工具”下的“布局”选项卡，在“数据”组中单击“排序”按钮，在打开的“排序”对话框中单击“选项”按钮，打开“排序选项”对话框，如图5.114所示。

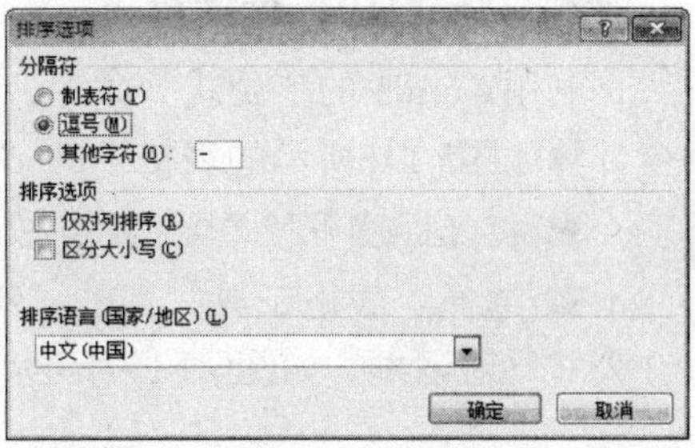

图5.114　选择“排序选项”对话框

03 在“排序选项”对话框中，勾选“仅对列顺序”复选框，单击“确定”按钮，返回到“排序”对话框。

04 如果有必要，可以选择其他的选项。

05 设置完成后，单击“确定”按钮，则仅对所选的列排序。

5.8.2　在表格中计算

在Office家族中，Excel是处理表格及数据的能手。其实，在Word中也提供了对文档或表格中的数据进行一些简单或复杂运算的功能。在Word中，可以通过输入带有加、减、乘、除（+、-、*、/）等运算符的公式进行计算，也可以使用Word附带的函数进行较为复杂的计算。

1．单元格参数与单元格的值

在表格中，排序或计算都是以单元格为单位进行的，为了方便在单元格之间进行运算，我们使用了一些参数来代表单元格、行或列。表格的列从左至右用英文字母（a，b，…）表示，表格的行自上而下用正整数1，2，…表示，每一个单元格的名字由它所在的行和列的编号组合而成。如一个5行4列的表格中所有单元格的名字如图5.115所示。

A1	B1	C1	D1
A2	B2	C2	D2
A3	B3	C3	D3
A4	B4	C4	D4
A5	B5	C5	D5

图5.115　设置单元格的参数表

单元格中实际输入的内容称为单元格的值。如果单元格为空或不以数字开始，则该单元格的值等于0。如果单元格以数字开始，后面还有其他非数字字符，该单元格的值等于第一个非数字字符前的数字值。下面列举了几个典型的利用单元格参数表示一个单元格、一个单元格区域或一整行（一整列）的方法，以及单元格的值的表达方法。

- “A1”：位于第一列、第一行的单元格。
- “B2=5”：位于第二列第二行的单元格中的值是5。
- “A1:B2”：由A1，A2，B1，B2四个单元格组成的矩形区域。
- “A1,B2”：A1、B2两个单元格。
- “2:2”：表示整个第二行。
- “D:D”：表示整个第四列。
- “SUM（A1:A5）”：求A1+A2+A3+A4+A5的和。
- “Average（1:1,2:2）”：求第一行与第二行的和的平均值。

2．在表格中进行计算

利用Word中的“公式”命令，用户可以对表格中的数据进行多种运算。利用“公式”命令计算如图5.116所示的表格中的“总分”和“平均分”的操作步骤如下。

01 将光标置于E2单元格中，如图5.116所示。

02 选择“表格工具”下的“布局”选项卡，在“数据”组中单击“公式”按钮，打开“公式”对话框，如图5.117所示。

分数 姓名	语文	数学	英语	总分	平均分
周建	76	83	81		
吴雪	82	79	90		
孙清	86	76	96		
赵娜	95	85	82		
李超	96	92	73		

图5.116　原始表格

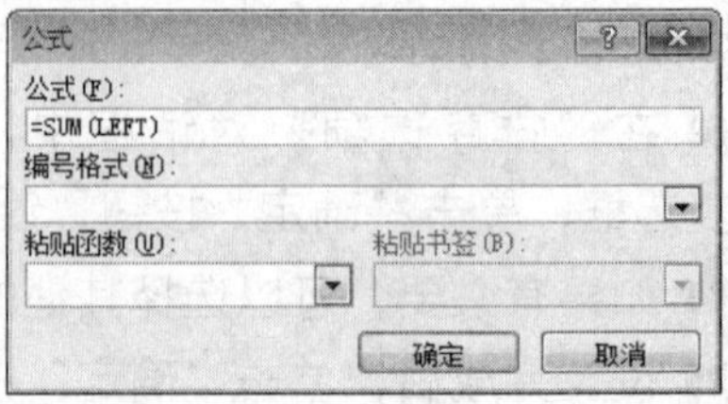

图5.117　选择“公式”对话框

03 在“公式”列表框中显示出“=SUM（LEFT）”公式，表示对插入点左侧各单元格中的数值求和，单击“确定”按钮，求和结果就会显示在E2单元格中，如图5.118所示。

如果所选单元格位于数字列的底部，Word会建议使用“=SUM（ABOVE）”公式，即对该插入符上方的各单元格中的数值求和。如果不想使用Word建议的公式，可以进行以下操作。

- 删除“公式”框中除等号（=）以外的内容，输入自己的数据和运算公式。如果将插入符置于“F2”单元格中，然后输入“=(B2+C2+D2)/3”，即可得到如图5.119所示的计算结果。

分数 姓名	语文	数学	英语	总分	平均分
周建	76	83	81	240	
吴雪	82	79	90		
孙清	86	76	96		
赵娜	95	85	82		
李超	96	92	73		

图5.118　求和结果

分数 姓名	语文	数学	英语	总分	平均分
周建	76	83	81	240	80
吴雪	82	79	90		
孙清	86	76	96		
赵娜	95	85	82		
李超	96	92	73		

图5.119　计算的结果

- 从“粘贴函数”列表中选择一个函数，并在圆括号内输入要运算的参数值。

04 如果要设置计算结果的数字格式，单击“编号格式”列表框中的下拉按钮▼，在弹出的列表中，选择自己所需的数字格式。

05 设置完成后单击“确定”按钮。

5.9 文本和表格之间的转换

在Word中，可以方便地进行文本和表格之间的转换，这对于更灵活地使用不同的信息源，或利用相同的信息源实现不同的工作目的都是十分有益的。

5.9.1 将表格转换成文本

执行“转换为文本”命令可以将表格中的内容转换为普通的文本段落，并将各单元格中的内容转换后用段落标记、逗号、制表符或用户指定的特定字符隔开。操作步骤如下。

01 选中要转换为文本段落的若干行单元格，或将光标放置在要转换的表格中，如图5.120所示。

02 选择“表格工具”下的“布局”选项卡，在“数据”组中单击“转换为文本”按钮，打开“表格转换成文本”对话框，如图5.121所示。

姓名	语文	数学	英语
周建	76	83	81
吴雪	82	79	90
孙清	86	76	96
赵娜	95	85	82
李超	96	92	73

图5.120 指定插入符位置

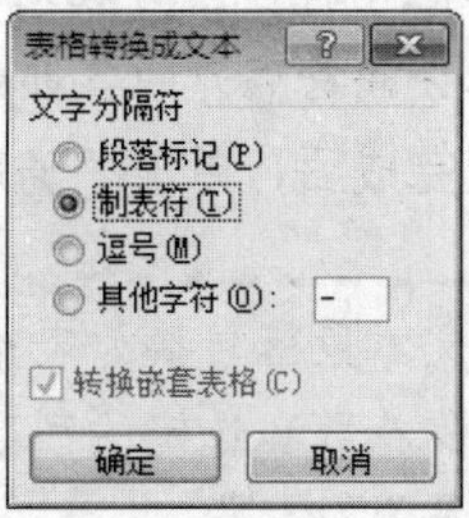

图5.121 “表格转换成文本”对话框

03 在“文字分隔符”选项区中，选择要作为文本分隔符的选项。

- “段落标记”：将每个单元格的内容转换成一个文本段落。
- “制表符”：将每个单元格的内容转换后用制表符分隔，每行单元格的内容成为一个文本段落。
- “逗号”：将每个单元格的内容转换后用逗号分隔。每行单元格的内容成为一个文本段落。
- “其他字符”：可在对应的方框中输入用作分隔符的半角字符。每个单元格的内容转换后用输入的文本分隔符隔开。每行单元格的内容成为一个文本段落。

04 本例勾选“逗号”单选钮，然后单击“确定”按钮，效果如图5.122所示。

姓名，语文，数学，英语
周建，76，83，81
吴雪，82，79，90
孙清，86，76，96
赵娜，95，85，82
李超，96，92，73

图5.122 转换成文本后的效果

5.9.2 将文本转换成表格

在Word中，可以将用段落标记、逗号、制表符或其他特定字符隔开的文本转化为表格。

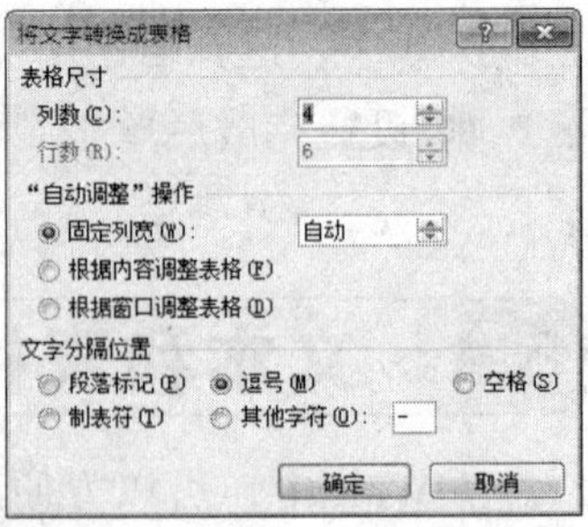

图5.123 选择“将文字转换成表格”对话框

01 选中要转换为表格的文本。

02 选择“插入”选项卡，在“表格”组中单击“表格”按钮，在弹出的下拉列表中选择“文本转换成表格”选项，打开“将文字转换成表格”对话框，如图5.123所示。

03 在“列数”数值框中指定转换后表格的列数。如果指定的列数大于所选内容的实际需要时，多余的单元格将成为空单元格。

04 在“自动调整”操作选项区中，选择设置列宽的选项。默认设置为“固定列宽”。用户可以在其右侧的文本框中指定表格的列宽或选择“自动”，由Word根据所选内容的情况自定义列宽。

05 在“文字分隔位置”选项区中，选择一种分隔符，用分隔符隔开的各部分内容，使其成为相邻的各个单元格的内容，文本分隔符如下。

- “段落标记”：把选中的段落转换成表格，每个段落成为一个单元格的内容。
- “制表符”：用制表符隔开的各部分内容作为各个单元格的内容。
- “逗号”（半角逗号）：用逗号隔开的各部分内容成为各个单元格的内容。
- “其他字符”：可在对应的方框中输入其他的半角字符作为文本分隔符。用输入的文本分隔符隔开的各部分内容，作为各个单元格的内容。

06 设置完成后，单击“确定”按钮。

提示 将文本段落转换为表格时，“行数”数值框不可用。此时的行数由选择内容中所含分隔符数和选定的列数决定。

5.10 上机练习

在本节中，将为大家介绍菜单和水果销售明细表的制作方法。

5.10.1 制作菜单

本例将介绍菜单的制作方法。在该例中，将会用到插入表格，对表格格式进行设置等操作，完成后的效果如图5.124所示。

01 启动Word 2010后，系统会自动新建一个空白文档，然后选择“开始”选项卡，在“段落”组中单击“居中”按钮。

02 选择“插入”选项卡，在“插图”组中单击“图片”按钮，打开“插入图片”对话框，在该对话框中，选择随书附带光盘中的CDROM\素材\Cha05\图片1.jpg素材图形，如图5.125所示。

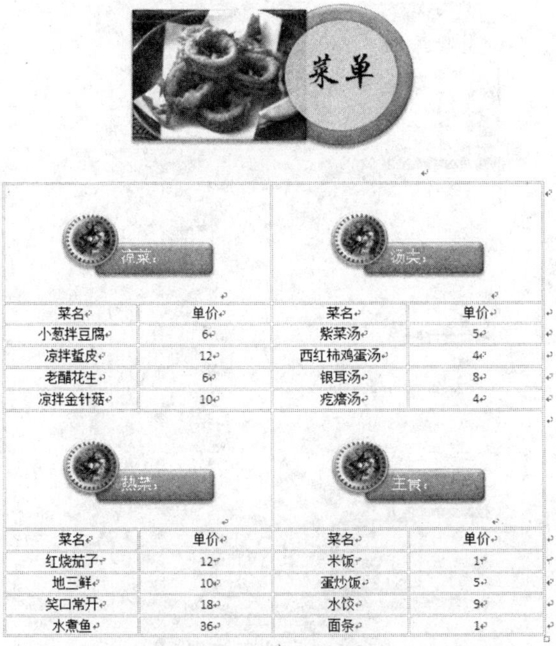

菜名	单价	菜名	单价
小葱拌豆腐	6	紫菜汤	5
凉拌蜇皮	12	西红柿鸡蛋汤	4
老醋花生	6	银耳汤	8
凉拌金针菇	10	疙瘩汤	4

菜名	单价	菜名	单价
红烧茄子	12	米饭	1
地三鲜	10	蛋炒饭	5
笑口常开	18	水饺	9
水煮鱼	36	面条	1

图5.124　完成后的效果

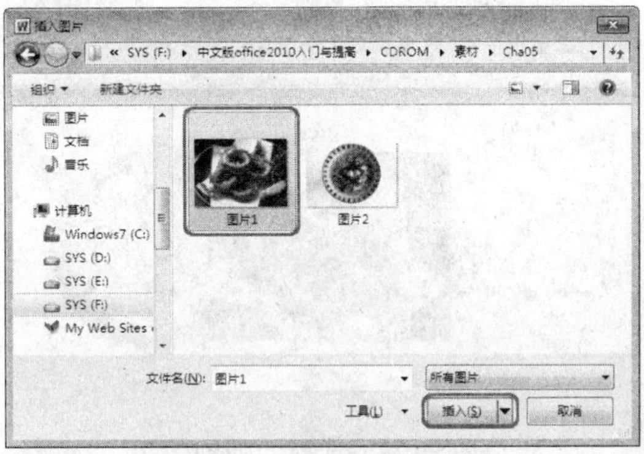

图5.125　选择“图片1”

03 单击“插入”按钮，选择“图片工具”下的“格式”选项卡，在“图片样式”组中单击“图片版式”按钮，在弹出的下拉列表框中选择“交替图片圆形”选项，如图5.126所示。

04 再次调整其大小，如图5.127所示。

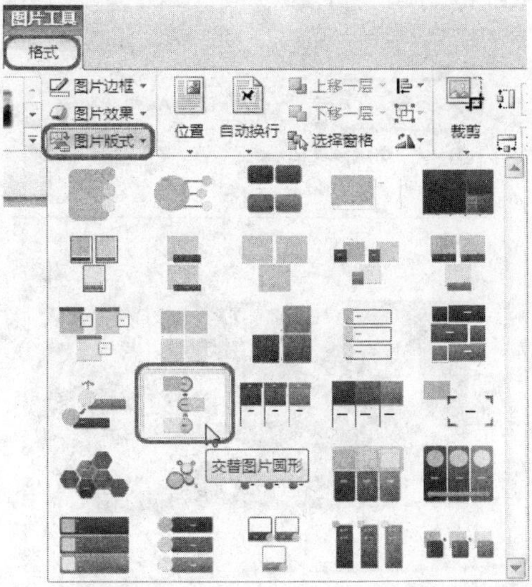

图5.126　选择“交替图片圆形”选项

图5.127　调整大小

05 选择“SmartArt工具”下的“设计”选项卡，在“SmartArt样式”组中选择“强烈效果”选项，如图5.128所示。

06 单击“SmartArt样式”组中的“更改颜色”按钮，在弹出的下拉列表中选择“彩色填充-强调文字颜色6”选项，如图5.129所示。

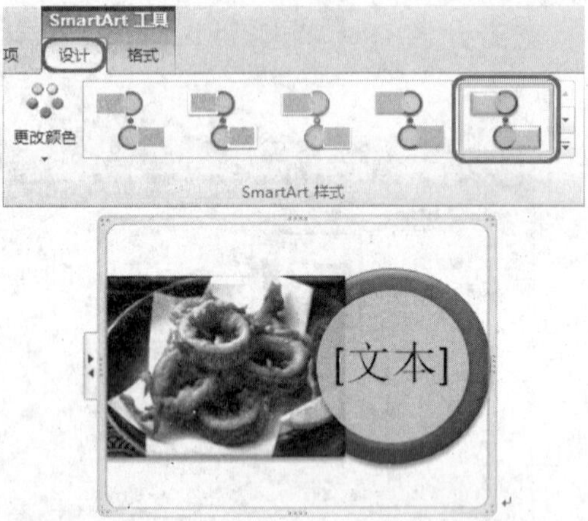

图5.128　选择“强烈效果”选项

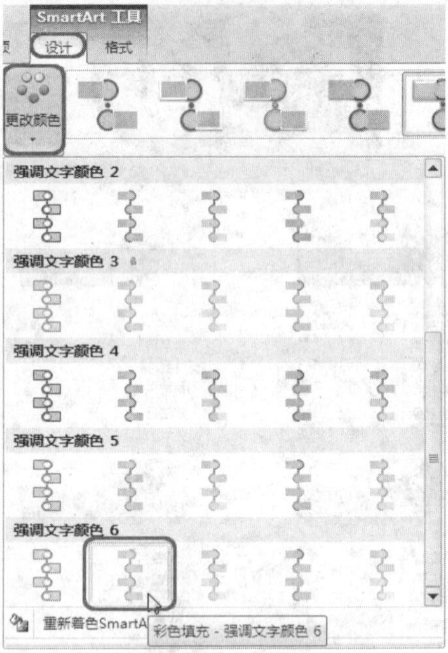

图5.129　选择颜色

07 更改颜色后的效果如图5.130所示。

08 在标有“文本”的位置单击鼠标左键，在文本框中输入“菜单”，选择输入的文本，然后选择“开始”选项卡，在“字体”组中，将“字体”设置为“华文行楷”，如图5.131所示。

09 将插入符放置在段落标记的前面，按Enter键另起一行。

图5.130　更改颜色后的效果

图5.131　输入文本并设置字体

10 选择“插入”选项卡，在“表格”组中单击“表格”按钮，在弹出的下拉列表中选择“插入表格”选项，如图5.132所示。

11 打开“插入表格”对话框，在该对话框中的“列数”文本框中输入4，“行数”文本框中输入14，如图5.133所示。

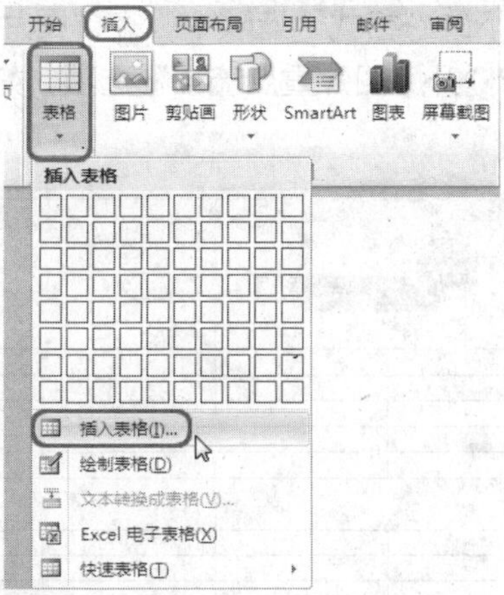

图5.132 选择“插入表格”选项

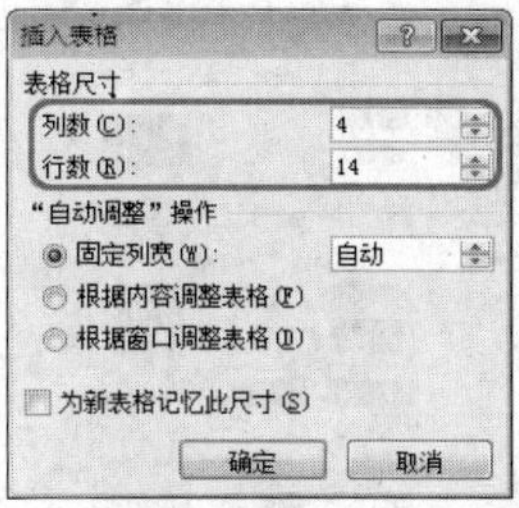

图5.133 选择“插入表格”对话框

⑫ 单击“确定”按钮，即可插入表格，选择如图5.134所示的单元格。

⑬ 选择“表格工具”下的“布局”选项卡，在“合并”组中单击“合并单元格”按钮，即可将单元格合并，如图5.135所示。

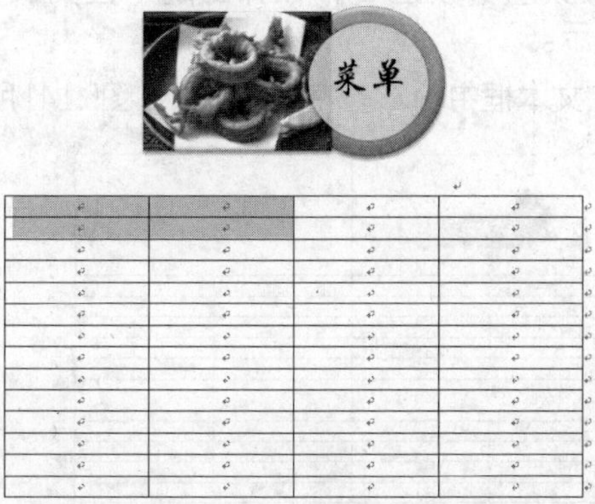

图5.134 选择单元格

图5.135 合并单元格

⑭ 使用同样的方法，合并其他的单元格，如图5.136所示。

⑮ 将插入符置于合并的第一个单元格中，选择“插入”选项卡，在“插图”组中单击“图片”按钮，打开“插入图片”对话框，在该对话框中选择随书附带光盘中的CDROM\素材\Cha05\图片2.jpg素材图形，如图5.137所示。

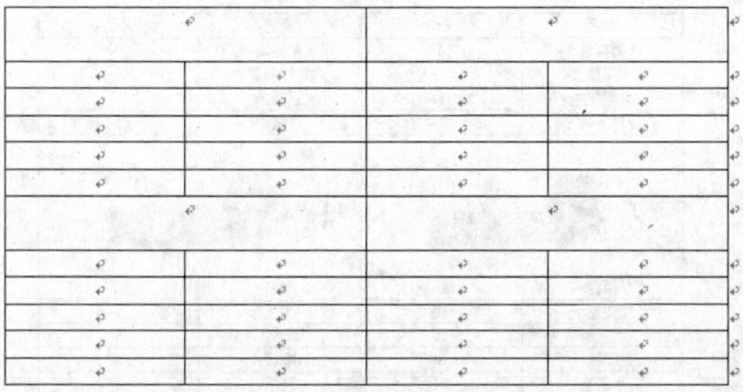

图5.136 合并其他单元格

图5.137 选择“图片2”

⑯ 单击“插入”按钮，选择“图片工具”下的“格式”选项卡，在“图片样式”组中单击“图片版式”按钮，在弹出的下拉列表框中选择“升序图片重点流程”选项，如图5.138所示。

⑰ 调整好图片的大小，如图5.139所示。

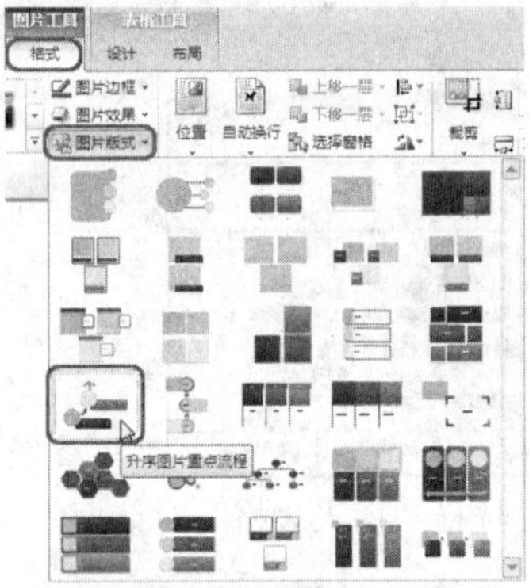

图5.138 选择“升序图片重点流程”选项

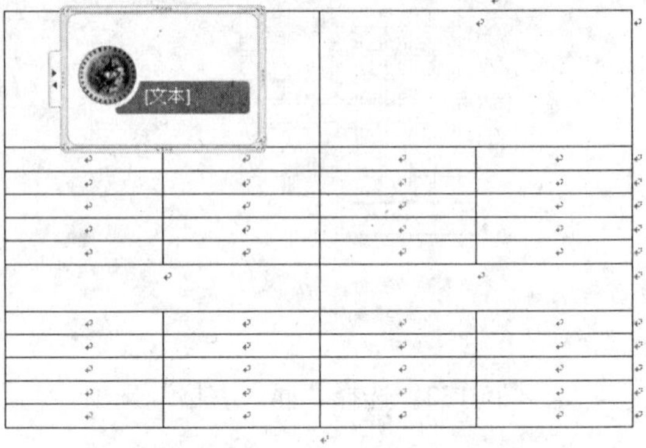

图5.139 调整大小

⑱ 选择“SmartArt工具”下的“设计”选项卡，在“SmartArt样式”组中选择“强烈效果”选项。再单击“SmartArt样式”组中的“更改颜色”按钮，在弹出的下拉列表中选择“彩色填充-强调文字颜色6”选项，如图5.140所示。

⑲ 在标有“文本”的位置单击鼠标左键，然后在文本框中输入“凉菜：”，如图5.141所示。

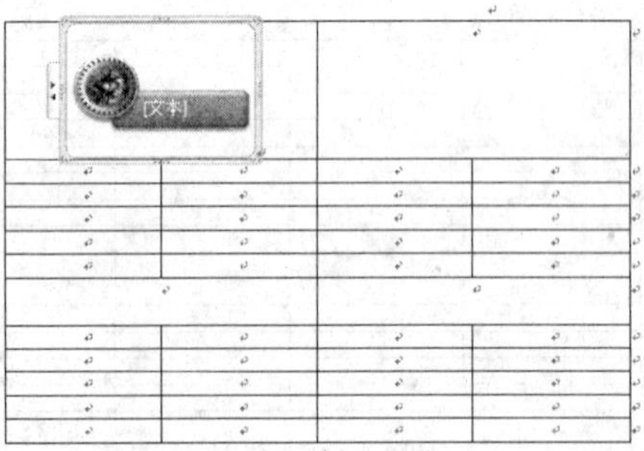

图5.140 设置样式和颜色

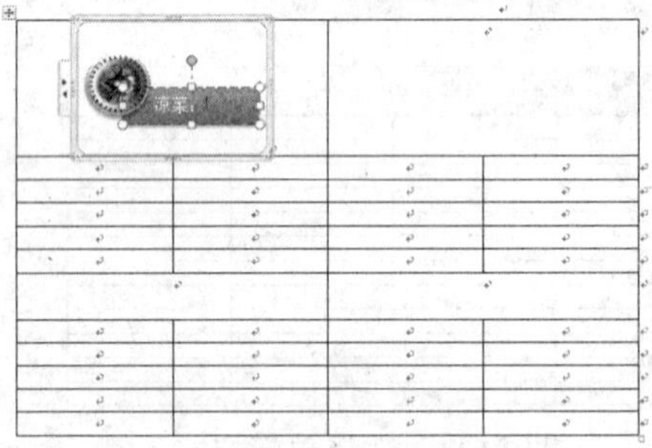

图5.141 输入文本

⑳ 选择刚插入的SmartArt图形，按Ctrl+C键复制，然后在其他合并的单元格中按Ctrl+V键粘贴，再改变其他SmartArt图形上的文字，如图5.142所示。

㉑ 在其他单元格中输入文字，如图5.143所示。

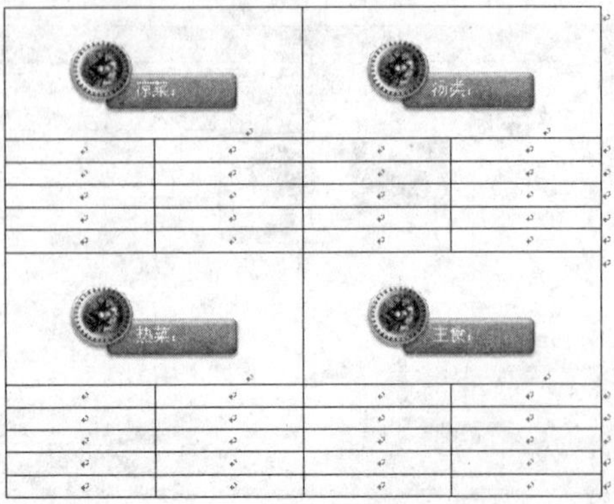

图5.142 复制图形并更改文字

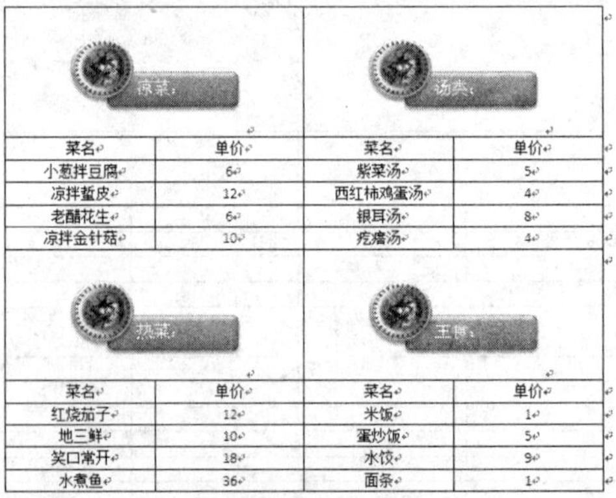

图5.143 输入文字

22 选择整个表格，然后选择“表格工具”下的“设计”选项卡，在“表格样式”组中单击“边框”按钮右侧的下三角按钮，在弹出的下拉列表中选择“边框和底纹”选项，如图5.144所示。

23 打开“边框和底纹”对话框，在该对话框中的“设置”列表中，选择“全部”选项，在“样式”下拉列表中选择双线条的样式，在“颜色”下拉列表中选择“橙色，强调文字颜色6，淡色40%”，如图5.145所示。

24 在“应用于”下拉列表中选择“表格”选项，然后单击“确定”按钮，完成后的效果如图5.124所示。

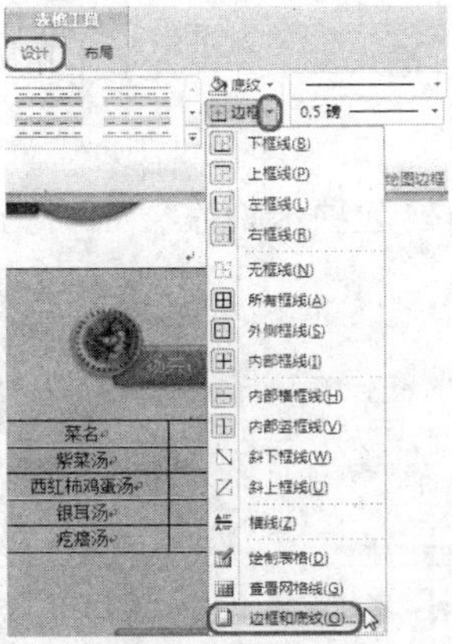

图5.144 选择“边框和底纹”选项

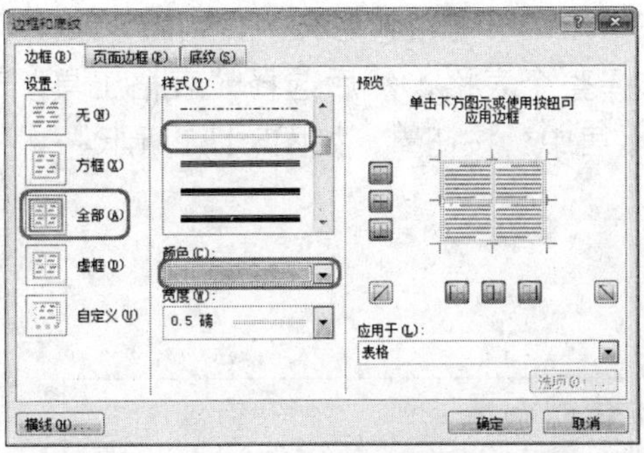

图5.145 选择“边框和底纹”对话框

5.10.2 制作水果销售明细表

本例将介绍水果销售明细表的制作方法，在其中使用了插入表格、合并单元格、设置表格样式等操作，完成后的效果如图5.146所示。

01 按Ctrl+N键新建一个空白的Word文档，然后选择“插入”选项卡，在“表格”组中单击“表格”按钮，在弹出的下拉列表中选择“插入表格”选项，打开“插入表格”对话框，将“列数”设置为4，“行数”设置为10，如图5.147所示。

水果销售明细表			
种类	售价（元）	销售量（斤）	销售金额（元）
西瓜	1.0	80	80
香蕉	2.0	50	100
苹果	3.5	70	245
菠萝	7.0	30	210
芒果	7.0	40	280
木瓜	9.0	20	180
樱桃	9.0	30	270
火龙果	12.0	20	240

图5.146 完成后的效果

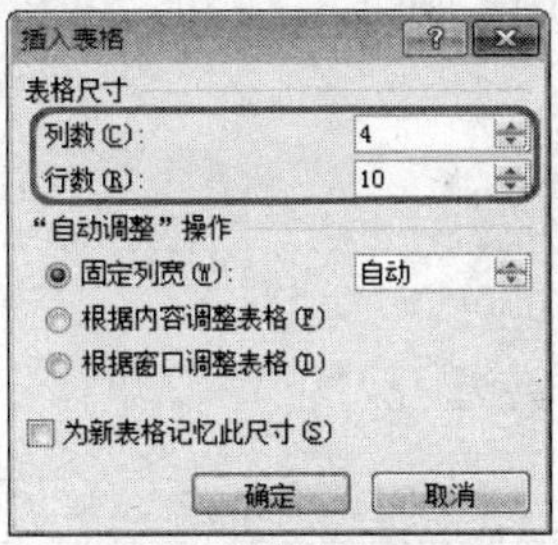

图5.147 选择“插入表格”对话框

02 单击“确定”按钮，即可在文档中插入表格。选择第一行，再选择“表格工具”下的“布局”选项卡，在“合并”组中单击“合并单元格”按钮，即可将单元格合并，如图5.148所示。

03 在合并的单元格中输入文字，然后选择输入的文字，再选择“开始”选项卡，在“字体”组中，将“字体”设置为“华文行楷”，“字号”设置为“26”，如图5.149所示。

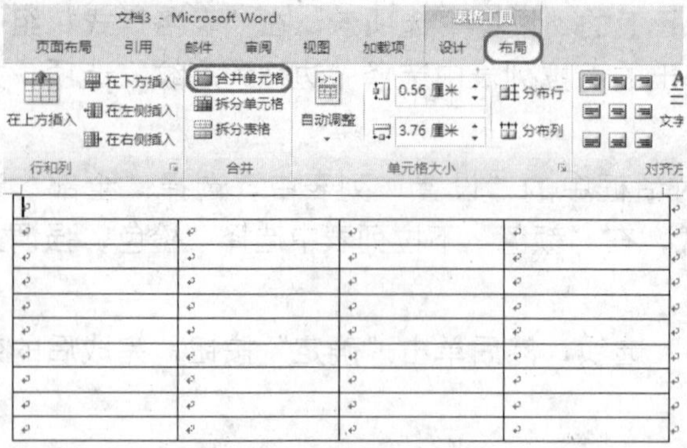

图5.148　合并单元格

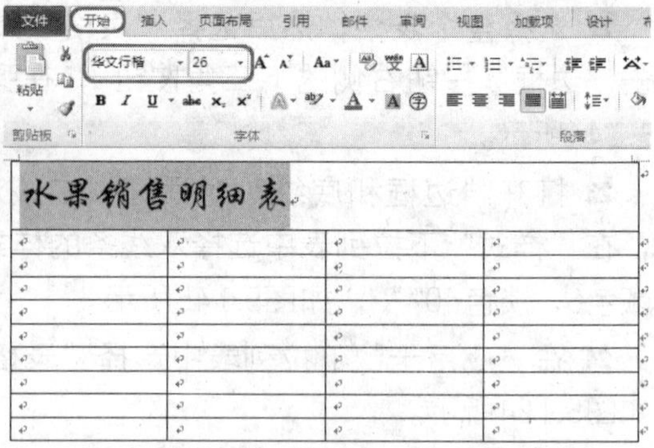

图5.149　输入文字并设置字体和字号

04 在单元格中输入其他文字，如图5.150所示。

05 选择整个表格，然后选择“表格工具”下的“布局”选项卡，在“对齐方式”组中单击“水平居中”按钮，如图5.151所示。

水果销售明细表

种类	售价（元）	销售量（斤）	销售金额（元）
苹果	3.5	70	
木瓜	9.0	20	
芒果	7.0	40	
樱桃	9.0	30	
火龙果	12.0	20	
香蕉	2.0	50	
西瓜	1.0	80	
菠萝	7.0	30	

图5.150　输入其他文字

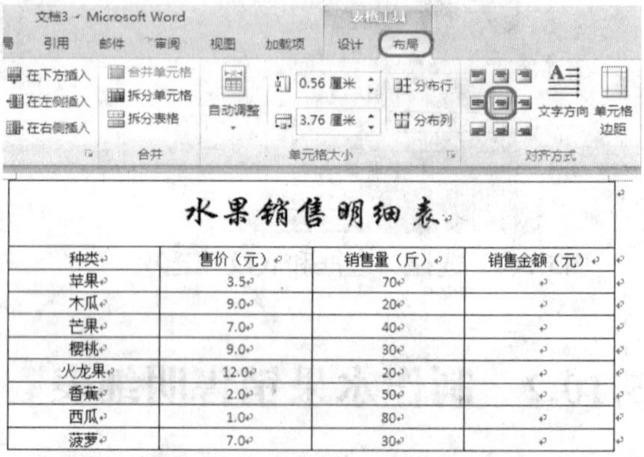

水果销售明细表

种类	售价（元）	销售量（斤）	销售金额（元）
苹果	3.5	70	
木瓜	9.0	20	
芒果	7.0	40	
樱桃	9.0	30	
火龙果	12.0	20	
香蕉	2.0	50	
西瓜	1.0	80	
菠萝	7.0	30	

图5.151　单击“水平居中”按钮

06 将鼠标置于D3单元格中，选择“表格工具”下的“布局”选项卡，在“数据”组中单击“公式”按钮，打开“公式”对话框，在“公式”文本框中删除等号（=）以外的所有内容，然后输入（B3*C3），如图5.152所示。

07 单击“确定”按钮，即可计算出D3单元格中的销售金额，如图5.153所示。

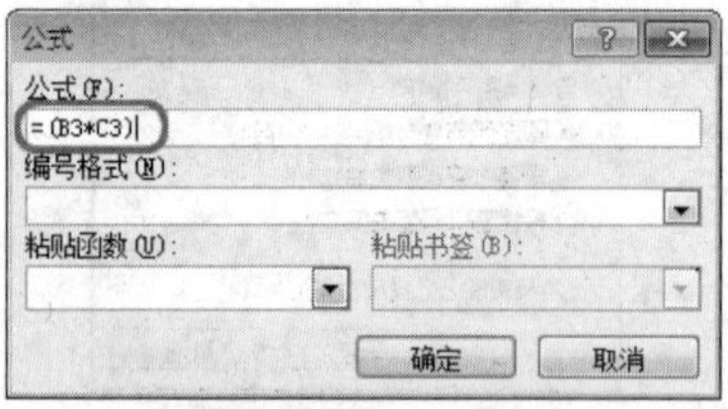

图5.152　输入公式

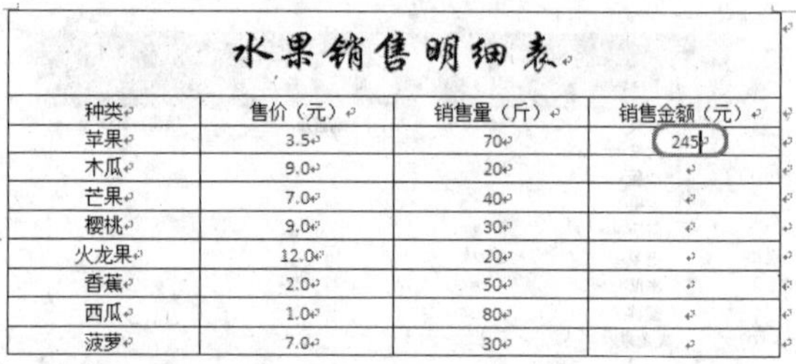

水果销售明细表

种类	售价（元）	销售量（斤）	销售金额（元）
苹果	3.5	70	245
木瓜	9.0	20	
芒果	7.0	40	
樱桃	9.0	30	
火龙果	12.0	20	
香蕉	2.0	50	
西瓜	1.0	80	
菠萝	7.0	30	

图5.153　D3单元格中的销售金额

08 将鼠标置于D4单元格中，选择“表格工具”下的“布局”选项卡，在“数据”组中单击“公式”按钮，打开“公式”对话框，在“公式”文本框中删除等号（=）以外的所有内容，然后输入（B4*C4），如图5.154所示。

09 单击“确定”按钮，即可计算出D4单元格中的销售金额，如图5.155所示。

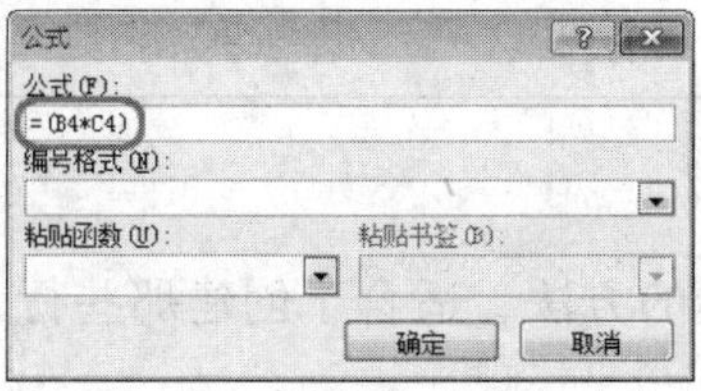

图5.154 输入公式

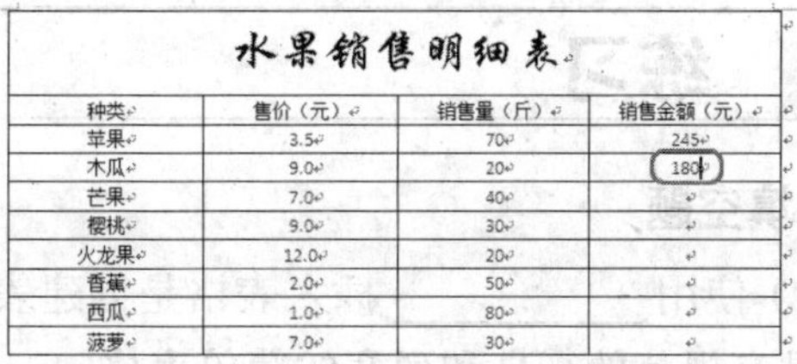

水果销售明细表

种类	售价（元）	销售量（斤）	销售金额（元）
苹果	3.5	70	245
木瓜	9.0	20	180
芒果	7.0	40	
樱桃	9.0	30	
火龙果	12.0	20	
香蕉	2.0	50	
西瓜	1.0	80	
菠萝	7.0	30	

图5.155 D4单元格中的销售金额

⑩ 使用上述方法，计算其他的销售金额，如图5.156所示。

⑪ 选择整个表格，然后选择“表格工具”下的“设计”选项卡，在“表格样式”组中单击“其他”按钮，在弹出的下拉列表框中选择“中等深浅底纹1-强调文字颜色3”选项，如图5.157所示。

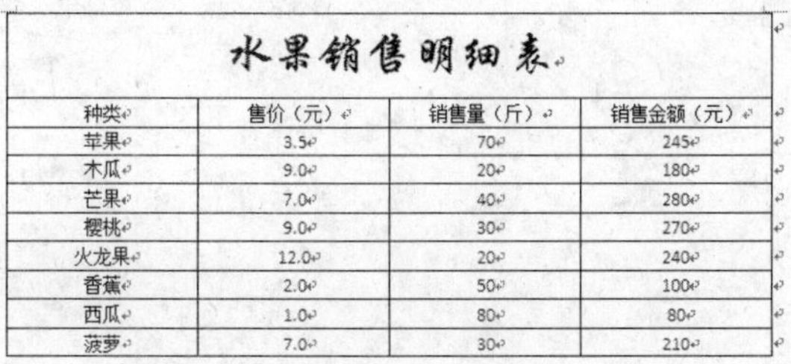

水果销售明细表

种类	售价（元）	销售量（斤）	销售金额（元）
苹果	3.5	70	245
木瓜	9.0	20	180
芒果	7.0	40	280
樱桃	9.0	30	270
火龙果	12.0	20	240
香蕉	2.0	50	100
西瓜	1.0	80	80
菠萝	7.0	30	210

图5.156 计算其他的销售金额

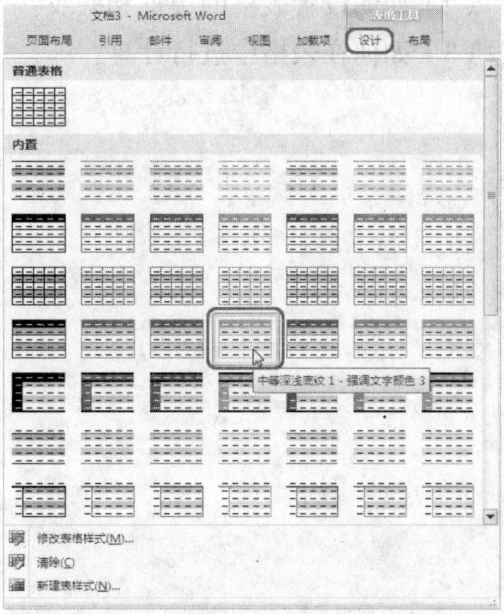

图5.157 设置表格样式

⑫ 选择要进行设置的单元格，再选择“表格工具”下的“布局”选项卡，在“数据”组中单击“排序”按钮，打开“排序”对话框，在“主要关键字”下拉列表中选择“列2”，将其右侧的“类型”设置为“数字”，然后勾选“升序”单选钮，在“次要关键字”下拉列表中选择“列3”，并将其右侧的“类型”设置为“数字”，然后勾选“升序”单选钮，如图5.158所示。

⑬ 单击“确定”按钮，完成后的效果如图5.159所示。

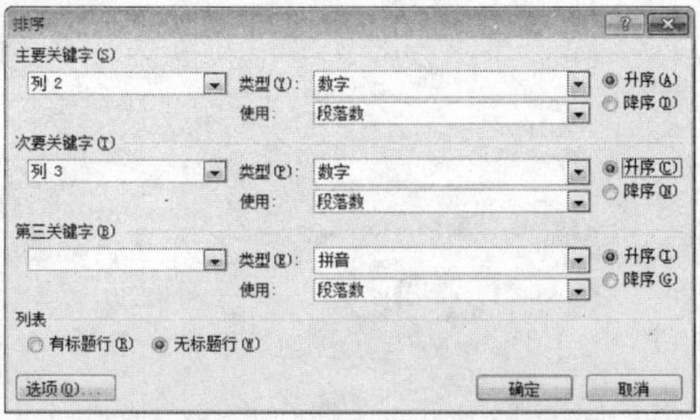

图5.158 选择“排序”对话框

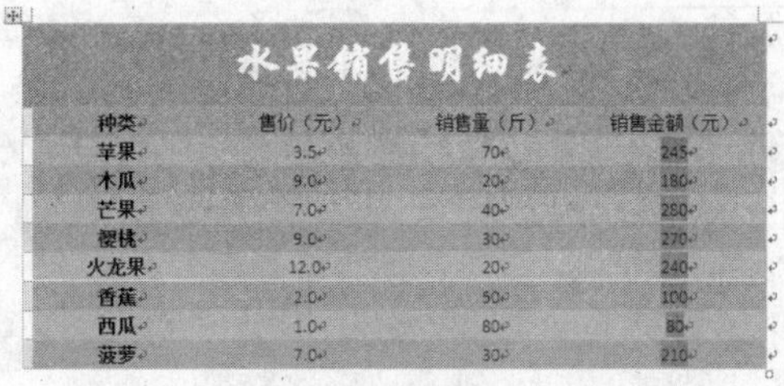

水果销售明细表

种类	售价（元）	销售量（斤）	销售金额（元）
苹果	3.5	70	245
木瓜	9.0	20	180
芒果	7.0	40	280
樱桃	9.0	30	270
火龙果	12.0	20	240
香蕉	2.0	50	100
西瓜	1.0	80	80
菠萝	7.0	30	210

图5.159 选择单元格

5.11 练习

1. 填空题

（1）使用 ＿＿＿＿＿ 插入表格是创建表格最快捷的方法，适合于创建那些行、列数较少，并具有规范的行高和列宽的简单表格。

（2）将鼠标移到要选择的第一个单元格中，按住 ＿＿＿＿＿ 键，然后在要选择的最后一个单元格中单击鼠标左键，即可选中多个单元格。

2. 问答题

（1）简述合并单元格的操作步骤？

（2）如何设置表格的边框和底纹？

（3）如何在表格中进行计算？

第6章 Word 2010文档的高级编排

本章要点

本章主要介绍了文档编辑的高级技巧，通过本章的学习，可以掌握各种视图的显示方式、导航窗格的应用、样式的使用及脚注和尾注的使用。

本章内容主要包括

- 视图的显示方式
- 导航窗格的应用
- 样式的使用
- 脚注和尾注的使用

go>>

6.1 视图的显示方式

为了满足查看文档效果的需要，Word 2010提供了不同的文档视图，包括页面视图、阅读版式视图、Web版式视图、大纲视图及草稿视图，每个视图都各具特色，适用于不同的情况。

6.1.1 页面视图

页面视图是以与打印时完全相同的形式显示文本、标题、页眉/页脚及页面布局等所有细节。页面视图是Word的默认显示视图，如图6.1所示为页面视图显示。

页面视图的切换方法有以下几种。

01 在“视图”选项卡中，单击“文档视图”组中的“页面视图”按钮。

02 在“状态栏”中，单击“页面视图”按钮。

03 使用Ctrl+Alt+P快捷键。

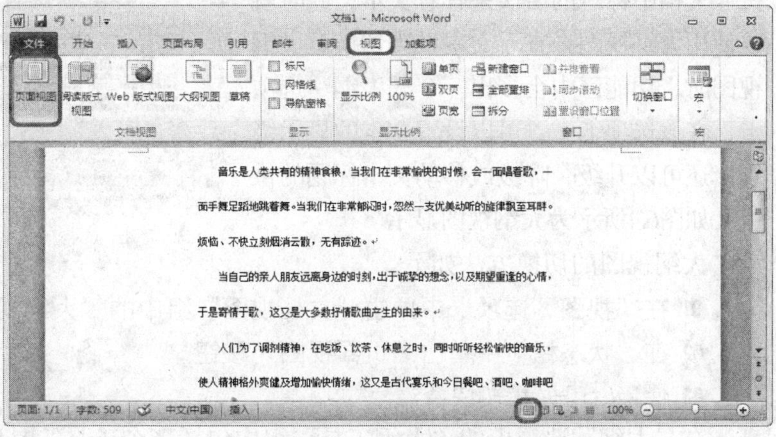

图6.1　页面视图显示

6.1.2 阅读版式视图

阅读版式视图的优点是增加了文本的可读性，它是为适应当前屏幕而设计的，可以方便地增大或减小文本显示区域的尺寸，而不会影响文本中字体的大小。在阅读版式视图下，最适合阅读长篇文本，如图6.2所示为阅读版式视图显示。

阅读版式视图的切换方法有以下几种。

01 在“视图”选项卡中单击“文档视图”组中的“阅读版式视图”按钮。

02 在“状态栏”中单击“阅读版式视图”按钮。

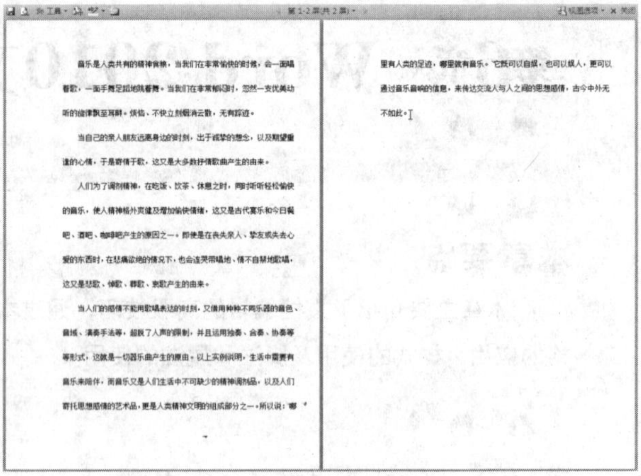

图6.2 阅读版式视图显示

6.1.3 Web版式视图

Web版式视图是显示文档在Web上发布时的外观，如图6.3所示为Web版式视图显示。

Web版式视图的切换方法如下。

01 在“视图”选项卡中单击“文档视图”组中的“Web版式视图”按钮。

02 在“状态栏”中单击“页面视图”按钮。

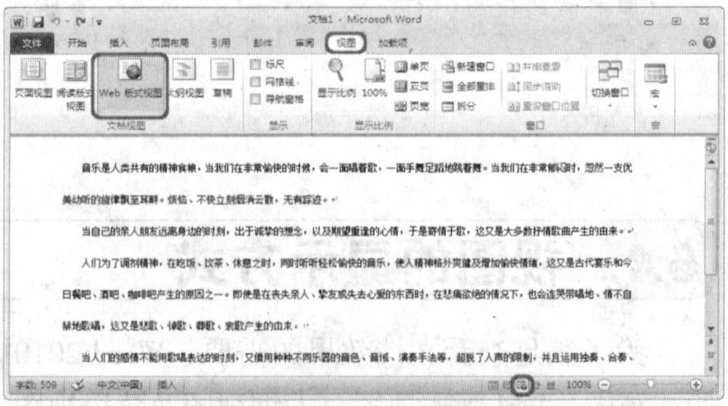

图6.3 Web版式视图显示

6.1.4 大纲视图

对于具有多重标题的文本，常常需要按照文档中标题的层次来查看文本，此时就要使用大纲视图来查看文本。当切换至大纲视图时，功能区中会多出一个“大纲”选项卡，在该选项卡中，可以设置文本的显示级别，还可以升级、降级或移动文本标题的位置，如图6.4所示为大纲视图显示。

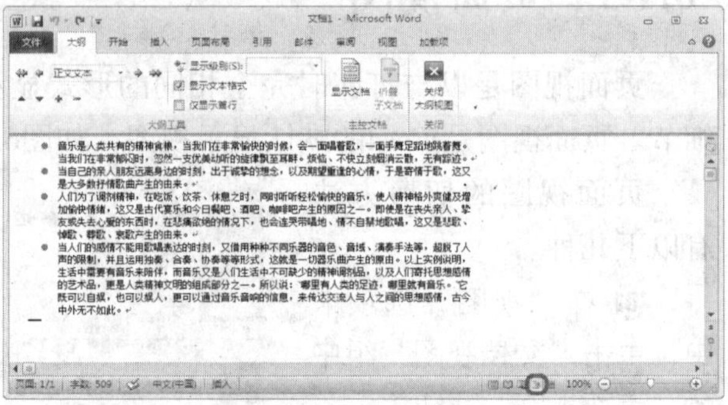

图6.4 大纲视图显示

大纲视图的切换方法如下。

01 在“视图”选项卡中单击“文档视图”组中的“大纲视图”按钮。

02 在“状态栏”中单击“页面视图”按钮。

03 使用Ctrl+Alt+O快捷键。

在“大纲”选项卡的“大纲工具”组中包括多个工具，具体如下。

- “提升至标题1”按钮：将此项目提升为大纲的最高级别。
- “升级”按钮：提升此项目的级别。
- “大纲级别” 正文文本 ：为所选项目选择大纲级别。
- “降级”按钮：降低此项目的级别。
- “降级为正文”按钮：将此项目降为大纲的最低级别。
- “上移”按钮：在大纲视图内上移项目。
- “下移”按钮：在大纲视图内下移项目。
- “展开”按钮：展开所选项目。
- “折叠”按钮：折叠所选项目。
- “显示级别”：选择要在大纲中显示的级别。
- “显示文本格式”：勾选此复选框，将大纲显示为文本格式。
- “仅显示首行”：勾选此复选框，仅显示每个项的首行。

6.1.5 草稿视图

草稿视图是以草稿形式查看文档，其简化了页面的布局，可以快速地编辑文本，在此视图中不会显示某些文档元素，例如页眉、页脚和图形对象等，如图6.5所示为草稿视图显示。

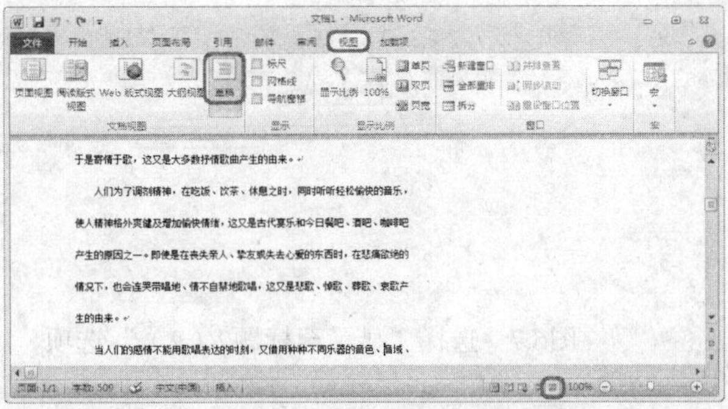

图6.5 草稿视图显示

大纲视图的切换方法有以下几种。

01 在“视图”选项卡中单击“文档视图”组中的“草稿视图”按钮。

02 在“状态栏”中单击“页面视图”按钮。

03 使用Ctrl+Alt+N快捷键。

6.2 导航窗格的应用

导航窗格显示的是文档结构。所谓文档结构就是文档的标题结构。通常在文档中都含有多个层次的标题，例如，标题1（形式如“第6章”）、标题2（形式如“6.1”）、标题3（形式如“6.1.1”）。

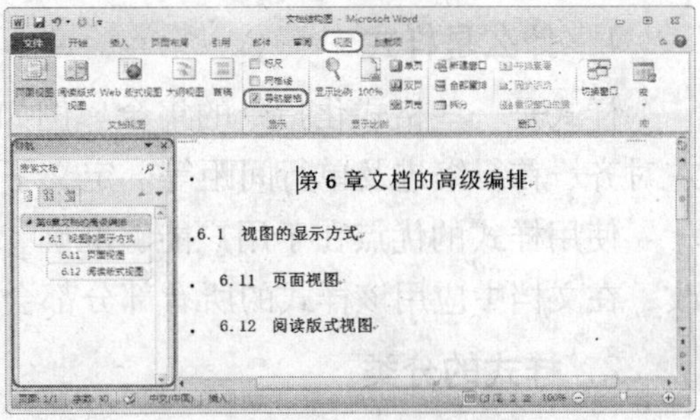

图6.6 导航窗格

使用导航窗格不但可以方便地了解文档的层次结构，即内置标题样式或大纲级别段落格式（级别从1到9），还可以快速地定位文档，加快阅读速度。只要对标题应用了各级“标题”样式，就能在导航窗格中显示出来，如图6.6所示，左侧便是导航窗格。

使用导航窗格的方法如下。

01 在“视图”选项卡中，勾选“显示”组中的“导航窗格”复选框，即可打开“导航窗格”。

02 单击导航窗格中的标题可跳转至该标题相应的文本。此时，此标题会突出显示，Word将标题显示在页面上方。

03 如果想只显示某个级别以上的标题，在导航窗格的标题上单击鼠标右键，在弹出的快捷菜单中选择“显示标题级别”子菜单中的相应选项。例如，选择“显示至标题2”，如图6.7所示，即可只显示标题1至标题2的级别，如图6.8所示。

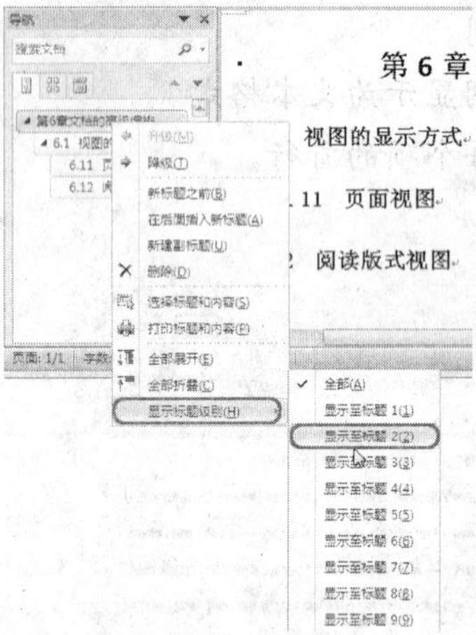

图6.7　选择“显示至标题2（2）”选项

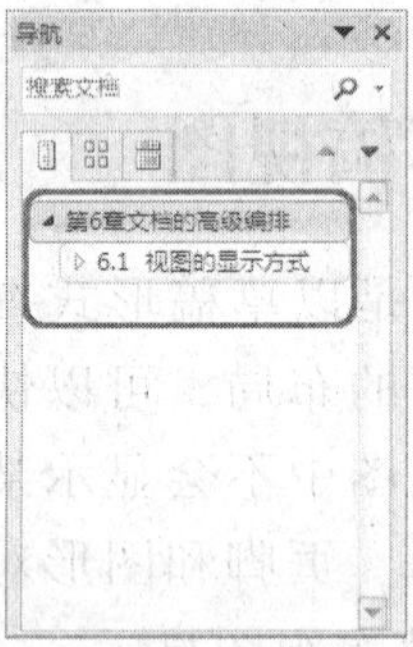

图6.8　设置显示标题级别后的效果

6.3 样式的使用

样式是系统或用户自定义的一系列排版格式的总和，如果每一个命令都需要执行多次，就会增加许多机械性的重复操作，而使用样式功能便可以简化排版操作，加快排版速度。

6.3.1 样式的概述与分类

1．什么是样式

样式是一些格式化指令的集合。例如，某一样式可以指定文本的字体字号为黑体四号、左对齐、首行缩进及单行间距等。定义了一个样式后，便可快速地将其应用到文档中。

使用样式的优点在于用户能够准确、迅速地统一文档的格式。如果对某个样式进行了修改，在文档中应用该样式的所有部分都会自动更新为修改后的样式。

2．样式的分类

在Word 2010中，有以下5种样式类型。

- 段落样式。段落样式应用于整个段落，包括影响段落外观的对齐、缩进、行距、间距等。段落样式在其样式的名称后带有↵符号。
- 字符样式。字符样式仅用于段落中选中的字符，未选中的字符是无法应用的，如需要突出显示段落中的某部分的字符，便可以定义和使用该样式。字符样式在其样式名称后带有a符号。
- 链接段落和字符样式。设置段落和字符之间的链接样式。链接段落和字符样式在其名称后带有¶a符号。
- 表格样式。表格样式用于设置文档中的表格，包括文本格式化、单元格内容对齐、边框和底纹设置等。表格样式在其名称后带有⊞符号。
- 列表样式。列表样式可以选择列表格式，例如字体字号、编号样式、缩进等格式。与表格一样，可以将不同的样式应用于列表的各个部分，例如第一级别、第二级别或第三级别等。

6.3.2 应用样式

1．"样式"窗格

为文档设置样式时，可以使用"快速样式库"和"样式"窗格两个工具，"快速样式库"中列出了经常使用的样式，而"样式"窗格中列出了文档中的所有样式。

"快速样式库"位于"开始"选项卡的"样式"组中，如图6.9所示，单击"其他"按钮，可以打开"样式库"，样式库如图6.10所示。"样式"窗格的调用方法是在"开始"选项卡中单击"样式"组中的按钮，打开"样式"窗格，如图6.11所示。

图6.9　样式组中的快速样式库

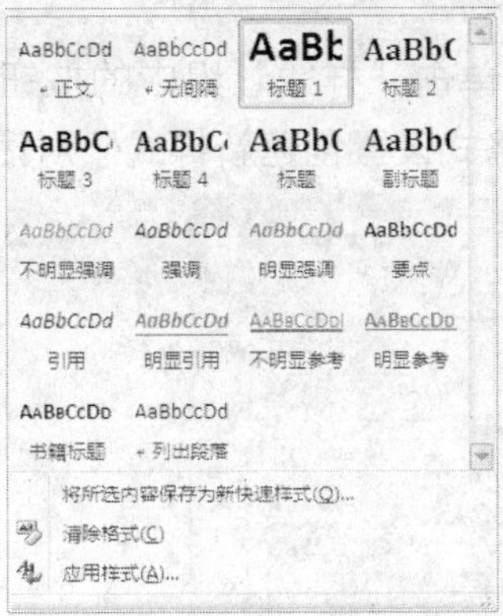

图6.10　展开样式库

图6.11　"样式"窗格

2．为文档设置样式

Word 2010提供了许多预置的样式，例如正文、标题1、副标题以及要点等，要使用预置样式，可以通过"快速样式库"来实现，其操作步骤如下。

01 选中要应用样式的段落或字符。

02 在"开始"选项卡中，单击"样式"组中的"其他"按钮，打开样式库列表，在该列表中单击所需的样式即可。

03 如果要选择更多的样式类型，可在该列表中选择“应用样式”选项，如图6.12所示，打开“应用样式”窗格，单击“样式名”文本框右侧的下三角按钮，在弹出的下拉列表中选择对应的样式，如图6.13所示。

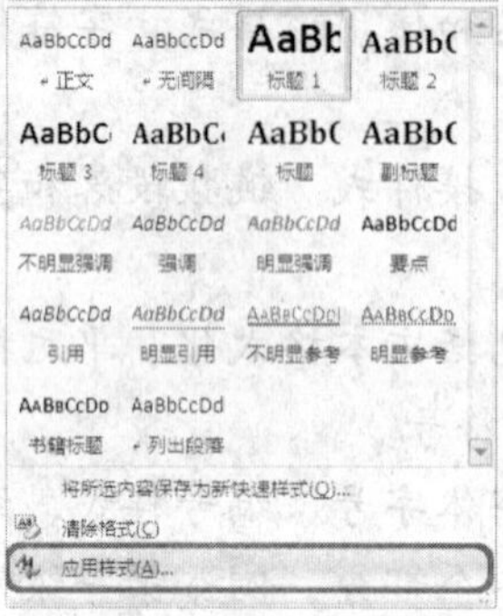

图6.12 选择“应用样式”选项

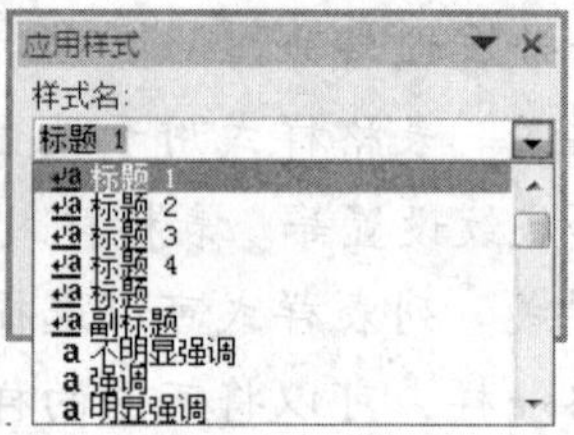

图6.13 选择“应用样式”窗格

提示 使用Ctrl+Shift+S快捷键也可以打开“应用样式”窗格。

3. 创建样式

Word 2010中的样式分为标准样式和自定义样式两类。标准样式也就是Word中内置的样式，如正文、无间隔、标题、引用样式等。这些样式对于一般类型的文档是能够满足要求的，对标准样式不能满足的特殊排版格式，用户可以根据需要自定义样式。

在Word中创建新样式时，可以选择一个最接近用户需要的“基准样式”，然后在此基础上设计新的样式。默认情况下，所有标准样式都以“正文”样式为“基准样式”。

创建样式的操作步骤如下。

01 在“开始”选项卡中单击“样式”组中的按钮，打开“样式”窗格，单击“新建样式”按钮，打开“根据格式设置创建新样式”对话框。

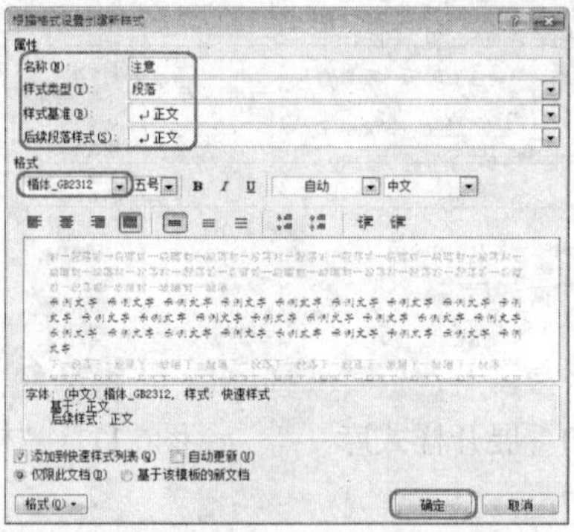

图6.14 选择“根据格式设置创建新样式”对话框

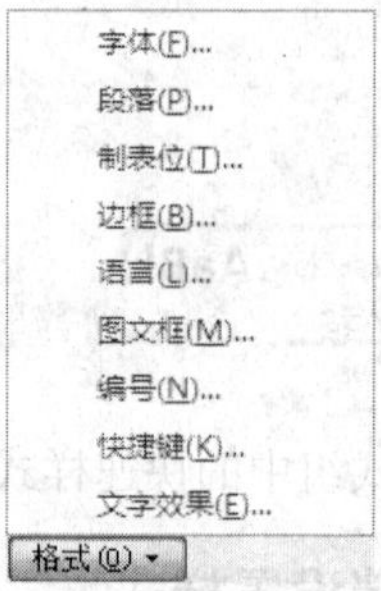

图6.15 选择“格式”下拉菜单

02 在“名称”文本框中输入新样式的名称，如“注意”。

03 在“样式类型”列表框中选择样式类型。如“段落”。

04 在“样式基准”列表框中，选择一个可作为创建基准的样式。如“正文”。

05 在“后续段落样式”列表框中，为应用本样式后面的段落设置一个缺省样式。如

"正文"。

06 在"格式"区中，设置该样式所包含的文字格式或段落格式。例如，字体设置为"楷体_GB2312"，其他默认，如图6.14所示。

07 单击"格式"按钮，打开如图6.15所示的菜单，用户可以设置需要的格式。例如，选择"字体"，在打开的"字体"对话框中可以设置字体、字型、字号、字体颜色、效果及字符间距等；选择"段落"选项，在打开的"段落"对话框中可以设置段落的对齐方式、缩进、段落间距及行距等。

08 设置完所有格式后，单击"确定"按钮关闭对话框，则新建的样式会显示在"样式"窗格中，如图6.16所示。

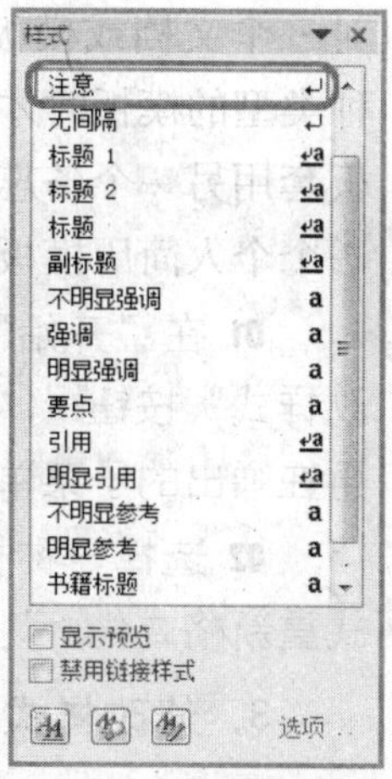

图6.16 新建的样式

6.3.3 编辑样式

在Word中编辑样式的方法有多种。比如，用户可以将其他模板（或文档）中的全部或部分样式复制到当前文档或模板中，或对当前文档或模板中的样式直接进行修改。也可以对当前文档或模板重新套用其他模板中的样式。

1．复制样式

如果有一个模板，或文档中的某个样式，要想在另一个模板或文档中使用，可以使用Word的"管理器"对话框进行复制。

打开"样式"窗格，单击窗格中的"管理样式"按钮，打开"管理样式"对话框，单击"导入/导出"按钮，打开"管理器"对话框。切换至"样式"选项卡，如图6.17所示。

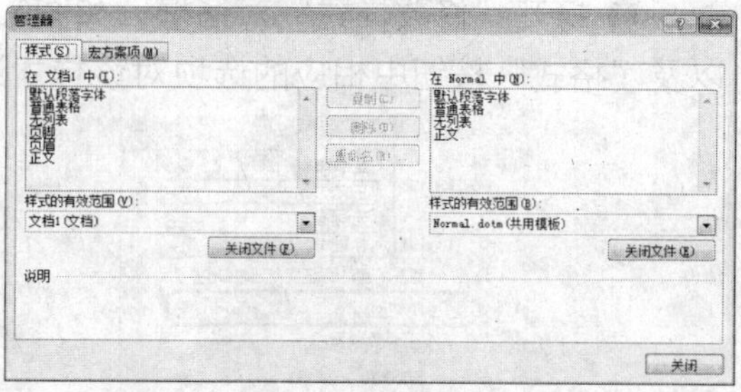

图6.17 选择"管理器"对话框

在"样式"选项卡中有两个文档（或模板）的样式列表框。在两个样式列表框的上方分别显示了文档名或模板名，列表框中显示出该文档或模板中的全部样式，在"样式的有效范围"中列出了应用框中样式的文档名或模板名。默认情况下，左边的列表框中列出的是当前打开的文档或模板中的全部样式。右边的列表框中列出的是共用模板Normal.dotm中的全部样式。

利用对话框中的"复制"、"删除"和"重命名"按钮，用户可以把其中一个文档（或模板）中的样式复制到另一个文档（或模板）中，也可以将文档（或模板）中的一个或多个样式从列表中删除或更改样式的名称。

单击"样式的有效范围"下的"关闭文件"按钮，可关闭该按钮上方显示的样式列表，此时，该按钮变成"打开文件"。用户可以根据需要打开包含要复制样式的源文档及接收样式的目标文档。

在"样式"列表框中，按住Ctrl键可以选择多个样式。

2．应用样式集

应用样式集是将一个模板（文档）中的样式完全地替代另一个模板（文档）中的样式。

对一个文档或模板重新套用样式，只有在使用Word的同种类型的模板时才会工作得最好。例如，将一个备忘录模板套用另一个备忘录模板，或将一个个人简历模板套用另一个个人简历模板。应用样式集的操作步骤如下。

01 在“开始”选项卡中，单击“样式”组中的“更改样式”按钮，在打开的菜单中选择“样式集”选项，再在弹出的子菜单中选择一种样式，如图6.18所示。

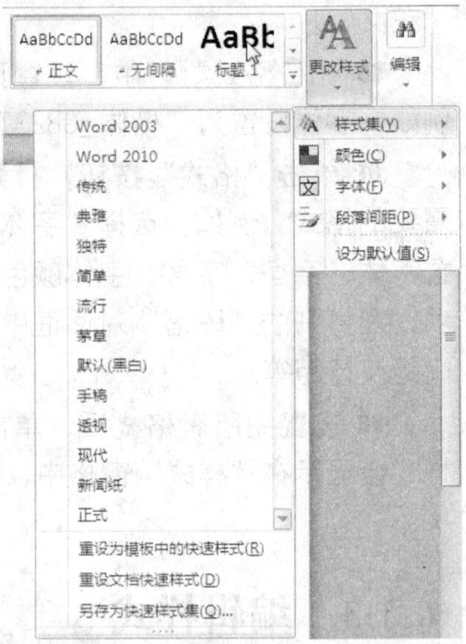

图6.18　选择“样式集”子菜单

02 选择一种样式后，文档将按照所选样式集中的样式重新格式化。

3．修改样式

用户应用了一种样式后，可能需要对其中的某些属性进行修改，无论是预置样式，还是自定义样式，都可以进行修改，一般是利用“样式”窗格进行修改，操作步骤如下。

01 在“开始”选项卡中单击“样式”组中的按钮，打开“样式”窗格。

02 将鼠标移到要修改的样式名称上，单击样式名称右侧的下三角按钮，在弹出的菜单中选择“修改”选项，如图6.19所示。

03 打开“修改样式”对话框，如图6.20所示。在该对话框中，可以利用“格式”设置区以及“格式”按钮中相应的选项对该样式进行修改。

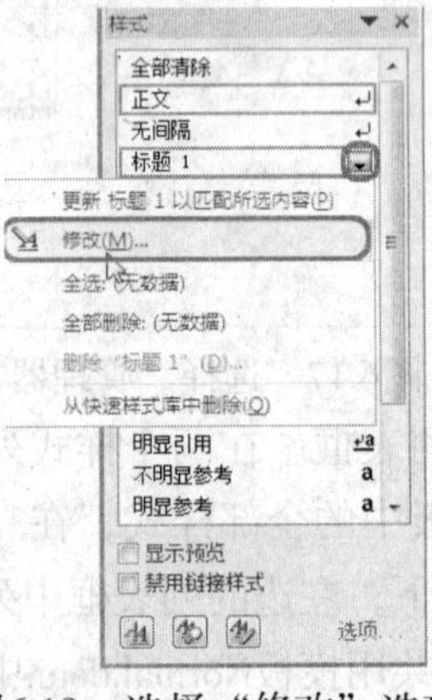

图6.19　选择“修改”选项

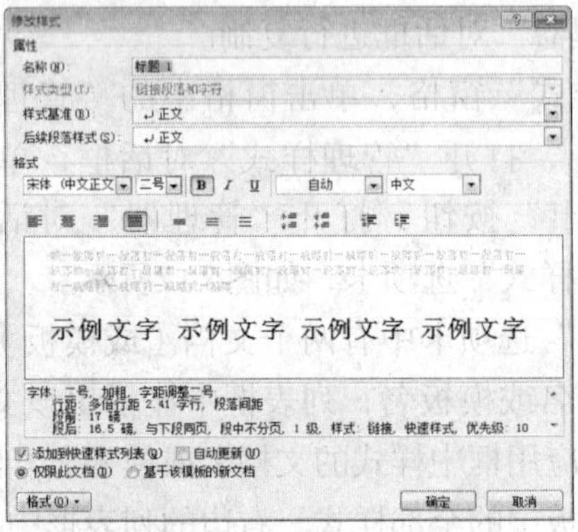

图6.20　“修改样式”对话框

04 设置完成后，单击“确定”按钮。

4．删除样式

当文档中不再需要某个样式时，可以将其从文档的样式列表中删除。

删除样式的操作步骤如下。

01 打开“样式”窗格，将鼠标移到要删除的样式名称上，单击样式名称右侧的下三角按钮，在弹出的菜单中选择“删除”选项，如图6.21所示。

02 在打开的确认对话框中单击“是”按钮即可，如图6.22所示。

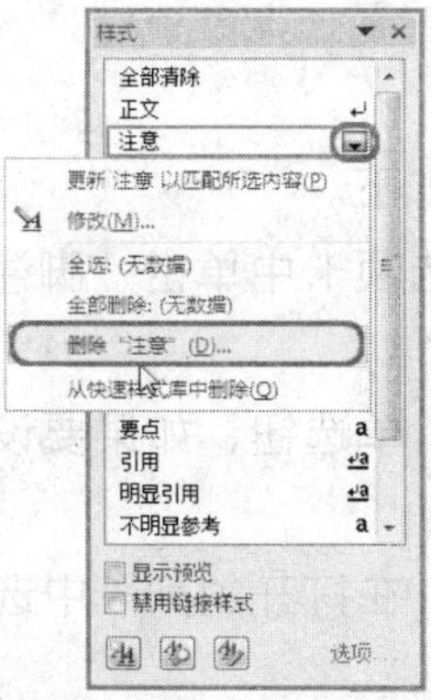

图6.21 选择“删除”选项

图6.22 确认对话框

> 提示 用户只能删除自定义的样式，不能删除Word 2010的预置样式。删除某个样式后，文档中所有使用该样式的文本都会恢复成默认的“正文”样式。

6.4 脚注和尾注

脚注一般位于页面的底部，用来对文档内容进行注释说明。尾注一般位于文档的结尾，用来说明引用的文献。脚注和尾注由注释引用标记和相应的注释文本组成。

在一个文档中，可以同时使用脚注和尾注两种形式来注释文本，并在文档的任何部分添加脚注或尾注标记，并给出相应的注释。

6.4.1 插入脚注和尾注

Word 2010能够自动标记编号或创建自定义的标记，在添加、删除或移动自动编号的注释时，Word 2010将对注释引用标记重新编号。插入脚注和尾注的操作步骤如下。

01 将光标移动到要插入脚注和尾注的位置。

02 在“引用”选项卡中，单击“脚注”组中的“插入脚注”按钮或“插入尾注”按钮。

03 在文档底部或文档尾部输入脚注和尾注的内容，如图6.23和图6.24所示分别为插入脚注和插入尾注的效果。

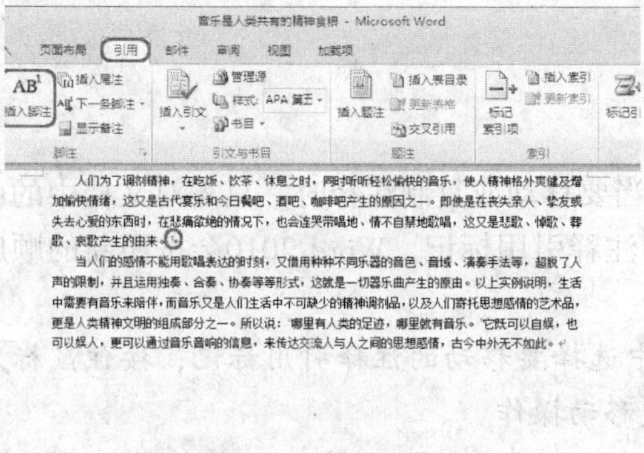

图6.23 插入脚注效果

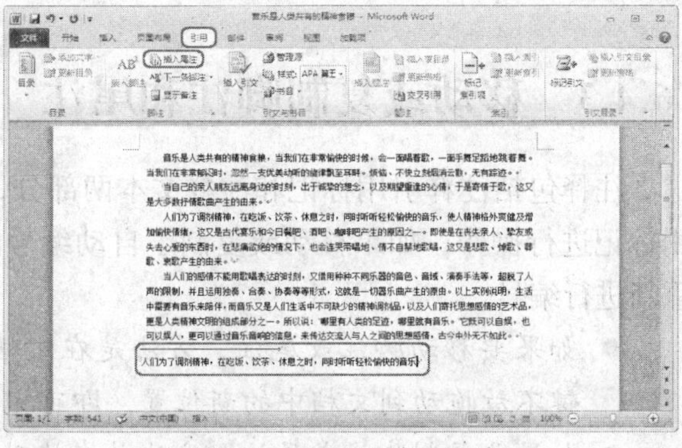

图6.24 插入尾注效果

6.4.2　更改脚注和尾注格式

如果要更改插入的脚注和尾注的编号格式，其操作如下。

01 将光标移至脚注或尾注的标记处，在“引用”选项卡中单击“脚注”组中的按钮，打开“脚注和尾注”对话框，如图6.25所示。

02 如果要设置脚注，在“位置”区中单击“脚注”单选钮，如果要设置尾注，在“位置”区中单击“尾注”单选钮。

03 单击“编辑格式”文本框右侧的下三角按钮，在打开的列表中选择编号的格式，如图6.26所示。

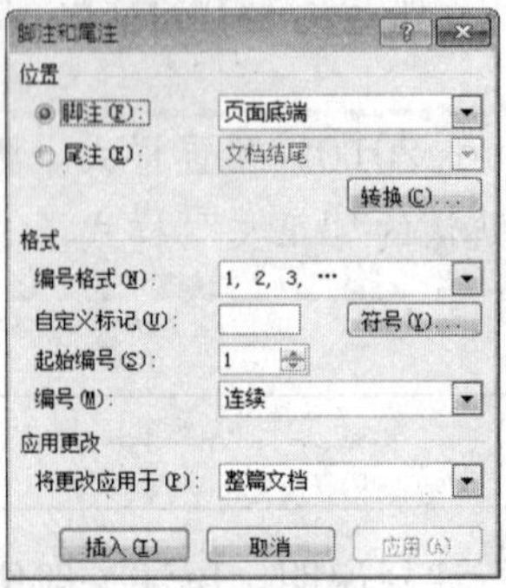

图6.25　“脚注和尾注”对话框

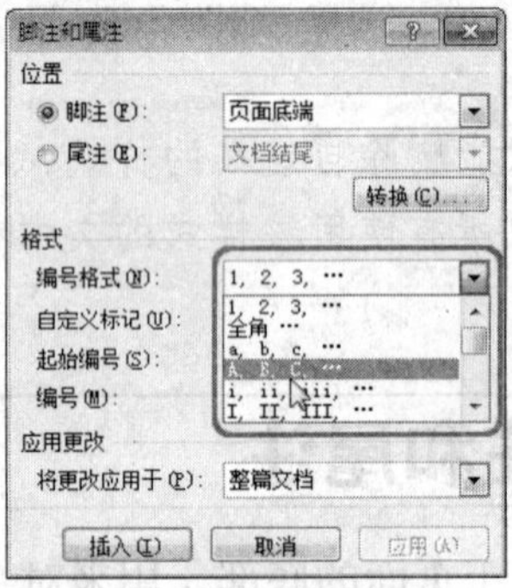

图6.26　“编号格式”列表

04 除此之外，还可以对起始编号、编号的连续性等进行设置，设置完成后，单击“应用”按钮，即可将文档中的脚注或尾注更改为设置后的效果。

如果要将文档中的脚注或尾注编号更改为符号，操作步骤如下。

01 在文档中选择要更改的脚注或尾注的编号，打开“脚注和尾注”对话框。

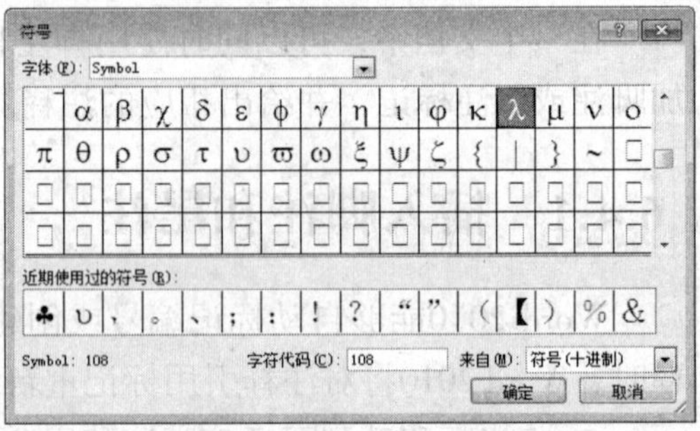

图6.27　“符号”对话框

02 单击“符号”按钮，打开如图6.27所示的“符号”对话框，从中选择需要的符号，单击“确定”按钮返回到“脚注和尾注”对话框，单击“插入”按钮，即可将选中的脚注或尾注的编号更改为自定的符号，其他的脚注或尾注将自动重新进行编号。

6.4.3　移动或复制脚注和尾注

注释包括注释引用标记和注释文本两部分，当要移动或复制注释时，只需对文档中的引用标记进行操作，如果移动或复制了自动编号的注释引用标记，Word 2010会按照新的顺序重新进行编号。

- 如果要移动脚注或尾注，方法是在文档中选择要移动的注释引用标记，按住鼠标左键不放拖动到文档中的新位置，即可完成移动操作。
- 如果要复制脚注或尾注，方法是在拖动鼠标时按住Ctrl键，可将引用标记复制到文档中的新位置。

6.4.4 删除脚注和尾注

如果要删除某个注释，在文档中选择要删除的注释的引用标记，然后按Delete键即可，同时，Word 2010也会删除与引用标记对应的注释文本，并对后面的注释重新进行编号，如果要删除所有自动编号的脚注或尾注，操作步骤如下。

01 按Ctrl+H快捷键，打开“查找和替换”对话框，切换至“替换”选项卡中，将光标放置在“查找内容”文本框中。

02 单击“更多”按钮，在“查找”区中单击“特殊格式”按钮，在打开的列表中选择脚注标记或尾注标记选项，如图6.28所示。

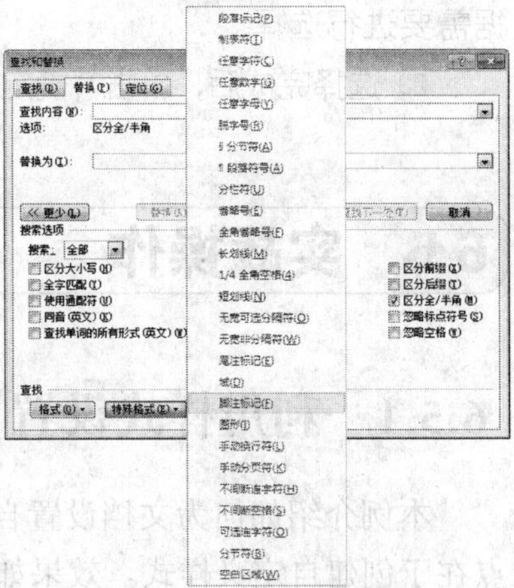
图6.28 特殊格式列表

03 保持“替换为”文本框中为空，单击“全部替换”按钮，即可将所有脚注或尾注删除。

6.4.5 脚注和尾注的相互转换

Word 2010允许用户将文档中已有的脚注更改为尾注，或将尾注更改为脚注，操作步骤如下。

01 将包含有脚注或尾注的文档转换至草稿视图，在文档中双击任意一个脚注或尾注的引用标记，打开“注释窗格”。

02 单击“注释窗格”文本框右侧的下三角按钮，在打开的列表中选择“所有脚注”或“所有尾注”选项。例如选择“所有脚注”选项，如图6.29所示。

图6.29 选择“所有脚注”选项

03 在需要转换的注释上右击鼠标，在弹出的快捷菜单中选择“转换至尾注”或“转换为脚注”选项即可。例如，在选择的脚注注释上右击鼠标，在弹出的快捷菜单中选择“转换至尾注”选项，如图6.30所示。

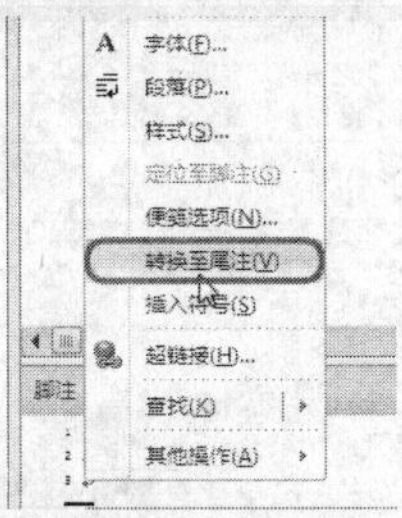

图6.30 选择“转换至尾注”选项

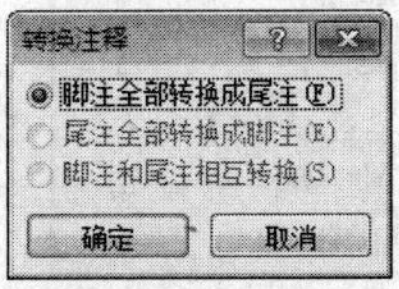

图6.31 选择“转换注释”对话框

将文档中所有的脚注转换成尾注或将所有的尾注转换成脚注的操作步骤如下。

01 在“引用”选项卡中，单击“脚注”组中的按钮，打开“脚注和尾注”对话框。

02 单击“转换”按钮，打开如图6.31所示的“转换注释”对话框，其中包括三个单选钮：“脚注全部转换成尾注”、“尾注全部转换成脚注”以及“脚注和尾注相互转换”，根据需要进行选择。

03 选择完成后，单击“确定”按钮，返回“脚注和尾注”对话框。单击“关闭”按钮即可。

6.5 实战操作

6.5.1 利用样式设置文档格式

本例介绍如何为文档设置自定义样式，使文档具有层次感，也方便用户阅读，本例的要点在于创建自定义样式。效果如图6.32所示。

01 启动Word 2010，打开随书附带光盘中的CDROM\素材\Cha06文件夹中的短句.doc文档，将光标放置在文档的开头，在“开始”选项卡中单击“样式”组中的按钮，如图6.33所示。

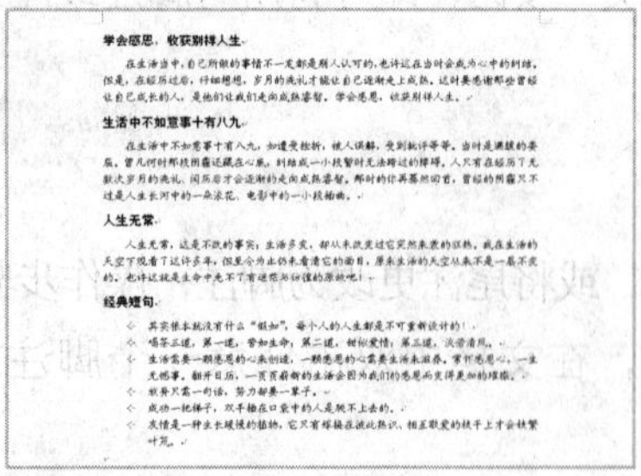

图6.32 利用样式设置文档格式效果

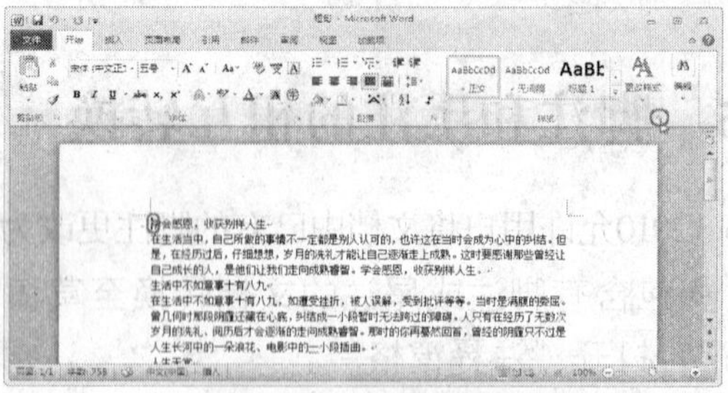

图6.33 打开素材文档

02 打开“样式”窗格，单击“新建样式”按钮，如图6.34所示，打开“根据格式设置创建新样式”对话框。

03 在“名称”文本框中输入“短句标题”，将“样式类型”设置为“链接段落和字符”，“样式基准”使用默认选项“正文”，将“后续段落样式”设置为“正文”，如图6.35所示。

图6.34 单击“新建样式”按钮

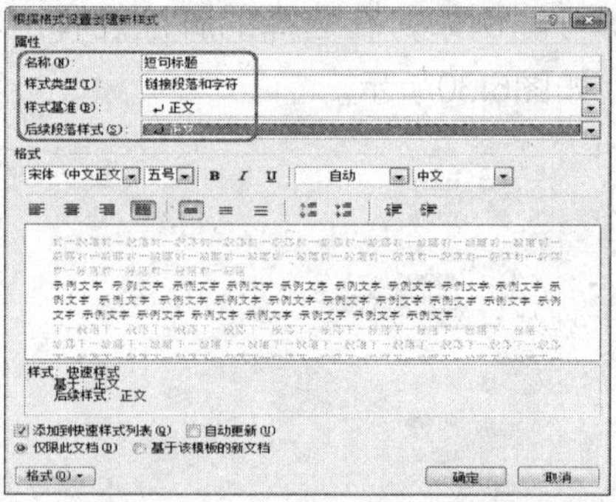

图6.35 设置新样式属性

04 在“格式”区域中，将“字体”设置为“黑体”，“字号”设置为“小四”，单击“左对齐”按钮，如图6.36所示。

05 单击“格式”按钮，在打开的菜单中选择“段落”选项，如图6.37所示，打开“段落”对话框。

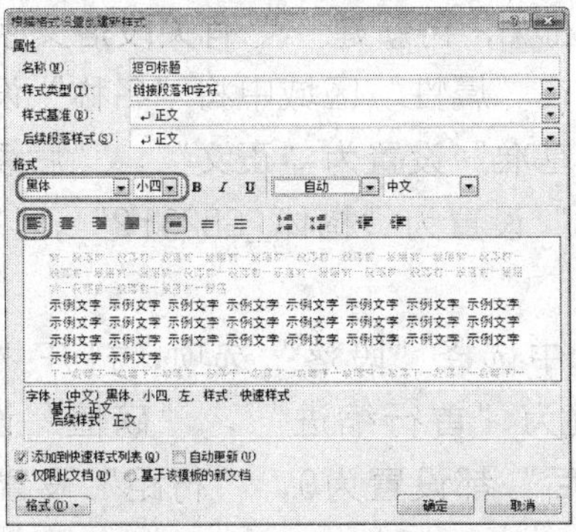

图6.36 设置新样式格式

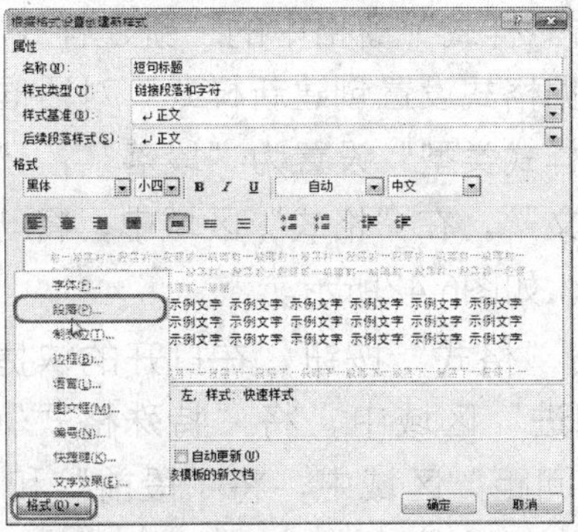

图6.37 选择“段落”选项

06 单击“缩进和间距”选项卡，在“常规”区域中，将“大纲级别”设置为1级，在“间距”区域中，将“段前”和“段后”设置为“0.5行”，如图6.38所示。

07 单击“确定”按钮，返回到“根据格式设置创建新样式”对话框，单击“格式”按钮，在弹出的快捷菜单中选择“快捷键”选项，如图6.39所示。

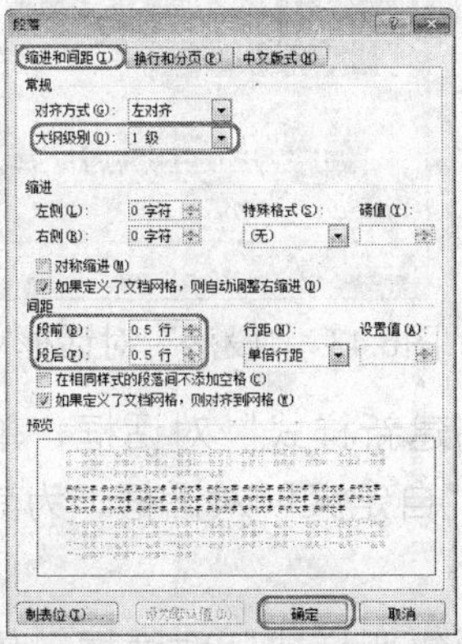

图6.38 “段落”对话框

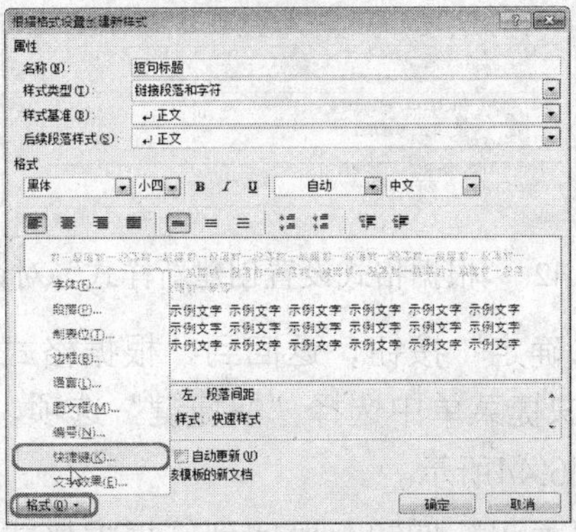

图6.39 选择“快捷键”选项

08 打开“自定义键盘”对话框，在“请按新快捷键”文本框中指定该样式的快捷键，如Alt+1，单击“指定”按钮，指定的快捷键转到“当前快捷键”列表框中，如图6.40所示。

09 单击“关闭”按钮，返回到“根据格式设置创建新样式”对话框，单击“确定”按钮，新创建的“短句标题”样式出现在“样式”窗格中，如图6.41所示。

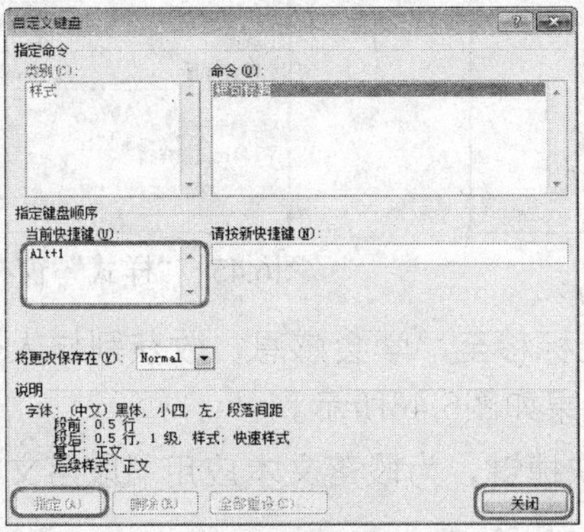

图6.40 设置快捷键

图6.41 “样式”窗格

⑩ 单击“样式”窗格中的“新建样式”按钮，再新建一个有关段落文字的样式，在打开的“根据格式设置创建新样式”对话框中，在“属性”区域中将“名称”设置为“段落文字”，“样式类型”设置为“段落”，“样式基准”设置为“正文”，“后续段落样式”设置为“正文”，在“格式”区域中，将“字体”设置为“楷体_GB2312”，“字号”设置为“五号”，如图6.42所示。

⑪ 单击“格式”按钮，在打开的快捷菜单中选择“段落”选项，打开“段落”对话框，在“缩进”区域中，将“特殊格式”设置为“首行缩进”，“磅值”设置为“2字符”，在“间距”区域中，将“段前”和“段后”都设置为0，“行距”设置为“单倍行距”，如图6.43所示。

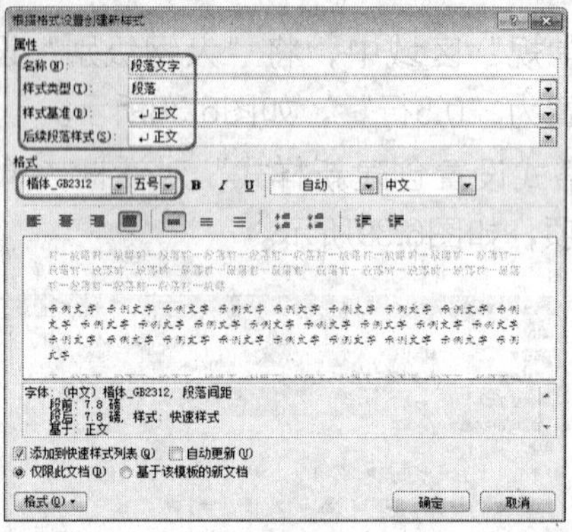

图6.42 “根据格式设置创建新样式”对话框

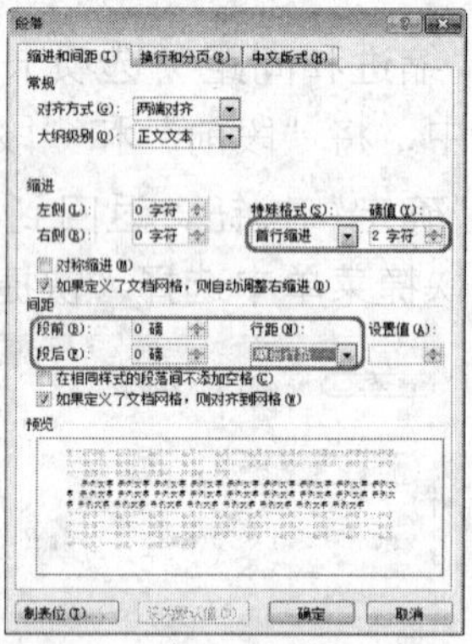

图6.43 “段落”对话框

⑫ 单击“确定”按钮，返回到“根据格式设置创建新样式”对话框，单击“格式”按钮，在打开的快捷菜单中选择“快捷键”选项，打开“自定义”对话框，为其指定快捷键，如Alt+2，如图6.44所示。

⑬ 单击“关闭”按钮，返回到“根据格式设置创建新样式”对话框，单击“确定”按钮，在“样式”窗格中将显示出新建的“段落文字”样式，如图6.45所示。

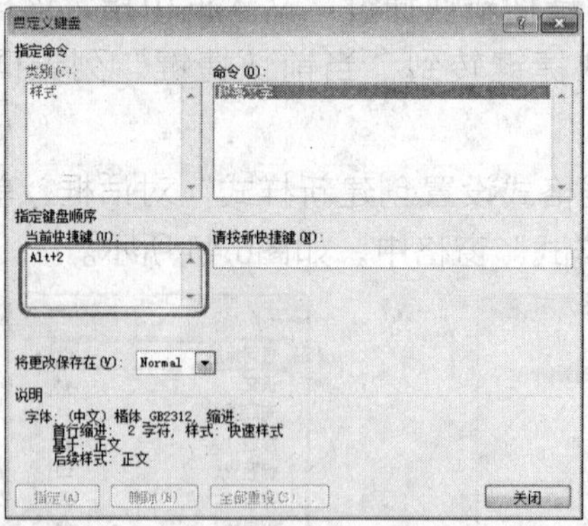

图6.44 设置快捷键

图6.45 “样式”窗格

⑭ 关闭“样式”窗格，在文档中将光标移至“学会感恩，收获别样人生”中，按快捷键Alt+1，为其应用“短句标题”样式，效果如图6.46所示。

⑮ 将光标移至段落文本中，按Alt+2快捷键，为段落文本应用“段落文字”样式，效果如图6.47所示。

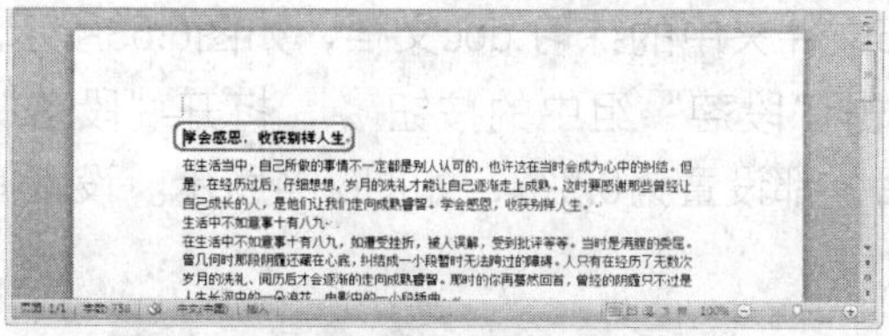

图6.46　应用“短句标题”样式效果

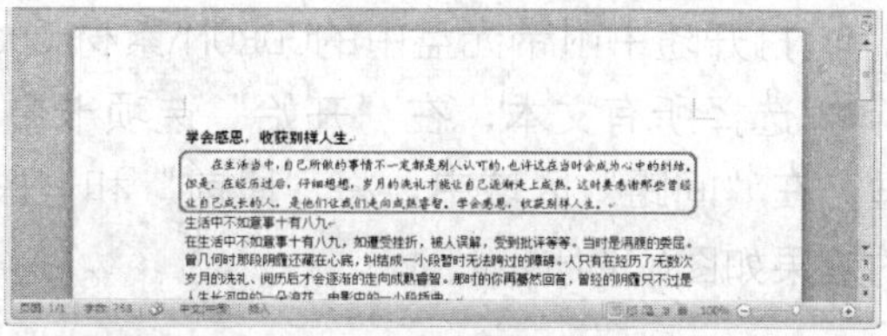

图6.47　应用“段落文字”样式效果

⑯ 使用同样的方法对文档中的其他部分应用样式，效果如图6.48所示。

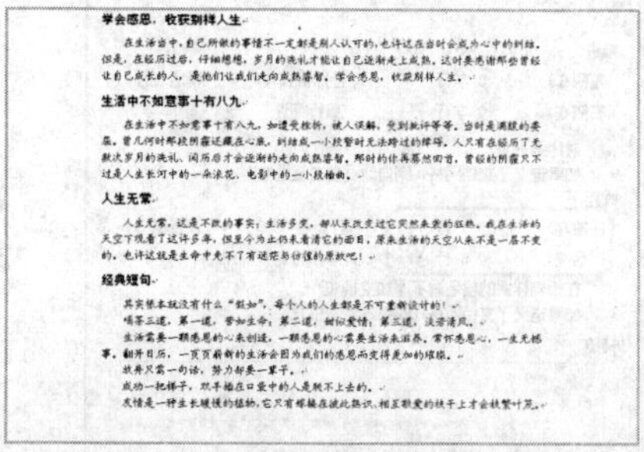

图6.48　文档应用样式后的效果

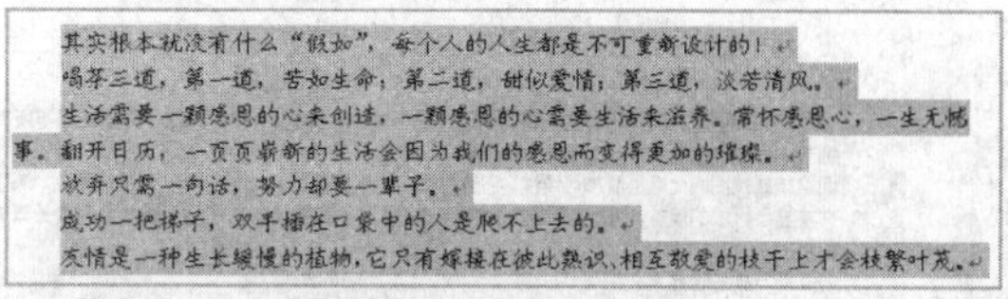

图6.49　选择文本

⑰ 用鼠标选择如图6.49所示的文本，并在选择的文本上单击鼠标右键，在弹出的快捷菜单中选择“项目符号”，在打开的子菜单中选择如图6.50所示的符号，为文本添加项目符号，效果如图6.51所示。

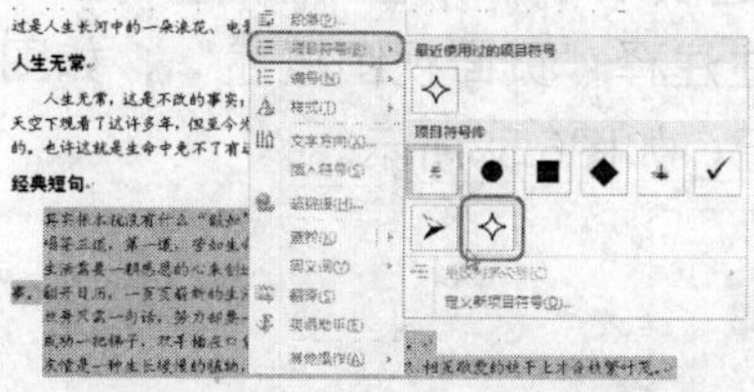

图6.50　选择项目符号

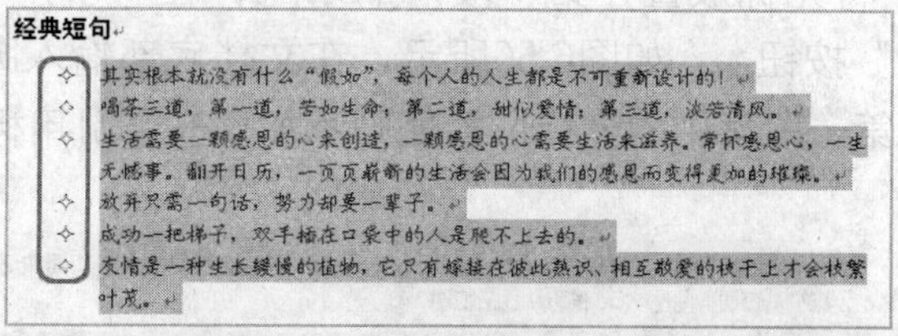

图6.51　设置项目符号后的效果

6.5.2　为文档添加脚注

本例的要点是为文档添加脚注，以及对脚注的引用标记和编号格式的更改。效果如图6.52所示。

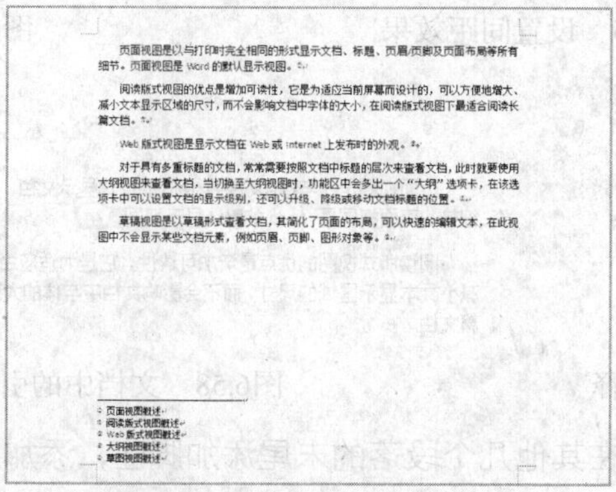

图6.52　为文档添加脚注效果

01 打开随书附带光盘中的CDROM\素材\Cha06文件夹中的练习.doc文档，如图6.53所示。

02 选择所有文本，在“开始”选项卡中单击“段落”组中的按钮，打开“段落”对话框，在“间距”区域中，将“段前”和“段后”都设置为0.5行，如图6.54所示。设置间距后的效果如图6.55所示。

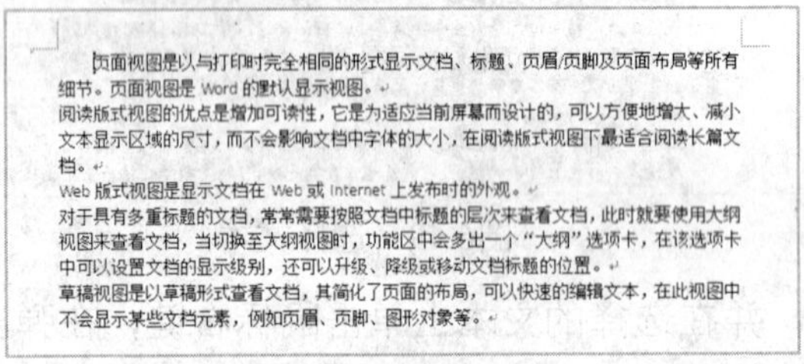

图6.53 打开的素材文档

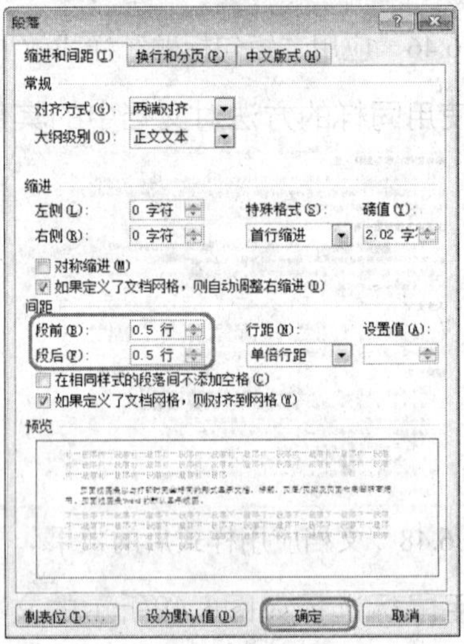

图6.54 设置间距

03 将光标放置在第一段落的末尾，在“引用”选项卡中，单击“脚注”组中的“插入脚注”按钮，如图6.56所示，在文档底部输入脚注注释“页面视图概述”，如图6.57所示。而第一段落中的光标位置处则添加了一个引用标记，如图6.58所示。

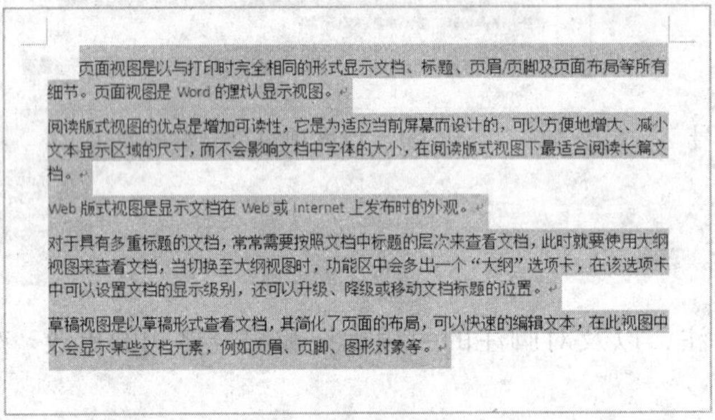

图6.55 设置间距效果

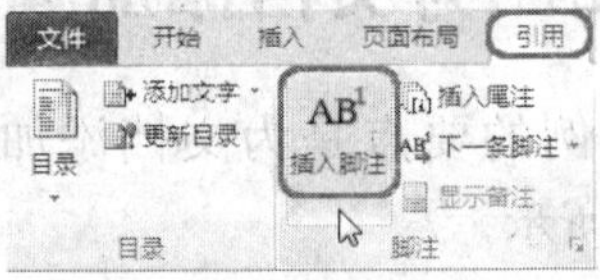

图6.56 输入脚注注释

图6.57 输入脚注注释

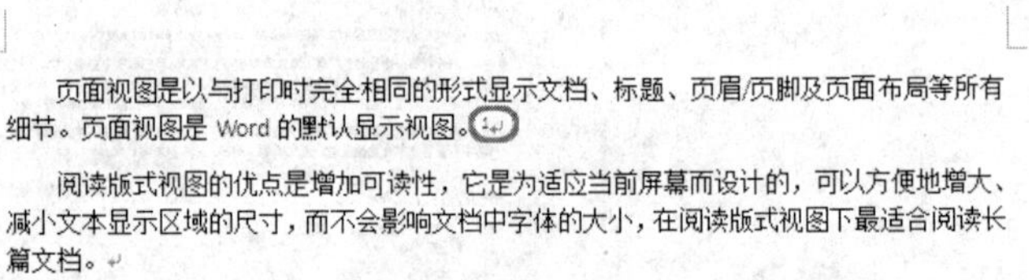

图6.58 文档中的引用标记

04 使用同样的方法，在其他几个段落的末尾添加脚注，添加后文档中的效果如图6.59所示，脚注注释效果如图6.60所示。

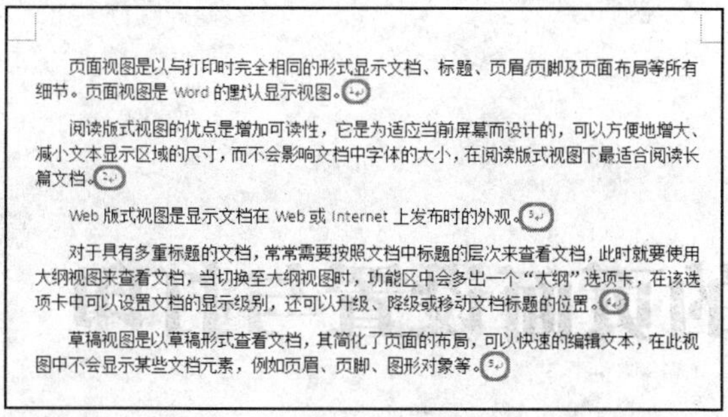

图6.59　添加脚注效果

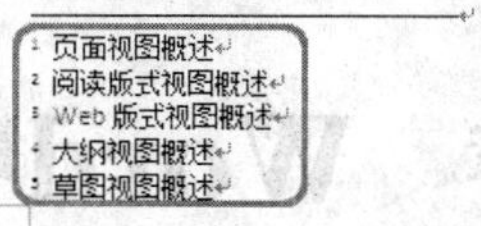

图6.60　脚注注释效果

05 将光标放置在文本中的任意位置，在"引用"选项卡中单击"脚注"组中的按钮，打开"脚注和尾注"对话框，单击"编号格式"文本框右侧的下三角按钮，在打开的列表中选择"①，②，③"格式，如图6.61所示。

06 单击"应用"按钮，文档中所有的脚注编号自动更改为新设置的编号格式，如图6.62和图6.63所示，分别为更改后文档中的引用标记和脚注注释效果。

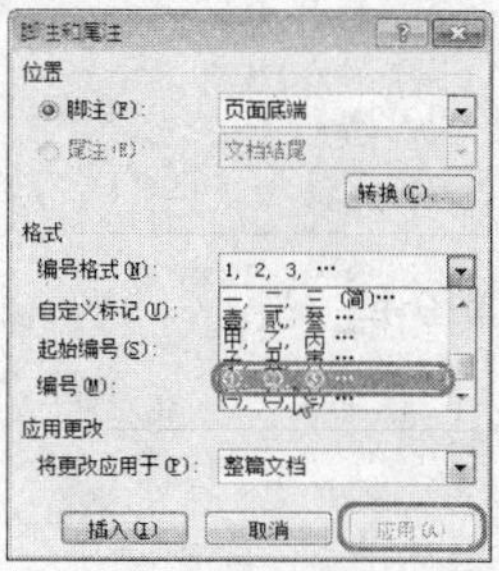

图6.61　选择"编号格式"选项

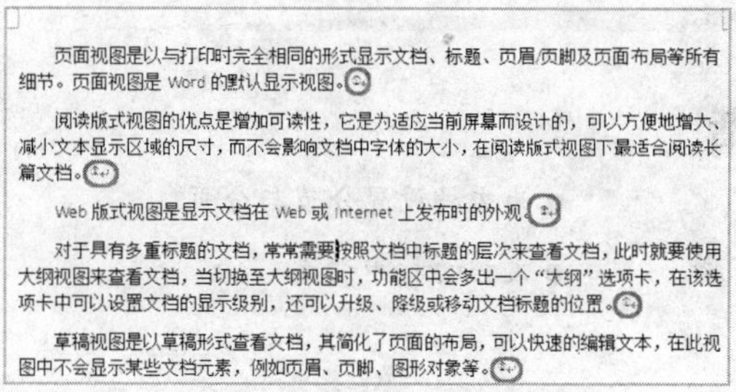

图6.62　文档中的引用标记

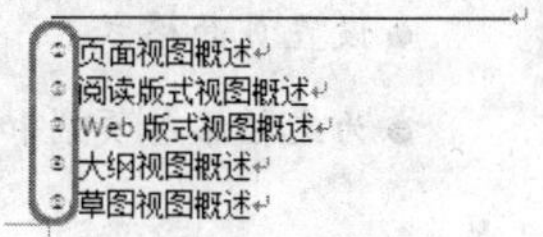

图6.63　脚注注释效果

6.6 练习

1．填空题

（1）视图的显示方式分为________、________、________、________和________。

（2）________是Word 2010的默认显示视图。

（3）使用________不但可以方便地了解文档的层次结构，还可以快速定位文档，加快阅读速度。

（4）脚注一般位于________，尾注一般位于________。

2．问答题

（1）样式分为哪5种类型？

（2）如何打开导航窗格？

（3）如何移动、复制脚注或尾注？

第7章 Word中的页面设置与打印

本章要点

文档创建完成后，就需要进行打印输出，在打印输出之前，我们可以对页面进行设置，使得文档更加整齐和美观。本章将介绍设置页面、分解与分栏以及给文档添加页眉页脚的方法。

本章内容主要包括

- 设置页面格式
- 为文档设置分节与分页
- 设置分栏
- 为文档添加页眉和页脚
- 文档的打印设置

go>>

7.1 设置页面格式

7.1.1 设置纸张

打印文档时，需要根据不同情况使用不同的纸张，并选择不同的打印方向。

1．纸张的规格

开数是国内对于纸张规格的一种传统表述方法。我国的开数尺寸已经走向国际化，逐步使用系列A和系列B开本尺寸。开数以一张标准全张纸剪裁成多少张小幅面纸来定义，即以几何级数裁纸法来计算。将一张全张纸切成16张同样规格的小幅面纸，就叫16开，若切成32张，即为32开。系列A全张纸为880毫米×1230毫米，系列B全张纸为1000毫米×1400毫米。

用户也可以根据需要来改变纸张的大小。

01 在“页面布局”选项卡中的“页面设置”组中，单击“纸张大小”按钮，如图7.1所示，在弹出的列表中选择文档所使用的纸张大小。

02 如果需要进行更精确的设置，可单击“纸张大小”下拉列表底部的“其他页面大小”选项，弹出“页面设置”对话框，如图7.2所示。

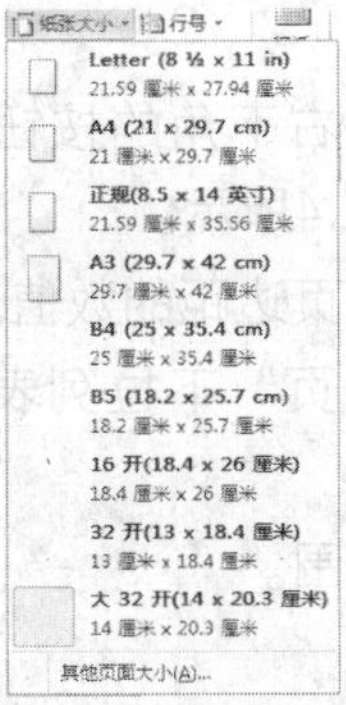

图7.1 设置纸张大小

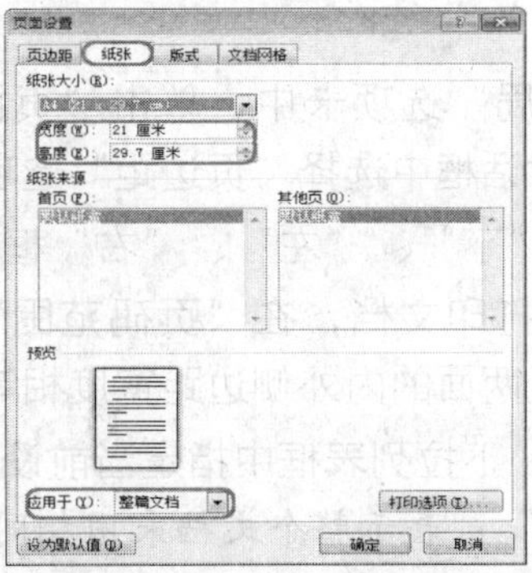

图7.2 “页面设置”对话框

03 单击“纸张”选项卡，如果要自定义纸张的大小，在“高度”和“宽度”文本框中分别指定纸张的高度值和宽度值。

04 在“应用于”下拉列表框中，选择页面设置的应用范围。然后单击“确定”按钮即可。

2. 纸张方向设定

默认情况下，Word创建的文档是“纵向”排列的。

改变纸张方向同样是在“页面布局”选项卡中的“页面设置”组中进行操作的，单击“纸张方向”按钮，选择纸张的方向即可，如图7.3所示。

或者单击“页面设置”组右下角的按钮，弹出“页面设置”对话框，在该对话框中选择“页边距”选项卡，选择该选项卡下的纸张方向选项即可，如图7.4所示。

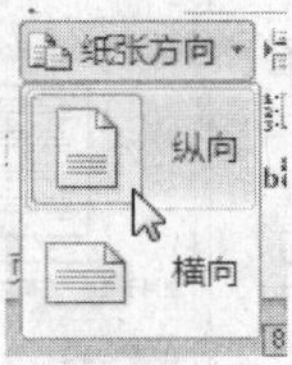

图7.3 设置纸张方向

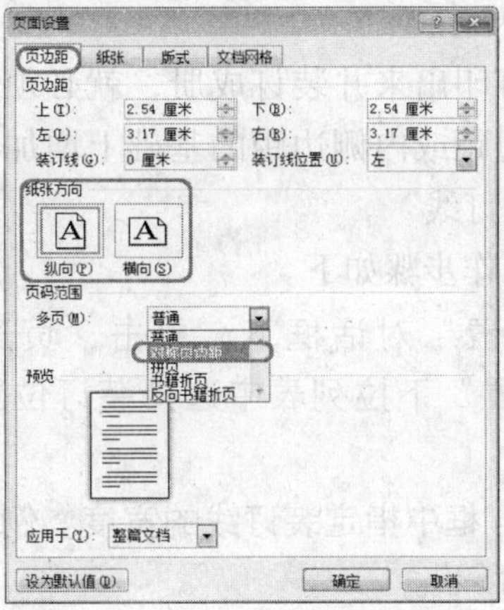

图7.4 “页边距”选项卡

7.1.2 调整页边距

默认情况下，Word 2010创建的文档是“纵向”的，上端和下端各留有2.54厘米，左边和右边各留有3.17厘米的页边距。用户可以根据需要修改页边距。

1. 用“页面设置”对话框调整页边距

要精确地设置页边距，可以使用页面设置命令进行设置。

01 选中要设置页边距的文档或段落，若要对整篇文档设置页边距，只需将插入符置于要调整的文档中。

02 在“页面布局”选项卡中，单击“页面设置”组右下角的按钮，弹出“页面设置”对话框，在该对话框中选择“页边距”选项卡，如图7.4所示。

03 在“上”、“下”、“左”、“右”框内分别指定页边距的数值。

04 如果要双面打印文档，在“页码范围”区的“多页”下拉列表中选择“对称页边距”选项，可使正反两面的内外侧边距宽度相等。

05 在“应用于”下拉列表框中指定当前设置的应用范围。

- “整篇文档”：表示整个文档采用相同的页边距。
- “插入点之后”：表示将当前设置应用于插入符之后的所有文本。

06 单击“确定”按钮即可。

2. 利用标尺改变页边距

若不需要精确设置，可以利用标尺来快速改变页边距。首先，切换到页面视图方式或打印预览视图方式，标尺上的白色部分表示页面的宽度，两端的灰色部分表示页边距。把鼠标指向白色部分与灰色部分的交界处，待指针变成双向箭头时拖动鼠标，即可调整页边距。

提示 利用标尺改变页边距，待指针变为双向箭头时，按住Alt键的同时拖动鼠标，Word 2010将自动显示页边距的测量值。

3. 设置装订线

如果要把文档打印出来并装订成册，就必须选择装订位置，并在已有的左边距或内侧边距的基础上增加额外的一段距离，该距离称“装订线”。

设置装订线的操作步骤如下。

01 在“页面设置”对话框下，单击“页边距”选项卡，在“装订线位置”下拉列表中选择装订位置，如选择“上”。

02 在“装订线”框中指定装订线的宽度。例如，指定为“3厘米”，如图7.5所示。

03 设置完成后，单击“确定”按钮。

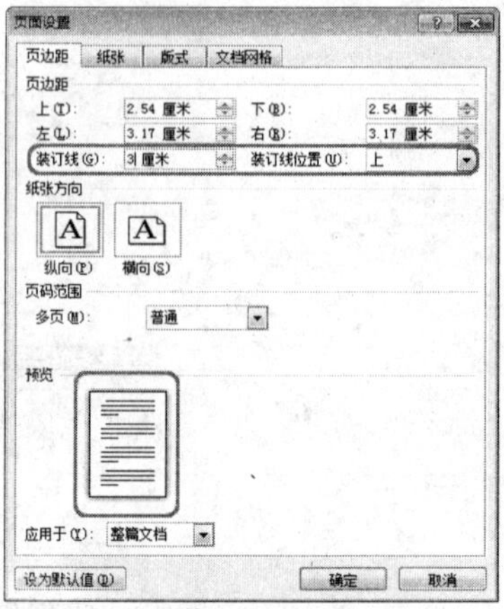

图7.5 设置装订线

提示 用户也可以不设置装订线，而只靠增加内侧页边距的大小来留出装订的位置。

7.1.3 设置文字排列方向和网格

1. 确定文字排列方向

有两种方式可以确定文字的排列方向。

第一种：在“页面布局”选项卡中单击“文字方向”选项卡，直接决定文字的排列方向，如图7.6所示。

第二种：在“页面设置”对话框中选择“文档网格”选项卡，如图7.7所示。在该选项卡的“文字排列”选项区中，可设置文字在页面上的排列方式，选中“水平”单选钮，文字自左向右横向排列；选中“垂直”单选钮，则页面旋转90°，文字自上而下竖向排列。

2．确定每页中的行、列数

设置页面的行数及每行中的字符数，实际就是设置了整个文档网格。在“页面设置”对话框中，选择“文档网格”选项卡，用户可以直接设定每页中的行数和每行中的字符数，并使应用范围内所有的行或字符之间都具有相同的行“跨度”和字符“跨度”，如图7.7所示。

3．“文档网格”选项卡中的其他选项

在“页面设置”对话框中，选择“文档网格”选项卡。通过这些选项，用户可以选择是否使用Word 2010的默认值，或者直接自己设定。其中，只有在选择了“指定行和字符网格”单选钮时，字符数区域的跨度选项才可用，如图7.8所示。

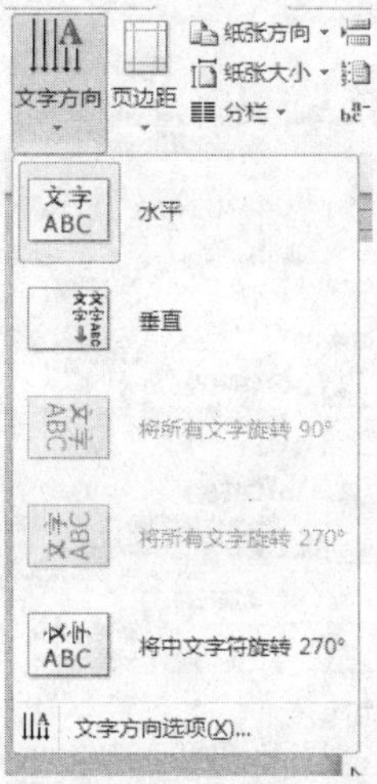

图7.6 选择“文字方向”选项卡

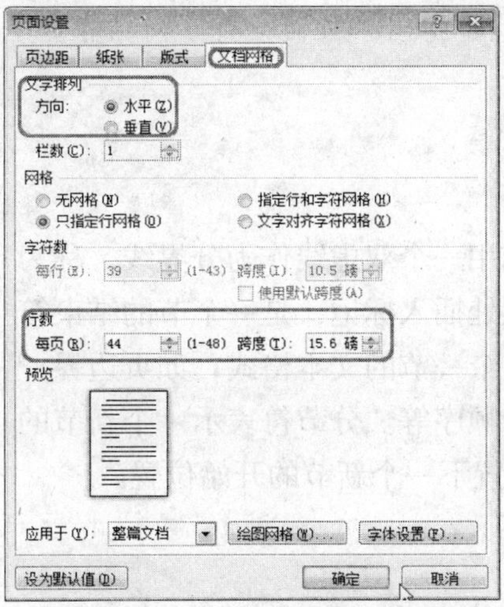

图7.7 选择“文档网格”选项卡

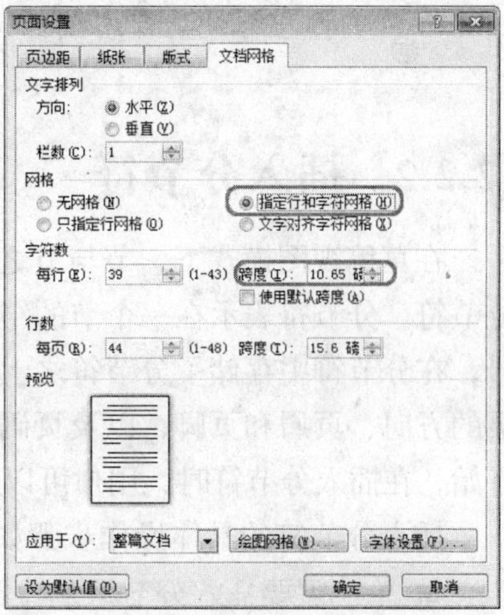

图7.8 网格的控制

7.2 为文档设置分节与分页

在编辑文档时，一般情况下系统会自动分页。用户也可以通过插入分页符在指定的位置强制分页。

节是文档格式化的最大单位，只有在不同的节中，才可以设置与前面文本不同的页眉、页脚、页边距、页面方向、文字方向或分栏版式等格式。为了使文档的编辑排版更灵活，版面更美观，用户可以将文档分割成多个节，以便于对同一个文档中不同部分的文本进行不同的格式化。在新建文档时，Word 2010默认将整篇文档认为是一个节。

7.2.1 自动建立新节

如果整篇文档采用相同的格式设置，则不必分节。如果用户改变了文档中某一部分的页面设置，Word 2010会自动建立一个新节，并在重新设置格式的开始位置自动插入一个分节符。用户可以在状态区看到反映当前节的节号。

自动建立一个新节的操作步骤如下。

01 单击要建立新节的位置。

02 首先选择“页面布局”选项卡，然后单击“页面设置”组右下角的按钮，弹出“页面设置”对话框，选择“版式”选项卡。

03 在“应用于”下拉列表框内选择“插入点之后”，如图7.9所示。

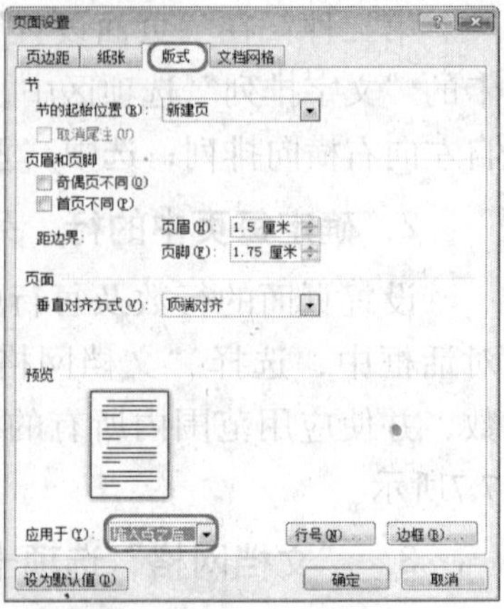

图7.9 “版式”对话框

04 单击“确定”按钮，Word 2010将自动给插入符之后的文档建立一个新节。

> 提示 直接在标尺上双击鼠标，也可弹出“页面设置”对话框。

7.2.2 插入分节符

在草稿视图模式下，节与节之间用一个双虚线作为分界线，称为分节符。分节符表示在一个节的结尾处插入标记，是一个节的结束符号，在分节符中存储了分节符之上整个一节的文本格式，如页边界、页的方向、页眉和页脚，以及页码的顺序等。分节符表示一个新节的开始，在插入分节符时，用户可以设置下一个新节的开始位置。

插入分节符的具体操作步骤如下。

01 单击需要插入分节符的位置。

02 选择“页面布局”选项卡，在“页面设置”组中单击“分隔符”按钮，弹出“分隔符”下拉列表，如图7.10所示。

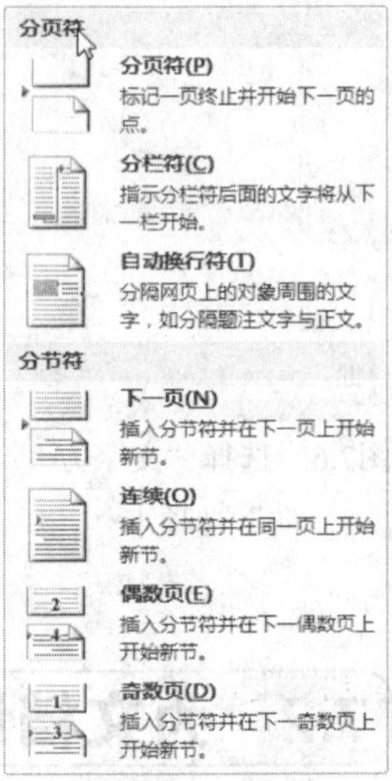

图7.10 “分隔符”列表

03 在“分节符”区，选择开始新节的位置。

各分节类型的意义如下。

- “下一页”：分节符后的文本从新的一页开始。
- “连续”：不进行分页，紧接前一节排版，新节与其前面一节同处于当前页中。
- “偶数页”：新节中的文本显示或打印在下一偶数页上。如果该分节符已经在一个偶数页上，则其下面的奇数页为一个空页（常用于在偶数页开始的章节）。
- “奇数页”：新节中的文本显示或打印在下一奇数页上。如果该分节符已经在一个奇数页上，则其下面的偶数页为一个空页（常用于在奇数页开始的章节）。

04 选择一种分隔符后，Word 2010即可在插入符所在位置插入分节符。

7.2.3 复制和删除分节符

节的格式信息用分节符来保存，这和段落格式用段落标记保存一样。用户可通过复制和粘贴分节符来复制节的格式信息。分节符被粘贴到新的位置时，分节符之上的正文使用此分节符的格式指令。

如果要删除分节符，可在草稿视图中选中要删除的分节符，然后按Delete键，即可将选中的分节符删除。

提示 如果删除了一个分节符，那么也删除了该分节符前面的文本的分节格式。该文本变为下一节的一部分，套用下一节的分节格式。因此，应该切记：无论是更改或者删除分节符，都应从最后一个节开始由后往前进行。

7.2.4 用分节符改变页面方向

用户可以应用分节符在同一文档中使用纵向和横向两种页面方向。如图7.4所示就显示了一个2页的文档，其中第1页使用的是纵向模式，而第2页使用了横向模式。使用分节符改变页面方向时，Word 2010会把页眉、页脚中的页码及其他内容随页的方向翻转。如果用户在页的底部放置了页码，横向的页将把页码放在纸的右边。

用分节符改变页面方向的操作步骤如下。

01 在一个文档中，将插入符放置在要改变页面设置的起始位置。

02 选择“页面布局”选项卡，在“页面设置”组中单击“分隔符”按钮，在弹出的下拉列表中选择一个分隔符类型，单击鼠标即可插入一个分隔符。将插入符移动到本节的结尾处，再插入另一个分节符。

03 将插入符放置在要重新设置页面方向的分节中。选择“页面布局”选项卡，单击“页面设置”右下角的按钮，弹出“页面设置”对话框。

04 在“页边距”选项卡中的“纸张方向”选项区域选择“横向”，并在“应用于”下拉列表中选择“本节”。如图7.11所示。

05 单击“确定”按钮即可，效果如图7.12所示。

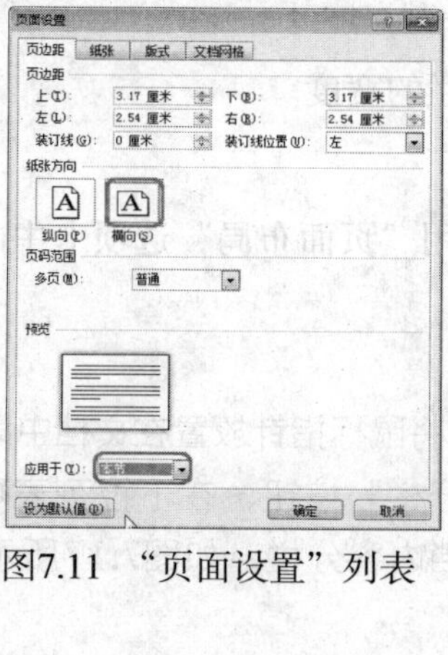

图7.11 “页面设置”列表

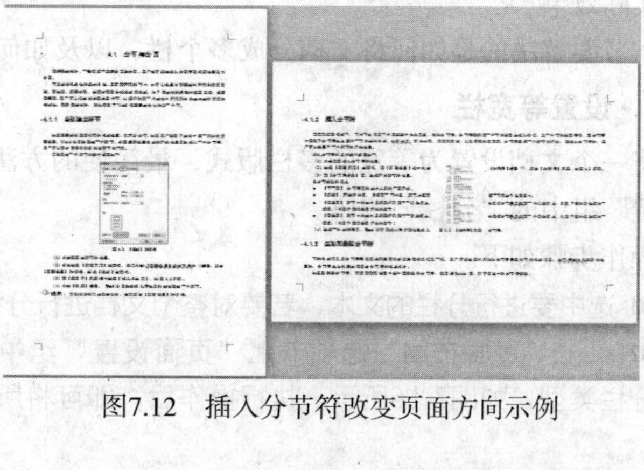

图7.12 插入分节符改变页面方向示例

也可直接在“页面布局”选项卡下，单击“页面设置”选项组中的“纸张方向”按钮，在弹出的下拉列表中选择“横向”选项，如图7.13所示，系统默认此命令应用于插入符所在的章节，作用效果与图7.12一样。

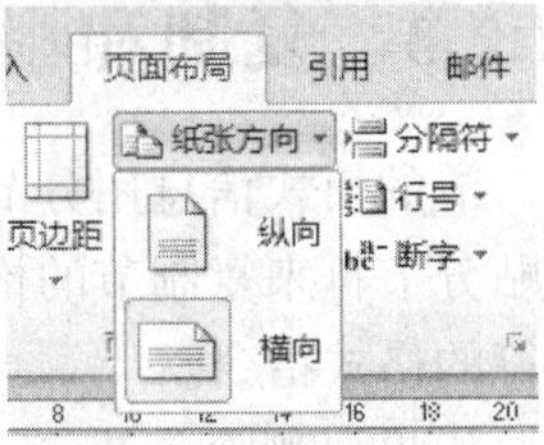

图7.13 “纸张方向”下拉列表

7.3 设置分栏

利用Word 2010的分栏排版功能，用户可以根据各自的不同需求轻松在文档中建立不同数量或不同版式的分栏。在分栏的外观设置上，Word 2010具有很大的灵活性，用户可以根据需要设置栏数、栏宽以及栏间距，还可以设置分栏长度。

设置分栏后，Word 2010的正文将逐栏排列。从最左边的一栏开始，自上而下地填满一栏后，再自动从一栏的底部接续到右边相邻一栏的顶端，并开始新的一栏，文本在多栏间的流动方式如图7.14、图7.15所示。

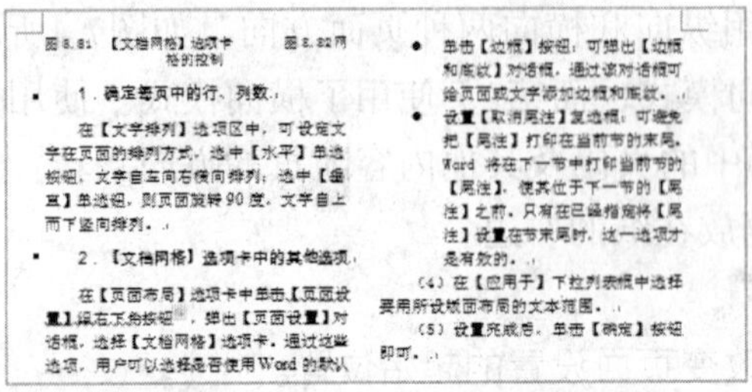

图7.14 文本在两栏间的流动

图7.15 文本在三栏间的流动

7.3.1 创建分栏

创建分栏就是将文档中的某一页、某一部分或整篇文档分成具有相同栏宽或不同栏宽的多个栏。

在草稿视图方式下，被设置成多栏版式的文本只能一栏一栏地显示，不能显示多栏版式。只有切换到页面视图或打印预览方式下，才能查看或设置多栏文本，并看到多栏并排显示的实际效果。

本节要解决的是如何将文档分成多个栏，以及如何确定栏的宽度。

1．设置等宽栏

将一个文档设置为等宽的多栏版式，最简便的方法是使用“页面布局”选项卡中的“页面设置”组中的“分栏”按钮。

操作步骤如下。

01 选中要进行分栏的文本，若要对整个文档进行分栏，则将鼠标指针放置在文档中即可。

02 单击“页面布局”选项卡上“页面设置”组中的“分栏”按钮，在下拉列表中选择一种分栏类型，如图7.16所示。执行操作后，即可将所选文档内容分栏，如图7.17所示。

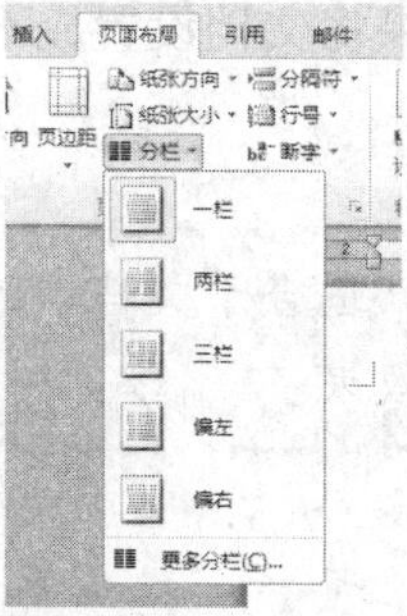

图7.16 “分栏”列表图

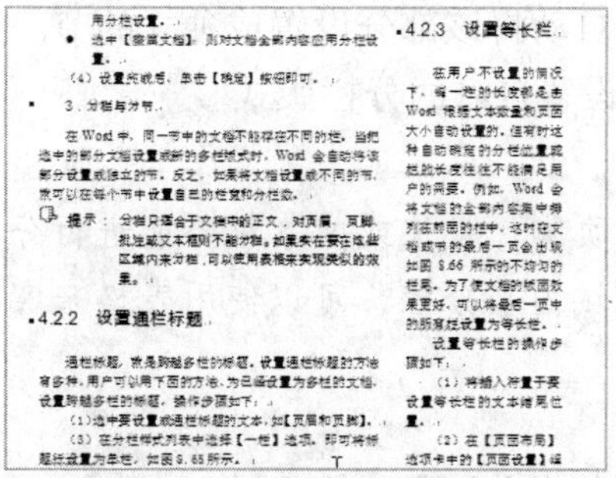

图7.17 多栏文档（偏右类型）

2．设置分栏

设置不多于4栏的等宽栏时使用“分栏”按钮就可以很方便地操作，在某些时候，还要按照特殊要求设置不等宽栏或设置栏数大于4的分栏，这时就要用到“分栏”对话框。其操作步骤如下。

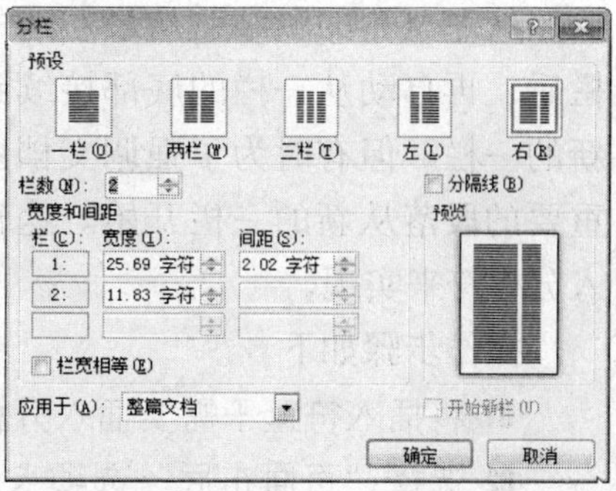

图7.18 “分栏”对话框

01 选中要设置的文本。

02 在“页面布局”选项卡中的“页面设置”组中单击“分栏”按钮，在弹出的下拉列表中选择“更多分栏”选项，弹出如图7.18所示的“分栏”对话框。

在“预设”选项区中，有“一栏”、“两栏”、“三栏”、“左”和“右”五种格式可供选择。

在“分栏”对话框中可以设置的选项如下。

- 取消分栏：选择“一栏”，可以将已经分为多栏的文本恢复成单栏版式。
- 栏数设定：当栏数大于3时，可以在“栏数”微调框中输入要分割的栏数。
- 设置等宽栏：选中“栏宽相等”复选框，可将所有的栏设置为等宽栏。
- 设置不等宽栏：选择“左”或“右”选项，可以将所选文本分成左窄右宽或右宽左窄的两个不等宽栏。如果要设置三栏以上的不等宽栏，首先必须取消“栏宽相等”复选框，并在“宽度和间距”区域中分别设置或修改每一栏的栏宽以及栏间距。如图7.19所示。

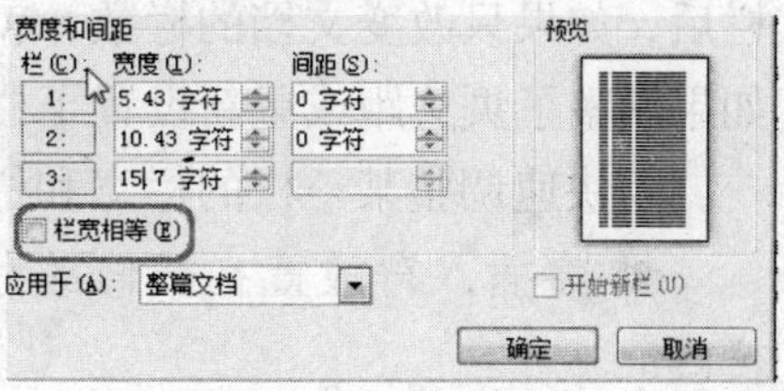

图7.19 不等宽栏设定

- 设置分隔线：如果要在各栏之间加入分隔线，使各栏之间的界线更加明显，选中“分隔线”复选框。

确定分栏的应用范围。在“应用于”下拉列表框中可以有以下的选择。

- 选中“所选文字”：则对文档中所选的文字内容应用分栏设置。
- 选中“整篇文档”：则对文档的全部内容应用分栏设置。设置完成后，单击“确定”按钮即可。

3．分节与分栏

在Word中，每一节的文档只能应用一种分栏版式。当把选中的部分文档设置成新的多栏版式时，Word会自动将该部分设置成独立的节。反之，如果将文档设置成不同的节，则可以在每个节中单独设置自己的分栏版式。

提示 页眉、页脚、批注或文本框不能进行分栏。分栏只适合于文档中的正文。如果要在这些区域内来分栏，可以使用表格来实现类似的效果。

7.3.2 插入分栏符

一般情况下，设置分栏后Word文本在分栏版式中的流动总是按照从左至右的顺序，从最左边的一栏开始，自上而下地填满一栏后，再自动从一栏的底部接续到右边相邻一栏的顶端，并开始新的一栏。但有时为了强调文档内容的层次感，常常需要将一些重要的段落从新的一栏开始。这种排版要求可以通过在文档中插入分栏符来实现。

操作步骤如下。

01 将插入符置于需要插入分栏符的位置。

02 选择“页面布局”选项卡中的“页面设置”组，单击“分隔符”按钮。

03 在弹出的下拉列表中选择“分栏符”选项，如图7.20所示。

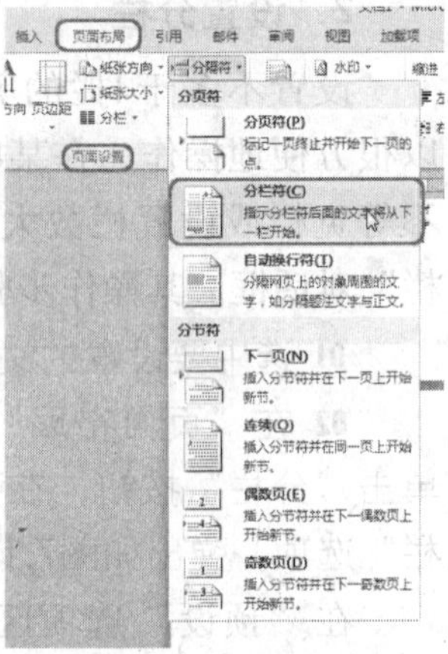

图 7.20 选择“分栏符”选项

7.3.3 用标尺调整栏宽和栏间距

设置分栏时，用户可以根据需要随意设置分栏的栏数、每一个栏的宽度以及栏间距。分栏后，如果只改变文档的栏数，Word会自动调整栏宽以适应左右页边距之间的间距。反之，如果调整了页边距或重新设置了栏间距，Word会自动修改栏宽，以适应变化后的页边距。

要快速调整某一栏的栏宽和栏间距，可以使用水平标尺，操作步骤如下。

01 将插入符放置在要修改栏宽和栏间距的栏内。

02 拖动标尺上的分栏标记，即可快速调整栏宽和栏间距，如图7.21所示。

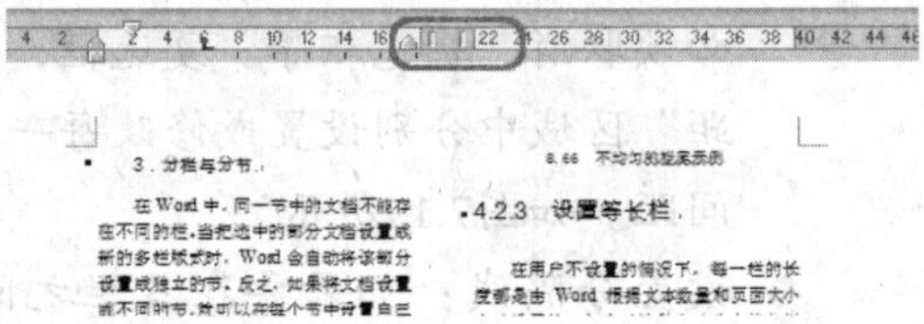

图 7.21 标尺的运用

7.3.4 平衡分栏后的段落

在默认情况下，每一栏的长度都是由Word根据文本数量和页面大小自动设置的。有时，这种自动确定的分栏位置或栏的长度往往并不一致，不能满足用户的需要。例如，Word会将文档的全部内容集中排列在前面的栏中，这时在文档或节的最后一页会出现如图7.22所示的不均匀的栏尾。为了使文档的版面效果更好，需要均衡分栏后的段落，使其变为等长栏。

设置等长栏的操作步骤如下。

01 将插入符置于要设置等长栏的文本结尾位置。

02 在“页面布局”选项卡中的“页面设置”组中单击“分隔符”按钮。

03 在弹出的下拉列表中选择“连续”选项，即可得到一个等长栏，如图7.23所示。

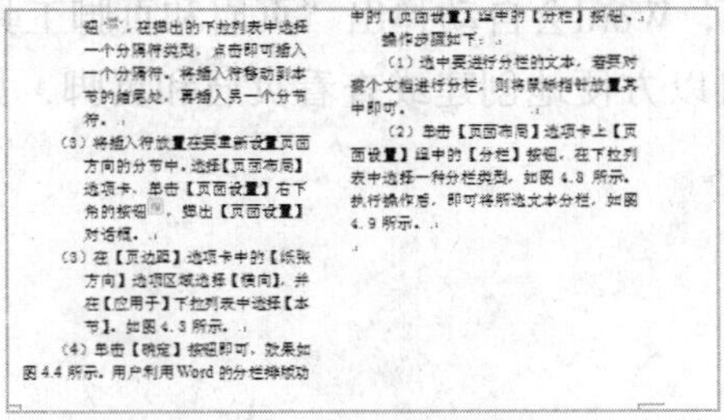

图7.22　不均衡的栏尾

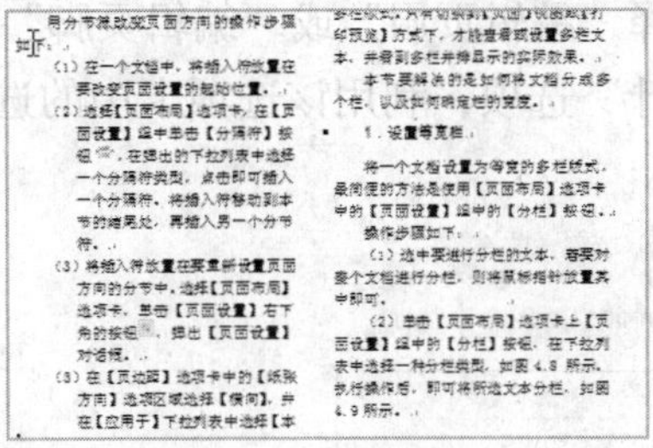

图7.23　平衡分栏

7.3.5　设置跨栏标题

跨栏标题就是跨越多栏的标题。分栏时，若希望文章标题位于所有栏的上面，也就是标题本身不分栏。设置跨栏标题的方法有多种，用户可以进行分节处理，来进行跨栏标题的设置。

操作步骤如下。

01 选中要设置成跨栏标题的文本，如图7.24所示分栏中的标题。

02 单击“页面布局”选项卡下“页面设置”组中的“分栏”按钮，在弹出的下拉列表中选择“一栏”选项，即不分栏。这样可将标题行设置为单栏，文档默认将标题与下面的分栏文本分为两节。

03 视图显示了使用跨栏标题的情况，如图7.25所示。

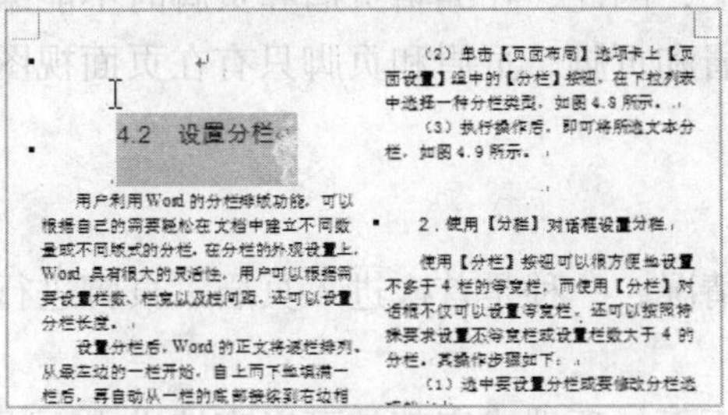

图7.24　创建跨栏标题之前

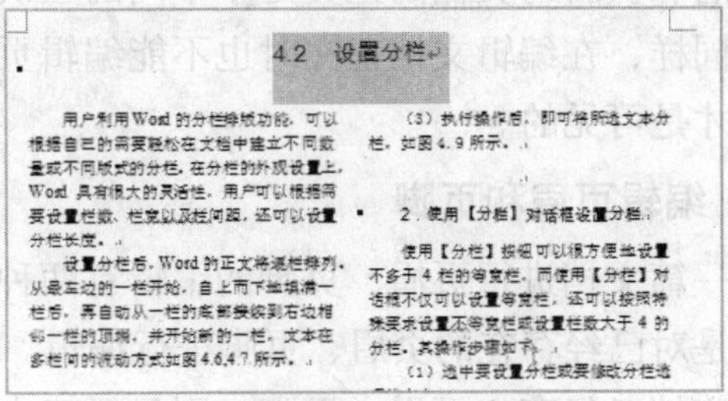

图7.25　创建跨栏标题的效果

7.4　为文档添加页眉和页脚

页眉是位于版心上边缘与纸张边缘之间的图形或文字，而页脚则是版心下边缘与纸张边缘之间的图形或文字。常常用来插入标题、页码、日期等文本，或公司徽标等图形、符号。用户可以根据自己的需要，对页眉和页脚进行设置。比如插入页码，插入图片，对奇数页和偶数页进行不同的页眉和页脚设置，还可以将首页的页眉或页脚设置成与其他页不同的效果，等等。

7.4.1 页眉和页脚工具选项卡

首先来认识一下页眉页脚选项卡。

在“插入”选项卡中的“页眉和页脚”组中，单击“页眉”或“页脚”按钮，在弹出的列表中选择“编辑页眉”或“编辑页脚”选项，Word会自动弹出“页眉和页脚工具”选项卡下的“设计”选项，利用该选项卡中的选项可以方便地创建或查看页眉和页脚，如图7.26、图7.27所示。

图7.26 选择“文字方向”选项卡

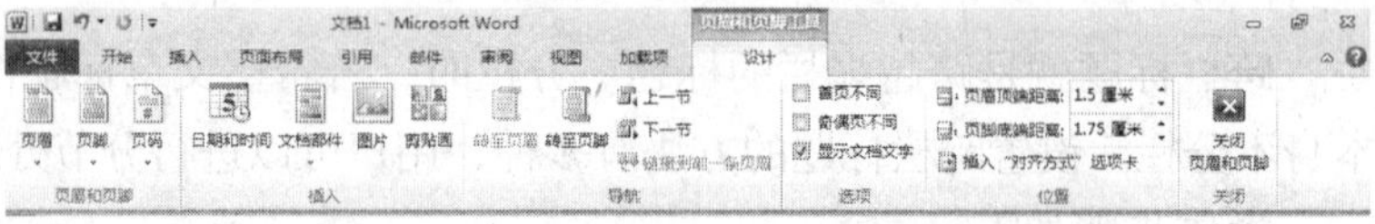

图7.27 选择“页眉和页脚工具”选项卡

7.4.2 创建页眉页脚

为了应用方便，页眉和页脚通常被设计成模板的一部分。

页眉和页脚与文档的正文处于不同的层次上，因此，在编辑页眉和页脚时不能编辑文档正文。同样，在编辑文档正文时也不能编辑页眉和页脚。页眉和页脚只有在页面视图或打印预览中才是可见的。

1. 编辑页眉和页脚

对一篇文档进行页眉、页脚的编辑有两种情况，一种是首次进入页眉、页脚进行编辑，另一种是对已经存在的页眉、页脚进行编辑。

若文档已经存在页眉、页脚，则只要双击页面的顶端或底部就可以直接进入页眉、页脚的编辑状态。

下面这种方法对于首次进入页眉、页脚进行编辑或者是对已经存在的页眉、页脚进行编辑都适用。

01 在“插入”选项卡中的“页眉和页脚”组中单击“页眉”或“页脚”按钮。

02 在弹出的下拉列表中选择一种页眉或页脚样式，或选择“编辑页眉”或“编辑页脚”选项，进入页眉和页脚编辑状态，并显示“页眉和页脚工具”选项卡下的“设计”子选项卡，如图7.28所示。

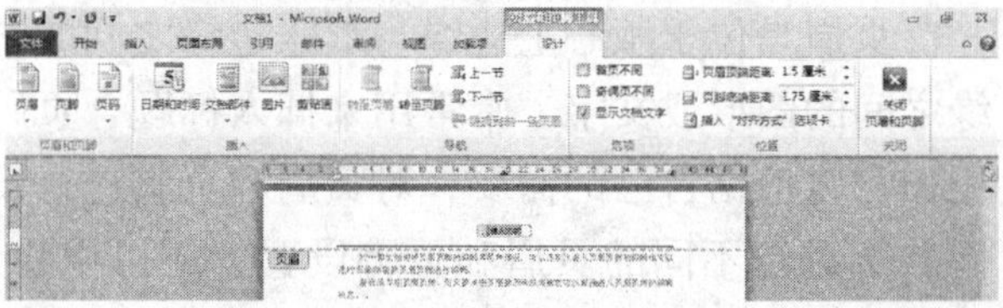

图 7.28 选择“设计”选项卡

03 用户可以直接在页眉或页脚区输入相应的内容，输入完成后，单击选项卡中的“关闭页眉和页脚”按钮即可。

2．插入页码

在文档中设置页码，实际上就是在文档中加入了页眉或页脚。因为页码是一种内容最简单，但使用最多的页眉或页脚。Word可以自动、迅速地编排和更新页码。

页码是文档格式的一部分，打印文档时往往需要页码来区别不同的页，用户也可以给文档分节来设置不同的页码格式。文档很长的时候，为了防止文档出现混乱，可以给文档加上页码。设置页码之后，Word可以在后续的所有页上自动添加页码。

插入页码的操作步骤如下。

01 单击要插入页码的文档或节。

02 在“插入”选项卡中的“页眉和页脚”组中单击“页码”按钮，在弹出的下拉列表中选择一种页码类型，如“页面底端”选项，再在弹出的列表中选择一种页码样式，如“普通数字2”样式，如图7.29所示，执行操作后，即可在文档中插入页码。

设置页码的格式的步骤如下。

01 在“插入”选项卡中的“页眉和页脚”组中单击“页码”按钮

02 在弹出的下拉列表中选择“设置页码格式”选项，弹出“页码格式”对话框，如图7.30所示。用户可以在该对话框中设置页码格式。

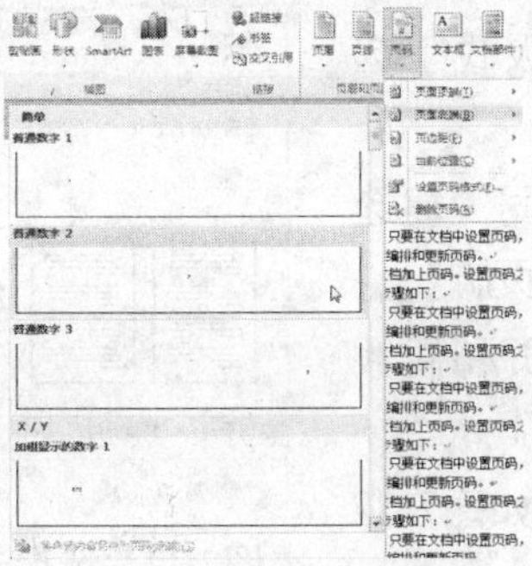

图7.29　选择页码样式

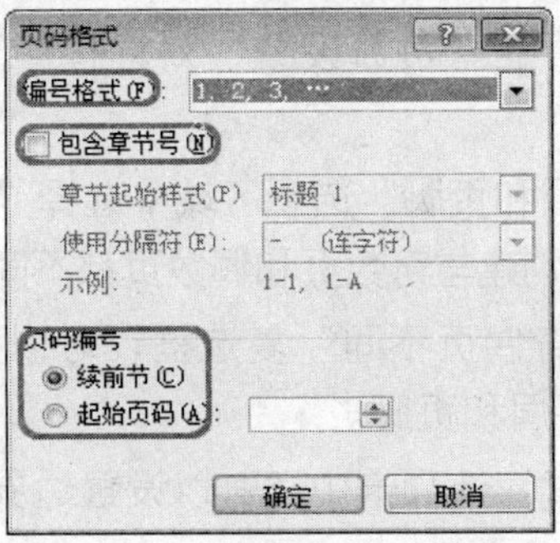

图7.30 “页码格式”对话框

用户可在页码格式对话框中做如下设置。

01 在“编号格式”列表框中选择一种页码格式。

02 若选中“包含章节号”复选框，表示在页码格式中包含章节号，如“1-2”表示第一章第2页。

03 在“页码编号”设置区，如果文档被分成了若干节，可做以下选择。

- “续前节”：可以将所有节的页码设置成彼此连续的页码。
- “起始页码”：在本节中重新设置起始页码。

在页眉页脚中插入图片等

在Word文档的页眉、页脚中，可以像在正文中一样插入背景图案和艺术字，并进行编辑。插入的图片可在文档的每一页中出现，并且该图片不覆盖正文。

如果要插入日期和时间或图片等，可在“页眉和页脚工具设计”选项卡之下的“插入”选项卡中单击“日期和时间”或“图片”按钮，然后进行相关设置即可，如图7.31所示。

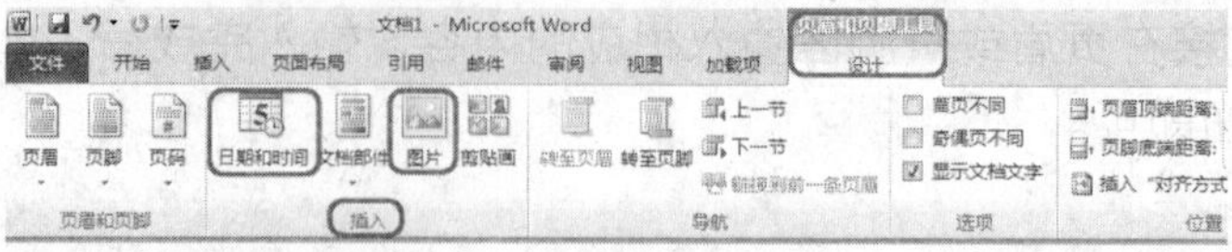
图 7.31　选择“插入”选项卡

在编辑文档的过程中，要在页眉和页脚之间转换，可单击“导航”组中的“转至页脚”或“转至页眉”按钮。

3．设置首页、奇偶页不同的页眉和页脚

首页不同的页眉和页脚，实际上是一个只出现在文档或节的首页并且与其他页不同的页眉和页脚，它标志一个节或整个文档的开始。

对多于两页的文档，可以给奇数页和偶数页设置各自不同的页眉或页脚，特别是在双面文档中。

用Word可以轻松实现这种非常专业化的设计，下面就介绍制作首页、奇数页、偶数页不同的页眉页脚的方法。

操作步骤如下。

01 将插入符放置在要设置首页不同或奇偶页不同的节或文档中。

02 在“页面布局”选项卡中，单击“页面设置”组右下角的按钮，在“页面设置”对话框中选择“版式”选项卡。

03 在“页眉和页脚”选项区域中选择“首页不同”复选框，可以为首页创建与奇数页和偶数页都不同的页眉页脚。

04 选中“奇偶页不同”复选框，可以为奇数页和偶数页创建不同的页眉和页脚。

05 在“版式”选项卡中还可以设置边界距离，如图7.32所示。

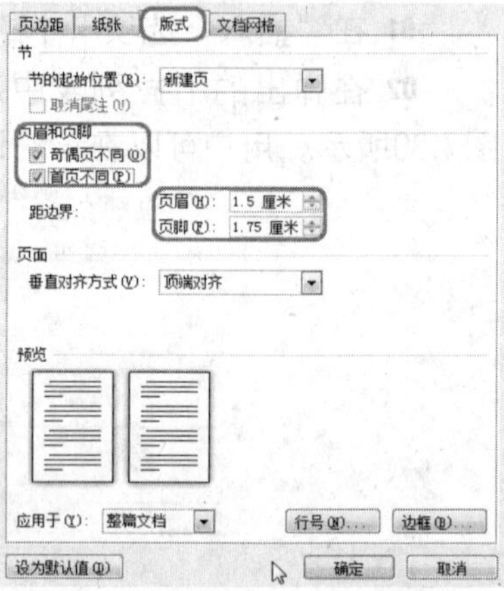
图7.32　选择“版式”选项卡

06 设置完成后，单击“确定”按钮，即可设置奇偶页不同或首页不同的页眉或页脚。

4．其他版面布局的设置

用户还可以利用Word提供的版面布局设置功能，设置垂直对齐方式以及行号等特殊的版面选项。

设置其他版面布局的操作步骤如下。

01 选择要按特定版面布局打印的文本。

02 在“页面布局”选项卡中单击“页面设置”组右下角的按钮，弹出“页面设置”对话框，单击“版式”选项卡，如图7.33所示。

03 在“版式”选项卡中，还可以设置以下一些选项。

● “垂直对齐方式”：选择垂直对齐文本的方式。

● “行号”：弹出“行号”对话框，用于在某一节或

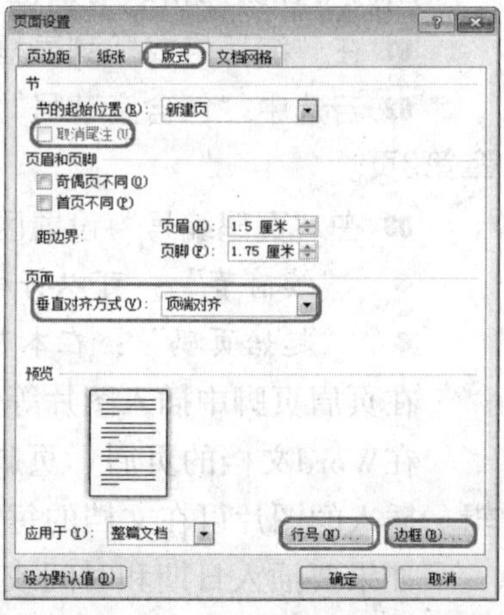
图7.33　设置其他版面布局

整篇文档的左边添加行号。

- “边框”：弹出“边框和底纹”对话框，通过该对话框可给页面或文字添加边框和底纹。
- “取消尾注”：避免把“尾注”打印在当前节的末尾。Word将在下一节中打印当前节的“尾注”，使其位于下一节的“尾注”之前。

04 在“应用于”下拉列表框中，选择要设置版面布局的文本范围。设置完成后，单击“确定”按钮即可。

提示 “取消尾注”复选框只在已经指定将“尾注”设置在节末尾时才是有效的。

7.4.3 修改和删除页眉页脚

用户可根据自己的需要，修改或删除已经设置在页眉和页脚中的内容，以及在页眉或页脚中设置、修改或删除页眉页脚中的横线。

1. 修改或删除页眉中的横线

默认情况下，页眉中有一条横线。用户可以根据自己的需要删除该横线或重新设置横线的线型，操作步骤如下。

01 在插入的页眉处双击鼠标，使其处于编辑状态，将其选中。

02 单击“开始”选项卡，在“段落”组中单击“下框线”右侧的下三角按钮，在弹出的下拉菜单中选择“无线框”选项，如图7.34所示。

03 执行操作后即可删除页眉中的横线，如图7.35所示。

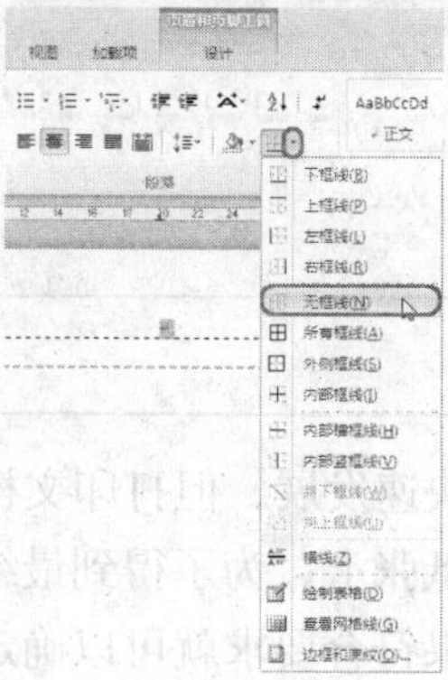

图7.34 选择“无线框”选项

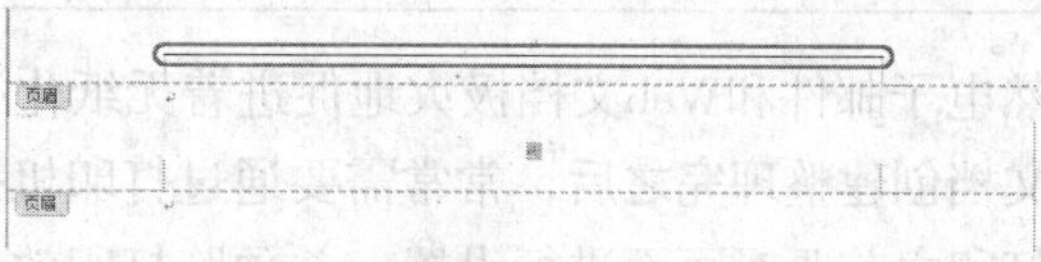

图7.35 删除页眉中的横线

用户还可以对页眉中的横线进行修改，具体操作步骤如下。

01 在插入的页眉处双击鼠标，使其处于编辑状态，将其选中。

02 单击“开始”选项卡，在“段落”组中单击“下框线”右侧的下三角按钮，在弹出的下拉菜单中选择“边框和底纹”选项，如图7.36所示。

03 在弹出的“边框和底纹”对话框中选择“边框”选项卡，在“样式”列表框中选择一种边框样式，此时，“预览”选项区域中只亮显“上框线”按钮，如图7.37所示。

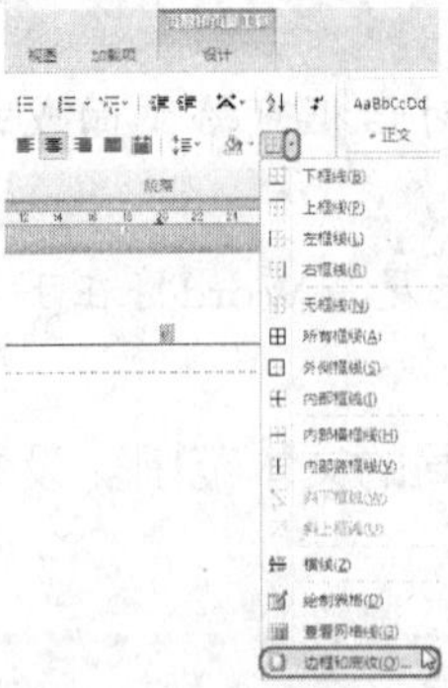

图7.36　选择“边框和底纹”选项

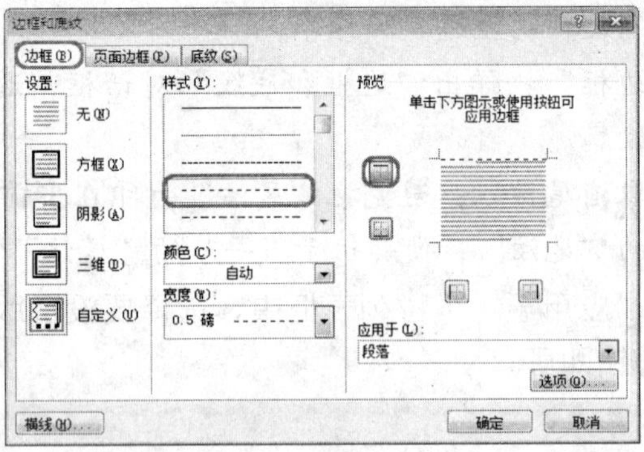

图7.37　设置边框

04 设置完成后，单击“确定”按钮，修改后的效果如图7.38所示。

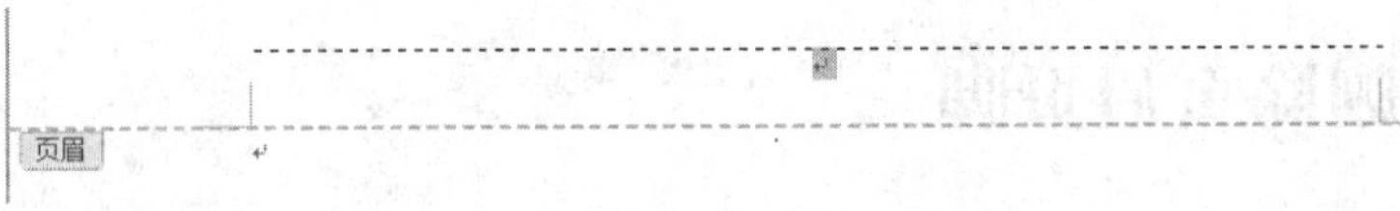

图7.38　修改后的效果

除此之外，用户还可以在“边框和底纹”对话框中设置边框线的颜色和宽度。

2．删除页眉或页脚

要删除某一节或整个文档中的页眉或页脚，操作步骤如下。

01 将插入符置于要删除页眉或页脚的文档或节中。

02 在“插入”选项卡中的“页眉和页脚”组中单击“页眉”或“页脚”按钮，在弹出的下拉列表中选择“删除页眉”或“删除页脚”选项，即可删除页眉或页脚。

提示：在页眉或页脚编辑区选定要删除的内容。按Delete键，即可将选中的页眉或页脚的内容删除。

7.5 文档的打印设置

虽然电子邮件和Web文档极大地促进着无纸化办公的快速发展，但打印文档仍然被普遍使用。将文档创建整理完之后，常常需要通过打印机打印到纸张上，为了得到最终的打印效果，通常在打印之前要对页面进行设置，并预览打印效果。如果符合要求就可以确定打印输出。

在Word中，用户可以只打印文档内容，亦可连同文档的相关信息一起打印。

7.5.1 打印预览

利用Word 2010的“打印预览”功能，用户可以在正式打印之前就看到文档被打印后的效果，以方便用户在打印前对文档进行必要的修改。

与页面视图相比，打印预览视图可以更真实地表现文档外观。

用打印预览视图检查版面的操作步骤如下。

01 单击“文件”按钮，在展开的界面中选择“打印”菜单，如图7.39所示。

02 在“打印”菜单的右侧可以预览文档的效果，如图7.40所示。

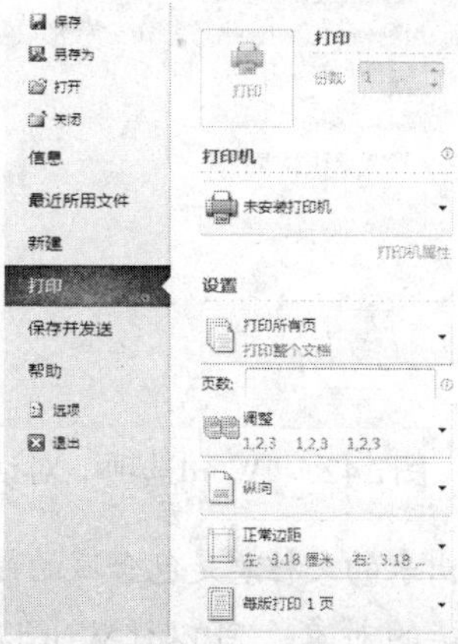

图7.39 选择“打印”菜单

图7.40 文档预览

03 打印预览区中，包括上一页、下一页两个按钮，可向前或向后翻页。

7.5.2 打印文档

如果要打印文档，需要将文档编辑好之后，单击“文件”按钮并选择“打印”，如图7.41所示。

在打开的打印面板中单击“打印”按钮，进行打印。一般情况下，如果要对打印选项进行调整，需使用“打印”命令，在“打印”面板中进行设置。如果使用默认设置，感觉不满意，可以返回重新设置，用户可在打印预览区中查看设置的效果。

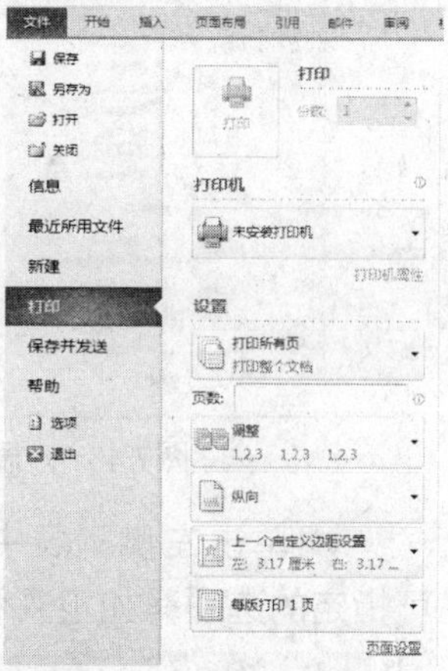

图7.41 “打印”设置

7.5.3 设置打印机属性和打印设置

在打印时，可能会碰上一些问题。要解决这些问题，就需要设置打印机的属性。

用户可设置与打印文档相关的选项，如是否使用后台打印、逆页序打印以及打印哪些附加信息等。

设置打印选项的步骤如下。

01 单击“文件”选项卡下面的“选项”命令，弹出如图7.42所示的对话框。

02 选择“显示”选项，在“打印选项”区中，可指定的选项有以下几种，如图7.43、图7.44所示。

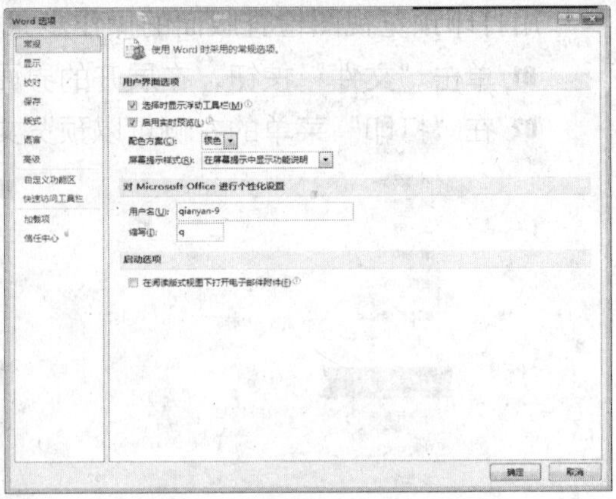

图7.42 “Word选项”对话框

- “打印在Word中创建的图形”：将打印文档中用绘图工具栏上的工具绘制的图形对象。不仅打印文字还打印所有的图形。
- “打印背景色和图像”：勾选此复选框后，如果为文档设置了背景色和图像，则打印背景和图像。
- “打印文档属性”：文档打印完毕后，在另一页上打印文档属性。
- “打印隐藏文字”：打印隐藏字符。即使当时隐藏字符未显示，它们也将被打印。
- “打印前更新域”：若文档中插入了域，可让Word在打印文档前自动更新所有的域，从而使打印出来的文档总是包含域的最新结果。
- “打印前更新链接数据”：如果文档中插入了链接的对象，可以让Word在打印前自动更新该对象，从而使打印出来的数据总是最新的。

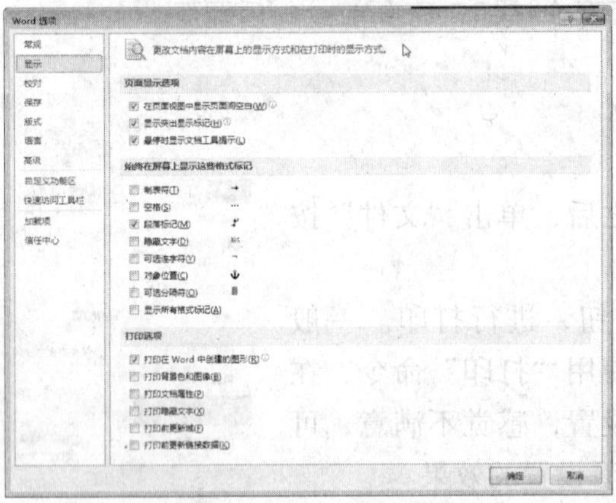

图7.43 “显示”对话框

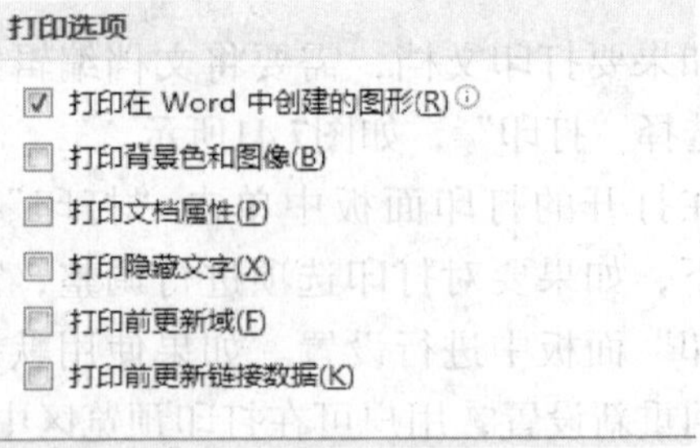

图7.44 “打印选项”窗格

03 单击左侧列表中的“高级”选项，弹出如图7.45所示的内容。在“打印”选项区，可指定的选项有如下几种，如图7.46所示。

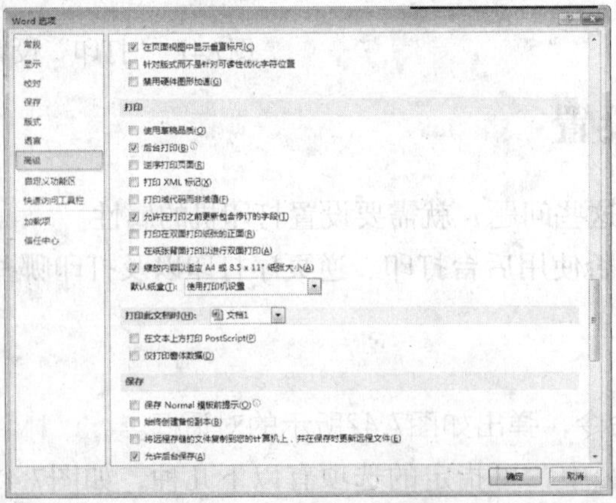

图7.45 “高级”对话框

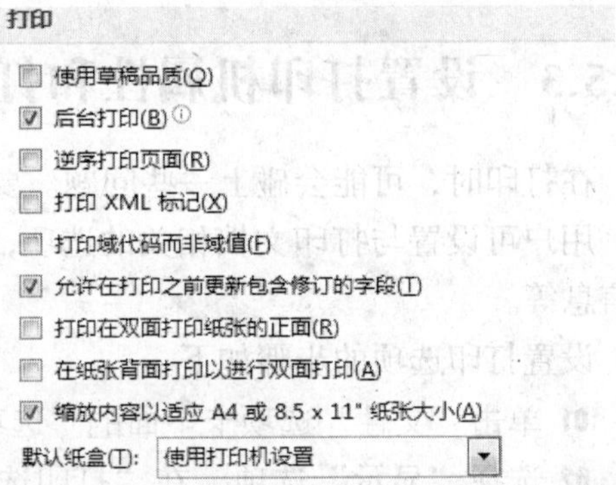

图7.46 “高级”对话框下的“打印”选项卡

- “使用草稿品质”：选择该选项可提高打印速度，而且能节省打印机的消耗品，如墨水、碳粉等。但打印时不保留文档的原有格式，并且不打印文档中的图形。
- “后台打印”：选定该选项后，Word将在“后台”完成文档的打印工作。用户可以在文档被打印的同时，继续做其他工作。由于后台打印需要消耗额外的内存，所以计算机的速度会变慢。
- “逆序打印页面”：即从后向前打印。
- “打印域代码而非域值”：打印域代码而不打印域结果。这种情况下，所有以域的形式插入文档中的内容都将以域代码的形式打印。
- “在文本上方打印PostScript”：该选项只有当用户要打印一个从Word文档转换成的苹果机文档时才需要，它将导致Word在文本上方打印PostScript代码。

05 设置完成后，单击“确定”按钮，用户可按Ctrl+P键预览设置后的效果。

7.6 实战操作

完成了基本格式编排与打印的知识讲解，下面将介绍两个日常生活与工作中较为常用的案例。

7.6.1 打印工作计划

本例介绍打印工作计划，首先对文档进行段落、项目符号等设置，再对其进行页眉、页码、页边距等设置，打印预览的效果如图7.47所示。

01 打开随书附带光盘中的CDROM\素材\Cha07\打印工作计划.doc文档，如图7.48所示。

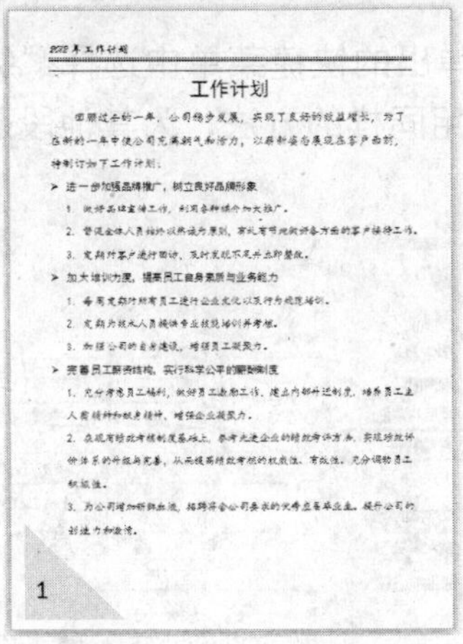

图7.47 打印预览效果

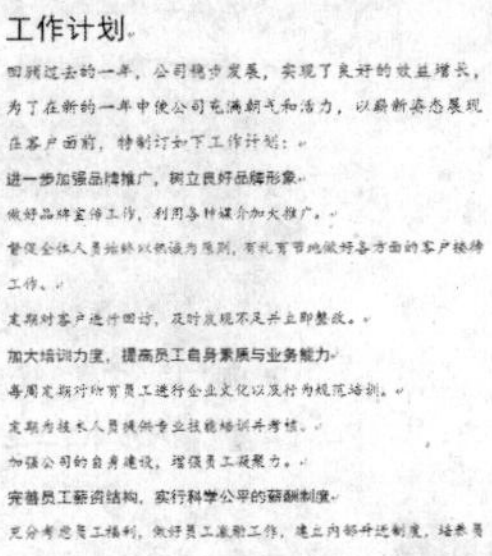

图7.48 打开的素材文档

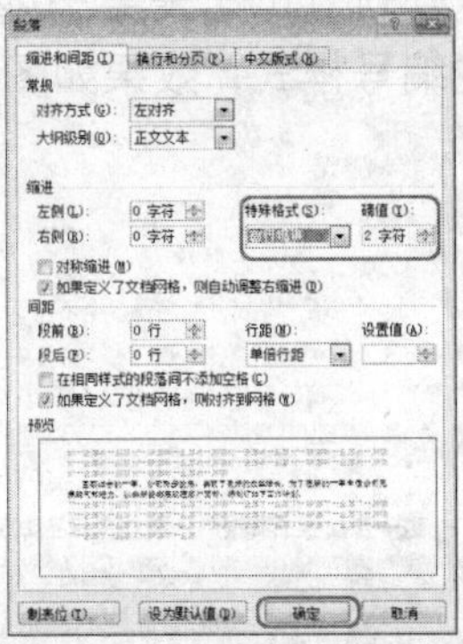

图7.49 “段落”对话框

02 选择标题“工作计划”，在“开始”选项中的“段落”组中单击“居中”按钮，使标题居中显示，选择第一段落，单击“段落”组中的按钮，打开“段落”对话框，切换至“缩进和间距”选项卡中，在“特殊格式”下的下拉列表中选择“首行缩进”选项，将“磅值”设置为2个字符，如图7.49所示，单击“确定”按钮。设置后的效果如图7.50所示。

03 在文档中，利用Ctrl键选择如图7.51所示的文本，并在其上单击鼠标右键，在弹出的快捷菜单中选择“项目符号”命令，在打开的子菜单中选择如图7.52所示的项目符号，效果如图7.53所示。

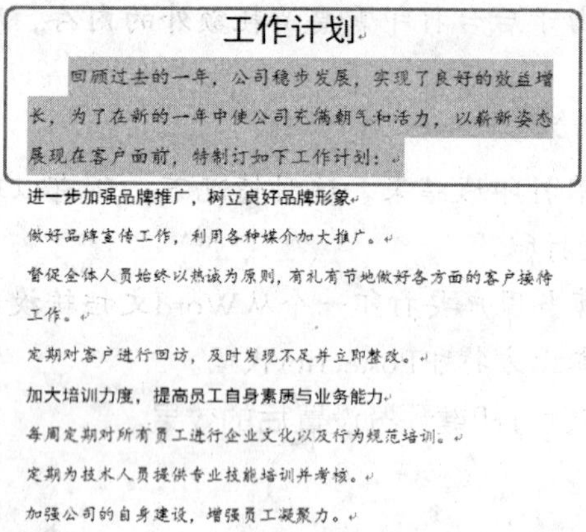

图7.50　设置标题与段落的效果

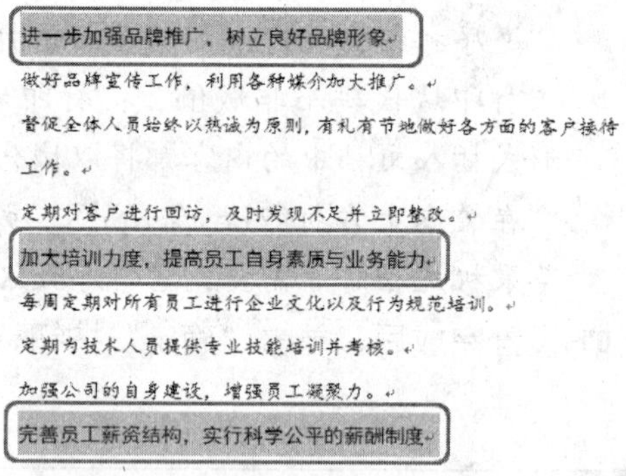

图7.51　选择文本

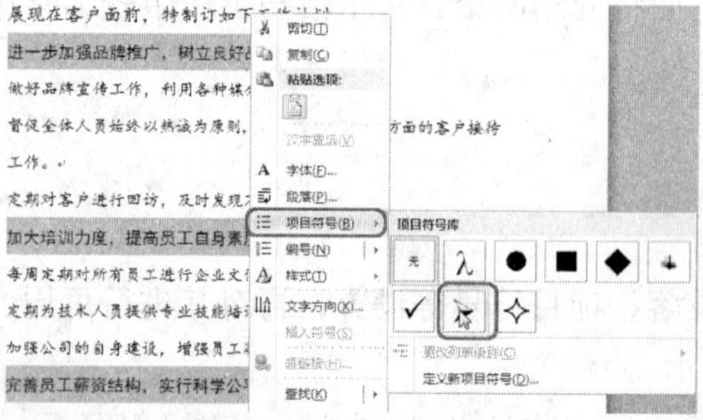

图7.52　选择项目符号

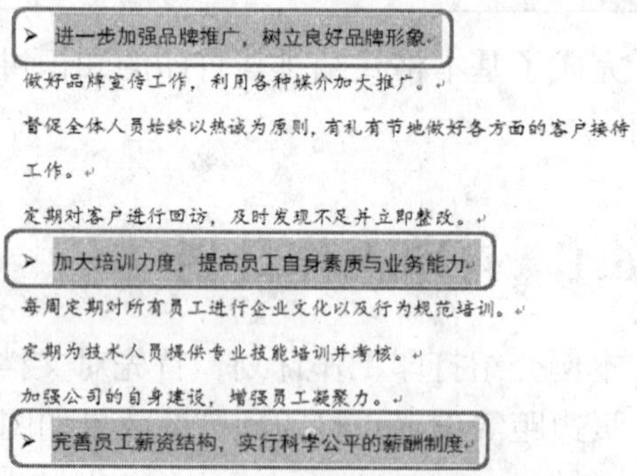

图7.53　设置项目符号效果

04 选择如图7.54所示的段落，并在其上右击鼠标，在弹出的快捷菜单中选择“编号”命令，在打开的子菜单中选择如图7.55所示的编号样式，使用同样的方法，为其他段落设置相同的编号样式，效果如图7.56所示。

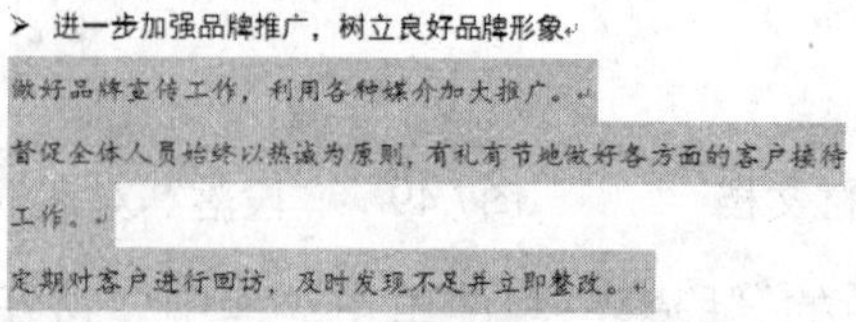

图7.54　选择段落

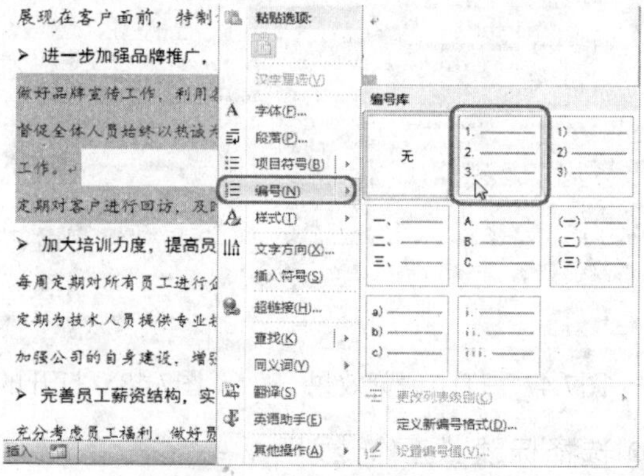

图7.55　选择编号样式

05 利用Ctrl键选择所有设置了编号的段落，在标尺栏中，用鼠标向右拖动“首行缩进”的下三角按钮，如图7.57所示。

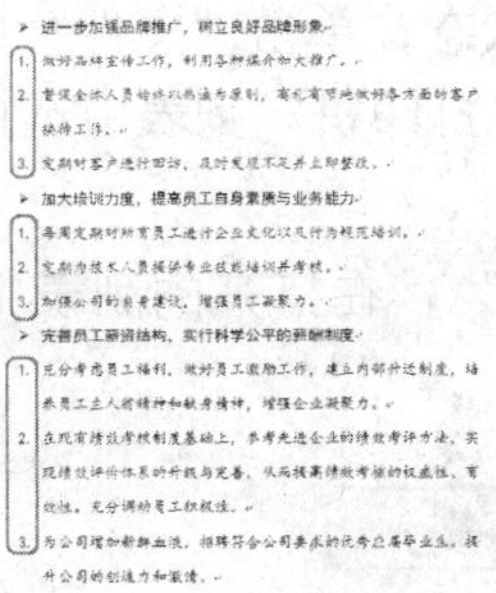

图7.56 设置编号效果

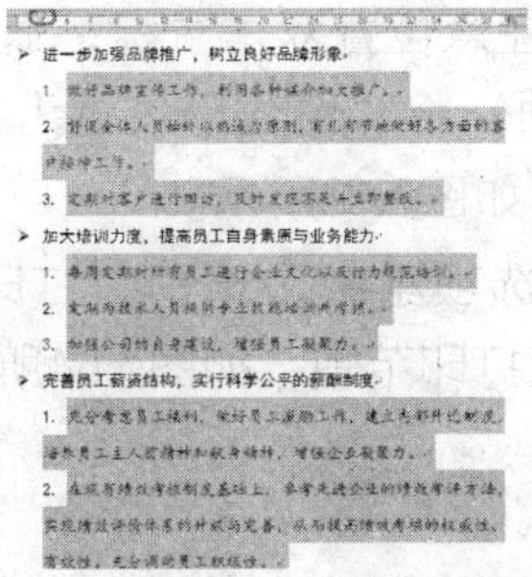

图7.57 设置首行缩进效果

06 在“插入”选项卡中，单击“页眉和页脚”组中的“页眉”按钮，在打开的下拉列表中选择“字母表型”，如图7.58所示，在标题文本框中输入页眉内容，如图7.59所示。

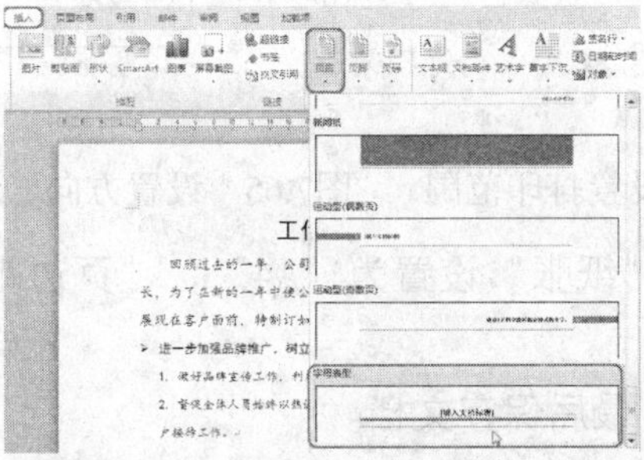

图7.58 选择“字母表型”选项

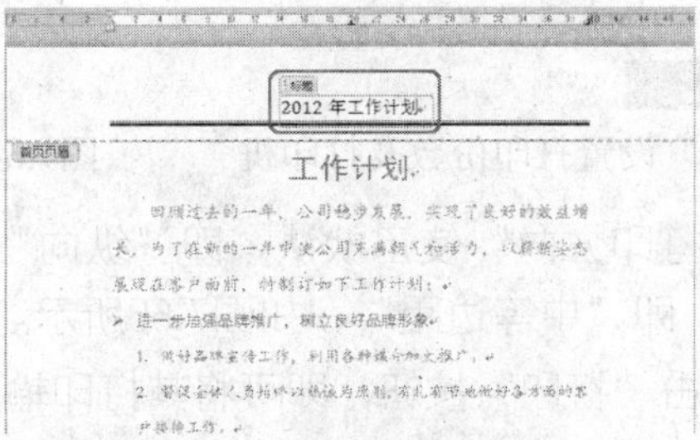

图7.59 输入页眉内容

07 用鼠标框选页眉内容，在“开始”选项卡中，将“字体”设置为“华文行楷”，“字号”设置为“3号”，单击“段落”组中的“文本左对齐”按钮，使页眉靠左对齐，如图7.60所示。

图7.60 设置页眉的字体、字号和对齐方式

08 在文档中的任意位置双击鼠标，退出编辑状态，在“插入”选项卡中单击“页眉页脚”组中的“页码”按钮，在弹出的列表中选择“页面底端”选项，在打开的子列表中选择“三角形1”，如图7.61所示。

09 选择页码中的数字“0”，将其修改为“1”，再选中输入的数字，在弹出的快捷工具栏中将“字号”设置为“小初”，“字体颜色”设置为“黑色”，如图7.62所示。

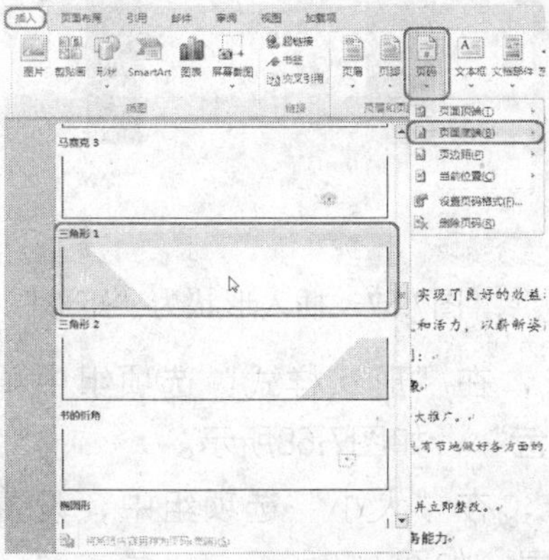

图7.61 选择“三角形1”选项

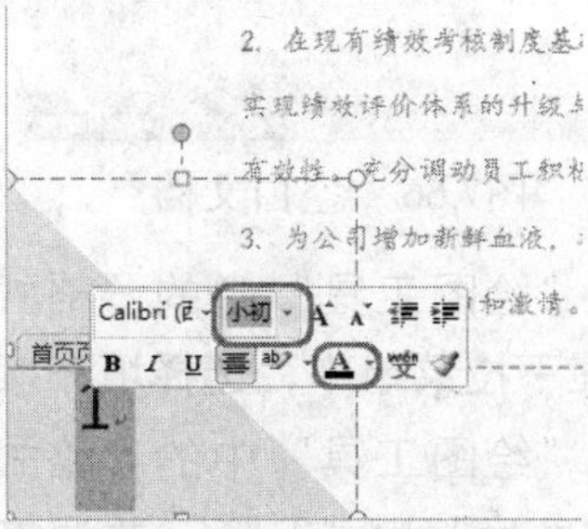

图7.62 修改页码字号与颜色

10 在文档中的任意位置双击鼠标，退出编辑状态，单击“文件”按钮，在弹出的菜单中选择“打印”选项，将“份数”设置为10，在“打印机”列表中选择与机器连接的打印机，这里使用默认，如图7.63所示。

11 在“设置”选项组中，单击“打印所有页”，在打开的列表中选择“打印当前页面”选项，为其设置打印范围，如图7.64所示。

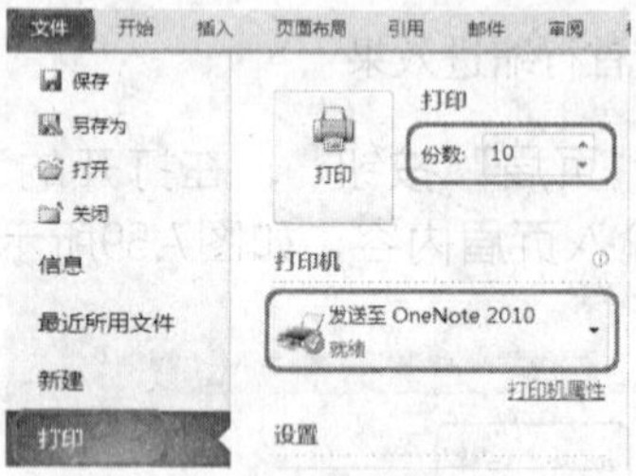

图7.63　设置打印份数及打印机

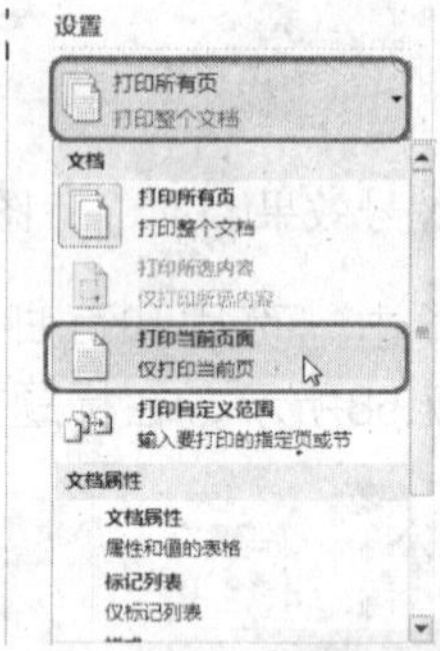

图7.64　设置打印范围

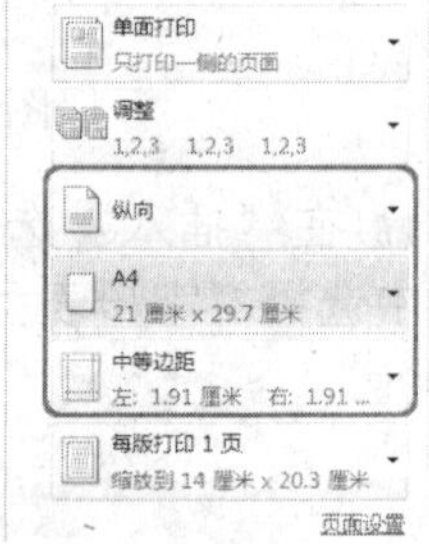

图7.65　设置方向、纸张、边距

12 “打印方向”使用默认，即“纵向”，“纸张”设置为“A4”，“页边距”设置为“适中”，即“中等边距”，如图7.65所示。

13 单击“打印”按钮，即可将其打印输出，最后保存文档。

7.6.2　论文封面

设置论文封面的步骤如下。

01 启动Word 2010，系统会自动新建一个空白文档，命名为“文档1”，如图7.66所示。

02 单击“插入”选项卡，在“插图”选项组中单击“形状”按钮，在下拉菜单中选择基本形状为“矩形”，在文档中绘制出矩形，如图7.67所示。

图7.66　空白文档

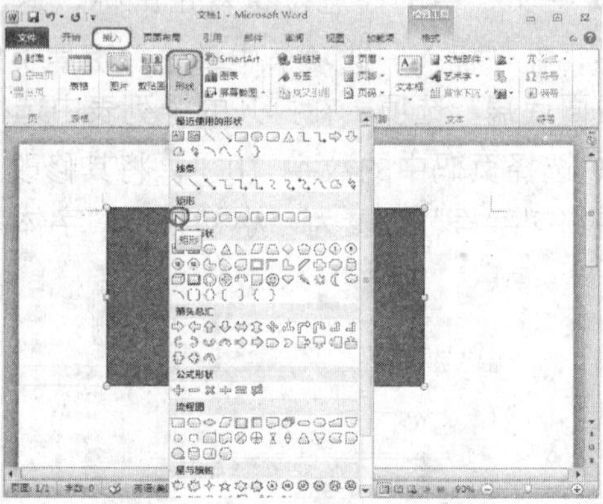

图7.67　插入形状为“矩形”

03 单击“绘图工具”中的“格式”选项卡，在“形状样式”选项组中单击“形状填充”按钮，在下拉菜单中，选择填充颜色为“蓝色”，如图7.68所示。

04 单击“绘图工具”中的“格式”选项卡，在“大小”选项组中，设置“高度”为“29.7”，“宽度”为“21”，并调整矩形的位置，如图7.69所示。

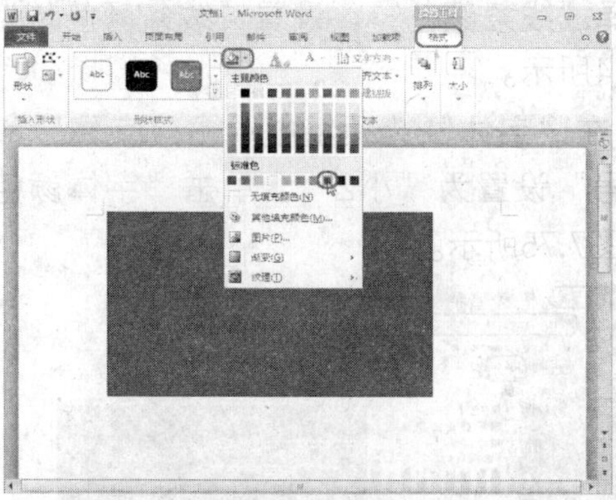

图7.68　设置“形状填充”为蓝色

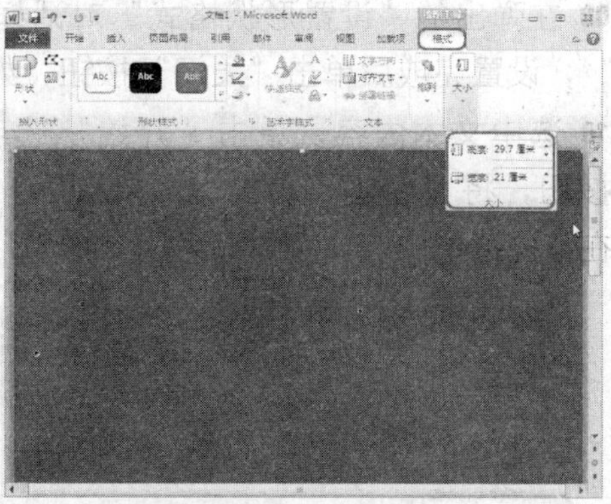

图7.69　设置形状大小

05 单击“插入”选项卡，在“文本”选项组中单击“艺术字”按钮，在下拉菜单中选择艺术字的样式为“填充-红色，强调文字颜色2，粗糙棱台”，如图7.70所示。

06 选中弹出的“请在此放置您的文字”对话框中，设置“字体”为“方正行楷简体”，“字号”为“初号”，并在文本框中输入“室内设计的灯光与应用”，如图7.71所示。

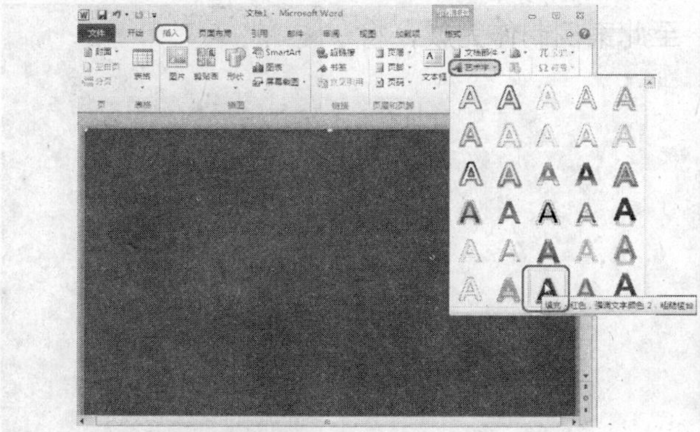

图7.70　插入艺术字

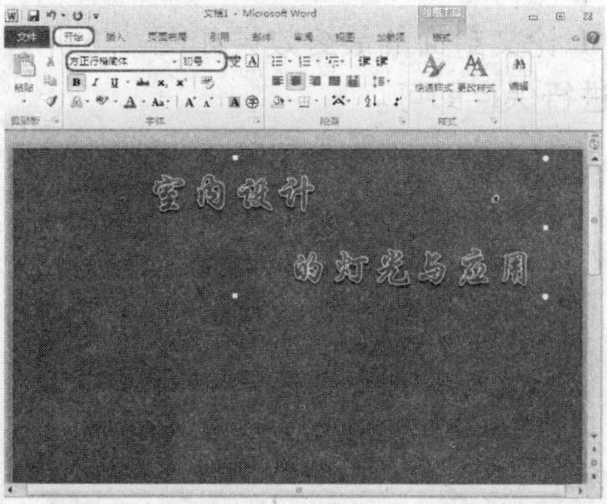

图7.71　设置“字体”和“字号”

07 单击“插入”选项卡，在“文本”选项组中单击“文本框”按钮，在下拉菜单中，选择文本框的样式为“绘制文本框”，然后将文本框插入到文档中，如图7.72所示。

08 选中文本框，单击鼠标右键，在弹出的快捷菜单中选择“设置形状格式”选项，如图7.73所示。

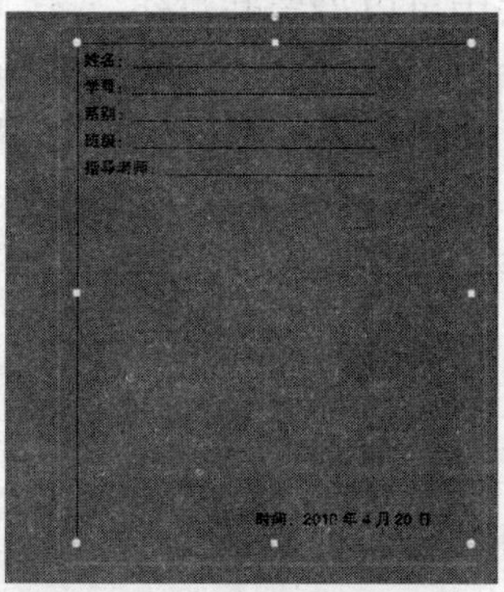

图7.72　插入文本

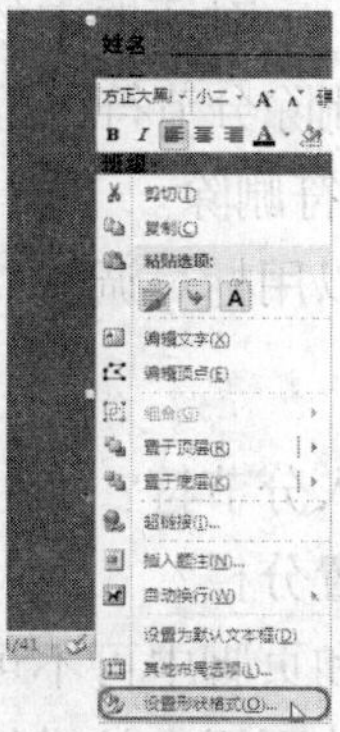

图7.73　右键选择“设置形状格式”

09 在弹出的“设置形状格式”对话框中选择“线条颜色”，设置“线条颜色”为“无线条”，设置完成后单击“关闭”按钮，如图7.74所示。

10 选中文本内容，单击“开始”选项卡，在“字体”选项组中单击“字体”和“字号”按钮，将“字体”设置为“隶书”，“字号”设置为“小2”，单击“字体颜色”按钮，在下拉菜单中选择字体颜色为“白色”，如图7.75所示。

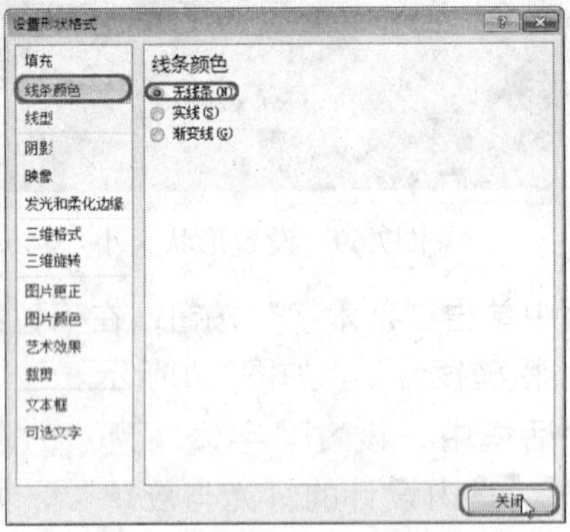

图7.74　设置线条颜色为无

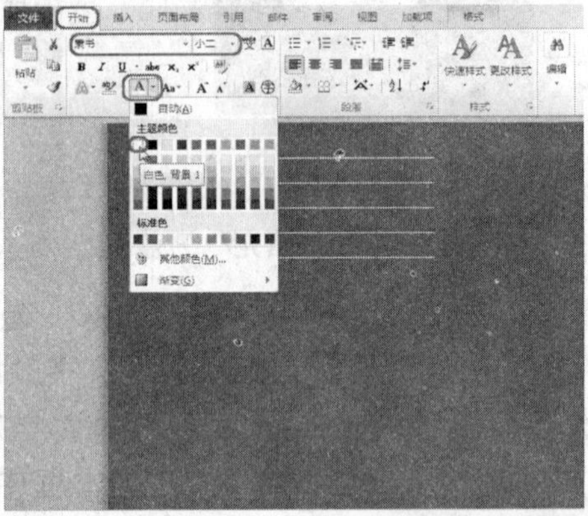

图7.75　设置文本样式

11 论文封面的最终效果如图7.76所示，至此案例制作完成，将文档进行保存即可。

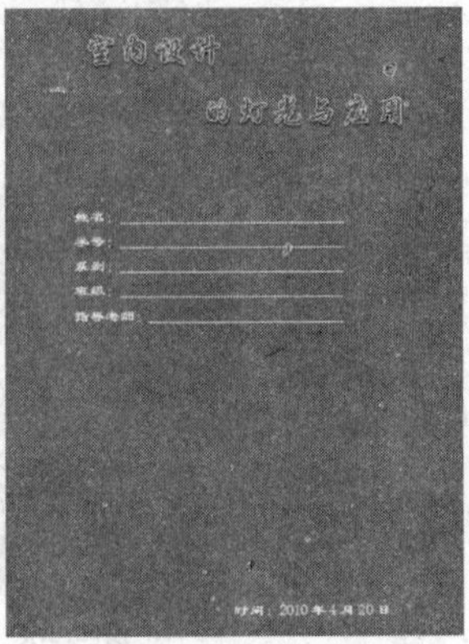

图7.76　最终效果

7.7 练习

1．填空题

（1）在________对话框中的________选项卡中可以设置装订线。

（2）如果要删除分节符，可在________视图中选中要删除的分节符，然后按________键，即可将选中的分节符删除。

（3）用户可以用标尺调整________和________。

2．问答题

（1）如何插入分节符？

（2）如何设置分栏？

（3）在页面和页脚中可不可以插入图片？如何进行插入？

（4）如何修改页眉中的横线？

第8章 Word 2010的高级功能

本章要点

本章主要介绍了Word 2010的高级功能，通过本章的学习，掌握一些高级功能的使用方法，例如自动更正、字数统计、修订和批注等，除此之外，本章还将介绍域的使用，使用户更了解域，从而更好地使用域。

本章内容主要包括

- 自动更正功能
- 字数统计
- 标记与索引
- 修订和批注
- 认识域
- 目录的编制

go>>

8.1 自动更正功能

自动更正就是自动修改用户输入文字或符号时的错误，通过设置一些选项，Word就会自动检查用户的输入，并修改一些特定的错误。

8.1.1 “自动更正”选项

设置自动更正的操作步骤为：选择要进行更正的文字，选择“文件”→“选项”命令，在弹出的“Word选项”对话框中选择“校对”选项卡，在“自动更正选项”选项区域中单击“自动更正选项”按钮，在弹出的“自动更正”对话框中选择“自动更正”选项卡，如图8.1所示。

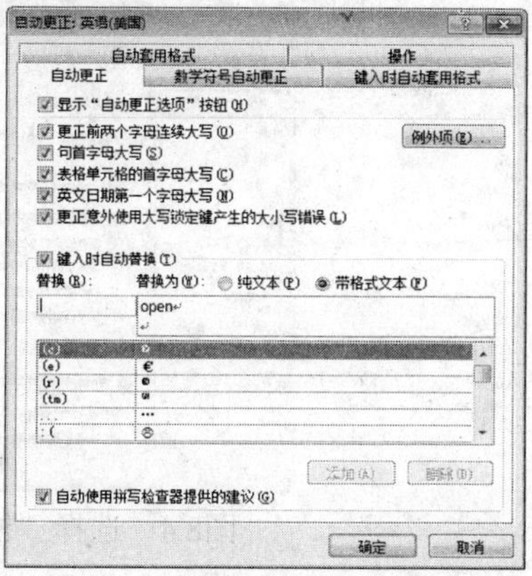

图8.1 “自动更正”选项卡

用户可以根据需要来设置各个选项，各个选项的功能介绍如下。

- “显示“自动更正选项”按钮”复选框：在自动更正时显示自动更正按钮，如图8.2所示。
- “更改前两个字母连续大写”复选框：将前两个连续大写的字母改为开头字母为大写，例如在文档中输入DOor，勾选该复选框后，可将其更改为Door。
- “句首字母大写”复选框：将句首的字母自动更改为大写。
- “表格单元格的首字母大写”复选框：将表格中的单词的第一个字母自动更正为大写，例如在表格中输入book，可自动更正为Book，如图8.3所示。

- “英文日期第一个字母大写”复选框：在输入英文日期时，将其第一个字母自动更正为大写。
- “更正意外使用大写锁定键产生的大小写错误”复选框：在CapsLock键打开的情况下键入的单词，Word会自动更正该单词的大小写，并同时关闭CapsLock键，例如输入hAND，将会自动更正为Hand。
- “键入时自动替换”复选框：可以自动替换输入的内容。例如在文档中输入（c），可自动替换为©，用户可以根据需要设置所要替换的内容。
- “添加”按钮：可以添加用户需要在键入时自动替换的内容。
- “删除”按钮：可以删除自动替换的内容。

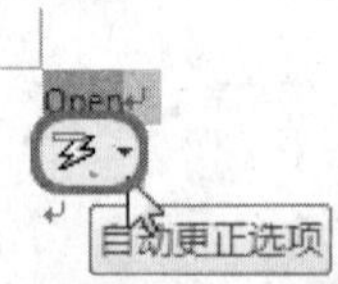

图8.2 “自动更正选项”按钮

图8.3 自动更正的前后效果

8.1.2 自动更正词条

在输入字符时，经常会输错一些又长又容易出错的单词或词语，用户可以根据需要添加或删除自动更正词条。

1．添加自动更正词条

用户可以为经常出错的词语设置自动词条，具体操作步骤如下。

01 选择需要创建自动更正的词条，例如选择“页面布局”选项卡。

02 选择“文件”→“选项”命令，在弹出的“Word选项”对话框中单击“校对”选项卡，如图8.4所示。

03 在“校对”选项卡的右侧单击“自动更正选项”按钮，在弹出的“自动更正”对话框中勾选“键入时自动替换”复选框，使其处在被选中的状态中，在“替换”下方的文本框中输入被替换的词条，例如输入“页面布局”，如图8.5所示。

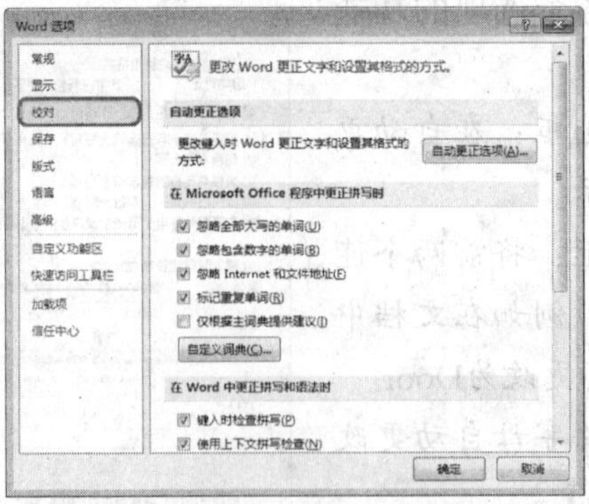

图8.4 选择“校对”选项卡

图8.5 输入被替换的词条

04 单击“添加”按钮，即可将选中的词条设置为自动更正词条，单击“确定”按钮，返回到“Word选项”对话框中，单击“确定”按钮，将其关闭即可。

2. 删除自动更正词条

用户除了可以添加自动更正词条外，还可以对其进行删除，选择“文件”→“选项”命令，在弹出的“Word选项”对话框中单击“校对”选项卡，在“校对”选项卡的右侧单击“自动更正选项”按钮，在弹出的“自动更正”对话框中选择要删除的自动更正词条，单击“删除”按钮，删除完成后单击“确定”按钮，最后关闭“Word选项”对话框即可。

8.2 字数统计功能

Microsoft Word 可在用户输入文档内容时统计文档中的字数。Word 还可以统计页数、段落数、行数等信息。

8.2.1 在输入时统计字数

在文档中输入内容时，Word 将自动统计文档中的页数和字数，并将其显示在工作窗口底部的状态栏上，如图8.6所示。

如果在状态栏中看不到字数统计，请右键单击状态栏，然后在弹出的快捷菜单中选择“字数统计”选项，如图8.7所示。

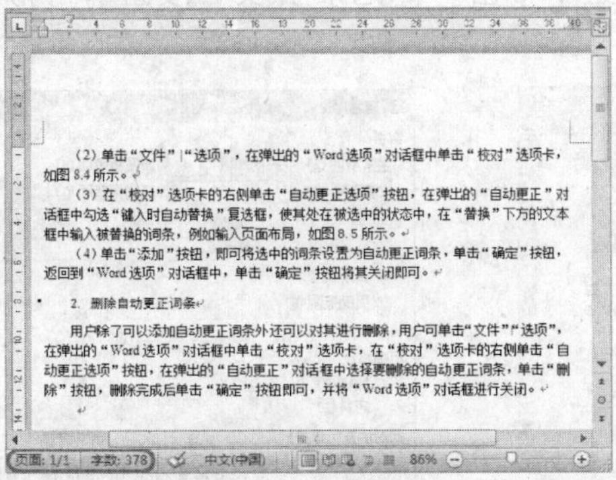

图8.6 统计字数

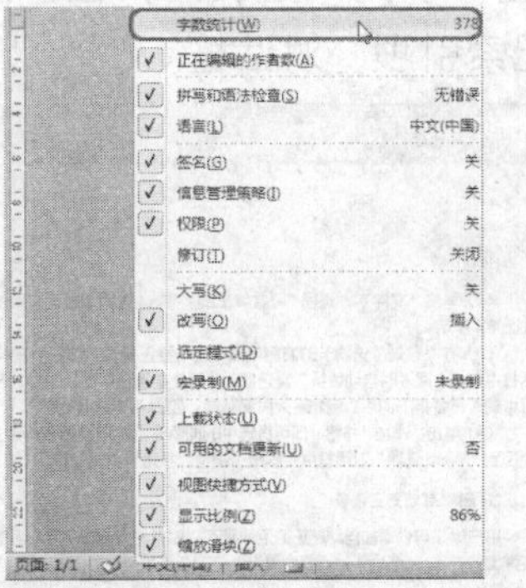

图8.7 选择“字数统计”选项

用户还可以统计一个或多个选择区域中的字数，而不是文档中的总字数。对其进行字数统计的各选择区域无须彼此相邻，例如选择要统计字数的文本，状态栏将显示选择区域中的字数。例如，150/400 表示选择区域中的字数为 150，文档中的总字数为400。

提示 若要选择不相邻的各个文本块，请先选择第一个选择区域，然后按住Ctrl键并选择其他选择区域。

8.2.2 使用“字数统计”对话框

用户还可以在“字数统计”对话框中查看字数，如果用户要统计一个文档的字数，可以使用Word 2010中的“字数统计”对话框，打开该对话框的具体操作步骤如下。

01 单击“审阅”选项卡，在“校对”组中单击“字数统计”按钮，弹出如图8.8所示的对话框。

02 如果选中“包括文本框、脚注和尾注”复选框，可以统计包括文本框、脚注、尾注在内的文字。

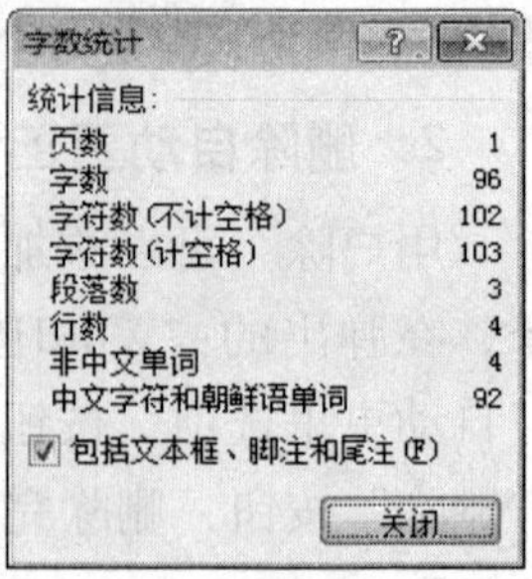

图8.8 “字数统计”对话框

8.3 标记与索引

通常情况下，索引项中可包含各章的主题、文档中的标题或子标题、专用术语、缩写和简称、同义词及相关短语等。

8.3.1 标记索引项

索引项可以来自文档中的文本，也可以只是与文档中的文本有特定关系，如索引项可以只是文档中的某个单词的同义词。标记索引项的操作步骤如下。

01 在文档中选择需要标记索引项的文本，例如在文档中选择“关闭”，如图8.9所示。

02 单击“引用”选项卡，在“索引”组中单击“标记索引项”按钮，打开如图8.10所示的“标记索引项”对话框。

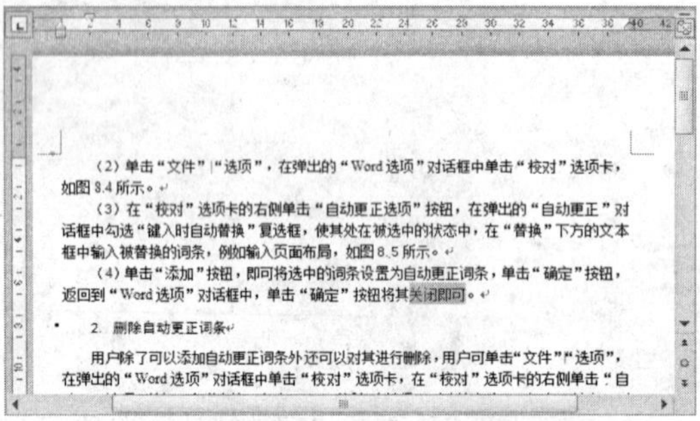

图8.9 选择需要标记索引项的文本

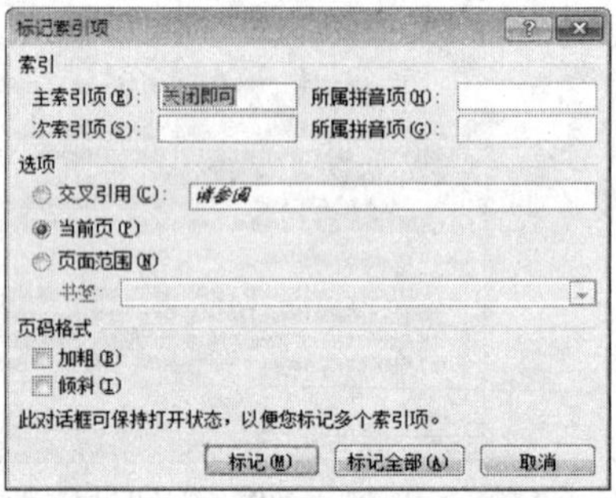

图8.10 “标记索引项”对话框

03 用户可以在“选项”区域中选择如下选项。

- “交叉引用”：如果索引项与另一索引项有关，可选择该选项，然后在右侧的文本框中输入提示文字和交叉引用对象，如输入“见 第8章”，“见”为提示文字，而“第8章”即为交叉引用对象。默认的提示文字为“请参阅”。键入的提示文字和交叉引用对象之间至少要有一个空格。
- “当前页”：若当前的索引项只与其所在的页有关，则选择该选项，此时生成的索引项中将标出其所在页的页码。
- “页面范围”：若与某一索引项有关的内容不只存在于该索引项所在的页，而是跨越了若干页（如第6~8页），可选择该选项，然后在“书签”列表框中选定标识对应范围的书签名。单前提是已为与该索引项有关的页加了书签。

04 用户可以在“页码格式”选项区域中将页码设置为“加粗”或“斜体”。

05 单击“标记”按钮，并将“标记索引项”对话框关闭，即可在所选的文本后面插入一个索引项域XE，如图8.11所示。

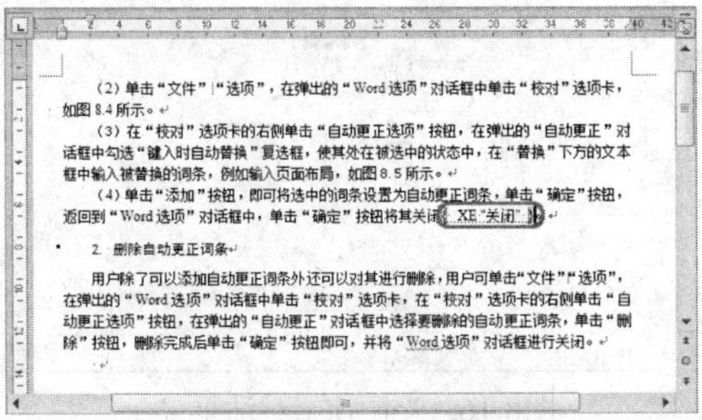

图8.11　标记索引项

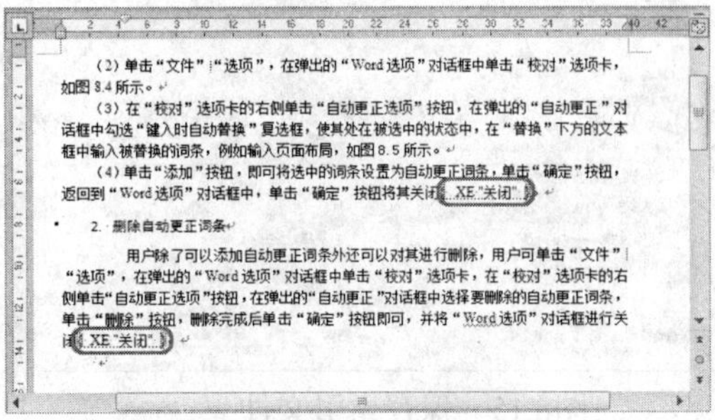

图8.12　标记全部

提示 若某个作为索引项的文本在文档中多处出现，可单击“标记全部”按钮，Word会将文档中各处出现的该文本都加上索引标记。这将使得该文本所在页的页码都出现在索引中。如图8.12所示，如果屏幕上没有显示XE域，可单击“开始”选项卡中“段落”组的“显示/隐藏编辑标记”按钮。

8.3.2 自动标记索引项

Word 2010还提供了自动标记索引项功能。通过创建索引文件，可以自动标记索引项。索引文件是一个Word文档，其主要内容是一个两列表格，第一列是建立索引的文本或符号，第二列为索引项文本。自动标记索引项的操作步骤如下。

01 创建一个新文档，在新建的文档中插入一个两列的单元格，如图8.13所示。

02 在第一列中输入用来建立索引项的文字（该文字必须与文档中的内容完全一样），在第二列中输入要在索引中出现的索引项，输入后的效果如图8.14所示。

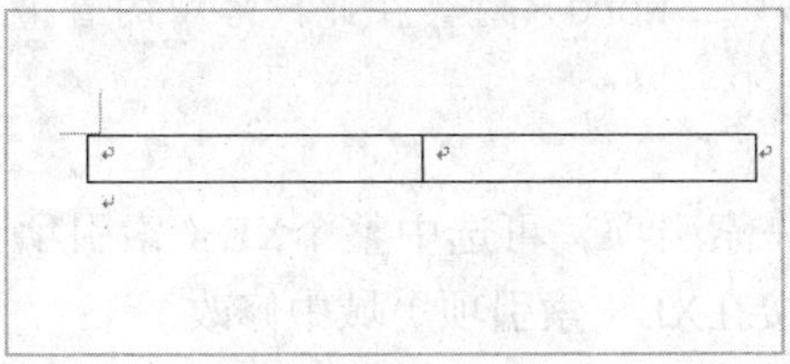

图8.13　插入单元格

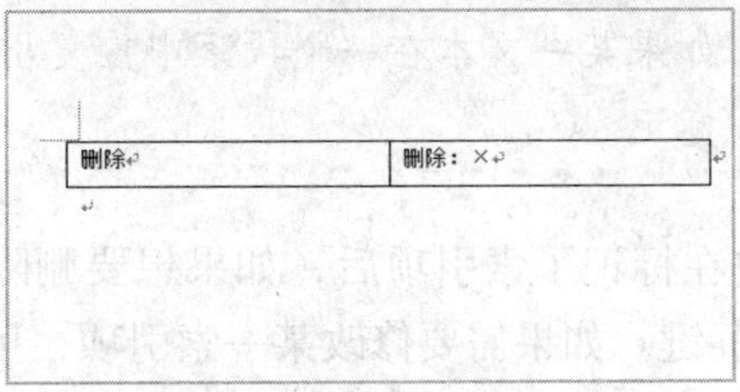

图8.14　输入索引文字

03 按Ctrl+S组合键保存，在弹出的“另存为”对话框中输入文件名，单击“保存”按钮，如图8.15所示。

04 打开需要自动标记索引项的文档。

05 单击“引用”选项卡，在“索引”组中单击“插入索引”按钮，弹出如图8.16所示的对话框。

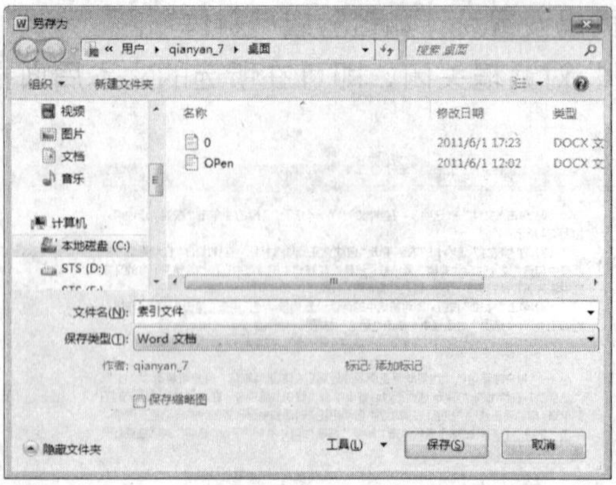

图8.15　保存索引文件

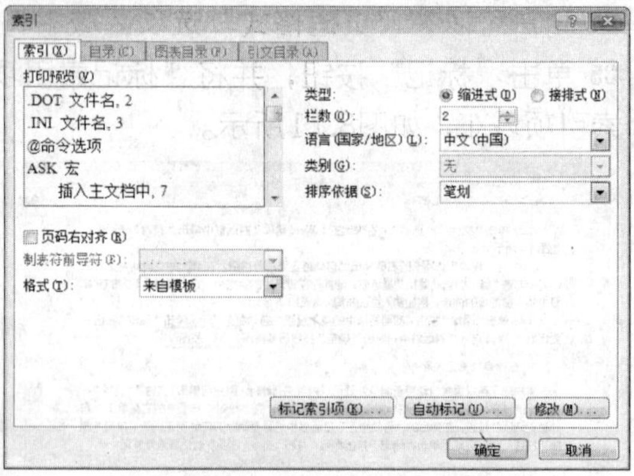

图8.16　“索引”对话框

06 在该对话框中，单击“自动标记”按钮，在弹出的“打开索引自动标记文件”对话框中选择需要的索引文件，如图8.17所示。

07 单击“打开”按钮，Word将在整篇文档中搜索索引文件第一列中的文字的确切位置，使用第二列中的文本作为索引项标记，全部搜索完成后，状态栏中将显示标记索引项的数目，如图8.18所示。

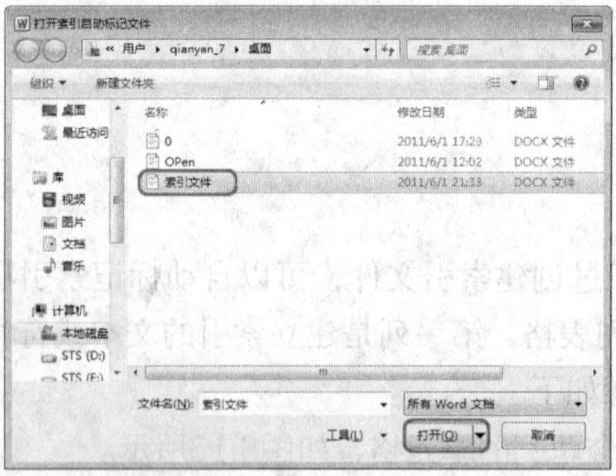

图8.17　打开索引自动标记文件

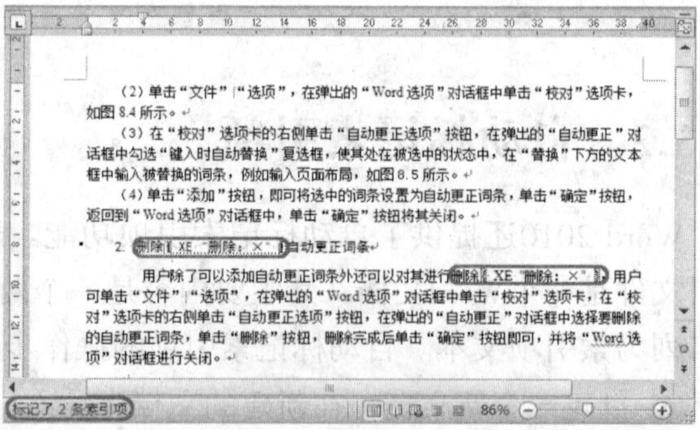

图8.18　自动标记索引项

> **提示** 如果某一文本在一个段落中重复出现多次，Word只对其在此段落中的首个匹配项作标记。

用户在标记了索引项后，如果想要删除某一索引项，可选中整个XE（索引项）域，然后按Delete键。如果需要修改某一索引项，可直接在XE（索引项）域中修改。

8.3.3　编制索引项

标记了索引项以后，用户就可以为文档编制索引了。编制索引可以使用功能区的工具按钮来完成。

1．使用“索引”对话框编制索引项

编制索引项的操作步骤如下。

01 将插入符置于文档中放置索引的位置。

02 选择“引用”选项卡，在“索引”组中单击“插入索引”按钮，弹出如图8.19所示的对话框。

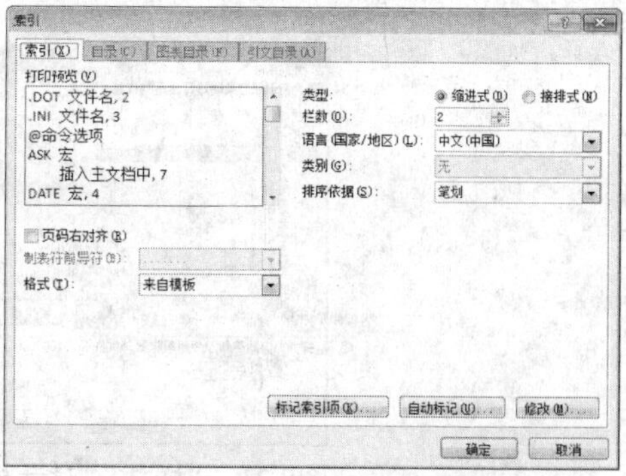

图8.19 “索引”对话框

03 在“类型”选项区选择索引项的排列方式，如下。

- 若选择“缩进式”：主索引项和对应的次索引项呈阶梯状，按层次排列。
- 若选择“接排式”：主索引项和对应的次索引项排列在同一行中，主索引项在前，次索引项在后，中间用冒号隔开。

04 在“格式”下拉列表中指定索引格式。其中包括来自模板、古典、流行、现代等格式。

05 选中“页码右对齐”复选框，然后在“制表位前导符”下拉列表框中选定索引项和对应页码间的分隔符。此选项只在选中“页码右对齐”复选框时生效。

06 在“栏数”框中指定建立索引的栏数，当栏数大于1时，按多栏版式建立索引。

07 在“语言”下拉列表框中选择所需的语言，在“类别”下拉列表框中选择一种类别，该选项只在格式下拉列表选择除“来自模板”选项时才会生效。

08 在“排序依据”框中选择索引项的排列方式，如选择“笔画”，则将按照笔画为序排列索引项。

09 设置完成后，单击“确定”按钮，如图8.20所示。

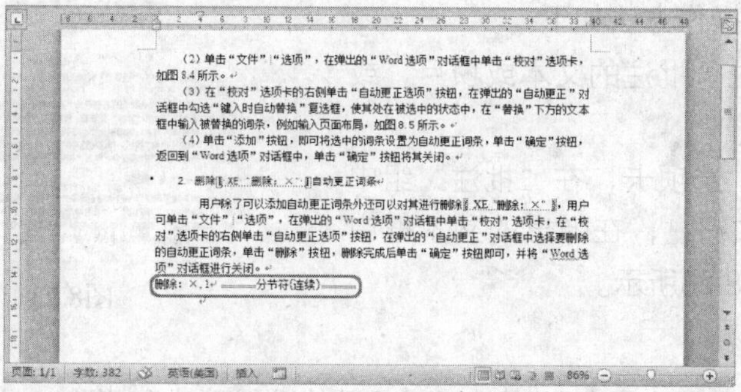

图8.20 编辑后的效果

2．更新或格式化索引

编制索引后，如果又在文档中标记了新的索引项，或由于在文档中增加或删除了文本，使分页情况发生了变化时，就必须更新索引。首先将插入符置于索引的任意位置，单击鼠标即可选中整个索引，单击鼠标右键，从弹出的快捷菜单中选择“更新域”选项，即可更新索引。

编制索引时，Word自动套用标准样式“索引1”~“索引9”，对各层索引进行格式化。如果用户要求整个索引或其中个别索引项具有自己所需的格式，可以像在文档中编辑文本一样来修改索引或对索引进行格式化。可以在“索引”对话框中单击“修改”按钮，弹出如图8.21所示的“样式”对话框，在该对话框中单击“修改”按钮，在弹出的“修改样式”对话框中，可以对索引进行格式化，如图8.22所示。

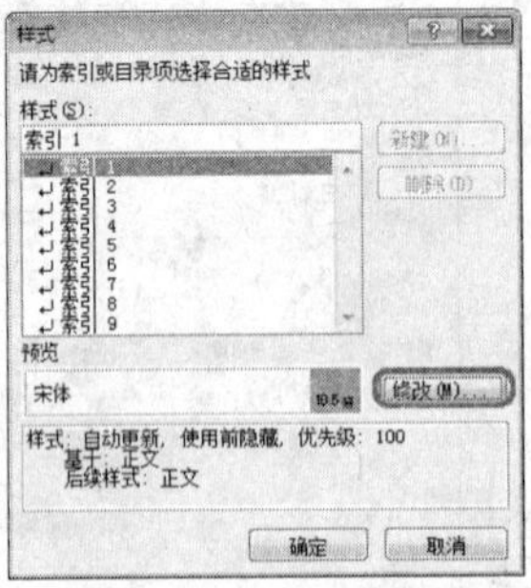

图8.21 “样式”对话框

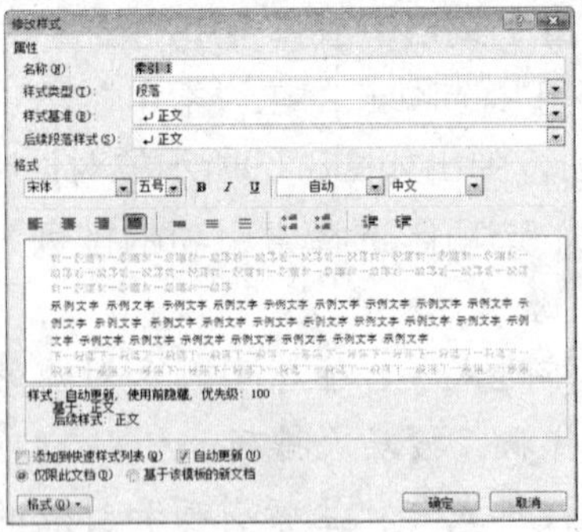

图8.22 “修改样式”对话框

8.4 修订和批注

用户可以将批注和对文档所做的修订插入文档页边距处出现的批注框中。使用这些批注框可以方便地查看审阅者的修订和批注，并对其作出反应，也可以从视图中隐藏批注。

8.4.1 编辑批注

在Word 2010中，用户可以跟踪每一个插入、删除、移动、格式更改或批注操作，以便在以后审阅所有这些更改。

1．插入批注

插入批注的具体操作方法如下。

01 选择要对其进行批注的文本或项目，或单击文本的末尾处。

02 单击“审阅”选项卡，在“批注”组中单击“新建批注”按钮，在弹出的文本框中输入批注即可，如图8.23所示。

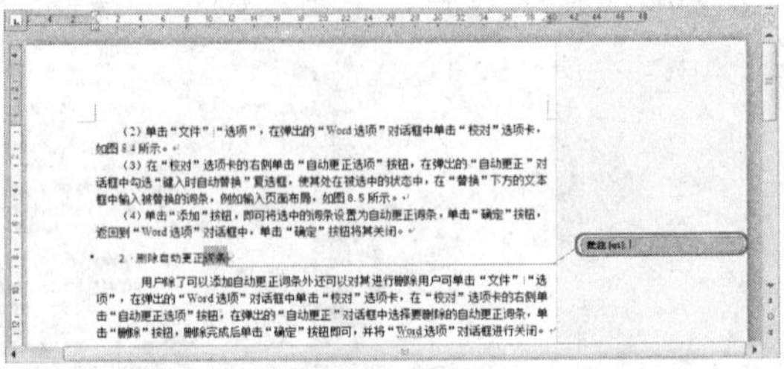

图8.23 插入批注

2．删除批注

用户除了可以在文档中插入批注，还可以对其进行更改和删除，具体操作步骤如下。

01 将插入符置于需要删除的批注中，如图8.24所示。

02 单击“审阅”选项卡，在“批注”组中单击“删除”按钮，即可将选中的批注删除，如图8.25所示。

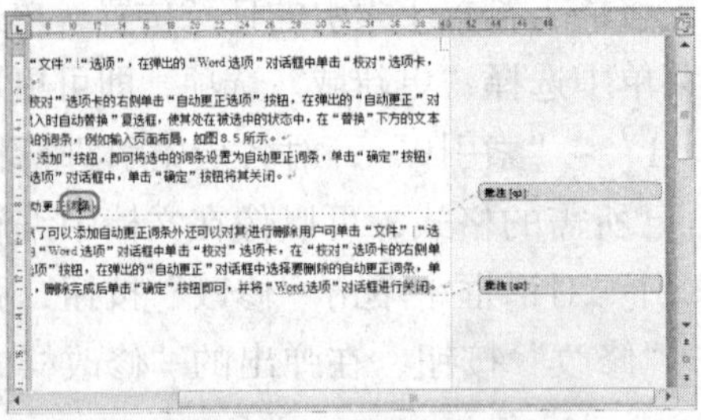

图8.24 将插入符置于批注中

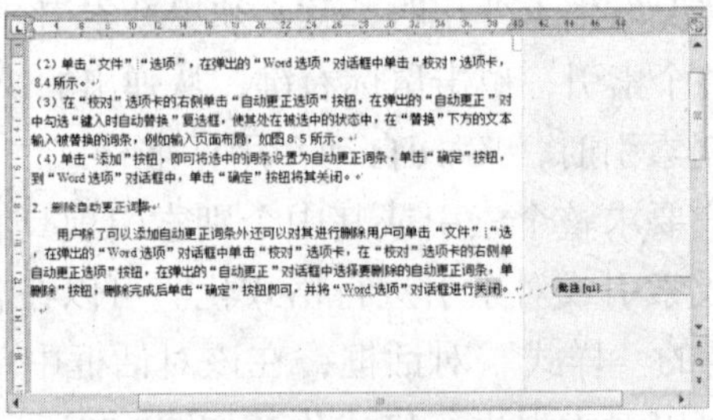

图8.25 删除批注

除此之外，用户还可以将插入符置于需要删除的批注中并右击鼠标，在弹出的快捷菜单中选择“删除批注”选项，如图8.26所示。如果想删除文档中的所有批注，可以在文档中单击任意一个批注，然后选择“审阅”选项卡，在“批注”组中单击“删除”右侧的下三角按钮，在弹出的下拉菜单中选择“删除文档中的所有批注”选项，如图8.27所示，执行操作后，即可将文档中的所有标注删除掉。

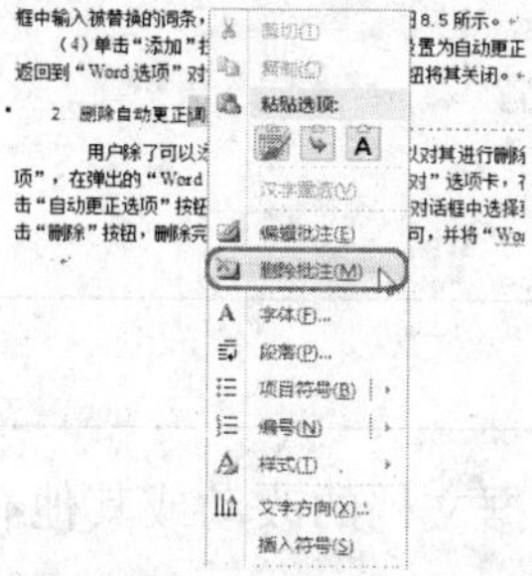

图8.26 选择“删除批注”选项

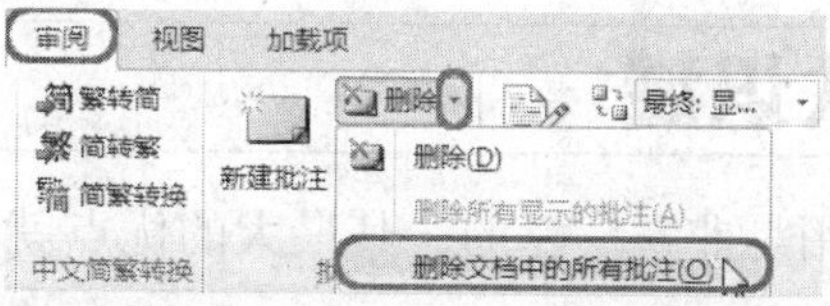

图8.27 选择“删除文档中的所有标注”选项

8.4.2 修订

修订可以使审阅者在修改文档时突显所有修改之处，用户可以根据需要设置修订项标记，具体操作步骤如下。

01 打开一篇Word文档。

02 单击“审阅”选项卡，在“修订”组中单击“修订”下方的下三角按钮，在弹出的下拉菜单中选择“修订选项”选项，如图8.28所示。

03 在弹出的“修订选项”对话框中可以进行一些设置，例如单击“删除内容”右侧的下三角按钮，在弹出的下拉菜单中选择“双删除线”选项，并在其后面的下拉列表中选择“青绿”选项，如图8.29所示。

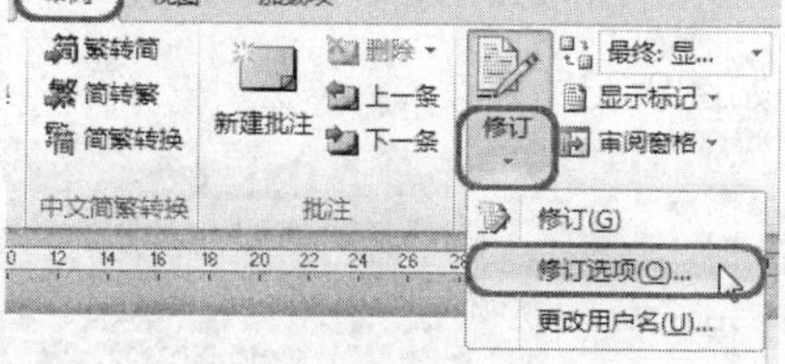

图8.28 选择“修订选项”选项

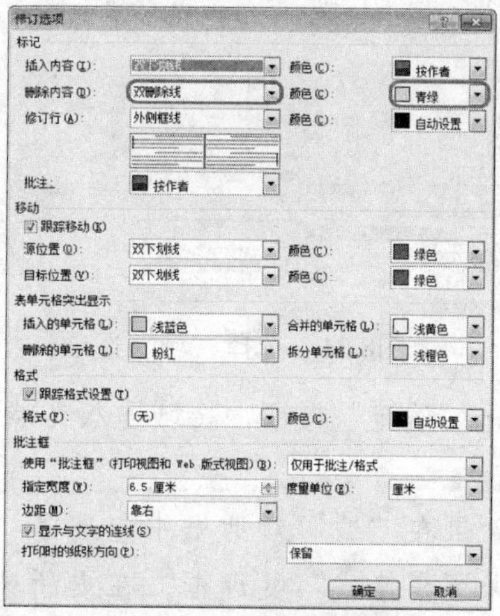

图8.29 “修订选项”对话框

04 再在“修订”组中单击“修订”按钮，用户可以在文档中进行一些更改，例如删除、移动、插入等，执行操作后，在文档中将会凸显所修改的位置，如图8.30所示。

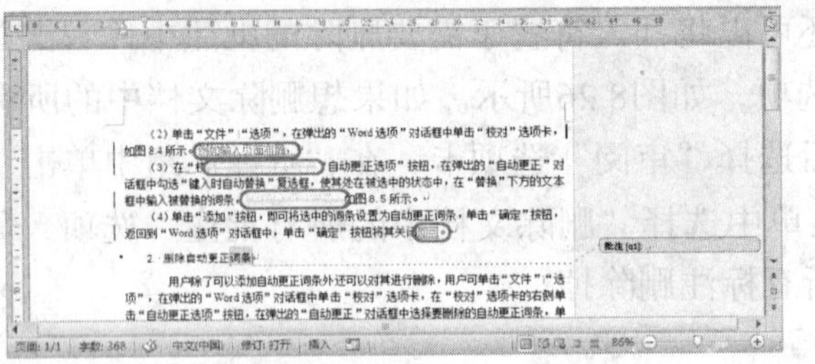

图8.30　凸显修改的位置

8.5 认识域

域的应用是非常广泛的，其最大的优点就是可以根据文档的改动或其他有关因素的变化而自动更新。

8.5.1 插入域

域包括域代码和域结果，域代码是指代表域的符号，域结果是指域代码计算得到的结果，域和Excel中的公式有些类似，插入域的具体操作步骤如下。

01 将插入符置于需要插入域的位置。

02 单击“插入”选项卡，在“文本组”中单击“文档部件”按钮，在弹出的下拉列表中选择“域”选项，如图8.31所示。

03 在弹出的“域”对话框中，单击“类别”下方的下三角按钮，在弹出的下拉列表中选择所需的类别，在“域名”列表框中列出了所选类别的所有域名，例如在该列表框中选择Author，在右侧的格式列表框中选择一种格式，如图8.32所示。

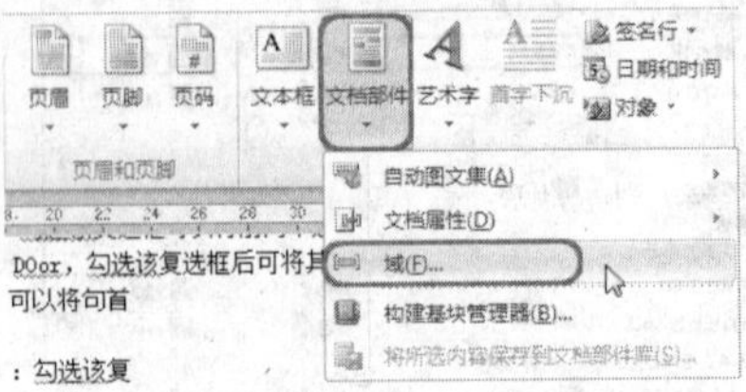

图8.31　选择“域”选项

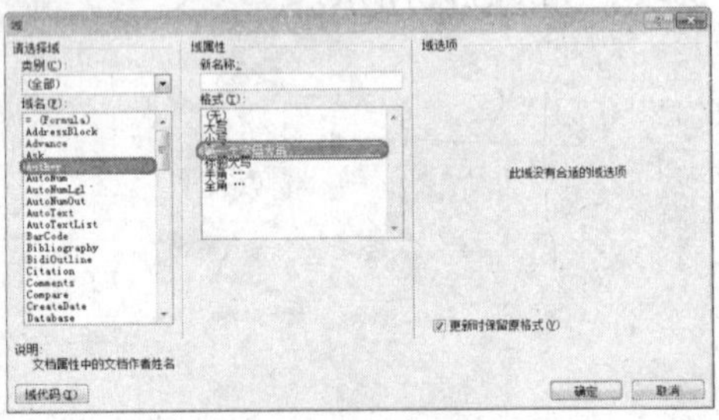

图8.32　选择域名和格式

04 单击“确定”按钮，将域插入文档中，如图8.33所示。

> **提示** 如果在“域”对话框中勾选了“更新时保留原格式”复选框，在更新域时将保留应用于域结果的字符格式，如果需要让Word在更新域的同时更新格式，可取消勾选该复选框。

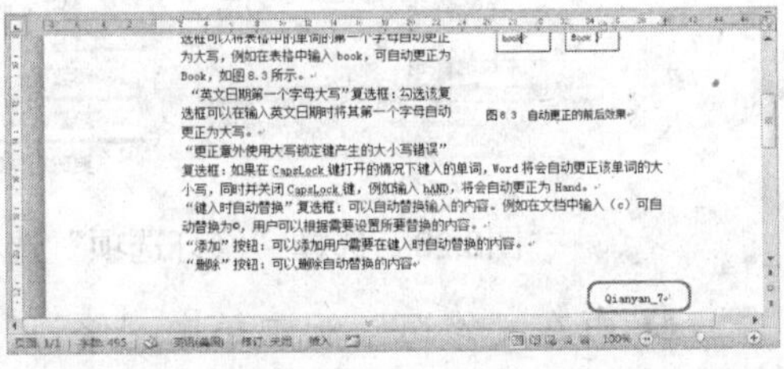

图8.33　插入域

8.5.2 更新域

与一般的文字不同的是，域的结果是随着文档的变化而变化的，有些域将随文档的变化进行更新，例如页码域在文档分页时会自动更新，但有些域是不能自动更新的，如果要获得最新的信息，就要更新域以生成新的结果。

如果要更新单个域，可选定要更新的域，然后按F9键进行更新，或者在该域上单击鼠标右键，在弹出的快捷菜单中选择“更新域”选项。

如果要更新一篇文档中的所有域，按Ctrl+A组合键，将文档全部选中，然后按F9键进行更新。

8.5.3 锁定域

有时根据需要希望不更新域，用户可以将域锁定起来，锁定域的方法有以下两种。

- 解除域的链接：域通常与一个信息源联系在一起，如果要永久保存当前域的结果，可解除域的链接，如果需要解除域的链接，可将该域选中，然后按Ctrl+Shift+F9组合键将其解除，当解除了某个域的链接后，该域的结果将成为普通文本，不能再恢复链接。
- 暂时锁定域：为了防止修改当前的域结果，可选定该域，然后按Ctrl +F11组合键，将该域暂时锁定，锁定的域与其他的域在外观上没什么区别，但如果在该域上右击鼠标就会发现，在弹出的快捷菜单中的“更新域”选项呈灰色，如图8.34所示，如果想要解除某个域的锁定，以便对其进行更新，选定该域，然后按Ctrl+Shift+F11组合键，对其解除锁定，解除锁定后，在该域上右击鼠标会发现，在弹出的快捷菜单中，“更新域”选项已显示为可用，如图8.35所示。

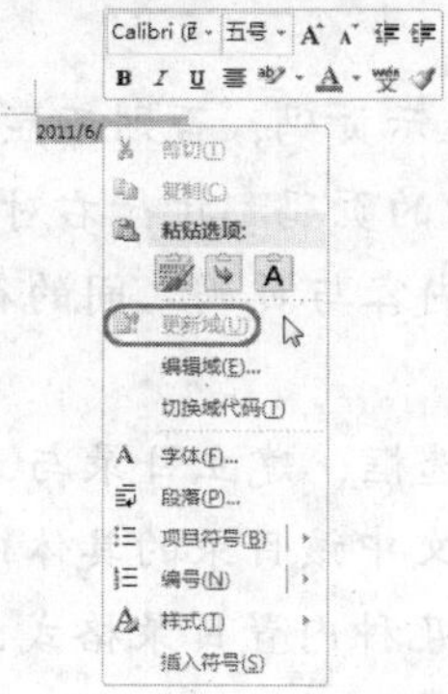

图8.34 “更新域”呈灰色

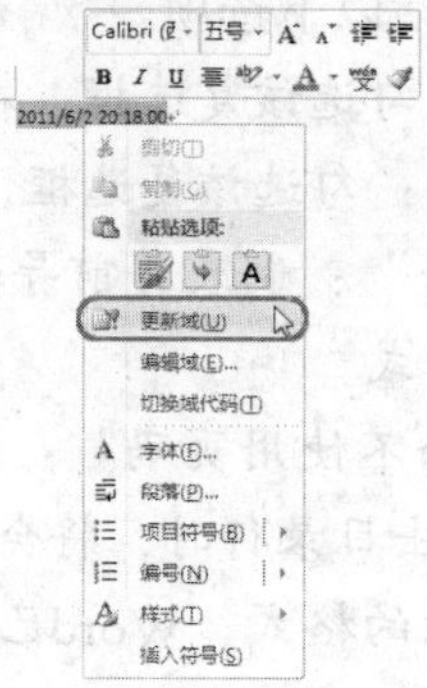

图8.35 “更新域”显示为可用

8.6 目录的编制

目录通常是文档中不可缺少的一部分，目录的作用是列出文档中的各级标题以及每个标题所在的页码。一般情况下，所有正式印刷出版的书刊都有一个目录，因此，编排目录就成为编辑长文档中一项非常重要的工作。当在文档中插入图片、公式等项目后，同样可以为这些项目编制图表目录，以方便用户迅速地查找到某个图或公式所在的位置。

8.6.1 创建目录

一篇文章具有良好的组织结构是非常重要的。如果信息的提示没有一定的逻辑顺序，势必要影响到文章的质量，也给读者带来麻烦。如果为文章添加一个目录，可以使文章具有条理性。创建目录的具体操作步骤如下。

01 将插入符移到要插入目录的位置上。通常创建在该文档的开头或者结尾。

02 单击“引用”选项卡，在“目录”组中单击“目录”按钮，在弹出的下拉列表中选择内置的目录样式，如图8.36所示。

03 或者在“目录”下拉菜单中选择“插入目录”选项，打开“目录”对话框，切换至“目录”选项卡，如图8.37所示。

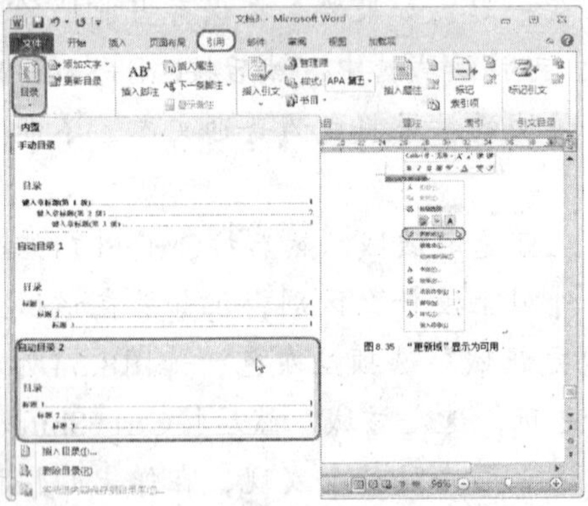

图8.36 “目录”下拉菜单

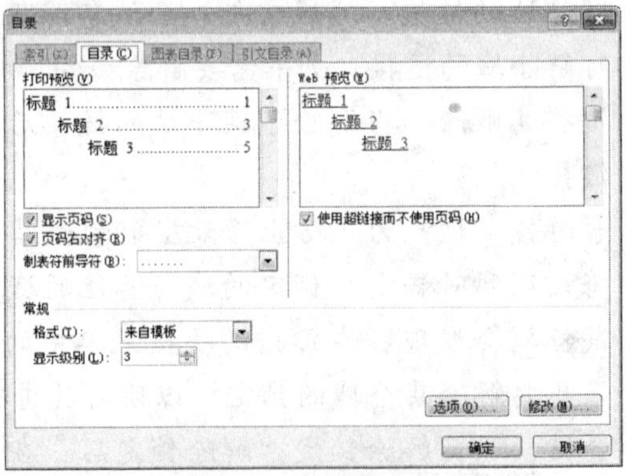

图8.37 “目录”对话框

“目录”选项卡包括以下选项。

- “显示页码”：勾选该复选框，在目录中显示页码，否则不显示。
- “页码右对齐”：勾选该复选框，在目录中的页码都执行右对齐。
- “制表符前导符”：制表符前导符是目录内容与页码之间的符号，可以在该下拉列表中选择符号形式。
- “使用超链接而不使用页码”：勾选该复选框，建立目录与正文之间的超链接，当按下Ctrl键并单击目录行时，将会链接到正文中该目录的具体内容。
- “格式”：目录的格式，Word已经建立了几种内置目录格式，例如“来自模板”、“古典”、“优雅”和“流行”等。
- “显示级别”：表示目录的级别。如果值为3，说明要显示到3级目录，如果值为5，则显示到5级目录。
- “打印预览”：打印的实际样式。
- “Web预览”：在Web网页中所看到的样式。
- “选项”：关于目录的其他选项。一般情况下，不用设置该选项，就能满足创建目录的需要了。
- “修改”：修改目录的内容。如果系统内置的目录与选项能满足要求，可以不进行修改。

提示 Word提供了自动生成目录的功能，使目录的制作变得非常简便，既不用手工制作目录、核对页码，也不必担心目录与正文不符。而且在文档发生了改变以后，还可以利用更新目录功能来适应文档的变化。除了可以创建一般的标题目录外，还可以根据需要创建图表目录以及引文目录等。

04 设置完成后，单击“确定”按钮，即可生成目录，如图8.38所示。

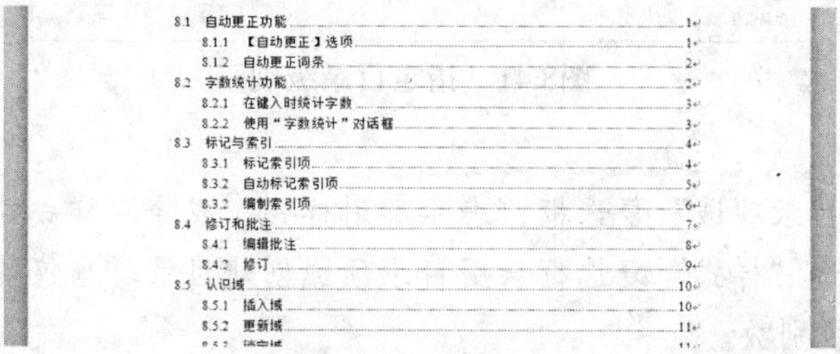

图8.38 创建目录

编制了目录以后，用户只要按住Ctrl键，单击目录中的某个页码，就可以跳转到该页码对应的标题。

8.6.2 使用其他样式创建目录

用户还可以使用其他样式创建目录，例如正文、图等样式，下面介绍使用“正文”样式创建目录，操作步骤如下。

01 将插入符移到要插入目录的位置上。

02 单击“引用”选项卡，在“目录”组中单击“目录”按钮，在弹出的下拉菜单中选择“插入目录”选项，如图8.39所示。

03 在弹出的“目录”对话框中单击“选项”按钮，打开“目录选项”对话框，默认情况下，该对话框中的“样式”复选框是被勾选的，如图8.40所示。

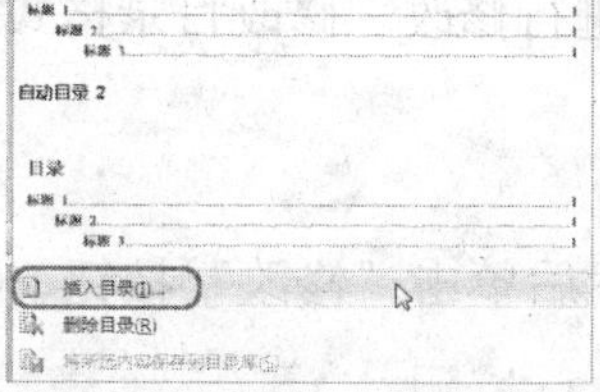

图8.39 选择“插入目录”选项

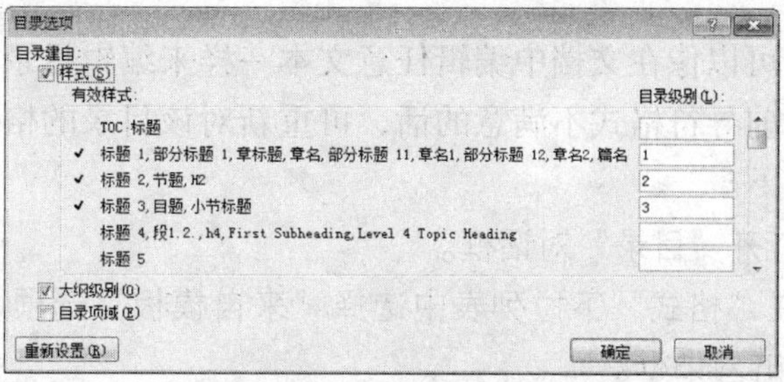

图8.40 “目录选项”对话框

04 在“有效样式”列表框中，把不需要生成目录的其他样式清除掉，并找到使用的样式名称，然后在“目录级别”列表框中指定这些样式的目录级别，如2级，如图8.41所示。

图8.41　指定目录级别

如果勾选“目录项域”复选框，表示不用样式，或除用样式外使用目录项域创建目录。取消勾选“样式”复选框只用目录项域创建目录。当仅使用自定义样式时，要删除内置样式的目录级别数。

05 单击“确定”按钮，返回到“目录”对话框，在该对话框中会添加正文目录，如图8.42所示。

06 在“目录”对话框中单击“确定”按钮，Word将会以指定的样式建立目录，目录中的页码是由Word按该样式在文档出现的位置来确定的，如图8.43所示。

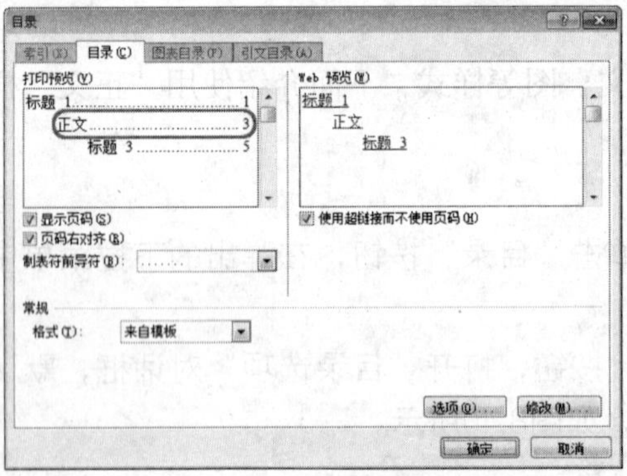

图8.42　添加正文目录

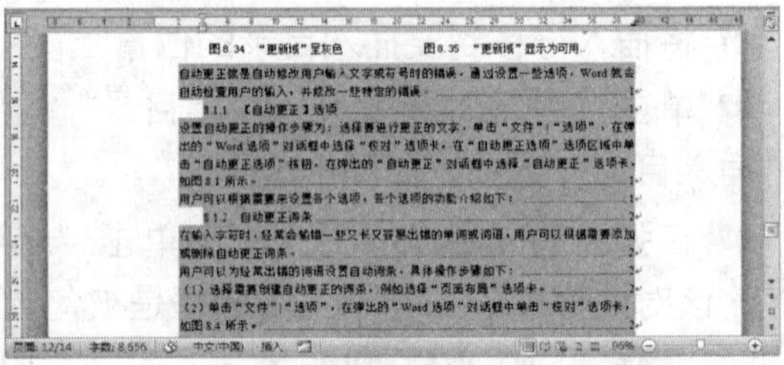

图8.43　正文目录

8.6.3　修改目录格式

用户可以像在文档中编辑任意文本一样来编辑目录。如果对目录的格式或目录文字与页码之间的前导符格式不满意的话，可重新对该目录的格式进行修改。修改目录格式的操作步骤通常如下。

01 打开“目录”对话框。

02 在“格式”下拉列表中选择“来自模板”选项，然后单击“修改”按钮，弹出如图8.44所示的对话框。

03 在“样式”列表框中选择要修改的样式，单击“修改”按钮，打开“修改样式”对话框，如图8.45所示。

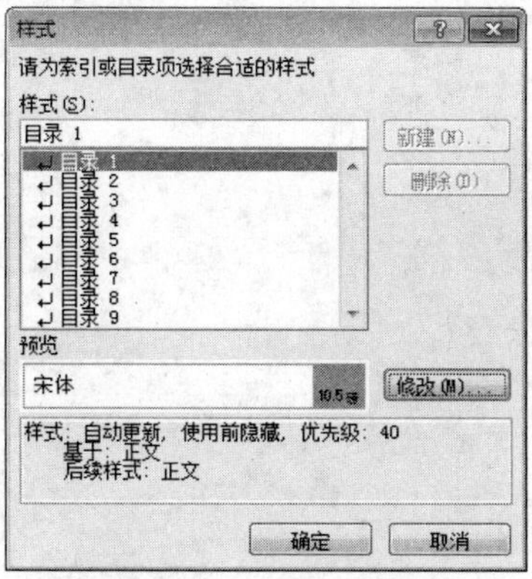

图8.44 “样式”对话框

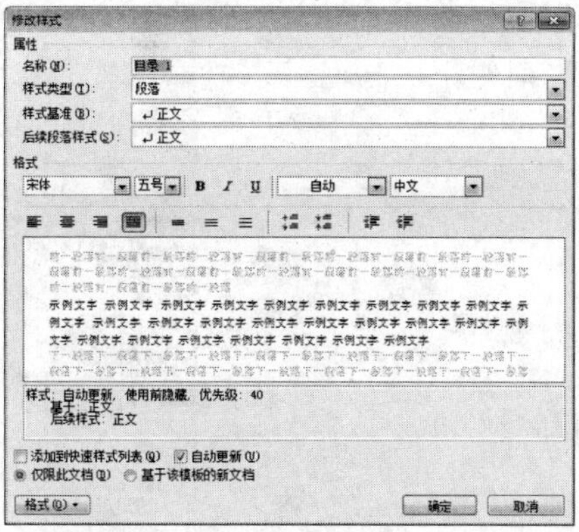

图8.45 “修改样式”对话框

04 对选定的目录样式进行修改。修改完成后，单击“确定”按钮，返回“样式”对话框。

05 单击“确定”按钮，返回“目录”对话框。

06 再单击“确定”按钮，返回文档即可。

8.6.4 更新与删除目录

在Word 2010中，如果用户添加了文档中的标题或其他目录项，可以对其进行更新，除此之外，用户还可以对目录进行删除。

1. 更新目录

更新目录的具体操作步骤如下。

01 单击需进行更新操作的目录，此时，目录上方将显示如图8.46所示的选项列表。

02 单击列表中的“更新目录”选项，或按F9键，Word将打开如图8.47所示的对话框。

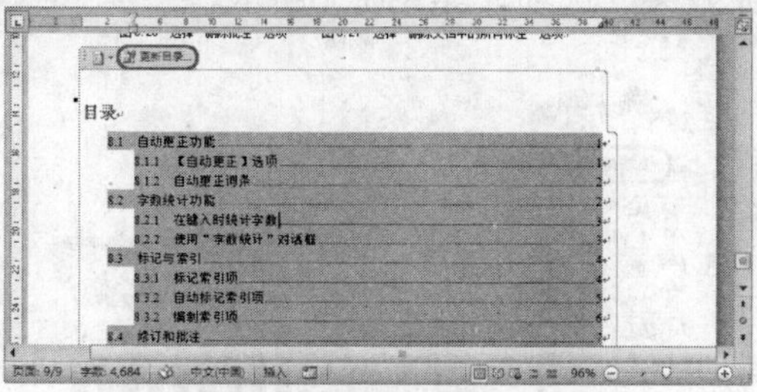

图8.46 “更新目录”选项

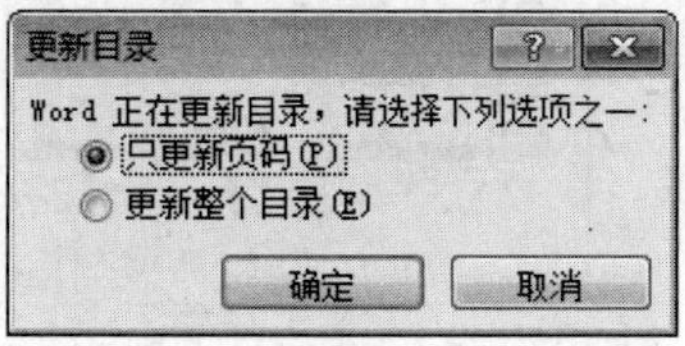

图8.47 “更新目录”对话框

03 在该对话框中，可做以下选择。

- “只更新页码”：只更新目录中的页码，保留目录的格式。
- “更新整个目录”：重新编辑更新后的目录。

04 单击“确定”按钮，Word将按照新设置的页码建立全新的目录。

2. 删除目录

如果要删除一个目录，选择“引用”选项卡，在“目录”组中单击“目录”按钮选项，在“目录”下拉列表中选择“删除目录”选项即可。如图8.48所示，或选择目录，按Delete键将其删除。

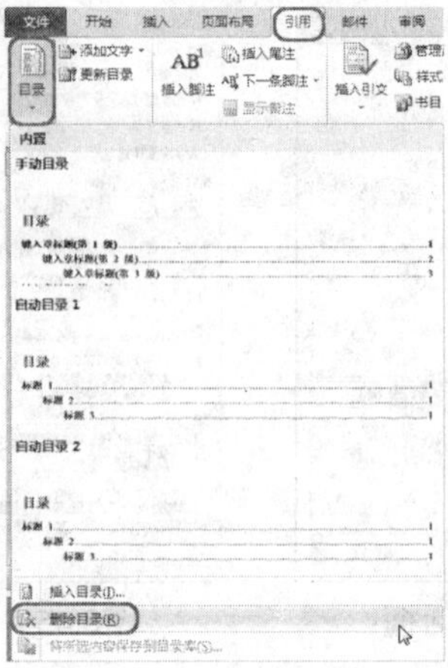

图8.48 “删除目录”选项

8.7 实战操作——圣诞贺卡

本例将介绍圣诞贺卡的制作方法，主要运用到插入图形、插入艺术字、设置图形效果以及设置纸张大小等，具体操作步骤如下。

01 启动Word 2010，新建一篇文档。

02 单击“页面布局”选项卡，单击“页面设置”组右下角的按钮，在弹出的“页面设置”对话框中选择“纸张”选项卡，在“宽度”文本框中输入21，再在“高度”文本框中输入15.5，如图8.49所示。

03 单击“确定”按钮，再在“页面布局”选项卡中的“页面背景”组中单击“页面颜色”按钮，在弹出的下拉列表中选择“填充效果”选项，如图8.50所示。

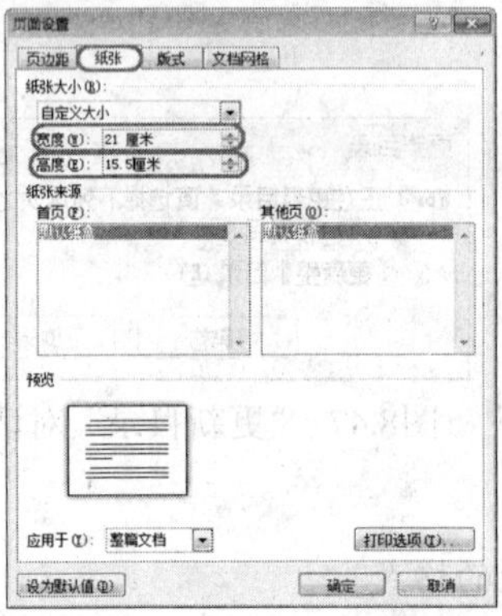

图8.49 输入宽度和高度

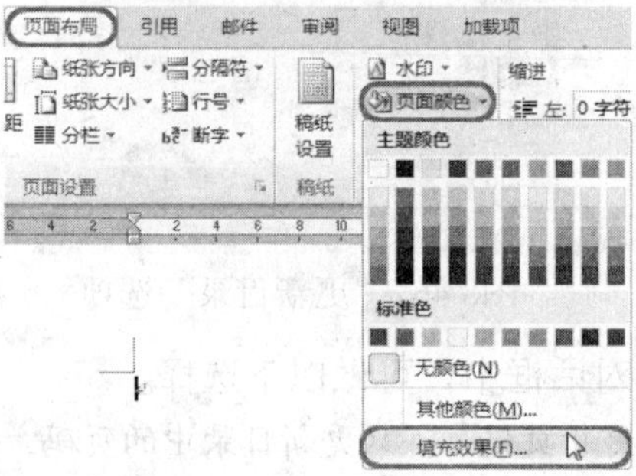

图8.50 选择“填充效果”选项

04 在弹出的“填充效果”对话框中，选择“图片”选项卡，单击“选择图片”按钮，在弹出的“选择图片”对话框中，选择随书附带光盘中的CDROM\素材\Cha08\005.jpg素材图形，如图8.51所示。

05 单击“插入”按钮，返回到“填充效果”对话框中，在对话框中单击“确定”按钮，将该图形插入，如图8.52所示。

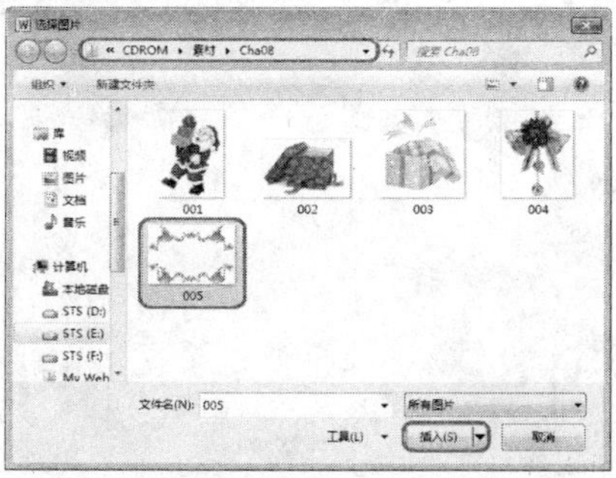
图8.51　选择素材图形

图8.52　插入素材图形

06 单击“插入”选项卡，在“插图”组中单击“图片”按钮，在弹出的“插入图片”对话框中选择随书附带光盘中的CDROM\素材\Cha08\004.jpg素材图形，如图8.53所示。

07 单击“插入”按钮，将选择的素材图形进行插入，选择“图片工具”下的“格式”选项卡，在“调整”组中单击“颜色”按钮，在弹出的下拉列表中选择“设置透明色”选项，如图8.54所示。

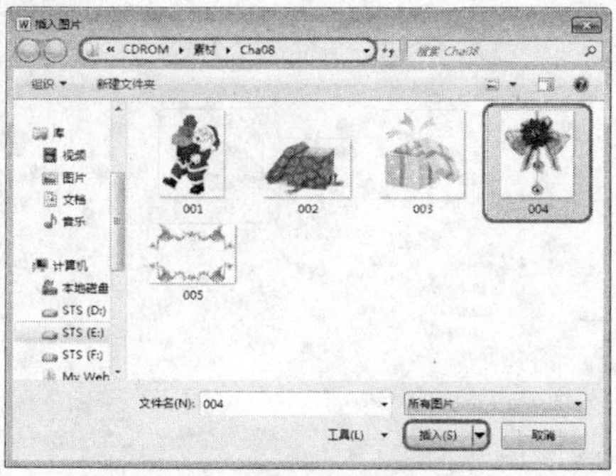
图8.53　选择素材图形

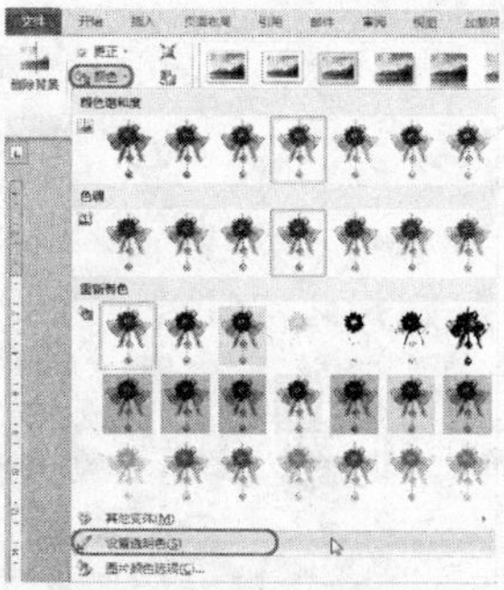
图8.54　选择“设置透明色”选项

08 在该图片的空白位置上单击鼠标，为该图片设置透明色，如图8.55所示。

09 再选择“图片工具”下的“格式”选项卡，在“大小”组中的“形状高度”文本框中输入4.81，按Enter键确认，调整该图形的大小，如图8.56所示。

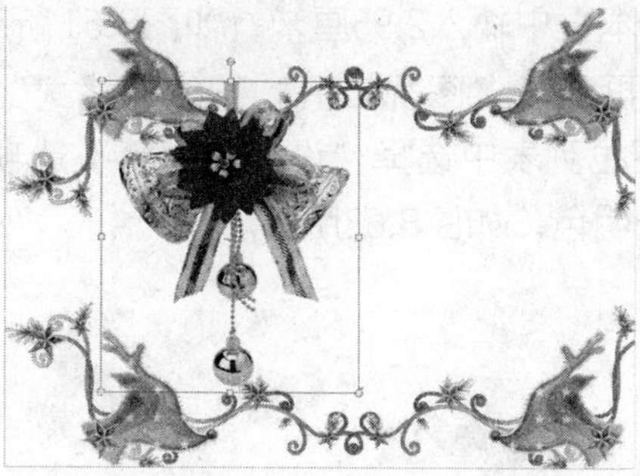
图8.55　为图形设置透明色

图8.56　调整图形大小

10 在工作窗口中的其他位置上单击鼠标左键，选择“插入”选项卡，在“插图”组中单击“图片”按钮，在弹出的“插入图片”对话框中选择随书附带光盘中的CDROM\素材\Cha08\003.jpg素材图形，如图8.57所示。

11 单击“插入”按钮，调整该图形的大小与位置，完成后的效果如图8.58所示。

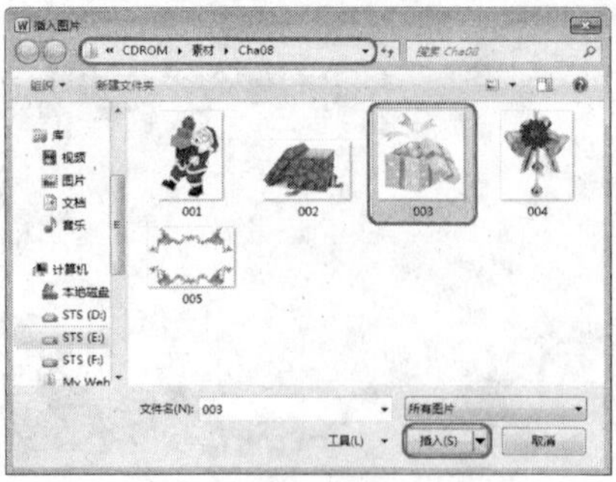

图8.57　选择素材图形

图8.58　调整图形的大小与位置

⑫ 选择“图片工具”下的“格式”选项卡，在“图片样式”组中选择“柔化边缘矩形”，如图8.59所示。

⑬ 在工作窗口中的其他位置上单击鼠标左键，选择“插入”选项卡，在“插图”组中单击“图片”按钮，在弹出的“插入图片”对话框中选择随书附带光盘中的CDROM\素材\Cha08\002.jpg素材图形，如图8.60所示。

图8.59　选择图片样式

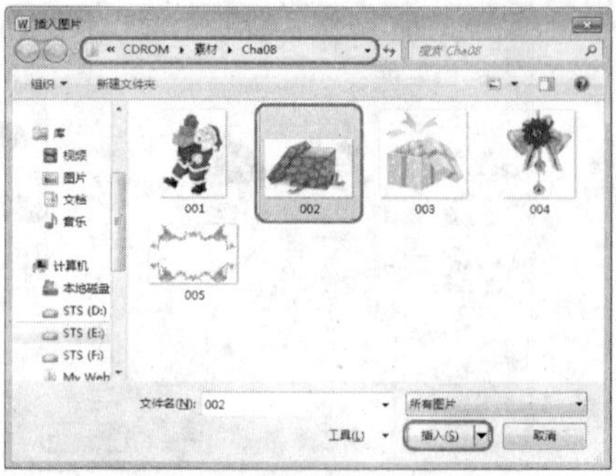

图8.60　选择素材图形

⑭ 单击“插入”按钮，将其插入，选择“图片工具”下的“格式”选项卡，单击“大小”组右下角的按钮，在弹出的“布局”对话框中选择“大小”选项卡，在“缩放”选项区域中取消勾选“锁定纵横比”复选框，在“高度”选项区域中的“绝对值”文本框中输入2.48，再在“宽度”选项区域中的“绝对值”文本框中输入2.95厘米，如图8.61所示。

⑮ 单击“确定”按钮，即可调整该图形，再选择“图片工具”下的“格式”选项卡，在“调整”组中单击“颜色”按钮，在弹出的下拉列表中选择“设置透明色”选项，在该图形的空白位置上单击鼠标左键，为该图形设置透明色，如图8.62所示。

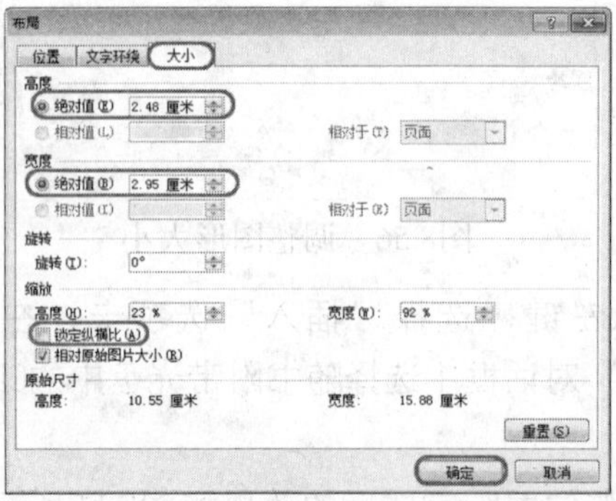

图8.61　设置“布局”对话框

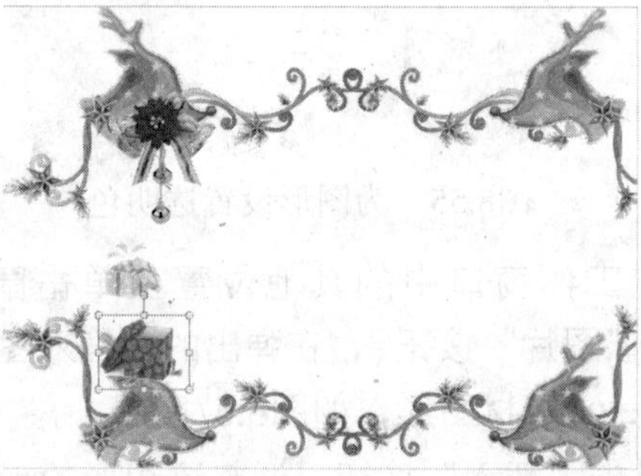

图8.62　设置透明色

16 选择“插入”选项卡，在“文本”组中单击“艺术字”按钮，在弹出的下拉列表中选择“填充-蓝色，强调文字颜色1，内部阴影-强调文字颜色1”，如图8.63所示。

17 在弹出的文本框中输入文字，并调整其位置，如图8.64所示。

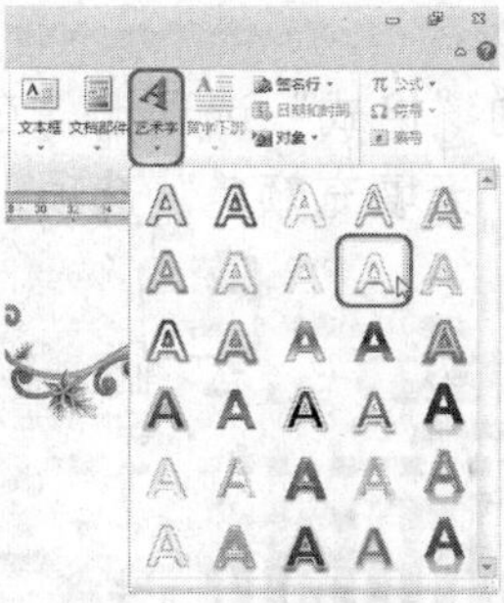

图8.63 选择艺术字样式

图8.64 插入艺术字

18 选中所输入的艺术字，单击“开始”选项卡，在“字体”组中单击“字体”右侧的下三角按钮，在弹出的下拉列表中选择“迷你简雪君”，如图8.65所示。

19 再选择“绘图工具”下的“格式”选项卡，在“艺术字样式”组中单击“文字效果”按钮，在弹出的下拉列表中选择“映像”→“紧密映像，接触”选项，如图8.66所示。

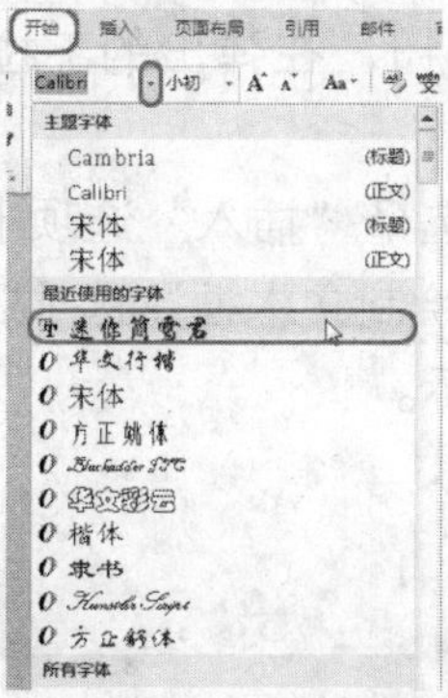

图8.65 选择字体

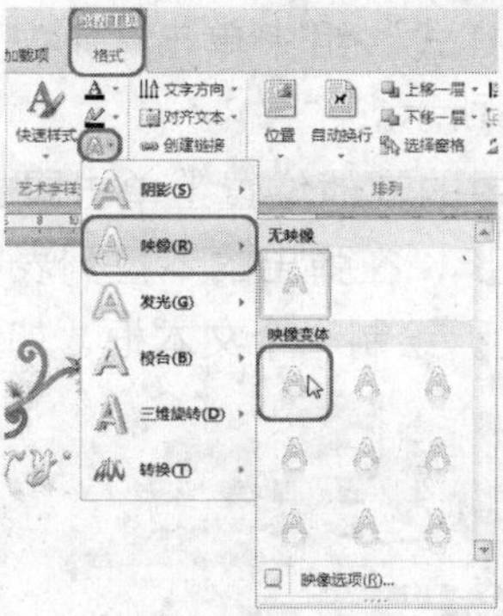

图8.66 选择“紧密映像，接触”选项

20 在工作窗口的其他位置上单击鼠标左键，选择“插入”选项卡，在“文本”组中单击“文本框”按钮，在弹出的下拉列表中选择“绘制文本框”选项，如图8.67所示。

21 在工作窗口中，单击鼠标左键并进行拖动，绘制一个如图8.68所示的文本框。

图8.67 选择“绘制文本框”选项

图8.68 绘制文本框

22 在绘制完成的文本框中输入文字，如图8.69所示。

23 选中文本框中的文字，单击“开始”选项卡，在“字体”组中单击“字体”右侧的下三角按钮，在弹出的下拉列表中选择“华文行楷”，再单击“字号”右侧的下三角按钮，在弹出的下拉列表中选择“四号”。

24 选中所绘制的文本框，单击“绘图工具”下的“格式”选项卡，在“形状样式”组中单击“形状填充”按钮，在弹出的下拉列表中选择“无填充颜色”选项，如图8.70所示。

图8.69　在文本框中输入文字

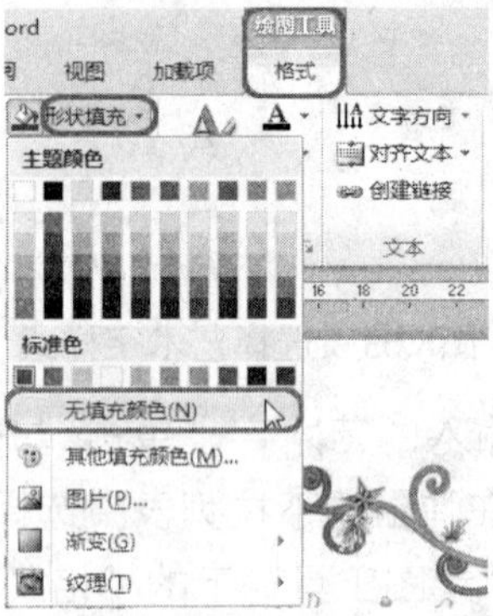

图8.70　选择“无填充颜色”选项

25 再在“形状样式”组中单击“形状轮廓”按钮，在弹出的下拉列表中选择“无轮廓”选项，如图8.71所示。

26 在工作窗口中的其他位置上单击鼠标左键，选择“插入”选项卡，在“文本”组中单击“文本框”按钮，在弹出的下拉列表中选择“绘制文本框”选项，在工作窗口中单击鼠标左键并进行拖动，绘制一个文本框，如图8.72所示。

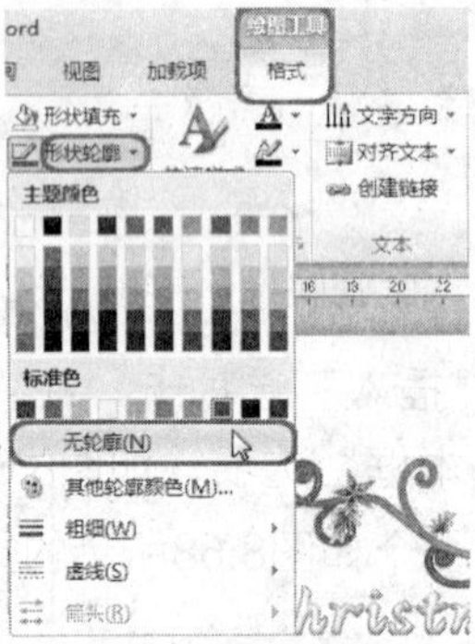

图8.71　选择“无轮廓”选项

图8.72　绘制文本框

27 选择“绘图工具”下的“格式”选项卡，在“形状样式”组中单击“形状填充”按钮，在弹出的下拉列表中选择“图片”，在弹出的“插入图片”对话框中选择随书附带光盘中的CDROM\素材\Cha08\001.jpg素材图形，并单击“插入”按钮将其插入，如图8.73所示。

28 再在“形状样式”组中单击“形状轮廓　”按钮，在弹出的下拉列表中选择“无轮廓”选项，将其设置为无轮廓。

29 在工作窗口中，选中输入的艺术字，选择“绘图工具”下的“格式”选项卡，在“艺术字样式”组中单击“文字效果”按钮，在弹出的下拉菜单中选择“发光”→“紫色，18pt发光，强调文字颜色4”选项，如图8.74所示。

图8.73　插入图形

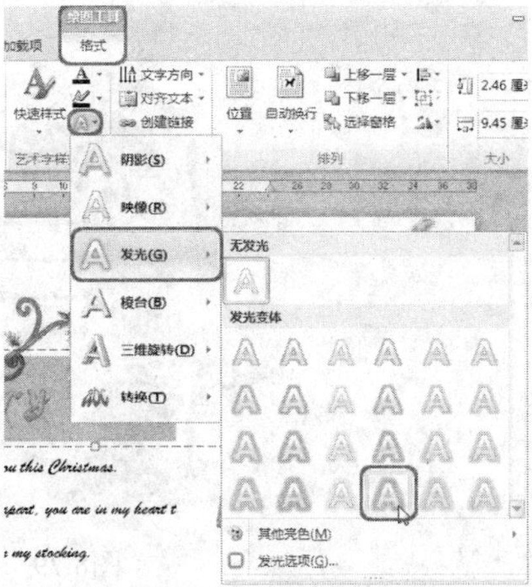

图8.74　选择文字效果

30 再在工作窗口中选择如图8.75所示的文本框，并右击鼠标，在弹出的快捷菜单中选择“置于底层”→“置于底层”选项，如图8.76所示，将其置为底层。

图8.75　选择文本框

图8.76　选择“置于底层”选项

31 在工作窗口中的其他位置上单击鼠标左键，选择“文件”→“选项”命令，弹出“Word选项”对话框，如图8.77所示。

32 在该对话框中单击“显示”选项卡，在“始终在屏幕上显示这些格式标记”选项区域中取消勾选“段落标记”复选框，如图8.78所示。

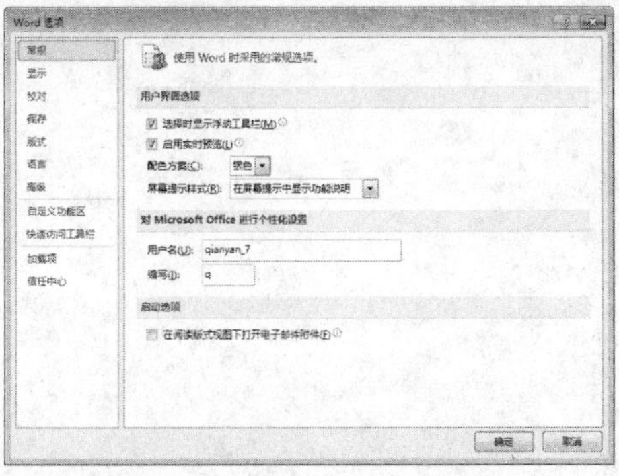

图8.77　“Word选项”对话框

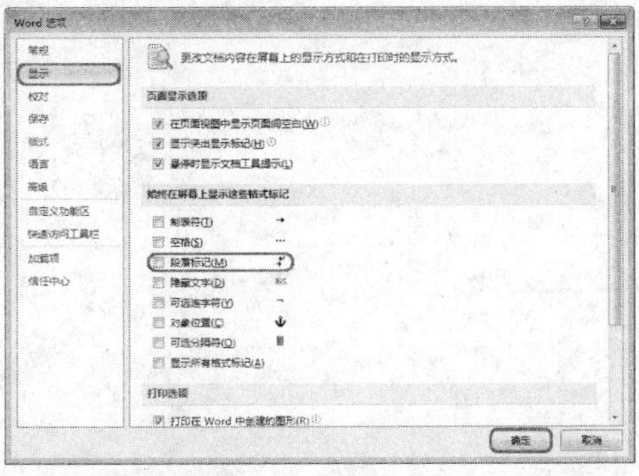

图8.78　取消勾选“段落标记”复选框

33 单击“确定”按钮，即可取消段落标记，完成后的效果如图8.79所示，按Ctrl+S组合键对完成后的场景进行保存。

图8.79　设置完成后的效果

8.8 练习

1．填空题

（1）如果在“字数统计”对话框中选中“包括文本框、脚注和尾注”复选框，可以统计包括______、______、______在内的文字。

（2）如果屏幕上没有显示XE域，可单击______选项卡中______组的______按钮。

（3）如果想要删除某一索引项，可选中整个XE（索引项）域，然后按______组合键进行删除。

（4）如果要更新单个域，可选定要更新的域，然后按______组合键进行更新。

2．问答题

（1）如何删除批注？

（2）域由什么组成的？如何插入域？

（3）如何创建目录？

第9章 Excel 2010的基本操作

本章要点

Excel 2010是以工作表的形式对数据进行运算和分析的，要使用Excel处理数据，首先需要创建一个工作表，将需要处理的数据、相关的计算公式等输入工作表中，然后根据需求完成相应的运算和分析工作。用户可以根据需要，设置数据的有效性以及创建超链接等。

本章内容主要包括

- Excel 2010界面
- 输入数据和公式
- 超链接
- 自动填充数据
- 应用函数

go>>

9.1 Excel 2010界面

下面来熟悉一下Excel 2010的工作界面，如图9.1所示，Excel 2010界面组成元素的作用与Word 2010基本相似，在此不再做详细介绍了。下面对工作簿窗口进行简单的介绍。

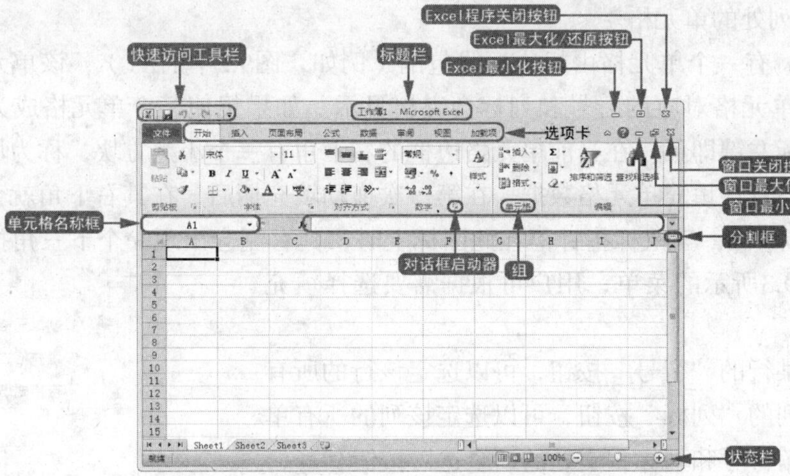

图9.1 Excel 2010工作界面

工作簿窗口位于Excel 2010窗口的中央区域，它主要由工作表、工作表标签、行号、列标等构成，如图9.2所示，当启动Excel 2010时，系统将自动打开一个名为工作簿1的工作簿窗口。默认情况下，工作簿窗口处于最大化状态，单击工作簿窗口标题栏右侧的“还原”按钮，将使工作簿窗口处于还原状态。

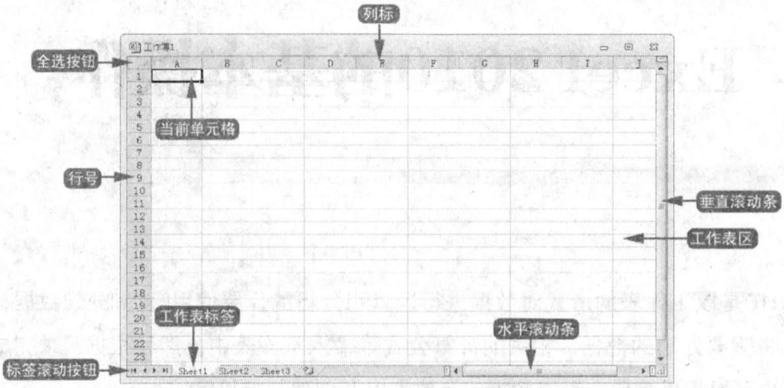

图9.2　工作簿窗口

9.1.1　了解工作簿与工作表

Excel 2010用于保存表格内容的文件被称为工作簿，工作簿的扩展名为“.xlsx”。每一个工作簿中可以包含若干个工作表。默认情况下，工作簿中包含3个工作表。在Excel 2010中，创建、打开和保存工作簿的方法与操作Word 2010文档的方法完全相同。例如，用户可以根据工作簿模板创建新工作簿，或将某些常用的工作簿保存为模板等。

工作表位于工作簿窗口的中央区域，由行号、列标和网格线构成。工作表也被称为电子表格，它是Excel 2010用来存储和处理数据的地方。

位于工作表左侧的编号区为各行的行号，位于工作表上方的字母区为各列的列标。在Excel 2010中，每一个工作表最多有1 048 576行和16 384列。行和列相交形成单元格，它是存储数据、公式及进行运算的基本单位。Excel 2010用列标、行号来表示某个单元格，例如，A1代表第1行第A列处的单元格。

在工作表中，有一个单元格由粗边框线包围（例如，图9.2中的A1），该单元格称为当前单元格，当前单元格对应的行号和列标会突出显示。如果想使某个单元格成为当前单元格，只要单击鼠标左键即可。在当前单元格边框的右下角有一个小黑方块，称为填充柄，通过拖动填充柄可以自动填充单元格数据。在第一次拖动填充柄后，在其右下角就会出现“自动填充选项”图标，当鼠标指针停在此图标上时，其右侧会出现一个下三角按钮，单击它就会弹出如图9.3所示的菜单，用户可根据需要选择填充方式。

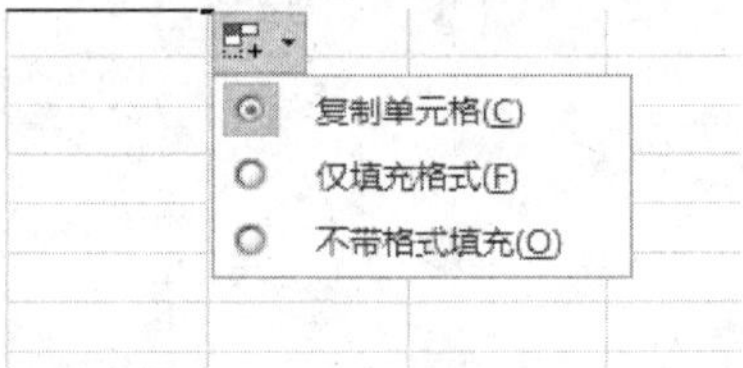

图9.3　自动填充选项

此外，单击某行的“行号”按钮，可以选定该行的所有单元格；单击某列的“列标”按钮，可以选定该列的所有单元格；单击左上角行号和列标相交处的“全选”按钮，可以选定整个工作表。

提示　默认情况下，Excel 2010工作表带有网格线，而在打印时不显示。如果想取消网格线或在打印时显示网格线，可通过单击“文件”按钮，在打开的菜单中选择“选项”命令，在弹出的“Excel选项”对话框中进行设置。

9.1.2 工作表标签

工作表标签位于工作簿窗口的底端，用来表示工作表的名称。通过单击某个标签，可以指定相应的工作表为当前工作表，当前工作表标签以白底黑字显示。例如，图9.2所示的当前工作表标签为“Sheet1”。

此外，当工作簿中含有较多的工作表时，单击标签左侧的“标签滚动”按钮，可以滚动显示不同的工作表标签，而向左或向右拖动标签右侧的分隔条可以减少或增加显示的标签个数。

9.2 输入数据与公式

要在指定的单元格中输入数据，首先单击该单元格，然后输入数据。例如，启动Excel 2010时，自动创建一个名为“工作簿1”的工作簿。在当前工作表“Sheet1”中，单击单元格E1，输入“Excel”，则输入的内容出现在单元格E1中。同时，编辑栏中也显示输入的内容，如图9.4所示。

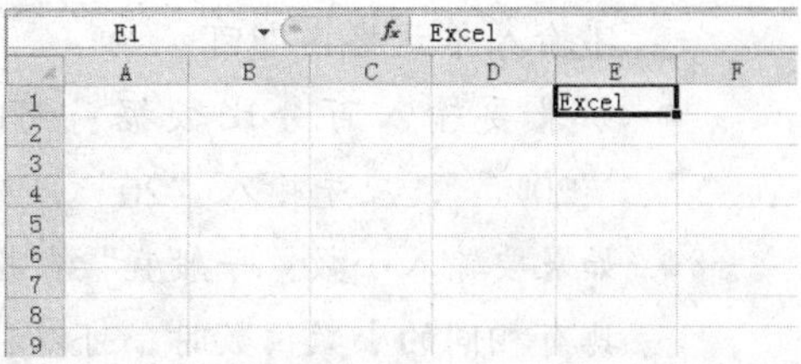

图9.4 在单元格E1中输入内容

如果输入有误，按BackSpace键将其删除，再重新输入。输入或编辑完一个单元格的内容后，可按回车键确认，同时当前单元格自动下移；也可以单击编辑栏中的“输入”按钮✓确认，此时当前单元格不变。当然，也可以单击编辑栏中的“取消”按钮×取消本次输入。

9.2.1 数值型数据的输入

在Excel 2010中，数值型数据是使用最多、最为复杂的数据类型。数值型数据由数字0~9、正号“+”、负号“–”、小数点“.”、分数号“/”、百分号“%”、货币符号“¥”或“$”和千位分隔号“,”等组成，在Excel 2010中输入数值型数据时，Excel 2010自动将其沿单元格右边对齐。

1．输入日期和时间

Excel 2010规定了严格的输入格式，如果Excel 2010能够识别出所输入的是日期和时间，则单元格的格式将由“常规”数字格式变为内部的日期或时间格式。如果Excel 2010不能识别出当前输入的日期或时间，则作为文本处理。

- 输入日期：可以用“/”或“–”来分隔日期的年、月、日，例如，输入“11/6/4”并按下回车键后，Excel 2010会将其转换为默认的日期格式，即2011/6/4。
- 输入时间：小时、分钟或秒之间用冒号分隔，Excel 2010一般把插入的时间默认为上午时间。若输入的是下午时间，应在时间后面加一个空格，然后输入PM来表示下午，例如，输入“3:33:06 PM”；还可以采用24小时制表示时间，即把下午的小时时间加12。例如，输入“15:33:06”。

提示 输入系统当前日期的快捷键为“Ctrl+;”，输入系统当前时间的快捷键为“Ctrl+Shift+;”，如图9.5所示，日期和时间都可以进行加减运算。

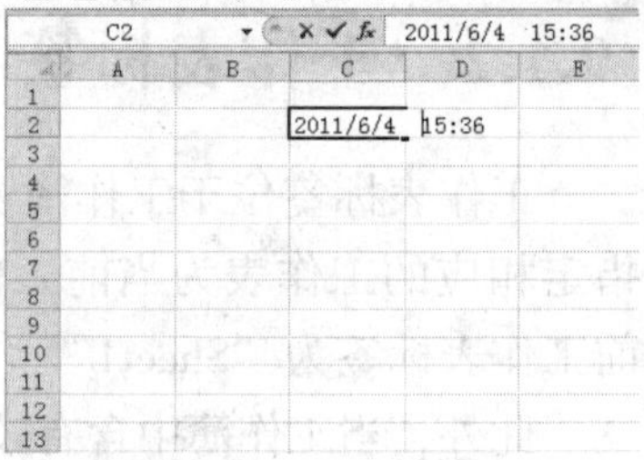

图9.5 输入日期和时间

2．输入数字

- 如果要输入负数：必须在数字前加一个负号“–”，或给数字加上圆括号。例如，输入“–20”和“（20）”都可以在单元格中得到“–20”。如果输入正数，直接将数字输入单元格内即可。
- 如果要输入百分比数据：可以直接在数值后输入百分号“%”。例如，要输入“20%”，应先输入“20”，然后输入“%”。
- 如果要输入小数：一般直接在指定的位置输入小数点即可。当输入的数据量较大，且都具有相同的小数位数时，可以利用“自动插入小数点”功能。方法是：单击“文件”按钮，在打开的菜单中选择“Excel选项”，在打开的“Excel选项”对话框中单击“高级”选项卡，在右侧的“编辑选项”组中，选中“自动插小数点”左侧的复选框，在“位数”文本框中输入小数位数，如图9.6所示。
- 如果要输入分数（如1/2）：应先输入“0”和一个空格，然后输入“1/2”。如果不输入“0”和空格，Excel 2010会把该数据当做日期格式处理，存储为1月2日。

例如，设置“位数”为“2”，表示保留2位小数。若要在3个单元格中分别输入“0.85”、“0.45”和“8.56”，只要输入“85”、“45”和“856”即可，从而省略了输入小数点的麻烦。

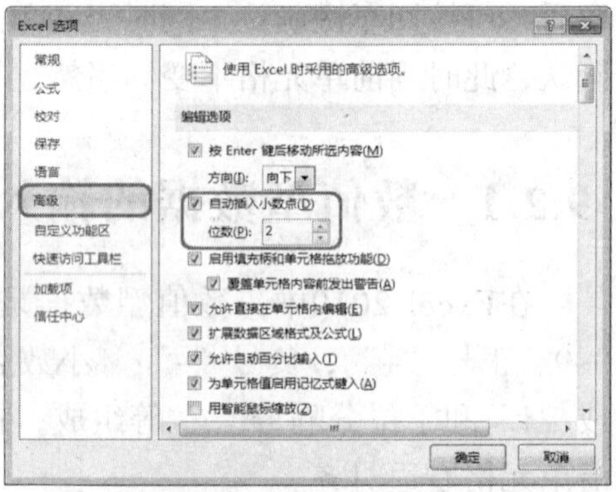

图9.6 “Excel选项”中的“高级”选项卡

提示 一旦设置了小数预留位置，这种格式将始终保留，直到取消“自动插入小数点”复选框为止。另外，如果输入的数据量较大，且后面有相同个数的零，则可在大数字后自动添零。方法是在图9.6所示的“位数”文本框中指定一个负数作为需要的零的个数。例如，在“位数”文本框中输入–3，然后分别在4个单元格中输入45、86、48和32，则会自动变为45000、86000、48000和32000。

9.2.2 输入文本

文本包括字母、汉字、特殊符号、数字等。例如，表格中的标题、名称等。默认情况下，文本沿单元格左边对齐。

如果数据全部由数字组成，例如，编码、学号等，输入时应在数据前输入英文状态下的单引号“’”，例如’25864682，Excel就会将其看作文本，它将沿单格左边对齐。

当用户输入的文字过多，超过了单元格的宽度时，会产生以下两种结果。

如果右边相邻的单元格中没有任何数据，则超出的文字会显示在右边相邻的单元格中，如图9.7所示。

如果右边相邻的单元格已存在数据，那么超出单元格宽度的部分将不显示，如图9.8所示。没有显示的部分仍然存在，只需要加大列宽或以折行的方式格式化该单元格之后，就可以看到全部的内容。

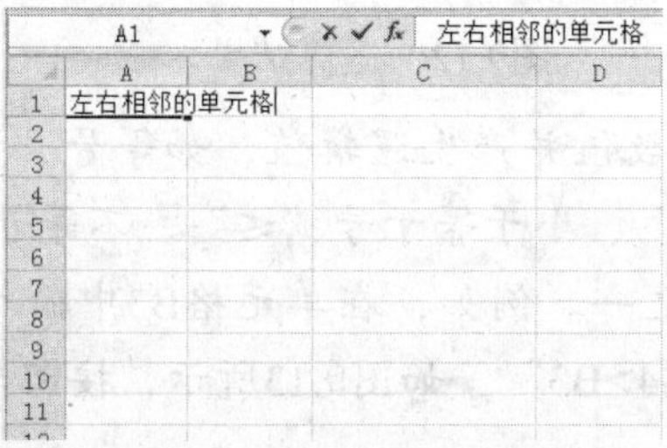

图9.7 文本显示在右边相邻的单元格中

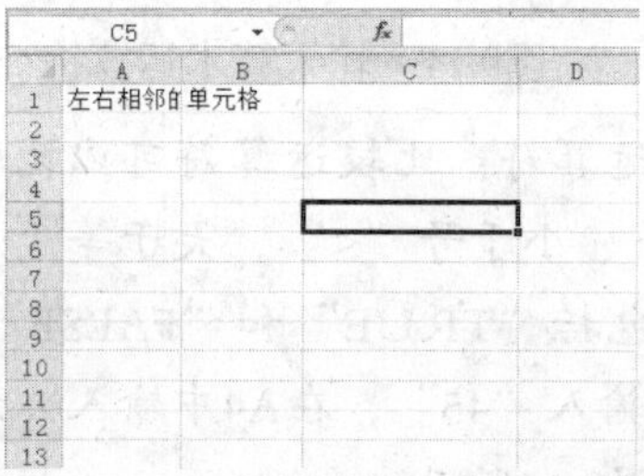

图9.8 不显示超出单元格宽度的部分

9.2.3 输入公式

Excel具有强大的计算功能，为用户分析和处理工作表中的数据提供了极大的方便。在公式中，可以对工作表数值进行加、减、乘、除等运算。只要输入正确的计算公式之后，就会立即在单元格中显示出计算结果。如果工作表中的数据有变动，系统会自动将变动后的答案算出，使用户能够随时观察正确的结果。

Excel的公式以一个等号“=”作为开头，在一个公式中，可以包含各种运算符、常量、变量、函数以及单元格引用等。

1. 公式中的运算符

运算符用于对公式中的元素进行特定类型的运算，分为算术运算符、文本运算符、比较运算符和引用运算符四类。

- 文本连接运算符：文本连接运算符只有一个“&”，利用它可以将文本连接起来。例如，在单元格B5中输入“文本”，在C3中输入“运算符”，在A4中输入公式“=B5&C3”，如图9.9所示，按回车键确认，结果如图9.10所示。

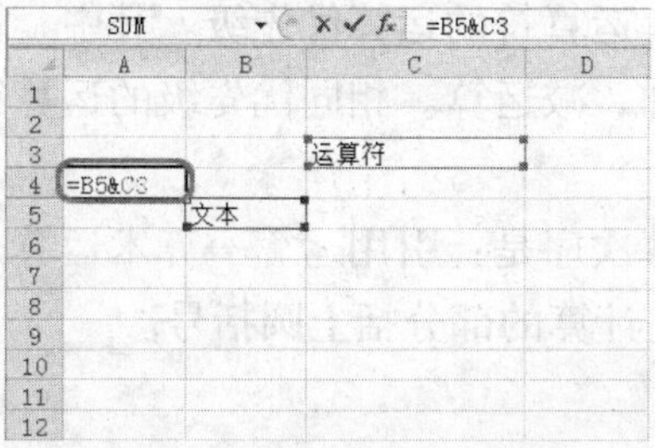

图9.9 文本连接运算符

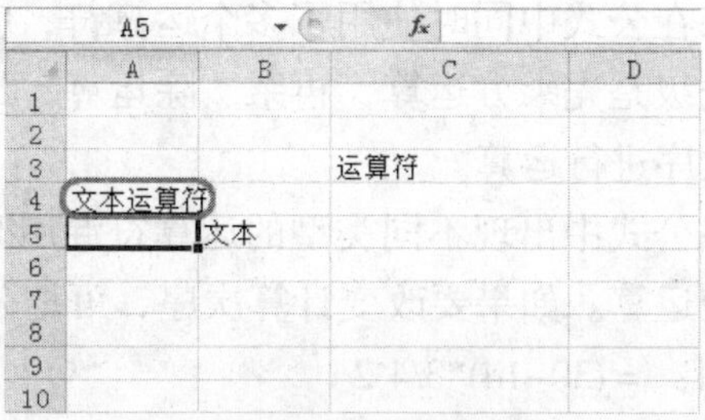

图9.10 运算结果

● 算术运算符：算术运算符可以完成基本的数学运算，如加“+”、减“-”、乘“*”、除“/”、百分比“%”、乘方“^”，还可以连接数字并产生数字结果，例如在B6单元格中输入“8”，在A3单元格中输入“6”，在C4单元格中输入“=B6*A3”，如图9.11所示，按回车键确认，结果如图9.12所示。

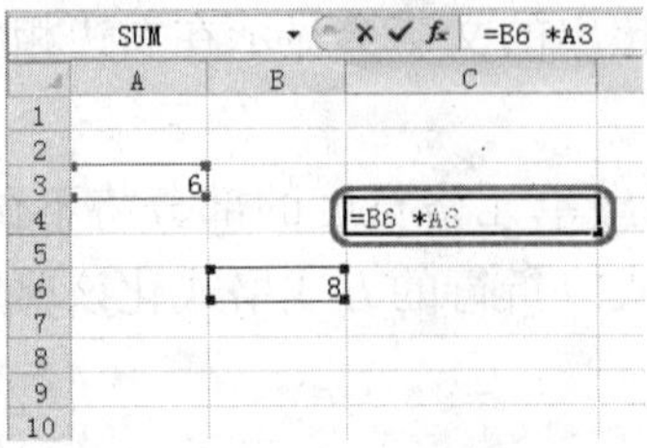

图9.11　输入算术运算符

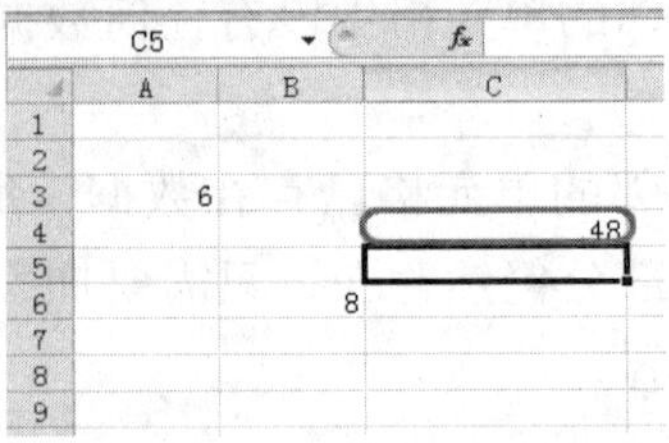

图9.12　运算结果

● 比较运算符：比较运算符可以比较两个数值并产生逻辑值，如等号“=”、大于号“>”、小于号“<”、大于等于号“≥”、小于等于号“≤”、不等号“<>”，其值中包括“TRUE”和“FALSE”二者之一。例如，在单元格B3中输入“28”，在C4中输入“45”，在A4中输入公式“=C4>B3”，如图9.13所示，按回车键确认，效果如图9.14所示。

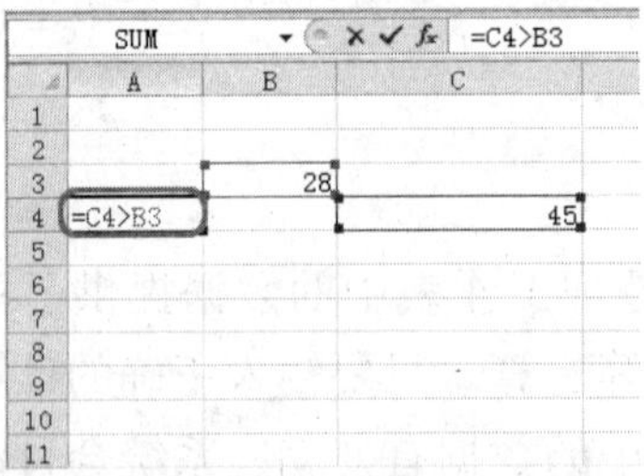

图9.13　输入比较运算符

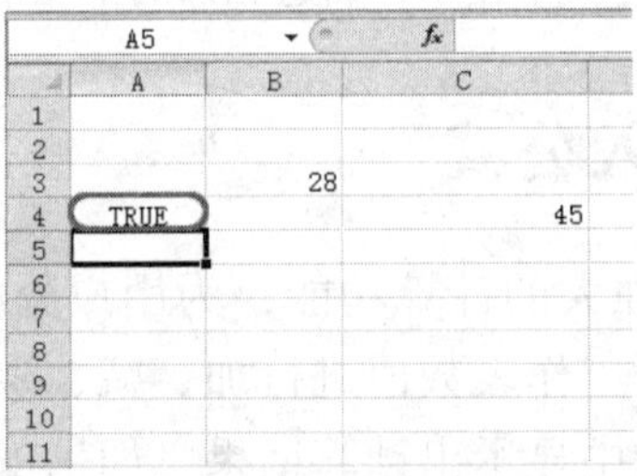

图9.14　运算结果

● 引用运算符：引用运算符可以将单元格区域合并计算，它包括冒号、逗号和空格。

◆ ：“冒号”：区域运算符，对两个引用之间，包括两个引用在内的所有单元格进行引用。例如，“A1:D5”表示从单元格A1一直到单元格D5中的数据。

◆ ，“逗号”：联合运算符，将多个引用合并为一个引用。例如，“SUM(A1:C3,F3)”表示计算从单元格A1到单元格C3以及单元格F3中数据的总和。

◆ 空格：交叉运算符，几个单元格区域所共有的单元格。例如，“B7:D7 C6:C8”的共有单元格为C7。

2．公式中的运算顺序

如果在公式中同时使用了多个运算符，应该了解运算符的运算优先级。其中，算术运算符的优先级是先乘方运算，再乘、除运算，最后为加、减运算。相同优先级的运算符按从左到右的次序进行运算。

如果公式中出现不同类型的运算符混用时，运算次序是：引用运算→算术运算→文本运算→比较运算。如果要改变计算次序，可把公式中先计算的部分括上圆括号。

例如：=(30–14)*3/4^2

=16*3/4^2

= 16*3/16

= 48/16

= 3

3. 公式的输入

输入公式的操作类似于输入文字。用户可以在编辑栏中输入公式，也可以在单元格里直接输入公式。在单元格中输入公式的步骤如下。

01 单击要输入公式的单元格。

02 在单元格中输入等号和公式。

03 按回车键或者单击编辑栏中的“输入”按钮。

在编辑栏中输入公式的步骤如下。

01 单击要输入公式的单元格。

02 单击编辑栏，在编辑栏中输入等号和公式。

03 按回车键或者单击编辑栏中的“输入”按钮。

例如，在单元格B1中输入数值180，在B2中输入数值2，在B3中输入35，在单元格B4中输入公式“=B1/B29+B3”，如图9.15所示。此时，在编辑栏中也显示出了公式，只要按回车键或单击编辑栏中“输入”按钮，在单元格B4中就会显示出计算结果，如图9.16所示。在编辑栏中仍然显示当前单元格的公式，以便于用户编辑和修改。

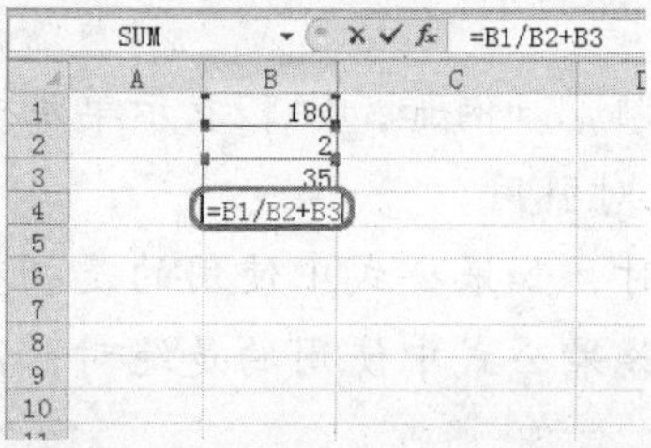

图9.15 在B4单元格中输入公式

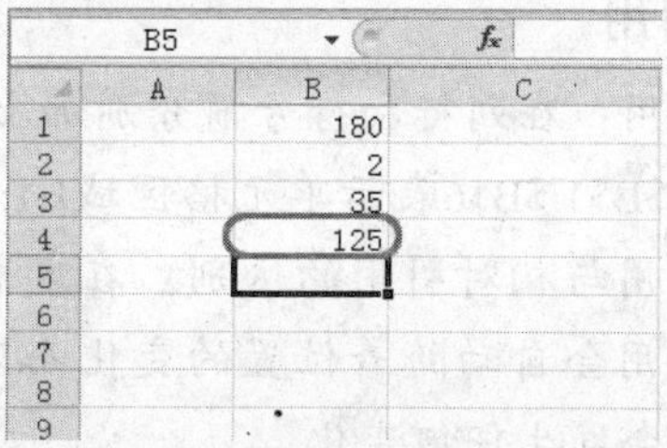

图9.16 在单元格B4中查看计算结果

9.2.4 引用单元格

引用单元格用来表示工作表的单元格或单元格区域，并指明公式中所使用的数据的位置。通过单元格引用，可以在公式中使用工作表中不同部分的数据，或者在多个公式中使用同一单元格或单元格区域中的数据。还可以引用同一个工作簿中不同工作表中的单元格或单元格区域、不同工作簿中的单元格或单元格区域。根据处理的需要，可以采用相对引用、绝对引用和混合引用三种方法。

1. 相对引用

- 相对引用的特点：将含有相对单元格引用的公式复制或填充到其他单元格时，其中的单元格引用会自动随着位置的变化而变化。
- 单元格相对引用：用单元格所在的列标和行号作为其引用。例如B3引用了第B列与第3行交叉处的单元格。
- 单元格区域相对引用：由单元格区域的左上角单元格的相对引用和右下角单元格的

相对引用组成，中间用冒号分隔。例如A1:D3表示以单元格A1为左上角，以单元格C3为右下角的区域。

例如，在单元格区域A1:C1中分别输入56、32、66，在A2:C2区域中分别输入55、87、56，在单元格D1中输入公式"=SUM(A1:C1)"，单击编辑栏中的"输入"按钮✓，结果如图9.17所示。单击图9.17中的单元格D1，按Ctrl+C组合键复制，单击单元格D2，按Ctrl+V组合键粘贴，结果如图9.18所示。

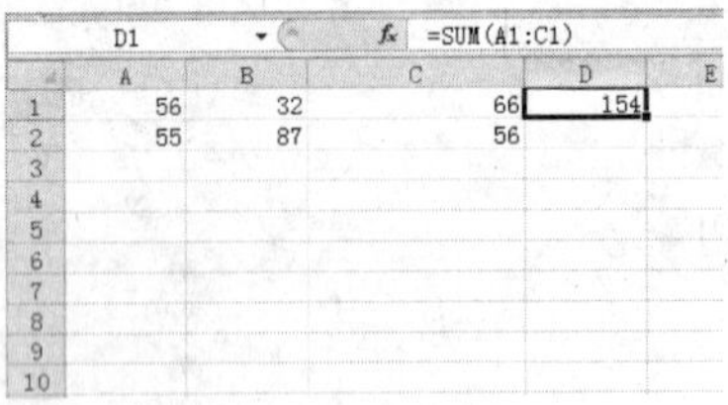

图9.17　公式结果

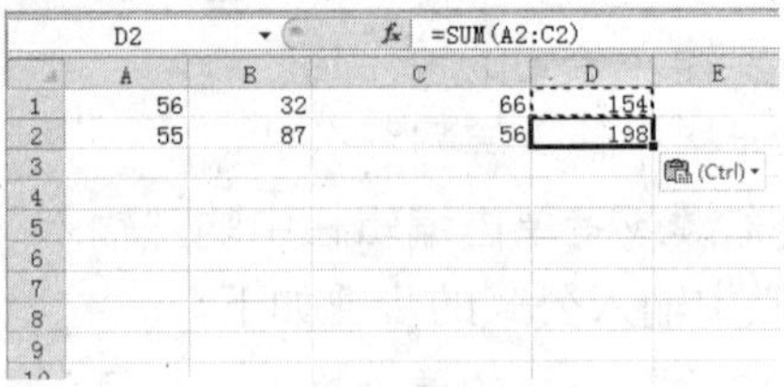

图9.18　复制公式

从图9.18可以看出，由于公式从D1复制到D2，位置向下移动了一行，因此公式中的相对引用也相应地从A1:C1改变为B2:C2。

> **提示** 按Esc键可以清除单元格D1四周的虚边框。

2. 绝对引用

- 绝对引用：在列标和行号前分别加上符号"$"。例如，$A$2表示单元格A2的绝对引用，而$B$1:$B$6表示单元格区域B1:B6的绝对引用。
- 绝对引用与相对引用的区别：在复制公式时，如果公式中使用的是相对引用，则单元格引用会自动随着位置的变化而变化；如果公式中使用的是绝对引用，则单元格引用不会发生任何变化。

例如，把图9.17中的单元格D1中的公式改为"=SUM($A$1:$C$1)"，然后将该公式复制到单元格D2中，结果如图9.19所示。

3. 混合引用

单元格的混合引用是指行使用相对引用而列使用绝对引用，或者行使用绝对引用而列使用相对引用。如$B1、B$1均为混合引用。

例如，把图9.17中的单元格D1的公式改为"=$A1+B$1+C1"，然后将公式复制到单元格B2中，结果如图9.20所示。

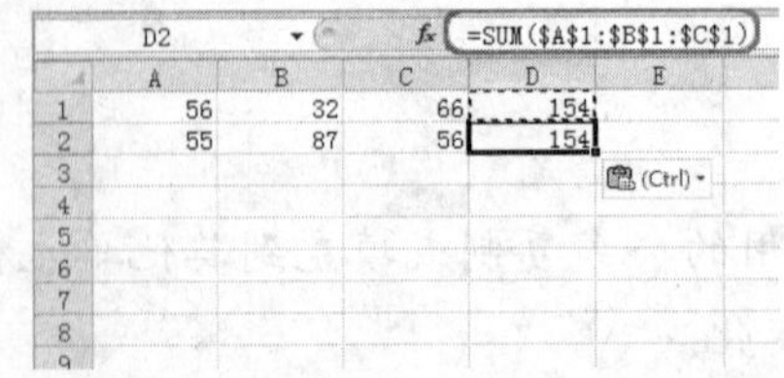

图9.19　粘贴含有绝对引用的公式

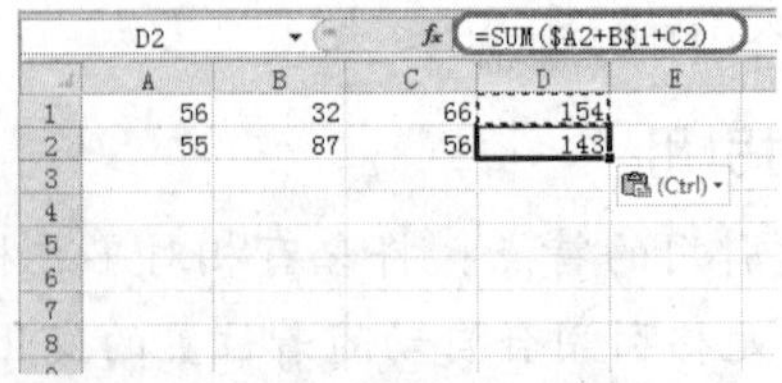

图9.20　粘贴含有混合引用的公式

从图9.20可以看出，由于单元格D1中使用了混合引用，当复制到单元格D2时，公式相应地改变为"=$A2+B$1+C2"。

提示 有时为了引用更加方便，可以给单元格或单元格区域命名。方法是：先选定要命名的单元格或单元格区域，在“公式”选项卡中单击“定义的名称”组中的“定义名称”按钮，在打开的对话框中进行操作，即可完成单元格或单元格区域的命名。命名后的单元格或单元格区域均为绝对引用。

9.2.5 设置数据的有效性

用户在单元格中输入无效数据时看到的内容取决于用户设置数据有效性的方式。用户可以设置在选择单元格时所显示的输入信息。在数据发生错误时，Excel会做出标记，但是，Excel只能检查出一般性的错误，如果某一单元格或者某一列数据的数值范围有限制，Excel就检查不出来了，为了避免犯这类错误，可以给单元格定义数据限制，并在数据输入前作出提示。

1．设置提示信息

用户可以自行设置选择单元格时所显示的输入信息，具体操作步骤如下。

01 选中要设置提示信息的单元格或列，例如选择A列。

02 单击“数据”选项卡，在“数据工具”组中单击“数据有效性”按钮，打开如图9.21所示的对话框。

03 在该对话框中，切换到“输入信息”选项卡，在该选项卡中勾选“选定单元格时显示输入信息”复选框，在“标题”文本框中输入所需的提示信息，再在“输入信息”文本框中输入所需的提示信息，如图9.22所示。

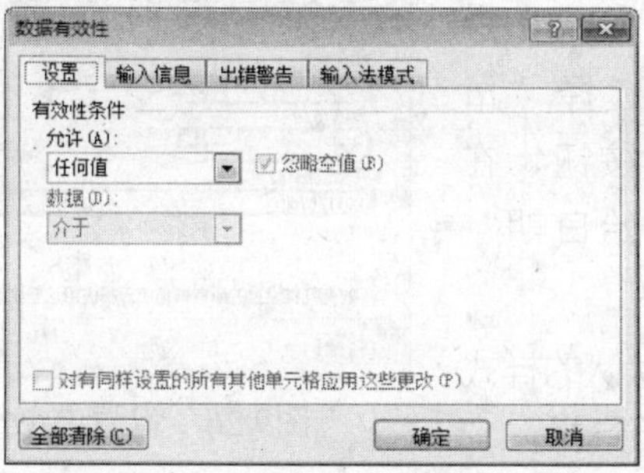

图9.21 “数据有效性”对话框

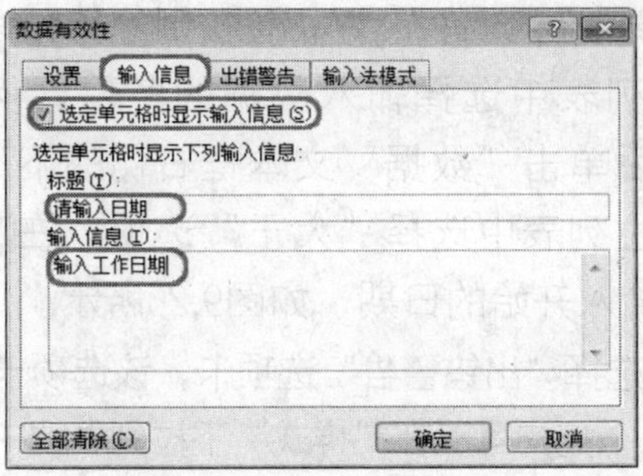

图9.22 设置提示信息

04 单击“确定”按钮，即可为A列设置提示信息，如图9.23所示。

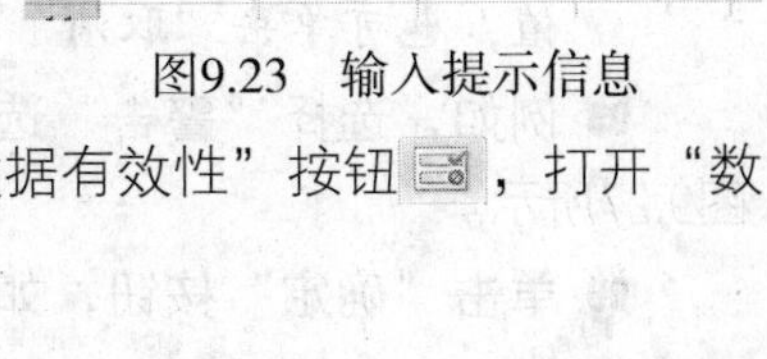

图9.23 输入提示信息

2．设置数据有效性

用户也可以为其中一些单元格或区域设置有效性条件，以便在输入不符合规则的数据时，出现提示对话框，具体操作步骤如下。

01 选定需要设置数据有效范围的单元格或单元格区域。

02 单击“数据”选项卡，在“数据工具”组中单击“数据有效性”按钮，打开“数据有效性”对话框。

03 在“设置”选项卡中单击“允许”文本框右侧的下三角按钮，在弹出的下拉列表中，选择需要设置的有效数据类型，例如选择日期。

04 在“开始日期”文本框中输入开始的日期，再在“结束日期”文本框中输入结束的日期，如图9.24所示。

05 单击“确定”按钮，即可为该列设置数据有效性，如果在该列单元格中输入的不是日期或者是不在2011/6/6到2011/6/10之间的数据，即可弹出一个提示的对话框，如图9.25所示。

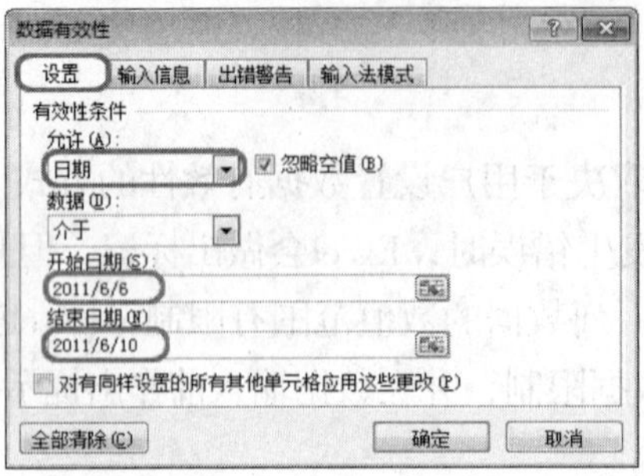

图9.24　设置数据有效性

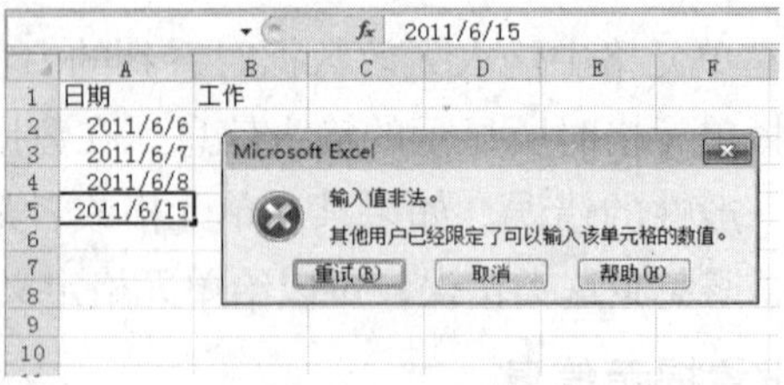

图9.25　提示对话框

3．设置数据有效性警告

用户可以自行设置当输入的数据不符合规定时出现的警告对话框，其操作步骤如下。

01 选中需要设置出错警告的单元格或单元格区域。

02 单击“数据”选项卡，在“数据工具”组中单击“数据有效性”按钮，弹出“数据有效性”对话框。

03 在该对话框中选择“设置”选项卡，在“设置”选项卡中单击“允许”文本框右侧的下三角按钮，在弹出的下拉列表中选择输入数据的条件，例如选择“日期”，然后单击“数据”文本框右侧的下三角按钮，在弹出的下拉列表中选择“大于”选项，在“开始日期”文本框中输入开始的日期，如图9.26所示。

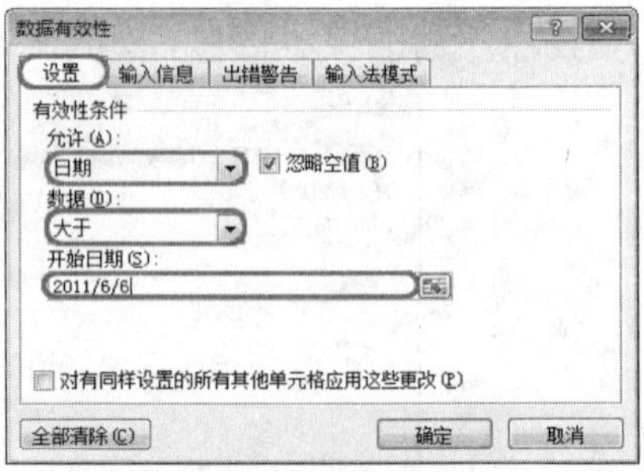

图9.26　设置有效性条件

04 再选择“出错警告”选项卡，该选项卡中默认的样式是“停止”，用户可以在“样式”下拉列表框中进行选择。

- 停止：阻止用户在单元格中输入无效数据。“停止”警告消息具有两个选项：“重试”或“取消”。
- 警告：在用户输入无效数据时发出警告，但不会禁止他们输入无效数据。在出现警告消息时，用户可以单击“是”按钮接受无效输入、单击“否”按钮编辑无效输入，或单击“取消”按钮删除无效输入。
- 信息：通知用户输入无效数据，但不会阻止他们输入无效数据。这种类型的出错警告最为灵活。在出现“信息”警告消息时，用户可单击“确定”按钮接受无效值，也可单击“取消”按钮拒绝无效值。

05 例如，选择“警告”选项，在“标题”和“错误信息”文本框输入标题和内容，如图9.27所示。

06 单击“确定”按钮，如果在选择的单元格中输入了不在指定范围内的日期，就会显示一个警告对话框，如图9.28所示。

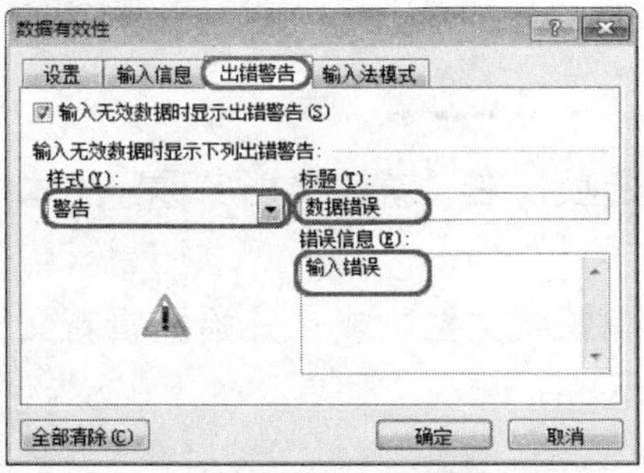

图9.27　设置出错警告

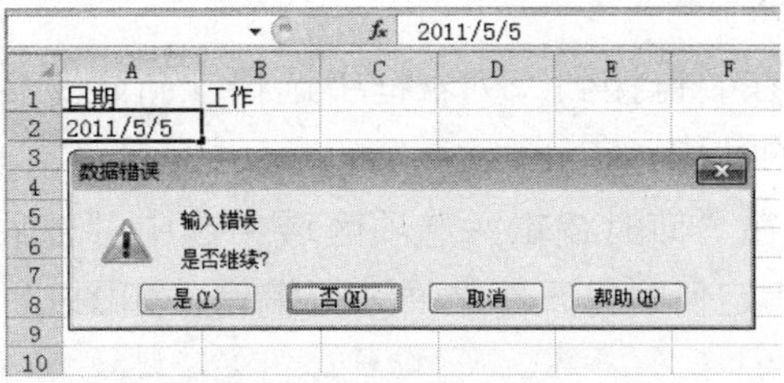

图9.28　警告对话框

用户可以在弹出的警告对话框中单击“是”、“否”、“取消”或“帮助”按钮，如果单击“是”按钮，可以继续使用这个输入的数据，如果单击“否”按钮，可以更改该数据，如果单击“取消”按钮，则取消该数据的输入，如果单击“帮助”按钮，可打开Excel帮助对话框。

4．删除数据的有效性

如果不再需要某些单元格或单元格区域的有效数据范围、提示信息以及警告，可以将其删除。具体操作步骤如下。

01 选定要删除有效数据范围或输入信息的单元格。

02 单击“数据”选项卡，在“数据工具”组中单击“数据有效性”按钮，弹出“数据有效性”对话框。

03 在打开的“数据有效性”对话框中单击“全部清除”按钮，单击“确定”按钮，即可将数据的有效性设置全部清除。

9.3 超链接

为了快速访问另一个文件中或网页上的相关信息，用户可以在工作表的单元格中插入超链接，还可以在特定的图表元素中插入超链接。超链接是来自文档中的链接，单击超链接会打开另一个页面或文件。目标链接通常是另一个网页，但也可以是图片、电子邮件地址或程序。超链接本身可以是文本或图片。除此之外，用户还可以将工作表标签进行隐藏。

9.3.1 创建超链接

用户可以根据自己要链接的对象，对新建文件、现有文件或网页等创建超链接。

1．创建新文件的超链接

创建新文件的超链接的具体操作方法如下。

01 在工作表中选择要创建超链接的单元格。

02 选择“插入”选项卡，在“链接”组中单击“超链接”按钮，打开如图9.29所示的对话框。

提示 也可以用右键单击单元格或图形，然后在弹出的快捷菜单中选择“超链接”选项，或按Ctrl+K键打开“插入超链接”对话框。

03 在“链接到”列表框中选择“新建文档”选项，在“新建文档名称”文本框中输入新文件的名称。

04 在“何时编辑”选项区域中选中“以后再编辑新文档”或“开始编辑新文档”单选钮，以指定何时打开新文件进行编辑，如图9.30所示。

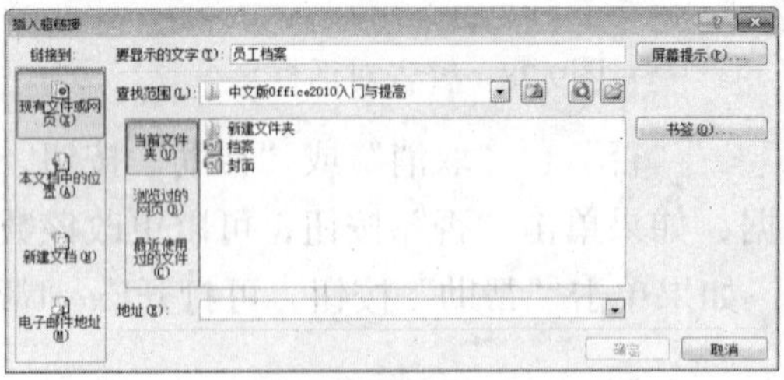

图9.29 “插入超链接”对话框

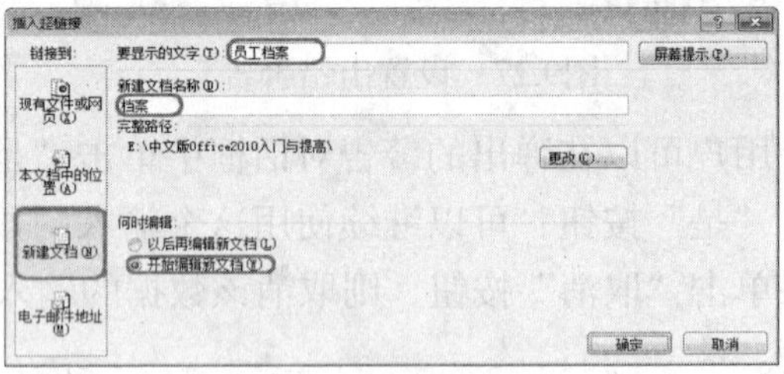

图9.30 设置超链接

05 如果希望当指针悬停在超链接上时显示帮助信息，可以单击“屏幕提示”按钮，在弹出的“屏幕提示文字”框中键入所需文字，单击“确定”按钮。

06 设置完成后，在“插入超链接”对话框中单击“确定”按钮即可。

2. 创建现有文件或网页的超链接

根据现有文件或网页创建超链接的具体操作步骤如下。

01 在工作表中选择要创建超链接的单元格。

02 选择“插入”选项卡，在“链接”组中单击“超链接”按钮，打开“插入超链接”对话框。

03 在“链接到”列表框中选择“现有文件或网页”选项，用户可以在右侧执行以下操作之一。

- 当前文件夹：用户可以在打开的文件夹中选择需要链接的文件。
- 查找范围：通过在“查找范围”列表中选择不同的文件夹，可以更改当前文件夹。
- 浏览Web：单击该按钮可以打开要链接到的网页，然后切换回Excel，而不关闭浏览器。
- 浏览文件夹：单击该按钮可以在弹出的“链接到文件”对话框中选择要链接的位置。
- 浏览过的网页：单击该按钮可以打开最近浏览过的网页。
- 最近使用过的文件：单击该按钮可以打开最近打开过的文件。
- 地址：输入需链接到的已知文件或网页的名称和位置信息。
- 书签：单击此按钮，可以创建指向文件中或网页上特定位置的超链接。双击此按钮可找到书签所在位置。

04 在“要显示的文字”文本框中输入用于表示超链接的文字。

05 设置完成后单击“确定”按钮即可。

3. 创建本文档中的超链接

在本文档中创建超链接的操作步骤如下。

01 在工作表中选择要创建超链接的单元格。

02 选择“插入”选项卡，在“链接”组中单击“超链接”按钮，打开“插入超链接”对话框。

03 在“链接到”列表框中选择“本文档中的位置”选项，在“或在此文档中选择一个位置”选项区域中选择要链接到的工作表标签，如图9.31所示。

04 单击“确定”按钮，即可在文档中创建超链接，如图9.32所示。

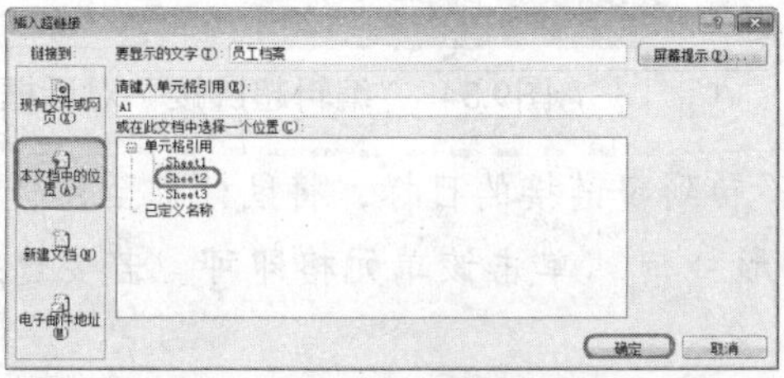

图9.31 在本文档中指定位置

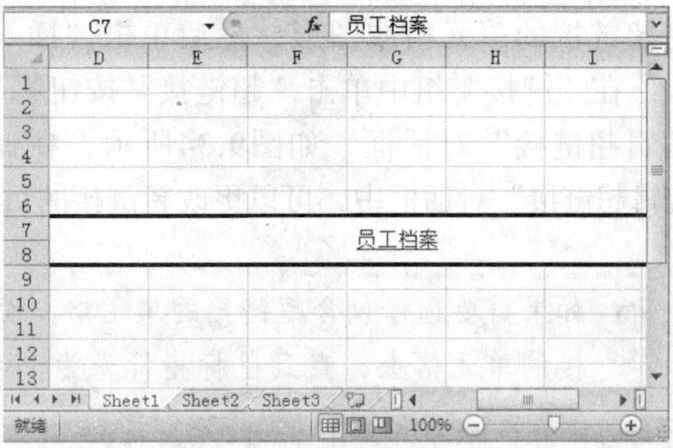

图9.32 创建超链接

提示 当创建超链接时，在文档中创建超链接的单元格中的文字会呈蓝色。单击蓝色文字即可链接到创建链接的文档中。

4．创建电子邮件地址的超链接

如果要创建指向电子邮件地址的超链接，电子邮件程序将自动启动，并会创建一封在“收件人”框中显示正确地址的电子邮件（前提是已经安装了电子邮件程序），创建电子邮件地址的超链接的具体操作步骤如下。

01 在工作表中选择要创建超链接的单元格。

02 选择“插入”选项卡，在“链接”组中单击“超链接”按钮，打开“插入超链接”对话框。

03 在“链接到”列表框中单击“电子邮件地址”，在右侧的“电子邮件地址”文本框中输入电子邮件的地址，在“主题”文本框中输入电子邮件的主题，如图9.33所示。

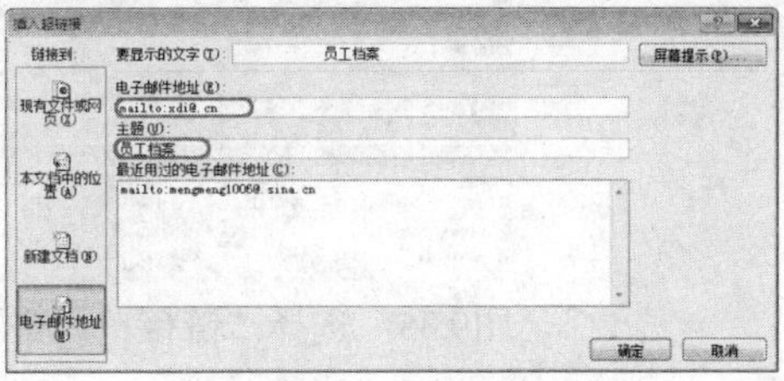

图9.33 输入电子邮件地址

04 设置完成后，单击“确定”按钮，即可创建电子邮件的超链接。

提示 如果想直接在单元格中输入电子邮件的地址，也可以在单元格中创建指向该地址的超链接。例如，当输入诸如*******@qq.com的电子邮件地址时，将会自动创建一个超链接。

9.3.2 更改超链接

用户除了可以创建超链接外，还可以对超链接进行更改，例如更改超链接的链接目标、链接文本的外观等。

1. 更改超链接的目标

如果用户需要更改超链接的目标，可选择要更改的超链接的单元格或图形，然后单击“插入”选项卡，在“链接”组中单击“超链接”按钮，打开“编辑超链接”对话框，如图9.34所示，在弹出的“编辑超链接”对话框中，可以更改超链接的目标。

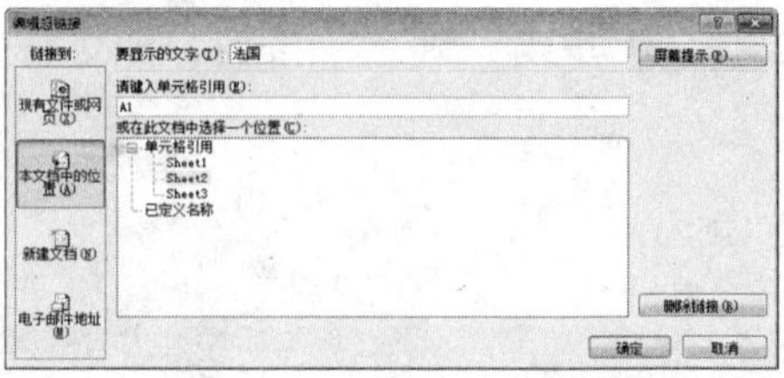

图9.34 “编辑超链接”对话框

提示 如果需要选择包含超链接的单元格，而不转到超链接的目标，将鼠标移至包含超链接的单元格上，直到鼠标指针变为十字形✚时，单击该单元格即可。若要选择某个图形，在按住Ctrl键的同时单击该图形。

2. 更改超链接样式

通过更改超链接的单元格样式，可以更改当前工作簿中所有超链接文本的外观，操作步骤如下。

01 选择要更改超链接样式的单元格。

02 单击“开始”选项卡，在“样式”组中单击“单元格样式”按钮，在弹出的下拉列表中的“数据和模型”选项区域中选择“链接单元格”选项，如图9.35所示。

03 执行操作后，即可为选中的单元格更改链接样式，如图9.36所示。

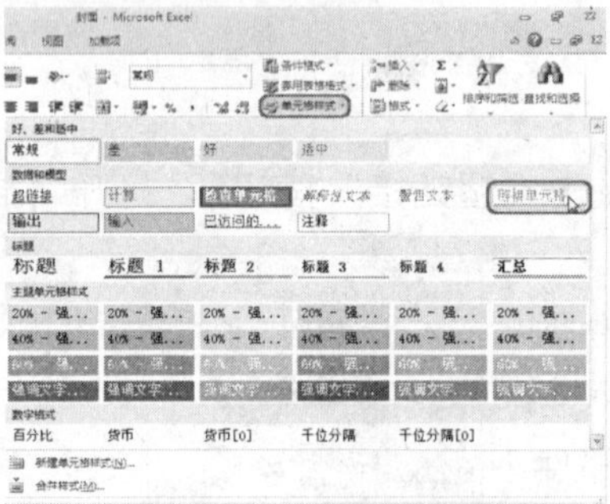

图9.35 选择“链接单元格”选项

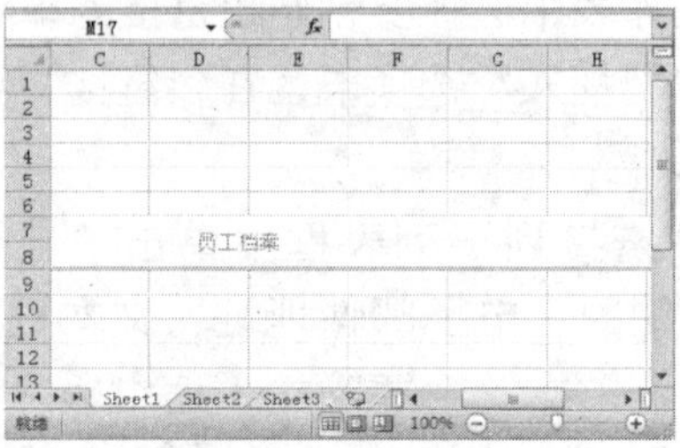

图9.36 更改链接样式

9.3.3 删除超链接

如果要删除超链接，用户可以执行下列操作之一。

- 要删除一个超链接，右键单击包含超链接的单元格，在弹出的快捷菜单中选择“取消超链接”选项。
- 要删除超链接以及表示超链接的图形，在按住Ctrl键的同时单击图形，然后按Delete键。

- 如果要删除多个超链接，按住Ctrl键的同时选择要删除的超链接，右击鼠标，在弹出的快捷菜单中选择“删除超链接”选项，如图9.37所示。即可删除超链接。
- 选择要删除超链接的单元格，选择“插入”选项卡，在“链接”组中单击“超链接”按钮，在打开的“编辑超链接”对话框中单击“删除链接”按钮即可，如图9.38所示。

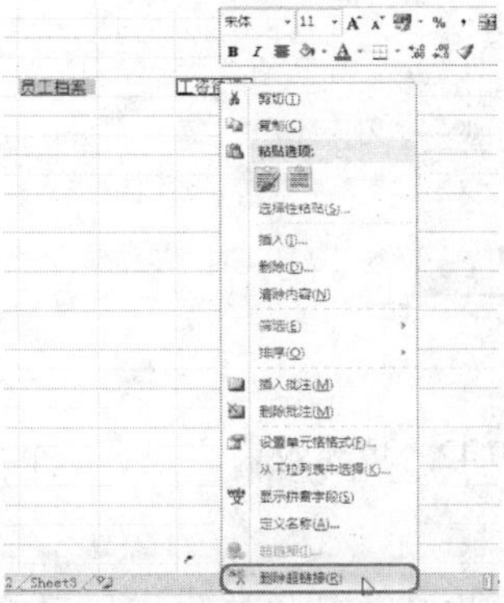

图9.37 选择“超链接”选项

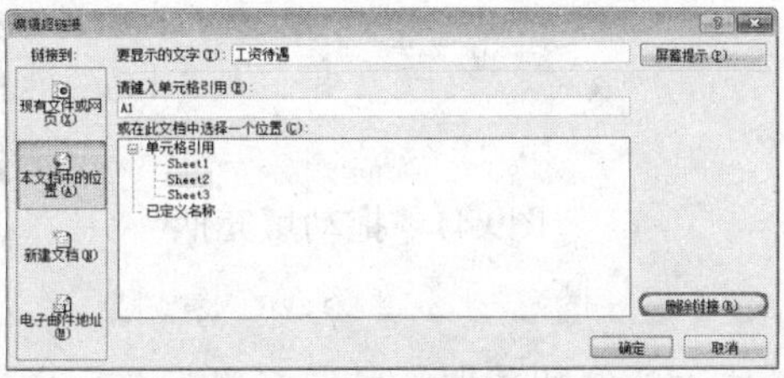

图9.38 单击“删除链接”按钮

9.4 自动填充数据

为了快速输入数据，用户可以使用Excel自动重复数据，或者自动填充数据。在输入数据和公式的过程中，如果输入的数据具有某种规律，用户可以通过拖动当前单元格的填充柄或在“开始”选项卡中单击“编辑”组中的“填充”按钮，在弹出的下拉列表中选择自动填充数据的方式进行输入。

9.4.1 在相邻的单元格中填充相同的数据

在相邻的单元格中填充相同数据的具体操作步骤如下。

01 在某个单元格中输入数据。

02 选择从该单元格开始的行方向单元格区域或列方向单元格区域。

03 单击“开始”选项卡，在“编辑”组中单击“填充”按钮，在弹出的下拉菜单中选择相应方向的填充选项，如图9.39所示。

04 执行操作后，即可对选择的区域进行填充，如图9.40所示。

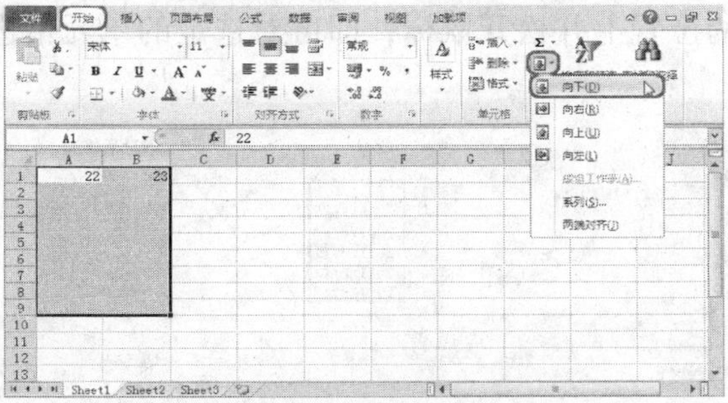

图9.39 选择填充方向

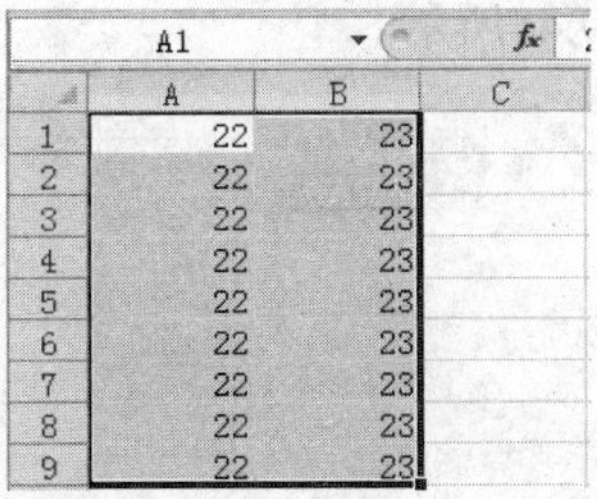

图9.40 填充选定区域

使用单元格填充柄来填充相同的数据，具体操作步骤如下。

01 在某个单元格中输入数据。

02 单击该单元格，将鼠标指针移动到该单元格右下角的填充柄上，当鼠标指针变为+黑十字时，按住鼠标左键，拖动单元格填充柄到要填充的单元格中，如图9.41所示。

03 松开鼠标即可填充选中的单元格，如图9.42所示。

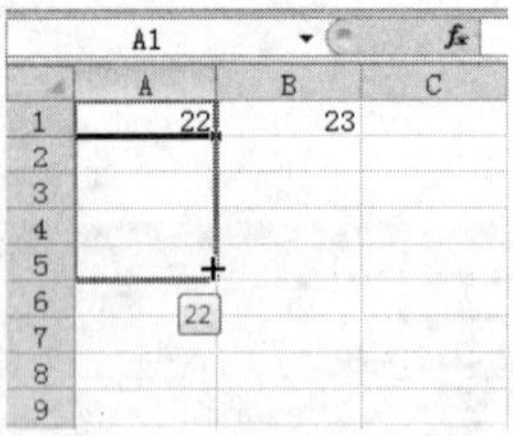

图9.41　拖动填充柄

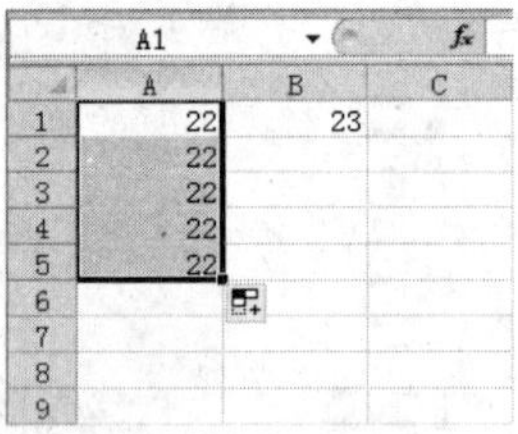

图9.42　填充效果

提示 如果填充数据是日期、时间和星期等，需要在拖动单元格填充柄的同时按住Ctrl键。

9.4.2　自动填充数据序列

在Excel中，用户除了可以在相邻单元格中填充相同的数据，还可使用自动填充功能快速输入具有某种规律的数据序列。

1．自动填充可扩展序列数字和日期

如果在起始单元格中包含了Excel的可扩展序列，在使用单元格填充柄进行填充操作时，相邻单元格的数据将按序列递增或递减方式填充。自动填充可扩展日期的方法与其相同。Excel可扩展序列是Microsoft Excel提供的默认自动填充序列，包括数字、日期、时间以及文本数字混合序列等。

对于数字进行可扩展序列的填充的具体操作步骤如下。

01 在需要输入序列的第一个单元格中输入序列的初始值。

02 选中该单元格或包含有自动填充序列初始值的单元格区域。

03 向指定方向拖动该单元格或单元格区域右下角的填充柄，此时Excel就会自动填充序列的其他值。

例如，在A1单元格中输入2011/6/8，然后选中该单元格，并向下拖动其右下角的填充柄，如图9.43所示。将其拖动到合适的位置上并松开鼠标，即可对选定的单元格进行自动填充，如图9.44所示。

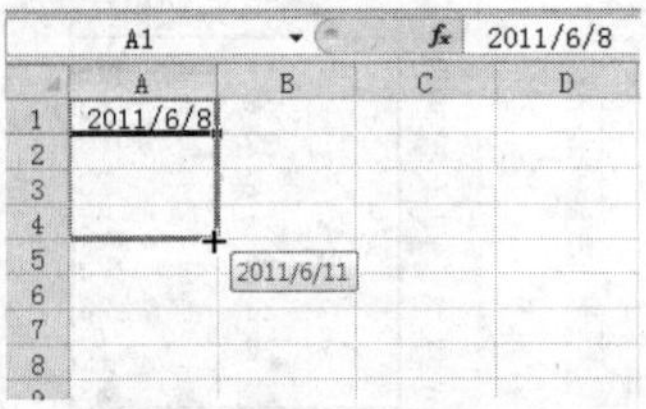

图9.43　拖动填充柄

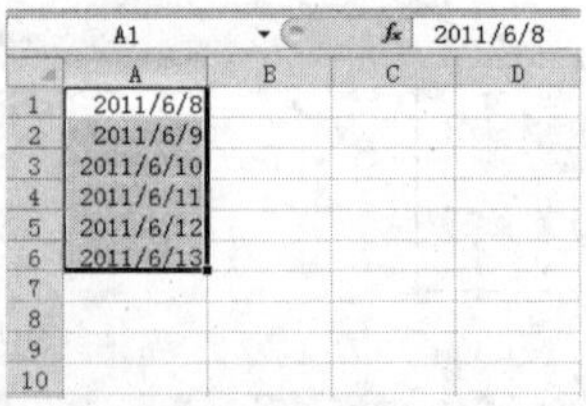

图9.44　对选定的区域进行自动填充

2. 等比序列填充

等比序列填充的方法与等差序列填充的方法类似。具体操作步骤如下。

01 在单元格A1中输入5，然后选择从该单元格开始的行方向单元格区域或列方向单元格区域，如图9.45所示。

02 单击“开始”选项卡，在“编辑”组中单击“填充”按钮，在弹出的下拉列表中选择“系列”选项，如图9.46所示。

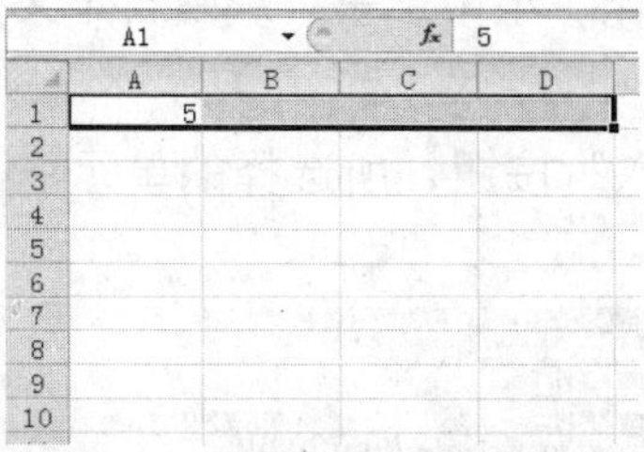

图9.45 选择单元格区域

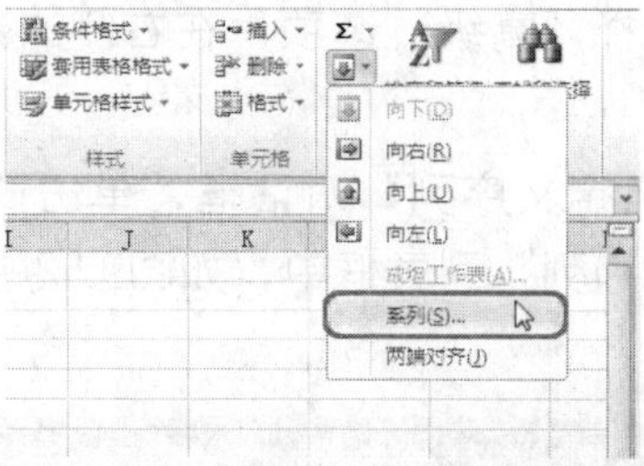

图9.46 选择“系列”选项

03 在打开的“序列”对话框中选择“等比序列”单选钮，再在“步长值”文本框中输入4，如图9.47所示。

04 设置完成后，单击“确定”按钮，即可完成填充，效果如图9.48所示。

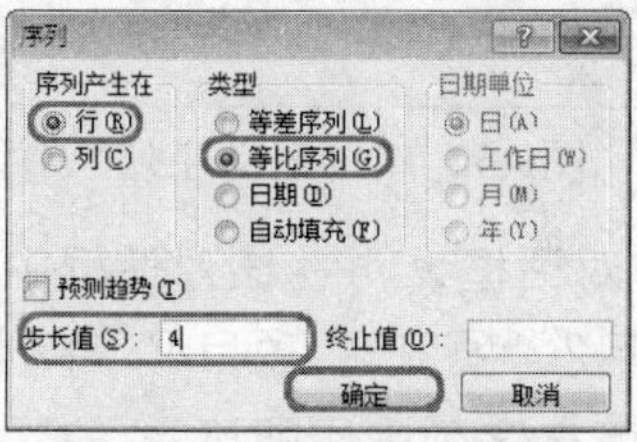

图9.47 “序列”对话框

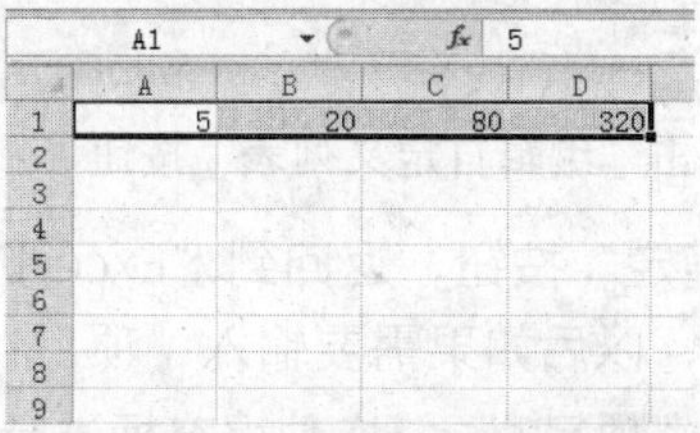

图9.48 填充后的效果

3. 等差序列填充

如果要使用序列 1、2、3、4、5……可以在前两个单元格中键入1和2。如果要使用序列2、4、6、8……可以在前两个单元格中输入2和4。如果要使用序列2、2、2、2……只要保留第二个单元格为空即可。具体操作步骤如下。

01 在A1单元格中输入2，在A2单元格中输入6，然后将这两个单元格选中，并向下拖动其右下角的填充柄，如图9.49所示。

02 将其拖动到合适的位置上并松开鼠标，即可对选定的单元格进行等差序列填充，如图9.50所示。

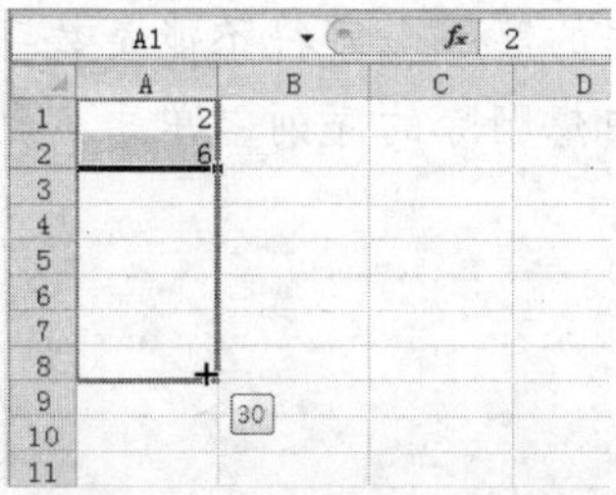

图9.49 向下拖动填充柄

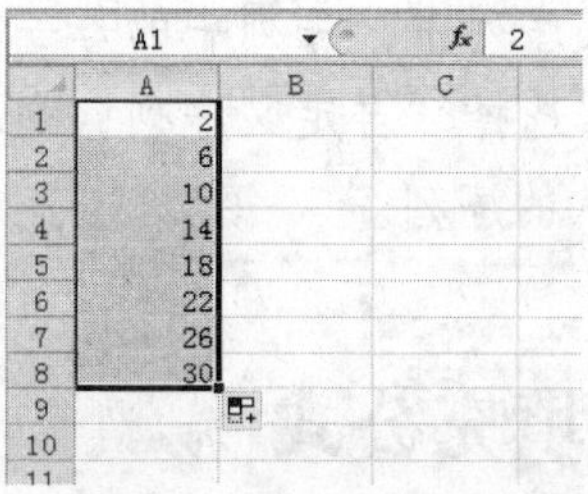

图9.50 进行等差序列填充

4. 自定义自动填充序列

另外，在Excel中还允许用户自定义自动填充序列，该序列也可以像Excel可扩展序列一样进行自动填充。自定义自动填充序列可采用两种方式。

如果用户使用基于现有项目列表中的自定义填充序列，具体操作步骤如下。

01 在A1:A4单元格区域中，分别输入“项目1、项目2、项目3、项目4”，并将其选中。

02 单击“文件”按钮，在打开的菜单中选择“选项”，打开“Excel选项”对话框，在左侧的列表中选择“高级”选项，在右侧的“常用”组中单击“编辑自定义列表”按钮，如图9.51所示。

03 打开“自定义序列”对话框，单击“导入”按钮，所选择的单元格区域中的数据将添加到“自定义序列”列表框中，如图9.52所示。

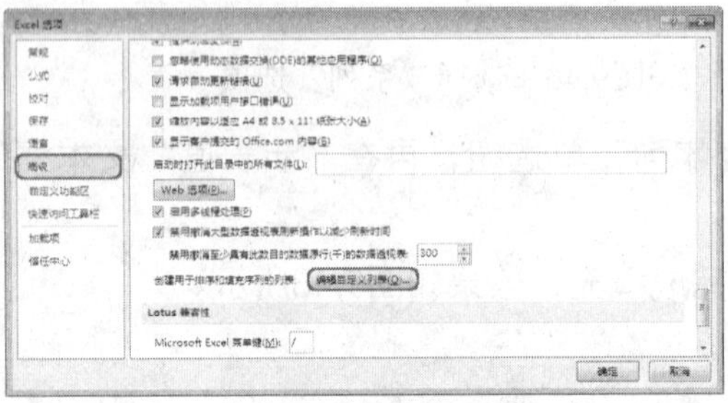

图9.51　单击“编辑自定义列表”按钮

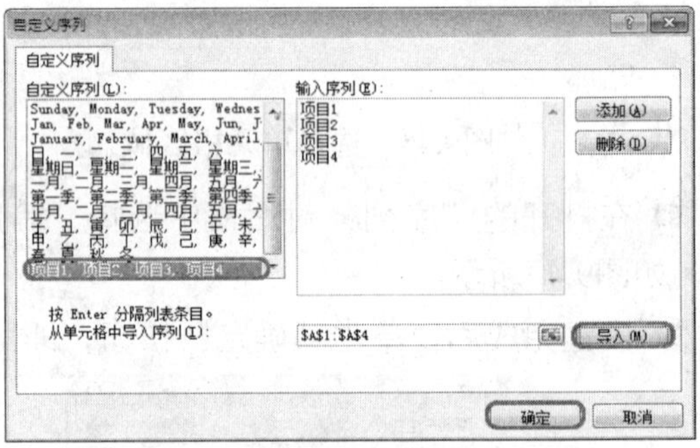

图9.52　“自定义序列”对话框

04 单击“确定”按钮，返回到“Excel选项”对话框，再在该对话框中单击“确定”按钮，返回工作表，以后如果需要输入“项目1、项目2、项目3、项目4”序列时，只需在第一个单元格中输入“项目1”，拖动填充柄进行自动填充序列操作即可。

用户还可以直接通过“自定义序列”对话框输入想定义的序列，具体操作步骤如下。

01 在弹出的“自定义序列”对话框中的“输入序列”文本框中输入需要定义的序列项，每输入一个按一次回车键。

02 单击“添加”按钮，输入的序列项将添加到左侧的“自定义序列”列表框中，如图9.53所示。完成后单击“确定”按钮即可。

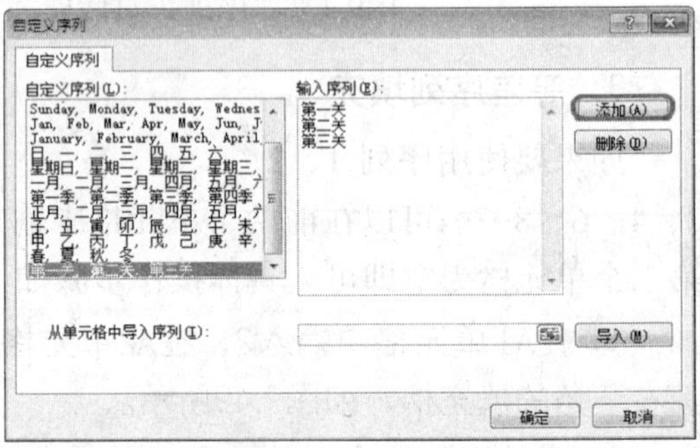

图9.53　添加序列

提示　在自定义序列中，序列中的每一个数据的第一个字符不能是数字。如果要删除自定义序列，选择“自定义序列”列表框中想删除的序列，单击“删除”按钮即可。但不能删除Excel默认的序列。

9.4.3　自动填充公式

与常量数据填充一样，使用填充柄也可以进行公式的自动填充。利用相对引用和绝对引用的不同特点，配合自动填充操作，可以快速地建立成批的公式。

公式自动填充的具体操作步骤如下。

01 在A1:D3单元格中输入如图9.54所示的数据。

02 在单元格E1中输入公式“=SUM（A1:D1）”，单击编辑栏中的“输入”按钮✓，效果如图9.55所示。

03 向下拖动单元格E1的填充柄，将单元格E1中的公式自动填充到单元格E2～E3中，结果如图9.56所示。

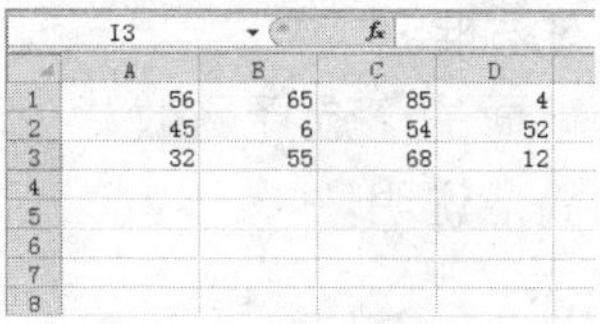

图9.54　输入数据

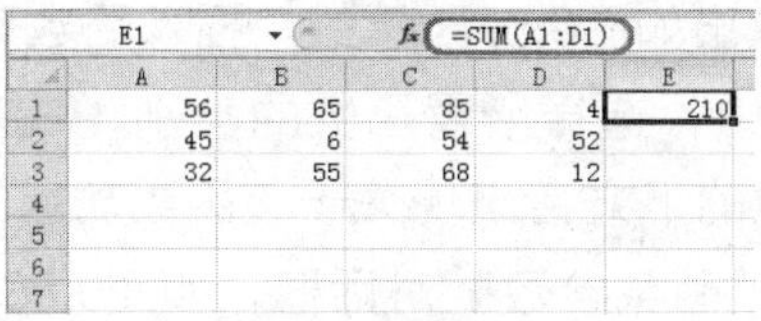

图9.55　输入公式

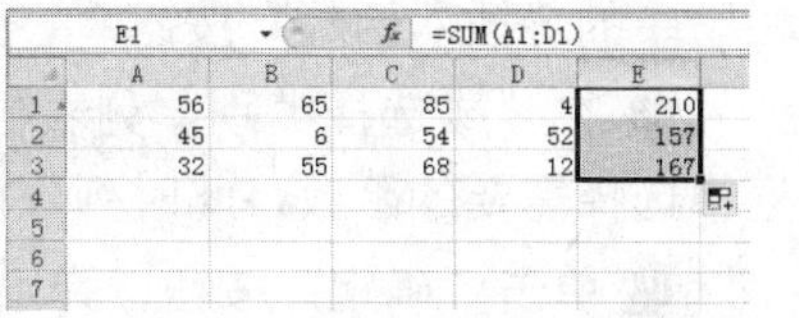

图9.56　自动填充公式

9.5 应用函数

每个函数由一个函数名和相应的参数组成。参数位于函数名的右侧，并用括号括起来。大多数参数的数据类型都是确定的，可以是数字、文本、逻辑值、数组、单元格引用或表达式等。参数的具体值由用户提供。

如果函数以公式的形式出现，则必须在函数名前输入等号“=”，有些函数非常简单，不需要参数。例如，用户在一个单元格中输入“=NOW（）”，Excel就会在单元格里显示出当前系统的时期和时间。当用户每次打开包含该函数的工作表时，单元格中的日期和时间将会自动更新。

9.5.1 函数的分类

Excel提供了丰富的函数，按照其功能可以分为以下几类。

- “财务函数”：对数值进行各种财务计算。
- “数学和三角函数”：处理各种数学计算。
- “日期与时间函数”：在公式中分析和处理日期值和时间值。
- “数据库函数”：分析和处理数据清单中的数据。
- “统计函数”：用于对数据区域进行统计分析。
- “逻辑函数”：用于进行真假值判断或者进行复合检验。
- “信息函数”：用于确定存储在单元格中的数据类型。
- “文本函数”：用于在公式中处理文字串。
- “工程函数”：对数值进行各种工程上的运算和分析。
- “查找和引用函数”：在单元格、单元格区域中查找特定数值或某个单元格的引用。

9.5.2 使用“插入函数”命令插入函数

由于Excel提供了大量的函数，且有许多函数不经常使用，很难记住它们的参数。用户可以利用“插入函数”按钮，然后按照提示，逐步选择需要的函数及其相应的参数。具体操作步骤如下。

01 选择要输入函数的单元格。

02 在“公式”选项卡中单击“函数库”组中的“插入函数”按钮，或单击“编辑栏”中的“插入函数”按钮，弹出如图9.57所示的“插入函数”对话框。

03 在“或选择类别”列表框中，选择所需函数的类别，在其下面的“选择函数”列表框中选择需要的函数，此时列表框的下方会出现关于该函数功能的简洁说明。

04 单击“确定”按钮，弹出“函数参数”对话框，如图9.58所示。

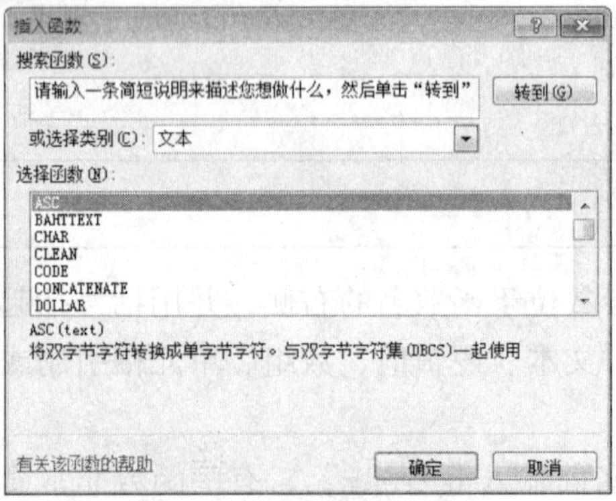

图9.57 “插入函数”对话框

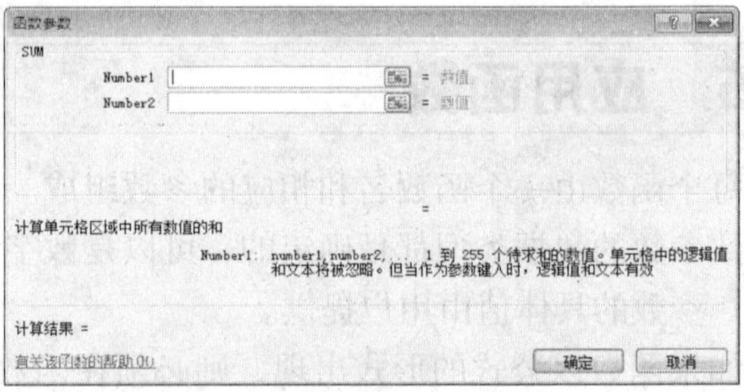

图9.58 “函数参数”对话框

05 单击“函数参数”对话框中的各个参数框，在其中输入数值、单元格或单元格区域引用等，或单击参数文本框右侧的按钮，隐藏对话框，在工作表中选择单元格或区域，再单击按钮，展开对话框，引用的单元格或区域将出现在参数的文本框中。

06 单击“确定”按钮，计算结果将显示在选择的单元格中。

当用户在编辑栏中输入“=”后，位于编辑栏左侧、原来用于显示单元格位置的编辑框中将显示函数的名称。单击其右侧的下三角按钮，打开函数列表，从中选择需要的函数，即可将其输入，如图9.59所示。如果要选择其他函数，从列表中选择“其他函数”项即可。

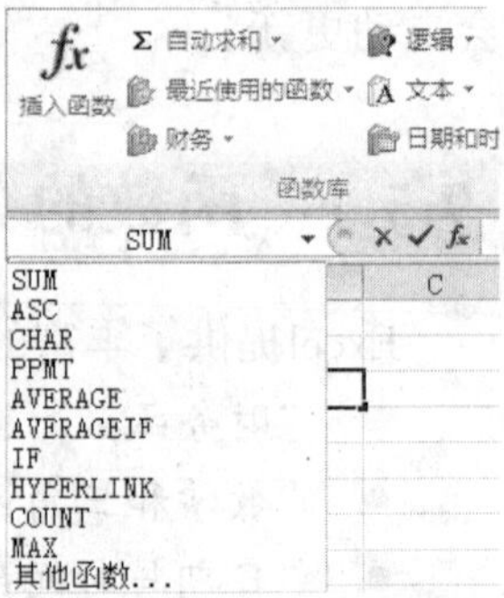

图9.59 函数下拉列表

9.5.3 获得函数帮助

Excel提供了大量的有关函数的联机帮助，如果用户在使用时忘记了某个函数的用法，或者想查看该函数的使用示例，可以使用对话框中的“有关该函数的帮助”超链接打开帮助中心。这里以函数“SUM”为例进行介绍，具体操作步骤如下。

01 单击“插入函数”按钮，在打开的对话框中的“或选择类别”文本框中选择

“常用函数”，在“选择函数”列表框中选择“SUM”函数。

02 单击“插入函数”对话框中的“有关该函数的帮助”超链接，弹出“Excel帮助”窗口，其中给出了该函数的详细用法及示例，如图9.60所示。

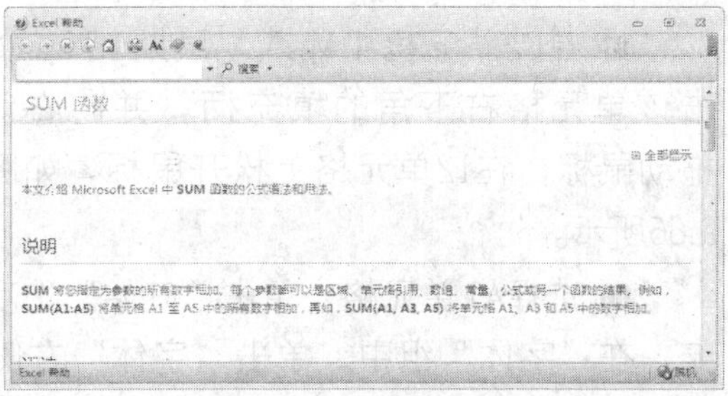

图9.60 “Excel 帮助”对话框

9.6 实战演练——考勤表

本例将介绍如何制作考勤表，具体操作步骤如下。

01 启动Excel 2010，创建一个新工作簿。

02 选择D9:I11单元格区域，单击“开始”选项卡，在“对齐方式”组中单击“合并后居中”按钮，将选中的单元格区域进行合并，如图9.61所示。

03 在合并的单元格中输入文字，输入后的效果如图9.62所示。

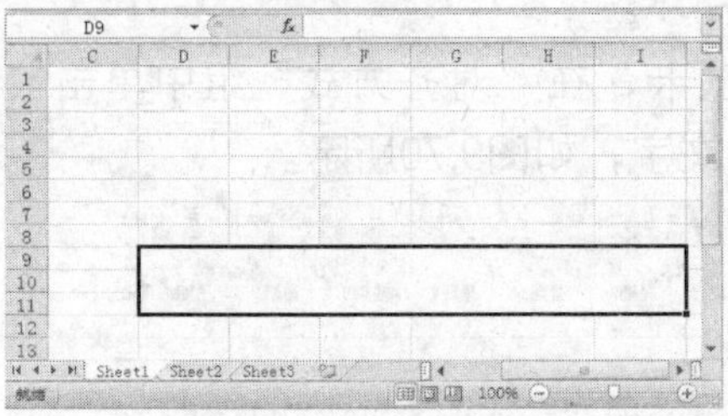

图9.61 合并单元格

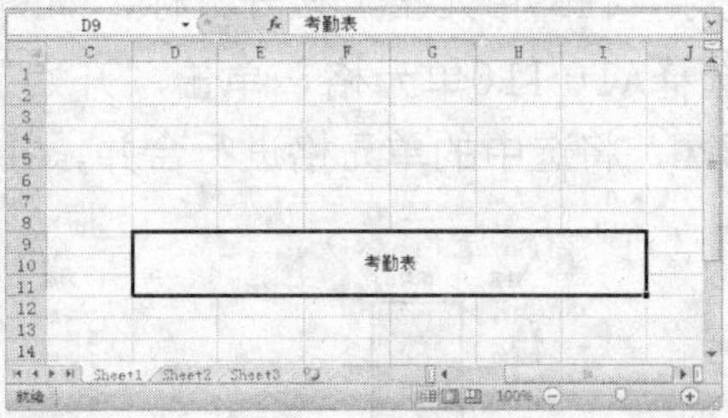

图9.62 输入字体

04 选择“Sheet 2”工作表标签，选择A1:A2单元格区域，选择“开始”选项卡，在“对齐方式”组中单击“合并后居中”按钮，将选中的单元格区域进行合并，在合并后的单元格中输入文字，如图9.63所示。

05 以同样的方法，合并B1:B2单元格区域，并在该单元格中输入文字，如图9.64所示。

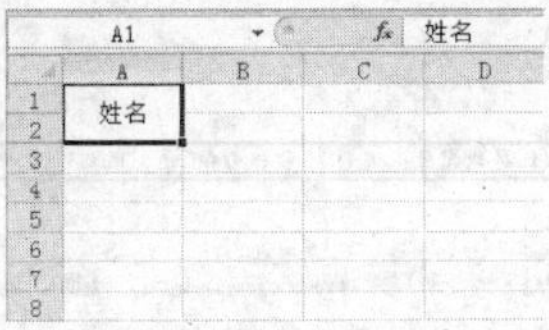

图9.63 合并单元格并输入文字

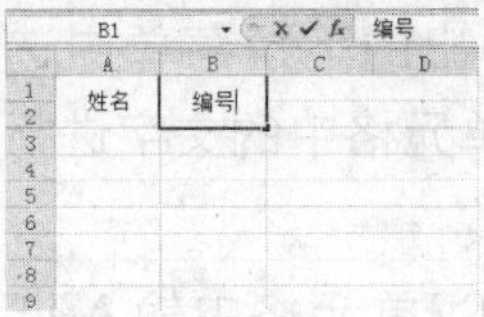

图9.64 输入文字

06 在C1单元格中输入13，按住Ctrl键的同时单击该单元格右下角的填充柄，并向右侧拖动鼠标，在I1单元格上松开鼠标，如图9.65所示。

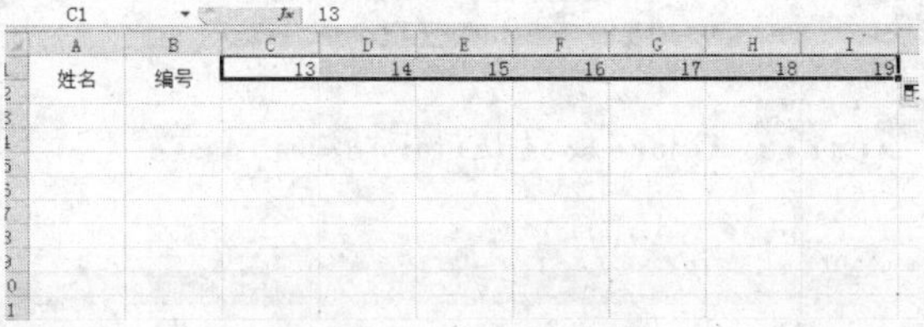

图9.65 填充单元格

07 在C2单元格中输入“星期1”，单击该单元格右下角的填充柄，并向右侧拖动鼠标，在I2单元格上松开鼠标，如图9.66所示。

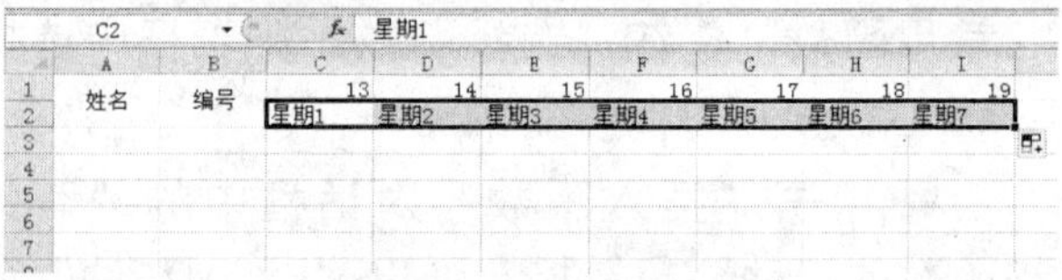

图9.66　填充单元格

08 选择A1单元格，单击“开始”选项卡，在“字体”组中，单击“字体”右侧的下三角按钮，在弹出的下拉菜单中选择“方正大黑简体”，并以同样的方法设置B2单元格中的文字，效果如图9.67所示。

09 再分别在A3:A9中输入相应的文字，输入后的效果如图9.68所示。

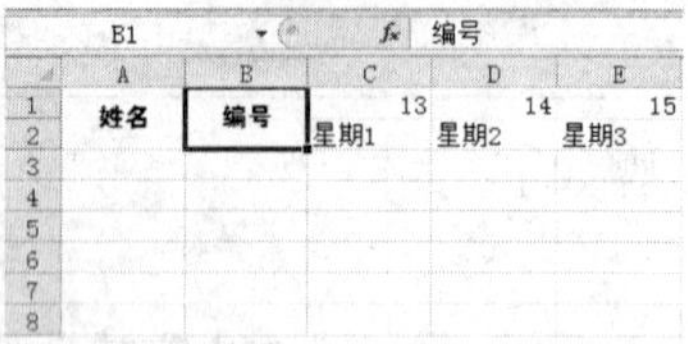

图9.67　设置字体

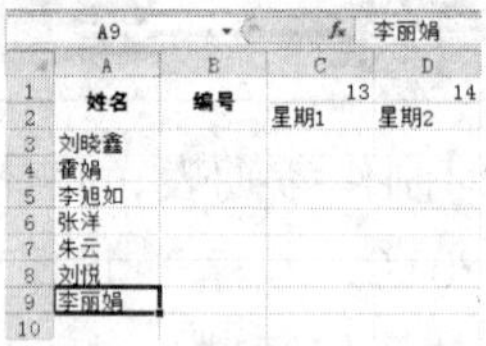

图9.68　输入文字

10 在B3单元格中输入56553，按住Ctrl键的同时单击该单元格右下角的填充柄，并向下方拖动鼠标，在B9单元格上松开鼠标，如图9.69所示。

11 选择A10:I10单元格，单击“开始”选项卡，在“对齐方式”组中单击“合并后居中”按钮，将选中的单元格进行合并，并输入文字，如图9.70所示。

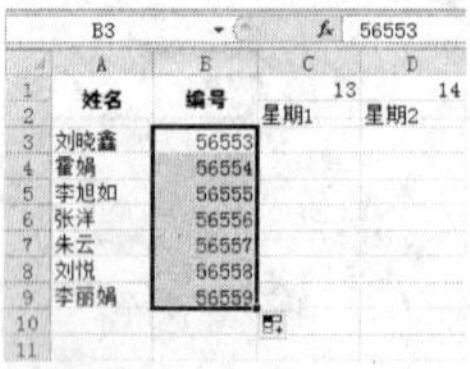

图9.69　填充单元格

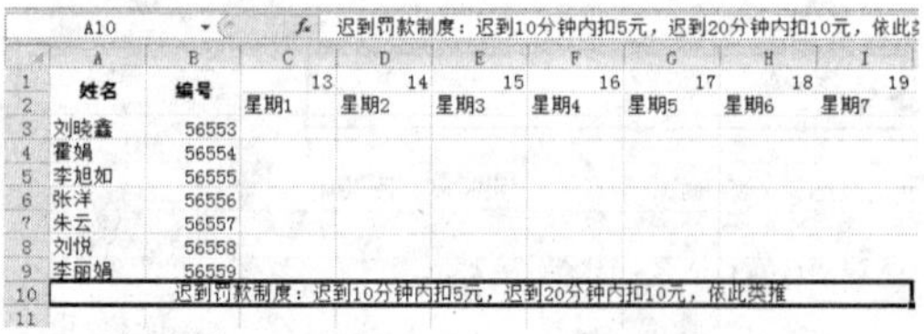

图9.70　输入文字

12 选择A10单元格，单击“开始”选项卡，在“字体”组中单击“字体”右侧的下三角按钮，在弹出的下拉菜单中选择“方正行楷简体”，再单击“字号”右侧的下三角按钮，在弹出的下拉菜单中选择“14”，对选中的单元格中的文字进行设置，如图9.71所示。

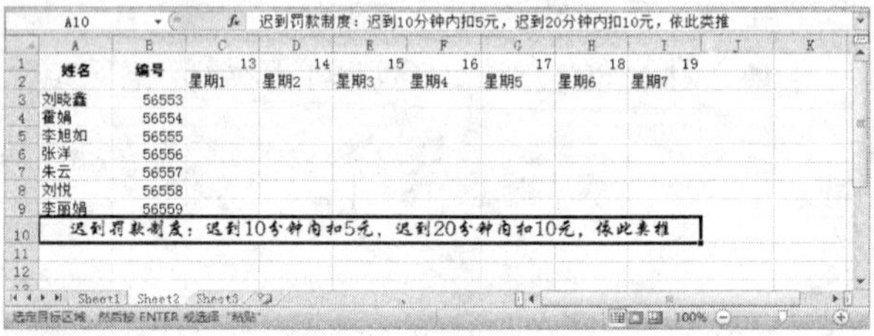

图9.71　设置字体

13 分别在E3、G7单元格中输入15，在F5单元格中输入8，在F9单元格中输入25，如图9.72所示。

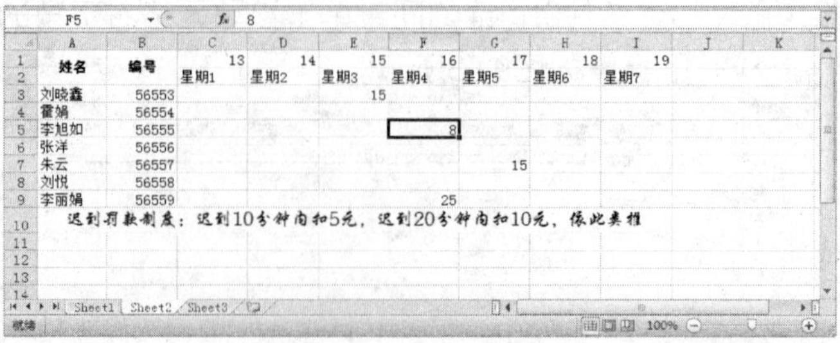

图9.72　输入数字

⑭ 在J12单元格中输入文字，输入后的效果如图9.73所示。

⑮ 选择J12单元格，单击“插入”选项卡，在“链接”组中单击“链接”按钮，在弹出的“插入超链接”对话框中的“链接到”列表框中单击“本文档中的位置”，在“或在此文档中选择一个位置”列表框中单击“Sheet 1”，如图9.74所示。

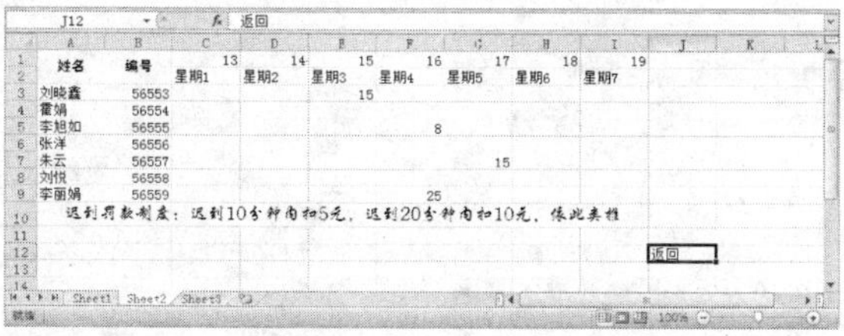

图9.73 输入文字

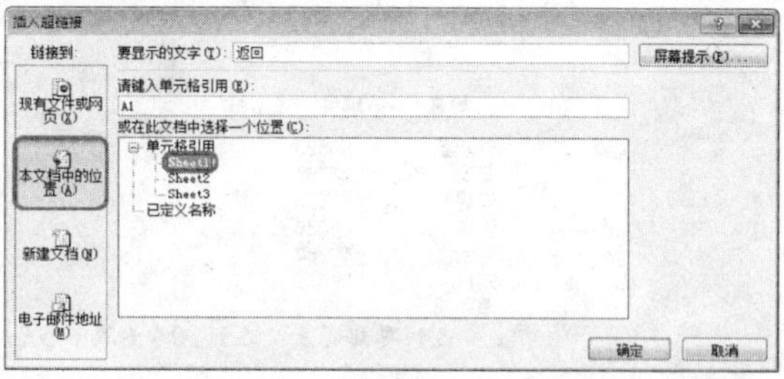

图9.74 选择链接位置

⑯ 单击“确定”按钮，将该单元格中的文字选中，单击“开始”选项卡，在“字体”组中单击“字体”右侧的下三角按钮，在弹出的下拉菜单中选择“方正舒体”，再单击“字号”右侧的下三角按钮，在弹出的下拉菜单中选择“24”，对该单元格中的文字进行设置，如图9.75所示。

⑰ 选择“Sheet 1”工作表标签，选择D9单元格，单击“插入”选项卡，在“链接”组中，单击“链接”按钮，在弹出的“插入超链接”对话框中的“链接到”列表框中单击“本文档中的位置”，在“或在此文档中选择一个位置”列表框中单击“Sheet 2”，如图9.76所示。

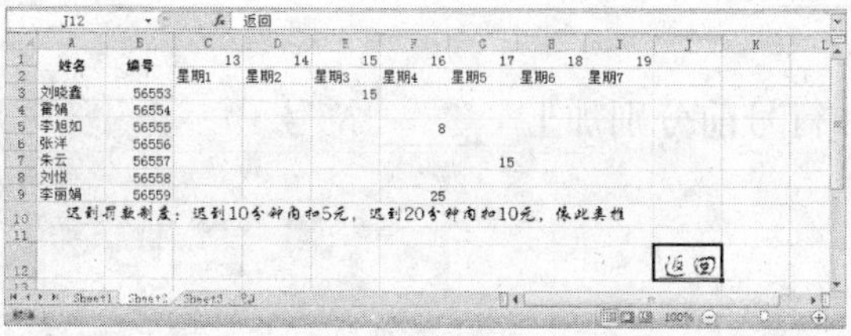

图9.75 设置字体

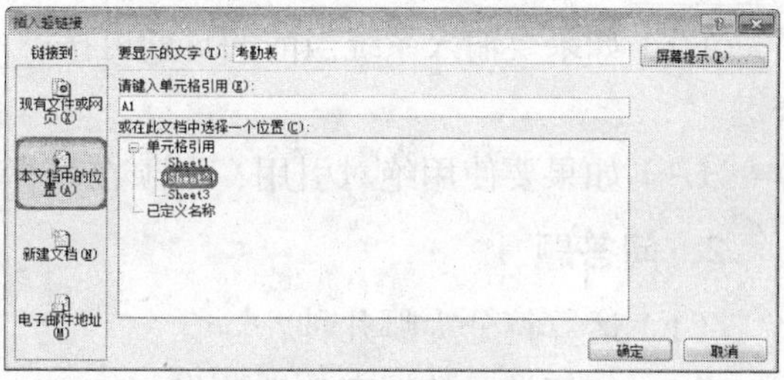

图9.76 选择链接位置

⑱ 单击“确定”按钮，将该单元格中的文字选中，单击“开始”选项卡，在“字体”组中单击“字体”右侧的下三角按钮，在弹出的下拉菜单中选择“方正行楷简体”，再单击“字号”右侧的下三角按钮，在弹出的下拉菜单中选择“36”，对选择的文字进行设置，如图9.77所示。

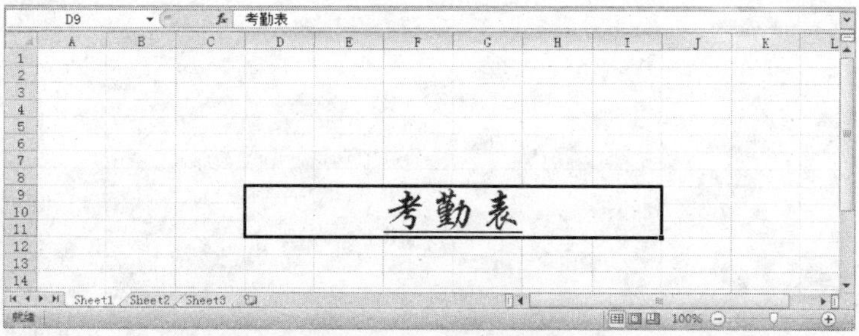

图9.77 设置字体

⑲ 至此，考勤表就制作完成了，效果如图9.78所示，按Ctrl+S组合键将完成后的场景进行保存。

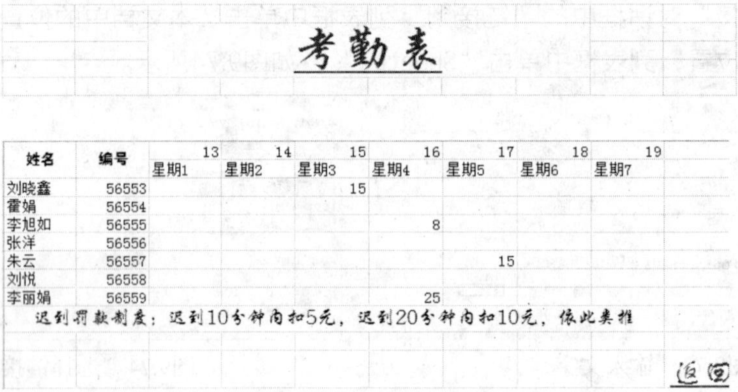
考勤表

姓名	编号	13 星期1	14 星期2	15 星期3	16 星期4	17 星期5	18 星期6	19 星期7
刘晓鑫	56553			15				
霍娟	56554							
李旭如	56555				8			
张洋	56556							
朱云	56557					15		
刘悦	56558							
李丽娟	56559				25			

迟到罚款制度：迟到10分钟内扣5元，迟到20分钟内扣10元，依此类推

返回

图9.78　完成后的效果

9.7 练习

1. 填空题

（1）数值型数据由数字0~9、________、负号、________、分数号、________、货币符号和________等组成。

（2）如果要输入系统当前的日期可按________组合键，输入当前系统时间可按________组合键。

（3）如果要使用绝对引用，必须在列标和行号前分别加上________符号。

2. 问答题

（1）运算符分为哪几种？

（2）如何设置数据有效性警告？

（3）可不可以对新文件创建超链接？如何创建？

第10章 编辑Excel工作表

本章要点

本章主要介绍对单元格的常用编辑，如单元格或单元格区域的选择，单元格内容的修改，移动和复制单元格或单元格区域中的内容，行、列或单元格的插入、删除，以及在工作表中添加批注等。

本章内容主要包括

- 选定当前单元格或单元格区域
- 修改单元格内容
- 移动和复制单元格或单元格区域中的数据
- 插入行、列、单元格或单元格区域
- 删除或清除行、列、单元格或单元格区域
- 在工作表中添加批注
- 审核工作表

go>>

10.1 选定当前单元格或单元格区域

Excel 2010是以工作表的方式对数据进行运算和分析的，而工作表的基本单元是单元格。因此，在往工作表中输入数据时应先选定当前单元格或单元格区域。

10.1.1 选定单元格

1．使用鼠标

将鼠标指针移动到要选择的单元格上，单击鼠标左键即可选定单元格，被选定的单元格也称为当前单元格。如果要选定的单元格没有显示在窗口中，可以通过移动滚动条使其显示在窗口中，然后再选取。

2．使用编辑栏

在编辑栏的名称框中直接输入要选择的单元格名称，然后按回车键确认即可。

3．使用定位命令

除了使用鼠标和编辑栏外，还可以使用定位命令选定单元格。操作步骤如下。

01 选择“开始”选项卡，在“编辑”选项组中单击“查找和选择”按钮旁边的按钮，在打开的列表中选择“转到”选项，如图10.1所示。

02 弹出的“定位”对话框，在“引用位置”选项下输入要选定的单元格引用。例如，

输入“E5”，如图10.2所示。

03 单击“确定”按钮，这时相应的单元格（E5）就成为当前单元格。

图10.1　打开“转到”选项

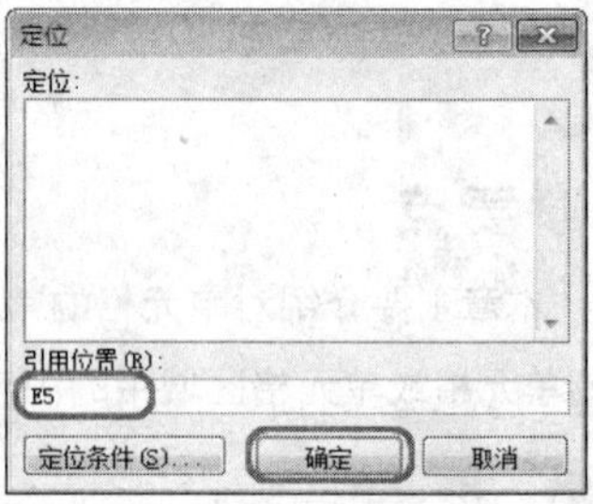

图10.2　弹出“定位”对话框

10.1.2　选定单元格区域

可以使用鼠标或键盘来选择一个单元格区域或多个不相邻的单元格区域。

1．选择一个单元格区域

用鼠标选择一个单元格区域，具体操作步骤如下。

01 单击单元格区域左上角的单元格。

02 按住鼠标左键并拖动鼠标到区域的右下角。

03 松开鼠标左键，选择的区域呈淡蓝色显示，如图10.3所示。

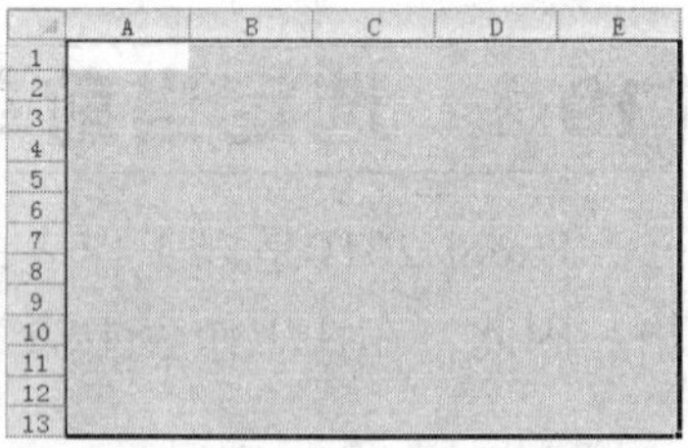

图10.3　选择相邻的单元格区域

若想取消选择，可单击工作表中的任意一个单元格。

如果选择的单元格区域范围较大，可使用鼠标和键盘相结合的方法。

01 用鼠标单击区域左上角的单元格。

02 按住Shift键，再单击区域的右下角单元格。

2．选择不相邻的单元格区域

若要选择的单元格区域有多个且不相邻，具体操作步骤如下。

01 单击并拖动鼠标，选择第一个单元格区域。

02 按住Ctrl键选择其他单元格区域，如图10.4所示。

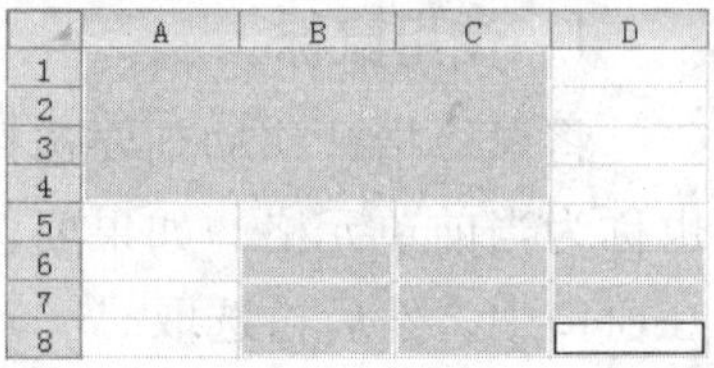

图10.4　选择不相邻的单元格区域

另外，如果要在工作表中选择一些特殊的单元格区域，其操作步骤如下。

- 整行：单击工作表的行号。
- 整列：单击工作表的列标。
- 整个工作表：单击工作表左上角行号1与列标A的交叉处，即“全选”按钮，或按Ctrl+A组合键。
- 相邻的行或列：单击工作表行号或列标，并按住鼠标左键拖动。
- 不相邻的行或列：单击第一个行号或列标，按住Ctrl键，再单击其他的行号或列标。

10.2 修改单元格内容

若单元格中输入的内容有误或不完整时，就需要对其进行修改。

10.2.1 修改单元格内容

如果要修改单元格中的内容，可以使用编辑栏或直接在单元格中进行修改。如果使用编辑栏修改，具体操作步骤如下。

01 单击想要修改内容的单元格，此时编辑栏中显示该单元格的内容。

02 单击编辑栏，此时编辑栏中出现光标。将光标移至想要修改的地方。

03 按Back Space键可删除光标左侧的内容，按Delete键可删除光标右侧的内容，然后在光标处输入正确的内容。也可以先选中有误的内容，使其呈反白显示，然后输入正确的内容。

04 修改完成后，按回车键确认，或单击编辑栏中的“输入”按钮✓。

直接在单元格中进行修改的步骤：在需要修改的单元格上双击鼠标，此时单元格中出现光标，即可在单元格中对内容进行修改。

10.2.2 清除单元格内容

若想清除某个单元格中的内容，只要单击想要清除内容的单元格，然后按Delete键即可。同样，选择某个单元格区域，按Delete键可清除该单元格区域中的所有内容。另外，在选择的想要清除内容的单元格或单元格区域上单击鼠标右键，在弹出的快捷菜单中选择“清除内容”命令，也可完成相应的操作。

10.2.3 以新数据覆盖旧数据

如果希望某个单元格中的内容由新数据替代，单击要由新数据替代的单元格，然后直接输入新数据即可。

10.3 移动和复制单元格或单元格区域中的数据

移动单元格数据是指将某些单元格或单元格区域中的数据移到其他单元格中，复制数据是指将某个单元格或单元格区域中的数据复制到指定的位置，原位置的数据仍然存在。如果原先单元格中含有计算公式，移动或复制到新位置时，公式会因单元格或单元格区域引用的变化，生成新的计算结果。

移动或复制单元格或单元格区域数据的方法基本相同，例如，要利用剪贴板复制单元格数据，应在选中单元格数据后单击“剪贴板”选项组中的（复制）按钮，然后单击指定位置并单击“剪贴板”选项组中的（粘贴）按钮。

10.3.1 通过鼠标拖动法移动和复制单元格数据

要移动单元格或单元格区域中的内容，应首先选择要移动的单元格或单元格区域，然后将光标移至单元格或单元格区域的边缘，当光标变为形状后，按住鼠标左键并拖动到指定位置后松开鼠标即可，如图10.5所示。

要复制单元格或单元格区域中的内容，同样应首先选择要复制的单元格或单元格区域，然后将光标移至单元格或单元格区域的边缘，按住Ctrl键，当鼠标指针变为时，按住鼠标左键拖动到指定位置后松开鼠标即可，如图10.6所示。

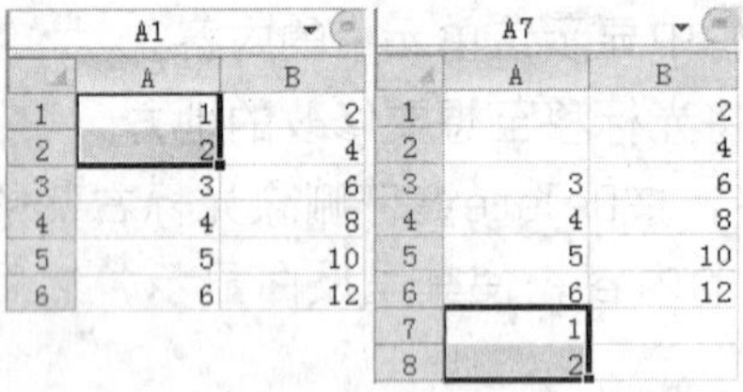
图10.5 移动内容

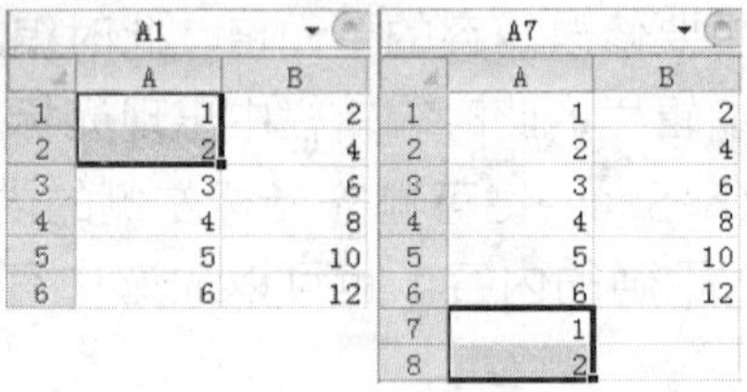
图10.6 复制内容

10.3.2 使用插入方式复制单元格数据

如果某些单元格的数据需要复制到其他单元格上，并且在复制时又不想覆盖以前已有的数据，可以使用插入方式来复制数据。具体操作步骤如下。

01 选择需要复制数据的单元格或单元格区域，如选择单元格E1。

02 单击“剪贴板”组中的“复制”按钮，将数据复制到剪贴板上。

03 选择要复制的目标单元格或单元格区域中的第一个单元格，如选择目标单元格A1。

04 在“开始”选项卡中单击“单元格”组中的“插入”按钮，在打开的列表中选择“插入复制的单元格”选项，如图10.7所示，打开如图10.8所示的“插入粘贴”对话框。

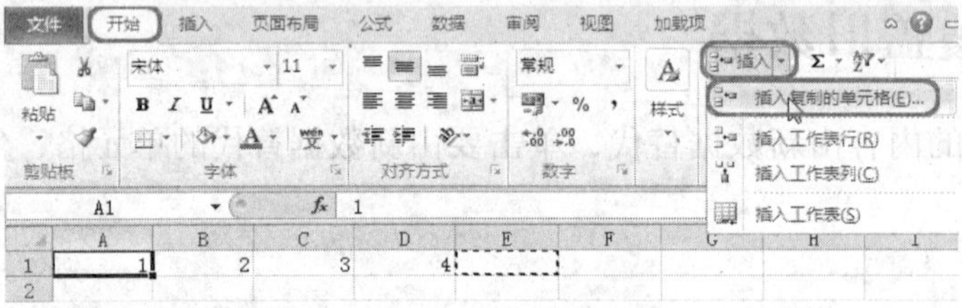
图10.7 选择“插入复制的单元格”选项

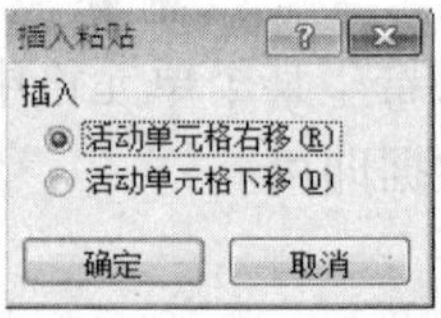

图10.8 “插入粘贴”对话框

05 根据需要选择“活动单元格右移”或“活动单元格下移”选项，单击“确定”按钮。此时，即可将目标区域的旧数据移开，以容纳复制进来的数据，如图10.9所示为选择“活动单元格右移”选项后的效果。

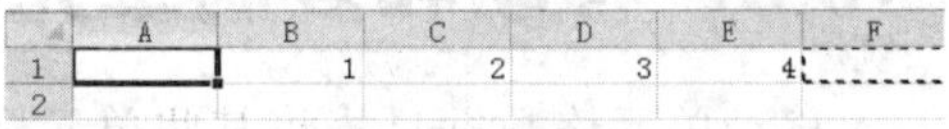
图10.9 使用插入方式复制数据效果

10.3.3 利用选择性粘贴方法复制单元格的特定内容

在进行单元格或单元格区域复制操作时，有时只需要复制其中的特定内容，而不是所有内容，此时可以使用Excel提供的“选择性粘贴”命令来完成。具体操作步骤如下。

01 选择需要复制数据的单元格或单元格区域，如选择A1:E1。

02 在“开始”选项卡中单击“剪贴板”组中的“复制”按钮，将数据复制到剪贴板上。

03 选择要粘贴的单元格或单元格区域中的第一个单元格，如选择单元格A3，如图10.10所示。

04 单击“剪贴板”组中的“粘贴”按钮下的下三角按钮，在打开的列表中选择“选择性粘贴”选项，如图10.11所示。

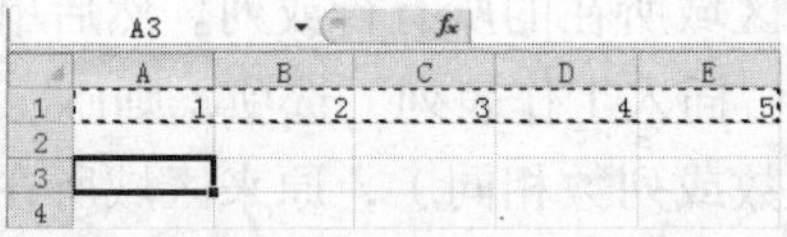

图10.10 复制对象及选择目标单元格

图10.11 单击“选择性粘贴”选项

05 打开如图10.12所示的“选择性粘贴”对话框。从图10.12中的对话框可以看到，使用选择性粘贴进行复制可以实现加、减、乘、除运算，也可复制公式、数值和格式等。例如选择“转置”选项。

06 单击“确定”按钮，选择转置后的效果如图10.13所示。

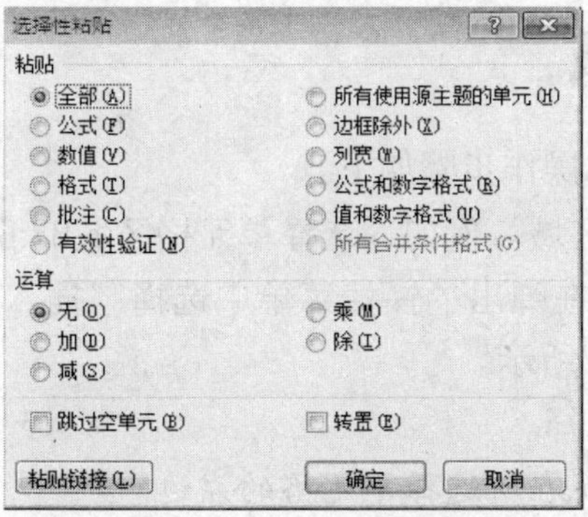

图10.12 “选择性粘贴”对话框

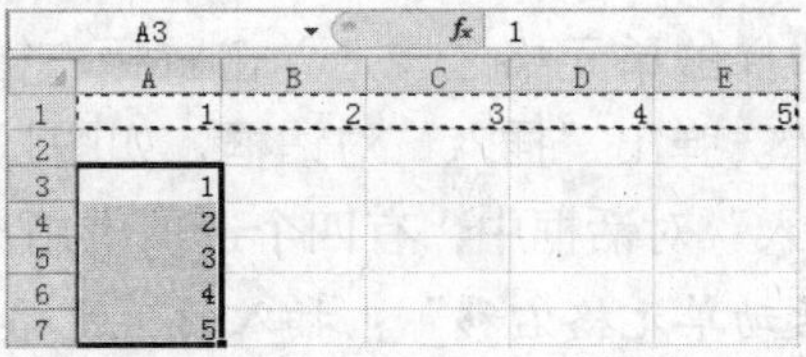

图10.13 转置后的效果

10.4 插入行、列、单元格或单元格区域

Excel允许用户在已经建立的工作表中插入行、列、单元格或单元格区域，以在工作表的适当位置添加新的内容。

10.4.1 插入行和列

在已输入数据的工作表中插入一行，具体操作步骤如下。

01 选择需要插入行的任一单元格或单击行号选择一整行，如图10.14所示。

02 在“开始”选项卡中单击“单元格”组中的“插入”按钮，在打开的列表中选择“插入工作表行”选项，Excel将在当前位置插入一个空行，原有的行自动下移，如图10.15所示。

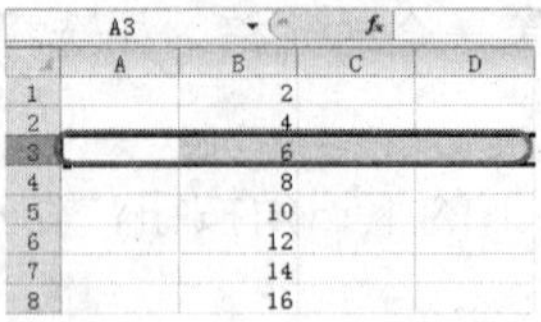

图10.14　选择整行

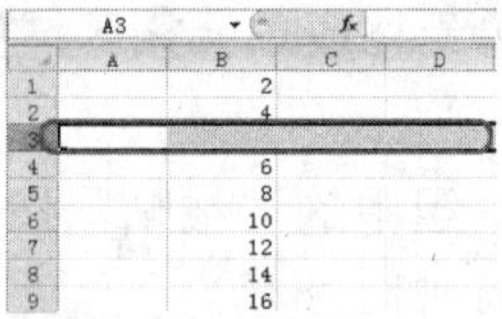

图10.15　插入一行

同理，单击“插入”按钮，在打开的列表中选择“插入工作表列”选项，可在选择的单元格或整列的位置插入一个空列，原有的列自动右移。

实际上，用户可以在已输入数据的工作表中一次插入若干行或列。方法是：首先选择需要插入若干行或列的单元格区域，或选择区域所在的所有行或列。然后单击“插入”按钮，在打开的列表中选择“插入工作表行”或“插入工作表列”选项，则Excel在当前区域位置插入行或列（插入的行数或列数与选择的行数或列数相同），原来区域所在的所有行或列自动下移或右移。

提示　在选择的列或列区域上单击鼠标右键，在弹出的快捷菜单中选择“插入”命令，也可以插入行或列。

10.4.2　插入单元格或单元格区域

在工作表中插入单元格或单元格区域，具体操作步骤如下。

01 在要插入的位置处选择单元格或单元格区域。例如，选择单元格区域B3:B4。

02 在选择的单元格区域上单击鼠标右键，在弹出的快捷菜单中选择“插入”命令，如图10.16所示。弹出“插入”对话框，如图10.17所示。

在“插入”对话框中，有四个选项供用户选择。

- “活动单元格右移”：插入的单元格出现在所选择单元格的左边。
- “活动单元格下移”：插入的单元格出现在所选择单元格的上方。
- “整行”：在选定单元格上面插入一行。
- “整列”：在选定单元格左边插入一列。

03 选择需要的插入选项，单击“确定”按钮。如选择“活动单元格下移”选项，单击“确定”按钮后的效果如图10.18所示。

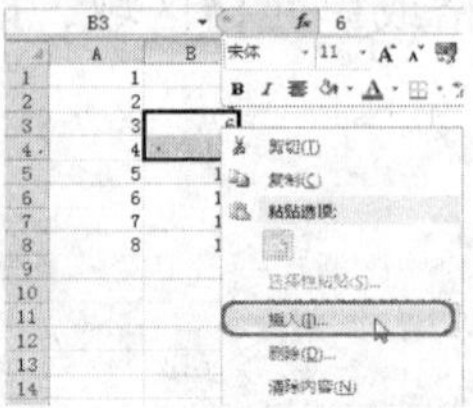

图10.16　选择“插入”命令

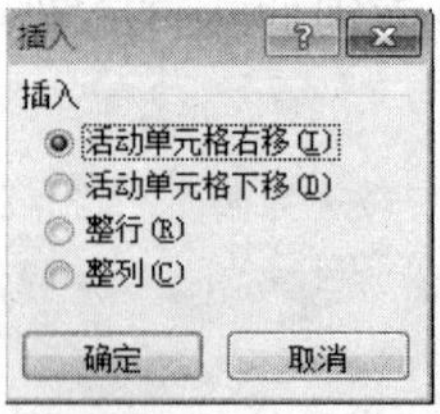

图10.17　“插入”对话框

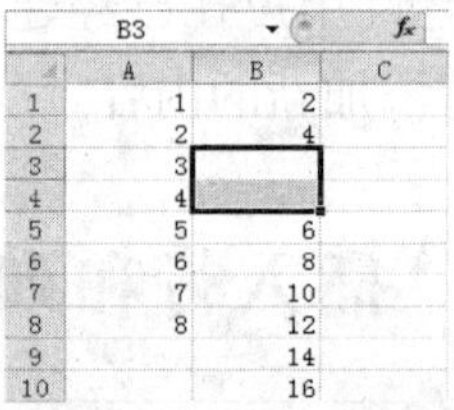

图10.18　插入后的效果

10.4.3 使用鼠标插入行、列、单元格或单元格区域

除了上述方法可插入行、列、单元格或单元格区域之外，还可以使用鼠标来完成相应的插入操作。具体操作步骤如下。

01 选择行、列、单元格或单元格区域，如选择A3:A4，如图10.19所示。

02 将鼠标指针移动至填充柄，按住Shift键并拖动鼠标。此时会出现一个虚框，松开鼠标左键，就可以插入虚框中的单元格区域，效果如图10.20所示。

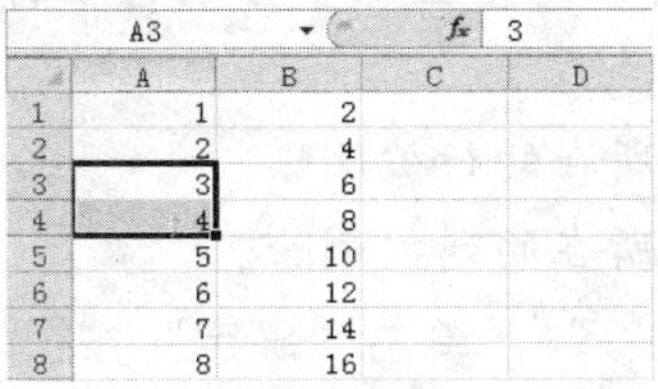

图10.19 选择单元格区域

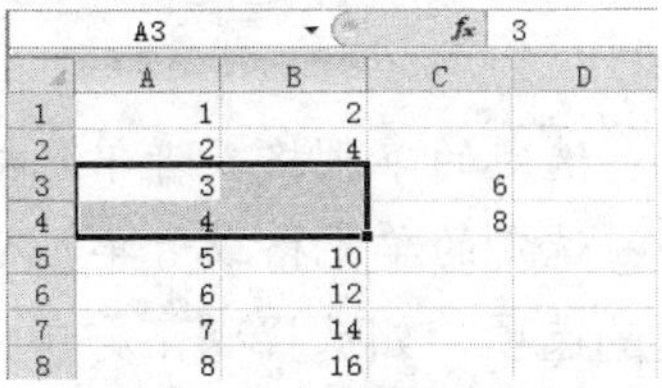

图10.20 选择单元格

10.5 删除或清除行、列、单元格及单元格区域

当工作表中的某些数据及其位置不再需要时，可以将它们删除。这里的删除与按Delete键删除单元格或单元格区域的内容不一样，按Delete键仅清除单元格中的内容，此时单元格变为空白单元格，但仍保留在工作表中；而删除行、列、单元格或单元格区域时，其内容连同位置将一起删除掉，空出的位置由周围的单元格补充。

10.5.1 删除行和列

要删除工作表中的某行或某列，具体操作步骤如下。

01 单击要删除的行号或列标，选择一整行或整列，如图10.21所示为选择一整行。

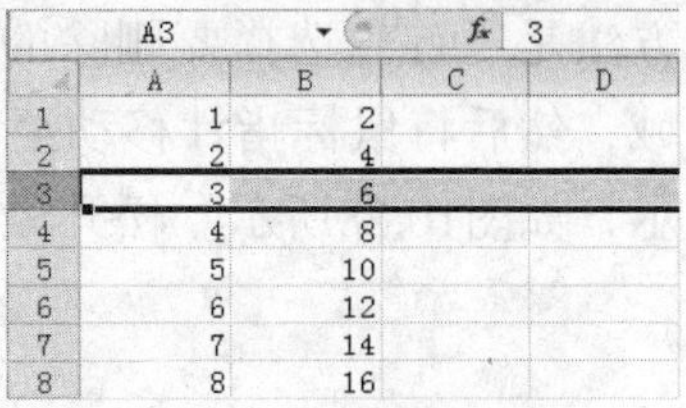

图10.21 选择整行

02 在“开始”选项卡中，单击“单元格”组中的“删除”按钮，在打开的列表中选择相应的选项，例如选择“删除工作表行”选项，如图10.22所示。

03 被选择的行或列将从工作表中删除掉，与其相邻的行或列自动上移或左移，效果如图10.23所示。

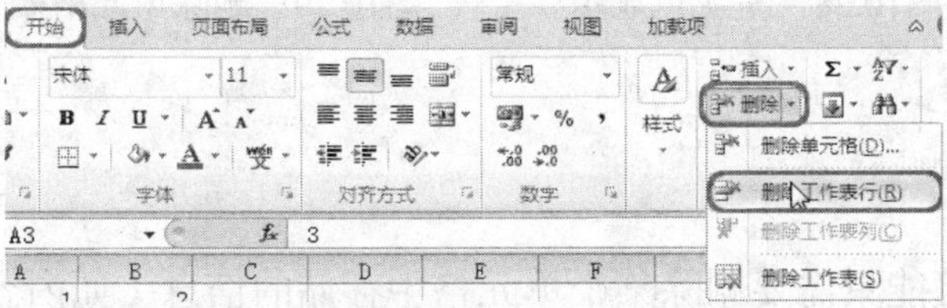

图10.22 选择“删除工作表行”选项

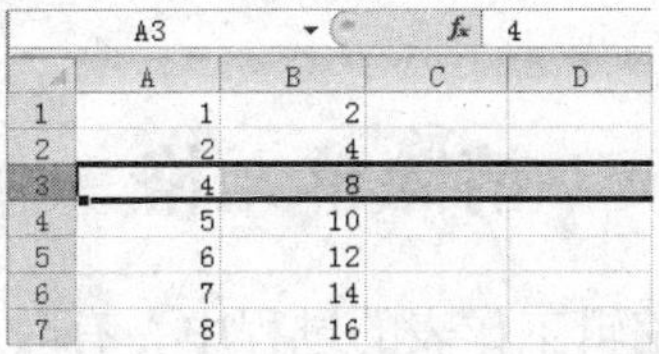

图10.23 删除行后的效果

10.5.2 删除单元格或单元格区域

需要删除工作表中的某单元格或单元格区域时，具体操作步骤如下。

01 选择想删除的单元格或单元格区域，如选择单元格A3，如图10.24所示。

02 在“开始”选项卡中单击“单元格”组中的“删除”按钮，在打开的列表中选择“删除单元格”选项，弹出“删除”对话框，如图10.25所示。

在“删除”对话框中，有4个选项可供用户选择，如下所示。

- “右侧单元格左移”：选定的单元格或者单元格区域右侧已存在的数据将补充到该位置。
- “下方单元格上移”：选定的单元格或者单元格区域下方已存在的数据将补充到该位置。
- “整行”：选定的单元格或者单元格区域所在的行被删除。
- “整列”：选定的单元格或者单元格区域所在的列被删除。

03 选择所需的选项，如选择“下方单元格上移”，单击“确定”按钮，效果如图10.26所示。

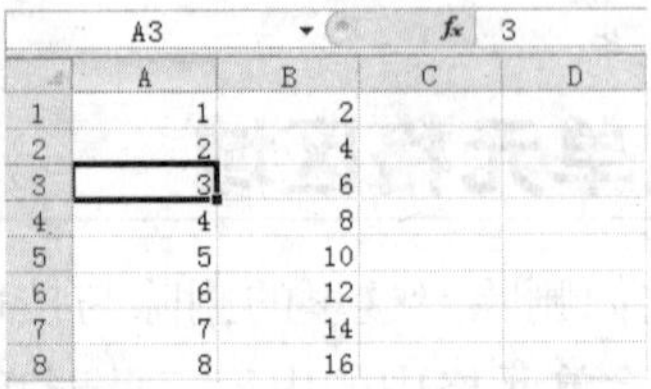

图10.24　选择单元格

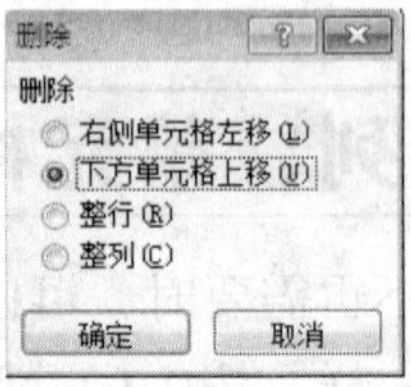

图10.25　“删除”对话框

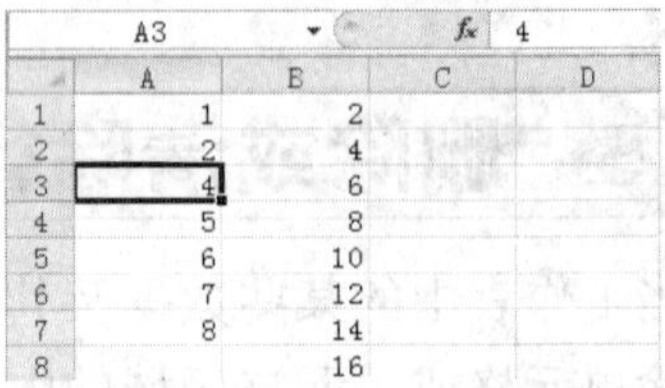

图10.26　删除单元格效果

10.5.3　使用鼠标删除行、列、单元格或单元格区域

除了上述方法外，还可以使用鼠标来完成删除行、列、单元格或单元格区域的操作。其方法是：首先选择要删除的行、列、单元格或单元格区域。如图10.27所示，选择单元格区域，然后将鼠标指针移动至填充柄，按住Shift键的同时向内拖动，使选择的区域变成灰色显示，如图10.28所示。松开鼠标左键后，选择的区域即被删除，如图10.29所示。

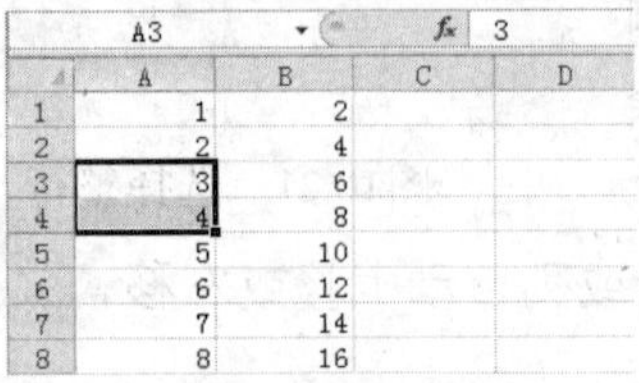

图10.27　选择单元格区域

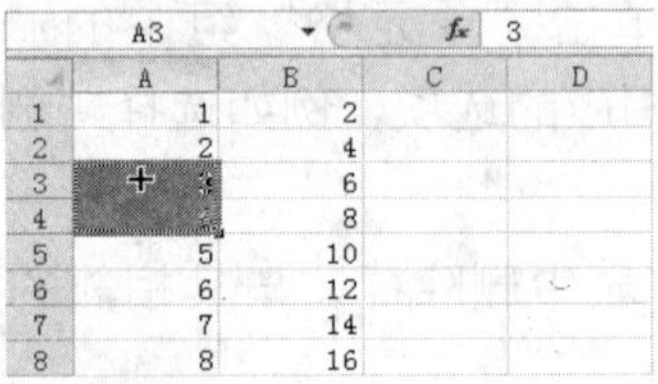

图10.28　呈灰色显示

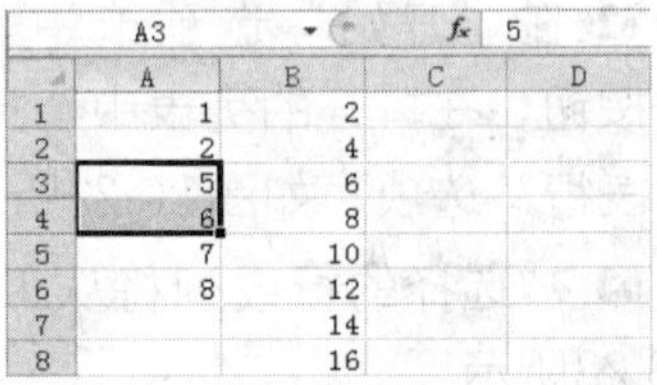

图10.29　删除单元格效果

10.5.4　清除单元格

在编辑工作表的过程中，有时可能只需要删除某个单元格中存储的信息（如内容、格式或批注等），而保留该单元格的位置，此时可执行清除单元格的命令。其操作步骤如下。

01 选择要清除内容的单元格或单元格区域。例如，在单元格A1:A6输入如图10.30所示的数据。选择单元格A3，在“开始”选项卡中单击“对齐方式”组中的“居中”按钮，为该单元格设置格式，效果如图10.31所示。

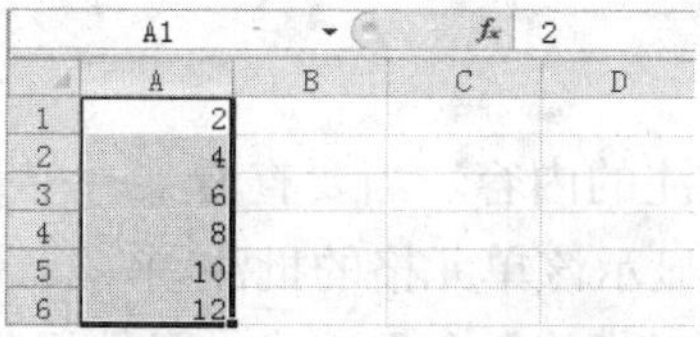

图10.30 输入数据

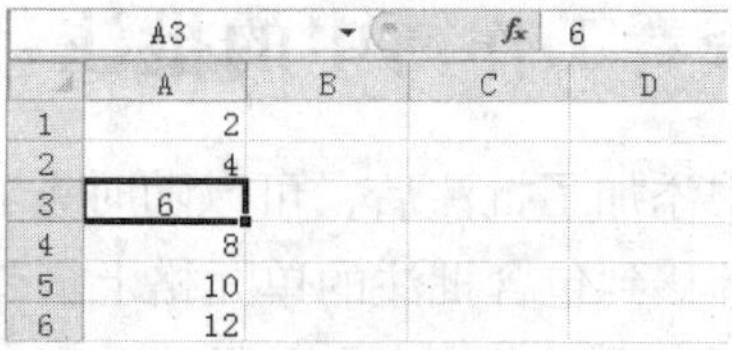

图10.31 设置格式

02 在“开始”选项卡中，单击“编辑”组中的“清除”按钮，打开如图10.32所示的列表。在“清除”菜单列表中，有4个子菜单供用户选择。

- “全部清除”：清除单元格的内容和批注，并将格式置回常规。
- “清除格式”：仅清除单元格的格式设置，将格式置回常规。
- “清除内容”：仅清除单元格的内容，不改变其格式或批注。
- “清除批注”：仅清除单元格的批注，不改变单元格的内容和格式。

03 单击需要的选项，例如选择“清除格式”选项，清除后的效果如图10.33所示。

图10.32 “清除”列表

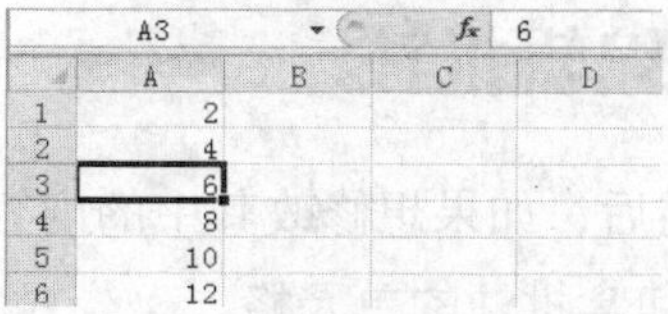

图10.33 清除格式后的效果

10.6 在Excel工作表中添加批注

为了能让其他用户更加方便、快速地了解自己建立的工作表的内容，可以使用Excel提供的添加批注功能，对工作表中一些复杂的公式或者特殊的单元格数据添加批注。当在某个单元格中添加了批注之后，会在该单元格的右上角出现一个红色三角，只要将鼠标移到该单元格之中时，就会显示出添加的批注内容。需要时，也可以通过特定的操作同时查看所有的批注。

10.6.1 给单元格添加批注

给单元格添加批注，具体操作步骤如下。

01 选定需要添加批注的单元格，如选择单元格A1。

02 在“审阅”选项卡中单击“批注”组中的“新建批注”按钮，如图10.34所示。或在选择的单元格上单击鼠标右键，在弹出的快捷菜单栏中选择“插入批注”命令。

03 在弹出的批注文本框中输入批注内容，单击其他单元格确认输入，将鼠标移至该单元格中，显示出批注的内容，如图10.35所示。

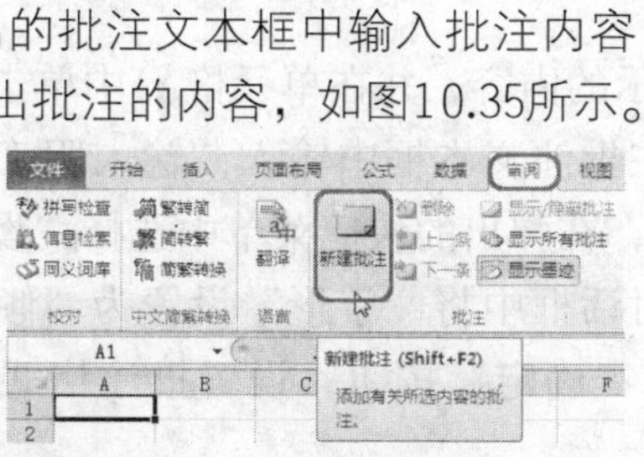

图10.34 单击“新建批注”按钮

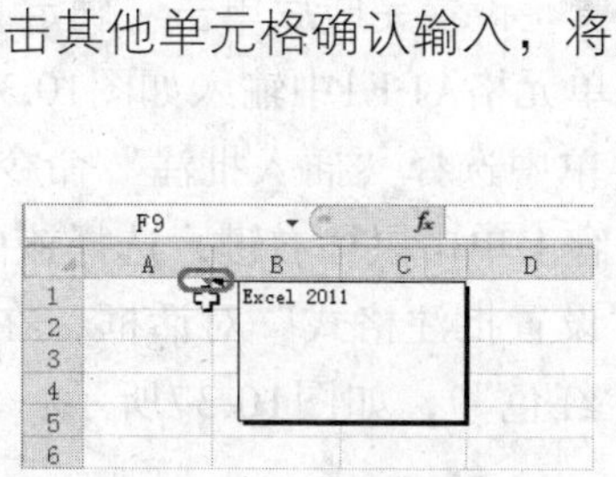

图10.35 显示批注内容

10.6.2 查看工作簿中的批注

在工作表中添加了批注后，可以随时查看批注的内容。当要查看某一单元格的批注时，只要将鼠标指针移到包含批注的单元格上，就会显示该单元格的批注。

如果想按顺序查看工作表上的批注，可以使用菜单命令来完成。具体操作步骤如下。

01 单击“审阅”选项卡，利用“批注”组中的各按钮，可以查看工作表中所有的批注。各个按钮的功能如下。

- “下一条”按钮：选择工作表中的下一条批注。
- “上一条”按钮：选择工作表中的上一条批注。
- “显示/隐藏批注”按钮：显示或隐藏所选择单元格的批注。
- “显示所有批注”按钮：显示工作表中的所有批注。再次单击该按钮则隐藏工作表中的所有批注。

10.6.3 编辑批注

添加批注后，如果想修改其中的内容，具体操作步骤如下。

01 单击包含批注的单元格。

02 在“审阅”选项卡中单击“批注”组中的“编辑批注”按钮，或在包含有批注的单元格上单击鼠标右键，在弹出的快捷菜单中选择“编辑批注”命令，此时批注处于编辑状态。

03 在批注文本框中编辑批注内容，编辑方法与在单元格中编辑数据的方法相同。

04 用户还可以随时移动批注框或改变其大小。方法是：首先使批注文本框处于编辑状态，然后拖动批注文本框的边框，或调整批注文本框边上以及四角上的尺寸调整柄。

10.6.4 设置批注格式

添加批注后，为使其显示更清楚、美观，用户可以设置批注格式。具体操作步骤如下。

01 用鼠标右键单击包含批注的单元格，在弹出的快捷菜单中选择“编辑批注”命令，此时批注呈编辑状态。

02 在批注文本框中选择需要设置格式的内容，并在选择的内容上单击鼠标右键，在弹出的快捷菜单中选择“设置批注格式”命令，弹出“设置批注格式”对话框，在该对话框中对批注进行设置，设置完成后单击“确定”按钮。

例如，在单元格A1:E1中输入如图10.36所示的内容，并在单元格A1中单击鼠标右键，在弹出的快捷菜单中选择“插入批注”命令。在批注文本框中输入“输入职工的工号”的内容，然后在内容上单击鼠标右键，选择该内容，在弹出的快捷菜单中选择“设置批注格式”命令，弹出“设置批注格式”对话框，在该对话框中将“字形”设置为“倾斜”，将“颜色”设置为“红色”，如图10.37所示，单击“确定”按钮，设置批注格式后的效果如图10.38所示。

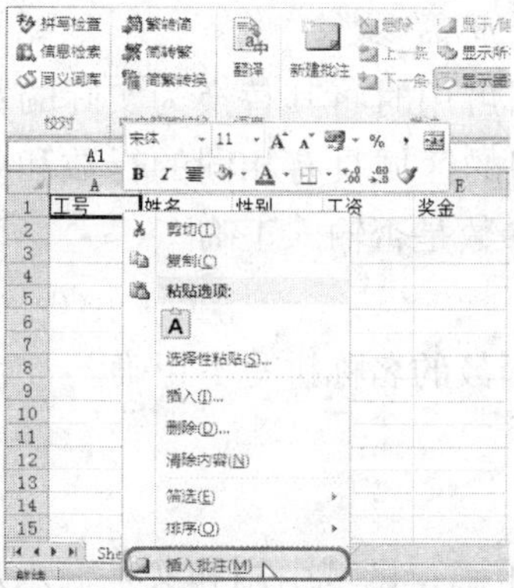

图10.36 “选择“插入批注”命令

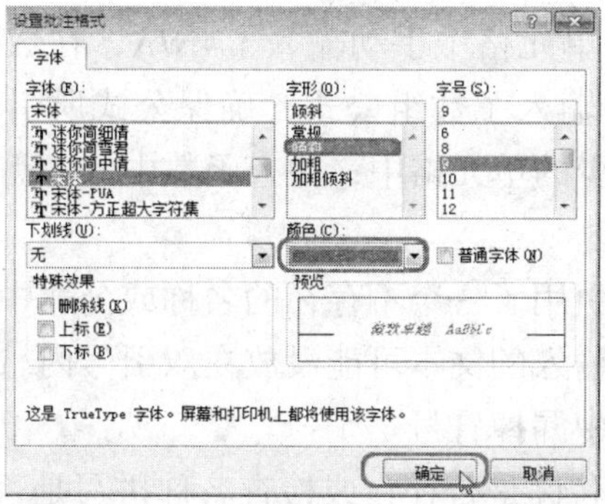

图10.37 “设置批注格式”对话框

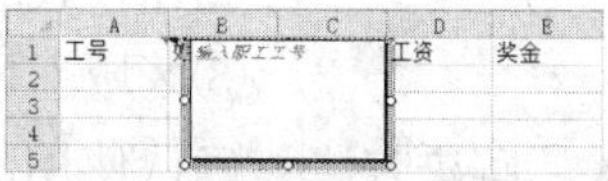

图10.38 设置批注格式后的效果

10.6.5 删除单元格批注

如果要删除某个单元格中的批注，具体操作步骤如下。

01 单击包含批注的单元格。

02 在“审阅”选项卡中单击“批注”组中的“删除批注”按钮，此时，该单元格右上角的红色三角消失，表明此单元格的批注被删除。

10.7 审核工作表

用户希望建立起来的工作表都是正确的。但是在工作中，难免有疏忽或遗漏。所以，用户应经常对工作表中的数据进行审核，以保证工作表中的数据准确无误。在Excel中，内置了一些命令、宏和错误值，帮助用户在工作表中发现错误。

10.7.1 显示错误提示信息

处理发生的错误信息是审核工作表的一部分工作。输入计算公式之后，经常会因为输入错误，使系统看不懂该公式，会在单元格中显示错误信息。下面介绍一些常见的错误信息，以及发生错误的原因和解决方法。

（1）#####

错误原因：单元格中的列宽不足以显示内容或公式的计算结果。

解决方法：适当调整单元格的列宽。

（2）#DIV/O!

错误原因：公式中的除数为零或引用的单元格为空值。

解决方法：修改单元格的引用，或在用作除数的单元格中输入不为零的值。

（3）#N/A

错误原因：①数据缺失，并且在其位置输入了#N/A或NA( )。

②数组公式中使用的参数的行数或列数与包含数组公式的区域的行数或列数不一致。

③内置或自定义工作表函数中省略了一个或多个必需参数。

解决方法：如果之前在单元格中手动输入了#N/A，在数据可用时将其替换为实际的数据；如果已在多个单元格中输入了数组公式，确保公式所引用的区域具有相同的行数和列数，或者将数组公式输入更少的单元格中；检查函数中的必需参数是否输入正确。

（4）#NAME?

错误原因：①在公式中引用了一个不存在的名称或公式中函数的名称拼写不正确。

②在公式中输入的文本可能没放在双引号内。

③区域引用中漏掉冒号。

解决方法：确认使用的名称是否存在或检查名称拼写是否正确；区域引用和文本输入是否正确。

（5）#NULL!

错误原因：可能使用了错误的区域运算符或在公式中指定的区域并不相交。

解决方法：使用正确的区域运算符，引用连续的单元格区域时使用冒号，引用不相交的两个区域时使用联合运算符逗号。

（6）#NUM!

错误原因：公式或函数中的某些数字参数有问题。

解决方法：检查数字是否超出限定的区域，确认函数中使用的参数类型正确。

（7）#REF!

错误原因：可能删除了其他公式所引用的单元格，或者可能将单元格粘贴到其他公式所引用的其他单元格上。

解决方法：更改公式；在删除或粘贴单元格之后立即单击“撤销”按钮，以恢复工作表中的单元格。

（8）#VALUE!

错误原因：①公式中所含的一个或多个单元格包含文本，并且公式是用标准算术运算符（+、-、* 和 /）对这些单元格执行数学运算的。

②数学函数的公式包含的参数是文本字符串，而不是数字。

解决方法：确认公式或函数所需的运算符或参数正确，并且公式引用的单元格中包含有效的数值。

10.7.2 使用审核工具

使用“公式”选项卡中的“公式审核”组中的各按钮，可以检查工作表公式与单元格之间的相互关系，并指出错误。在使用审核工具时，追踪箭头将指明哪些单元格为公式提供了数据，哪些单元格包含有相关的公式。同时，在为公式提供数据的单元格区域（两个以上相邻的单元格）周围将出现边框。

1．“公式审核”组

单击“公式”选项卡，在“公式审核”组中可以看到许多按钮，如图10.39所示。

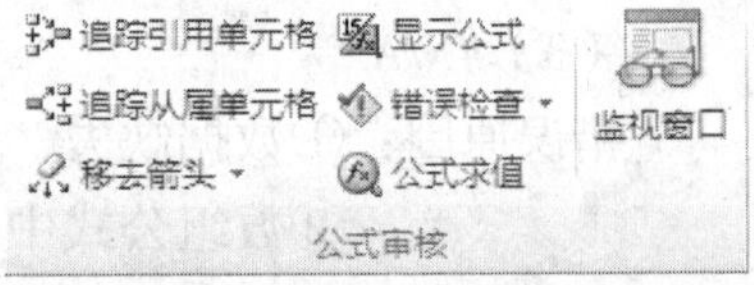

图10.39 “公式审核”组

“公式审核”组中各按钮的功能如下。

- “追踪引用单元格”：用箭头指示影响当前所选择的单元格值的单元格。
- “追踪从属单元格”：用箭头指示受当前所选择的单元格值影响的单元格。
- “移去箭头”：删除工作表上的所有的追踪箭头。
- “显示公式”：在每个单元格中显示公式而不是结果值。
- “错误检查”：检查公式中的常见错误。
- “公式求值”：显示公式求值对话框，对公式的每个部分单独求值以调试公式。
- “监视窗口”：在更改工作表时，监视某些单元格中的值，这些值在单独的窗口中显示，无论工作簿中显示哪个区域，该窗口将始终可见。

2．查找与公式相关的单元格

要查找为公式提供数据的单元格（公式中的引用单元格），具体操作步骤如下。

01 选择包含公式的单元格。

02 单击“公式审核”组中的“追踪引用单元格”按钮，此时，Excel将在工作表中用蓝色的追踪箭头和边框指明为公式提供数据的单元格。

要查找某个单元格被哪些公式使用，具体操作步骤如下。

01 选定要观察的单元格。

02 单击“公式审核”组中的“追踪从属单元格”按钮。此时，Excel将在工作表中把引用该单元格的公式所在的单元格（从属单元格）用蓝色箭头线标出。

例如，打开随书附带光盘中的素材\Cha10\成绩单.xlsx。选择F5单元格，在“公式”选项卡中，单击“公式审核”组中的“追踪引用单元格”按钮，图10.40标示出为公式提供数据的单元格，选择单元格C8，单击“公式审核”组中的“追踪从属单元格”按钮，图10.41标示出引用该单元格的公式所在的单元格。

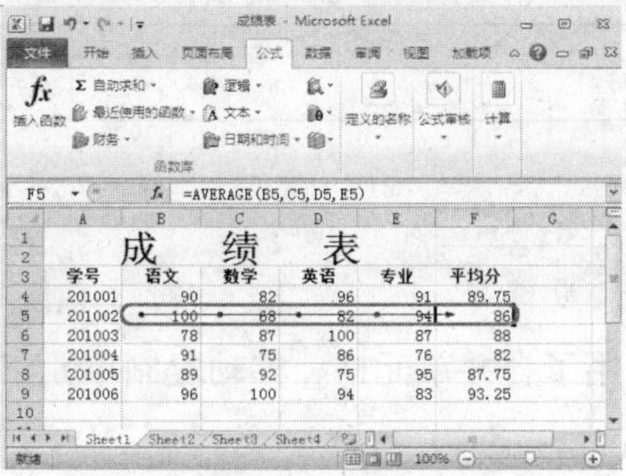

图10.40　追踪引用单元格

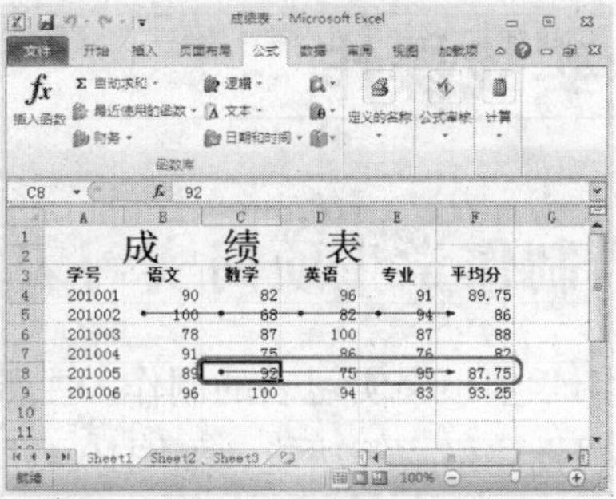

图10.41　追踪从属单元格

3．查找错误源

当某个单元格的公式出现错误时（例如，显示类似于#VALUE的错误值），使用审核工具可以方便地查找该错误是由哪些单元格引起的。具体操作步骤如下。

01 选择显示错误值的单元格。

02 在“公式”选项卡中，单击“公式审核”组中的“错误检查”按钮右侧的下三角按钮，在打开的列表中选择“追踪错误”选项，如图10.42所示，此时，Excel将在工作表中指出该公

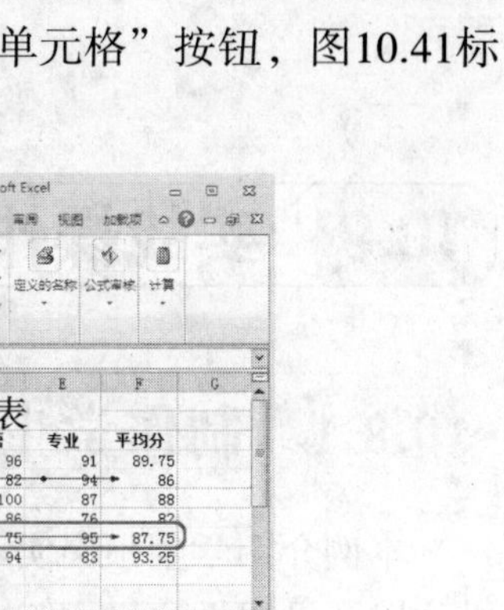

图10.42　“追踪错误”列表

式所引用的所有单元格。

4．取消追踪箭头

查找完毕后，可以通过单击“公式审核”组中的“移去箭头”按钮右侧的下三角按钮，在打开的列表中选择移除箭头的方式，如图10.43所示。

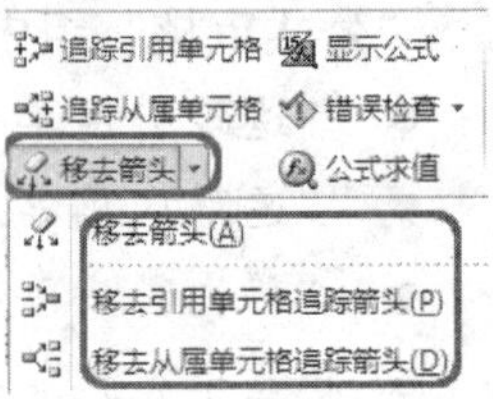

图10.43 “移去箭头”列表

10.7.3 查找Excel工作表上的无效数据

在建立工作表的过程中，有些单元格中没有设置数据的有效性，而有些单元格中设置了数据的有效性。为了保证输入的数据都在其有效性范围内，用户可以使用Excel提供的审核工具进行检查，并圈出无效的数据。

在审核工作表中的错误输入时，Excel将按照设置的数据有效性范围来进行判断，并用红色圆圈标识出错误的单元格。具体操作步骤如下。

01 在“数据”选项卡中单击“数据工具”组中的“数据有效性”按钮下的下三角按钮，打开数据有效性列表，如图10.44所示。

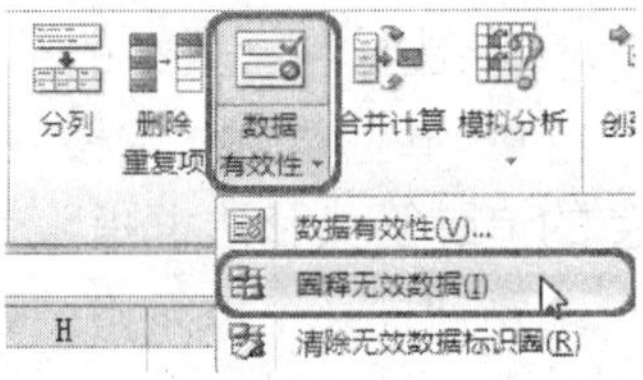

图10.44 “数据有效性”列表

02 在列表中选择“圈释无效数据”选项。

03 Excel将用一个圆圈标识出包含无效数据的单元格。当用户更正了无效输入值之后，圆圈随即消失。如果要隐藏无效数据的标识圈，单击列表中的“清除无效数据标识圈”选项即可。

10.8 实战操作

10.8.1 制作学生顶岗实习表

本例介绍学生顶岗实习表的制作，主要使用了合并单元格、移动复制单元格内容、添加批注以及设置批注格式等功能，如图10.45所示。

01 启动Excel 2010，系统自动新建一个工作簿，右键单击工作表标签“Sheet1”，在弹出的快捷菜单中选择“重命名”命令，将“Sheet1”重命名为“学生顶岗实习表”，按回车键确认，如图10.46所示。

02 选择B2:F3单元格，在“开始”选项卡中单击“对齐方式”组中的“合并后居中”按钮，合并单元格，并输入文本，设置“字体”为“方正大标宋简”，“字号”为20，效果如图10.47所示。

学生顶岗实习表

学号	姓名	实习单位	实习时间	指导老师
20080501	王磊	前沿建筑工作室	2010/8/1	赵静
20080502	张静	胜芳广告	2010/8/1	徐小萌
20080503	弭晴晴	申艳设计	2010/8/1	王伟
20080504	刘萌萌	丹艺设计广告公司	2010/8/1	李孟
20080505	张晓	长和集团	2010/8/1	刘峰
20080506	郭贝贝	浩博数码	2010/8/1	张大力
20080507	王雄健	前沿建筑工作室	2010/8/1	徐浩
20080508	徐志刚	艳阳天婚庆	2010/8/6	刘丽
20080509	霍金娟	圣方广告	2010/8/6	胡乐乐
20080510	于海宝	前沿建筑工作室	2010/8/8	张双
20080511	王林	水利局	2010/8/8	张英
20080512	许晓	银行	2010/8/8	赵慧

图10.45 学生顶岗实习表

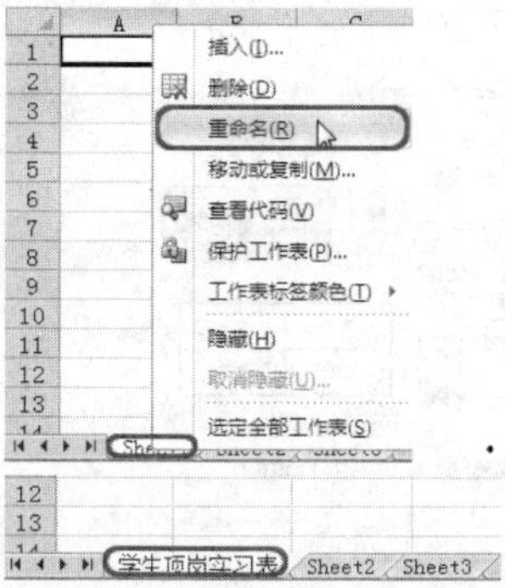

图10.46　更改工作表标签名

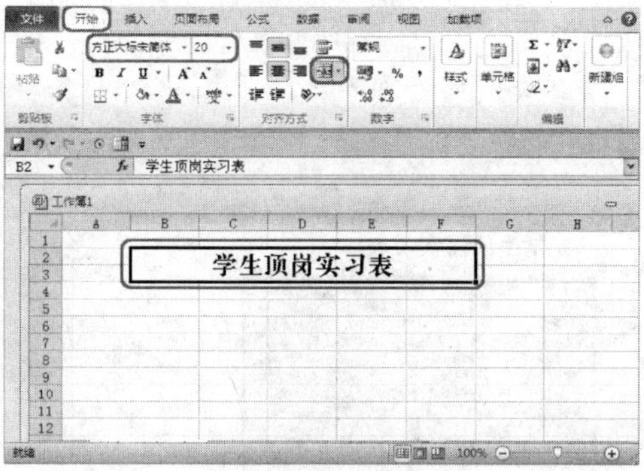

图10.47　合并单元格输入文本

03 选择B4:F4单元格，在“开始”选项卡中单击“对齐方式”组中的“居中”按钮，将单元格中的文字居中对齐，再将所有单元格中文本的“字体”设置为“黑体”，然后输入文本，效果如图10.48所示。

04 在B5单元格中，输入学号为“20080501”，如图10.49所示，然后按住Ctrl键往下复制填充，如图10.50所示。

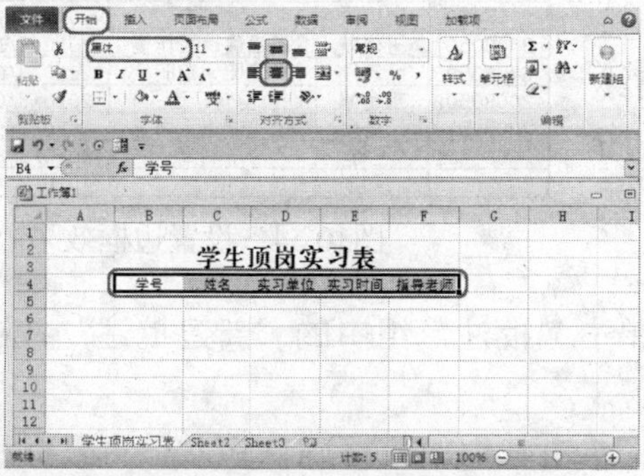

图10.48　输入文本并设置字体

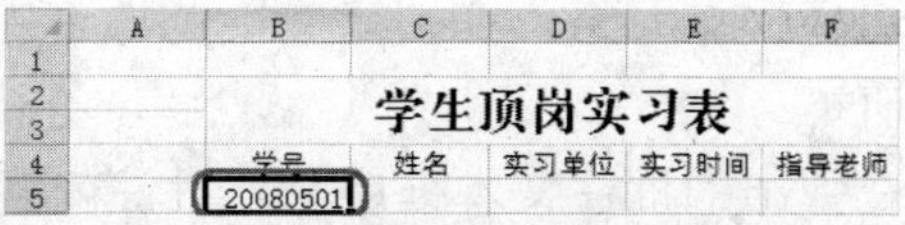

图10.49　选择单元格

05 选择D列，在“开始”选项卡中，单击“单元格”组中的“格式”按钮，在下拉菜单中选择“列宽”命令，弹出“列宽”对话框，设置“列宽”为16，如图10.51所示。

图10.50　复制填充

图10.51　设置“列宽”

06 选择C5:F16单元格区域，在“开始”选项卡中单击“对齐方式”组中的“居中”按钮，将单元格中的文字居中对齐，如图10.52所示。

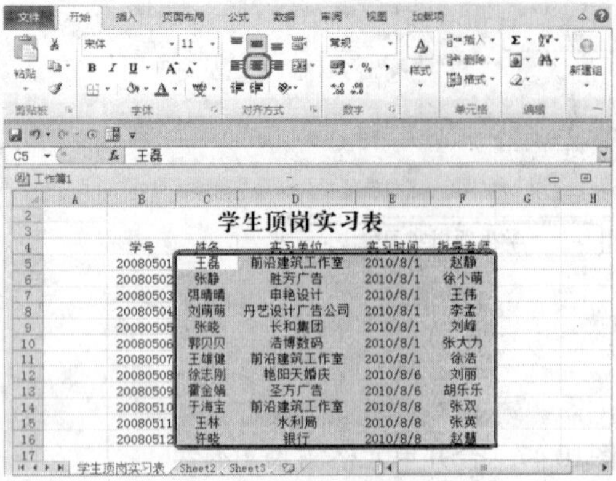

图10.52　设置边框样式

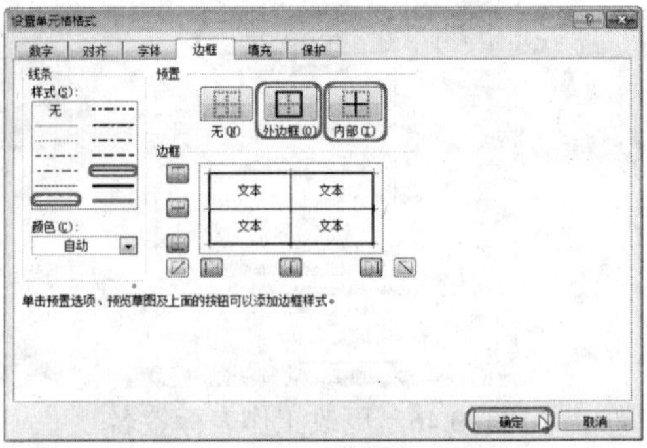

图10.53　设置单元格区域的边框

07 选择B2:F16单元格区域，单击鼠标右键，在弹出的快捷菜单中选择“设置单元格格式”命令，打开“设置单元格格式”对话框，切换至“边框”选项卡，在“线条样式”列表框中选择一种粗线样式，单击右侧的“外边框”按钮，再在“线条样式”列表框中选择一种细线样式，单击右侧的“内部”按钮，如图10.53所示，单击“确定”按钮，添加边框后的效果如图10.54所示。

学生顶岗实习表				
学号	姓名	实习单位	实习时间	指导老师
20080501	王磊	前沿建筑工作室	2010/8/1	赵静
20080502	张静	胜芳广告	2010/8/1	徐小萌
20080503	弭晴晴	申艳设计	2010/8/1	王伟
20080504	刘萌萌	丹艺设计广告公司	2010/8/1	李孟
20080505	张晓	长和集团	2010/8/1	刘峰
20080506	郭贝贝	浩博数码	2010/8/1	张大力
20080507	王雄健	前沿建筑工作室	2010/8/1	徐浩
20080508	徐志刚	艳阳天婚庆	2010/8/6	刘丽
20080509	霍金娟	圣方广告	2010/8/6	胡乐乐
20080510	于海宝	前沿建筑工作室	2010/8/8	张双
20080511	王林	水利局	2010/8/8	张英
20080512	许晓	银行	2010/8/8	赵慧

图10.54　设置边框效果

08 选择B4单元格，在“审阅”选项卡中单击“批注”组中的“新建批注”按钮，如图10.55所示。

09 在弹出的批注文本框中输入批注内容，单击其他单元格确认输入，将鼠标移至该单元格中，显示出批注内容，如图10.56所示。

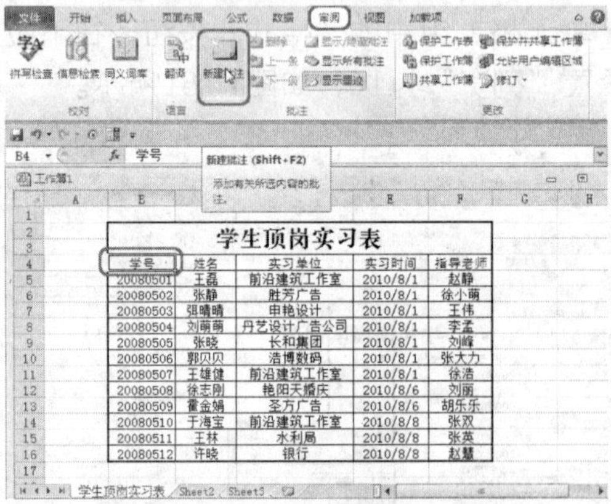

图10.55　新建批注

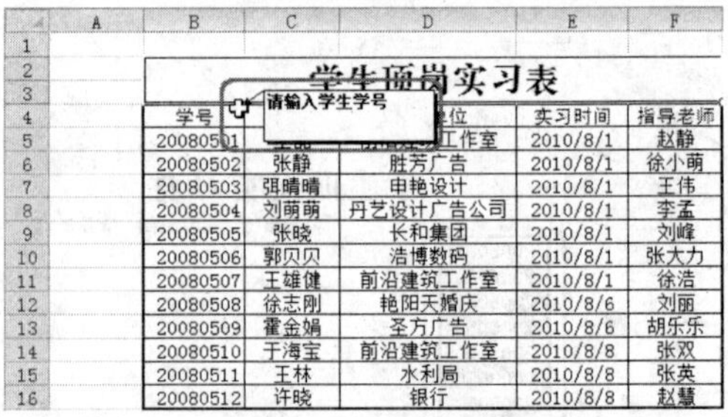

图10.56　输入批注内容

10 用鼠标右键单击包含批注的单元格，在弹出的快捷菜单中选择“编辑批注”命令，此时批注呈编辑状态，如图10.57所示。

11 在批注文本框中，选择需要设置格式的内容，并在选择的内容上单击鼠标右键，在弹出的快捷菜单中选择“设置批注格式”命令，如图10.58所示。

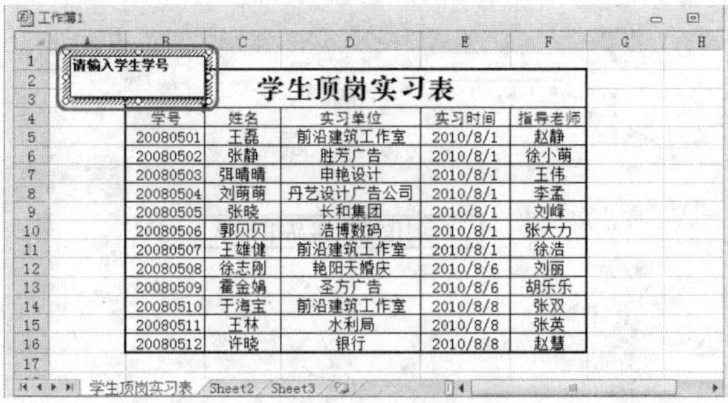

图10.57 编辑批注

图10.58 设置批注格式

⑫ 在弹出的“设置批注格式”对话框中，对批注进行设置，将“字体”设置为“迷你简雪君”、“字形”设置为“加粗倾斜”、“字号”设置为12、“颜色”设置为“红色”，设置完成后单击“确定”按钮，如图10.59所示。

⑬ 设置批注格式后的效果如图10.60所示。至此，学生顶岗实习表就制作完成，将工作表进行保存就可以了。

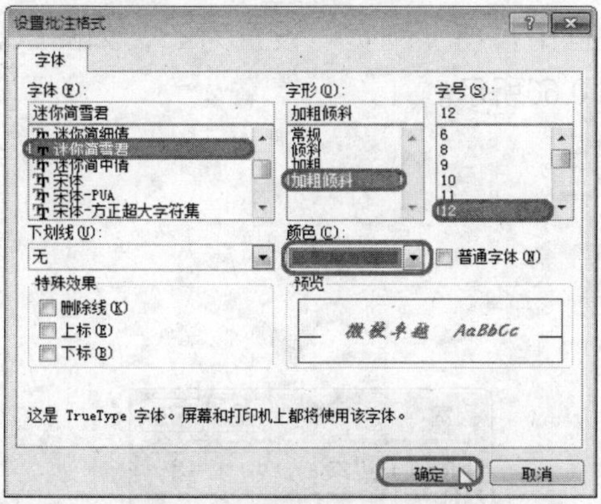

图10.59 设置批注内容字体样式

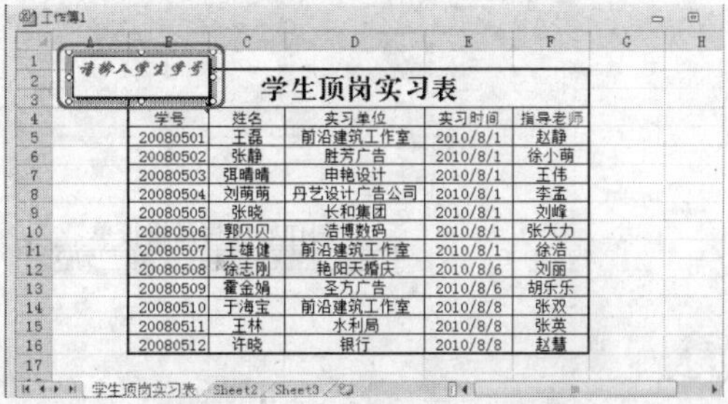

图10.60 设置批注后的效果

10.8.2 制作婚庆用品报价单

本例介绍婚庆用品报价单的制作，主要运用到合并单元格、设置填充颜色、文本的编辑及为表格添加边框功能。

⑩ 启动Excel 2010，系统自动新建一个工作簿，右键单击工作表标签“Sheet1”，在弹出的快捷菜单中选择“重命名”命令，将“Sheet1”重命名为“婚庆用品报价单”，按回车键确认，如图10.62所示。

⑫ 选择B2:F3单元格，在“开始”选项卡中单击“对齐方式”组中的“合并后居中”按钮，合并单元格，并输入文本，设置“字体”为“方正大标宋简”，“字号”为20，效果如图10.63所示。

制作婚庆用品报价单				
				从2011年1月开始执行
道具	数量	备注	价格	工作人员
舞台	1	采用星光大道	300	司仪
背景	1	桁架搭的用来衬托	200	音响师
追光灯	2	荧光 含操作人员	300	灯光师
香槟塔	1	婚礼开始时使用	150	录像师
泡泡机	1	含操作人员	50	小天使
红地毯	2	铺向婚礼舞台	50	摄影师
音响	2	含操作人员	200	策划人员
投影仪	1	含操作人员	500	
录像	2	含操作人员	300	
摄影	2	含操作人员	200	
胸花	6	别在新郎新娘及亲人胸前	50	
彩虹门	1	在酒店门口摆设	200	
仪式厅	1	婚礼开始时新娘站的位置	200	
鲜花引路	12	红地毯两边的鲜花	150	

图10.61 婚庆用品报价单

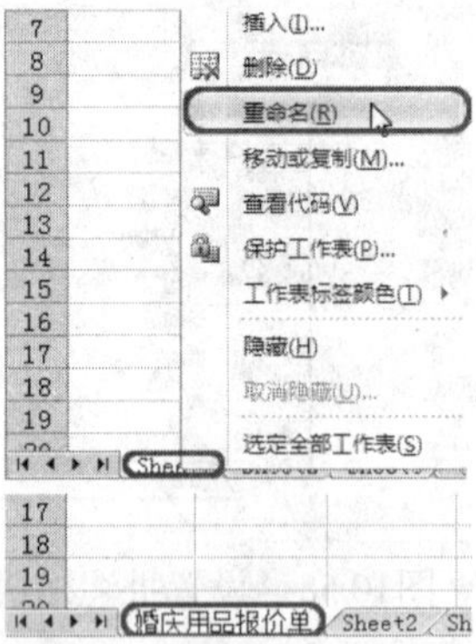

图10.62 重命名工作表标签

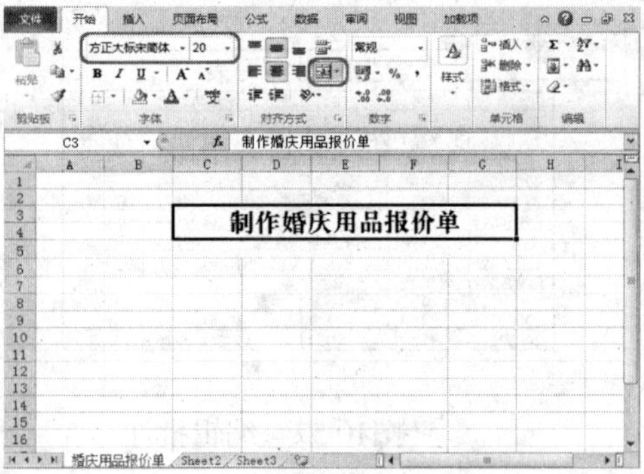

图10.63 设置标题字体样式

03 在C3-G4单元格区域中，分别输入如图10.64所示的文本，选择所有文本所在的单元格，在“开始”选项卡中 “字体”组中，将“字体”设置为“黑体”，“字号”设置为12，单击“对齐方式”组中的“居中”按钮，将文字居中显示，效果如图10.64所示。

04 选择E列，在“开始”选项卡中单击“单元格”组中的“格式”按钮，在打开的列表中选择“列宽”选项，在弹出的“列宽”对话框中，将“列宽”设置为23，如图10.65所示，单击“确定”按钮，设置完成后的效果如图10.66所示。

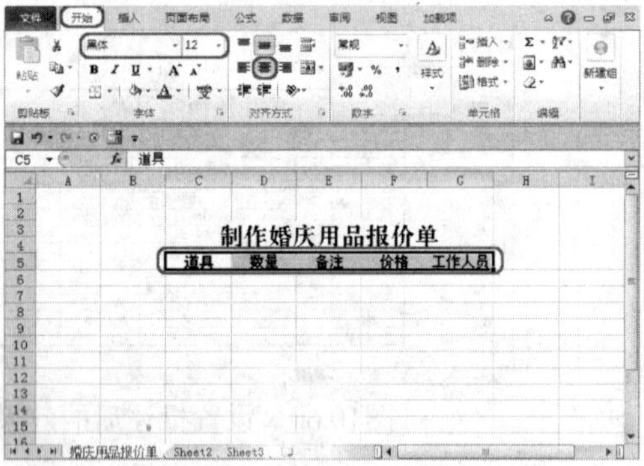

图10.64 设置文本字体样式

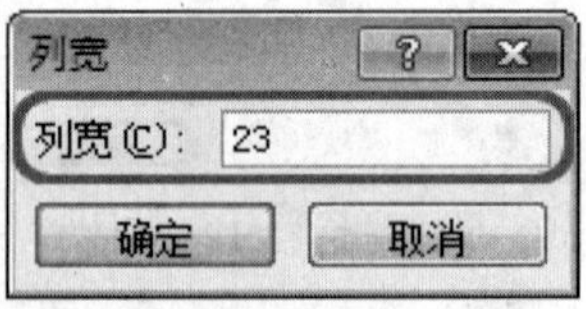

图10.65 设置“列宽”

05 选择C6:F19单元格，按住Ctrl键，再选择单元格G6:G12，在选中的单元格区域中输入相应的文本，在“开始”选项卡中单击“对齐方式”组中的“居中”按钮，将文字居中显示，效果如图10.67所示。

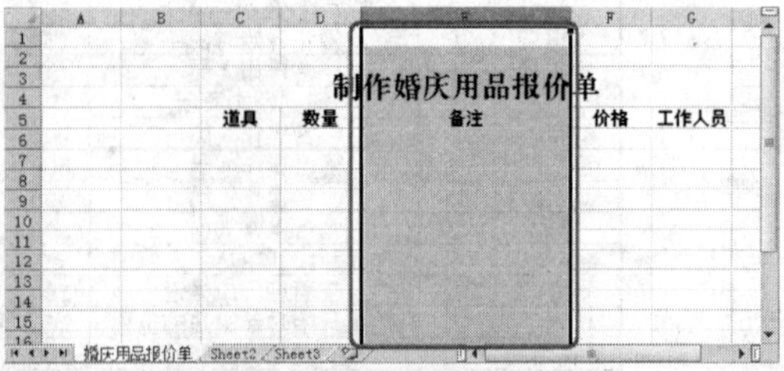

图10.66 设置列宽效果

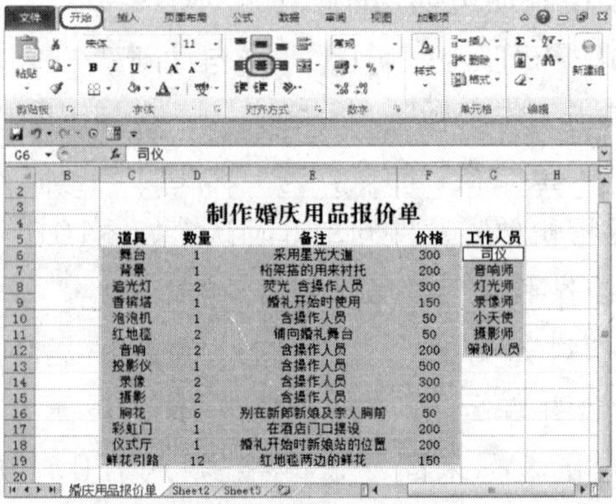

图10.67 设置文本“居中”

06 选择D列、F列的所有单元格，单击“单元格”组中的“格式”按钮，在打开的列表中选择“自动调整列宽”选项，如图10.68所示，系统根据单元格中的文本自动调整列宽大小，设置完成后的效果如图10.69所示。

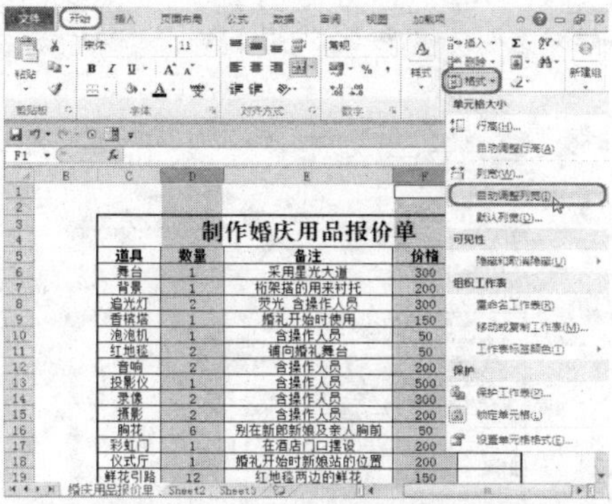

图10.68 选择“自动调整列宽”选项

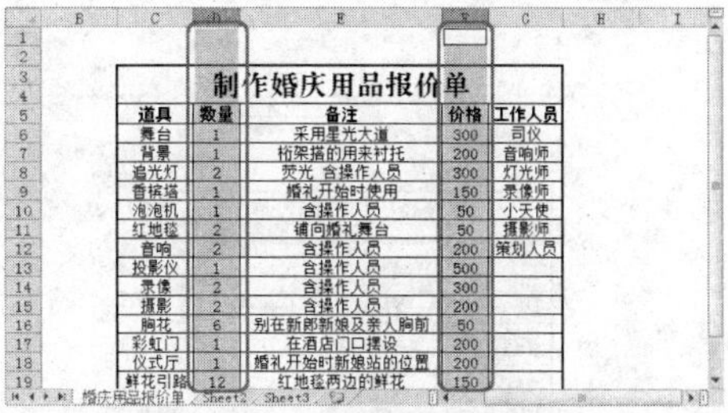

图10.69 自动调整列宽效果

07 选择C3:G19单元格区域，单击鼠标右键，在弹出的快捷菜单中选择“设置单元格格式”命令，打开“设置单元格格式”对话框，切换至“边框”选项卡，在“线条样式”列表框中选择一种粗线样式，单击右侧的“外边框”按钮，再在“线条样式”列表框中选择一种细线样式，单击右侧的“内部”按钮，如图10.70所示，单击“确定”按钮，添加边框后的效果如图10.71所示。

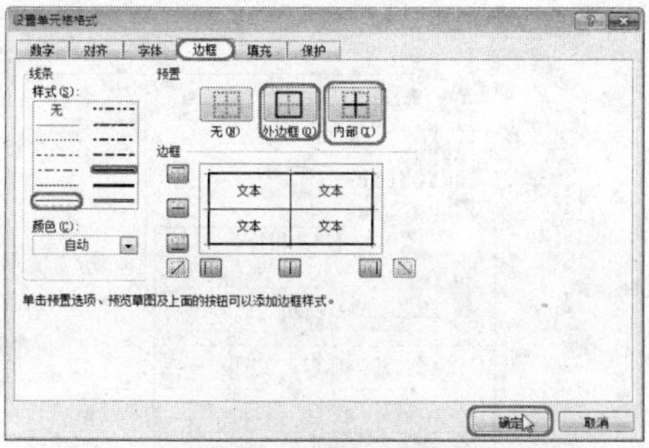

图10.70 “设置单元格格式”对话框

制作婚庆用品报价单

道具	数量	备注	价格	工作人员
舞台	1	采用星光大道	300	司仪
背景	1	桁架搭的用来衬托	200	音响师
追光灯	2	荧光 含操作人员	300	灯光师
香槟塔	1	婚礼开始时使用	150	录像师
泡泡机	1	含操作人员	50	小天使
红地毯	2	铺向婚礼舞台	50	摄影师
音响	2	含操作人员	200	策划人员
投影仪	1	含操作人员	500	
录像	2	含操作人员	300	
摄影	2	含操作人员	200	
胸花	6	别在新郎新娘及亲人胸前	50	
彩虹门	1	在酒店门口摆设	200	
仪式厅	1	婚礼开始时新娘站的位置	200	
鲜花引路	12	红地毯两边的鲜花	150	

图10.71 设置单元格效果

08 选中第5行，在“开始”选项卡中，单击“单元格”组中的“插入”按钮旁边的按钮▾，在弹出的快捷菜单中选择“插入工作表行”选项，如图10.72所示。插入后的效果如图10.73所示。

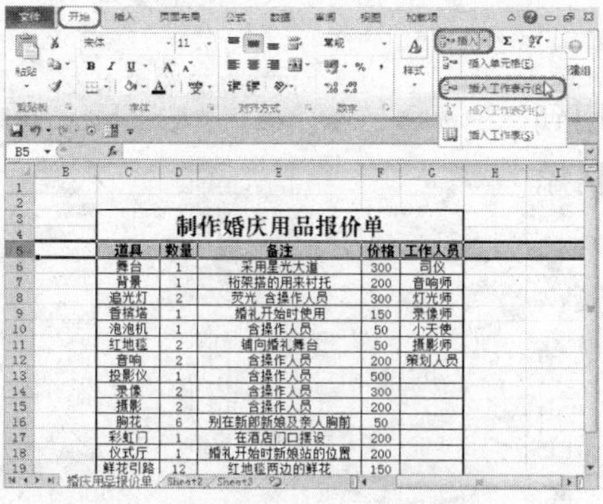

图10.72 选择“插入工作表行”

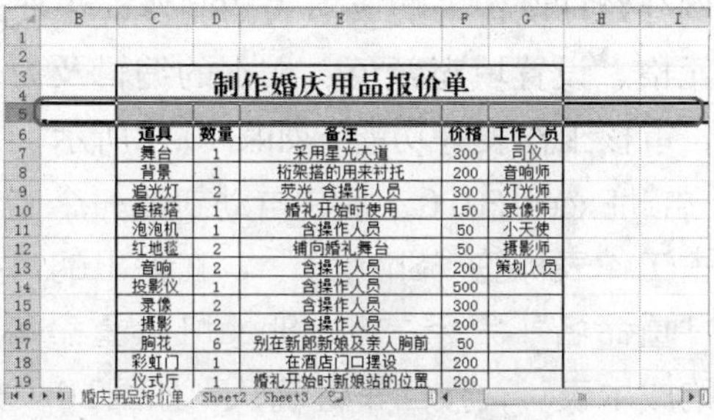

图10.73 插入行后的效果

09 选择C5:G5单元格区域，在“开始”选项卡中，单击“对齐方式”组中的“合并后居中”按钮，在弹出的快捷菜单中选择“合并单元格”选项，如图10.74所示。

10 在合并后的单元格中输入文本，通过移动光标调整文本的位置，在“开始”选项卡中单击“字体”组中的“字体”按钮，设置“字体”为“方正报宋简体”，单击“加粗”按钮**B**，设置完成后的效果如图10.75所示。

图10.74　选择“合并后居中”

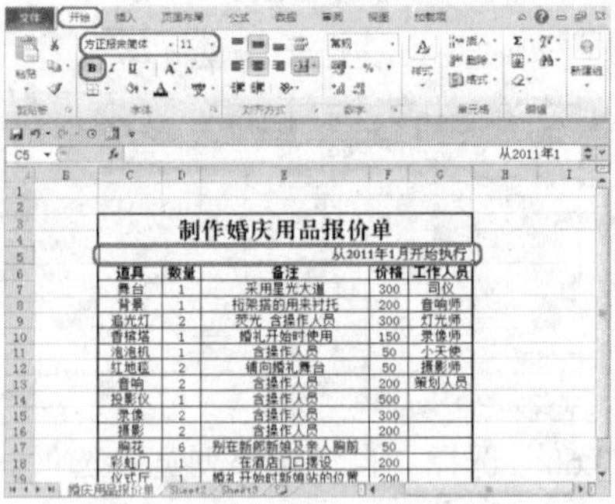

图10.75　设置字体样式

11 选择C3单元格，在“开始”选项卡中单击“字体”选项组中的“填充颜色”按钮，将“填充颜色”设置为“橄榄色，强调文字颜色3，淡色80%”，如图10.76所示。

12 用同样的方法选择C5:G20单元格区域，将“填充颜色”设置为“水绿色，强调文字颜色5，淡色80%”，如图10.77所示。

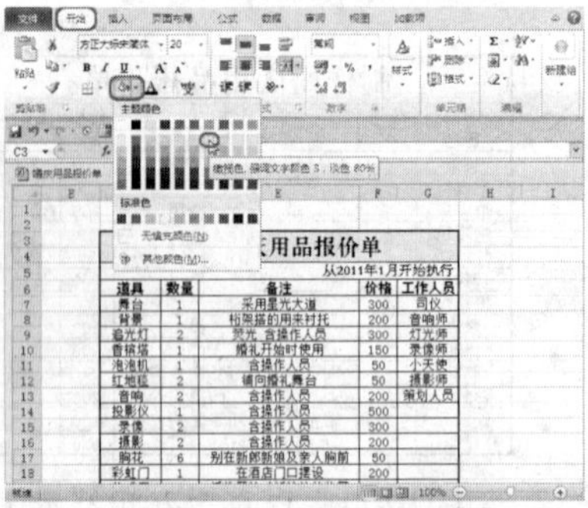

图10.76　设置单元格的填充颜色

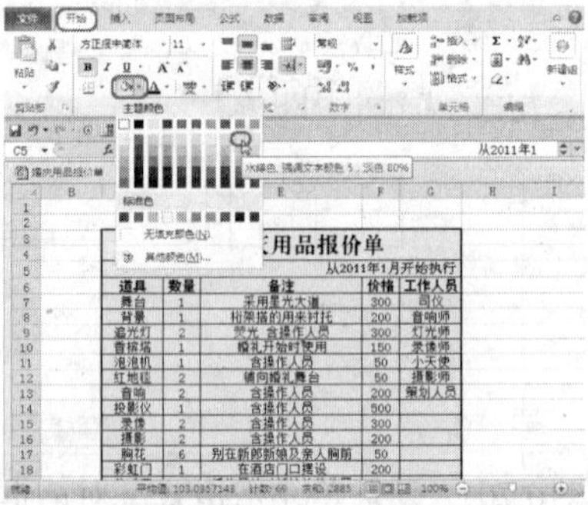

图10.77　设置单元格区域的填充颜色

13 至此，婚庆用品报价单制作完成，将表格进行保存就可以了。

10.8.3　IT设备采购成本表

本例介绍IT设备采购成本表的制作，主要运用到合并单元格、设置填充颜色、文本的编辑及为表格添加边框，审核工作表等功能，如图10.78所示。

01 启动Excel 2010，系统自动新建一个工作簿，右键单击工作表标签“Sheet1”，在弹出的快捷菜单中选择“重命名”命令，将“Sheet1”重命名为“IT设备采购成本表”，按回车键确认，如图10.79所示。

IT设备采购成本表

分公司	部门名称	设备	价格	数量	成本
北京分公司	网络部门	PC	5000	9	45000
		扫描仪	3000	1	3000
		打印机	2000	1	2000
	人力资源部	投影仪	3000	1	3000
		打印机	2000	1	2000
	采购部	PC	5000	8	40000
		传真机	1000	1	1000
				总成本：	96000
上海分公司	网络部门	PC	7000	7	49000
		扫描仪	3000	2	6000
		打印机	1000	2	2000
	人力资源部	投影仪	3000	2	6000
		打印机	1000	1	1000
	采购部	PC	7000	9	63000
		传真机	1000	1	1000
				总成本：	128000

图10.78　IT设备采购成本表

02 选择B3:G4单元格区域，在“开始”选项卡中，单击“对齐方式”组中的“合并后居中”按钮，合并单元格，并输入文本，设置“字体”为“汉仪大宋简”，“字号”为18，效果如图10.80所示。

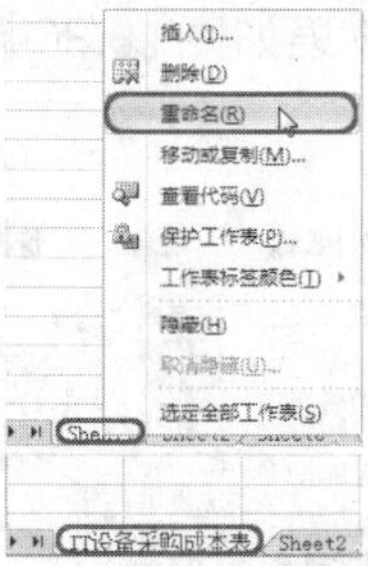

图10.79 重命名工作表标签

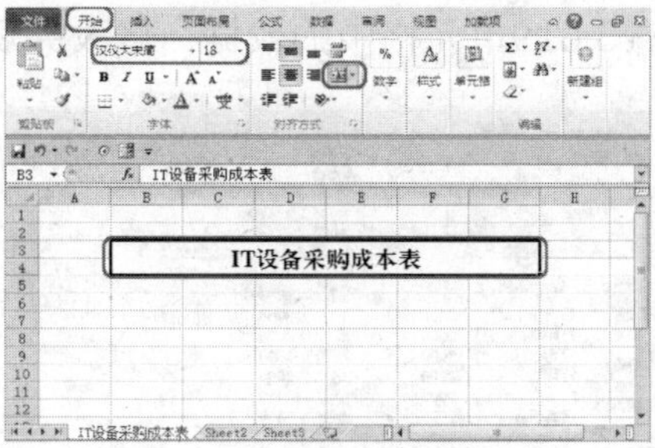

图10.80 设置标题字体样式

03 在B5:G5单元格区域中分别输入文本，选择所有文本所在的单元格，在“开始”选项卡中单击“字体”组中，将“字体”设置为“黑体”，“字号”设置为12，单击“对齐方式”组中的“居中”按钮，将文字居中显示，效果如图10.81所示。

04 选择B6:B12单元格区域，在“开始”选项卡中，单击“对齐方式”组中的“合并后居中”按钮，合并单元格，使用同样的方法合并单元格C6:C8、C9:C10、C11:C12，并输入相应的文本，如图10.82所示。

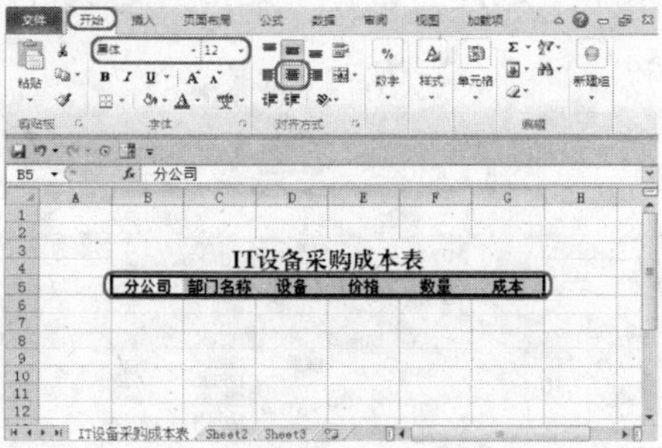

图10.81 设置字体样式

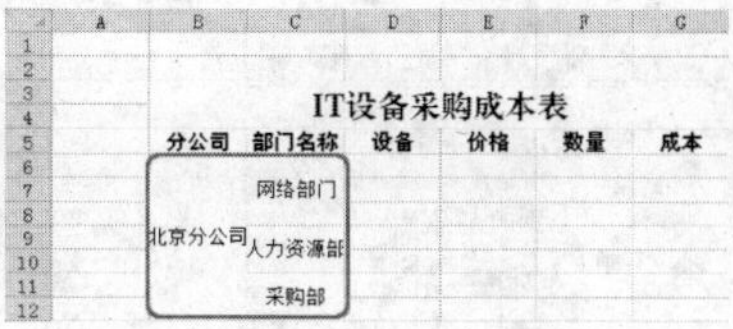

图10.82 输入文本

05 按住Ctrl键的同时选择B、C列，在“开始”选项卡中，单击“单元格”组中的“格式”按钮旁边的按钮，在弹出的快捷菜单中，选择“列宽”选项，在弹出的“列宽”对话框中，设置列宽为12，如图10.83所示。

06 选择D6:G12单元格区域，在该单元格区域中输入文字内容，在“开始”选项卡中，单击“对齐方式”组中的“居中”按钮，如图10.84所示。

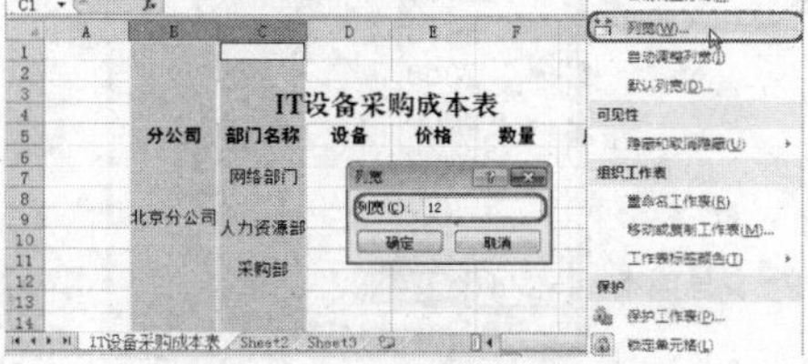

图10.83 设置“列宽”

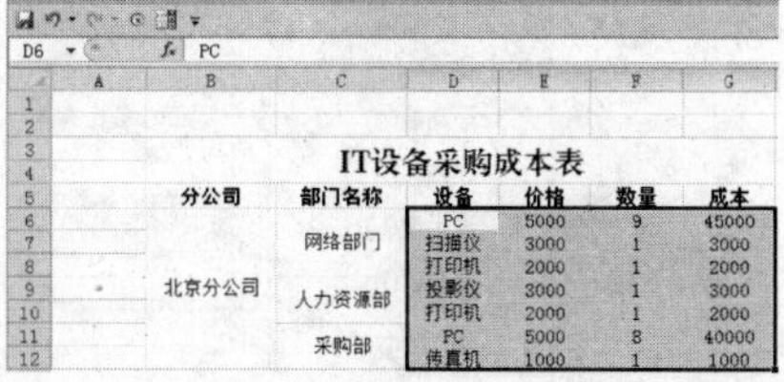

图10.84 设置“对齐方式”

07 选中B6:G12区域中的所有单元格，在“开始”选项卡中，单击“剪贴板”组中的“复制”按钮，复制后选择B13:G19区域中的所有单元格，单击“剪贴板”中的“粘贴”按钮，如图10.85所示。

08 修改B13、E13:G19单元格中的数据，修改完后的效果如图10.86所示。

图10.85 复制粘贴单元格内容

分公司	部门名称	设备	价格	数量	成本
北京分公司	网络部门	PC	5000	9	45000
		扫描仪	3000	1	3000
		打印机	2000	1	2000
	人力资源部	投影仪	3000	1	3000
		打印机	2000	1	2000
	采购部	PC	5000	8	40000
		传真机	1000	1	1000
上海分公司	网络部门	PC	7000	7	49000
		扫描仪	3000	2	6000
		打印机	1000	2	2000
	人力资源部	投影仪	3000	2	6000
		打印机	1000	1	1000
	采购部	PC	7000	9	63000
		传真机	1000	1	1000

图10.86 修改单元格中的数据

09 选择第13行，在“开始”选项卡中，单击“单元格”组中的“插入”按钮旁边的按钮，在弹出的快捷菜单中，单击“插入工作表行”选项，如图10.87所示。

10 选择B13:F13单元格区域，在“开始”选项卡中，单击“对齐方式”组中的“合并后居中”按钮旁边的按钮，在弹出的快捷菜单中选择“合并单元格”选项，并单击“文本右对齐”按钮，输入文本，如图10.88所示。

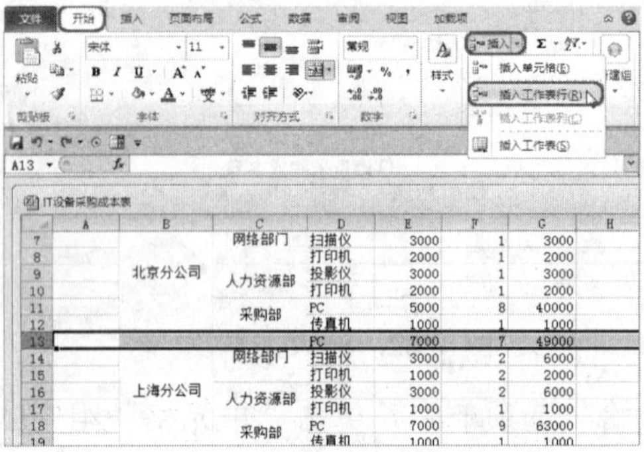

图10.87 选择“插入工作表行”

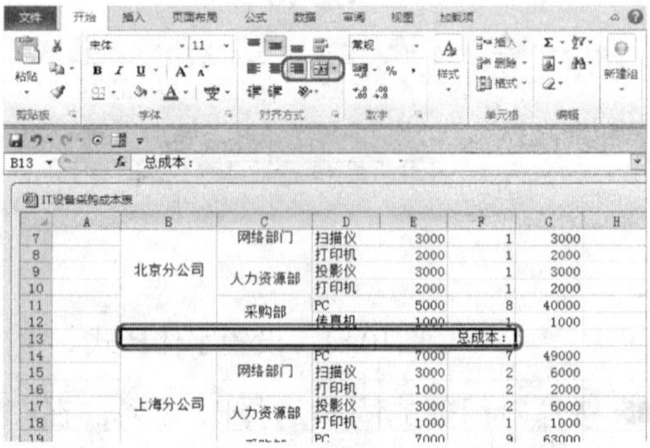

图10.88 合并单元格设置文本右对齐

11 选择G13单元格，在“公式”选项卡中，单击“函数库”选项组中的“自动求和”按钮旁边的按钮，在弹出的快捷菜单中，选择“求和”选项，如图10.89所示。单击“求和”选项，G13单元格中便出现求和公式，如图10.90所示，按Enter键，即可对G6:G12单元格区域进行求和。

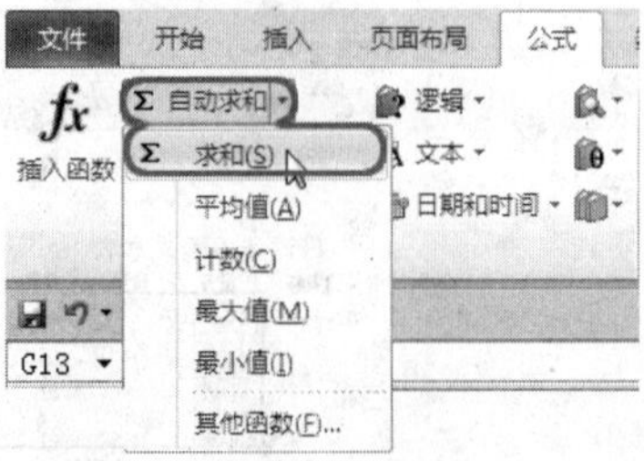

图10.89 选择“求和”选项

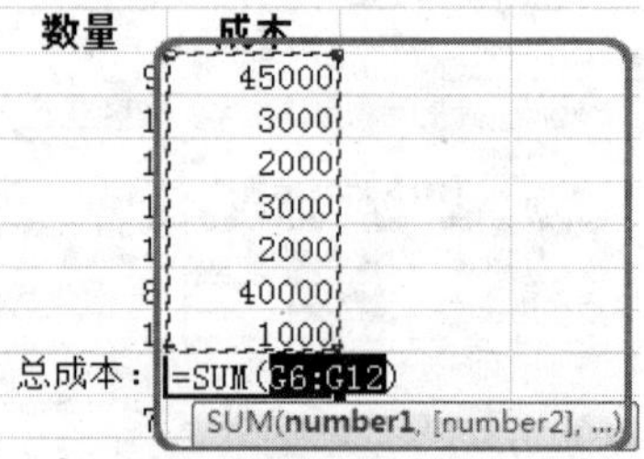

图10.90 求和公式

⑫ 使用第9~11步的方法，设置第21行，设置完成后的效果如图10.91所示。

⑬ 选择B3:G21单元格区域，单击鼠标右键，在弹出的快捷菜单中选择“设置单元格格式”命令，弹出“设置单元格格式”对话框，在弹出的“设置单元格格式”对话框中单击“边框”选项卡，在“样式”列表框中选择一种粗框线，单击“颜色”列表框旁边的下三角按钮，设置“颜色”为“浅绿”，然后单击“外部”和“内部”按钮，设置完成后单击“确定”按钮，如图10.92所示。

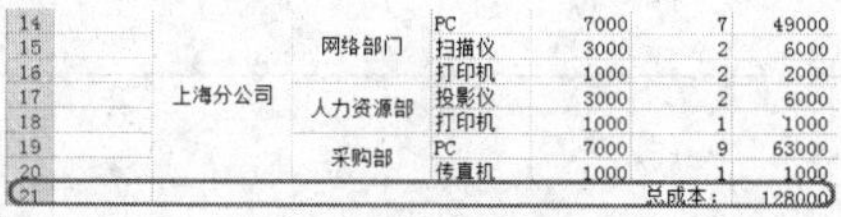

图10.91　合并单元格并输入文本

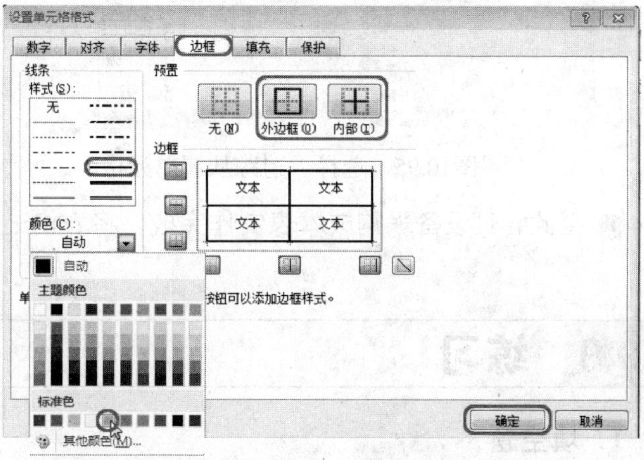

图10.92　设置边框样式

⑭ 选中B13、G13、B21、G21单元格，在“开始”选项卡中，单击“字体”选项组中的“填充颜色”按钮旁边的下三角按钮，设置“填充颜色”为“紫色，强调文字颜色4，淡色80%”，如图10.93所示。

⑮ 审核工作表，如选择G13单元格，在“公式”选项卡中单击“公式审核”组中的“追踪引用单元格”按钮，标示出为公式提供数据的单元格，如图10.94所示。

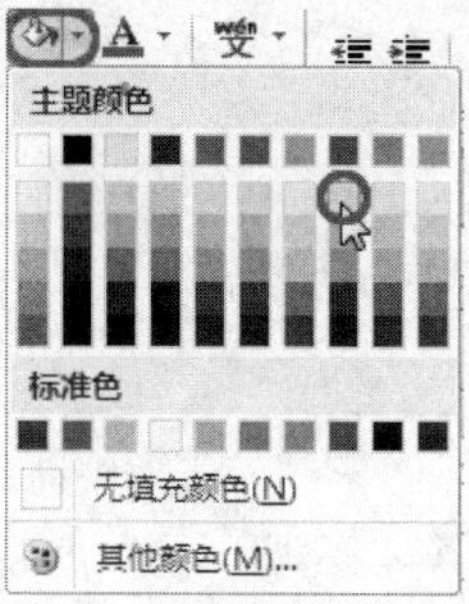

图10.93　设置“填充颜色”

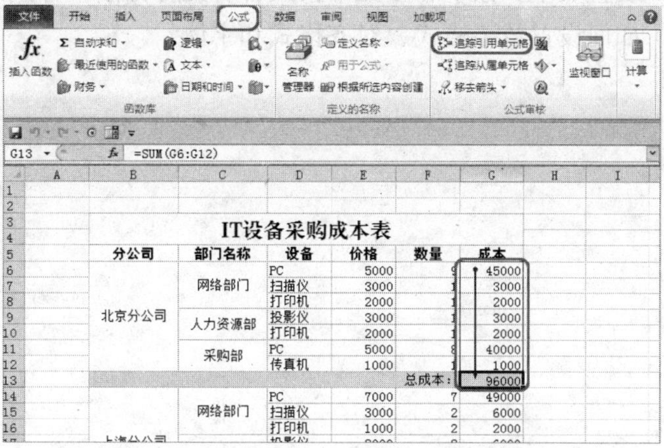

图10.94　选择“追踪引用单元格”

⑯ 选择G15单元格，单击“公式审核”组中的“追踪从属单元格”按钮，标示出引用该单元格的公式所在的单元格，如图10.95所示。

⑰ 查找完毕，可以通过单击“公式审核”组中的“移去箭头”按钮右侧的下三角按钮，在打开的列表中选择“移去箭头”的方式移去箭头，如图10.96所示。

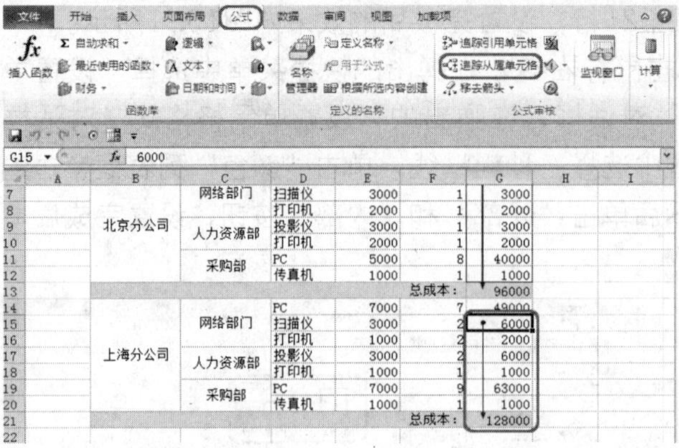

图10.95 选择“追踪从属单元格”

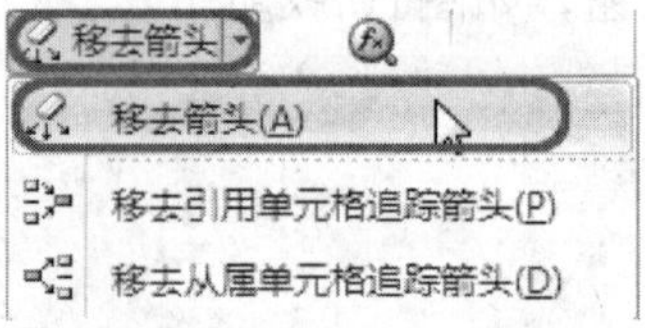

图10.96 选择“移去箭头”

⑱ 至此，IT设备采购成本表制作完成，将表格进行保存就可以了。

10.9 练习

1. 填空题

（1）为了让用户更加方便、快速地了解自己建立的工作表内容，可以使用Excel提供的______功能，对工作表中的一些复杂的公式或者特殊的单元格数据________。

（2）________是指将某些单元格或单元格区域中的数据移到其他单元格中，________是指将某个单元格或单元格区域中的数据复制到指定的位置，原位置的数据仍然存在。

2. 问答题

（1）设置文本、数字和单元格格式各有几种方法，分别怎样操作？

（2）如何设置数字格式、对齐格式和字体？

第11章 美化Excel工作表

本章要点

建立工作表后，在确保内容准确无误的前提下，还应该对工作表进行格式化。使工作表看起来更加美观。Excel提供了丰富的格式化命令：设置单元格格式、设置数字格式、改变列宽和行高、添加边框和底纹、自动套用样式和格式等。

本章内容主要包括

- 单元格的格式化设置
- 设置数字格式
- 设置文本格式
- 使用样式
- 设置行高与列宽
- 设置单元格的底纹和样式
- 特殊效果的使用

go>>

11.1 单元格的格式化设置

单元格格式化有以下6个方面的内容，即数字、对齐、字体、边框、填充和保护。Excel提供了自动设置格式功能，多数情况下，由用户根据自己的实际情况来设置完成。

首先选择要进行格式化的单元格，然后使用格式化命令。在对单元格设置格式化时，并不改变其中的数据和公式，只是改变其外观。

在默认情况下，Excel使用的是“G/通用格式”，即数值右对齐、公式以数值方式显示，以及当数值长度超出单元格长度时采用科学计数法显示。数值格式包括整数、定点小数和逗号等格式。0表示以整数方式显示；0.00表示以两位小数方式显示；#,#0.00表示小数部分保留两位，整数部分每千位用逗号隔开；“红色”显示表示当前数据值为负数。

对工作表中的不同单元格内容，可以根据需要设置不同的格式。例如，设置单元格数据类型、文本的对齐方式、字体、单元格的边框和图案等。

● 格式化工具

Excel中的格式化工具主要位于“开始”选项卡中的“字体”组、“对齐方式”组、“数字”组、“样式”组和“单元格”组中，如图11.1所示。

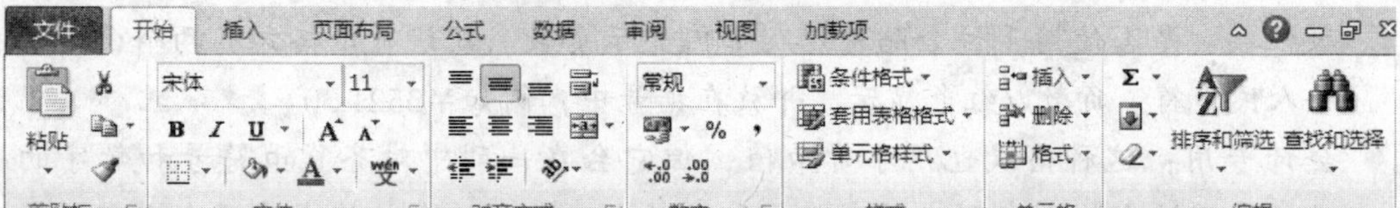

图11.1　格式化工具

“字体”组：主要设置字体的大小、颜色、加粗和倾斜等，与Word中的“字体”组功能极为相似。

“对齐方式”组：主要设置文本的各种对齐方式，例如文本左对齐、文本右对齐、文本居中等，这些与Word中的“对齐方式”组的功能极为相似，另外，可以设置其自动换行功能。

“数字”组：设置数字格式。

“样式”组：设置条件格式、套用表格格式和单元格样式等。

“单元格”组：设置单元格格式。

还可以在选中的单元格中单击鼠标右键，在弹出的快捷菜单中选择“设置单元格格式”命令，弹出如图11.2所示的对话框。

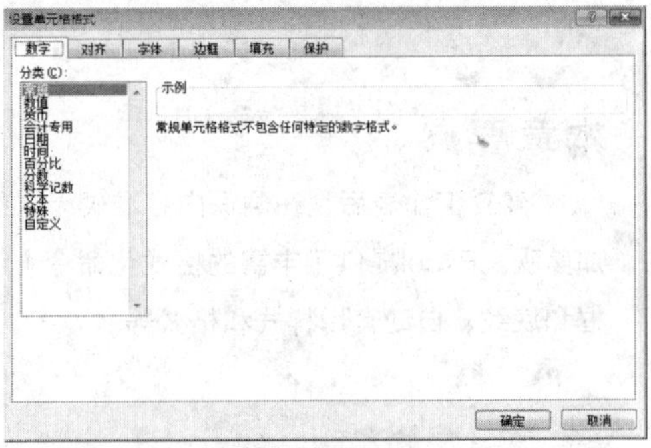

图11.2 “设置单元格格式”对话框

11.2 设置数字格式

本节学习如何格式化数字，即改变数字的外观。通过应用不同的数字格式，可以更改数字的外观而不会更改数字。数字格式并不影响Excel用于执行计算的实际数值。实际数值显示在编辑栏中，如图11.3所示。

图11.3 数字格式

11.2.1 Excel中的数字格式

数字值通常不只是数字，它还表示美元值、日期、百分数或某个其他值。Excel提供了许多数字格式。

- 常规：这是输入数字时Excel的默认数字格式。大多数情况下，常规格式的数字以输入的方式显示。如果单元格的宽度不够显示整个数字时，常规格式会用小数点对数字进行四舍五入。常规数字格式还对较大的数字使用科学计数法表示，例如，10.6、$462、103.00。
- 数值：这种格式用于数字的一般表示。可以指定要使用的小数位数，是否使用千位分隔符以及如何显示负数。默认数值格式有两位小数位，当数值为负数时以红色显示，例如3400.10、−3400.10。
- 货币：此格式用于一般货币值，并显示数字的默认货币符号。可以指定要使用的小数位数、是否使用千位分隔符以及如何显示负数。默认货币格式有两个小数位和一个人民币符。负数以红色显示，并放在括号中，例如￥3521.30。
- 会计专用：这种格式也用于货币值，但它会在一列中对齐货币符号和数字的小数点。使用这个格式在列中对齐美元和小数点，默认的会计格式有两个小数位和一个美元符，例如$3400.00、$3562.1。

- 日期：这种格式会根据指定的类型和区域设置（国家/地区），将日期和时间系列数值显示为日期值。以星号（*）开头的日期格式响应在Windows“控制面板”中指定的区域日期和时间设置的更改，不带星号的格式不受“控制面板”设置的影响，例如，2006-03-19。
- 时间：这种格式会根据指定的类型和区域设置，将日期和时间系列数显示为时间值。以星号（*）开头的时间格式响应在Windows“控制面板”中指定的区域日期和时间设置的更改，不带星号的格式不受“控制面板”设置的影响。默认时间格式是冒号分开的小时和分，也可以选择是秒、AM或PM，例如10:00。
- 百分比：这种格式以百分数形式显示单元格的值。可以指定要使用的小数位数。默认百分数格式有两个小数位，Excel把单元格中的值乘以100，并在结果中显示百分号，例如30.03%。
- 分数：这种格式会根据指定的分类类型以分数形式显示数字，默认分类格式是在斜线两侧各有一位数字，使用这个格式显示在斜线两端的位数和分数类型，例如1/2。
- 科学记数：这种格式以指数表示法显示数字，用“E+n”替代数字的一部分，其中用10的n次幂乘以E前面的数字。例如，两位小数的科学计数格式将12345678901显示为1.23E+10，即用1.23乘以10的10次幂。默认科学计数格式有两个小数位，使用这种格式以科学计数法显示数字，例如，3.40E+03。
- 文本：使用文本格式把单元格中所有的内容定义为文本。
- 特殊：这种格式用于显示邮政编码、电话号码和身份证号码等，不必输入任何特殊字符，例如02110。
- 自定义：这种格式允许修改现有数字格式代码的副本。它会创建一个自定义数字格式，并将其添加到数字格式代码的列表中。可以添加200~250个自定义格式数字格式，具体取决于安装的Excel的语言版本。在“类型”列表框中选择任何格式代码，然后对这些代码进行修改。“#”代表数字占位符，“0”代表0占位符，例如，00.0%。

11.2.2 设置数字格式

设置数字格式的步骤如下。

选择需要格式化的单元格。

01 在“开始”选项卡中的“数字”组中单击右下方的按钮，打开“设置单元格格式”对话框（或者在单元格上单击鼠标右键，在弹出的快捷菜单中选择“设置单元格格式”命令）。

02 选择“数字”选项卡，在“分类”列表框中选择数字格式类型，在“示例”选项中显示当前选择的格式，对格式进行必要的调整。

03 单击“确定”按钮，或按Enter键。

04 也可以在“开始”选项卡中的“数字”组中单击按钮“常规”，在弹出的下拉菜单中选择数字格式。

提示 如果想取消数字格式，选择当前单元格，在“开始”选项卡中的“编辑”组中单击按钮，在弹出的下拉菜单中选择“清除格式”选项，如图11.4所示。

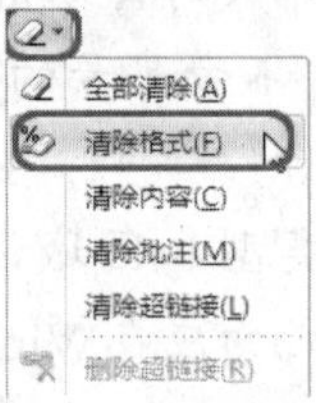

图11.4 选择“清除格式”选项

11.2.3 使用格式按钮

在“开始”选项卡中的“数字”组中，有5个按钮选项可以用来选择数字格式，如下所示。

：会计数字格式，例如，￥2310.03。

%：百分比样式，例如，20.01%。

,：千位分隔样式，例如，12,254.00。

：增加小数点的位数。

：减少小数点的位数。

选择需要格式化的单元格，然后单击“数字”组中的这些按钮即可。

11.2.4 建立定制格式

如果需要输入特殊的数字，例如账号，可能要建立自己的数字格式，并使用它格式化账号。例如，假设账号如下。

12 20350 302

可以为它建立如下的样式：

###

这样在输入数字时，Excel将对它进行格式化，在需要的位置增加连字符，例如12–20350–302。

下面将建立自己的格式，其操作步骤如下。

01 在“开始”选项卡中的“单元格”组中单击按钮格式，在弹出的下拉菜单中选择“设置单元格格式”选项，如图11.5所示。

02 在弹出的“设置单元格格式”对话框中选择“数字”选项卡，然后在“分类”列表框中选择“自定义”选项，在对话框的右侧的“类型”文本框中输入定制格式，单击“确定”按钮，如图11.6所示。

03 输入格式时，使用“#”表示显示数字；使用“0”表示在需要补充数的长度时加零；使用“?”表示在需要的地方加空格对齐小数点。

04 可以设置如何显示正数和负数，以及零值和文本，并输入格式。简单地用一个分号（；）分开这些格式，例如，#,###；“红色”–#,000。

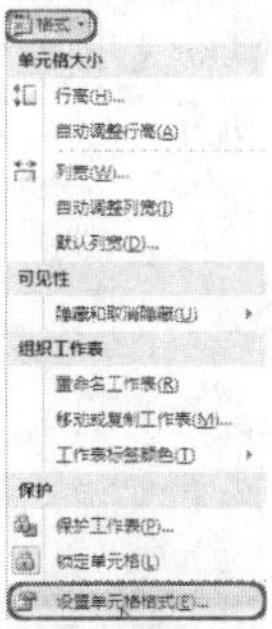

图11.5 选择“设置单元格格式”选项

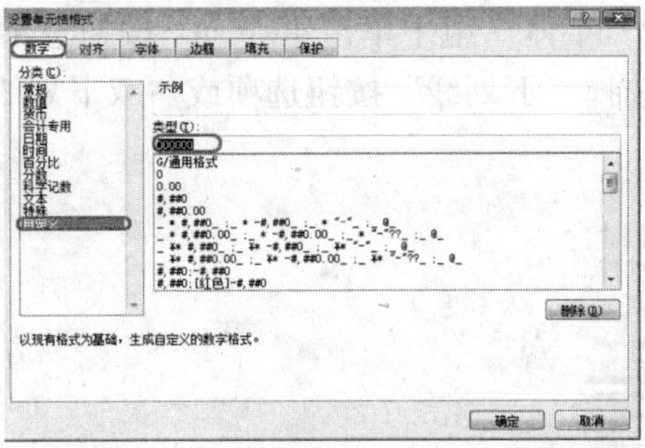

图11.6 “设置单元格格式”对话框

05 在这个示例中，“#,###”表示以逗号作为千位分隔符。例如，将“1254”表示为“1,254”；“[红色]”表示在此格式中该部分以红色显示；“-#.000”表示输入的数字转为负数，且小数点后要有三位数，例如，将“24.7”表示为“24.700”。“文”“本”“@”表示如果包含文字部分，则文本部分位于数字格式的最后位置。如果要在数字格式中包含文本部分，则需要在文本的位置加入“@”。

11.3 设置文本格式

默认情况下，单元格中的字体通常为“宋体”，如果想特别突出某些文字，可以把它们设置为不同的字体，并且可以设置字号。

11.3.1 设置字符格式

粗体和倾斜是两种常用的文本样式，对于重要的数据可以通过粗体加强重要性。在单元格中输入文本，将其选中，将鼠标上移，此时在上面会出现浮动工具栏，可以在浮动工具栏中进行设置，如图11.7所示。

同时还可以在“开始”选项卡中的“字体”组中对单元格中的文本进行设置，如图11.8所示。

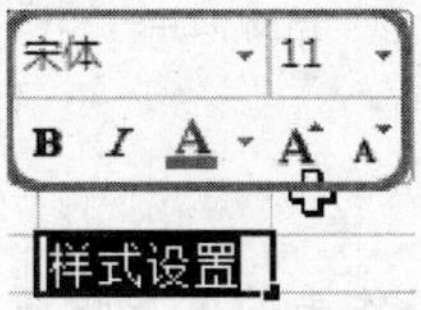

图11.7 浮动工具栏

图11.8 设置“字体”组

在“字体”组中设置格式，其操作方法如下。

01 选择要改变字体的单元格、单元格区域、文本或字符。

02 在“开始”选项卡中的“字体”组中选择“宋体”选项，从弹出的下拉菜单中选择字体，如图11.9所示。

03 改变字号与设置字体的方法相同，在“字体”组中单击 11 按钮选项，在弹出的下拉菜单中选择字号，如图11.10所示。

（4）在“字体”组中单击 B I U 按钮选项，可以使文本产生粗体、倾斜、下划线效果，还可以选择“下划线”按钮选项或“双下划线”效果，如图11.11所示。

图11.9 选择字体

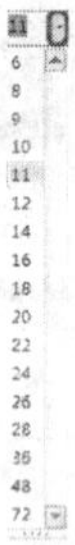

图11.10 选择字号

图11.11 设置下划线

要想为文本改变字体颜色，可以在“字体”组中单击 A 按钮选项，在弹出的下拉菜单中选择一种颜色，如图11.12所示。如果在这里没有想要的颜色，可以单击下拉菜单中的“其他颜色”选项，在“颜色”对话框中通过“标准”和“自定义”两个选项卡进行选择，如图11.13所示。

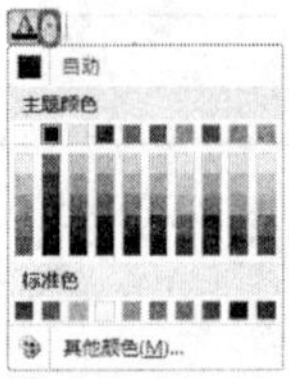

图11.12 设置字体颜色

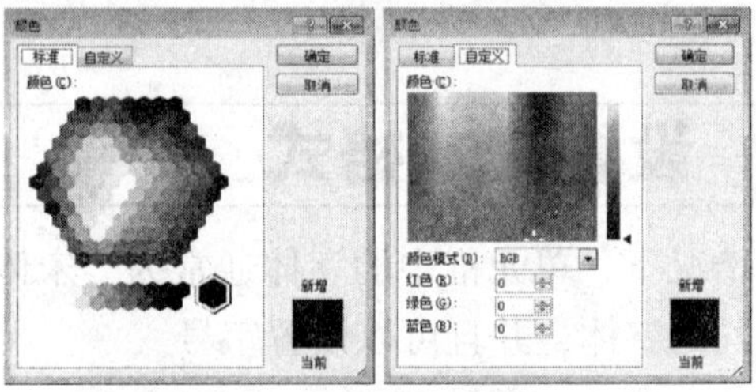

图11.13 自定义颜色

11.3.2 使用“设置单元格格式”对话框

在对单元格中的内容进行设置时，也可以通过“设置单元格格式”对话框对单元格中的内容设置字体、字号、字形和颜色，其操作步骤如下。

01 选择要设置的单元格内容。

02 在“开始”选项卡中的“字体”组中，单击右下方的按钮选项，打开“设置单元格格式”对话框，如图11.14所示。

03 在选项卡中对单元格中的内容进行设置。

提示 如果要为单元格的某些文字设置格式，而不是为整个工作表的文本设置格式，只需选择单元格中需要设置格式的文本即可，然后对选中的文本进行设置。

11.3.3 对齐单元格中的文本

在Excel工作表中输入内容时，输入的内容会在工作表中自动对齐。例如，文字内容会在单元格中左对齐，而输入的数字在单元格中右对齐。用户可以自定义工作表中内容的对齐方式，设置对齐方式的操作步骤如下。

01 选择需要对齐的单元格或单元格区域。

02 在“开始”选项卡中的“单元格”组中单击“格式”按钮，在弹出的下拉菜单中选择“设置单元格格式”选项，或按下Ctrl+1快捷键，打开“设置单元格格式”对话框，选择“对齐”选项卡，设置对齐方式，如图11.15所示。

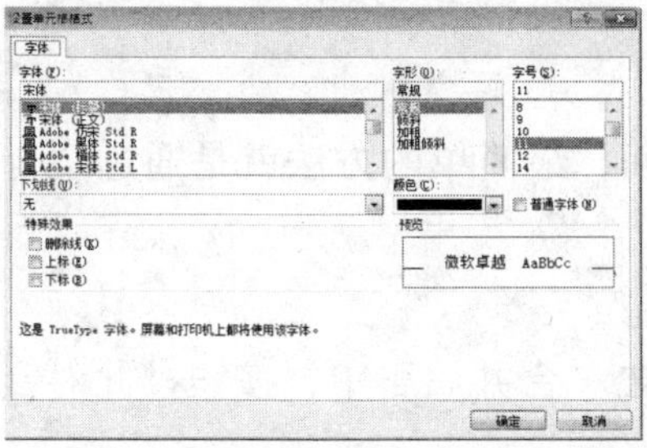

图11.14　设置“字体”选项卡

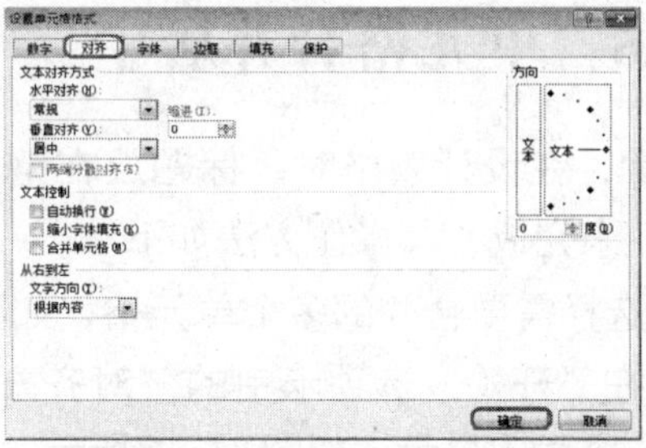

图11.15　选择“对齐”选项卡

在“对齐”选项卡中的“水平对齐”、“垂直对齐”下的对齐选项如下。

- 靠左（缩进）：将文本与指定单元格的左边界对齐。
- 居中：将文本在指定单元格中水平居中显示。
- 靠右（缩进）：将文本与指定单元格的右边界对齐。
- 填充：使文本重复地将单元格填满。
- 两端对齐：将文本在指定单元格中按照水平方向两边对齐。
- 跨列居中：当同时选择多个单元格时，使用该对齐方式，系统会将位于同一行的多个单元格看做一个大单元格，没有了列的限制，使这些单元格中的内容居中显示在大单元格中。
- 分散对齐：将文本在指定单元格中按照水平方向靠左右两边对齐。
- 垂直对齐：使文本在单元格中上下居中。
- 靠上：将文本与指定的单元格上边界对齐。
- 居中：将文本在指定的单元格中垂直居中显示。
- 靠下：将文本与指定的单元格下边界对齐。
- 两端对齐：将文本在指定的单元格中按垂直方向两边对齐。
- 分散对齐：将文本在指定的单元格中按垂直方向两边上下对齐。
- 自动换行：在单元格中输入文本时自动换行。
- 缩小字体填充：将字体缩小以填充单元格
- 合并单元格：把几个单元格合并成一个单元格。

03 选择合适的对齐方式后，单击“确定”按钮。

11.3.4　缩进单元格中的文本

在电子表格中，常常要对某些单元格的内容进行缩进操作，设置缩进的方法有以下两种：

- 在“设置单元格格式”对话框中的“对齐”选项卡中设置缩进值。
- 根据单元格的左边界增加或减少缩进文本。

首先介绍使用“对齐”选项卡进行缩进，选择要缩进的单元格或单元格区域，然后打开“设置单元格格式”对话框，选择“对齐”选项卡，设置缩进值。

可以根据单元格的左边界增加或减少缩进文本，首先选中需要缩进的单元格，然后单击“开始”选项卡中“对齐方式”组中的或按钮，设置减少缩进量或增加缩进量。

11.3.5 单元格合并居中

通常，在设计表格时，标题放在整个表格的中间，最简单的方法就是通过“合并后居中”按钮来完成，其操作方法如下。

01 选择需要合并的多个单元格，如图11.16所示。

02 在“开始”选项卡中的“对齐方式”组中单击“合并后居中”按钮，此时合并后的单元格内容居中显示，如图11.17所示。

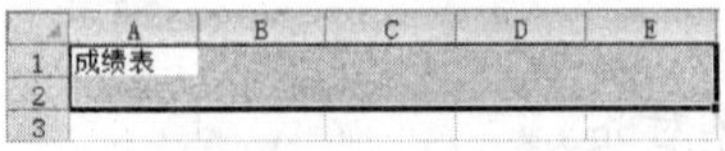

图11.16 选择多个单元格

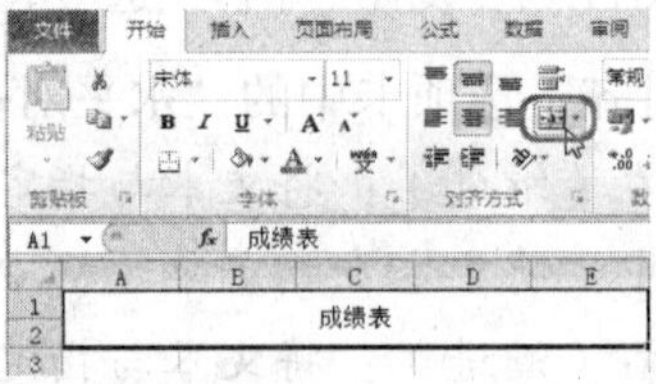

图11.17 单击“合并后居中”按钮

在“合并后居中”按钮下有多个合并方式，可供读者选择。

下面将介绍如何还原合并后的单元格，其操作步骤如下。

01 在工作表中选择合并后的单元格。

02 再在“开始”选项卡中的“对齐方式”组中单击“合并后居中”按钮。

11.4 使用样式

在Excel中提供了多种样式。要设置工作表的样式，使用“开始”选项卡中的“样式”组，如图11.18所示。

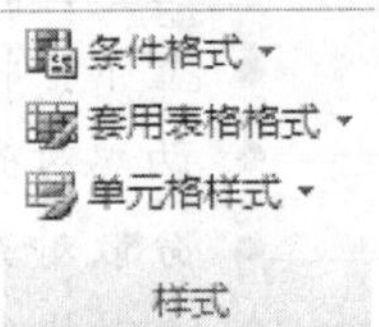

图11.18 样式组

在“样式”组中包含“条件格式”、“套用表格格式”和“单元格样式”选项，“套用表格格式”选项是针对Excel所进行的格式设置，将在后面的章节中进行介绍。本节重点介绍“条件格式”和“单元格样式”选项。

11.4.1 使用条件格式

条件格式用来突出显示所关注的单元格或单元格区域，强调异常值，使用数据条、颜色刻度和图标集来直观地显示数据。条件格式是基于条件更改单元格区域的外观。

当选择“样式”组中的“条件格式”选项时，会弹出下拉菜单，如图11.19所示。在“突出显示单元格规则”子菜单中选择一个条件，这里选择的是“小于”选项，弹出“小于”对话框，如图11.20所示。

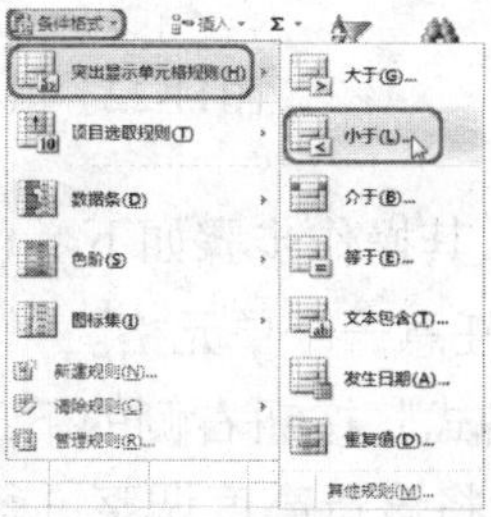

图11.19 “条件格式”下拉菜单

图11.20 “小于”对话框

在“为小于以下值的单元格设置格式”文本框中输入值，或通过单击按钮选择某个单元格的值，再从“设置为”右侧的下拉菜单中选择一种设置方案，单击“确定”按钮，则将工作表中凡是小于指定值的值全部应用于指定方案进行显示。

提示 在“条件格式”下拉菜单中包含了多种选项，当选择一个条件时，都会弹出一个对话框。根据不同的条件，各种对话框稍有差别，但设置思路与上面基本相同。

11.4.2 使用单元格样式

单元格样式预先定义了多种样式，单击“开始”选项卡中“样式”组中的“单元格样式”按钮，弹出如图11.21所示的下拉菜单。

上述样式都是预先设定好的，用户直接选择某种样式即可格式化单元格。

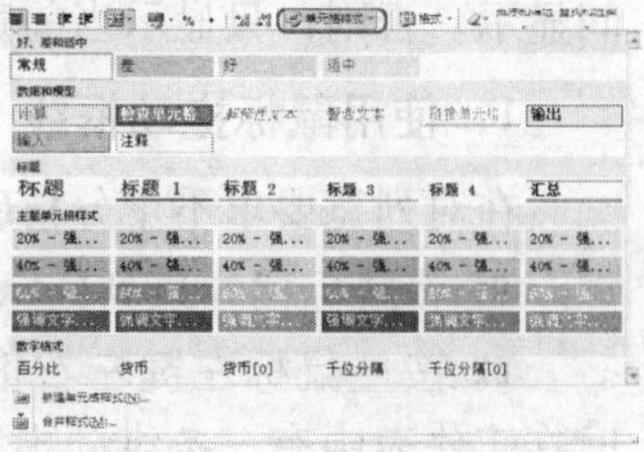

图11.21 选择单元格样式

11.5 设置行高与列宽

在单元格中输入文字和数据时，常常会出现这样的现象：有的单元格中的文字只显示了一半；有的单元格中显示的是一串“#”号，而编辑栏中却能看见对应单元格的数据。其原因在于单元格的宽度或高度不够。因此，需要对工作表中的单元格高度和宽度进行调整。

11.5.1 调整行高

下面介绍调整行高的两种方法。

1. 使用鼠标拖动框线

在对高度要求不十分精确时，可按照如下步骤快速调整行高。

01 将鼠标指向某行行号的框线上，这时鼠标指针变为双向箭头。

02 按住鼠标左键并上下拖动，此时在工作表中出现一条横向虚线，如图11.22左侧所示，松开鼠标后，这根虚线就成为该行调整后的下框线，如图11.22右侧所示。

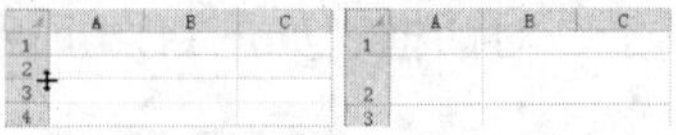

图11.22 鼠标调整行高

2．使用“单元格”组中的“格式”按钮

使用“格式”列表中的“行高”命令可精确调整行高，其操作步骤如下。

01 在工作表中选择需要调整行高的行或选定该行中的任意一个单元格。

02 单击“开始”选项卡，在“单元格”组中单击“格式”按钮右侧的下三角按钮，打开格式下拉列表，选择“自动调整行高”选项，Excel自动将该行高度调整为最适合的高度。如果选择“行高”选项，则打开“行高”对话框，如图11.23所示。

图11.23 “行高”对话框

03 在“行高”对话框中的“行高”文本框中输入需要的高度数值。

04 单击“确定”按钮即可。

11.5.2 调整列宽

工作表中的列和行有所不同，Excel默认单元格的列宽为固定值，并不会根据数据的长度而自动调整列宽。当输入单元格中的数据因列宽不够而显示不下时，若输入的是数值型数据，则显示一串“#”号；若输入的是字符型数据，当右侧相邻单元格为空时，则利用其空间显示。否则，只显示当前宽度能容纳的字符。为此，用户也可能经常需要调整列宽。

1．使用鼠标拖动框线

在对列宽要求不十分精确时，可按如下步骤快速调整列宽。

01 将鼠标指向某列列标的框线上，此时鼠标变为双向箭头✛。

02 按住鼠标左键左右拖动，直到合适的宽度为止。拖动时在工作表中有一条纵向虚线，松开鼠标时，这根虚线就成为该列调整后的新框线，如图11.24所示。

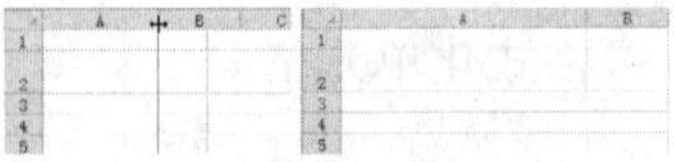

图11.24 鼠标调整列宽

2．使用“单元格”组中的“格式”按钮

使用“格式”列表中的“列宽”命令可以精确调整列宽，其操作步骤如下。

01 在工作表中选择需要调整列宽的列或选定该列中的任意一个单元格。

02 单击“开始”选项卡中“单元格”组中的“格式”按钮，打开格式列表，选择“自动调整列宽”选项，Excel自动将该列宽度调整为最适合的宽度。若选择“列宽”选项，则弹出“列宽”对话框，如图11.25所示。

图11.25 “列宽”对话框

03 在“列宽”对话框中的“列宽”框中输入需要宽度的数值。

04 单击“确定”按钮。

11.6 设置单元格的底纹和样式

为了突出单元格的内容，可以通过以下几种方式对单元格进行美化。

11.6.1 设置单元格的边框

通过使用预定义的边框样式，可以在单元格或单元格区域的周围快速添加边框，有以下两种方法。

1. 直接添加边框样式

01 在工作表上选择要添加边框的单元格或单元格区域，如图11.26所示。

02 在“开始”选项卡中的“字体”组中单击按钮，然后在弹出的下拉菜单中选择一种边框样式，如图11.27所示。添加后的单元格如图11.28所示。

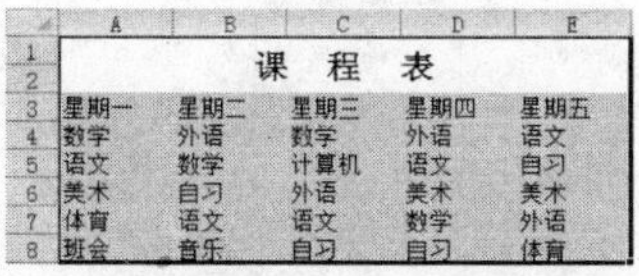

图11.26 选中要添加边框的单元格

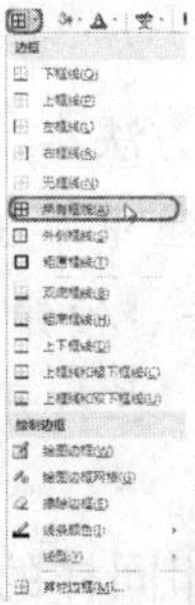

图11.27 选择边框样式

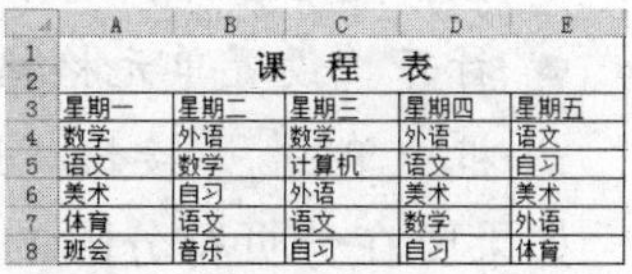

图11.28 添加边框后的效果

2. 设置单元格格式

除了上面介绍的方法之外，还可以使用下面的方法进行操作。

01 选中需要添加边框的单元格。

02 单击鼠标右键，在弹出的快捷菜单中选择“设置单元格格式”命令，如图11.29所示。

03 在弹出的“设置单元格格式”对话框中选择“边框”选项卡，然后在“边框”选项组中选择边框样式，如图11.30所示。

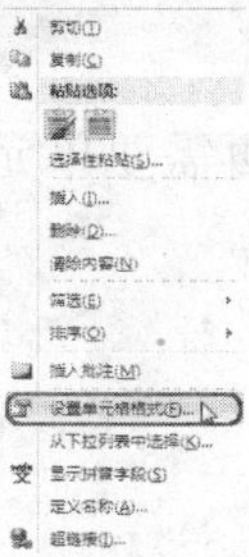

图11.29 选择“设置单元格格式”命令

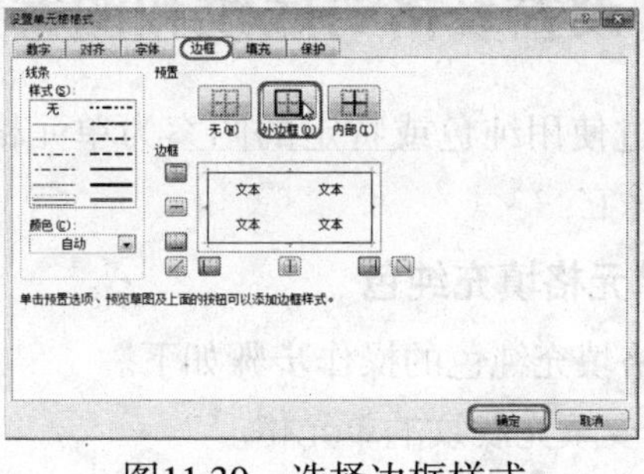

图11.30 选择边框样式

3. 设置边框线型和颜色

设置边框线型和颜色的操作步骤如下。

01 选中单元格并添加边框。

02 在“开始”选项卡中的“字体”组中单击按钮，在弹出的下拉菜单中选择“线条颜色”选项，再在弹出的子菜单中选择一种颜色块，如图11.31所示。当鼠标变为形状时，可以在单元格中单击需要填充颜色的线条。

03 然后单击按钮，在弹出的下拉菜单中选择“线型”选项，再在弹出的子菜单中选择一种线型，如图11.32所示。

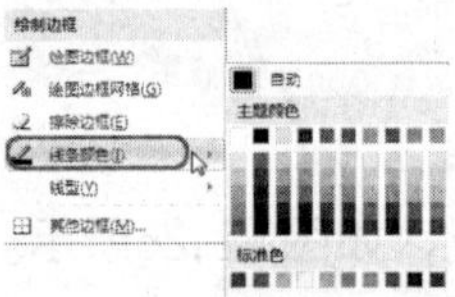

图11.31　设置线条颜色

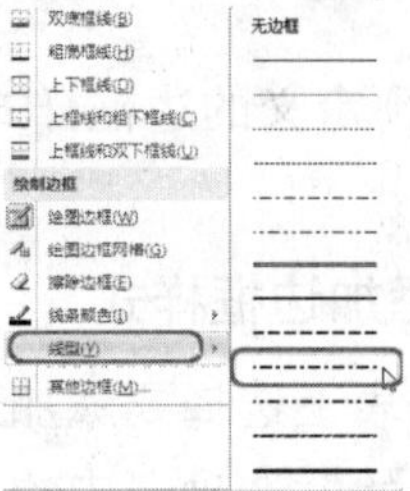

图11.32　设置线型

4．删除边框样式

删除单元格上的边框有以下两种操作方法。

- 在“开始”选项卡中的“字体”组中单击按钮，然后在弹出的下拉菜单中单击按钮。
- 打开“设置单元格格式”对话框，在打开的对话框中单击按钮，如图11.33所示。

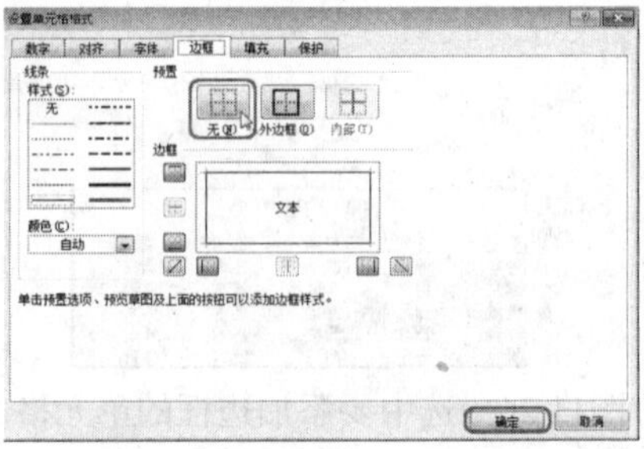

图11.33　单击“无”按钮

如果要在分页符分隔的单元格上打印同样的边框，但边框又只显示在一页上，可以应用内部框来完成，操作步骤如下。

01 选择分页符两边的行。

02 在“开始”选项卡中的“字体”组中单击按钮，然后在弹出的下拉菜单中选择“其他边框”选项。

03 在打开的“设置单元格格式”对话框中单击“预置”选项组中的按钮。

11.6.2　设置表格的底纹和图案

可以通过使用纯色或特定的图案为单元格添加底纹。如果不再需要单元格的底纹或图案，可以删除它。

1．为单元格填充纯色

为单元格填充纯色的操作步骤如下。

01 选择要填充底纹的单元格。

02 在“开始”选项卡中的“字体”组中单击按钮，在弹出的列表中选择一种颜色块，如图11.34所示。填充底纹颜色后的单元格如图11.35所示。

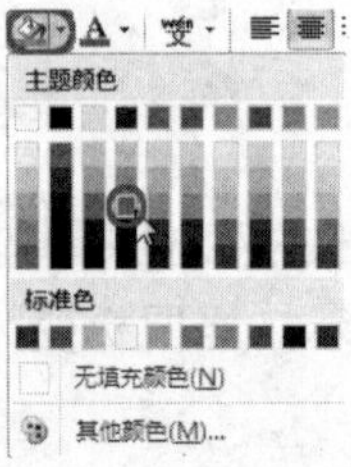

图11.34　设置颜色

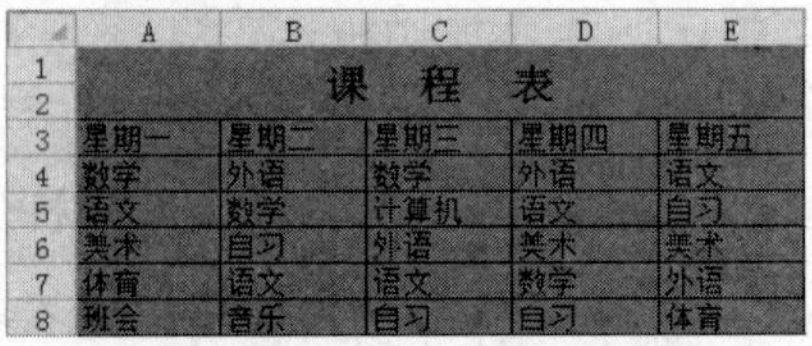

	A	B	C	D	E
1–2	课　程　表				
3	星期一	星期二	星期三	星期四	星期五
4	数学	外语	数学	外语	语文
5	语文	数学	计算机	语文	自习
6	美术	自习	外语	美术	美术
7	体育	语文	语文	数学	外语
8	班会	音乐	自习	自习	体育

图11.35　填充后的效果

2. 为单元格填充图案

如果要使用图案填充单元格，其操作步骤如下。

01 选择要填充图案的单元格。

02 在“开始”选项卡中的“字体”组中单击右下方的按钮，打开“设置单元格格式”对话框，然后选择“填充”选项卡，如图11.36所示。在“图案颜色”列表框中选择一种图案背景颜色，然后在“图案样式”下拉列表框中选择一种图案样式，如图11.37所示。

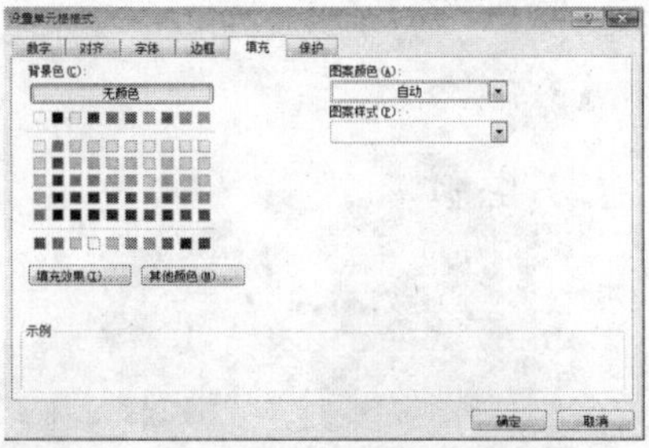

图11.36 选择“填充”选项卡

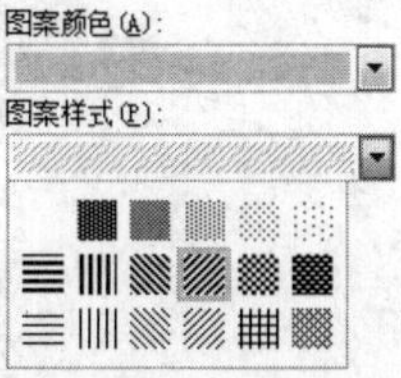

图11.37 设置图案样式

还可以为单元格填充渐变颜色图案，其操作步骤如下。

01 打开“设置单元格格式”对话框，单击对话框中的“填充效果”按钮。

02 在“渐变”选项卡中，将“颜色”选项组中的“颜色1”设置为一种渐变颜色，将“颜色2”设置为一种渐变颜色；在“底纹样式”选项组中选择一种渐变底纹样式，如图11.38所示。填充后的效果如图11.39所示。

3. 删除单元格底纹

如果要删除单元格的底纹，选择含有填充颜色或填充图案的单元格，在“开始”选项卡中的“字体”组中单击按钮，在弹出的下拉列表中选择“无填充颜色”选项，如图11.40所示。

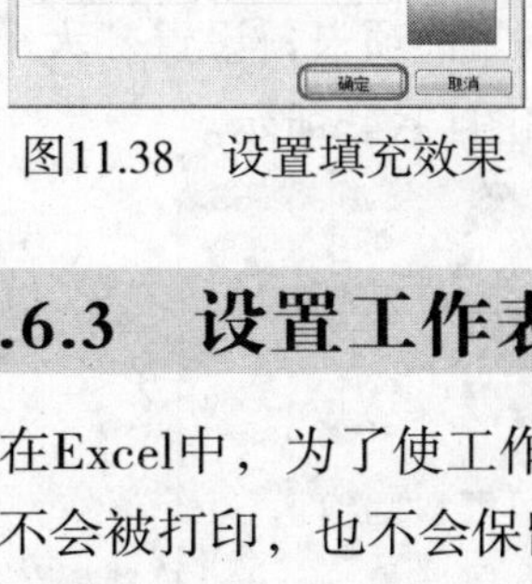

图11.38 设置填充效果

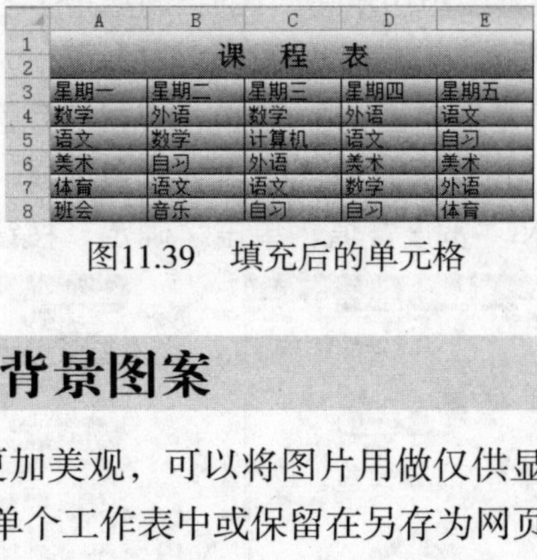

	A	B	C	D	E
1	课 程 表				
2					
3	星期一	星期二	星期三	星期四	星期五
4	数学	外语	数学	外语	语文
5	语文	数学	计算机	语文	自习
6	美术	自习	外语	美术	美术
7	体育	语文	语文	数学	外语
8	班会	音乐	自习	自习	体育

图11.39 填充后的单元格

图11.40 无填充颜色命令

11.6.3 设置工作表的背景图案

在Excel中，为了使工作表更加美观，可以将图片用做仅供显示的工作表背景。单元格背景不会被打印，也不会保留在单个工作表中或保留在另存为网页的项目中。

提示 由于工作表背景不会被打印，因此不能将其用作水印。但是，在页眉或页脚中插入的图形，可以创造出水印的效果。

1．添加工作表背景

添加工作表背景的操作步骤如下。

01 选中要添加背景的工作表。

02 在“页面布局”选项卡中的“页面设置”组中单击按钮。

03 打开“工作表背景”对话框，在打开的对话框中选择图片，单击“插入”按钮，如图11.41所示。插入后的效果如图11.42所示。

图11.41　选择背景图片

图11.42　插入背景的工作表

2．删除工作表背景

选中附有背景的工作表，在“页面布局”选项卡中的“页面设置”组中单击“删除背景”按钮即可，如图11.43所示。

图11.43　删除背景

3．在Excel中创造水印效果

在Excel中无法使用水印功能。如果要在每张打印的页面上显示图片，可以在页眉或页脚中插入图形。这样，图片将从每页的顶部或底部开始显示文本背景，也可以调整图片的大小或缩放图片以填充页面，操作步骤如下。

01 选中一个工作表。

02 在“插入”选项卡中的“文本”组中单击“页眉和页脚”按钮，在工作表的上方有“左”、“中”、“右”框。

03 在“页眉和页脚元素”组中单击“图片”按钮，在打开的“插入图片”对话框中查找要插入的图片，单击“插入”按钮，如图11.44所示。

04 如果图片太大，需要调整图片的大小，单击“页眉和页脚元素”组中的“设置图片格式”按钮，在打开的“设置图片格式”对话框中选择“大小”选项卡，设置“大小和转角”选项组中的“高度”和“宽度”值，单击“确定”按钮，如图11.45所示。

图11.44　选择图片

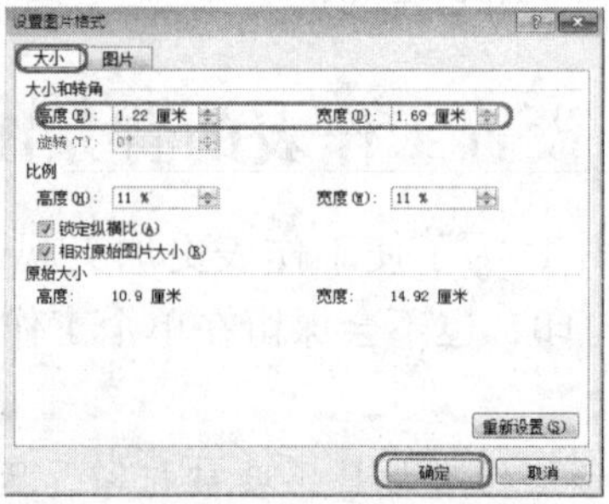

图11.45　调整图片的大小

提示

（1）对图片或图片格式所做的更改将会立即生效，并且不能撤销。

（2）如果要在图片上面或下面增加空间，在“&[图片]”之前或之后单击鼠标，然后按Enter键开始新的一行。

（3）如果要更换图片，选择“&[图片]”，单击按钮，然后在弹出的提示框中单击“替换”按钮，如图11.46所示。

（4）在打印之前，确保页眉或页脚边缘留有足够的空间可用于自定义的页眉或页脚。

（5）要删除图片，选择“& [图片]”，然后按Delete键。

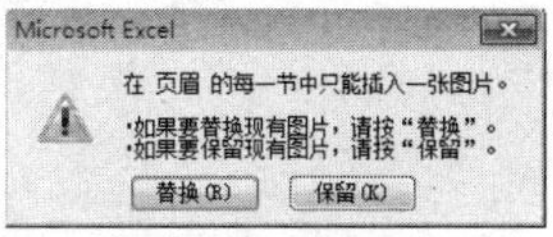

图11.46　提示框

11.7 特殊效果的使用

Excel 2010还提供了条件格式、套用表格格式、隐藏与取消隐藏、使用“格式刷”复制单元格格式等一些特殊的效果功能。

11.7.1 条件格式效果

在日常应用中，用户可能需要将某些满足条件的单元格以指定的样式显示。例如，在学生成绩表中，以特殊格式显示分数高于90和低于60的单元格。为此，可以在“开始”选项卡中单击“样式”组中的“条件格式”按钮右侧的下三角按钮，在打开的列表中选择各种条件，并对其进行设置。

用户可以根据指定的公式或数值来确定搜索条件，然后将格式应用到符合搜索条件的选定单元格中，并突出显示要检查的动态数据。也就是说，如果单元格格式（如单元格中的数字）满足指定的条件，Excel就会自动将条件格式应用于该单元格。

11.7.2 自动套用系统默认格式

为了提高用户的工作效率，Excel提供了多种专业表格样式供用户选择，用户可以通过套用这些表格样式对整个工作表的多重格式同时设置。使用“套用表格格式”设置单元格区域格式的操作步骤如下。

01 选择工作表所在的单元格区域。

02 在“开始”选项卡中单击“样式”组中的“套用表格格式”按钮，打开表样式列表，如图11.47所示，从中选择一种样式。

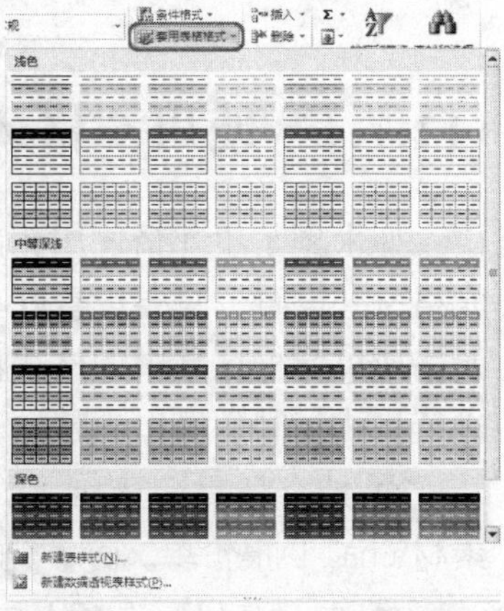

图11.47　“套用表格格式”列表

当套用了表格样式后，出现特定的“表格工具设计”选项卡，如图11.48所示，利用该选项卡可以对套用后的表格进行一些设置，如命名表名称、调整表格大小、修改表格样式等。

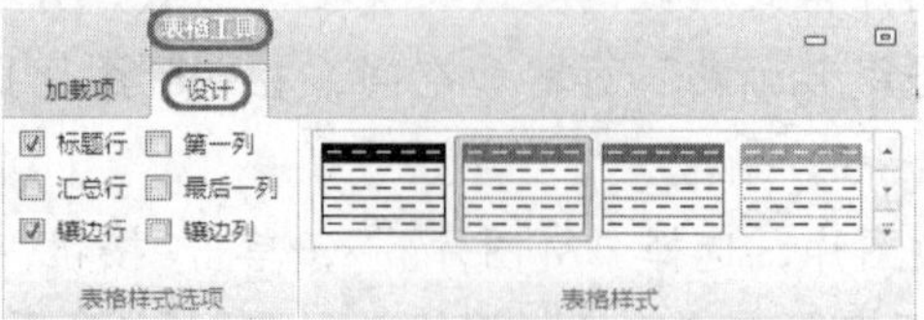

图11.48 “表格工具 设计”选项卡

11.7.3 隐藏与取消隐藏

在用户建立的工作表中，可能有些数据涉及个人隐私，有些数据是机密的。为了不使其他人看见或对其操作，可以使用Excel提供的隐藏方法将其隐藏起来，需要时还可以取消隐藏。

在“开始”选项卡的“单元格”组中，单击“格式”按钮右侧的下三角按钮，打开格式列表，在“隐藏和取消隐藏”子列表中包含了“隐藏行”、“隐藏列”、“隐藏工作表”、“取消隐藏行”、“取消隐藏列”和“取消隐藏工作表”命令，如图11.49所示。如果用户想隐藏某行或某列中的数据，应首先选择该行或列，然后单击“单元格”组中的“格式”按钮右侧的下三角按钮，在打开的列表中选择“隐藏和取消隐藏”子列表中的“隐藏行”或“隐藏列”命令即可。

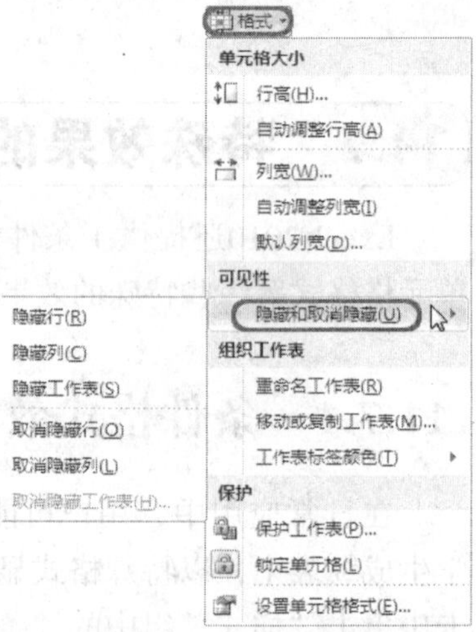

图11.49 “隐藏和取消隐藏”列表

如果用户想恢复被隐藏的行或列，首先选择整个工作表，单击“隐藏和取消隐藏”子列表中的“取消隐藏行”或“取消隐藏列”命令即可。

提示 隐藏行或列后，剩下行的行号或列标保持不变，隐藏的行和列的内容在打印时不显示。此外，用户也可以通过改变行高或列宽来实现行或列的隐藏与取消隐藏。

11.7.4 使用“格式刷”复制单元格格式

如果多个单元格使用相同的格式（如字体、字号、对齐及颜色等），用户不必对多个单元格一一设置，只要设置好其中一个单元格的格式，然后利用“格式刷”按钮将选择的单元格或单元格区域中的格式信息复制到另一个单元格或单元格区域中即可。使用“格式刷”进行格式复制的操作步骤如下。

01 选择所需设置格式的单元格，以其作为样板单元格，例如，打开随书附带光盘中的素材\Cha11\报价单.xlsx，先将单元格B3填充为蓝色，并选择该单元格，如图11.50所示。

02 在“开始”选项卡中，单击“剪贴板”组中的“格式刷”按钮，此时鼠标指针旁多出一个刷子，如图11.51所示。

03 要复制到某一个单元格，只要将鼠标指针移到该单元格上，单击鼠标左键即可；若要复制到某一个单元格区域，只要按住鼠标左键，将鼠标指针拖过该单元格区域即可。这里我们选择单元格区域C5:D6，效果如图11.52所示。

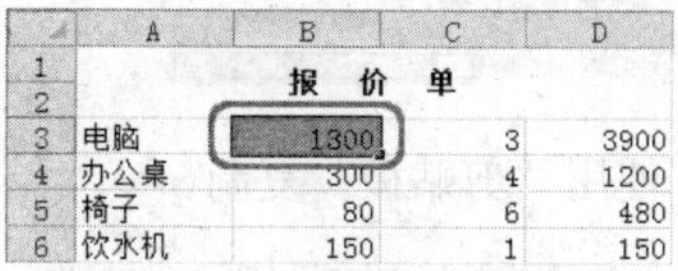

图11.50　选择单元格

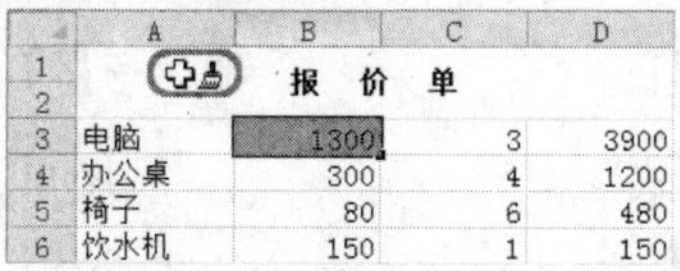

图11.51　鼠标多出刷子形状

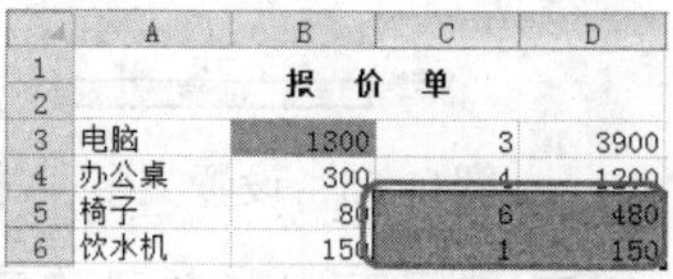

图11.52　效果

此时，该单元格或单元格区域即具有与样板单元格相同的格式了。此外，如果双击“格式刷”按钮，可以连续复制格式。格式化工作完成后，再次单击“格式刷”按钮，可取消连续复制格式功能。

11.8 实战操作

11.8.1 制作售房对比表

本案例主要介绍表格的制作、字体的设置、单元格格式的设置、边框和底纹的设置等操作，美化工作表。

01 启动Excel 2010，系统会自动新建一个Excel工作表文档，选择B3:H4单元格区域，在“开始”选项卡中，单击“对齐方式”选项组中的“合并后居中”按钮，在“字体”选项组中，设置“字体”为“汉仪大宋简”，“字号”为18，设置完成后，在该区域中的单元格中输入文字，如图11.53所示。

02 选择B5:B6，C5:E5，F5:H5单元格区域，在“开始”选项卡中，单击“对齐方式”选项组中的“合并后居中”按钮，在“字体”选项组中，设置“字体”为“黑体”，“字号”为12，设置完成后，在该区域中的单元格中输入文字，如图11.54所示。

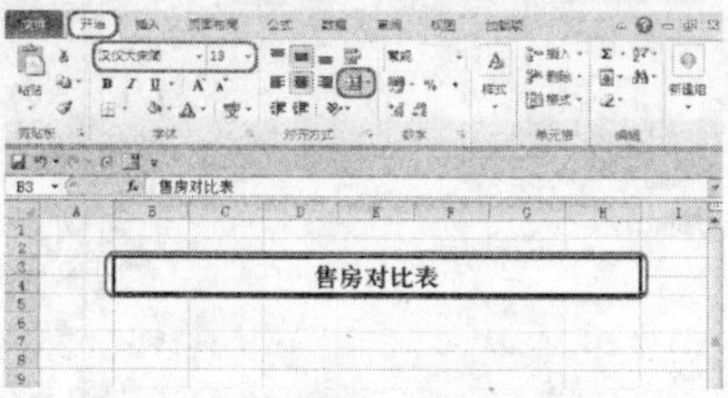

图11.53　设置标题“对齐方式”和“字体”

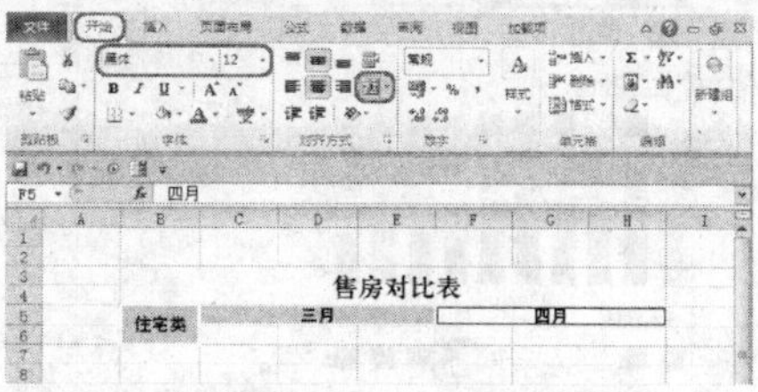

图11.54　设置字体样式

03 选择C6:E6单元格区域，在“开始”选项卡中，单击“对齐方式”选项组中的“居中”按钮，设置完成后，在该区域中的单元格中输入文字，如图11.55所示。

04 保持单元格的选中状态，在“剪切板”选项组中，单击“复制”按钮，选中F6:H6单元格区域，单击“黏贴”按钮，在弹出的快捷菜单中选择“黏贴”选项，黏贴后的效果如图11.56所示。

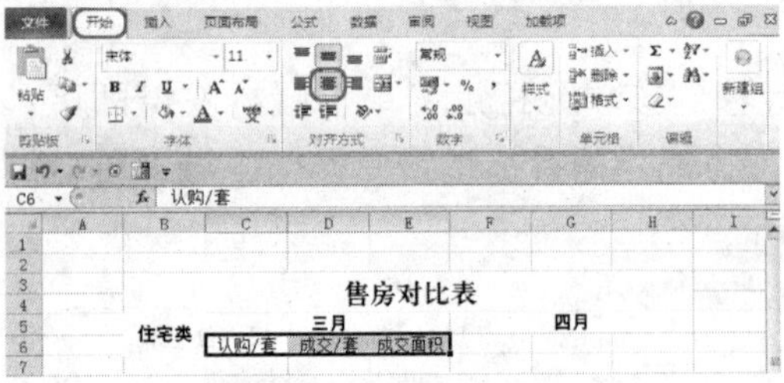

图11.55 设置文字“对齐方式”

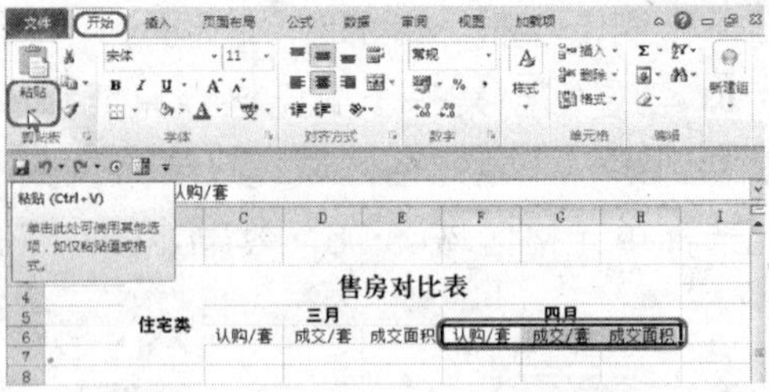

图11.56 使用“剪贴板”复制

05 选择B7:H16单元格区域，在“开始”选项卡中单击“对齐方式”选项组中的“居中”按钮，设置完成后，在该区域中的单元格中输入文字，如图11.57所示。

06 选中B3:H16单元格区域，单击鼠标右键，在弹出的快捷菜单中选择“设置单元格格式”选项，如图11.58所示。在弹出的“设置单元格格式”对话框中单击“边框”标签，在“样式”列表框中选择一种双线型，设置“颜色”为“浅蓝”，如图11.59所示。在“边框”栏中单击“外边框”按钮和“内部”按钮，单击“确定”按钮，设置完成后如图11.60所示。

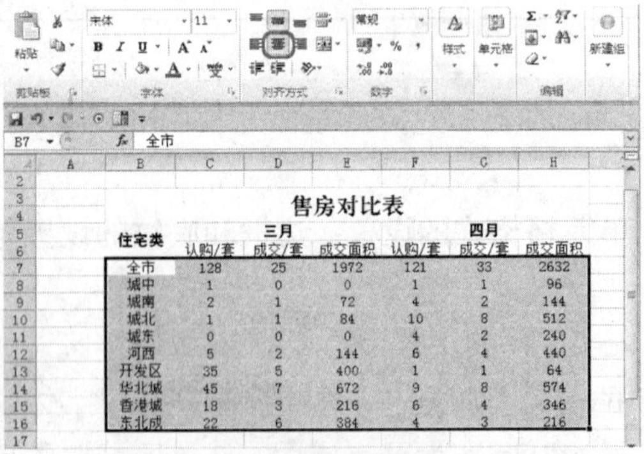

图11.57 设置文字“对齐方式”

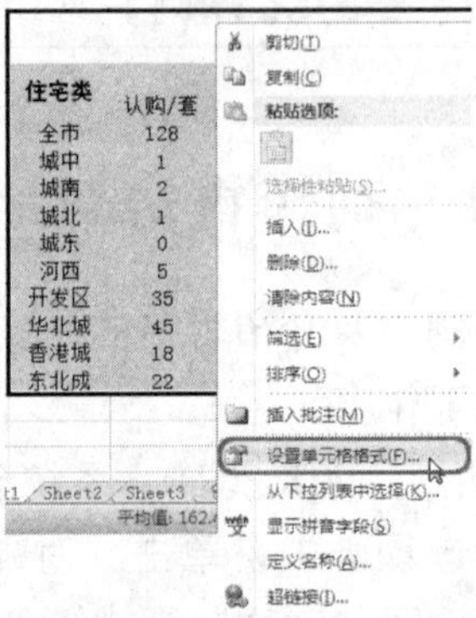

图11.58 右击选择“设置单元格格式”

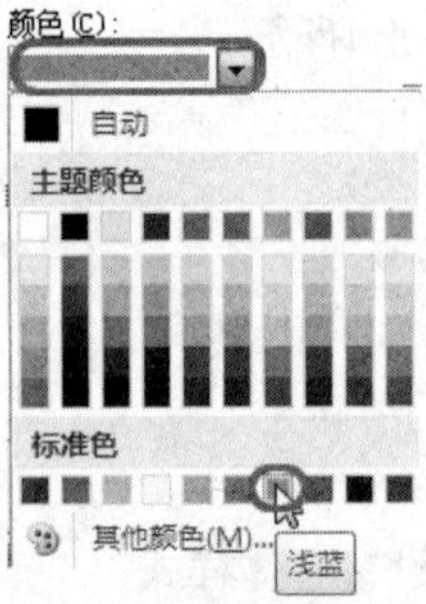

图11.59 设置线型的颜色

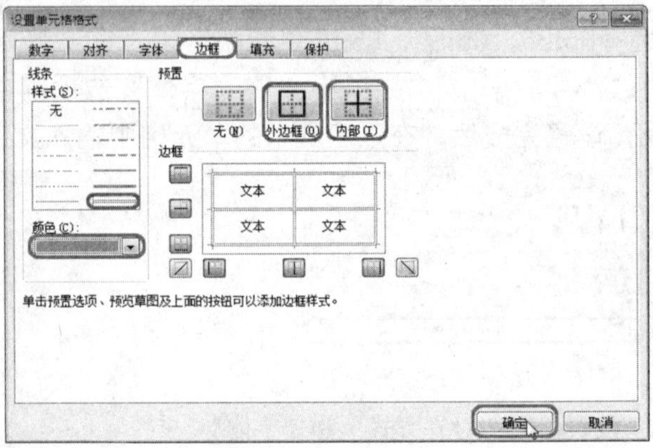

图11.60 设置边框

07 配合Ctrl键选择如图11.61所示的单元格区域，在“开始”选项卡中单击“字体”选项组中的“填充颜色”按钮，设置“填充颜色”为“紫色，强调文字颜色4，淡色80%”，如图11.62所示。

08 至此，售房对比表制作完成，最终效果如图11.63所示。

售房对比表						
住宅类	三月			四月		
	认购/套	成交/套	成交面积	认购/套	成交/套	成交面积
全市	128	25	1972	121	33	2632
城中	1	0	0	1	1	96
城南	2	1	72	4	2	144
城北	1	1	84	10	8	512
城东	0	0	0	4	2	240
河西	5	2	144	6	4	440
开发区	35	5	400	1	1	64
华北城	45	7	672	9	8	574
香港城	18	3	216	6	4	346
东北成	22	6	384	4	3	216

图11.61　按住Ctrl键选择单元格区域

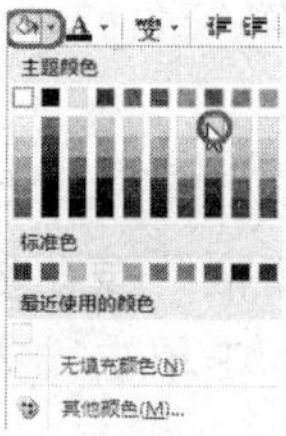

图11.62　设置"填充颜色"

售房对比表						
住宅类	三月			四月		
	认购/套	成交/套	成交面积	认购/套	成交/套	成交面积
全市	128	25	1972	121	33	2632
城中	1	0	0	1	1	96
城南	2	1	72	4	2	144
城北	1	1	84	10	8	512
城东	0	0	0	4	2	240
河西	5	2	144	6	4	440
开发区	35	5	400	1	1	64
华北城	45	7	672	9	8	574
香港城	18	3	216	6	4	346
东北成	22	6	384	4	3	216

图11.63　售房对比表的最终效果

11.8.2　制作员工个人信息表

本案例主要介绍表格的制作、单元格格式的设置、选项按钮和组合框的绘制。

01 启动Excel 2010，系统会自动新建一个Excel工作表文档。

02 选择C3:H3区域中的单元格，在"对齐方式"选项组中单击"合并后居中"按钮，在"字体"选项组中，设置"字体"为"宋体"，"字号"为20，并单击"加粗"按钮 **B**，设置完成后输入文字，如图11.64所示。

03 在C4:H11区域的单元格中分别输入文字，输入完成后，将其全部选中，在"字体"选项组中，设置"字体"为"黑体"，在"对齐方式"选项组中单击"居中"按钮，如图11.65所示。

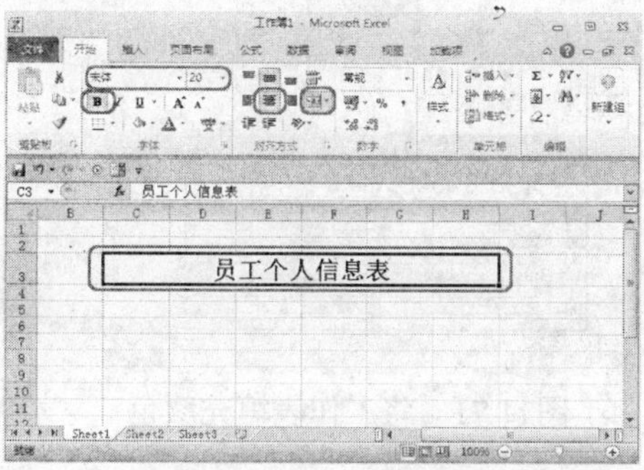

图11.64　设置表头

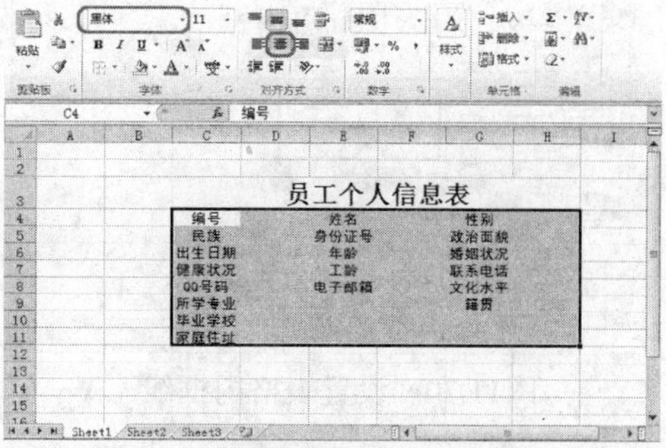

图11.65　设置表格中字体样式

04 选择D9:F9区域中的单元格，在"对齐方式"选项组中，单击"合并后居中"按钮，如图11.66所示。设置完成后，取消对其的选择。

05 使用同样的方法，将其他需要合并的单元格进行合并，如图11.67所示。

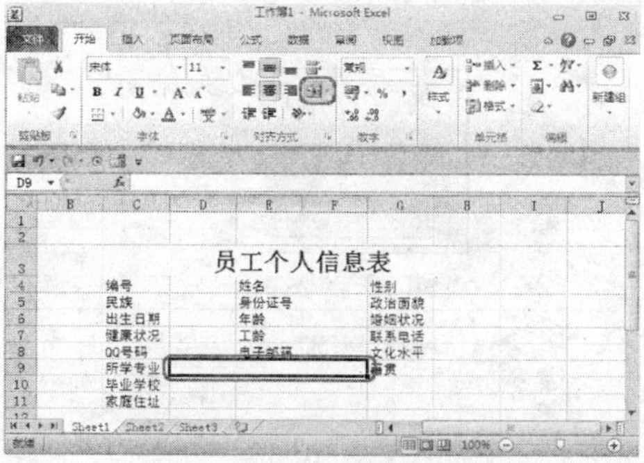

图11.66　合并单元格

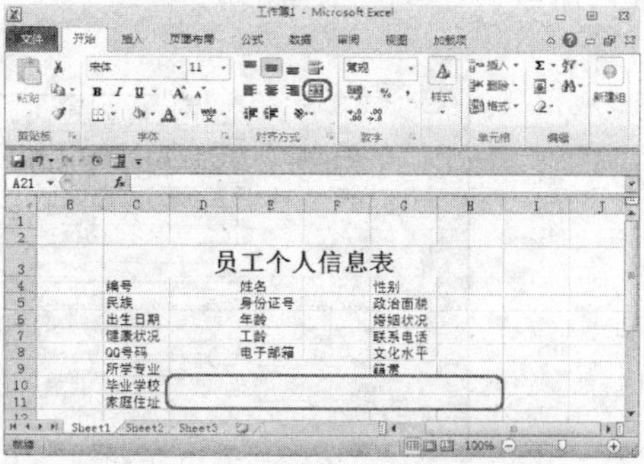

图11.67　合并单元格最终效果

06 选中C3:H11区域的单元格，单击鼠标右键，在弹出的快捷菜单中选择“设置单元格格式”命令，如图11.68所示。

07 在弹出的“设置单元格格式”对话框中单击“边框”标签，在“样式”列表中选择一种粗框线，在“预设”栏中单击“外边框”按钮。如图11.69所示。在“样式”列表框中选择一种细框线，然后在“预设”选区中单击“内部”按钮，如图11.70所示。设置完成后单击“确定”按钮。

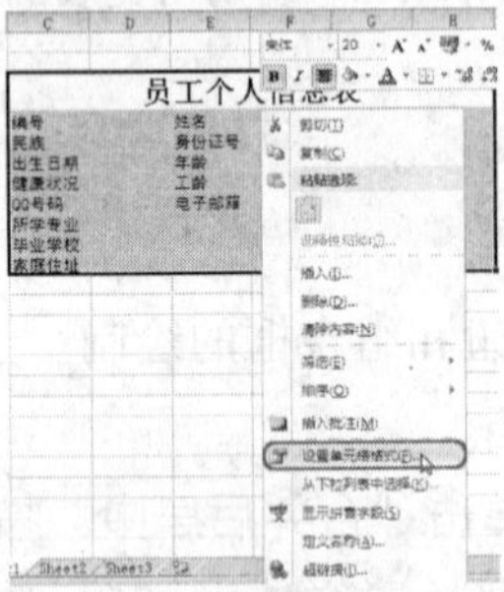
图11.68　设置单元格格式

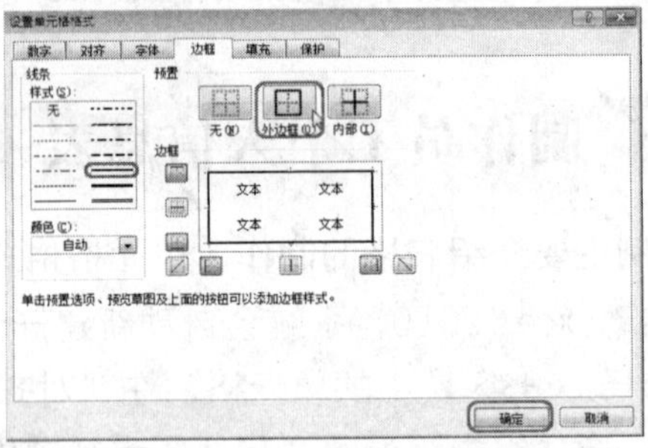
图11.69　设置表格外边框

08 按Ctrl+A快捷键选定整个工作表，在“字体”选项组中单击“填充颜色”按钮旁边的下三角按钮，在下拉菜单中选择“白色，背景1，深色5%”，为工作表填充颜色，如图11.71所示。

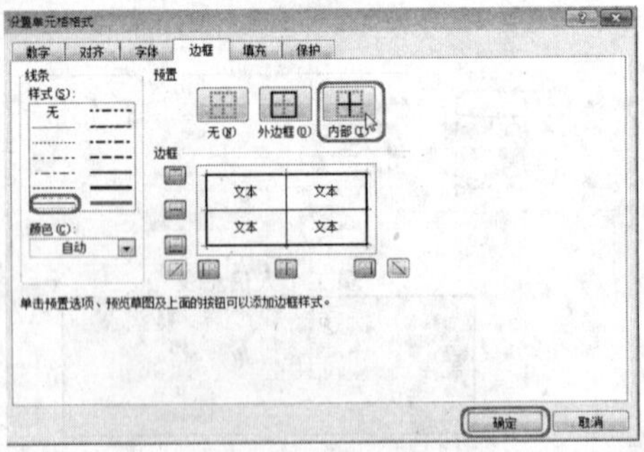
图11.70　设置表格内框线

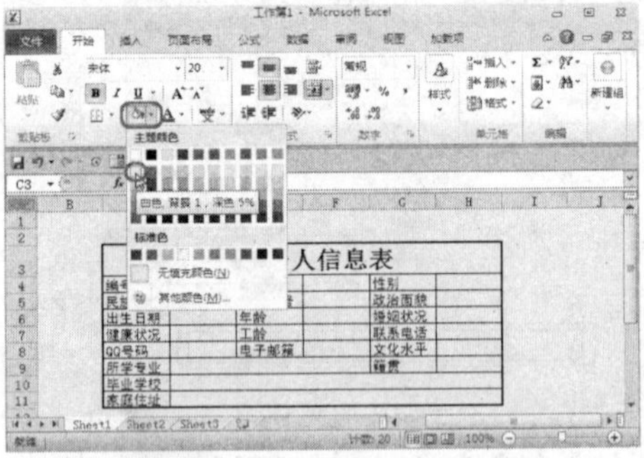
图11.71　将工作表填充颜色

09 选择B列单元格，单击鼠标右键，在弹出的快捷菜单中选择“列宽”命令，在弹出的“列宽”对话框中，设置“列宽”为2.15，设置完成后单击“确定”按钮，如图11.72所示。使用同样的方法，将I列的列宽设置为相同的列宽值。

10 选择B2:I12区域中的单元格，单击鼠标右键，在弹出的快捷菜单中选择“设置单元格格式”命令，如图11.73所示。

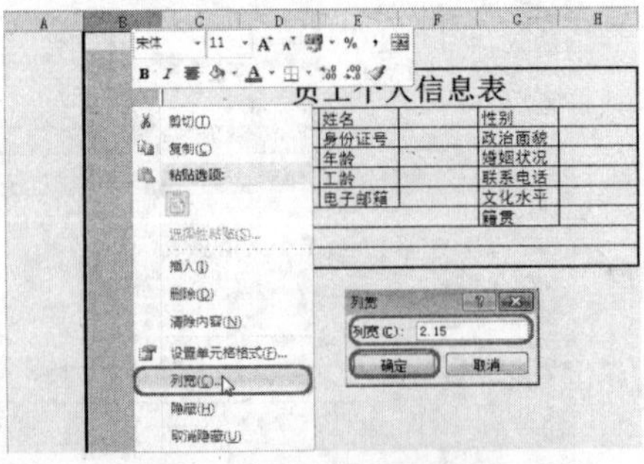
图11.72　设置列宽

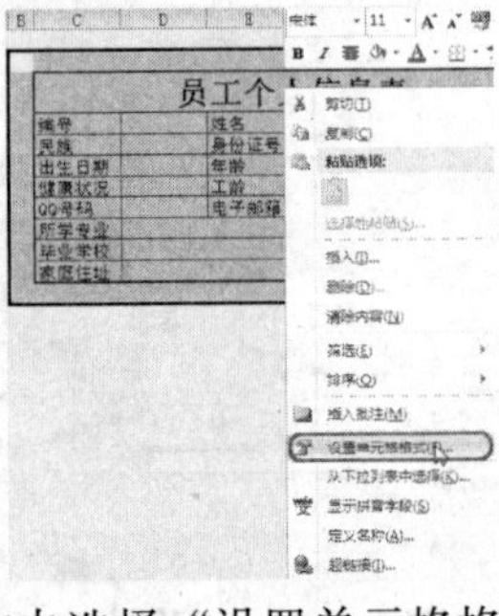
图11.73　右击选择“设置单元格格式”命令

⑪ 在弹出的“设置单元格格式”对话框中单击“边框”标签，在“样式”列表框中选择一种粗框线，设置“颜色”为“白色”，在“边框”栏中单击“上框线”按钮和“左框线”按钮，然后设置“颜色”为“白色，背景1，深色25%”，再在“边框”栏中单击“下框线”按钮和“右框线”按钮，设置完成后单击“确定”按钮，如图11.74所示。这样就完成了边框添加立体效果的操作。

⑫ 单击“Sheet 2”工作表标签，切换到“Sheet 2”工作表，选择A1:C9区域中的单元格，并分别在该区域中的单元格中输入文字，如图11.75所示。

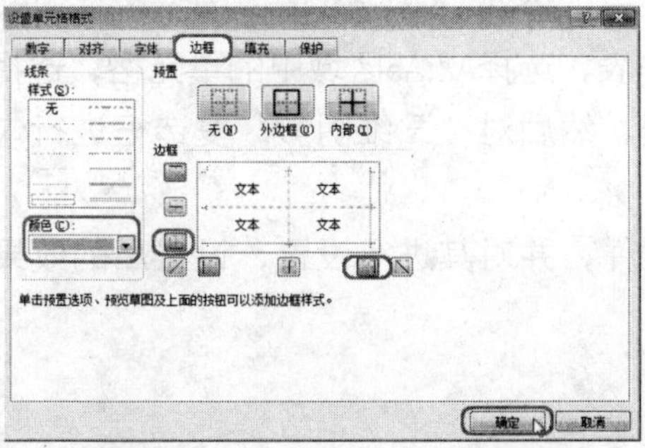

图11.74　为边框添加立体效果

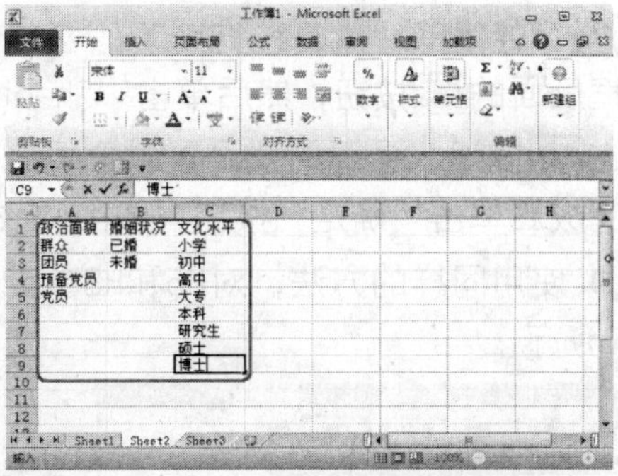

图11.75　在“Sheet 2”中输入文本

⑬ 选择A1:C9区域中的单元格，在“字体”选项组中，设置“字体”为“黑体”，“字号”设置为12，设置完成后单击“下框线”按钮旁边的下三角按钮，在下拉菜单中选择“所有框线”选项，如图11.76所示。为选中的区域添加框线。

⑭ 单击“文件”→“选项”按钮，在弹出的“Excel选项”对话框中选择“快速访问工具栏”选项，在“从下列位置选择命令”菜单列表中选择“所有命令”选项，在其列表框中选择“选项按钮（窗体控件）”选项和“组合框（窗体控件）”选项，并将它们添加到“自定义快速访问工具栏”下面的列表框中，然后单击“确定”按钮，如图11.77所示。

图11.76　设置文字样式及添加边框

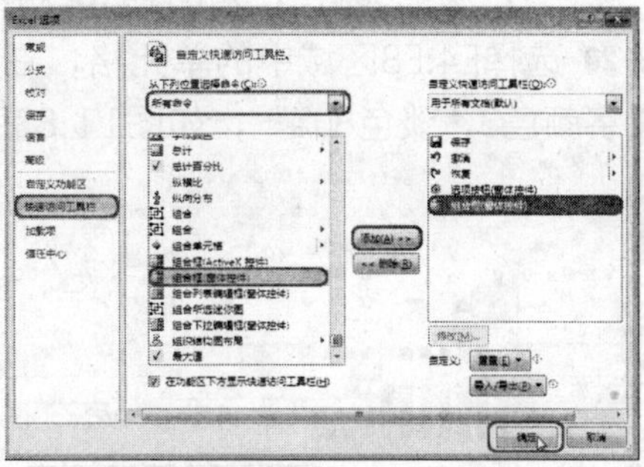

图11.77　设置自定义访问工具

⑮ 返回“Sheet 1”工作表标签，然后单击“自定义快速访问工具栏”中的“选项”按钮，在H4单元格中绘制选项控制件，绘制后单击文字并对其进行编辑。使用同样的方法，在该单元格中创建并编辑另一个选项按钮，编辑后的效果如图11.78所示。

⑯ 选择H5单元格，然后单击“自定义快速访问工具栏”中的“组合框”按钮，在选定的单元格中进行绘制。绘制完成后，单击鼠标右键，在弹出的快捷菜单中选择“设置控件格式”命令，如图11.79所示。

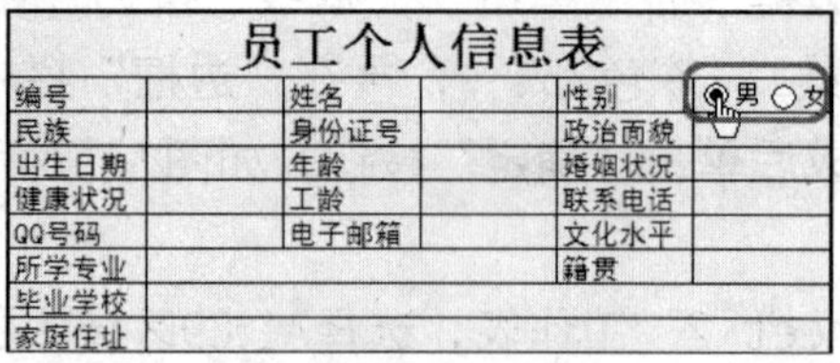

图11.78　添加选项按钮的效果

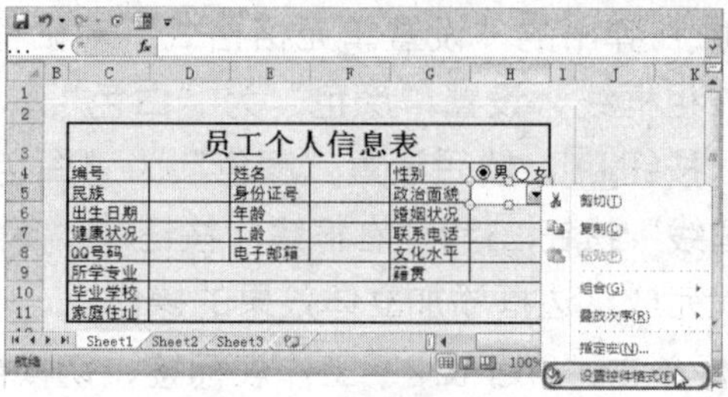

图11.79　设置控件格式

17 在弹出的“设置控件格式”对话框中，单击“控件”下拉菜单中的“数据源区域”文本框后面的按钮，然后单击“Sheet 2”工作表，选择A2:A5区域中的单元格，选择完成后单击按钮，返回到“设置对象格式”对话框，然后对“三维阴影”复选框进行勾选。设置完成后单击“确定”按钮，如图11.80所示。

18 使用同样的方法，对H6和H8单元格添加控件，并对其进行设置，设置后的效果如图11.81所示。

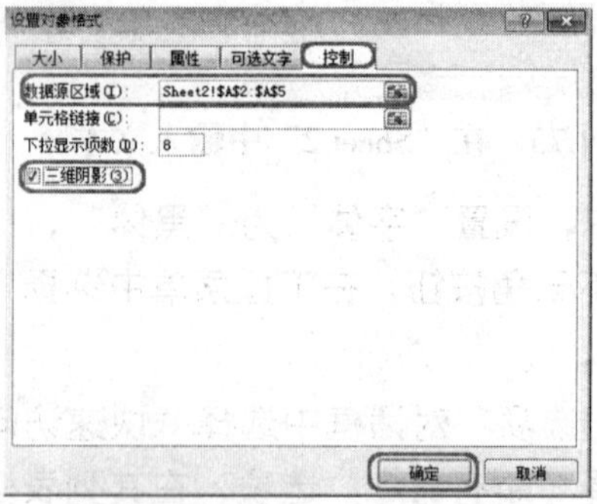

图11.80　设置控件格格式

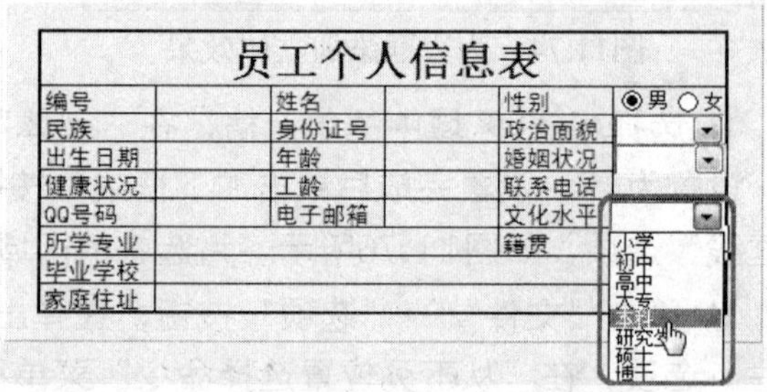

图11.81　添加组合框后的效果

19 选择C4:C11区域中的单元格，在“字体”选项组中设置“填充颜色”为“紫色，强调文字颜色4，淡色80%”，如图11.82所示。

20 选择E4:E8区域中的单元格，在“字体”选项组中设置“填充颜色”为“橄榄绿，强调文字颜色3，淡色80%”，如图11.83所示。

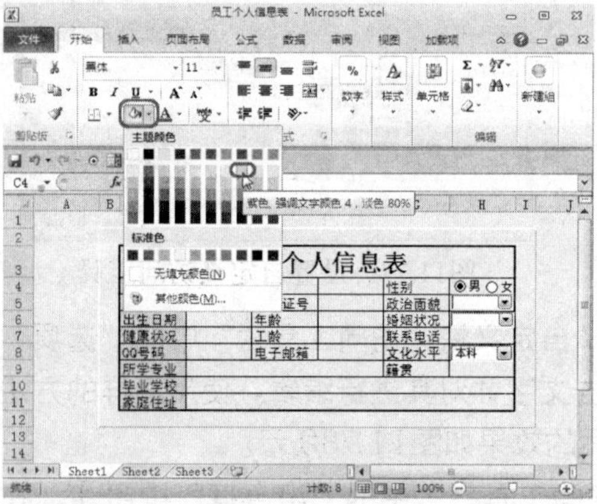

图11.82　设置C4:C11区域填充颜色

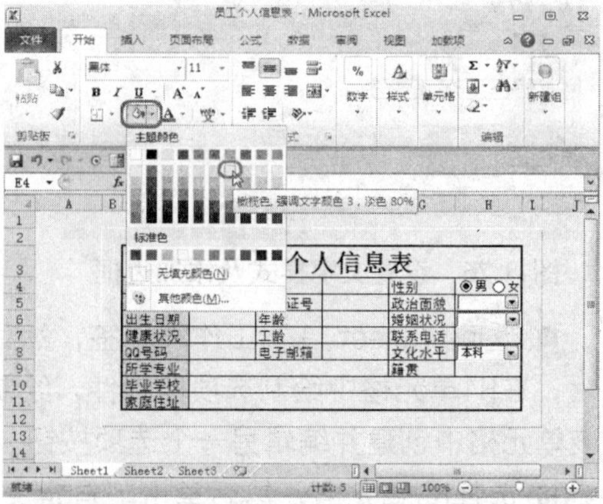

图11.83　设置E4:E8区域的填充颜色

21 选择G4:G9区域中的单元格，在“字体”选项组中，设置“填充颜色”为“水绿色”，强调文字颜色5，淡色80%”，如图11.84所示。

㉒ 至此，员工信息表就制作完成了，最终效果如图11.85所示。

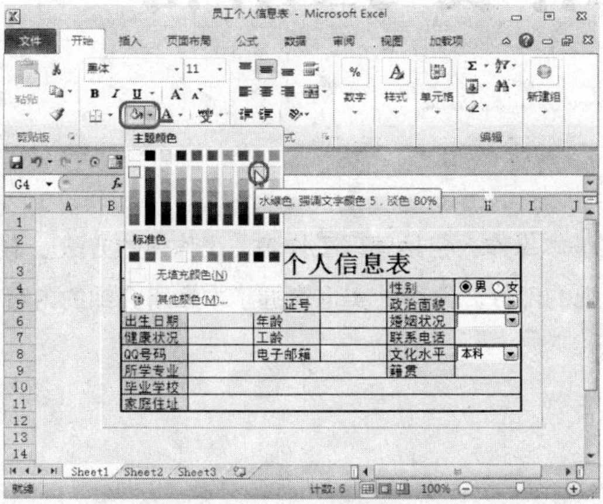

图11.84 设置G4:G9区域的填充颜色

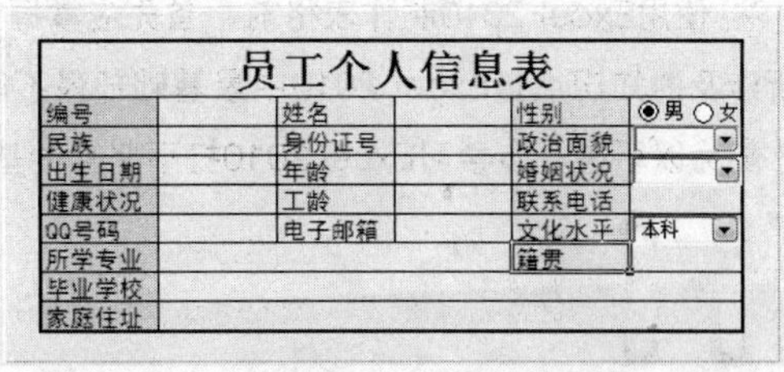

图11.85 最终效果

11.9 练习

1．填空题

（1）__________和__________是两种常用的文本样式，对于重要的数据，可以通过粗体加强重要性。

（2）单元格格式化有以下6个方面的内容，即__________、__________、__________、__________、__________和__________。

2．问答题

（1）Excel中有哪些数字格式？

（2）Excel主要提供了哪几种使用样式？

第12章 操作Excel工作表与工作簿

本章要点

使用Excel 2010制作表格前，首先应掌握它的基本操作，包括管理工作表、工作簿的方法。本章所涉及的知识点是Excel 2010中最基础却最不能忽视的部分。只有扎实地掌握了本章所介绍的内容，才能为以后进一步学习Excel 2010打下坚实的基础。

本章内容主要包括

- 编辑工作表
- 管理工作簿
- 工作表间的操作
- 操作工作簿

go>>

12.1 操作工作表

在Excel中，一个工作簿中可以包含多个工作表。用户可以根据需要随时插入、删除、移动或复制工作表，还可以为工作表命名以及隐藏工作表。

12.1.1 选定工作表

一个工作簿中往往包含多个工作表，因此操作前需要选定工作表。选定工作表的方法有以下4种。

01 选定一张工作表，直接单击该工作表的标签即可。

02 选定相邻的工作表，首先选定第一张工作表的标签，然后按住Shift键不松并单击其他相邻工作表的标签即可。

03 选定不相邻的工作表，首先选定第一张工作表的标签，然后按住Ctrl键不松并单击其他任意一张工作表的标签即可。

04 选定工作簿中的所有工作表，右击任意一个工作表的标签，在弹出的菜单中选择“选定全部工作表”命令即可。

12.1.2 插入工作表

若工作簿中的工作表数量不够，用户可以在工作簿中插入工作表，并且不仅可以插入空白的工作表，还可以根据模板插入带有样式的新工作表。

若要在现有工作表的末尾快速插入新工作表，具体操作步骤如下。

01 单击工作表标签，使其显示当前工作表，如选择Sheet1。

02 单击工作表标签右侧的“插入工作表”按钮，新的工作表将插入在现有工作表的末尾。

提示 插入的新工作表的名称由Excel自动命名，默认情况下第一个插入的工作表为Sheet4，以后依次是Sheet5、Sheet6……如图12.1所示。

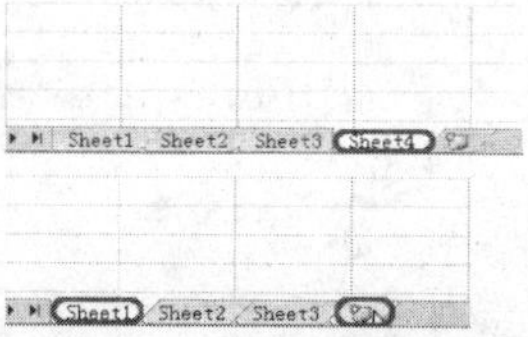

图12.1 插入工作表

要在现有工作表之前插入新工作表，具体操作步骤如下。

选择要在前面插入新工作表的工作表标签，单击“开始”选项卡中“单元格”组中的“插入”按钮右侧的下拉按钮，在打开的列表中选择“插入工作表”选项，如图12.2所示，即可在选择的工作表前面插入一个新的工作表。

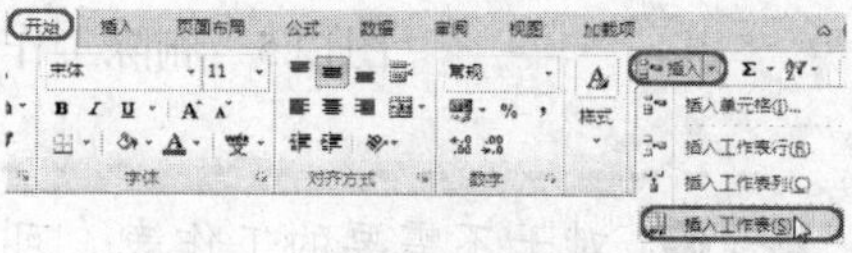

图12.2 插入新工作表

还可以根据模板插入带有样式的新工作表，具体操作步骤如下。

01 选择当前活动工作表标签并单击鼠标右键。

02 在弹出的快捷菜单中选择“插入”命令，如图12.3所示。

03 打开“插入”对话框，用户可根据需要选择不同的模板，插入不同格式的新工作表，如图12.4所示。

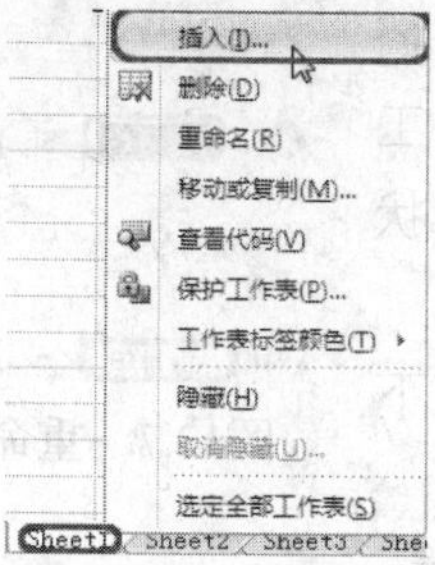

图12.3 选择“插入”命令

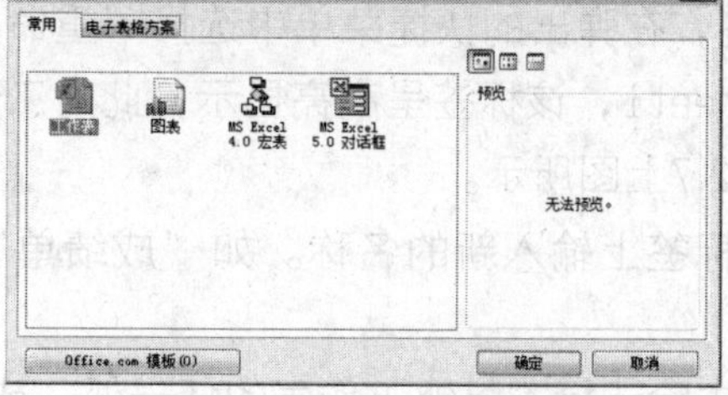

图12.4 根据模板新建

提示 用户也可一次插入多个工作表。方法是：按住Shift键，然后在打开的工作簿中选择与要插入的工作表数目相同的现有工作表标签。例如，如果要添加三个新工作表，则选择三个现有工作表的工作表标签。单击“开始”选项卡中“单元格”组中的“插入”按钮右侧的下三角按钮，在打开的列表中选择“插入工作表”选项即可。

12.1.3 删除工作表

对工作表进行编辑操作时，可以删除一些多余的工作表，这样不仅可以方便用户对工作表进行管理，也可以节省系统资源。在Excel 2010中删除工作表的具体步骤操作如下。

01 选择要删除的工作表标签。如删除Sheet1。

02 单击“开始”选项卡中“单元格”组的“删除”按钮右侧的下三角按钮，在打开的列表中选择“删除工作表”选项，如图12.5所示，或在要删除的工作表标签上单击鼠标右键，在弹出的快捷菜单中选择“删除”命令，如图12.6所示。

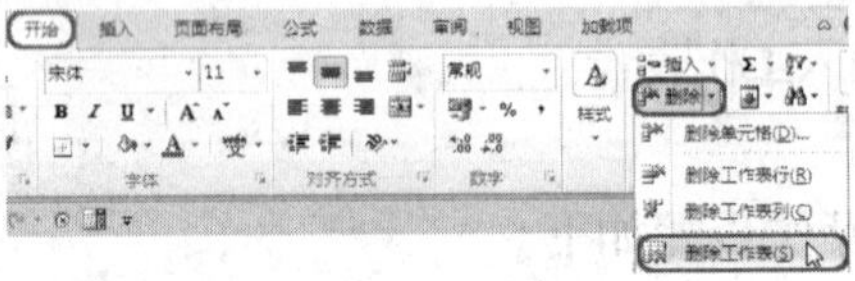

图12.5 删除工作表

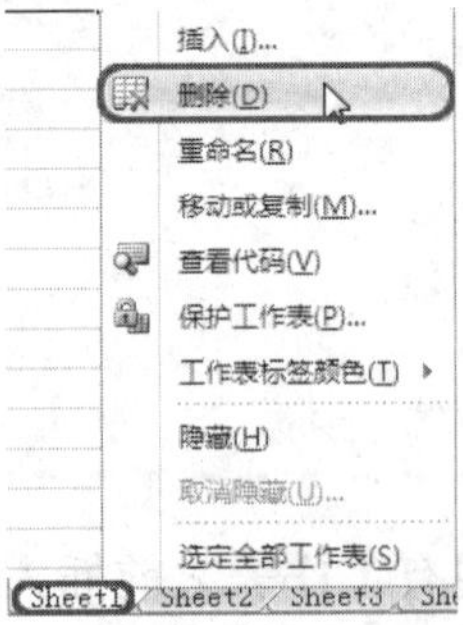

图12.6 单击快捷菜单中的删除命令

提示 对于不需要的工作表，可以将其删除掉，但执行时一定要慎重，因为删除的工作表将被永久删除，且不能恢复。

12.1.4 重命名工作表

在Excel 2010中，工作表的默认名称为Sheet1、Sheet2……。为了便于记忆与使用工作表，可以对工作表进行重新命名。具体操作步骤如下。

01 双击需要重新命名的工作表标签，或右击需要重新命名的工作表标签，在弹出的快捷菜单中选择“重命名”命令，如双击工作表标签Sheet1，该标签呈高亮显示，此时工作表标签处于编辑状态，如图12.7上图所示。

02 在标签上输入新的名称。如“成绩单”，结果如图12.7下图所示。

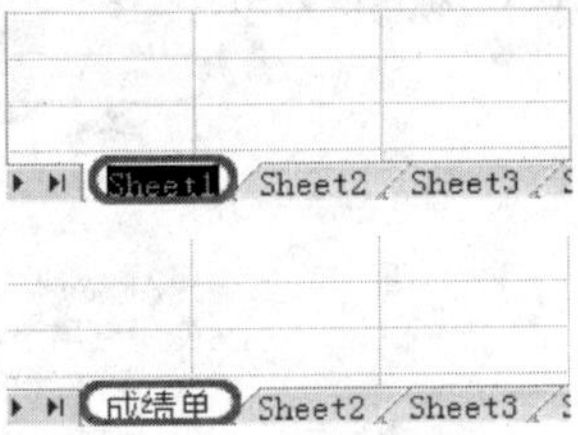

图12.7 重命名工作表

03 单击除该标签以外工作表的任一处，或按回车键结束编辑。

提示 Excel规定，工作表的名称最多可以使用31个中英文字符。另外，还可以选择要重新命名的工作表标签，单击“开始”选项卡中“单元格”组中的“格式”按钮右侧的下三角按钮，在打开的列表中选择“重命名工作表”项，对工作表进行重命名，如图12.8所示。

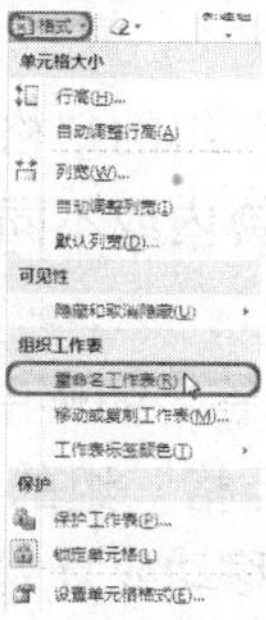

图12.8 “格式”列表重命名工作表

12.1.5 移动或复制工作表

移动或复制工作表有两种方法：一种是使用键盘+鼠标拖动操作；一种是使用“开始”选项卡中“单元格”组中的“格式”列表中的命令。

1. 使用键盘+鼠标拖动操作

使用键盘+鼠标拖动移动工作表的具体操作步骤如下。

01 选择要移动的工作表标签，如选中Sheet1。

02 按下鼠标左键，这时该工作表标签左上角出现一个黑色三角形▼，鼠标指针上方显示一个白色信笺图标，如图12.9所示。

03 沿着标签栏拖动鼠标，当黑色三角形移到目标位置时，松开鼠标左键即可完成工作表的移动操作，结果如图12.10所示。

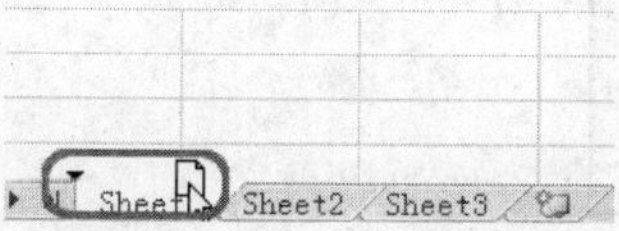

图12.9 移动工作表

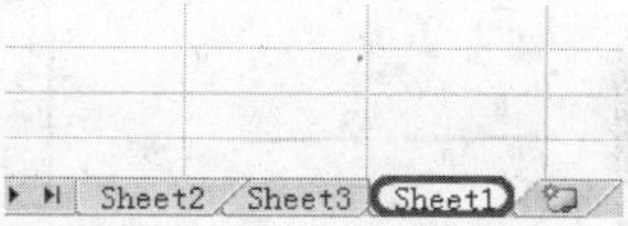

图12.10 移动工作表结果

使用键盘+鼠标拖动复制工作表的具体操作步骤如下。

01 选择要复制的工作表标签，如选中Sheet1。

02 按下鼠标左键的同时按住Ctrl键，此时该工作表标签左上角出现一个黑色三角形▼，鼠标指针上方显示一个内含黑十字的白色信笺图标，如图12.11所示。

03 沿着标签栏拖动鼠标，当黑色三角形移到目标位置时，松开鼠标左键并释放Ctrl键，此时便在指定位置出现一个选择工作表的副本，如图12.12所示。

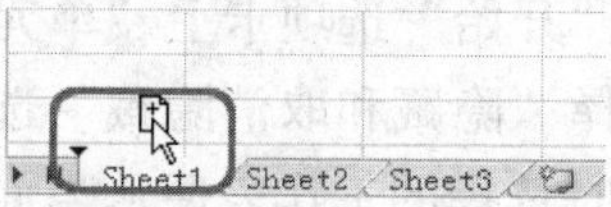

图12.11 复制工作表

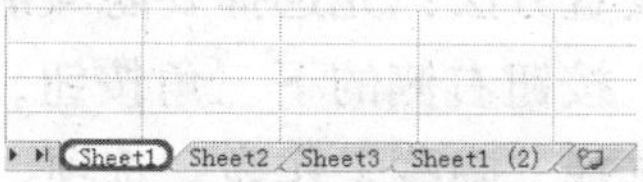

图12.12 复制工作表结果

提示 所复制的工作表由Excel自动命名，其规则是在原工作表名后加上一个带括号的编号。即，如果原工作表名为“Sheet1”，则第一次复制的工作表名为Sheet1（2），第二次复制的工作表名为Sheet1（3）……依此类推。

2．使用命令进行移动和复制

使用“开始”选项卡中“单元格”组的“格式”列表中的“移动或复制工作表”命令，可在同一工作簿内或不同工作簿之间复制或移动工作表。具体操作步骤如下。

01 选择要复制或移动的工作表标签，如选中Sheet1。

02 单击“开始”选项卡中“单元格”组的“格式”按钮右侧的下三角按钮，在打开的列表中选择“移动或复制工作表”选项，如图12.13所示。

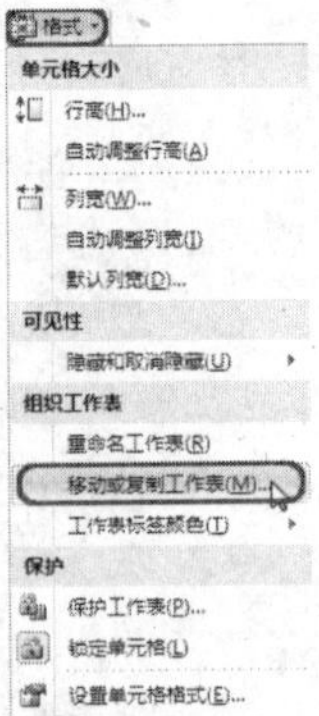

图12.13 “格式”列表

03 打开如图12.14所示的“移动或复制工作表”对话框。

- “将选择的工作表移至工作簿”：该文本框用于选择目标工作簿。
- “下列选定工作表之前”：该列表框用于选择将工作表复制或移动到目标工作簿的位置。即若选择框中某一工作表标签，则复制或移动的工作表将位于该工作表之前；如果选择“移到最后”，则复制或移动的工作表将位于框中所有工作表之后。
- “建立副本”：选中该复选框，执行复制工作表的命令；不选该复选框则执行移动工作表的命令。

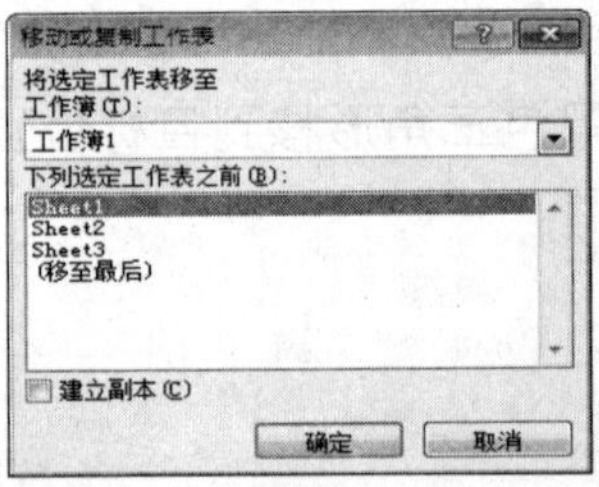

图12.14 “移动或复制工作表”对话框

04 根据需要选择相应的选项，然后单击“确定”按钮，完成移动或复制工作表的操作。

12.1.6 隐藏与取消隐藏工作表

在Excel 2010中，可以设置隐藏工作表，这样可以避免工作表中的重要数据外泄。

具体设置方法：先选择要隐藏的工作表，然后单击“开始”选项卡上“单元格”组中的“格式”按钮右侧的下三角按钮，在打开的列表中选择“隐藏和取消隐藏”选项，在其子列表中选择“隐藏工作表”选项，如图12.15所示，此时选择的工作表便从当前工作簿中消失。

当需要工作表再次出现时，单击“开始”选项卡上“单元格”组中的“格式”按钮右侧的下三角按钮，在打开的列表中选择“隐藏和取消隐藏”选项，在其子列表中选择“取消隐藏工作表”选项，如图12.16所示，弹出“取消隐藏”对话框，如图12.17所示，选择要取消隐藏的工作表，单击“确定”按钮，即可将隐藏的工作表显示出来。

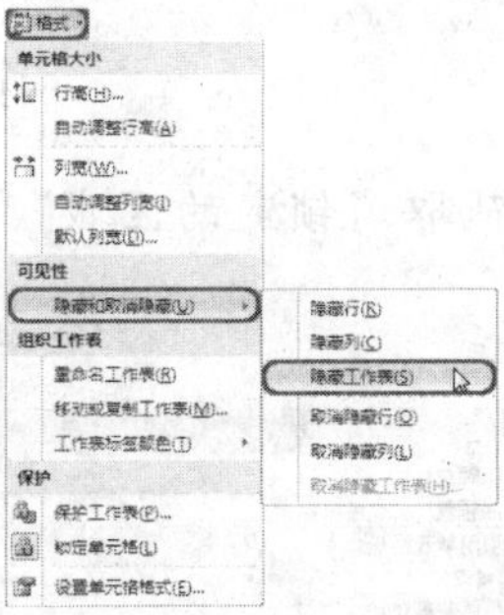

图12.15 “隐藏工作表”选项

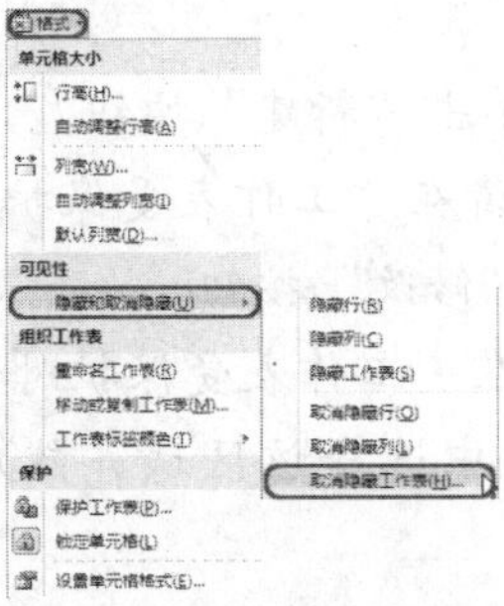

图12.16 “取消隐藏工作表”选项

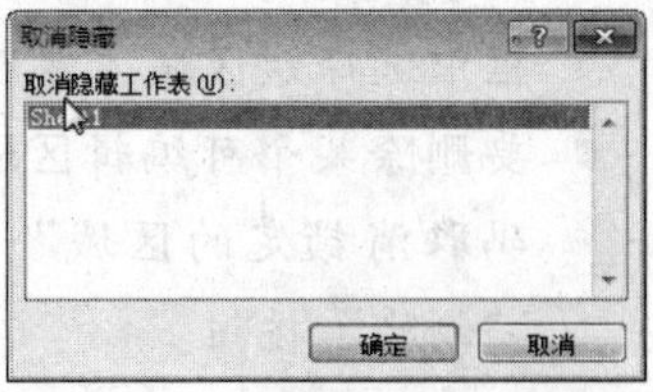

图12.17 “取消隐藏”对话框

12.1.7 保护单元格和工作表

1. 保护单元格

对于所有单元格、图形对象、图表、方案以及窗口等，Excel所设置的默认格式都是处于保护和可见的状态，即锁定状态，但只有对工作表设置了保护以后才生效。也就是说，只有对工作表设置保护后，工作表的所有单元格才真正锁定且不能修改。

如果想要使实施保护后的工作表中的部分单元格可以随意改动，只要在对工作表设置保护之前把这部分单元格的锁定状态取消即可。工作表在实施保护之后，没有解除锁定状态的单元格仍在保护之中，而取消锁定状态的单元格不在保护范围内。具体操作步骤如下。

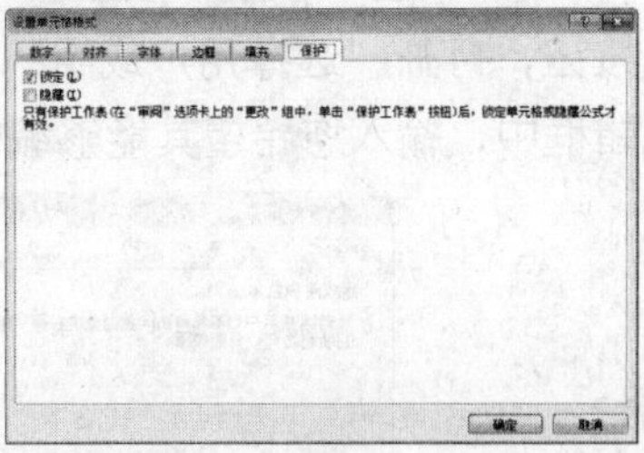

图12.18 “保护”选项卡

01 选择不需要保护的单元格或单元格区域。

02 在选择的单元格或单元格区域上右击鼠标，在弹出的快捷菜单中选择“设置单元格格式”命令，打开“设置单元格格式”对话框，单击“保护”选项卡，如图12.18所示。

03 取消“锁定”复选框，以取消指定单元格或单元格区域的锁定状态。

04 单击“确定”按钮。

2. 允许特定用户编辑受保护的工作表区域

若用户的系统中创建有多个用户，可以只允许特定的用户编辑受保护的工作表区域，具体操作步骤如下。

提示 要给予特定用户访问受保护工作表的权限，用户的计算机必须运行Microsoft Windows XP或更高版本，并且用户的计算机必须在某个域中。

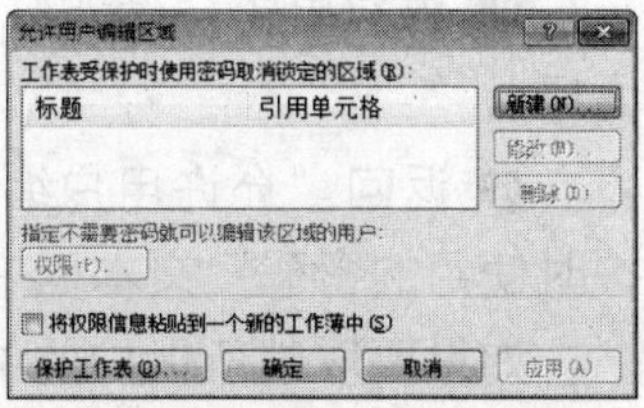

图12.19 “允许用户编辑区域”对话框

01 选择要保护的工作表，如“Sheet1”工作表。

02 单击“审阅”选项卡中“更改”组中的“允许用户编辑区域”按钮，弹出“允许用户编辑区域”对话框，如图12.19所示。

提示 只有在工作表不受保护时才可以使用此命令。

03 执行下列操作之一。

- 要添加新的可编辑区域，请单击“新建”按钮。
- 要修改现有的可编辑区域，请在“工作表受保护时使用密码取消锁定的区域”列表框中选择该区域，然后单击“修改”按钮。
- 要删除某个可编辑区域，请在“工作表受保护时使用密码取消锁定的区域”列表框中选择该区域，然后单击“删除”按钮。

04 这里单击“新建”按钮，打开“新区域”对话框，在“标题”文本框中，输入要取消锁定的区域的名称，如图12.20所示，这里保持默认的“区域1”。

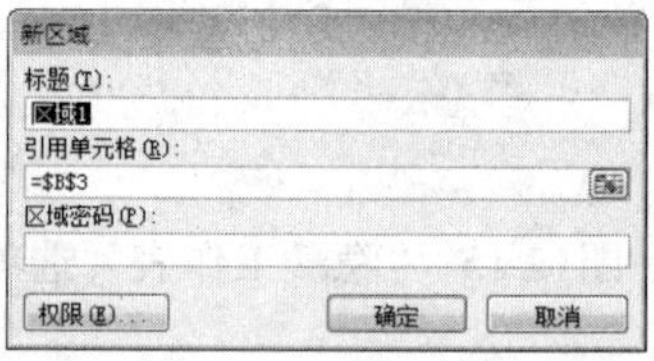

图12.20 “新区域”对话框

05 在“引用单元格”文本框中，输入等号“=”，然后输入要取消锁定的区域的引用。

> 提示 也可以单击编辑框右侧的按钮，在工作表中选择该区域，然后再次单击按钮，返回到该对话框。

06 在“区域密码”文本框中，输入允许对该区域进行访问的密码。

07 单击“权限”按钮，打开“区域1的权限”对话框，如图12.21所示。然后单击“添加”按钮，打开“选择用户或组”对话框，如图12.22所示，在“输入对象名称来选择（示例）”编辑框中，输入您希望其能够编辑区域的用户的姓名，或单击“高级”按钮来进行查找。

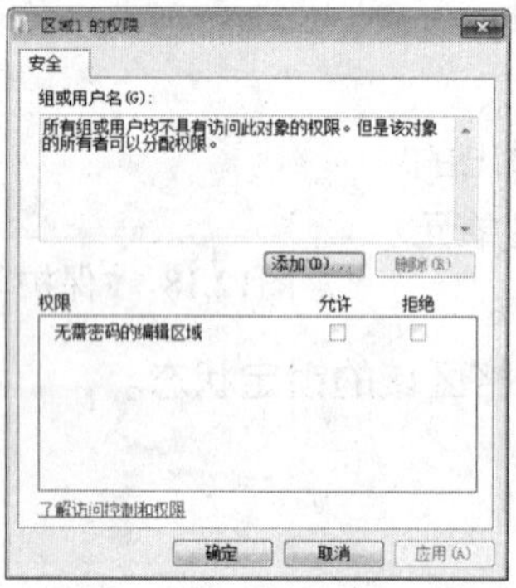

图12.21 “区域1的权限”对话框

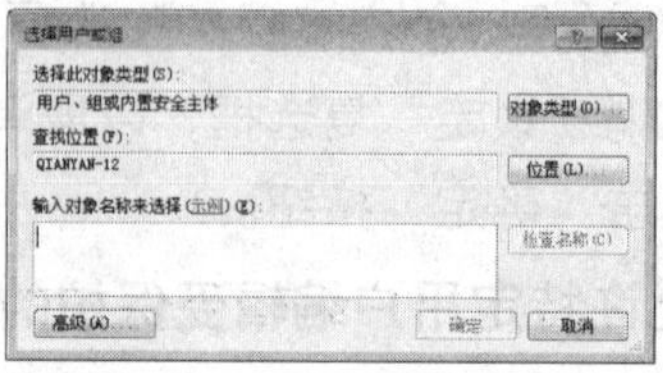

图12.22 “选择用户或组”对话框

> 提示 要查看用户名的输入方式，请单击“示例”链接。要验证用户名是否正确，请单击“检查名称”按钮。

08 依次单击“确定”按钮，关闭对话框。若设置了密码，会打开一个“确认密码”对话框。

09 返回“允许用户编辑区域”对话框，单击“保护工作表”按钮。在“取消工作表保护时使用的密码”文本框中输入密码，再单击“确定”按钮，然后重新输入密码进行确认。

如果要取消所保护的单元格区域，只需单击“审阅”选项卡“更改”组中的“撤销工作表保护”按钮，如果设置了密码，在打开的对话框中输入所设置的密码。然后单击“允许用户编辑区域”按钮，在打开的对话框中进行相关操作。

3．保护工作表

保护工作表的操作步骤如下。

01 选择要保护的工作表为当前工作表。

02 在“审阅”选项卡中单击“更改”组中的“保护工作表”按钮，弹出“保护工作表”对话框，如图12.23所示。

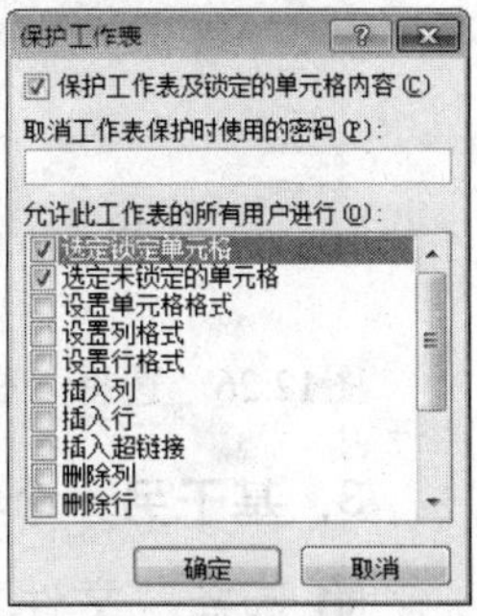

图12.23 “保护工作表”对话框

默认情况下，“保护工作表及锁定的单元格内容”复选框是选中的。

03 在“允许此工作表的所有用户进行”列表框中选择所要保护的各选项。在“取消工作表保护时使用的密码”文本框中输入密码可防止未授权的用户取消工作表的保护，在随后出现的“确认密码”对话框中输入与刚才相同的密码。

04 单击“确定”按钮，当前工作表便处于一定的保护状态。

如果用户进行了保护范围内的某些操作（如删除单元格内容），Excel将弹出一个警告对话框，如图12.24所示。

图12.24 警告对话框

要取消工作表保护，在“审阅”选项卡中单击“更改”组中的“撤销工作表保护”按钮。若设置了密码，会弹出“撤销工作表保护”对话框，输入保护时设置的密码即可。

12.2 管理工作簿

本节将主要介绍建立、关闭、打开和保存工作簿文件，以及在多个打开的工作簿之间切换的方法。

12.2.1 创建新工作簿

创建新工作簿的方式有以下3种。

1．创建空白工作簿

选择“文件”→“新建”命令，弹出右边的“空白工作簿”，单击“创建”按钮，即可创建一个新的空白工作簿，如图12.25所示。

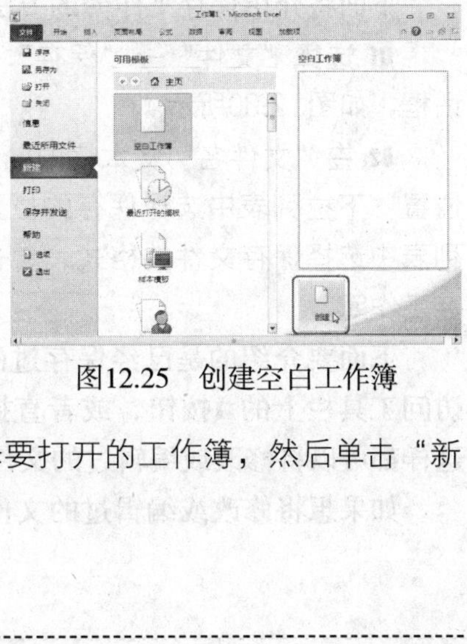
图12.25 创建空白工作簿

2．根据现有工作簿创建新工作簿

01 选择“文件”→“新建”命令，在展开的菜单左侧选择“可用模板”列表框中的“根据现有内容新建”选项，如图12.26所示。

02 此时会弹出“根据现有工作簿新建”对话框，选择要打开的工作簿，然后单击“新建”按钮，如图12.27所示。

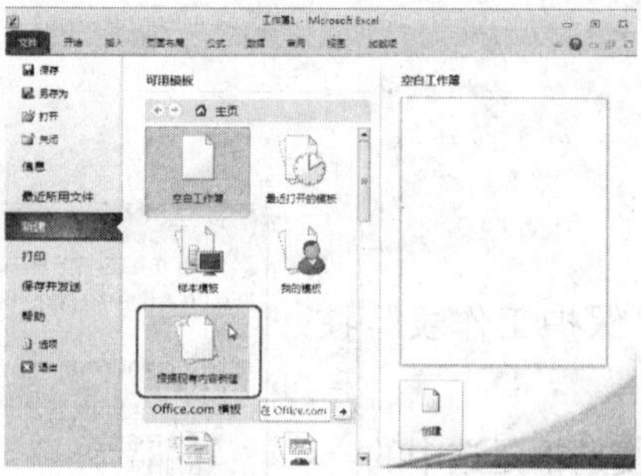

图12.26　选择“根据现有内容新建”选项

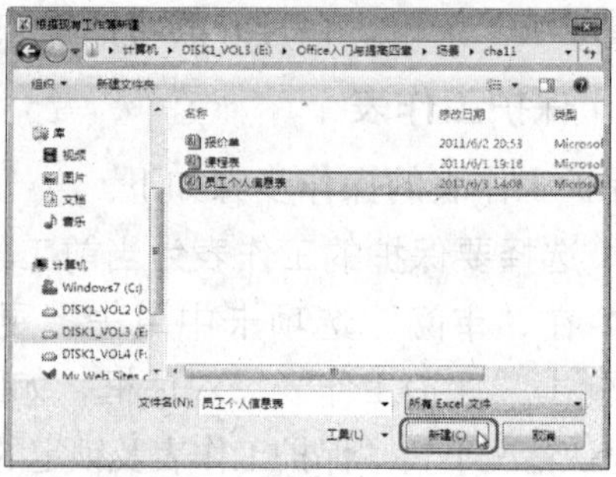

图12.27　选择要打开的文件

3．基于另一个模板创建新工作簿

01 选择“文件”→“新建”命令，在展开的菜单左侧选择“我的模板”选项，如图12.28所示。

02 如果之前已经保存过模板，那么在打开的“新建”对话框中会显示模板，如图12.29所示。

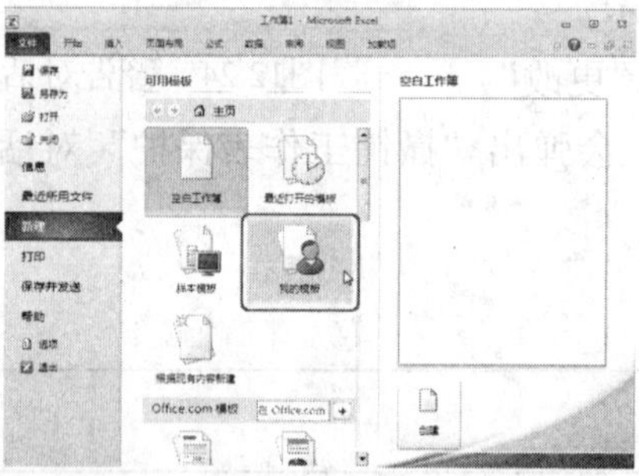

图12.28　选择“我的模板”选项

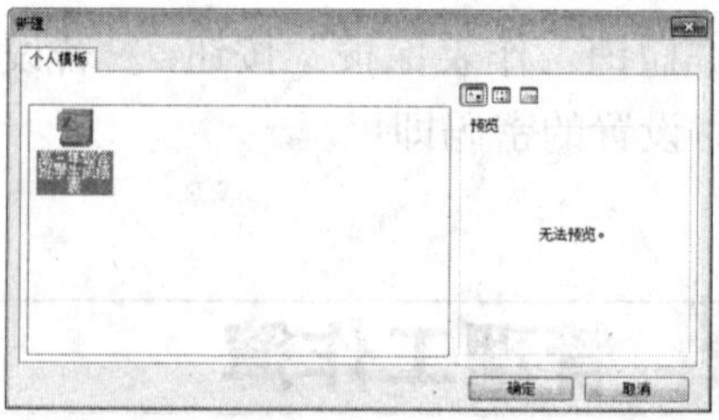

图12.29　“新建”对话框

12.2.2　保存和命名工作簿

在工作簿中输入的内容暂时只保存在计算机的内存中，如果这时发生意外，数据将丢失，因此保存工作簿文件是很重要的。

下面将介绍保存工作簿的方法，操作步骤如下。

01 选择“文件”→“保存”命令，弹出“另存为”对话框，如图12.30所示。

02 在“文件名”文本框中输入工作簿名称，在“保存位置”下拉列表中选择保存的位置，在“保存类型”下拉列表中选择保存文件的格式，单击“保存”按钮，即可保存工作簿。

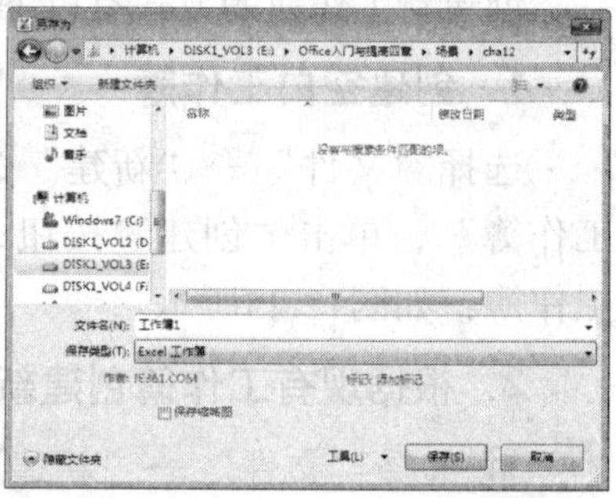

图12.30　“另存为”对话框

下面要介绍的是已经保存过的文件，只需要单击快速访问工具栏上的按钮，或者直接按Ctrl+S快捷键，再或者选择“文件”→“保存”命令，这样都可以将修改或编辑过的文件按原来的方式保存。

如果想将修改或编辑过的文件另存一份工作簿，可以选择“文件”→“另存为”命令，弹出“另存为”对话框，这样可以重新选择要保存的路径，并对文件名进行重新命名。

另外，单击“文件”→“另存为”选项，也可弹出“另存为”对话框。

12.2.3 保存为网页形式

在Excel 2010中，可以将Excel文件保存为网页形式，其操作步骤如下。

01 选择“文件”→“另存为”命令，此时会弹出“另存为”对话框。

02 在“保存类型”下拉列表中选择“网页”格式，在“保存”区域中有“整个工作簿”和“选择（E）工作表”两个单选钮，如图12.31所示。在“文件名”文件框中输入文件名，如果单击“发布”按钮，将直接发布到网页上。如果单击“保存”按钮，将保存一个扩展名为“.htm”的文件。

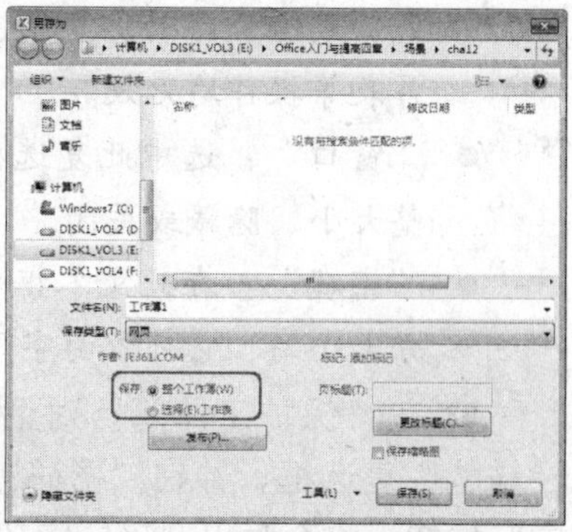

图12.31 保存为网页格式

12.2.4 打开、切换或关闭工作簿

1. 打开已有的工作簿

01 选择“文件”→“打开”命令，此时会弹出“打开”对话框。

02 找到要打开的文件位置并将其选中，然后单击“打开”按钮。

2. 在打开的工作簿之间切换

在Excel中，可以同时打开多个工作簿，有几种方式可以在打开的工作簿之间切换。

- 如果需要的工作簿窗口是可见的，可以直接单击它。
- 按Ctrl+F6快捷键，在工作簿窗口中进行切换。
- 在Windows任务栏中，单击工作簿文件名称。
- 按Alt+Tab快捷键，对它们进行切换。

3. 关闭工作簿

关闭工作簿有4种方法。

- 单击窗口右上角的⊠按钮，可以迅速关闭一个工作簿。
- 选择“Excel 按钮”→“关闭”命令，此时会关闭一个工作簿。
- 选择“文件”→“退出”命令，可退出程序。
- 按Ctrl+F4快捷键，可以将整个程序关闭。

12.2.5 保护工作簿

工作簿保护包括保护工作簿结构和窗口两种形式。具体操作步骤如下。

01 打开要保护的工作簿。

02 在“审阅”选项卡中单击“更改”组中的“保护工作簿”按钮，弹出“保护结构和窗口”对话框，如图12.32所示。

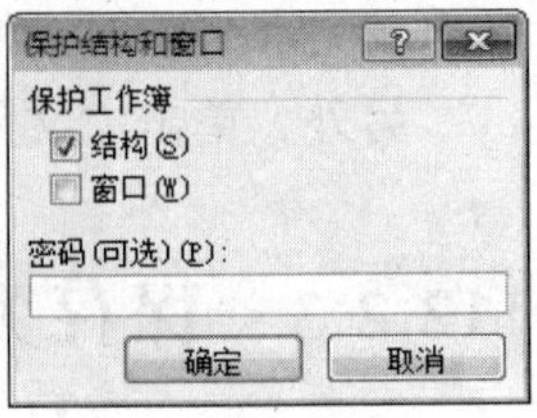

图12.32 “保护结构和窗口”对话框

该对话框中的各选项的功能如下。

- “结构”：选中此复选框可使工作簿的结构保持现有的格式。删除、移动、复制、重命名、隐藏工作表或插入新的工作表等操作均无效。
- “窗口”：选中此复选框可使工作簿的窗口保持当前的形式。窗口不能被移动、调整大小、隐藏或关闭。
- “密码”：在此文本框中输入密码可防止未授权的用户取消工作簿的保护。密码区分大小写，它可以由字母、数字、符号和空格组成。

03 在“保护工作簿”对话框中，选择所需选项，如选中“结构”复选框，并在“密码”编辑框中输入密码，单击“确定”按钮，将会弹出“确认密码”对话框，如图12.33所示，在该对话框中重新输入刚才所设置的密码。

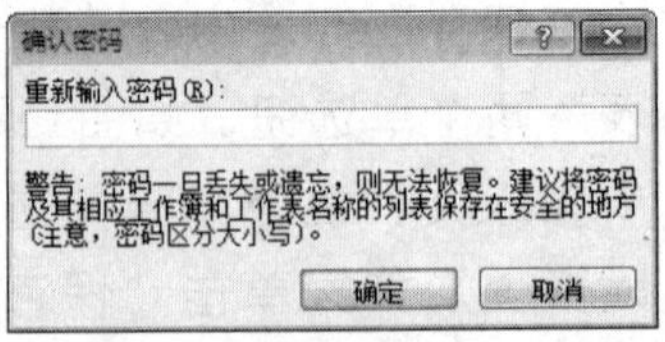

图12.33 “确认密码”对话框

04 单击“确定”按钮。当前工作簿便处于一定的保护状态。右击工作表标签，在弹出的快捷菜单中许多命令已变成灰色显示，如图12.34所示。

如果用户进行了保护范围内的某些操作（如重命名工作表），Excel将弹出如图12.35所示的警告对话框。

若要取消保护，在“审阅”选项卡中单击“更改”组中的“保护工作簿”按钮，则弹出如图12.36所示的“撤销工作簿保护”对话框，输入正确的密码，再单击“确定”按钮即可解除保护。

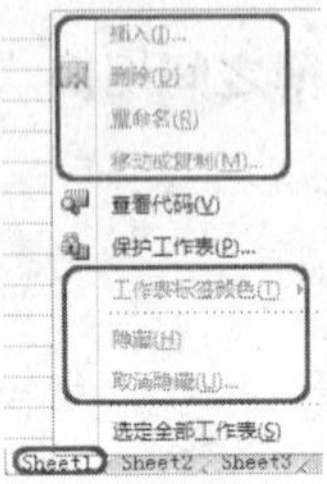

图12.34 不可执行的命令

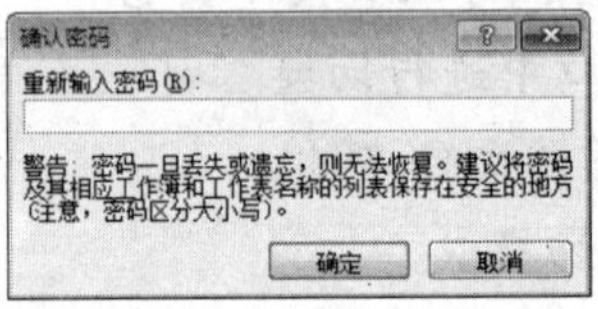

图12.35 警告对话框

图12.36 “撤销工作簿保护”对话框

12.3 工作表间的操作

工作表间的操作包括不同工作表之间的单元格复制与引用，设置工作表组等。熟悉这些操作可以使用户方便而快捷地创建多个工作表。

12.3.1 不同工作表间的单元格复制

在不同的工作表之间，也可以复制单元格或单元格区域，操作方法与在同一个工作表中复制单元格类似。具体操作步骤如下。

01 选择源工作表中想要复制的单元格或单元格区域。

02 单击“开始”选项卡中“剪贴板”组中的“复制”按钮或按Ctrl+C组合键。

03 在目标工作表中选择目标单元格的位置。

04 单击“开始”选项卡中“剪贴板”组中的“粘贴”按钮或按Ctrl+V组合键。

12.3.2 不同工作表间的单元格引用

前面介绍的是同一工作表中的单元格复制，为用户创建和使用公式提供了极大的方便。实际上，Excel还允许用户在公式中引用不同工作表中的单元格或单元格区域。

1．同一工作簿中工作表间的引用

在同一工作簿中，引用其他工作表的单元格或单元格区域的方法是：在单元格或单元格区域引用前加上相应的工作表引用（源工作表名称），并用感叹号“！”将工作表引用和单元格或单元格区域引用分开，格式如下。

- 源工作表名称！单元格或单元格区域引用

例如，要引用“报价单”工作表的A3单元格，则在目标单元格中应输入“=报价单!$A$3”。

提示：引用另一个工作表的单元格或单元格区域的数据时，大多数都采用绝对引用，如上述的$A$3。如果工作表名称中包含空格，则必须用单引号将工作表引用括起来。

2．不同工作簿中工作表间的引用

当需要引用其他工作簿中的单元格或单元格区域时，其格式如下。

- [源工作簿名称]源工作表名称！单元格或单元格区域引用

例如，如果要引用工作簿1中的“成绩表”工作表的A5单元格，则在目标单元格中应输入“=‘工作簿1’成绩表!$A$5”。

12.3.3 设置工作表组

利用Excel提供的工作组功能，用户可以快捷地在同一工作簿中创建或编辑一批相同或格式类似的工作表。

1．设置或取消工作组

要采用工作组操作，首先必须将要处理的多个工作表设置为工作组。设置工作组的方式如下。

- “选择一组相邻的工作表”：先单击要成组的第一个工作表标签，然后按住Shift键，再单击要成组的最后一个工作表标签。
- “选择不相邻的一组工作表”：按住Ctrl键，依次单击要成组的每个工作表标签。
- “选择工作簿中的全部工作表”：用鼠标右键单击任意一个工作表标签，在弹出的快捷菜单中选择“选定全部工作表”命令，如图12.37所示。

当设置完工作组后，成组的工作表标签均呈高亮显示，同时在工作簿的标题栏上会出现[工作组]字样，提示已设定了工作组。例如，选择工作簿“工作簿1”中的前两个工作表，如图12.38所示。

如果用户想取消工作组，只要单击除当前工作表以外的任意工作表的标签即可；另外，用鼠标右键单击成组工作表标签，从弹出的快捷菜单中选择“取消组合工作表”命令，也可取消工作组，如图12.39所示。

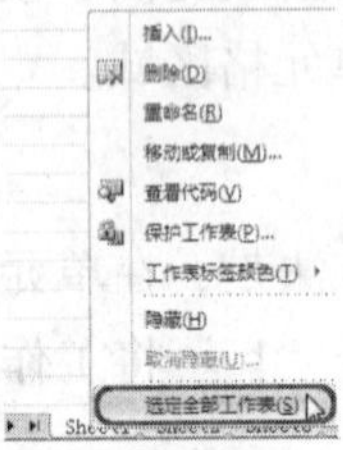

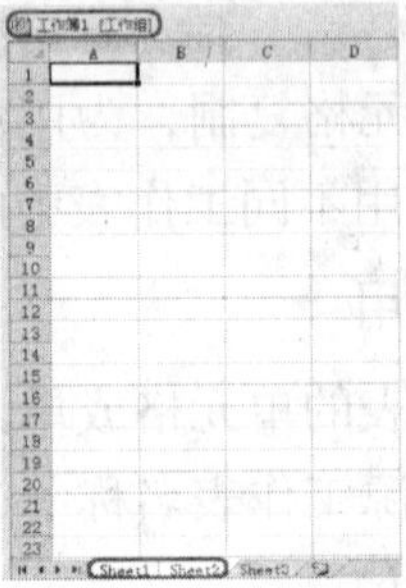

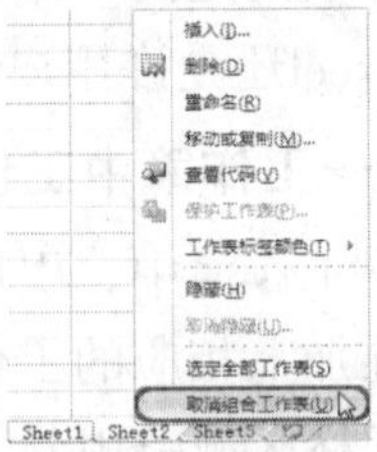

图12.37 选择“选定全部工作表”命令　图12.38 设置工作组　图12.39 选择“取消组合工作表”

2．工作组的编辑

对工作组中的工作表的编辑方法与单个工作表的编辑方法相同，当编辑某一个工作表时，工作组中的其他工作表同时也得到相应的编辑。即用户操作的结果不仅作用于当前工作表，而且还作用于工作组中的所有工作表。

例如，要建立高三年级各班学生成绩表。各个班的格式完全相同。因此，可以利用Excel提供的工作组功能同时建立各个班的学生成绩表。具体操作步骤如下。

01 新建一个工作簿，把工作表Sheet1、Sheet2分别重新命名为高三一班、高三二班（这里我们拿两个班级举例，其余各班以此类推），如图12.40所示。

02 单击“高三一班”工作表标签，按住Shift键，再单击“高三二班”工作表标签，把这两个工作表设置为工作组，并且在“高三一班”工作表中输入文本，如图12.41所示。

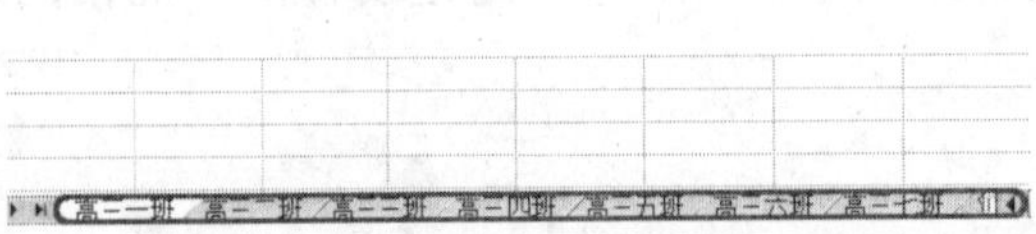

图12.40 重命名工作表

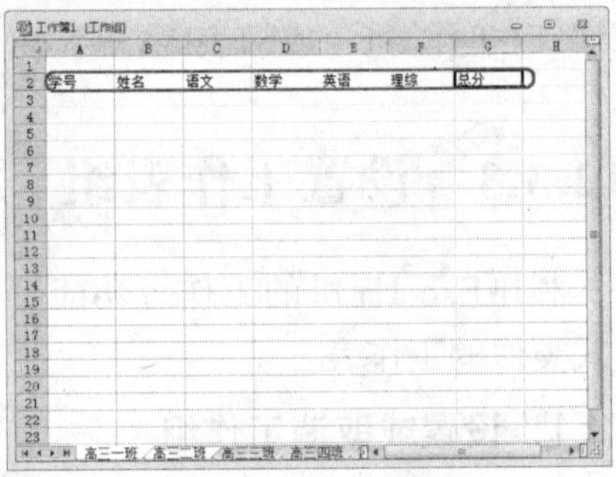

图12.41 设置工作组及输入文本

03 单击“高三二班”工作表标签，该工作表的内容与“高三一班”工作表中的内容完全相同。在工作组中任意一个标签上单击鼠标右键，在弹出的快捷菜单中选择“取消组合工作表”命令，在“高三一班”工作表中输入如图12.42所示的内容，在“高三二班”工作表中输入如图12.43所示的内容。

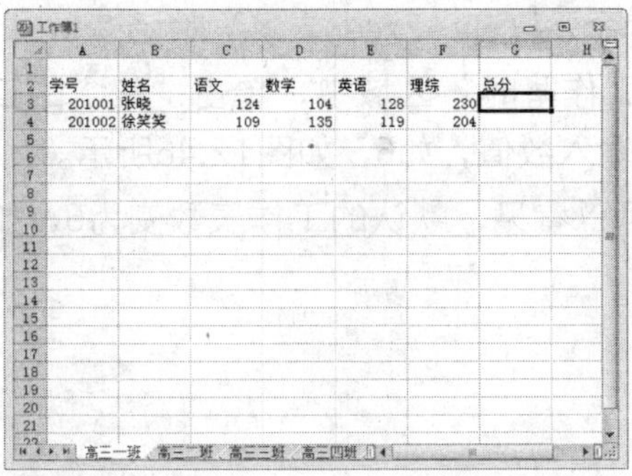

图12.42　在”高三一班”工作表中输入内容

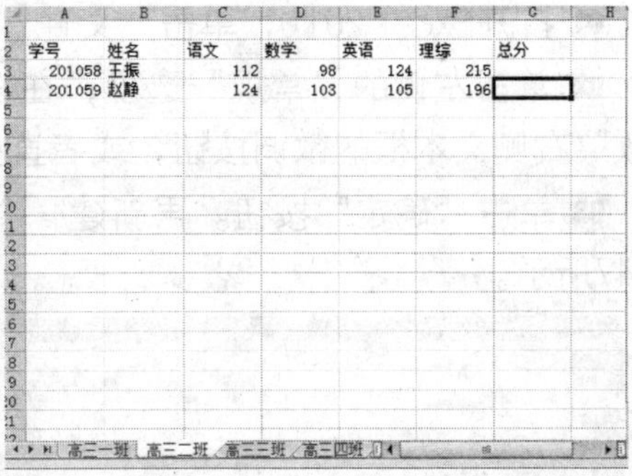

图12.43　在”高三二班”工作表中输入内容

04 再将“高三一班”和“高三二班”设置为工作组，单击“高三一班”工作表标签，在单元格G3中输入公式“=SUM(C3:F3)”，单击编辑栏中的“输入”按钮，并向下拖动填充柄进行公式填充，如图12.44所示。

05 单击“高三一班”工作表标签，可以看见，该工作表中的相应位置也同时被编辑了，如图12.45所示。

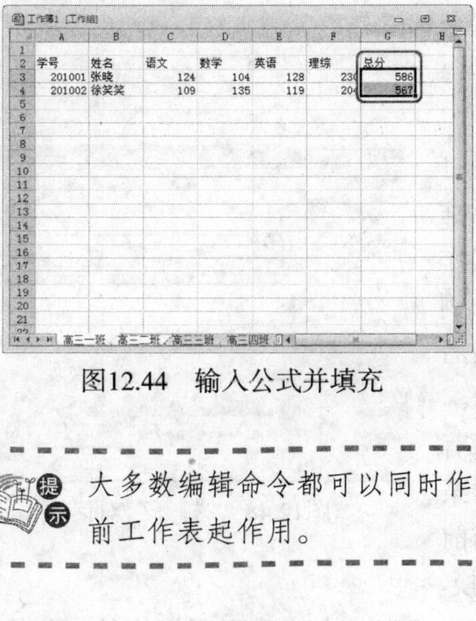

图12.44　输入公式并填充

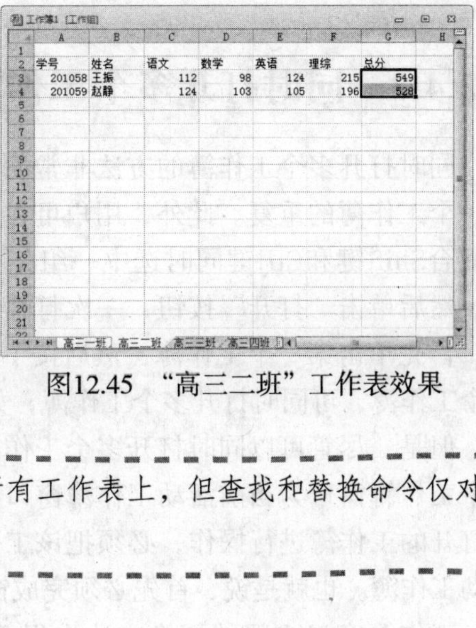

图12.45　“高三二班”工作表效果

提示：大多数编辑命令都可以同时作用到同组的所有工作表上，但查找和替换命令仅对当前工作表起作用。

12.4 操作工作簿

Excel是一个多文档界面，它允许用户同时打开多个工作簿。并且，利用Excel提供的重排窗口功能，还可以在一个Excel窗口中以不同的方式同时显示多个工作簿。

12.4.1　在工作簿中增加默认工作表的个数

新建一个工作簿时，Excel的默认工作表只有3个：Sheet1、Sheet2和Sheet3。Excel允许用户在工作簿内增加工作表的个数，其中，Excel默认工作表数的范围为1~255，具体操作步骤如下。

01 打开Excel 2010，单击“文件”→“选项”命令，打开“Excel选项”对话框。

02 单击左侧的“常规”选项，在右侧的“新建工作簿时”区域中，单击“包含的工作表数”右侧文本框的微调按钮，或者直接在文本框中输入数值，如6，如图12.46所示。

03 单击“确定”按钮。再新建一个工作簿时，可以看见，默认的工作表数变为6，如图12.47所示。

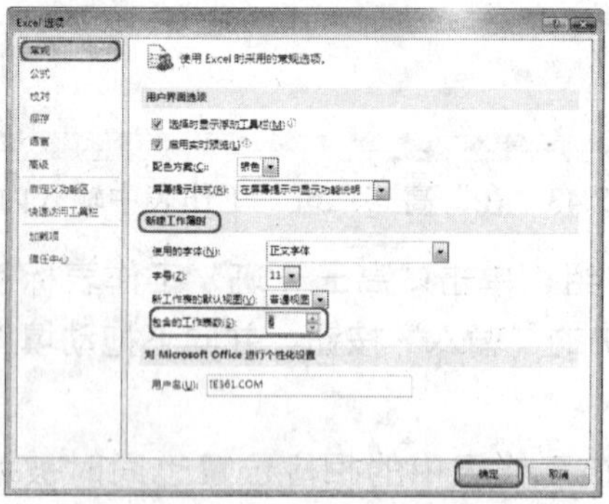

图12.46 “Excel选项”对话框

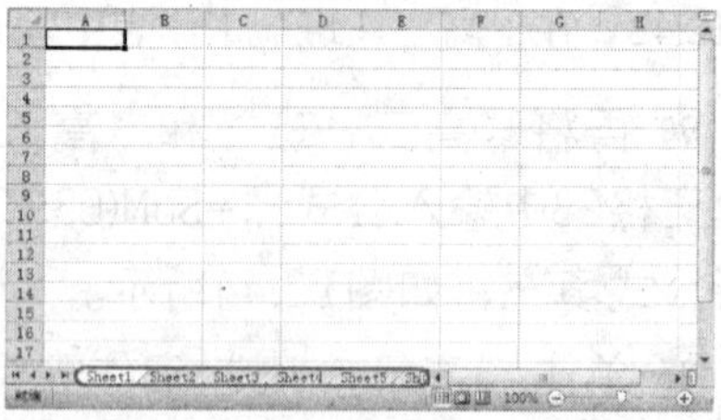

图12.47 新工作簿内默认工作表的数目

12.4.2 同时打开多个工作簿

同时打开多个工作簿的方法非常简单，只不过是打开一个工作簿的重复。此外，用户可在“打开”对话框中配合Shift键和Ctrl键同时选中一组相邻或分散的工作簿，然后单击“打开”按钮，一次打开多个工作簿。例如，首先单击第一个工作簿，然后按下Shift键单击最后一个工作簿，可同时打开多个工作簿，如图12.48所示。

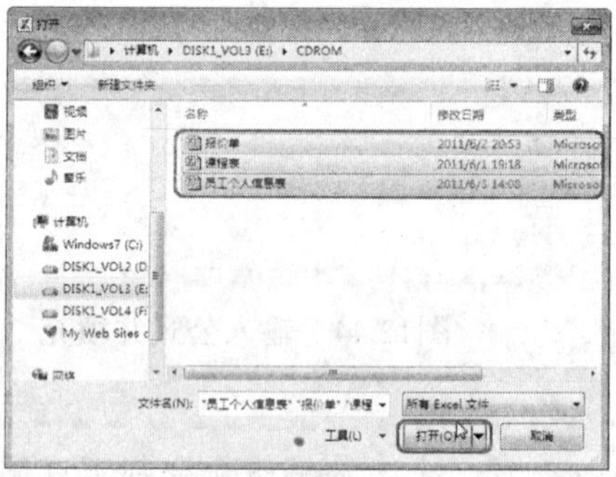

图12.48 “打开”对话框

但是，尽管可以同时打开多个工作簿，但其中只有一个工作簿窗口为当前活动工作簿窗口。用户要想对某一打开的工作簿进行操作，必须把该工作簿选择为当前活动工作簿。也就是说，首先必须完成窗口之间的切换。

工作簿窗口之间的切换方法也很简单。如果在Excel窗口中能看到要切换的工作簿窗口，则用鼠标单击相应的工作簿窗口的任何位置即可；如果在屏幕上看不见要切换的工作簿窗口，则单击“视图”选项卡中“窗口”组中的“切换窗口”按钮，在打开的列表中选择要切换的工作簿名称即可。

12.4.3 设置工作簿窗口的显示比例

工作簿窗口的默认显示比例为100%，用户可以根据需要自定义工作簿窗口的显示比例。具体操作步骤如下。

01 单击“视图”选项卡中“窗口”组中的“显示比例”按钮，在弹出“显示比例”对话框中进行设置，如图12.49所示。

02 也可以通过自定义来设置窗口的显示比例，如图12.50所示。

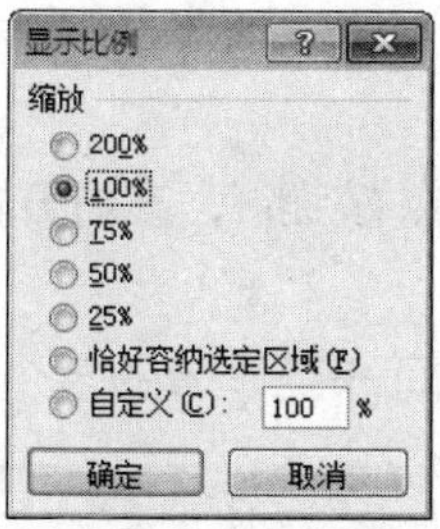

图12.49　显示比例

图12.50　自定义显示比例

12.4.4　调整工作簿窗口设置

在Excel中，默认同时打开的多个工作簿以层叠方式排列，且屏幕上只显示当前活动工作簿。利用Excel提供的重排窗口功能，可同时显示多个工作簿。

1. 以不同的方式同时显示多个工作簿

要想以不同的方式同时显示多个工作簿，具体操作步骤如下。

01 单击“视图”选项卡中“窗口”组中的“全部重排”按钮，弹出的“重排窗口”对话框。

02 在“排列方式”中，选择需要的选项，如选择“水平并排”单选钮，如图12.51所示。

03 单击“确定”按钮，结果如图12.52所示。

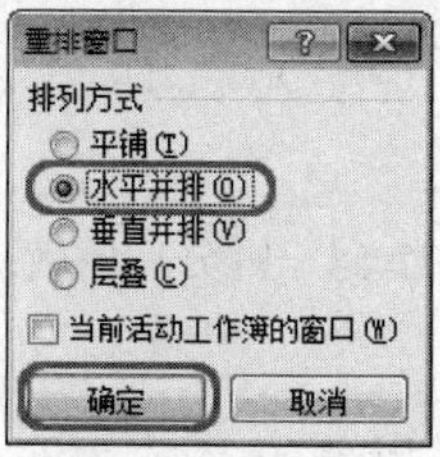

图12.51　重排窗口效果

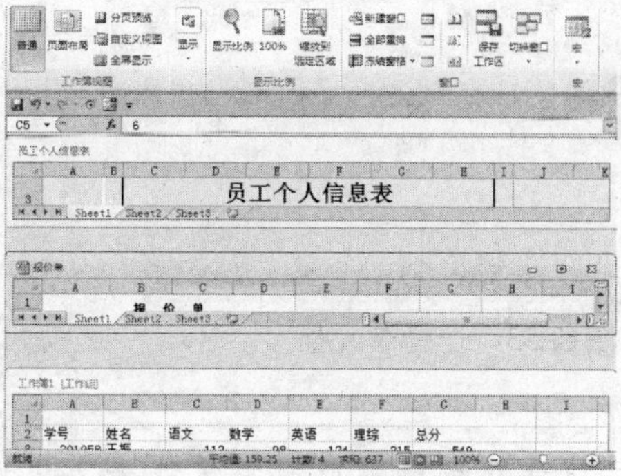

图12.52　水平排列效果

提示　若在“重排窗口”对话框中选中“当前活动工作簿的窗口”复选框，则不论选择哪种排列方式，当前活动工作簿窗口始终保持执行“重排窗口”命令之前的状态。

2. 为某个工作簿打开多个窗口

用户若想同时查看某个工作簿中的不同工作表，或者观察同一个工作表的不同部分。可以使用“窗口”菜单中的“新建窗口”命令，为该工作簿打开多个窗口。具体操作步骤如下。

01 选择要查看的工作簿窗口，使其成为当前活动窗口。

02 单击“视图”选项卡中“窗口”组中的“新建窗口”按钮，Excel便为该工作簿增加一个相同的窗口。

03 如果还想增加该工作簿窗口，重复步骤2。

04 单击“视图”选项卡中“窗口”组中的“全部重排”按钮，在打开的“重排窗口”对话框中选择除“层叠”选项外的任何排列方式。

05 单击“确定”按钮，这时从屏幕上就可以同时看到同一工作簿的多个窗口。

12.4.5 拆分与冻结拆分窗口

在编辑工作表时，有的工作表由于内容过宽或过长，使当前窗口不能全部显示其内容，尽管可以使用滚动条来滚动显示，但往往因标题被滚动，无法明确地看到某些单元格所代表的具体含义。利用Excel提供的拆分窗口与冻结拆分窗口功能，可以解决这个问题。

如果想要拆分窗口，具体操作步骤如下。

01 选择要拆分的位置，如打开随书附带光盘中的素材\Cha12\高三年级各班学生成绩表.xlsx，选择单元格C2，如图12.53所示。选择不同的单元格，拆分后的效果也不同。

02 单击“视图”选项卡中“窗口”组中的“拆分”按钮，此时Excel自动在单元格处将工作表拆分为两个独立的窗格，如图12.54所示。

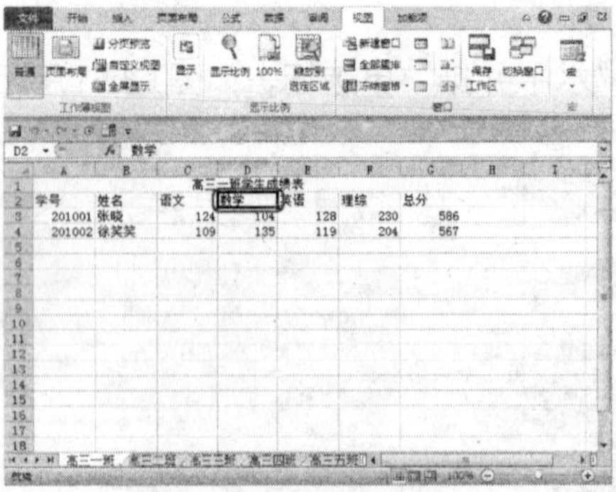

图12.53 选择单元格

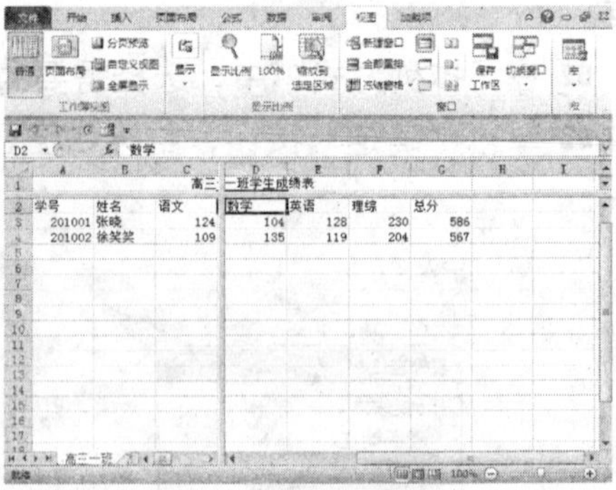

图12.54 拆分后的效果

提示 可以通过鼠标随时移动工作表上出现的拆分框，以调整窗格的大小。此外，在Excel工作簿窗口中，设有两个拆分框，它们分别位于垂直滚动条顶端和水平滚动右端，其形状是一个小长方条，使用鼠标指针拖动它们也可实现窗口的拆分。

执行了“拆分”窗口操作后，如果不再使用拆分的窗口，可以通过单击“拆分”按钮将其撤销。

如果想要冻结拆分窗口，可按如下步骤操作。

01 选择要冻结拆分的位置，如选择图12.55中的单元格B3。

02 单击“视图”选项卡中“窗口”组中的“冻结窗格”按钮。

03 在打开的列表中选择一种冻结方式，如“冻结拆分窗格”，效果如图12.56所示，此时在冻结的位置出现两条交叉细线。

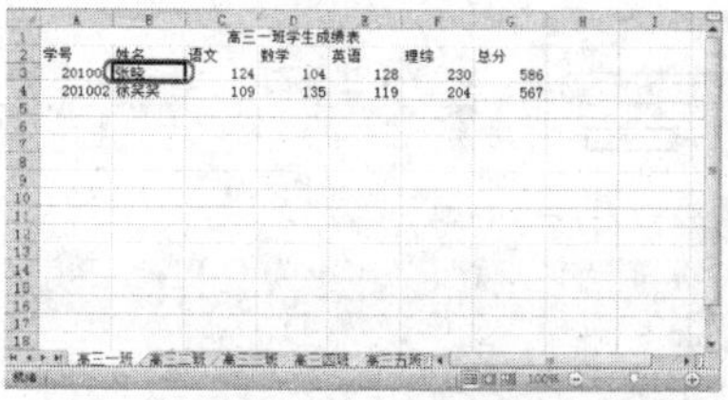

图12.55　选择要冻结的位置

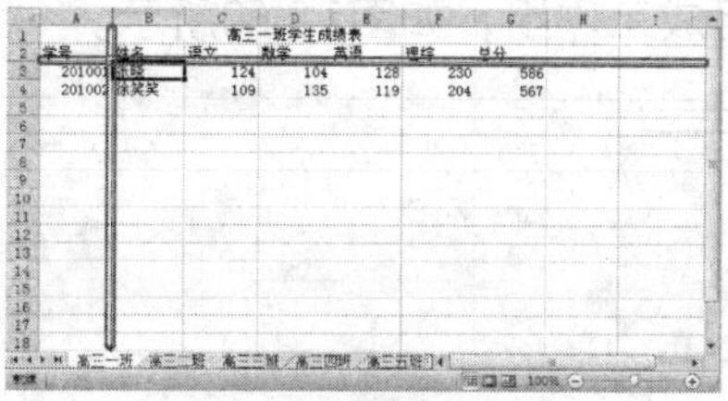

图12.56　冻结拆分窗格效果

执行了“冻结拆分窗格”命令后，如果想要取消冻结，则单击“冻结窗格”按钮，在打开的列表中选择“取消冻结窗格”即可。

12.4.6　隐藏或取消隐藏工作簿窗口

如果想把某个工作簿暂时隐藏起来，可以单击“视图”选项卡中“窗口”组中的“隐藏”按钮，如图12.57所示，此时当前工作簿窗口从屏幕上消失。

如果想使被隐藏起来的工作簿窗口重新显示，单击“窗口”组中的“取消隐藏”按钮，弹出“取消隐藏”对话框，如图12.58所示。在“取消隐藏工作簿”列表框中选择想恢复显示的工作簿，然后单击“确定”按钮即可。

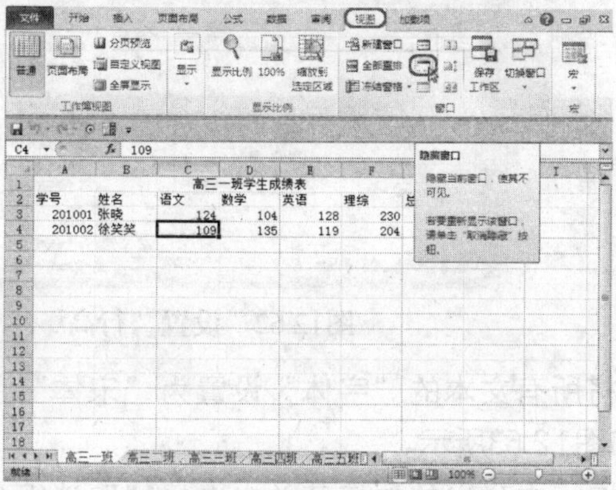

图12.57　“隐藏”按钮

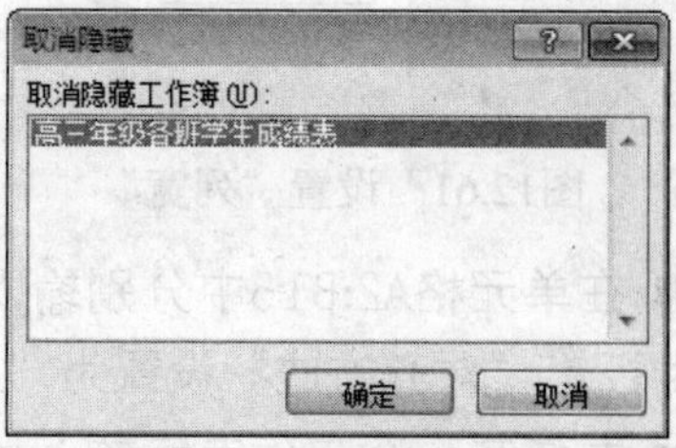

图12.58　“取消隐藏”对话框

12.5　实战操作

12.5.1　组织员工旅游

本例介绍利用工作组快速制作多个具有相同内容的工作表，主要用到编辑及重命名工作表、文本的编辑，以及工作组的运用等。

01 启动Excel 2010，系统会自动新建一个工作簿，分别将“Sheet1”、“Sheet2”和“Sheet3”工作表标签重命名为“意见调查表”、“调查结果统计表”和“报名表”，如图12.59所示。

02 选择“意见调查表”工作表标签，然后按住Ctrl键单击“报名表”工作标签，将两个工作表组成工作组，如图12.60所示。

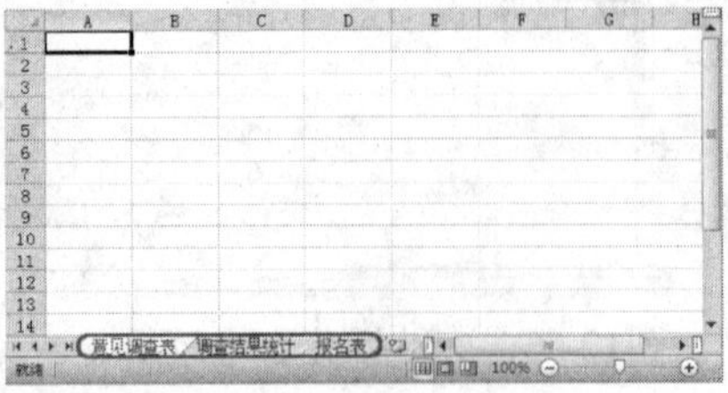

图12.59　重命名工作表标签

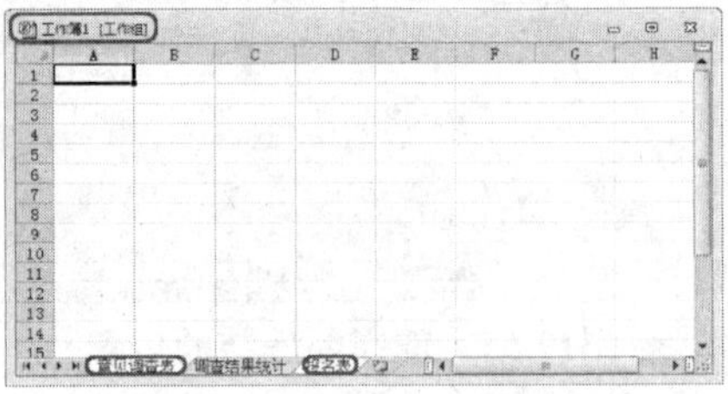

图12.60　成组工作组

03 选择"意见调查表"工作表，然后选择A、B列所有的单元格，在"单元格"选项组中单击"格式"按钮，在下拉菜单中选择"列宽"选项，在弹出的"列宽"对话框中设置"列宽"为14，设置完成后单击"确定"按钮，如图12.61所示。

04 选择第一行的所有单元格，在"单元格"选项组中单击"格式"按钮，在下拉菜单中选择"行高"选项，在弹出的"行高"对话框中设置"行高"为30，设置完成后单击"确定"按钮，如图12.62所示。

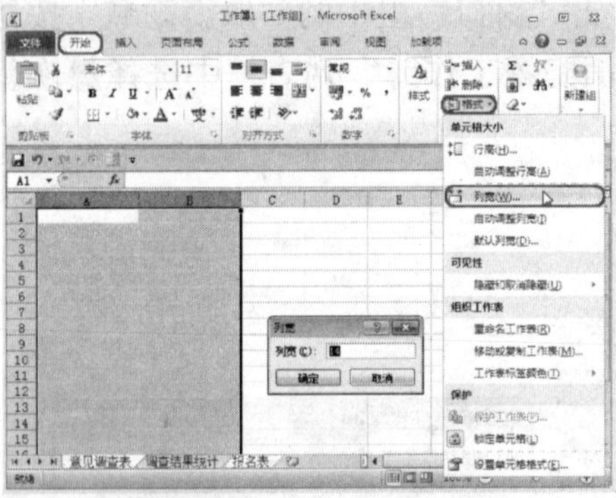

图12.61　设置"列宽"

图12.62　设置"行高"

05 在单元格A2:B15中分别输入文本，并将所有文本的"字体"设置为"宋体"，"字号"为12，"对齐方式"设置为"居中"，如图12.63所示。

06 在任意一个工作表标签上单击鼠标右键，在弹出的快捷菜单中选择"取消组合工作表"命令，解除工作组，如图12.64所示。

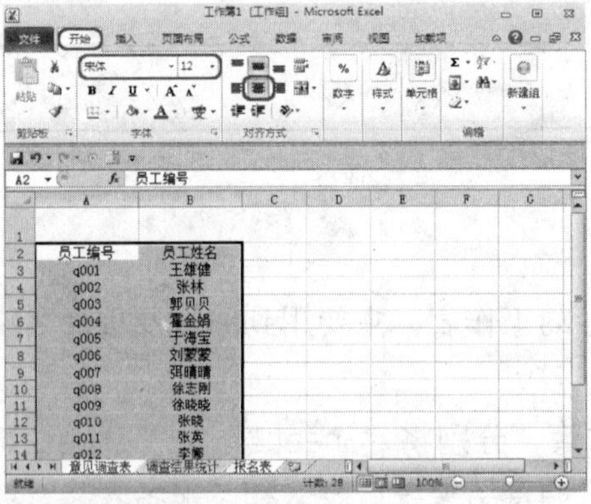

图12.63　设置文本样式

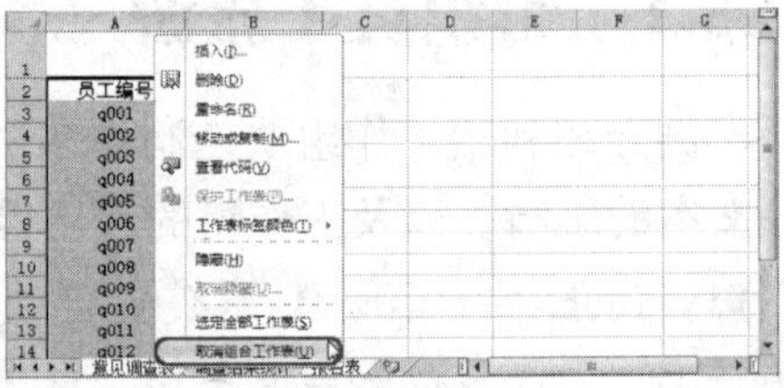

图12.64　取消组合工作表

07 返回"意见调查表"工作表标签，选择C列的所有单元格，根据上述方法设置

“列宽”为16，并在C2:C15单元格区域中输入文本，使文本“居中”显示，如图12.65所示。

08 选择A1:C1单元格区域，在“对齐方式”选项组中单击“合并后居中”按钮，然后单击“插入”选项卡，在“文本”选项组中单击“艺术字”按钮，在下拉菜单中选择“填充-强调文本颜色6，暖色粗糙棱台”，如图12.66所示。在弹出的文本框中输入文字。

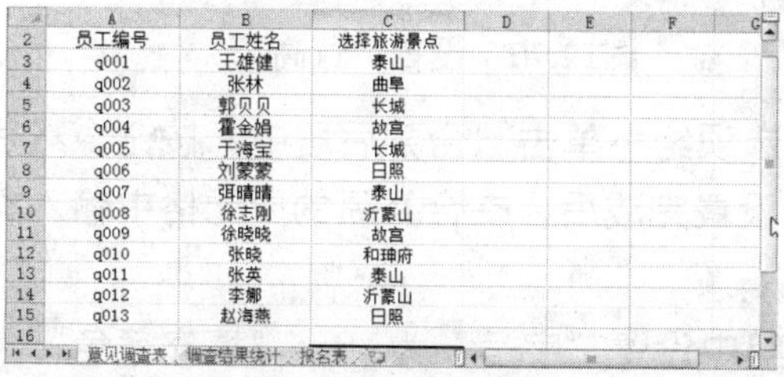

图12.65 设置文本样式

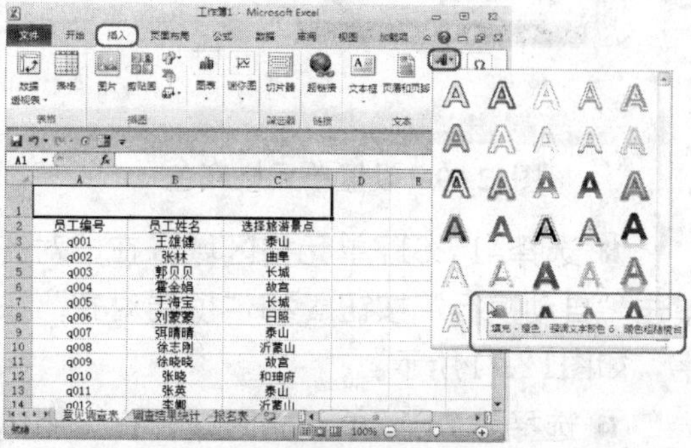

图12.66 设置“艺术字”

09 确定艺术字文本框处于选中状态，单击“开始”选项卡，在字体选项组中，设置“字号”为20，设置完成后单击“绘图工具”中的“格式”选项卡，在“艺术字样式”选项组中设置“文本轮廓”为“红色”，如图12.67所示。

10 选择第16行的所有单元格，在“单元格”选项组中单击“格式”按钮，在下拉菜单中选择“行高”选项，在弹出的“行高”对话框中设置“行高”为23，设置完成后单击“确定”按钮，如图12.68所示。

图12.67 设置“艺术字样式”

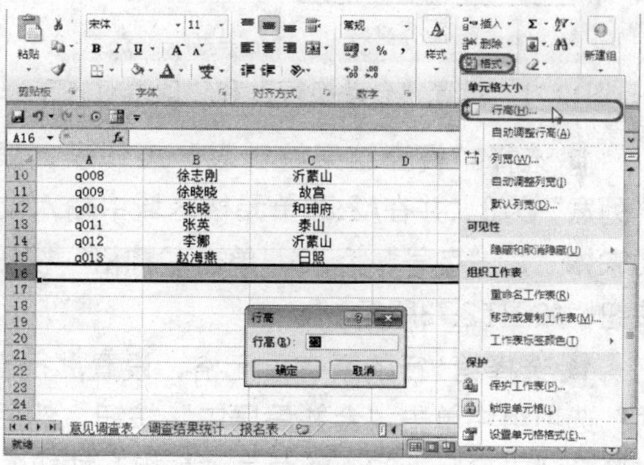

图12.68 设置“行高”

11 选择A16:C16单元格区域，在“对齐方式”选项组中单击“合并后居中”按钮，将合并后的单元格填充为“深蓝”，在“字体”选项组中设置“字体”为“华文行楷”，“字号”为16，“字体颜色”为“白色”，并单击“加粗”按钮，然后在合并后的单元格中输入文字，如图12.69所示。

12 选择第17行的所有单元格，在“单元格”选项组中单击“格式”按钮，在下拉菜单中选择“行高”选项，在弹出的“行高”对话框中，设置“行高”为75.75，设置完成后单击“确定”按钮，如图12.70所示。

图12.69　设置单元格底色

图12.70　设置“行高”

⑬选择A17:C17单元格区域，在“对齐方式”选项组中单击“合并后居中”按钮，然后单击“自动换行”按钮和“顶端对齐”按钮，设置完成后，在合并后的单元格中输入文字，如图12.71所示。

⑭选择A17:C17单元格区域，在“字体”选项组中设置“字号”为10，“填充颜色”为“白色，背景1，深色15%”，如图12.72所示。

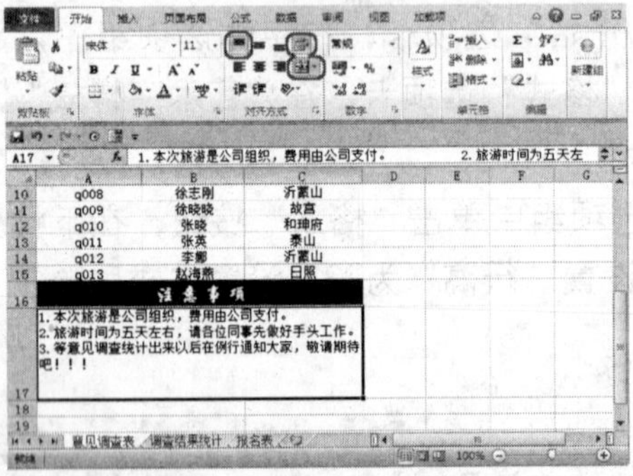

图12.71　设置“自动换行”和“顶端对齐”

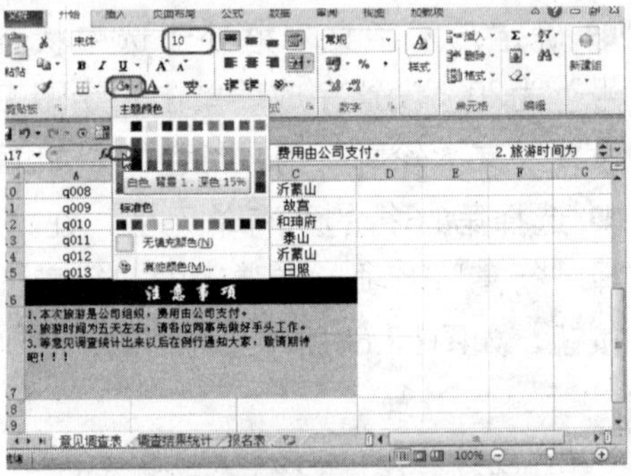

图12.72　设置“字号”和“填充颜色”

⑮选择“调查结果统计表”工作表，根据上述方法设置A列的“列宽”为18，B列的“列宽”为8，并在A2:B9单元格区域中输入文本，在“字体”选项组中设置“字体”为“华文宋体”，“字号”为12，单击“加粗”按钮，然后在“对齐方式”选项组中单击“居中”按钮，如图12.73所示。

⑯选择第1行的所有单元格，设置“行高”为30。选择A1:B1单元格区域，在“对齐方式”选项组中单击“合并后居中”按钮，然后在“字体”选项组中设置“字体”为“华文行楷”，“字号”为20，并单击“加粗”按钮，设置完成后输入文本，如图12.74所示。

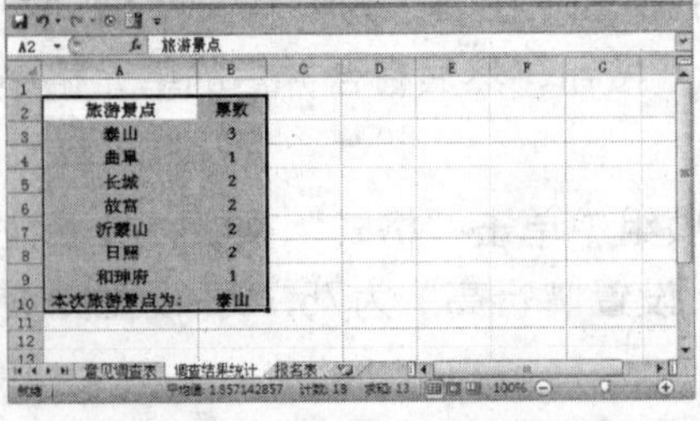

图12.73　设置文本样式

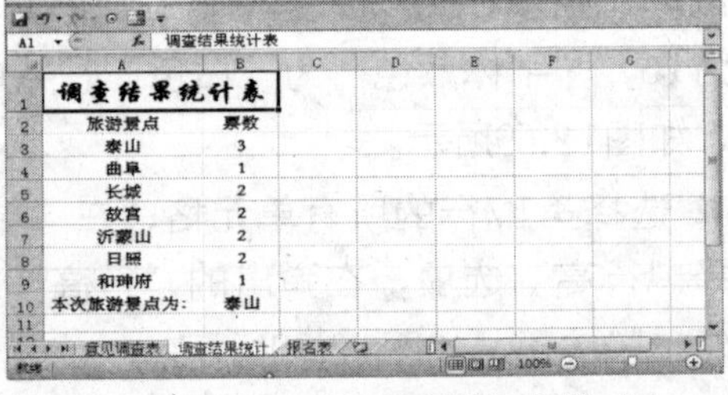

图12.74　设置标题文本样式

⑰ 选择A2:B10单元格区域，在“单元格”选项组中单击“格式”按钮，在下拉菜单中选择“设置单元格格式”选项，在弹出的“设置单元格格式”对话框中单击“边框”标签，在“样式”列表框中选择一种细框线，然后单击“内部”按钮。返回到“样式”列表框中，选择一种粗框线，然后单击“外边框”按钮。设置完成后单击“确定”按钮，如图12.75所示。

⑱ 选择“报名表”工作表，在该区域内输入文本内容，然后将所输入的文字全部选中，在“字体”选项组中，设置“字号”为12，在“对齐方式”选项组中单击“居中”按钮，如图12.76所示。

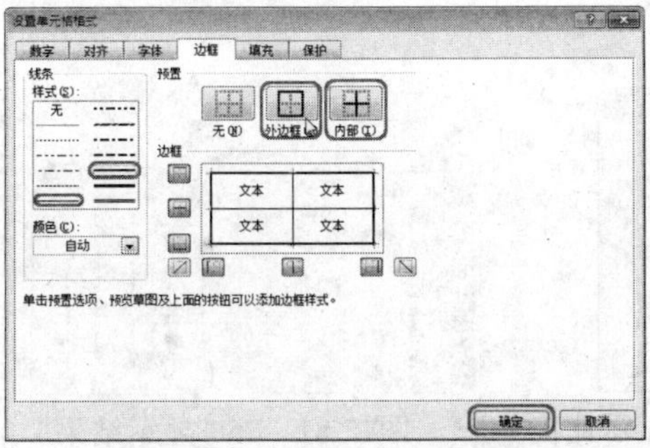

图12.75 设置单元格格式

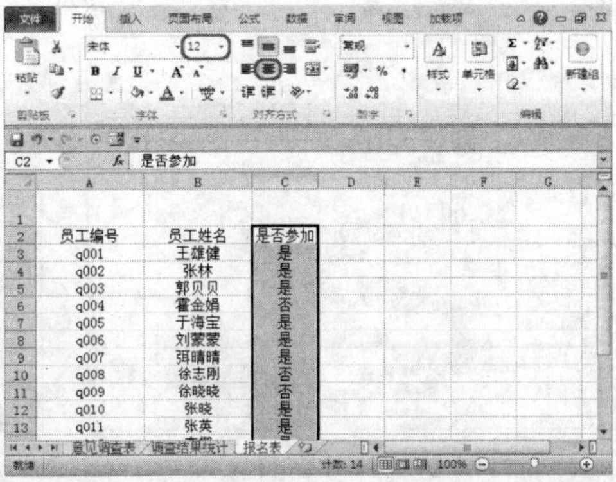

图12.76 设置“字号”和“对齐方式”

⑲ 选择A1:C1区域中的单元格，然后在“对齐方式”选项组中单击“合并后居中”按钮，在“字体”选项组中设置“字体”为“汉仪中楷简”，“字号”为22，设置完成后在该单元格中输入文字，如图12.77所示。

⑳ 选择A1:C15单元格区域，在“开始”菜单下的“字体”选项组中单击“下框线”按钮，在下拉菜单中选择“所有框线”选项，如图12.78所示。

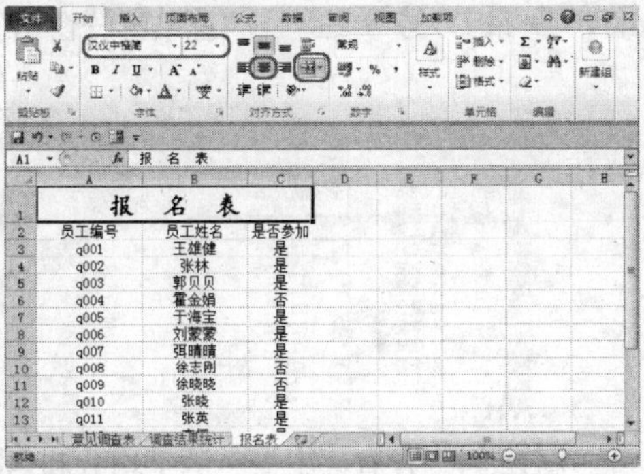

图12.77 设置“字体”和“字号”

图12.78 设置框线

㉑ 至此，该工作簿制作完成，对文档进行保存就可以了。

12.5.2 多种方法查看学生成绩

本案例的应用要点包括显示比例的调整，窗口的冻结、分隔与拆分，行和列的隐藏等内容，使用了“视图”→“显示比例”、“窗口”→“冻结窗口”、“窗口”→“拆分”和

“格式”→“工作表”等菜单命令。

01 启动Excel 2010，单击“文件”→“打开”选项，在弹出的“打开”对话框中找到目标文件“高一（十二班）期中考试成绩”工作簿，单击“确定”按钮，如图12.79所示。

02 打开的工作簿内容超出了屏幕显示的范围，调整工作表的显示比例，以调整显示数据的范围，在“视图”选项卡中，单击“显示比例”选项组中的“显示比例”按钮，在弹出的“显示比例”对话框中，选中75%单选钮，单击“确定”按钮，如图12.80所示。设置完显示比例之后的显示结果如图12.81所示。

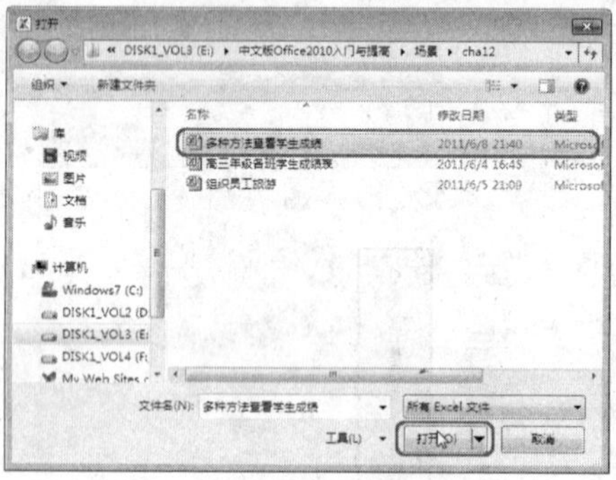

图12.79　打开素材文件

图12.80　设置“显示比例”

图12.81　75%显示结果

03 按Ctrl+Z组合键，执行撤销显示比例调整操作（或直接将“显示比例”设置为100%），然后执行冻结窗口操作以查看任意一行的数据。选中C5单元格，在“视图”选项卡中单击“冻结窗格”按钮旁边的按钮，在弹出的快捷菜单中选择“冻结拆分窗格”选项，如图12.82所示。设置完成后，在选中的C5单元格左上角交叉处，出现两条相互垂直的黑色直线，如图12.83所示。

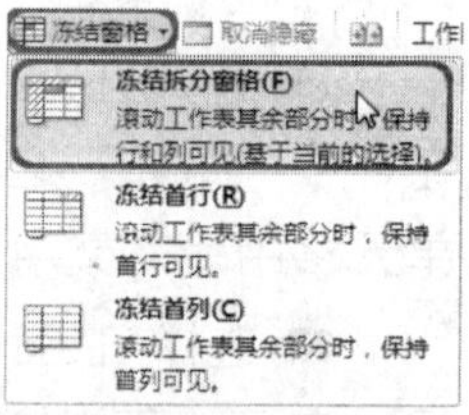

图12.82　选择“冻结拆分窗格”

04 拖动垂直滚动条和水平滚动条至合适的位置，查看14号学生“王振”的平均分和名次，如图12.84所示。

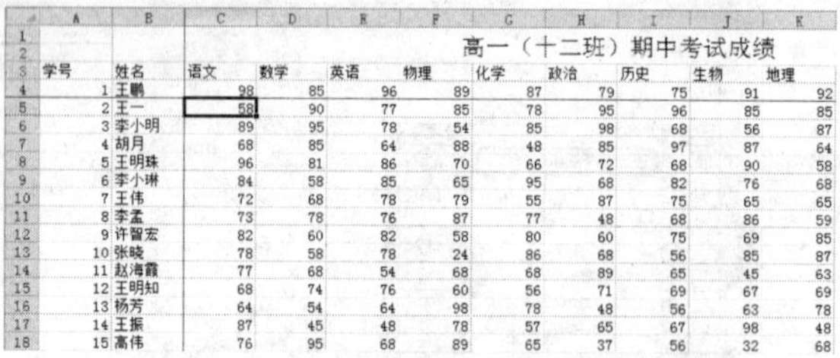

图12.83　C5单元格出现两条垂直直线

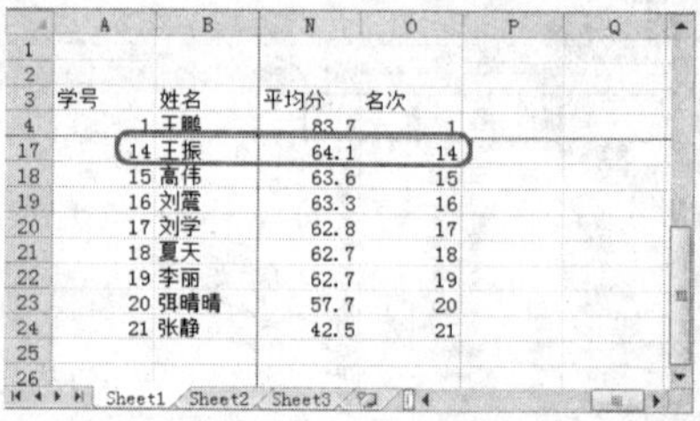

图12.84　查看“王振”的平均分和名次

05 再次在“视图”选项卡中单击“冻结窗格”按钮旁边的按钮，在弹出的快捷菜单中选择“冻结拆分窗格”选项，工作表便恢复到冻结窗口前的状态。下面进入窗口分隔与拆分操作过程。

06 将鼠标指针放在窗口垂直滚动条上部的水平分隔线处，如图12.85所示。当指针变成形状时，向下拖动鼠标到适合的位置，即完成水平分隔，效果如图12.86所示。

图12.85　将鼠标放置在水平分隔线处

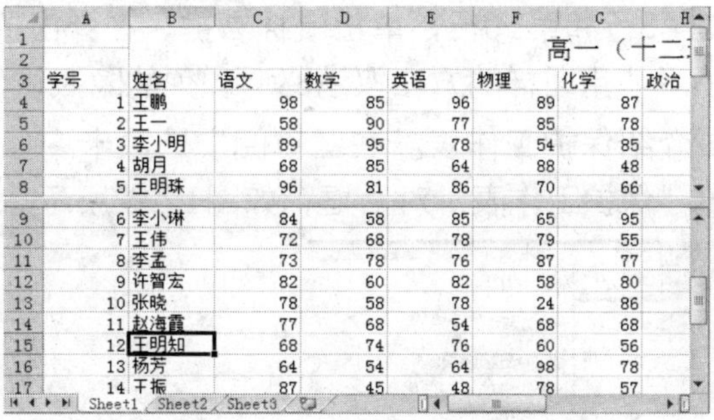

图12.86　拖动鼠标至合适位置

07 拖动水平滚动条，查看6号学生李小琳的成绩，如图12.87所示。

08 拖动水平分隔线至原来位置，或双击水平分隔线，以取消水平分隔，使工作表恢复到原来的状态。

09 选择D6单元格，在“视图”选项卡中单击“窗口”选项组中的“拆分”按钮，效果如图12.88所示。

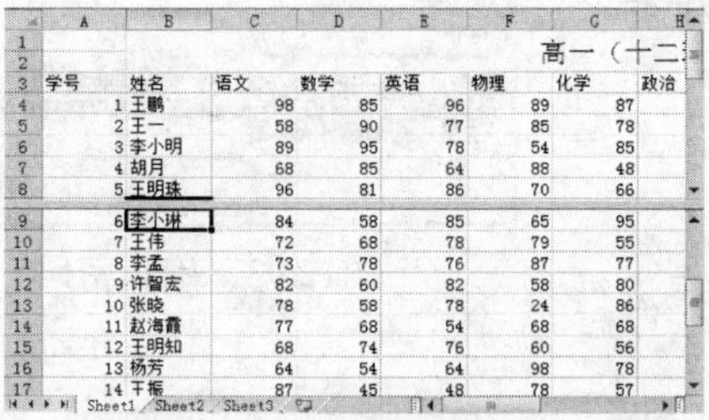

图12.87　查看“李小琳”的成绩

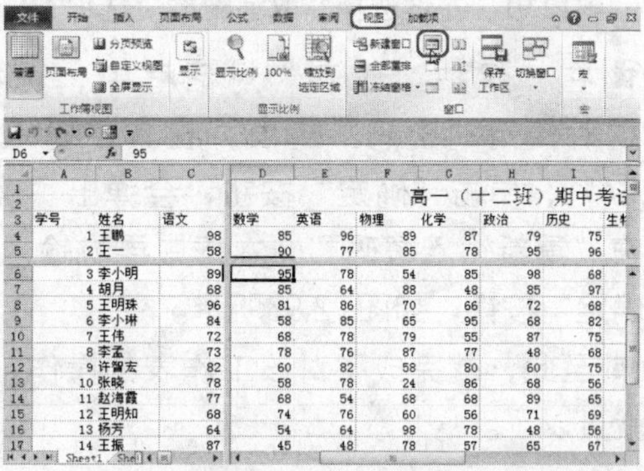

图12.88　拆分单元格

10 查看一个学生的某门成绩后，再次选择“视图”→“窗口”→“拆分”按钮，使工作表恢复到原来的状态。下面进行隐藏行和列的操作，以查看王伟的生物成绩为例。

11 用鼠标选中第4行至第9行中的所有单元格，单击鼠标右键，在弹出的快捷菜单中选择“隐藏”选项，如图12.89所示。然后按照同样的方法隐藏第C至I列单元格，设置完成后如图12.90所示。以同样方法也可以查看某一行或某一列的成绩。

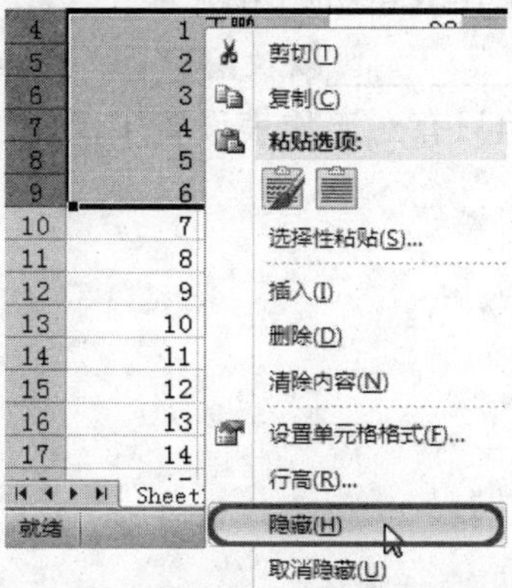

图12.89　左键选择“隐藏”选项

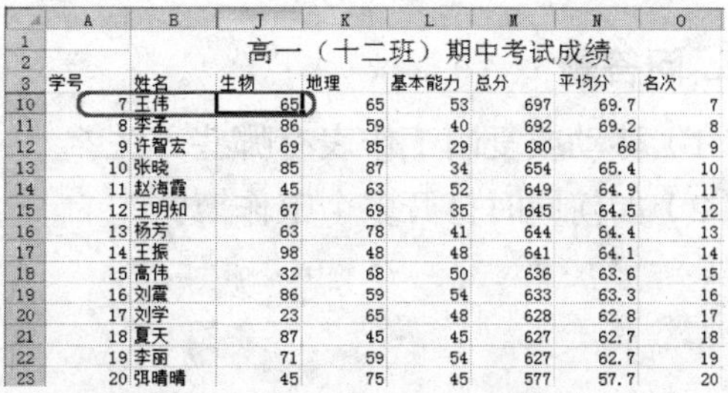

图12.90　查看“王伟”的生物成绩

⑫ 选中第3行和第10行，单击鼠标右键，在弹出的快捷菜单中选择“取消隐藏”选项，如图12.91所示。用同样的方法取消B列到J列的隐藏，使工作表恢复到原来的状态。

⑬ 下面介绍保护工作表。在“审阅”选项卡中，单击“更改”组中的“保护工作表”按钮，弹出“保护工作表”对话框，如图12.92所示。

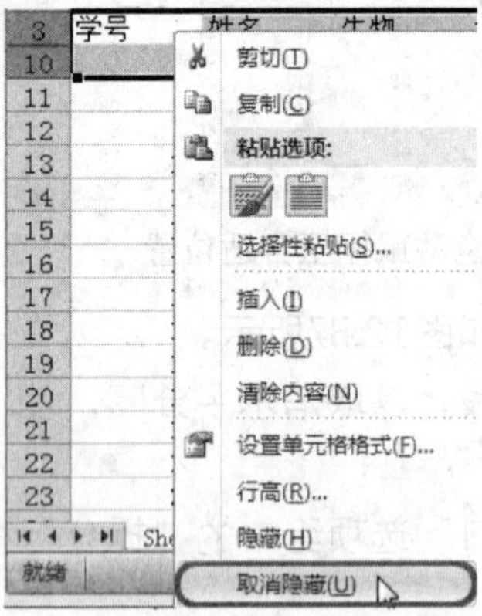

图12.91 左键选择“取消隐藏”选项

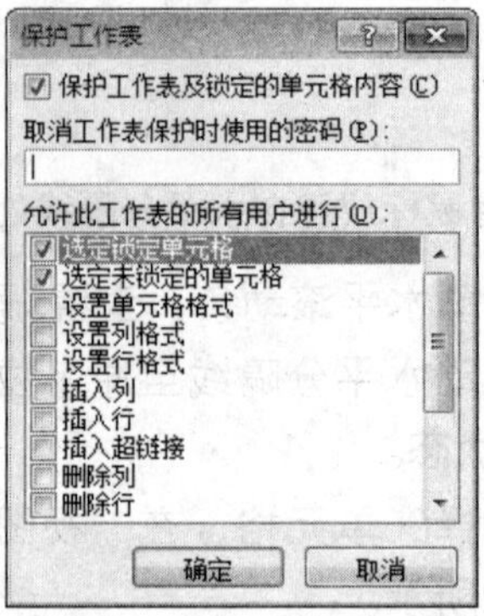

图12.92 弹出“保护工作表”对话框

⑭ 在“保护工作表”对话框中，选择“取消工作表保护时使用的密码”选项，在其中输入密码，如输入“1234”，单击“确定”按钮，会弹出“确认密码”对话框，在“重新输入密码”文本框中再次输入“1234”，单击“确定”按钮，如图12.93所示。

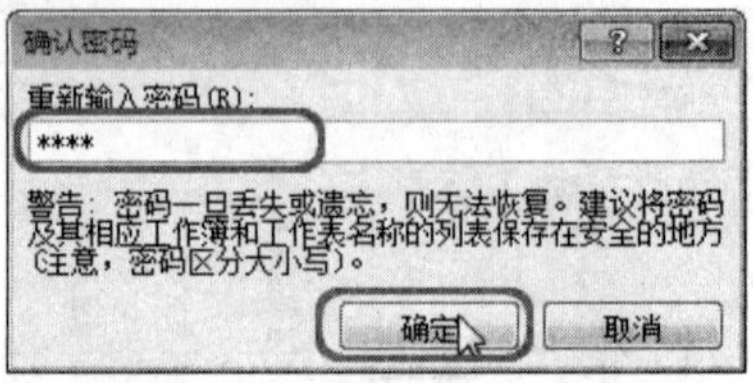

图12.93 确认密码

⑮ 至此，就完成了对该工作表的操作，将工作表进行保存就可以了。

12.6 练习

1. 填空题

（1）新建一个工作簿时，Excel的默认工作表只有3个：Sheet1、Sheet2和Sheet3。Excel允许用户在工作簿内增加工作表的个数，其中，Excel默认工作表个数的范围为__________。

（2）对于所有__________、__________、__________、__________以及窗口等，Excel所设置的默认格式都是处于保护和可见的状态，即锁定状态，但只有对工作表设置了保护以后才生效。

2. 问答题

（1）移动或复制工作表有哪些方法?

（2）如何同时打开多个工作簿?

第13章 Excel数据的高级管理

本章要点

Excel不仅可以制作表格，还可以对表格中的数据进行分析，如对表中的数据按不同条件进行排序、数据筛选、对数据进行分类汇总以及为数据创建透视表等。

本章内容主要包括

- 对数据进行排序
- 对数据进行筛选
- 对数据分类汇总
- 为数据创建数据透视表
- 为数据创建数据透视图
- 模拟分析

go>>

13.1 对数据进行排序

数据排序是数据分析中不可缺少的部分，在对工作表中的数据进行分析时，可能需要对数据进行按字母、数值、颜色等条件的排列。对数据进行排序能使工作表中的数据具有条理性，方便管理。

13.1.1 简单排序

简单排序是最简单，也是最常用的排序方法，简单排序是根据工作表中某一列的数据，对整个工作表进行升序或降序排序。

在Excel 2010的“数据”选项卡中的“排序和筛选”组中，提供了两个用于简单排序的按钮，分别为“升序”按钮和“降序”按钮，如图13.1所示。

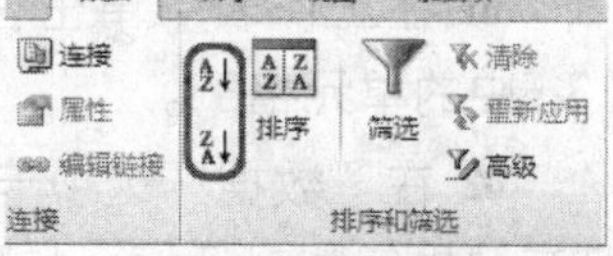

图13.1 “升序”和“降序”按钮

- “升序”：按字母表顺序从前向后、数值由小到大、日期由早到晚的顺序进行排序。
- “降序”：按字母表顺序从后向前、数值由大到小、日期由晚到早的顺序进行排序。

排序操作将依据当前单元格所在的列做为排序基准。简单排序操作步骤如下。

01 单击数据列表中排序依据的字段名。例如，打开随书附带光盘中的CDROM\素材

\Cha13\销售利润表.xlsx，在打开的工作表中单击“类型”单元格，如图13.2所示。

02 在“数据”选项卡中，单击“排序和筛选”组中的“升序”按钮 或“降序”按钮 ，即可按递增或递减方式对工作表中的数据进行排序。例如，这里单击“升序”按钮，排序后的效果如图13.3所示。

图13.2 选择单元格

图13.3 排序后的效果

提示 除了在“排序和筛选”组中选择“升序”或“降序”按钮外，还可以在选择的单元格上右击鼠标，在弹出的快捷菜单中选择“排序”命令，在打开的子菜单中选择“升序”或“降序”命令，如图13.4所示。

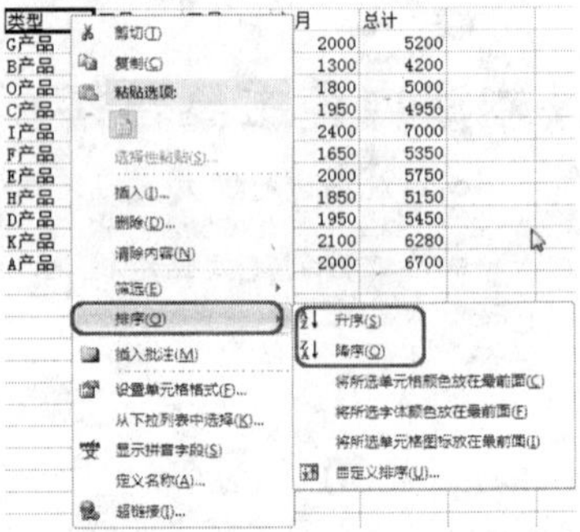

图13.4 “排序”子菜单

13.1.2 复杂排序

虽然使用“升序”按钮或“降序”按钮排序十分方便和快捷，但是这种排序方法只能按照单个字段名的内容进行排序，如果遇到该列中有多个相同的数据时，就需要用到多列排序。也就是在单列的基础上增加一列或多列数据的排序，此方法用到“排序和筛选”组中的“排序”按钮 ，其具体操作步骤如下。

01 在工作表中单击任意一个单元格。例如，选择图13.5中的单元格B3。

图13.5 选择单元格

02 在“数据”选项卡中，单击“排序和筛选”组中的“排序”按钮 ，如图13.6所示，打开“排序”对话框，如图13.7所示。

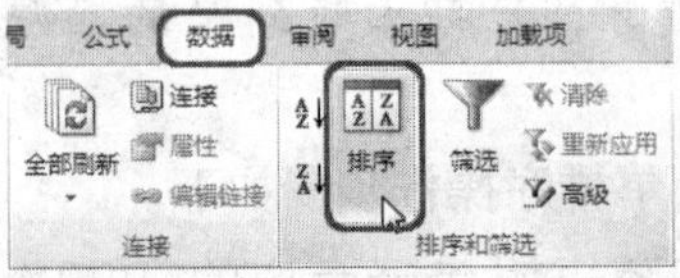

图13.6 单击“排序”按钮

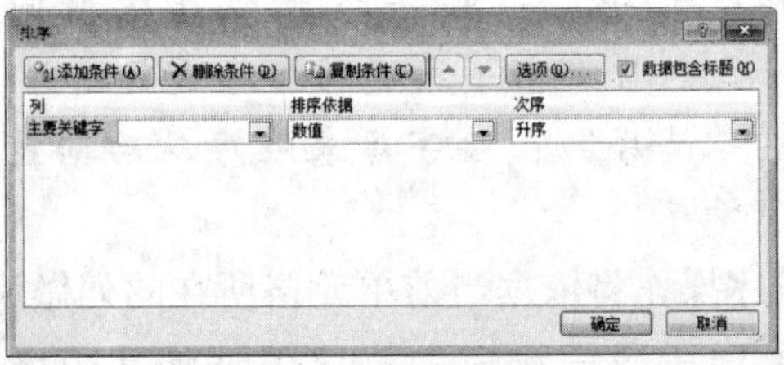

图13.7 “排序”对话框

03 在该对话框中设置排序的主要关键字的字段名。在“主要关键字”下拉列表框中选择排序的第一列，例如，选择“四月”。

04 在“排序依据”下的列表中选择排序类型。例如，使用默认项“数值”。其中：

- “数值”选项表示按文本、数字或日期和时间进行排序。
- “单元格颜色、字体颜色或单元格图标”选项表示按格式进行排序。

05 在“次序”下的列表中选择排序方式。例如，选择“降序”，如图13.8所示。其中：

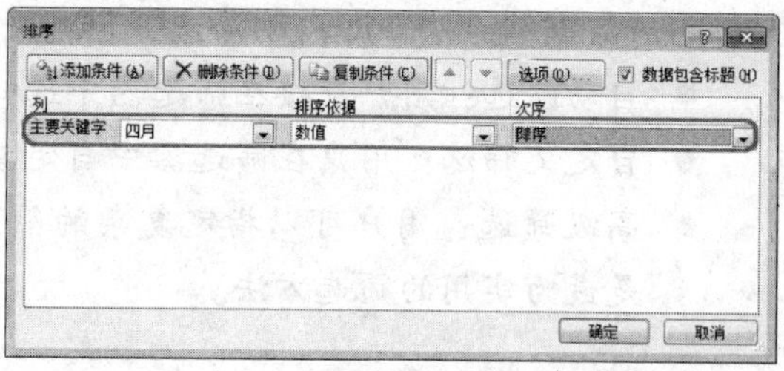

图13.8 设置主要排序条件

- “升序”选项表示文本按从前往后、数字从小到大或日期从早到晚的顺序进行排序。
- “降序”选项表示文本按从后往前、数字从大到小或日期从晚到早的顺序进行排序。
- “自定义序列”选项表示基于自定义序列进行排序。

06 如要添加另一排序列，可单击“添加条件”按钮；并重复步骤3至步骤5。例如，单击“添加条件”按钮，将“次要关键字”设置为“类型”，将“排序依据”设置为“数值”，将“次序”设置为“降序”，如图13.9所示。

07 如果要更改列的排序条件顺序，选择一个条件，然后单击“上移”按钮或“下移”按钮来更改顺序，如果要删除某个排序条件，则选择该条件，单击“删除条件”按钮即可。

08 设置完成后单击“确定”按钮。排序后的效果如图13.10所示。

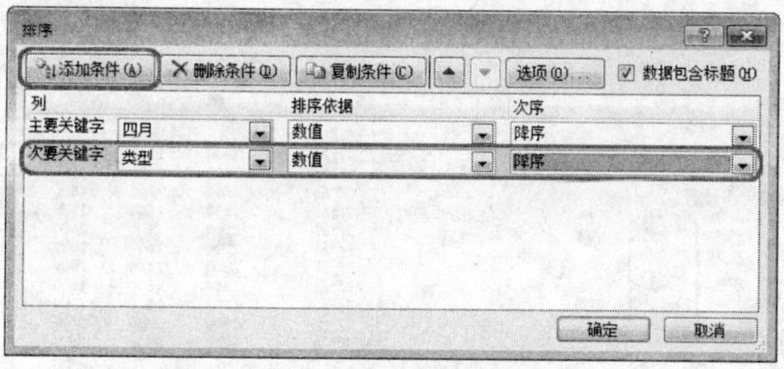

图13.9 设置次要排序条件

	A	B	C	D	E
1	二季度销售利润				
3	类型	四月	五月	六月	总计
4	A产品	2300	2400	2000	6700
5	O产品	2200	1000	1800	5000
6	I产品	2200	2400	2400	7000
7	E产品	2200	1900	2000	6100
8	F产品	2100	1600	1650	5350
9	G产品	2000	1200	2000	5200
10	K产品	1980	2200	2100	6280
11	D产品	1700	1800	1950	5450
12	H产品	1650	1650	1850	5150
13	B产品	1600	1300	1300	4200
14	C产品	1500	1500	1950	4950

图13.10 排序后的效果

提示 复杂排序的方法是：如果在“主要关键字”列表中指定的数据列中包含有相同的内容，则根据“次要关键字”列表中指定的另一列数据进一步进行排序。依此类推。

在“排序”对话框中，如果勾选“数据包含标题”复选框，则“列”中的关键字为工作表中数据的标题，如果不勾选该复选框，则“列”中的关键字为工作表的列标。

如果对排序还有一些特别的要求，如“按行排序”或“区分大小写”等，可以在“排序”对话框中单击“选项”按钮，打开如图13.11所示的“排序选项”对话框，在“排序选项”对话框中进行相关的设置即可。

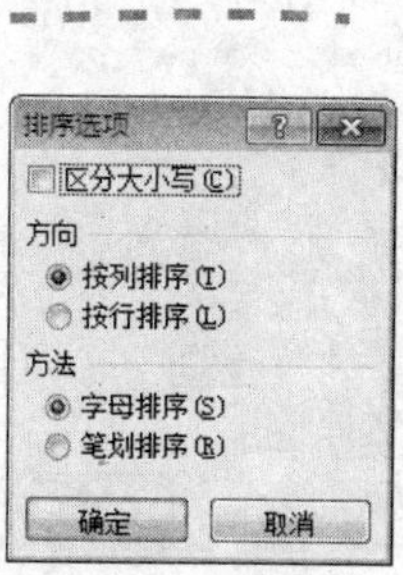

图13.11 “排序选项”对话框

13.2 对数据进行筛选

数据筛选是将符合用户指定条件的内容显示出来，而将不符合用户指定条件的内容隐藏起来。因此，筛选是查找数据列表中符合条件的数据的快捷方法。在Excel 2010中，提供了三种筛选数据的方法，即自动筛选、自定义筛选和高级筛选。

- 自动筛选：用户直接在筛选器中选择需要的筛选条件即可。
- 自定义筛选：用户在筛选器中自定义筛选条件。
- 高级筛选：用户可以指定复杂的筛选条件，还可以将筛选结果复制到其他区域，这是最为实用的筛选方法。

13.2.1 自动筛选

自动筛选是一种快速的筛选方法，通过它可以快速地访问大量数据，通过筛选将满足条件的数据显示出来。

自动筛选数据的操作步骤如下。

01 在工作表中选择单元格区域，或在数据列表中单击任意一个单元格，例如，打开随书附带光盘中的CDROM\素材\Cha13\销售利润表.xlsx，在工作表中单击单元格D4，如图13.12所示。

02 在“数据”选项卡中单击“排序和筛选”组中的“筛选”按钮，如图13.13所示，此时在数据列表中的每个字段名的右侧出现一个下三角按钮，如图13.14所示。

类型	四月	五月	六月	总计
G产品	2000	1200	2000	5200
B产品	1600	1300	1300	4200
O产品	2200	1000	1800	5000
C产品	1500	1500	1950	4950
I产品	2200	2400	2400	7000
F产品	2100	1600	1650	5350
E产品	2200	1900	2000	6100
H产品	1650	1650	1850	5150
D产品	1700	1800	1950	5450
K产品	1980	2200	2100	6280
A产品	2300	2400	2000	6700

图13.12 选择单元格

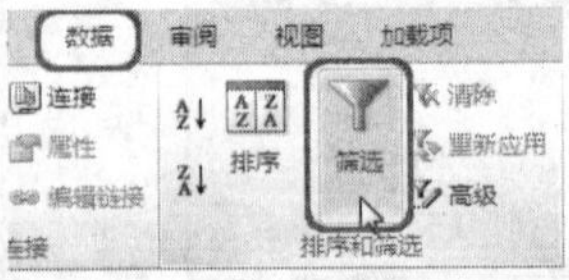

图13.13 单击“筛选”按钮

图13.14 单击“筛选”按钮后的效果

03 单击所需字段名右侧的下三角按钮，打开设置筛选条件的列表框，在该列表框中还可以对筛选后的数据列表进行排序操作，如升序、降序和按颜色排序等。例如，单击单元格D3右侧的下三角按钮，在打开的列表框中取消“（全选）”左侧复选框的勾选，并勾选“2400”复选框，如图13.15所示。

04 单击“确定”按钮，效果如图13.16所示，筛选后所显示的内容的行号呈蓝色，且设置了筛选条件的字段名右侧的下三角按钮变为“筛选”标记。

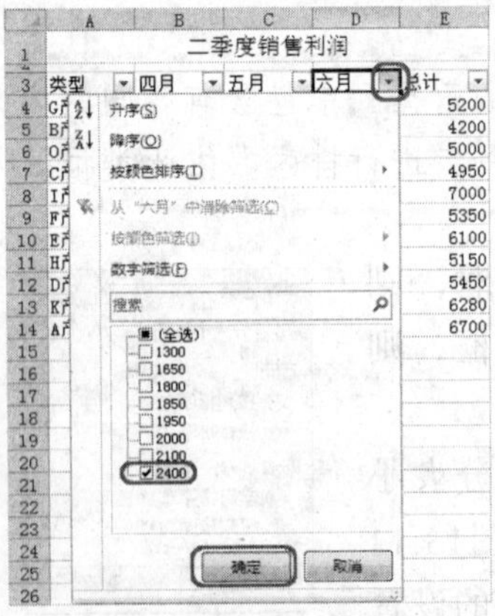

图13.15 设置筛选条件

图13.16 自动筛选后的效果

13.2.2 自定义筛选

在使用自动筛选数据时，如果自动筛选的条件不能满足用户的需求，则需要进行自定义筛选。

例如，对图13.14所示的数据进行自定义筛选，其操作步骤如下。

01 在工作表中单击单元格D3右侧的下三角按钮▾，打开设置筛选条件的列表框。

02 在列表框中选择“数字筛选”选项，在打开的子列表中选择“大于”选项，如图13.17所示，打开“自定义自动筛选方式”对话框，单击“大于”右侧的文本框的下三角按钮，在打开的列表中选择“2000”选项，如图13.18所示。

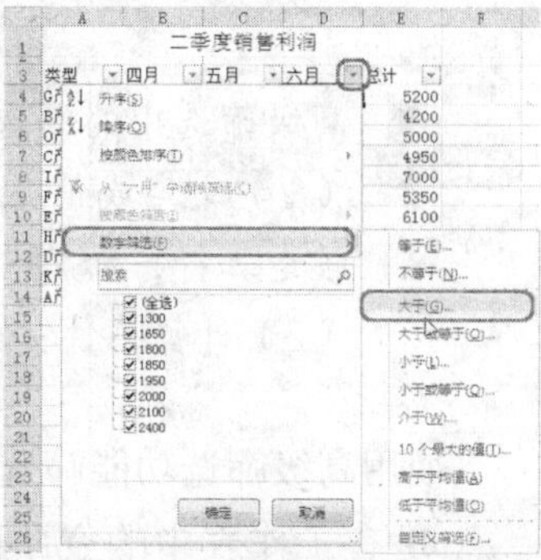

图13.17 选择“大于”选项

03 单击“确定”按钮，筛选后的结果如图13.19所示。

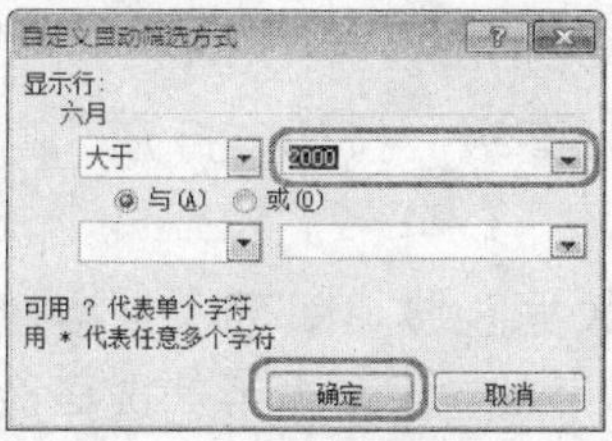

图13.18 “自定义自动筛选方式”对话框

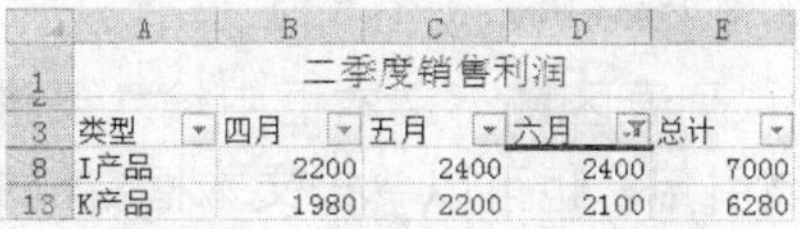

	A	B	C	D	E
1	二季度销售利润				
3	类型	四月	五月	六月	总计
8	I产品	2200	2400	2400	7000
13	K产品	1980	2200	2100	6280

图13.19 自定义筛选后的效果

提示 用户在“自定义自动筛选方式”对话框中还可以设置两个筛选条件，例如，图13.20所示表示必须满足大于1950且小于2400的数据，图13.21所示表示满足大于等于2100或小于等于1300的所有数据。

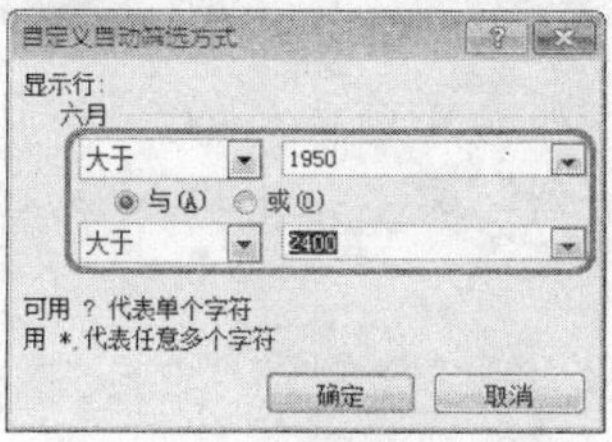

图13.20 两个条件都满足

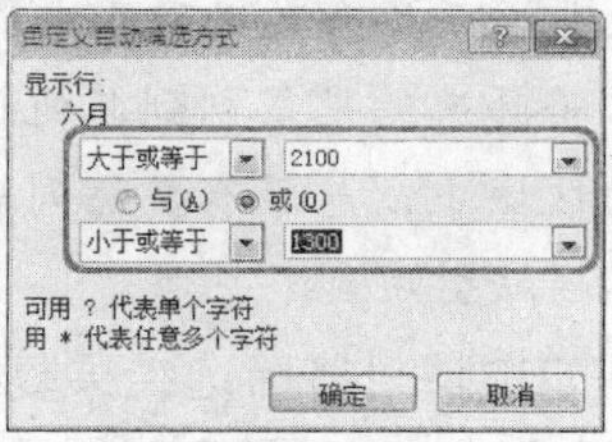

图13.21 只要满足其中一个条件

如果需要对筛选后的数据进行保存或打印，可以将其复制到其他工作表或同一工作表的其他区域中。

如果想取消对数据列表所进行的筛选操作，可以单击“排序和筛选”组中的“清除”按钮。

如果想退出筛选状态，再次单击“排序和筛选”组的“筛选”按钮，即可退出筛选状态。

13.2.3 高级筛选

利用自动筛选功能筛选数据具有局限性，而在实际应用中，时常会遇到一些更复杂的筛选条件，此时利用自动筛选功能已经无法完成，这就需要使用高级筛选功能。高级筛选功能包括进行筛选的数据区域、用于高级筛选的条件区域以及显示筛选结果的区域。

其中，高级筛选的条件区域至少由两行组成，第一行必须包含数据列表中的列标签，即字段名，其他行为筛选条件。

提示 高级筛选中的筛选条件包括两种类型。

（1）文字或值条件：将文字和数值作为条件，同时将比较文字和值，可以使用比较运算符，如“=”、“>”“<”、“>=”、“<=”“<>”等。

（2）计算条件：此类型可包含多种计算公式。

使用高级筛选功能筛选数据的操作步骤如下。

01 在工作表中的空白区域输入筛选条件。例如，打开随书附带光盘中的CDROM\素材\Cha13\销售利润表.xlsx，在单元格C16:C17中分别输入“五月”和“>2000”，如图13.22所示。

02 在数据列表中单击任意一个单元格，例如，选择单元格D6。

03 在“数据”选项卡中单击“排序和筛选”组中的“高级”按钮，打开“高级筛选”对话框，如图13.23所示。

04 在“列表区域”文本框中输入要进行筛选操作的数据区域。即可以直接在该文本框中输入区域引用，也可以单击文本框右侧的按钮，用鼠标在工作表中手动选择数据列表区域，再单击按钮返回到“高级筛选”对话框中。例如，使用默认区域$A$3:$E$14。

05 在“条件区域”文本框中输入包含有筛选条件的条件区域。也可以直接输入或在工作表中手动选择。例如，输入“$C$16:$C$17”的条件区域。

06 在“方式”区域中，根据需要设置筛选结果的显示方式。

- “在原有区域显示筛选结果”：选中该单选钮，则表示筛选结果显示在原有数据列表中，而原有数据列表中不满足条件的内容自动隐藏。
- “将筛选结果复制到其他位置”：选中该单选钮，则表示筛选后的结果将显示在新的区域中，与原有数据列表共存，但需要在“复制到”文本框中输入筛选结果的显示区域引用。

07 例如选择“将筛选结果复制到其他位置”单选钮，在“复制到”的文本框中输入“$A$18:$E$21”，如图13.24所示。

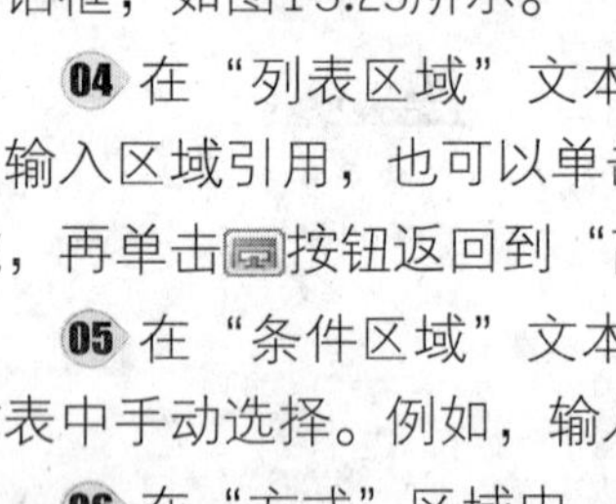

图13.22 输入筛选条件

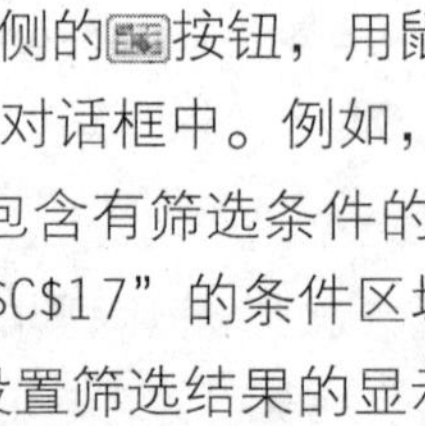

图13.23 “高级筛选”对话框

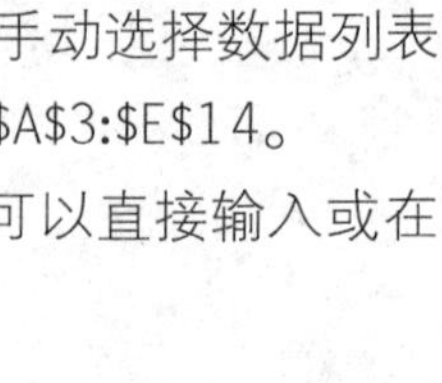

图13.24 设置高级筛选

08 单击“确定”按钮，使用高级筛选后的效果如图13.25所示。而图13.26所示为选择“在原有区域显示筛选结果”单选钮后的筛选效果。

二季度销售利润				
类型	四月	五月	六月	总计
G产品	2000	1200	2000	5200
B产品	1600	1300	1300	4200
O产品	2200	1000	1800	5000
C产品	1500	1500	1950	4950
I产品	2200	2400	2400	7000
F产品	2100	1600	1650	5350
E产品	2200	1900	2000	6100
H产品	1650	1650	1850	5150
D产品	1700	1800	1950	5450
K产品	1980	2200	2100	6280
A产品	2300	2400	2000	6700
		五月		
		>2000		
类型	四月	五月	六月	总计
I产品	2200	2400	2400	7000
K产品	1980	2200	2100	6280
A产品	2300	2400	2000	6700

图13.25 高级筛选后的效果

二季度销售利润				
类型	四月	五月	六月	总计
I产品	2200	2400	2400	7000
K产品	1980	2200	2100	6280
A产品	2300	2400	2000	6700
		五月		
		>2000		

图13.26 “在原有区域显示筛选结果”的效果

1. 高级筛选中的“与”条件

在使用高级筛选对数据进行筛选时，需要指定筛选条件区域，以便显示出符合筛选条件的内容。而对于筛选条件，我们即可以定义一个条件，也可以定义多个条件。

“与”条件是指在两个条件字段名下方的同一行中输入条件，此时系统会认为只有两个条件都成立时，才算符合条件。

高级筛选中“与”条件的使用方法如下。

01 打开随书附带光盘中的CDROM\素材\Cha13\销售利润表.xlsx，在单元格C16:D17中分别输入“五月”、“六月”、“>2000”和“<3000”，如图13.27所示。

02 在数据列表中单击任意一个单元格，单击“排序和筛选”组中的“高级”按钮，在打开的“高级筛选”对话框中选择“在原有区域显示筛选结果”单选钮，在“列表区域”文本框中输入“$A$3:$E$14”，在“条件区域”列表框中输入“$C$16:$D$17”，如图13.28所示。

03 单击“确定”按钮，效果如图13.29所示。

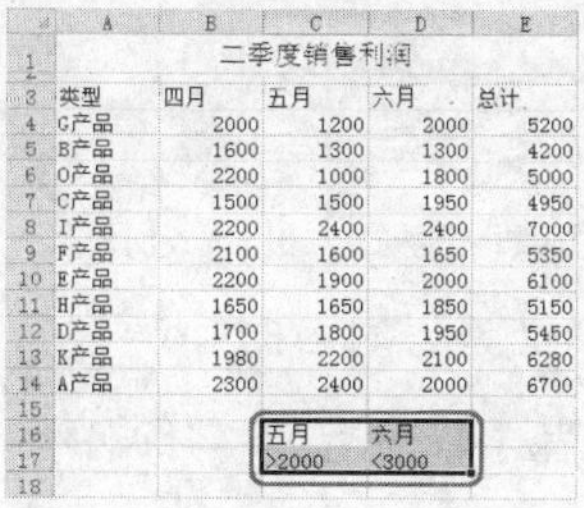

二季度销售利润				
类型	四月	五月	六月	总计
G产品	2000	1200	2000	5200
B产品	1600	1300	1300	4200
O产品	2200	1000	1800	5000
C产品	1500	1500	1950	4950
I产品	2200	2400	2400	7000
F产品	2100	1600	1650	5350
E产品	2200	1900	2000	6100
H产品	1650	1650	1850	5150
D产品	1700	1800	1950	5450
K产品	1980	2200	2100	6280
A产品	2300	2400	2000	6700
		五月	六月	
		>2000	<3000	

图13.27 输入“与”条件

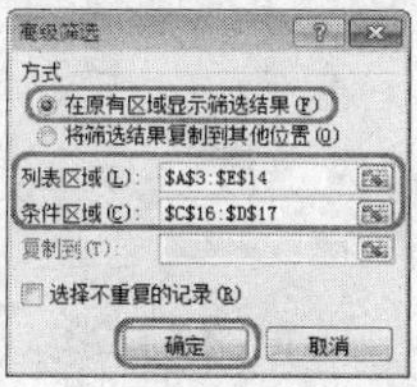

图13.28 “高级筛选”对话框

二季度销售利润				
类型	四月	五月	六月	总计
I产品	2200	2400	2400	7000
K产品	1980	2200	2100	6280
A产品	2300	2400	2000	6700
		五月	六月	
		>2000	<3000	

图13.29 设置“与”条件筛选后的效果

2. 高级筛选中的“或”条件

“或”条件是指在两个条件字段下方的不同行中输入条件，此时系统会认为只要符合其中一个条件就算成立。

高级筛选中“或”条件的使用方法如下。

01 将图13.27中的条件区域更改为如图13.30所示的“或”条件。

02 在数据列表中单击任意一个单元格，并单击“高级”按钮，在打开的“高级筛选”对话框中进行设置，“或”条件筛选后的效果如图13.31所示。

二季度销售利润				
类型	四月	五月	六月	总计
G产品	2000	1200	2000	5200
B产品	1600	1300	1300	4200
O产品	2200	1000	1800	5000
C产品	1500	1500	1950	4950
I产品	2200	2400	2400	7000
F产品	2100	1600	1650	5350
E产品	2200	1900	2000	6100
H产品	1650	1650	1850	5150
D产品	1700	1800	1950	5450
K产品	1980	2200	2100	6280
A产品	2300	2400	2000	6700
		五月	六月	
		>=1900		
			>2000	

图13.30 输入“或”条件

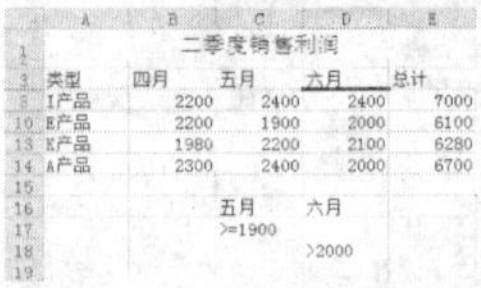

图13.31 设置“或”条件筛选后效果

13.3 对数据分类汇总

在处理大量数据时，使用分类汇总能够为用户节省时间，提高工作效率。分类汇总是将很多数据根据字段名称进行分类，并将同类别的数据放在一起，然后再通过汇总函数（如求和、计数、平均值等）进行计算，将计算结果分组显示出来。

13.3.1 创建分类汇总

在创建分类汇总之前，首先应对数据列表中需要分类汇总的字段进行排序，再单击“分类汇总”按钮进行进一步的操作。其具体的操作步骤如下。

01 首先对需要分类汇总的字段进行排序。例如，打开随书附带光盘中的CDROM\素材\Cha13\家电销售统计.xlsx，选择“产品名称”并对其进行升序排序，效果如图13.32所示。

02 在数据列表中选择任意一个单元格，并在“数据”选项卡中单击“分级显示”组中的“分类汇总”按钮，打开“分类汇总”对话框，如图13.33所示。

图13.32 将“产品名称”按升序排序

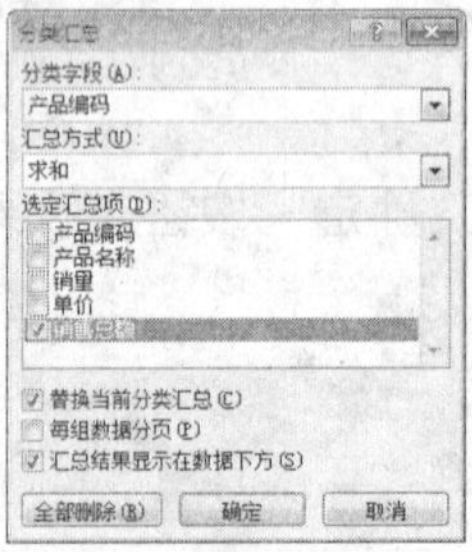

图13.33 “分类汇总”对话框

03 单击“分类字段”文本框右侧的下三角按钮，在打开的列表中选择所需字段作为分类汇总的依据。例如，选择“产品名称”。

04 单击“汇总方式”文本框右侧的下三角按钮，在打开的列表中选择所需的统计函数。例如，选择“最大值”。

05 在“选定汇总项”列表框中，单击需要对其汇总计算的字段前的复选框，使其被选中。例如，选择“销量”，如图13.34所示。

06 可以根据需要选择相应的复选框，指定汇总结果的显示位置。例如使用默认设置。

- “替换当前分类汇总”：选中该复选框，表示按本次分类要求进行汇总。
- “每组数据分页”：选中该复选框，表示将每一类数据分页显示。
- “汇总结果显示在数据下方”：选中该复选框，表示将分类汇总数据放在本类的最后一行。

07 设置完成后，单击“确定”按钮，即可得到分类汇总结果，效果如图13.35所示。

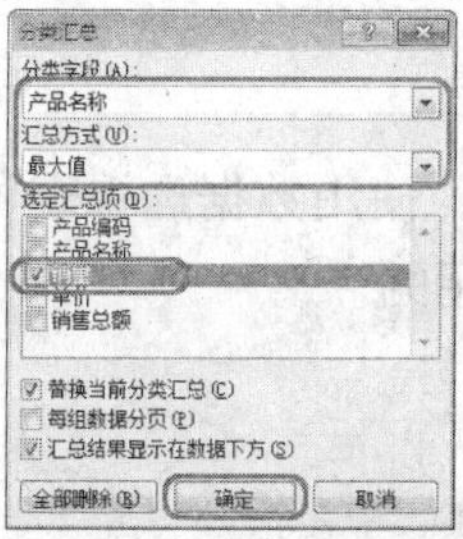

图13.34　设置分类汇总

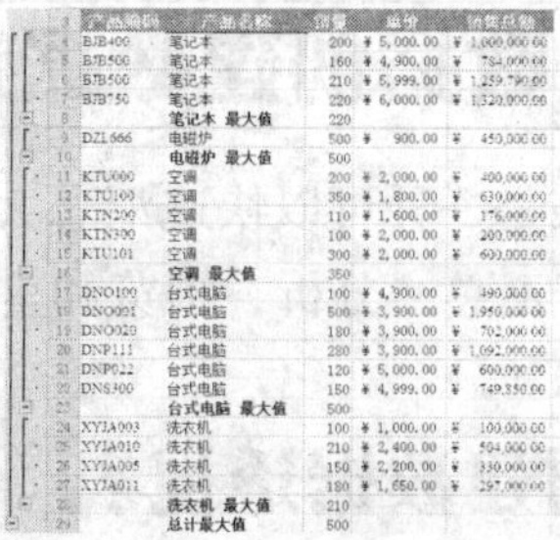

图13.35　分类汇总效果

13.3.2　显示或隐藏细节

从图13.35中可以看出，在显示分类汇总结果的同时，其左侧多出一些分级显示按钮，各按钮的功能如下。

- “显示细节”按钮[+]：单击该按钮可以显示分级信息。
- “隐藏细节”按钮[-]：单击该按钮可以隐藏分级信息。
- “级别”按钮[1]：单击该按钮只显示总的汇总结果，即总计数据。
- “级别”按钮[2]：单击该按钮则显示部分数据及其汇总结果。
- “级别”按钮[3]：单击该按钮显示全部数据。
- 级别条：指示属于某一级别的细节行或列的范围。

利用这些按钮可以控制数据的显示。例如：

01 单击图13.35中第8行左侧的“隐藏细节”按钮[-]，或单击该按钮上的级别条，则显示效果如图13.36所示，此时“隐藏细节”按钮变为“显示细节”按钮。

02 单击图13.35中的“级别”按钮[1]，其显示效果如图13.37所示。

03 单击图13.35中的“级别”按钮[2]，其显示效果如图13.38所示。

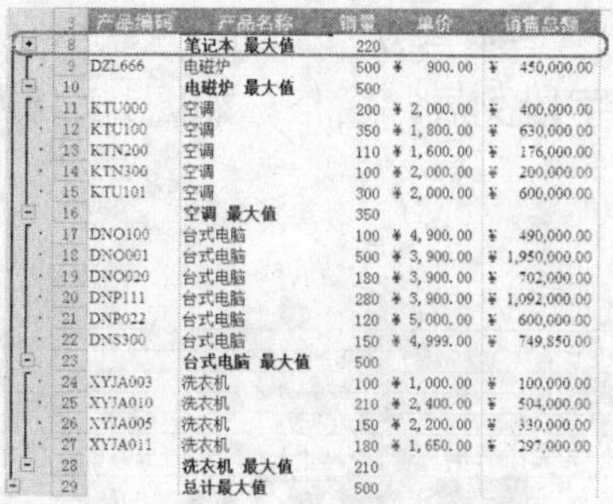

图13.36　隐藏细节效果

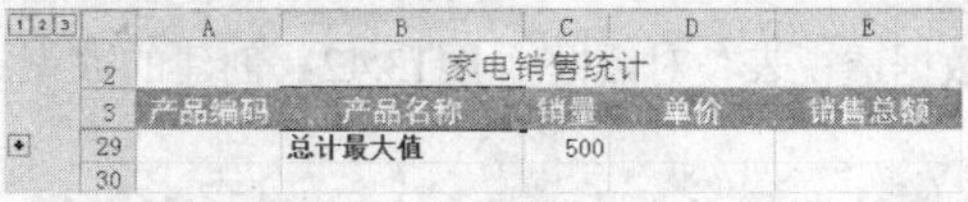

图13.37　单击“级别”按钮[1]的效果

图13.38　单击“级别”按钮[2]的效果

13.3.3　删除分类汇总

删除分类汇总后，Excel 2010还将与分类汇总一起插入的分级显示按钮和分节符一起删除，删除分类汇总的操作步骤如下。

01 选择分类汇总数据列表中的任意一个单元格。

02 在“数据”选项卡中单击“分级显示”组中的“分类汇总”按钮，如图13.39所示，打开的“分类汇总”对话框，单击“全部删除”按钮，即可将分类汇总删除。

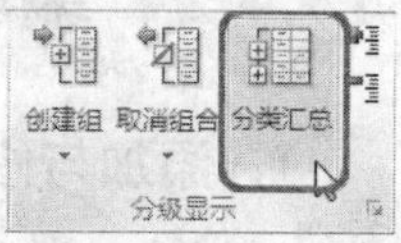

图13.39　单击“分类汇总”按钮

13.4 为数据创建数据透视表

数据透视表是一种可以快速汇总大量数据的交互式方法，使用数据透视表可以深入分析数值数据，对于汇总、分析、浏览和呈现汇总数据是非常有用的。

13.4.1 创建数据透视表

对现有源数据列表建立数据透视表的操作步骤如下。

01 要创建数据透视表，首先应打开数据表。例如打开随书附带光盘中的CDROM\素材\Cha13\家电销售统计.xlsx。

02 在数据列表中选择任意一个单元格，在“插入”选项卡中单击“表格”组中的“数据透视表”按钮，如图13.40所示。

03 打开“创建数据透视表”对话框，在“请选择要分析的数据”区域中选中“选择一个表或区域”单选钮，在“表/区域”文本框中输入要创建数据透视表的源数据列表，如“Sheet1!$A$3:$E$23”。

04 在“选择放置数据透视表的位置”区域中选中“现有工作表”单选钮，在“位置”文本框中输入放置透视表的位置，如“Sheet1!$I$3”，如图13.41所示。

05 单击“确定”按钮，即可在当前工作表中创建一个空的数据透视表及“数据透视表字段列表”窗格，如图13.42所示。

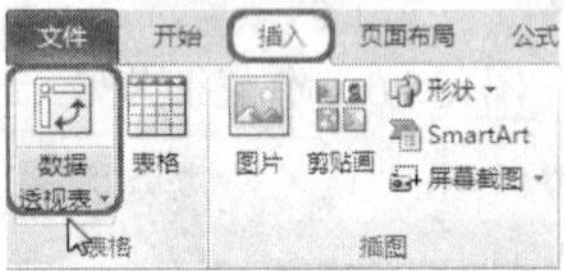

图13.40 单击“数据透视表”按钮

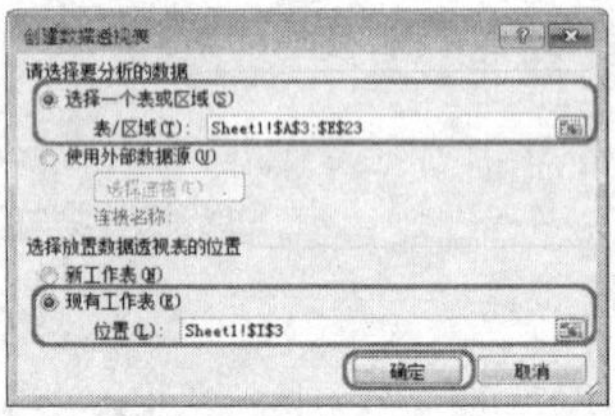

图13.41 “创建数据透视表”对话框

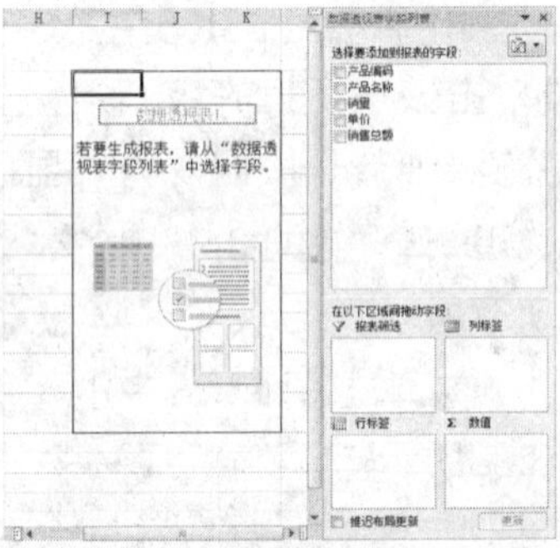

图13.42 创建的数据透视表

提示 在“创建数据透视表”对话框中，还可以选择“使用外部数据源”单选钮，根据存储在当前工作簿或Excel之外的数据库或文件中的数据创建数据透视表。

13.4.2 编辑数据透视表

1. 添加与修改数据透视表的数据

新创建的数据透视表是空的，我们需要通过“数据透视表字段列表”窗格为其添加字段，还可以使用该字段列表来重新排列和删除字段。

为数据透视表添加字段的方法是：在“选择要添加到报表的字段”列表框中，选中所需字段名左侧的复选框，即可将其添加到数据透视表中，如图13.43所示。默认情况下，非数值字段会被添加到“行标签”区域中，而数值字段会被添加到“数值”区域中。也可以在字段名上右击鼠标，在弹出的快捷菜单中选择要添加到的区域，如图13.44所示，每个区域中都能添加多个字段，在不同的区域中，多个字段的顺序不同，得到的数据透视表也不同。

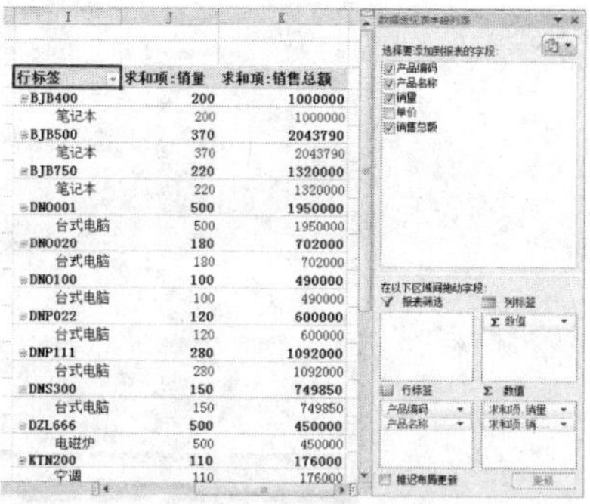

图13.43　为数据透视表添加字段

单击“在以下区域间拖动字段”区域中的任意一个字段名，将弹出一个快捷菜单，在菜单中用户可以进行“上移”、“下移”、“移至开头”、“移至末尾”、“移动到报表筛选”、“移动到行标签”、“移动到列标签”、“字段设置”等操作，例如，在“行标签”区域中的“产品名称”中单击鼠标，在弹出的菜单中选择“上移”，如图13.45所示，更改字段顺序后，数据透视表也随之改变，效果如图13.46所示。

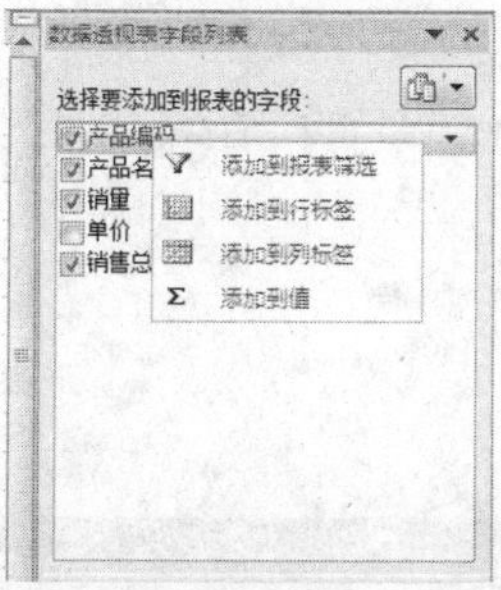

图13.44　右击字段名

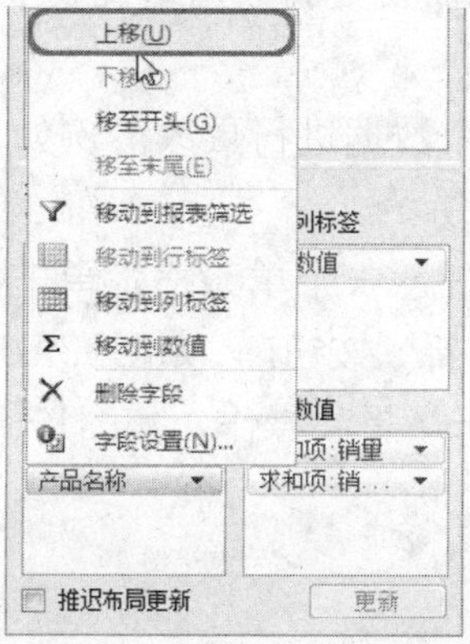

图13.45　选择“上移”选项

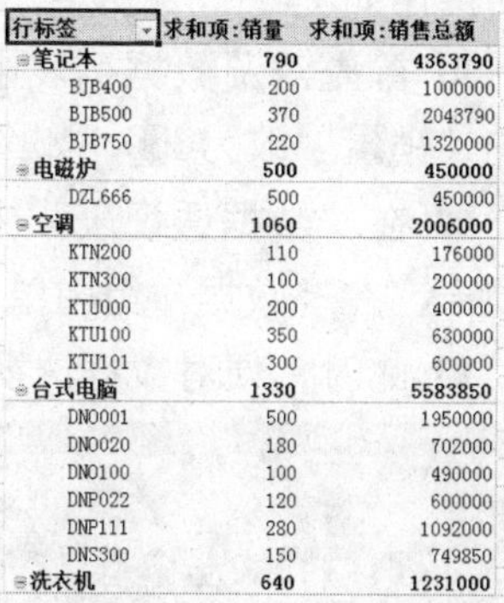

图13.46　更改字段顺序后的效果

提示　当用户不小心将“数据透视表字段列表”窗格关闭后，如果想将其调出，可以在数据透视表中单击任意一个单元格，单击“数据透视表工具”中的“选项”选项卡，在“显示”组中单击“字段列表”按钮，即可将其显示出来。

2．数据透视表样式

与其他工作表一样，也可以为数据透视表设置格式，从而实现美化数据透视表的目的，数据透视表样式可以通过“数据透视表工具”中的“设计”选项卡中相关的选项进行设置。其具体操作如下。

01 在数据透视表中，选择任意一个单元格。

02 单击“数据透视表工具”中的“设计”选项卡，在“数据透视表样式”组中单击“其他”按钮，在打开的列表中选择一种数据透视表样式，如选择“数据透视表样式中等深浅20”，如图13.47所示，设置表样式后的数据透视表效果如图13.48所示。

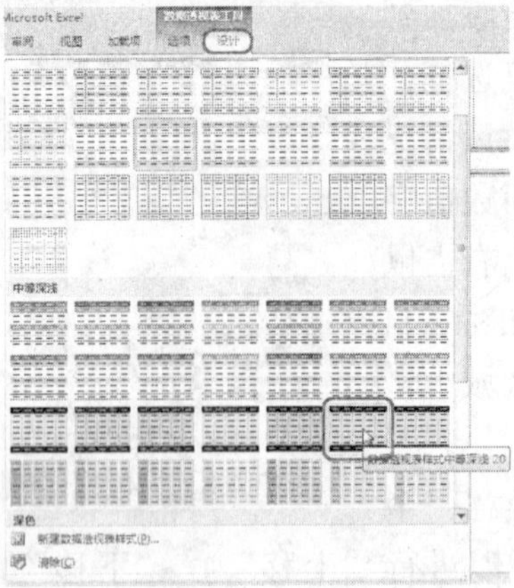

图13.47　选择数据透视表样式

行标签	求和项:销量	求和项:销售总额
⊟笔记本	790	4363790
BJB400	200	1000000
BJB500	370	2043790
BJB750	220	1320000
⊟电磁炉	500	450000
DZL666	500	450000
⊟空调	1060	2006000
KTN200	110	176000
KTN300	100	200000
KTU000	200	400000
KTU100	350	630000
KTU101	300	600000
⊟台式电脑	1330	5583850
DNO001	500	1950000
DNO020	180	702000
DNO100	100	490000
DNP022	120	600000
DNP111	280	1092000
DNS300	150	749850
⊟洗衣机	640	1231000
XYJA003	100	100000
XYJA005	150	330000

图13.48　设置表样式后的数据透视表效果

3. 更新数据透视表中的数据

在创建了数据透视表后，如果在源数据列表中更改了某个数据，基于此数据列表的数据透视表并不会自动随之改变，如果需要更新数据透视表中的数据，则需要手动进行更新。其具体操作如下。

01 首先对源数据列表中的某个数据进行更改。例如，将源数据列表中的“BJB750”产品的“销量”改为350，如图13.49所示。

02 在“数据透视表”中单击任意一个单元格，单击“数据透视表工具”中的“选项”选项卡，在“数据”组中单击“刷新”按钮，如图13.50所示。

03 此时，便对数据透视表执行了更新操作，如图13.51所示。

3	产品编码	产品名称	销量	单价	销售总额
4	XYJA003	洗衣机	100	¥ 1,000.00	¥ 100,000.00
5	DNO100	台式电脑	100	¥ 4,900.00	¥ 490,000.00
6	KTU000	空调	200	¥ 2,000.00	¥ 400,000.00
7	DNO001	台式电脑	500	¥ 3,900.00	¥ 1,950,000.00
8	KTU100	空调	350	¥ 1,800.00	¥ 630,000.00
9	XYJA010	洗衣机	210	¥ 2,400.00	¥ 504,000.00
10	BJB400	笔记本	200	¥ 5,000.00	¥ 1,000,000.00
11	DNO020	台式电脑	180	¥ 3,900.00	¥ 702,000.00
12	KTN200	空调	110	¥ 1,600.00	¥ 176,000.00
13	XYJA005	洗衣机	150	¥ 2,200.00	¥ 330,000.00
14	KTN300	空调	100	¥ 2,000.00	¥ 200,000.00
15	DNP111	台式电脑	280	¥ 3,900.00	¥ 1,092,000.00
16	BJB500	笔记本	160	¥ 4,900.00	¥ 784,000.00
17	BJB500	笔记本	210	¥ 5,999.00	¥ 1,259,790.00
18	DNP022	台式电脑	120	¥ 5,000.00	¥ 600,000.00
19	XYJA011	洗衣机	180	¥ 1,650.00	¥ 297,000.00
20	DZL666	电磁炉	500	¥ 900.00	¥ 450,000.00
21	DNS300	台式电脑	150	¥ 4,999.00	¥ 749,850.00
22	BJB750	笔记本	350	¥ 6,000.00	¥ 2,100,000.00
23	KTU101	空调	300	¥ 2,000.00	¥ 600,000.00

图13.49　更改数据

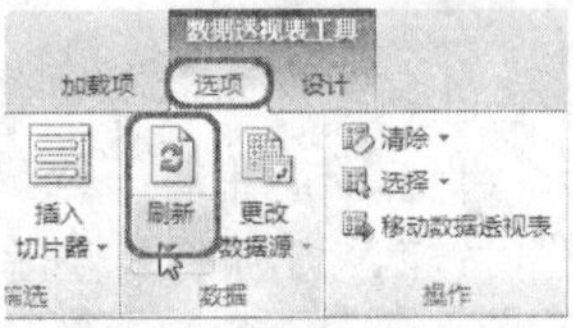

图13.50　单击“刷新”按钮

行标签	求和项:销量	求和项:销售总额
⊟笔记本	920	5143790
BJB400	200	1000000
BJB500	370	2043790
BJB750	350	2100000
⊟电磁炉	500	450000
DZL666	500	450000
⊟空调	1060	2006000
KTN200	110	176000
KTN300	100	200000
KTU000	200	400000
KTU100	350	630000
KTU101	300	600000
⊟台式电脑	1330	5583850
DNO001	500	1950000
DNO020	180	702000

图13.51　更新数据透视表效果

4. 更改数据透视表布局

在Excel 2010，通过“数据透视表工具”中的“设计”选项卡中的“布局”组中的按钮可以更改创建的数据透视表的显示方式（如以表格显示数据透视表、在第n个项目后插入空行，分类汇总的显示位置等）。例如更改数据透视表中汇总的显示位置的操作如下。

01 在数据透视表中单击任意一个单元格。

02 单击“数据透视表工具”中的“设计”选项卡，在“布局”组中单击“分类汇总”按钮，在打开的列表中选择“在组的底部显示所有分类汇总”选项，如图13.52所示。

03 此时，更改布局后的数据透视表的效果如图13.53所示。

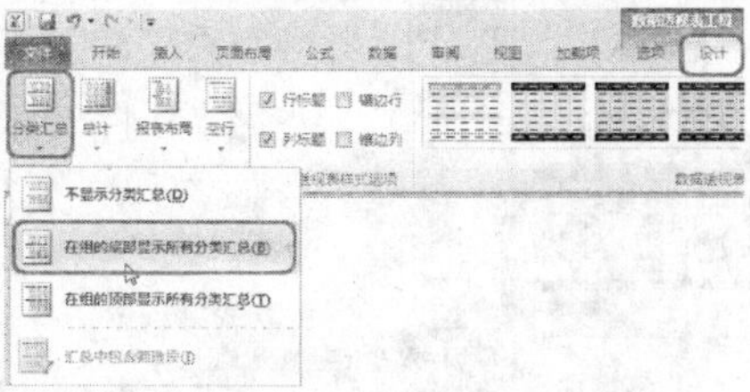

图13.52　设置“分类汇总”的显示方式

行标签	求和项:销量	求和项:销售总额
⊟笔记本		
BJB400	200	1000000
BJB500	370	2043790
BJB750	350	2100000
笔记本 汇总	920	5143790
⊟电磁炉		
DZL666	500	450000
电磁炉 汇总	500	450000
⊟空调		
KTN200	110	176000
KTN300	100	200000
KTU000	200	400000
KTU100	350	630000
KTU101	300	600000
空调 汇总	1060	2006000
⊟台式电脑		
DN0001	500	1950000
DN0020	180	702000
DN0100	100	490000

图13.53　更改布局后的数据透视表

13.5 为数据创建数据透视图

为了更直观地反映数据透视表的分析结果，可以创建数据透视图报表。在创建数据透视图报表的过程中，Excel会自动创建相应的数据透视表。

数据透视图报表是以图形的形式表示数据透视表（此时的数据透视表称为相关联的数据透视表）中的数据。与数据透视表一样，数据透视图报表也是交互式的，而且相关联的数据透视表中的任何字段布局或数据更改都将立即在数据透视图报表中反映出来。

13.5.1 创建数据透视图

在Excel 2010中，可能通过“数据透视图”按钮来创建某个数据列表的数据透视图，其具体操作如下。

01 打开要为其创建数据透视图的源数据列表。例如打开随书附带光盘中的CDROM\素材\Cha13\家电销售统计.xlsx。

02 在数据列表中选择任意一个单元格，在“插入”选项卡中单击“表格”组中的“数据透视表”按钮旁的下三角按钮，在打开的列表中选择“数据透视图”选项，如图13.54所示。

03 打开“创建数据透视表及数据透视图”对话框，与创建数据透视表一样，选择数据列表及放置数据透视表和数据透视图的位置。例如，在“表/区域”文本框中输入“Sheet1!$A$13:$E$23”，并选择“新工作表”单选钮，如图13.55所示。

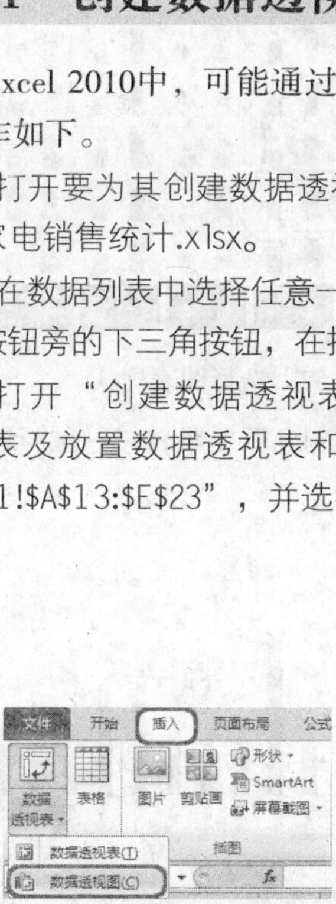

图13.54　选择“数据透视图”选项

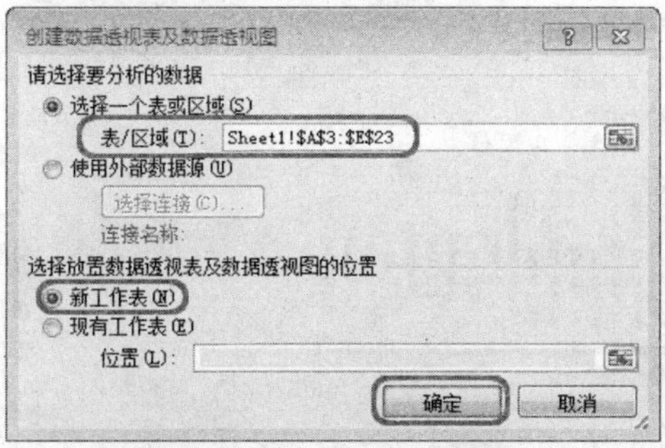

图13.55　“创建数据透视表及数据透视图”对话框

04 单击“确定”按钮，自动新建一个工作表，用来放置数据透视表和数据透视图，在“数据透视表字段列表”中，选择要在数据透视表和数据透视图中显示的字段，例如，选择“产品编码”，“产品名称”，“销量”，效果如图13.56所示。

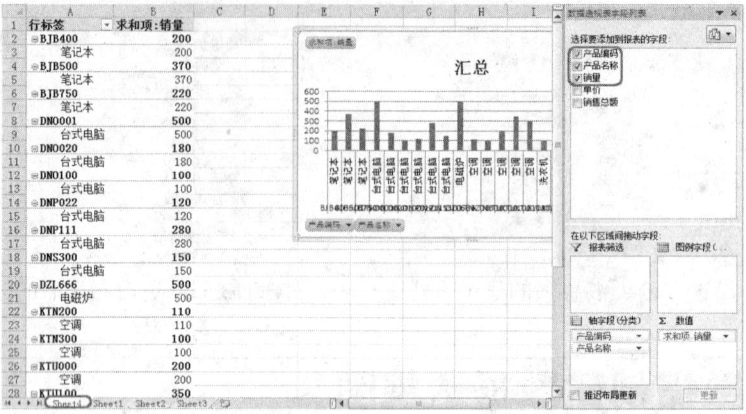

图13.56　数据透视图的效果

13.5.2　编辑数据透视图

可以像编辑图表一样对数据透视图进行编辑，如设置图表类型、布局、样式等，也可以通过编辑数据透视表来确定数据透视图中的显示。下面以更改数据透视图的图表样式和改变数据透视图的大小为例进行介绍，具体操作如下。

01 选择工作表中的图表，单击“数据透视图工具”中的“设计”选项卡，在“图表样式”组中单击“其他”按钮，在打开的列表中选择一种图表样式，例如，选择“样式28”，如图13.57所示。

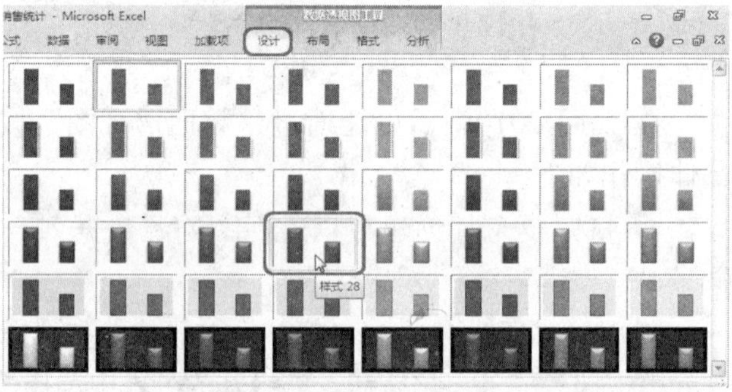

图13.57　选择图表样式

02 此时图表的样式已经更改，将鼠标移到图表区边框的右下角上，当鼠标变为斜向双箭头时，如图13.58所示，按住鼠标左键拖动即可调整图表的大小，调整后的效果如图13.59所示。

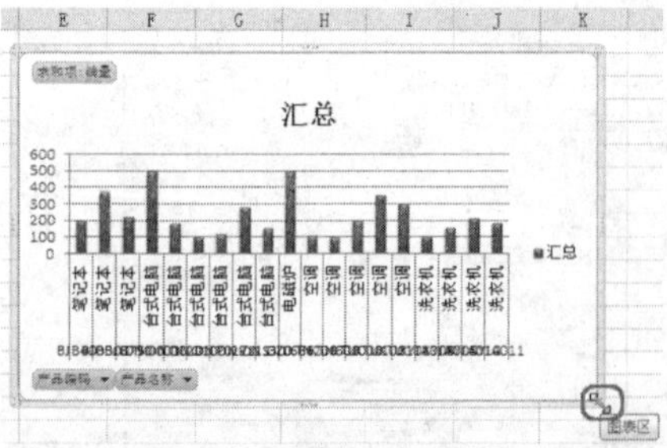

图13.58　将鼠标移到图表区边框右下角

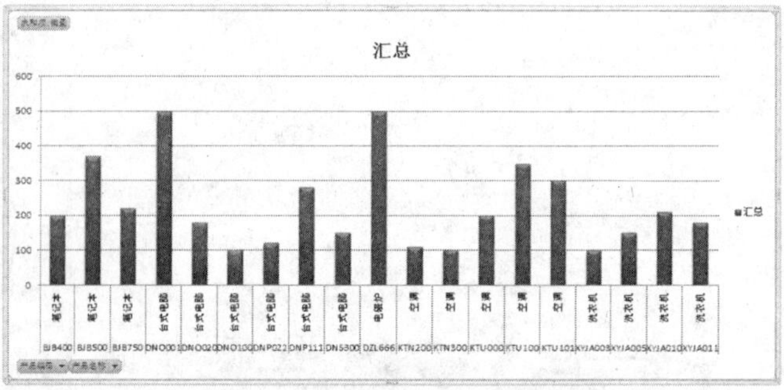

图13.59　调整图表后的效果

13.6 模拟分析

在Excel 2010中，还提供了模拟分析工具，包括方案管理、单变量求解和模拟运算表三种。本节主要介绍单变量求解和方案管理器的应用。

13.6.1 单变量求解

通常情况下，根据已知的数据可以通过公式来计算结果，单变量求解却是相反的，它是已知某个公式的结果，来求公式中的某个变量的值。

例如，打开随书附带光盘中的CDROM\素材\Cha13\单变量求解.xlsx。已知季度奖金是本季度三个月销售额总和的20%，而现在知道前两个月的销售额，如果要确保本季度奖金为3000，则最后一个月的销售额需要达到多少才可以。此时便需要用单变量求解来进行分析，其具体操作如下。

01 选择单元格E4，在“数据”选项卡中单击“数据工具”组中的“模拟分析”按钮，在打开的列表中选择“单变量求解”选项，如图13.60所示。

02 打开“单变量求解”对话框，此时在“目标单元格”文本框中包含刚才所选择的单元格，在“目标值”文本框中输入需要的值，如3000，在“可变单元格”文本框中输入“$B$5”，如图13.61所示。

03 单击“确定”按钮，打开“单变量求解状态”对话框，如图13.62所示，在单元格B5中显示出所有的解，即六月销售额达到7000时，本季度奖金才能为3000。

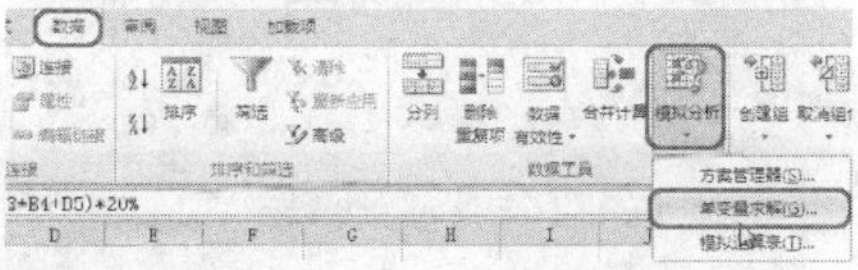

图13.60 选择“单变量求解”选项

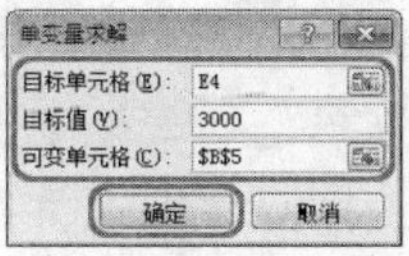

图13.61 “单变量求解”对话框

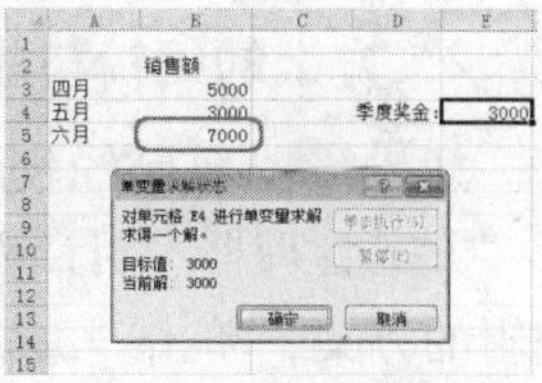

图13.62 单变量求解结果

13.6.2 方案管理器

方案管理器用于创建和保存不同的值组（方案），并可在各个值组之间切换，方案管理器能帮助用户在多变量的情况下分析数据。

1. 方案的创建与显示

要创建方案，首先应在工作表中创建数据列表，再在“数据”选项卡中单击“数据工具”组中的“模拟分析”按钮，在打开的列表中选择“方案管理器”选项。

此时，打开“方案管理器”对话框，如图13.63所示，单击“添加”按钮，将打开“添加方案”对话框，如图13.64所示。其中，在“方案名”文本框中输入要创建的方案名称，如“一”，在“可变单元格”文本框中输入单元格引用，如果单元格为不相连，要用逗号将单元格分开。

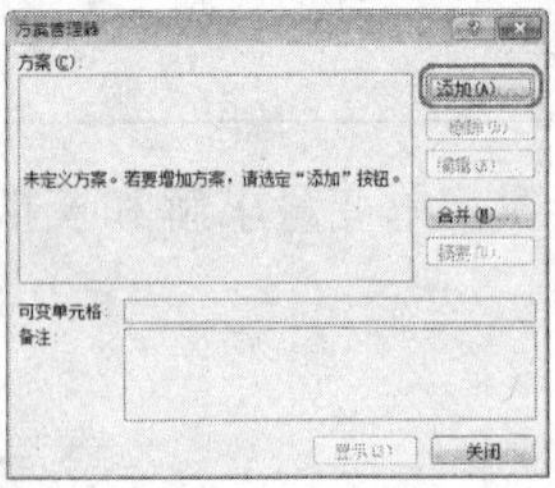

图13.63　单击“添加”按钮

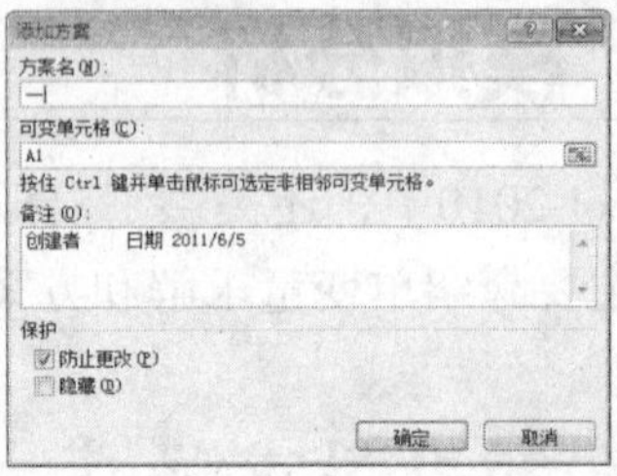

图13.64　“添加方案”对话框

单击“确定”按钮，打开“方案变量值”对话框，如图13.65所示，在该对话框中输入每个可变单元格的值，单击“确定”按钮，返回到“方案管理器”对话框，此时新创建的方案出现在方案列表框中，如图13.66所示。

要显示某个方案，只需在方案列表框中选择方案，然后单击“显示”按钮，即可在工作表中显示该方案的每个单元格的值。

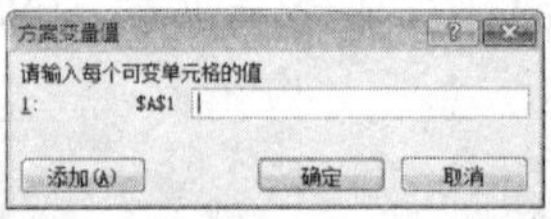

图13.65　“方案变量值”对话框

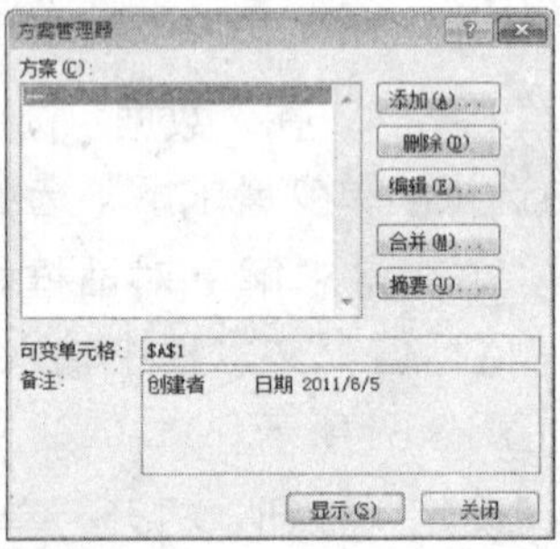

图13.66　“方案管理器”对话框

2. 方案的编辑与删除

如果需要对已经创建的某个方案进行编辑操作，打开“方案管理器”对话框，在“方案”列表框中选择需要编辑的方案，单击“编辑”按钮，打开“编辑方案”对话框，如图13.67所示，即可以对方案进行编辑。

要删除某个方案，在“方案管理器”对话框中的“方案”列表框中选择要删除的方案，单击“删除”按钮即可。

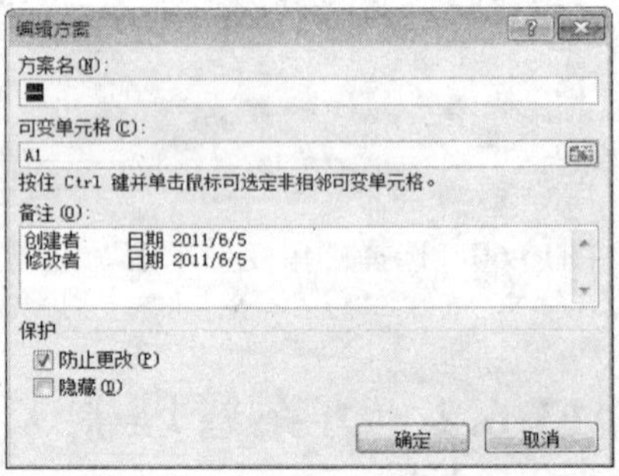

图13.67　“编辑方案”对话框

3. 方案摘要的创建

如果在一张工作表中创建了多个方案，使用“方案管理器”对话框虽然可以逐一地显示方案，但不能对各个方案进行对比，此时用户可以通过创建方案摘要来对各个方案进行对比。创建方案摘要的步骤如下。

01 打开“方案管理器”对话框，单击“摘要”按钮，打开“方案摘要”对话框，如图13.68所示。

02 在“报表类型”区域中，选择创建的方案摘要类型，在“结果单元格”文本框中输入单元格的引用。单击“确定”按钮，即可创建方案摘要报告。

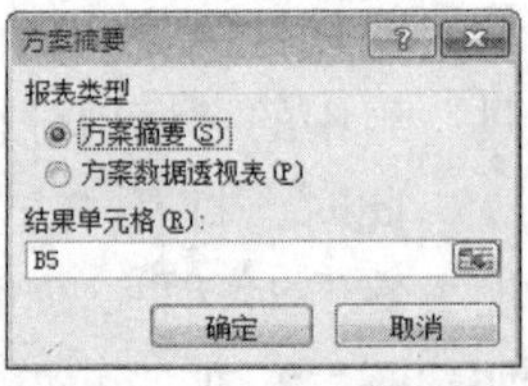

图13.68　“方案摘要”对话框

13.7 实战操作

13.7.1 方案管理器的应用

本例主要介绍方案管理器的实际应用。有三家销售公司，其待遇分别是：A公司底薪600，提成10%，B公司底薪1000，提成2%，C公司底薪1200，提成1%，一个销售员每月的销售额为20000，那该销售员去哪家公司最合适。利用方案管理器便能轻松解决。效果如图13.69所示。

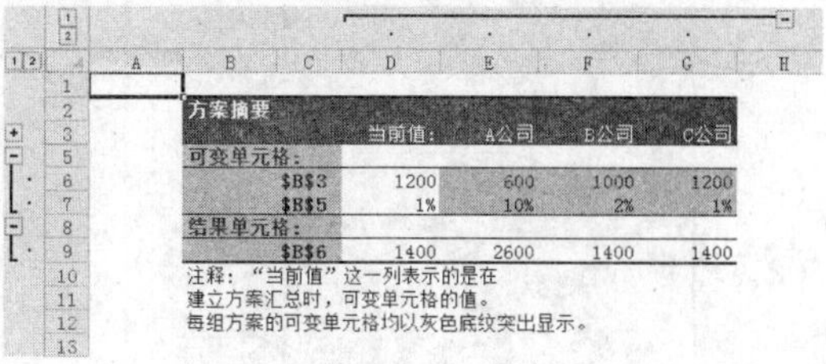

图13.69 效果

01 打开Excel 2010，系统会自动新建一个空白工作簿。

02 在单元格A3:B6中分别输入文本和数据，如图13.70所示。

03 在“数据”选项卡中，单击“数据工具”组中的“模拟分析”按钮，在打开的列表中，选择“方案管理器”选项，如图13.71所示。

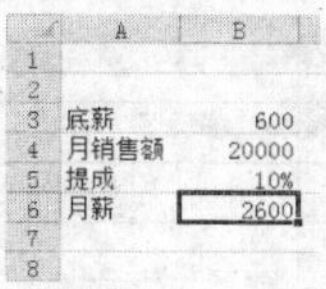

图13.70 输入文本和数据

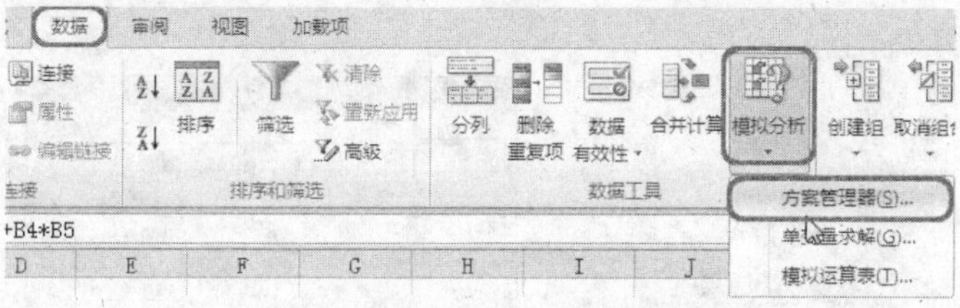

图13.71 选择“方案管理器”选项

04 打开“方案管理器”对话框，单击“添加”按钮，打开“添加方案”对话框，在“方案名”中输入“A公司”，单击“可变单元格”文本框右侧的按钮，在工作表中选择单元格B3，按住Ctrl键再选择单元格B5，再单击按钮，展开该对话框，此时该对话框变为“编辑方案”对话框，如图13.72所示。

05 单击“确定”按钮，打开“方案变量值”对话框，在两个文本框中分别输入600，0.1，如图13.73所示。

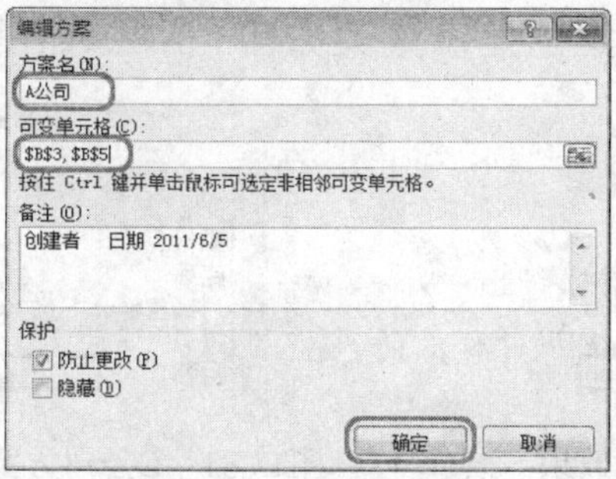

图13.72 编辑方案

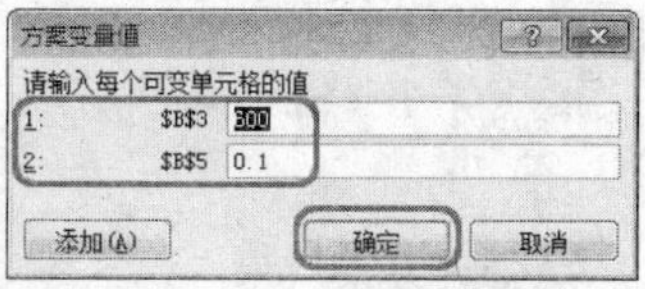

图13.73 输入可变单元格的值

06 单击“确定”按钮，返回到“方案管理器”对话框，此时在方案列表框中显示出新创建的A公司方案，如图13.74所示。

07 在“方案管理器”对话框中，单击“添加”按钮，在打开的“添加方案”对话框中，将“方案名”设置为“B公司”，可变单元格与A公司一样，如图13.75所示。

图13.74 “方案管理器”对话框

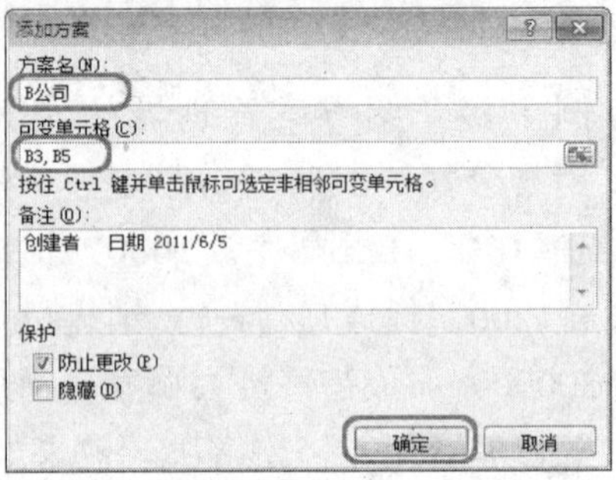

图13.75 设置单元格格式

08 单击“确定”按钮，在“方案变量值”对话框中输入可变单元格的值，分别为1000，0.02，如图13.76所示。

09 单击“确定”按钮，返回到“方案管理器”对话框，使用同样的方法再创建C公司的方案，可变单元格的值分别为1200，0.01，创建完方案后，“方案管理器”中的效果如图13.77所示。

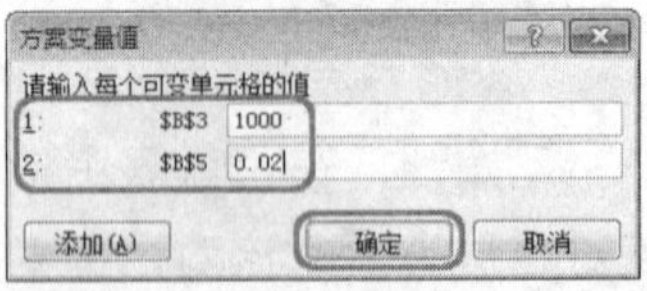

图13.76 输入可变单元格的值

图13.77 创建方案后的效果

图13.78 设置边框

10 在“方案管理器”对话框中的“方案”列表框中，选择A公司方案，单击“显示”按钮，如图13.78所示，工作表中的显示效果如图13.79所示。

11 使用同样的方法，B公司方案和C公司方案的显示效果如图13.80和图13.81所示。

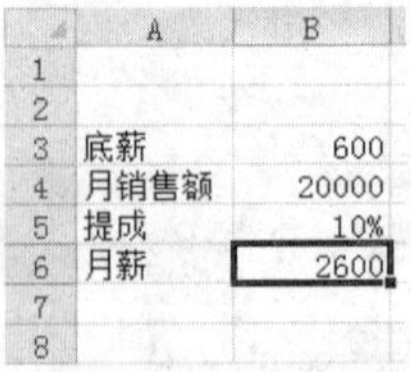

图13.79 A公司方案效果

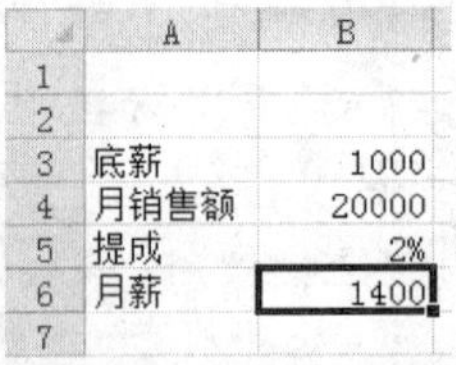

图13.80 B公司方案效果

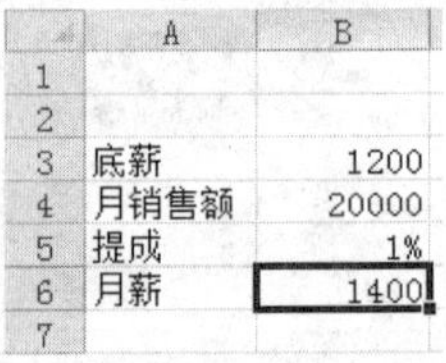

图13.81 C公司方案效果

12 接下来我们为方案创建摘要报表，在“方案管理器”对话框中，单击“摘要”按钮，打开“方案摘要”对话框，选择“方案摘要”单选钮，在“结果单元格”文本框中输入B6，如图13.82所示。单击“确定”按钮，效果如图13.83所示。

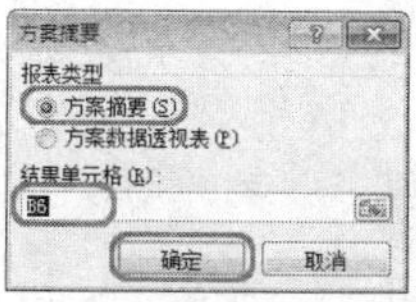

图13.82 “方案摘要”对话框

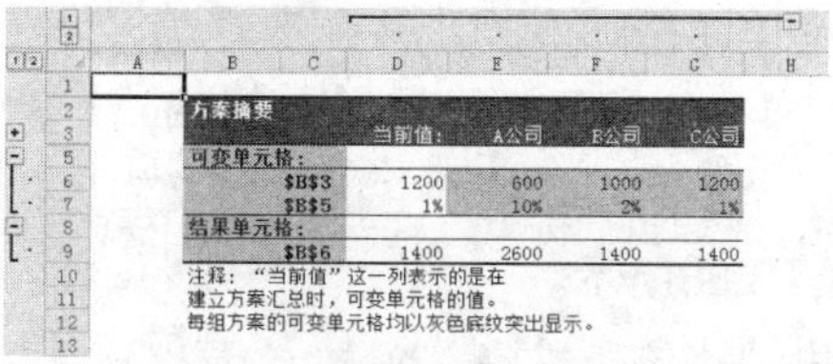

图13.83 方案摘要报表

13.7.2 订单表

本例介绍订单表的制作，包括对订单表进行筛选和为其创建数据透视图。本例是对本章内容的综合应用。

1．制作并筛选订单表

首先我们制作一个订单表，并利用高级筛选功能对制作的订单表进行高级筛选操作，筛选出我们需要的数据，效果如图13.84所示。

01 打开Excel 2010，系统自动新建一个空白工作簿。

02 在单元格A2:E15中，分别输入文本和数据，如图13.85所示。按住Ctrl键选择单元格A2:E2和A3:C15，在“开始”选项卡中，单击“对齐方式”组中的“居中”按钮，如图13.86所示。

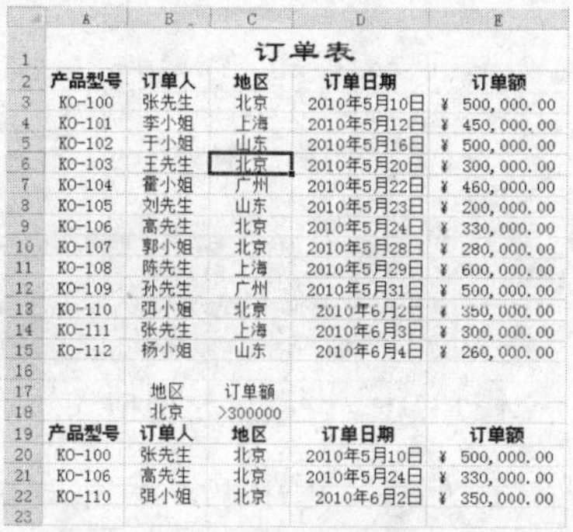

图13.84 制作并筛选订单表效果

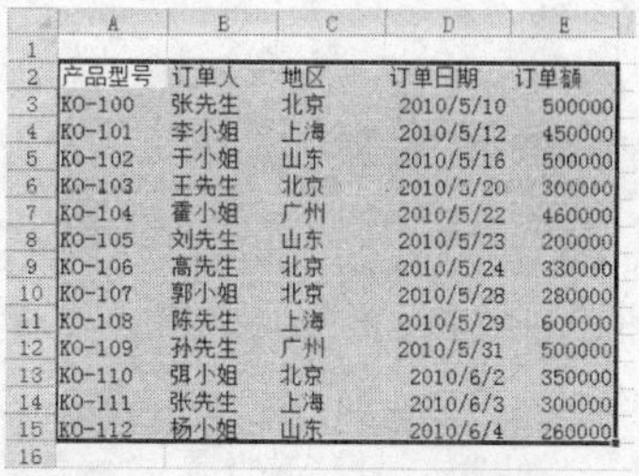

图13.85 输入文本和数据

03 选择单元格A2:E2，在“字体”组中，将“字体”设置为黑体，“字号”设置为12，如图13.87所示。

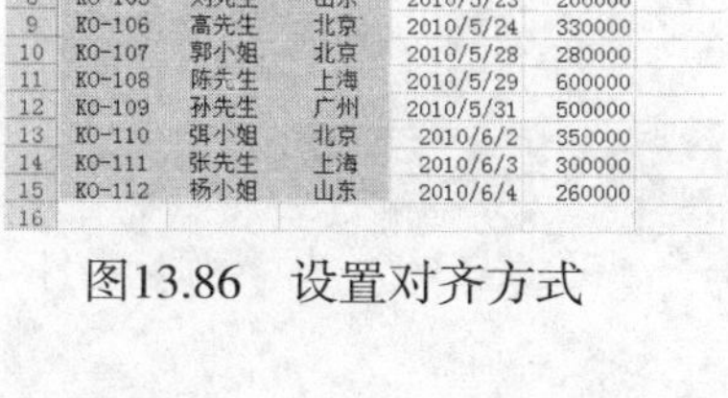

图13.86 设置对齐方式

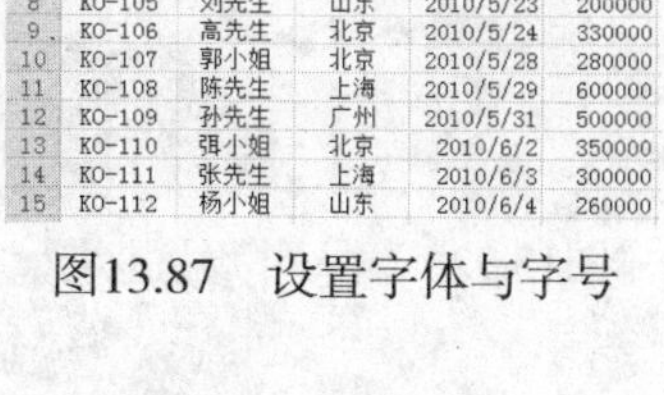

图13.87 设置字体与字号

04 选择单元格D3:D15，并在选择的区域上右击鼠标，在弹出的快捷菜单中选择“设置单元格格式”命令，打开“设置单元格格式”对话框，切换至“数字”选项卡，确定“分类”列表框中的“日期”类为选中状态，在右侧的“类型”列表框中，选择“2001年3月14日”类型，如图13.88所示。

05 单击“确定”按钮，设置单元格格式后的效果如图13.89所示。

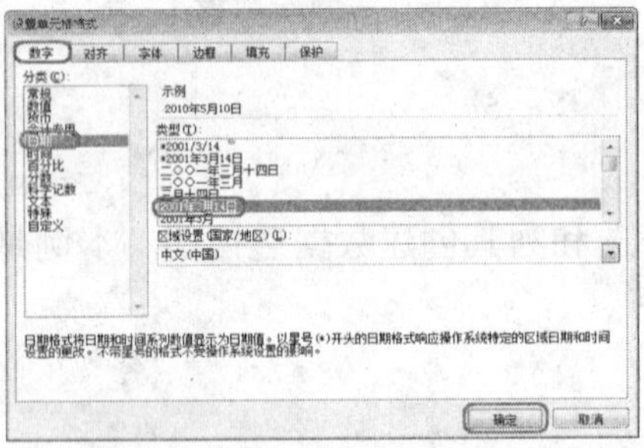

图13.88 “设置单元格格式”对话框

图13.89 设置单元格格式的效果

06 选择单元格E3:E15，打开“设置单元格格式”对话框，切换至“数字”选项卡，在“分类”列表框中，选择“会计专用”，设置“小数位数”为2，并选择货币符号，如图13.90所示。单击“确定”按钮，效果如图13.91所示。

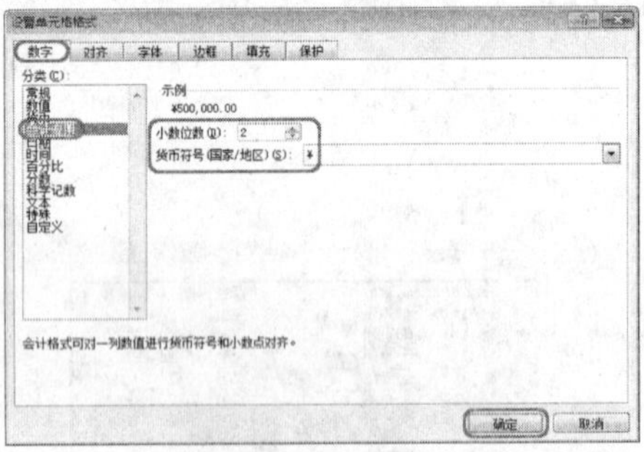

图13.90 “设置单元格格式”对话框

图13.91 设置单元格格式效果

07 选择单元格A1:E1，在“开始”选项卡中单击“对齐方式”组中的“合并后居中”按钮，合并单元格，输入“订单表”，并将其“字体”设置为“隶书”，“字号”设置为22，如图13.92所示。

08 在单元格B17:C18中输入高级筛选的条件，如图13.93所示。单击单元格C6，在“数据”选项卡中，单击“排序和筛选”组中的“高级”按钮。

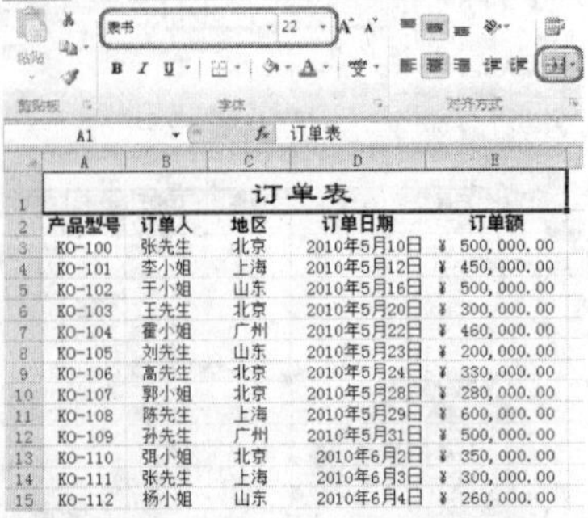

图13.92 输入并设置标题

图13.93 输入筛选条件

09 打开“高级筛选”对话框，单击“将筛选结果复制到其他位置”单选钮，确定“列表区域”文本框中的单元格引用正确，在“条件区域”文本框中输入“$B$17:$C$18”，在“复制到”文本框中输入“$A$19:$E$23”，如图13.94所示。筛选结果如图13.95所示。

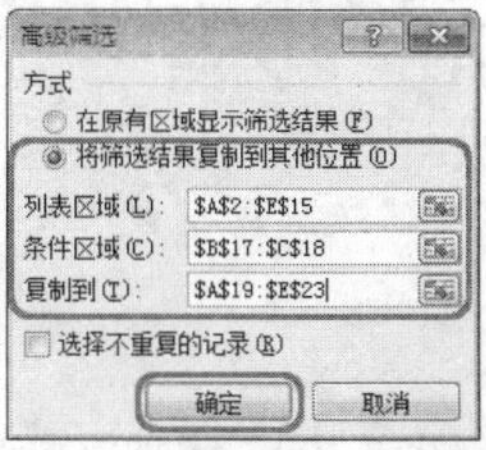

图13.94 “高级筛选”对话框

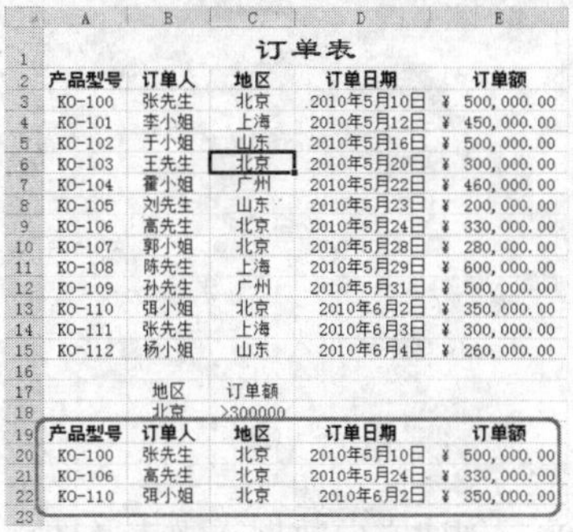

订单表

产品型号	订单人	地区	订单日期	订单额
KO-100	张先生	北京	2010年5月10日	¥ 500,000.00
KO-101	李小姐	上海	2010年5月12日	¥ 450,000.00
KO-102	于小姐	山东	2010年5月16日	¥ 500,000.00
KO-103	王先生	北京	2010年5月20日	¥ 300,000.00
KO-104	霍小姐	广州	2010年5月22日	¥ 460,000.00
KO-105	刘先生	山东	2010年5月23日	¥ 200,000.00
KO-106	高先生	北京	2010年5月24日	¥ 330,000.00
KO-107	郭小姐	北京	2010年5月28日	¥ 280,000.00
KO-108	陈先生	上海	2010年5月29日	¥ 600,000.00
KO-109	孙先生	广州	2010年5月31日	¥ 500,000.00
KO-110	張小姐	北京	2010年6月2日	¥ 350,000.00
KO-111	张先生	上海	2010年6月3日	¥ 300,000.00
KO-112	杨小姐	山东	2010年6月4日	¥ 260,000.00

地区	订单额
北京	>300000

产品型号	订单人	地区	订单日期	订单额
KO-100	张先生	北京	2010年5月10日	¥ 500,000.00
KO-106	高先生	北京	2010年5月24日	¥ 330,000.00
KO-110	張小姐	北京	2010年6月2日	¥ 350,000.00

图13.95 筛选结果

2. 为订单表创建数据透视图

接下来我们为刚制作的订单表创建数据透视图，效果如图13.96所示。

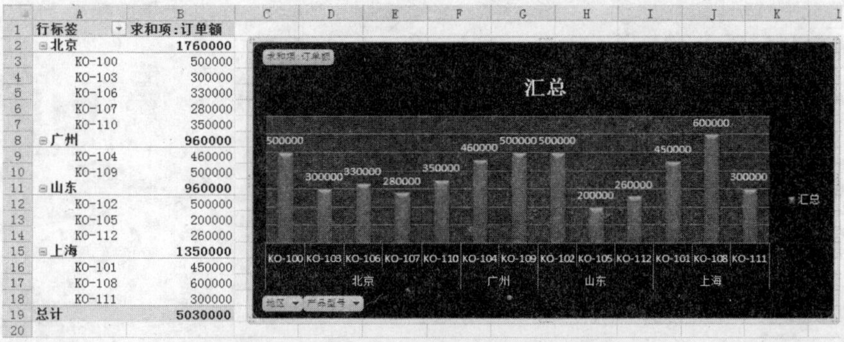

行标签	求和项:订单额
⊟北京	1760000
KO-100	500000
KO-103	300000
KO-106	330000
KO-107	280000
KO-110	350000
⊟广州	960000
KO-104	460000
KO-109	500000
⊟山东	960000
KO-102	500000
KO-105	200000
KO-112	260000
⊟上海	1350000
KO-101	450000
KO-108	600000
KO-111	300000
总计	5030000

图13.96 为订单表创建数据透视图效果

01 在订单表中，选择数据列表中的任意一个单元格，如D8，在“插入”选项卡中单击“表格”组中的“数据透视表”按钮，在打开的列表中选择“数据透视图”选项，如图13.97所示。

02 打开“创建数据透视表及数据透视图”对话框，确定“表/区域”文本框中的单元格引用为“Sheet1!$A$2:$E$15”，选择“新工作表”单选钮，如图13.98所示。

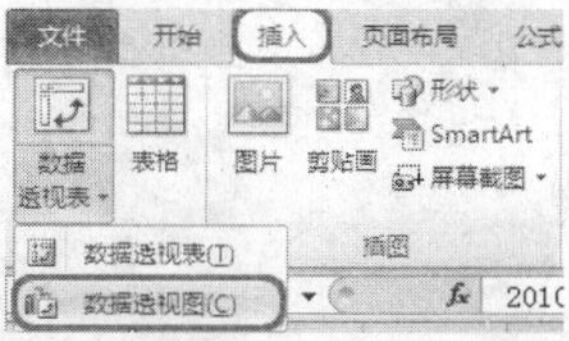

图13.97 选择“数据透视图”选项

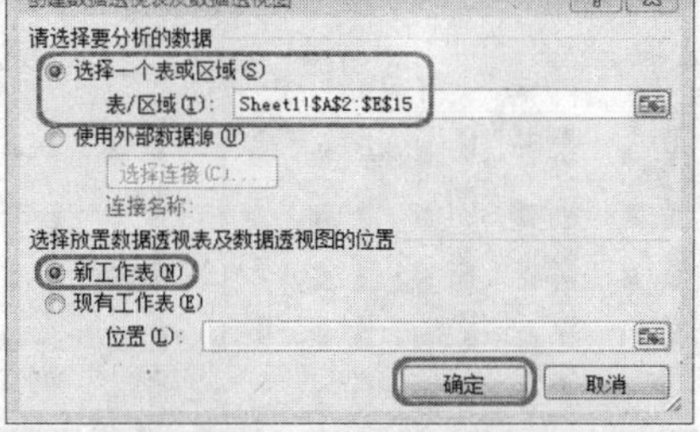

图13.98 “创建数据透视表及数据透视图”对话框

03 单击“确定”按钮，系统将自动新建一个工作表，并插入空白的数据透视表和图表，如图13.99所示。

04 在右侧的“数据透视表字段列表”窗格中的“选择要添加到报表的字段”列表框里，选择要在数据透视表和图表中显示的字段，如选择“产品型号”，“订单人”，“地区”和“订单额”等，此时，所选择的字段被添加到数据透视表和图表中，如图13.100所示。

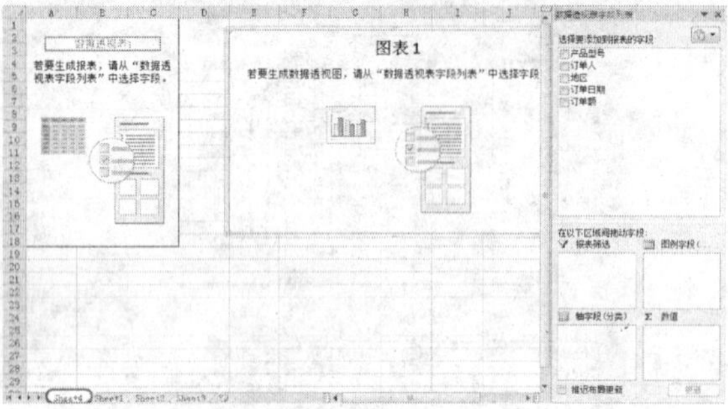

图13.99　创建空白数据透视表及图表

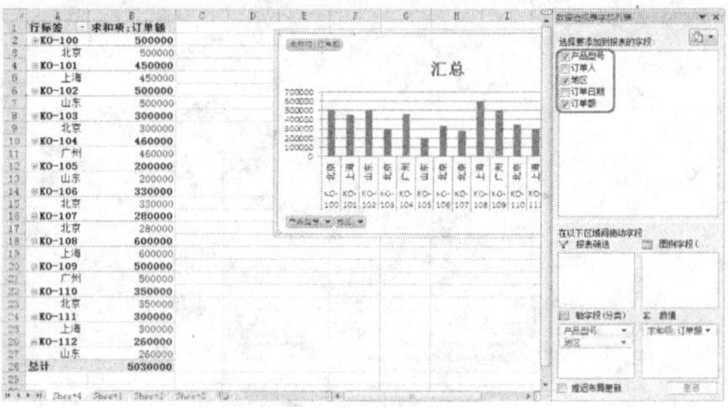

图13.100　添加字段

05 在“轴字段（分类）”列表框中单击“地区”字段，在弹出的快捷菜单中选择“上移”选项，如图13.101所示，调整字段布局后的效果如图13.102所示。

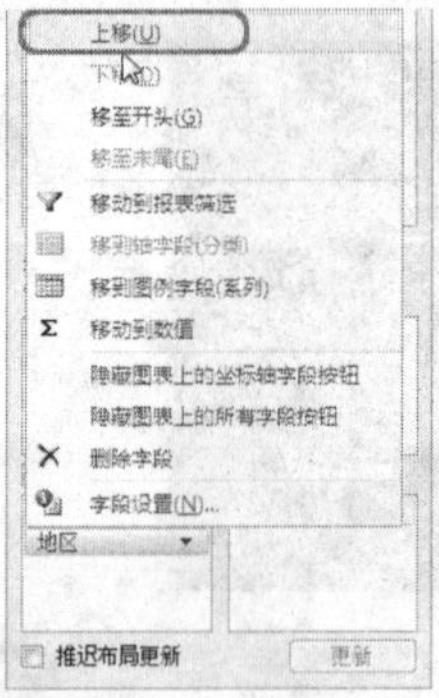

图13.101　选择“上移”选项

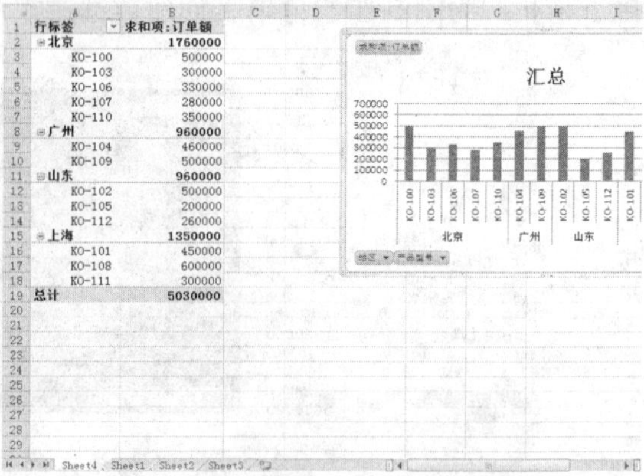

图13.102　调整字段布局后的效果

06 选择图表，在“数据透视图工具”中单击“设计”选项卡，单击“图表样式”组中的“其他”按钮，在打开的图表样式列表中选择“样式43”，如图13.103所示。

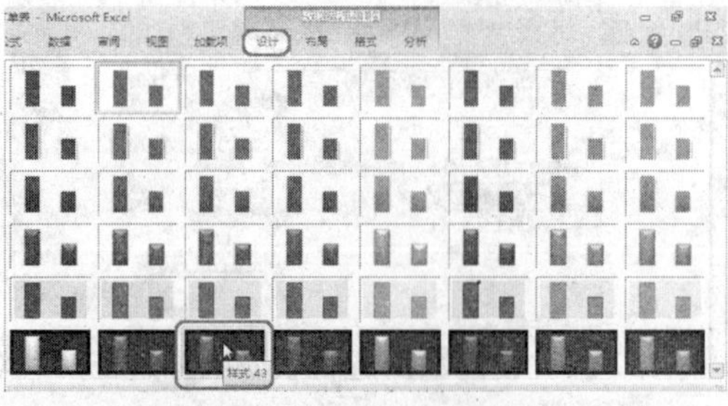

图13.103　选择图表样式

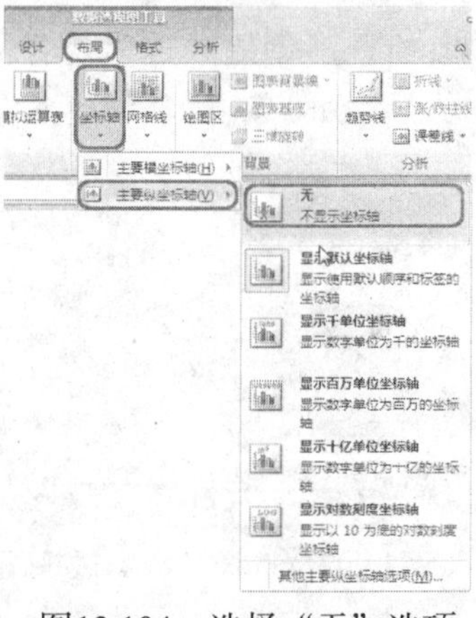

图13.104　选择“无”选项

07 在“数据透视工具”中，单击“布局”选项卡，单击“坐标轴”组中的“坐标轴”

按钮，在打开的列表中选择“主要纵坐标轴”，在弹出的子列表中选择“无”，如图13.104所示，效果如图13.105所示。

08 再在“布局”选项卡中，单击“标签”组中的“数据标签”按钮，在打开的列表中选择“数据标签外”选项，如图13.106所示，效果如图13.107所示。

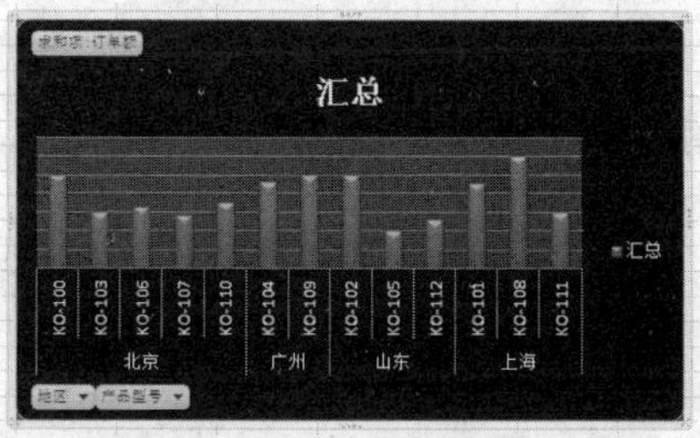

图13.105　取消纵坐标轴效果

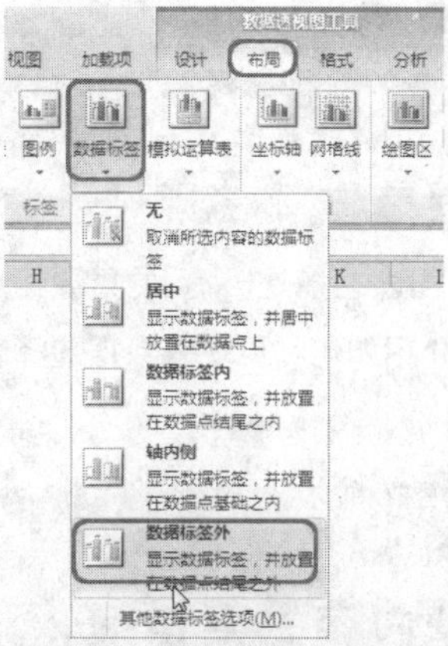

图13.106　选择“数据标签外”选项

09 从图13.107中可以看出，添加的数据标签重叠在一起，将鼠标移动到图表区的右下角的边框上，当鼠标变为斜向双箭头时，按住鼠标左键拖动进行调整，效果如图13.108所示。

10 最后将工作簿进行保存。

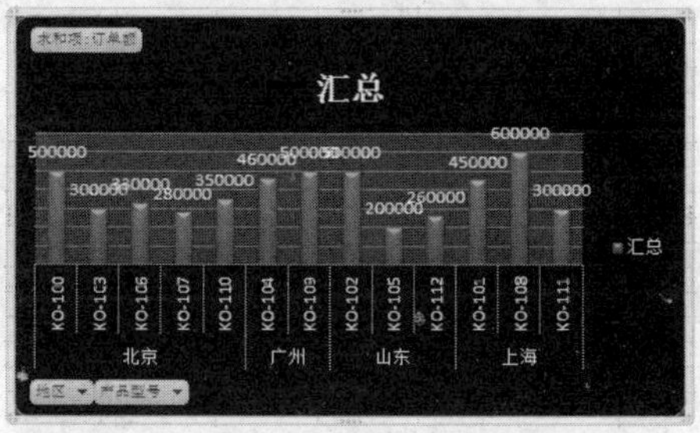

图13.107　添加数据标签效果

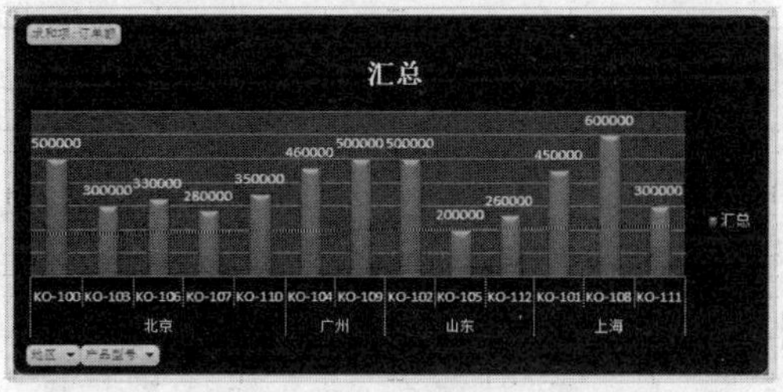

图13.108　调整图表大小

13.8 练习

1. 填空题

（1）用于简单排序的按钮分别为＿＿＿＿＿和＿＿＿＿＿。

（2）在Excel 2010中，提供了＿＿＿＿＿、＿＿＿＿＿、＿＿＿＿＿筛选数据的方法。

（3）模拟分析工具包括＿＿＿＿＿、＿＿＿＿＿和＿＿＿＿＿。

2. 问答题

（1）解释高级筛选中的“与”和“或”条件？

（2）什么是单变量求解？

第14章 Excel图表的应用

本章要点

图表功能是Excel的重要组成部分，根据工作表中的数据，可以创建出直观、形象的图表。本章主要介绍如何利用现有数据选择合适的图表类型来创建图表，以及修改图表和美化图表的方法。

本章内容主要包括

- 图表的类型
- 创建图表
- 修改图表
- 美化图表

go>>

14.1 图表的类型

Excel提供了多种标准的图表类型，每种图表类型又包含若干个子图表类型，不同的图表类型通常适用于不同特性的数据，下面将介绍各种图表类型在表现数据时的特点，使用户能够选择出最适合的图表类型。

- 柱形图：柱形图是Excel默认的图表类型，用长条显示数据点的值。在柱形图中，一般把分类项在横轴（X轴）上标出，把数据的大小在竖轴（Y轴）上标出，这样可以强调数据随时间的变化。柱形图中包含7个子图表类型，其中的“簇状柱形图”如图14.1所示。
- 折线图：折线图是将同一系列的数据在图中表示成点，并用直线连接起来，适用于显示某段时间内数据的变化及其变化趋势。折线图中包含7个子图表类型，其中的“折线图”如图14.2所示。

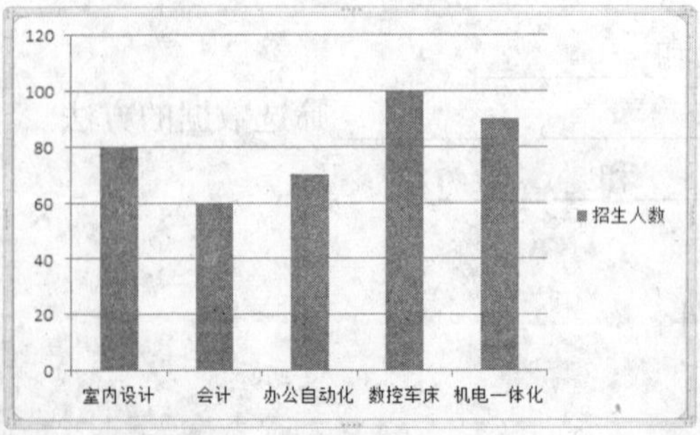

图14.1 簇状柱形图

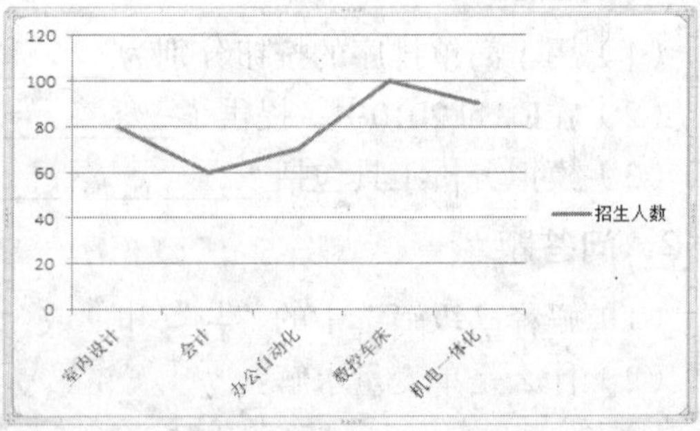

图14.2 折线图

- 饼图：饼图是把一个圆面划分为若干个扇形面，每个扇面代表一项数据值。饼图只适用于单个数据系列间各数据的比较，显示数据系列中每一项占该系列数值总和的比例关系。饼图中包含6个子图表类型。其中的“饼图”如图14.3所示。
- 条形图：条形图类似于柱形图，主要强调各个数据项之间的差别情况。一般把分类项在竖轴（Y轴）上标出，把数据的大小在横轴（X轴）上标出。条形图中包含6个子图表类型，其中的“簇状条形图”如图14.4所示。

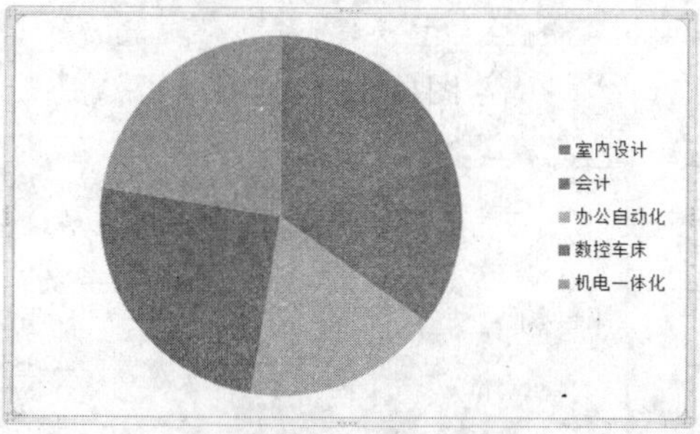

图14.3　饼图

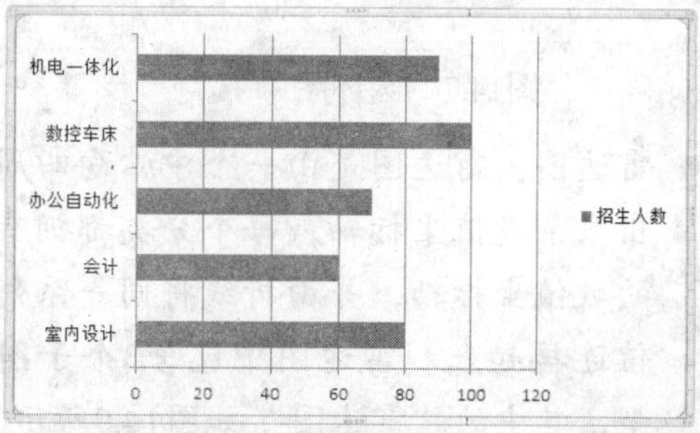

图14.4　簇状条形图

- 面积图：面积图是将每一系列数据用直线段连接起来，并将每条线以下的区域用不同的颜色填充。面积图强调幅度随时间的变化，通过显示所绘数据的总和，说明部分和整体的关系。面积图中包含6个子图表类型，其中的“面积图”如图14.5所示。
- 散点图：散点图用于比较几个数据系列中的数值，或者将两组数值显示为XY坐标系中的一个系列。它可按不等间距显示数据，有时称为簇。散点图中包含5个子图表类型，其中的“仅带数据标记的散点图”如图14.6所示。

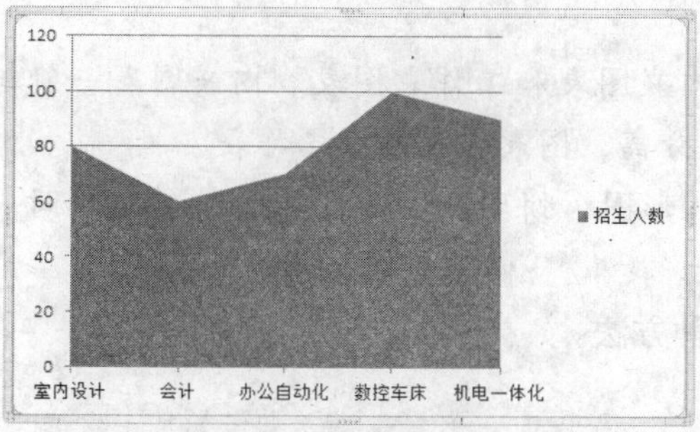

图14.5　面积图

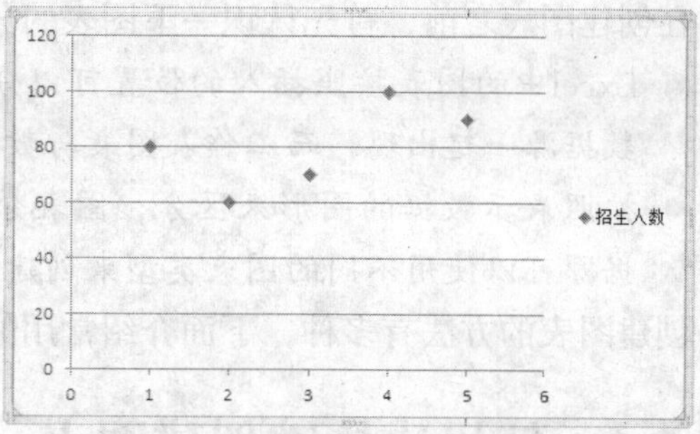

图14.6　仅带数据标记的散点图

- 股价图：股价图通常用来描绘股票价格走势，也可以用于处理其他数据，例如随温度变化的数据。股价图中包含4个子图表类型。
- 曲面图：曲面图类似于拓扑图形，曲面图中的颜色和图案用来指示在同一取值范围内的区域。曲面图中包含4个子图表类型。
- 圆环图：与饼图类似，圆环图也用来显示部分与整体的关系，但圆环图可以含有多个数据系列，它的每一环代表一个数据系列。圆环图中包含2个子图表类型，其中的“圆环图”如图14.7所示。
- 气泡图：气泡图是一种特殊类型的散点图。气泡的大小可以表示数据组中数据的值，气泡越大，数据值就越大。气泡图中包含2个子图表类型，其中的“气泡图”如图14.8所示。

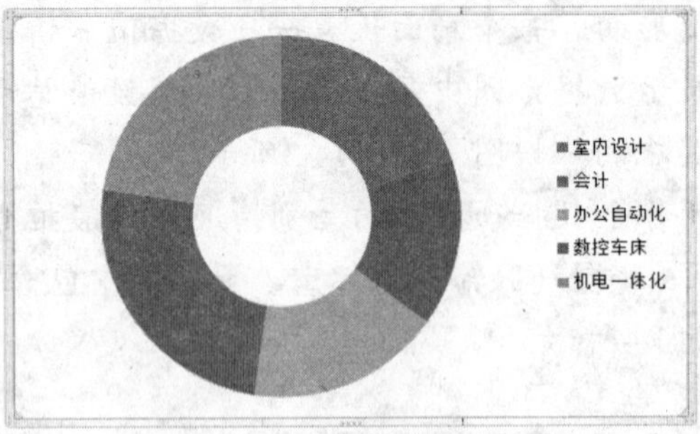

图14.7　圆环图

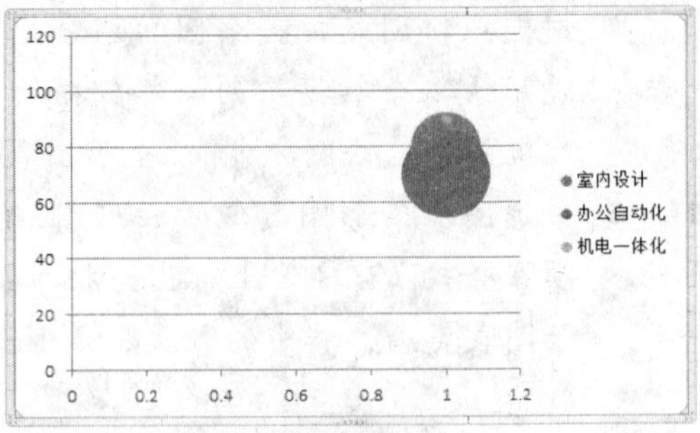

图14.8　气泡图

- 雷达图：雷达图是由一个中心向四周辐射出多条数值坐标轴，每个分类都拥有自己的数值坐标轴，并由折线将同一系列中的值连接起来。雷达图中包含3个子图表类型，其中的“雷达图”如图14.9所示。
- 圆柱图、圆锥图和棱锥图：圆柱图、圆锥图和棱锥图是柱形图和条形图的变化形式，可以使三维柱形图和条形图产生很好的三维效果。

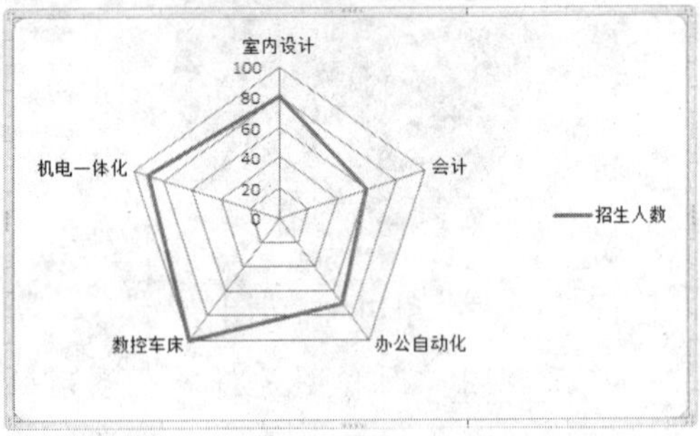

图14.9　雷达图

14.2 创建图表

在创建图表之前，首先认识一下图表的分类。

- Excel中的图表按照插入的位置可以分为内嵌图表和工作表图表。内嵌图表一般与其数据源一起出现，而工作表图表与数据源分离，图表占据整个工作表。
- 按照表示数据的图形来区分，图表分为柱形图、饼图和曲线图等多种类型。同一数据源可以使用不同的图表类型来创建图表。

创建图表的方法有多种，下面介绍常用的两种方法。

14.2.1 使用快捷键创建图表

01 选择用于创建图表的数据或单击要创建图表的数据列表中的任意一个单元格，如图14.10所示。

02 按F11键，即可创建一个默认的图表，如图14.11所示。

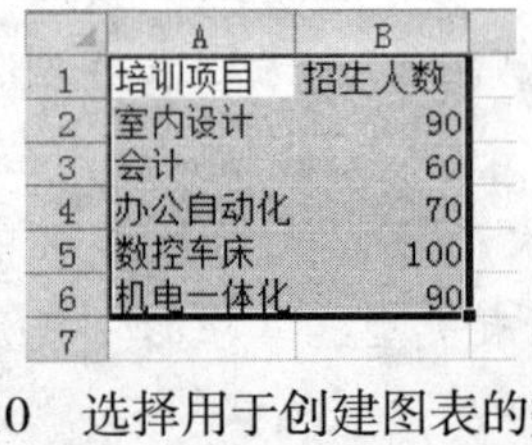

	A	B
1	培训项目	招生人数
2	室内设计	90
3	会计	60
4	办公自动化	70
5	数控车床	100
6	机电一体化	90
7		

图14.10　选择用于创建图表的数据

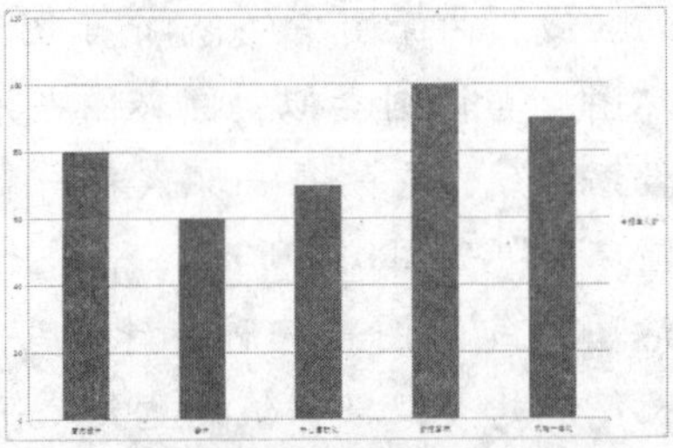

图14.11　创建的图表

14.2.2 使用功能区创建图表

01 选择用于创建图表的数据，或单击要创建图表的数据列表中的任意一个单元格，如图14.12所示。

02 选择“插入”选项卡，在“图表”组中单击图表类型按钮，如“柱形图”按钮、“饼图”按钮等，在这里单击“柱形图”按钮，在弹出的下拉列表中选择一种图表类型，如图14.13所示。

03 在选择的图表类型上单击鼠标左键，即可在工作表中插入一张图表，如图14.14所示为选择簇状柱形图的效果。

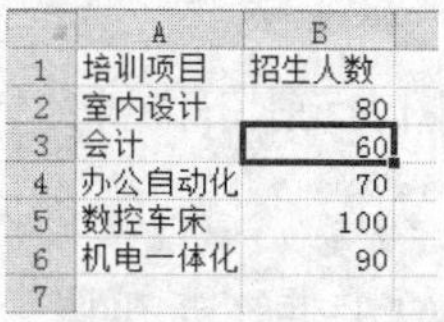

图14.12 单击数据列表中的单元格

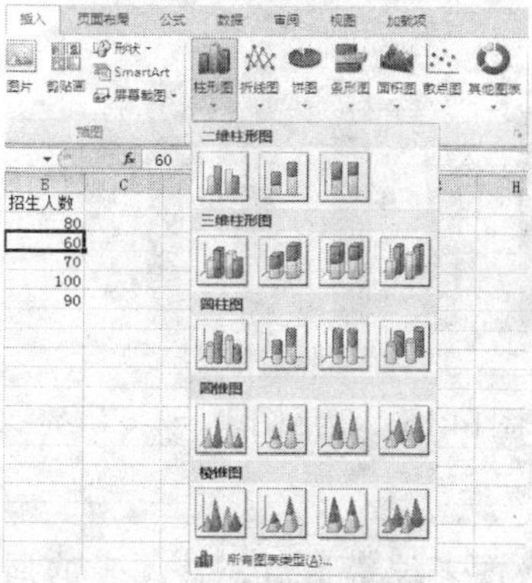

图14.13 选择图表类型

提示 要查看所有可用的图表类型，先选择“插入”选项卡，在“图表”组中单击图表类型按钮，如“柱形图”按钮、“折线图”按钮、“饼图”按钮和“条形图”按钮等，然后在弹出的下拉列表中选择“所有图表类型”选项，打开“插入图表”对话框，如图14.15所示。在该对话框中选择要使用的图表类型，然后单击“确定”按钮。若要基于默认图表类型迅速创建图表，则选择要用于图表的数据，然后按Alt+F1组合键或F11键。如果按Alt+F1组合键，则图表显示为嵌入图表。如果按F11键，则图表显示在单独的图表工作表上。

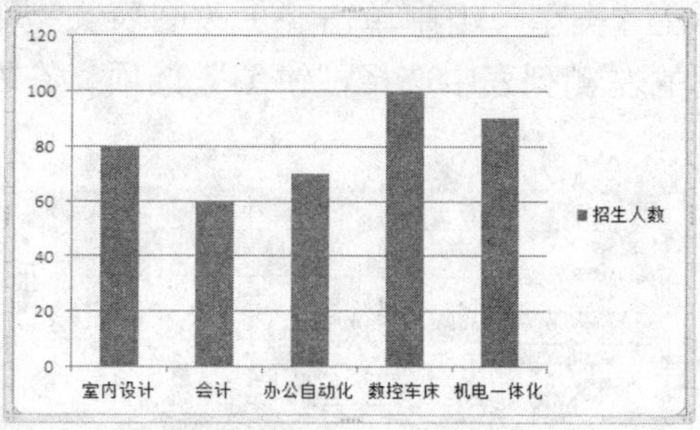

图14.14 簇状柱形图

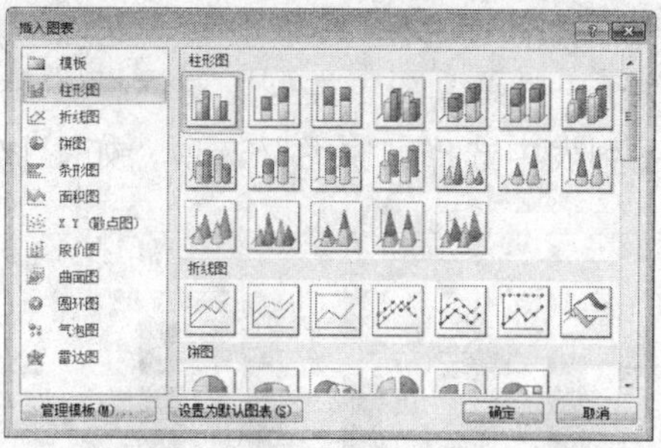

图14.15 “插入图表”对话框

14.3 修改图表

图表创建好以后，显示的效果也许并不理想，此时就需要对图表进行适当地修改，例如，修改图表类型、移动或删除图表的组成元素等。

14.3.1 图表对象的选择

在介绍如何修改图表之前，首先介绍一下图表对象的选择方法。

01 单击图表区，即可激活该图表，如图14.16所示。

02 选择“图表工具”下的“布局”选项卡，在“当前所选内容”组中单击如图14.17所示的下三角按钮，在弹出的下拉列表中选择所需的图表对象即可。

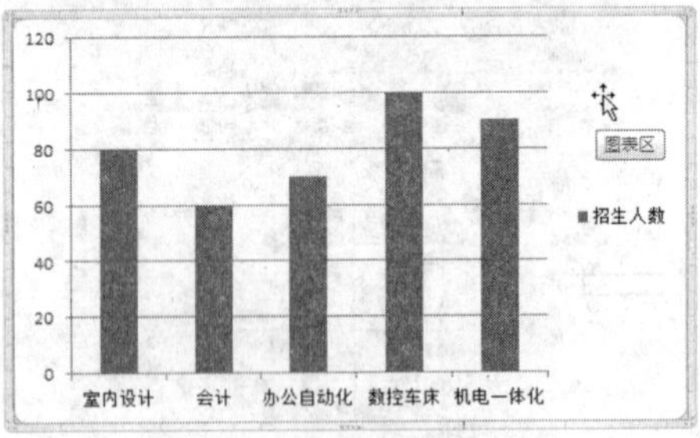

图14.16 激活图表

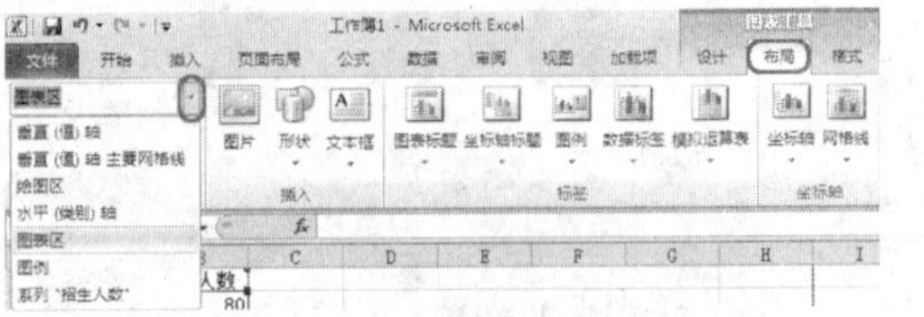

图14.17 图表元素下拉列表

> 提示 当图表被激活后，该图表的周围会出现一个透明的细线矩形框，并在四个角上和每条边的中间出现点状的控制柄，通过调整控制柄可以调整图表的大小。

14.3.2 更改图表类型

对于同样的数据源，选择不同的图表类型可以表现不同的数据内涵。更改图表类型的操作步骤如下。

01 激活要更改类型的图表，如图14.18所示。

02 选择“图表工具”下的“设计”选项卡，在“类型”组中单击“更改图表类型”按钮，打开“更改图表类型”对话框，在该对话框的左侧列表中选择“饼图”选项，在右侧的饼图列表中选择“饼图”选项，如图14.19所示。

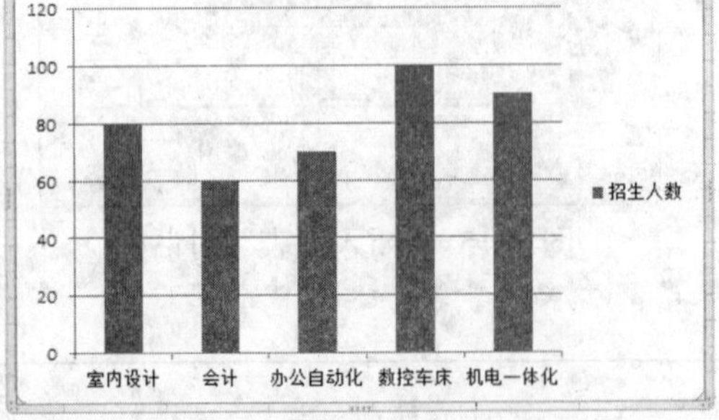

图14.18 激活图表

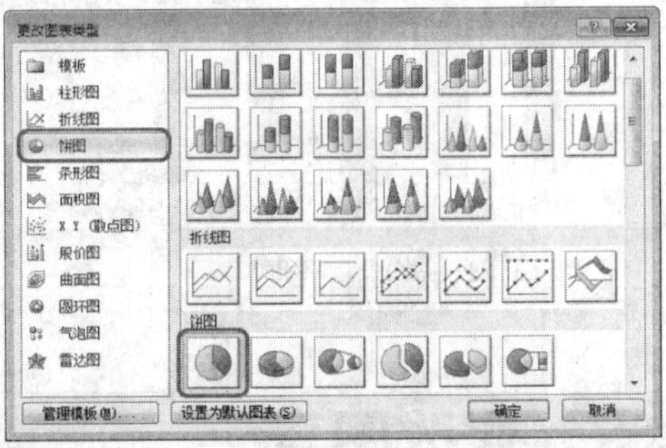

图14.19 “更改图表类型”对话框

03 单击“确定”按钮，即可将图表类型改为饼图，如图14.20所示。

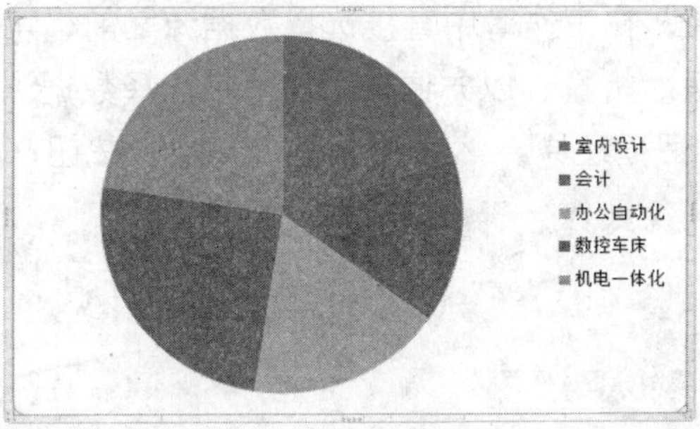

图14.20　饼图

14.3.3　交换坐标轴上的数据

通过交换坐标轴上的数据，可以从另一个方面来表现数据内涵。具体的操作步骤如下。

01 选择要交换坐标轴上的数据的图表，如图14.21所示。

02 选择“图表工具”下的“设计”选项卡，在“数据”组中单击“切换行/列”按钮，即可交换坐标轴上的数据，如图14.22所示。

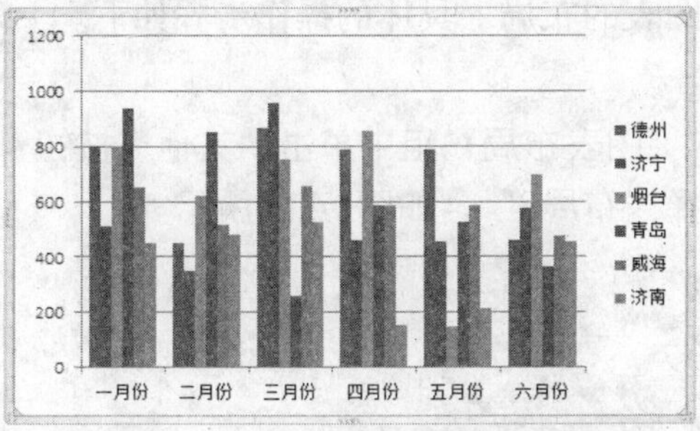

图14.21　选择图表

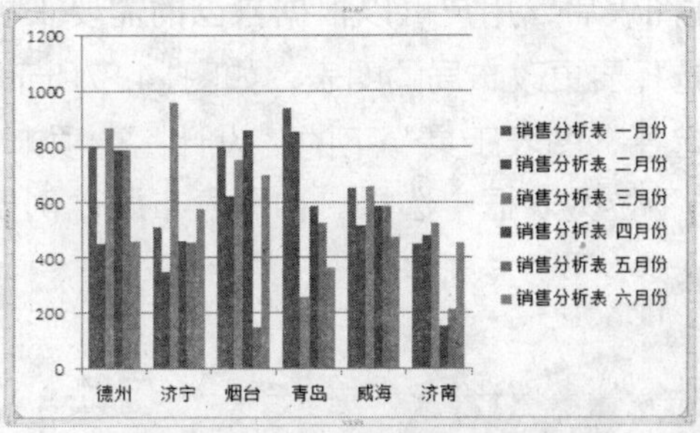

图14.22　交换坐标轴上的数据

14.3.4　更改图表的数据源

更改图表数据源的操作步骤如下。

01 选择需要更改数据源的图表，如图14.23所示。

02 选择“图表工具”下的“设计”选项卡，在“数据”组中单击“选择数据”按钮，打开“选择数据源”对话框，如图14.24所示。

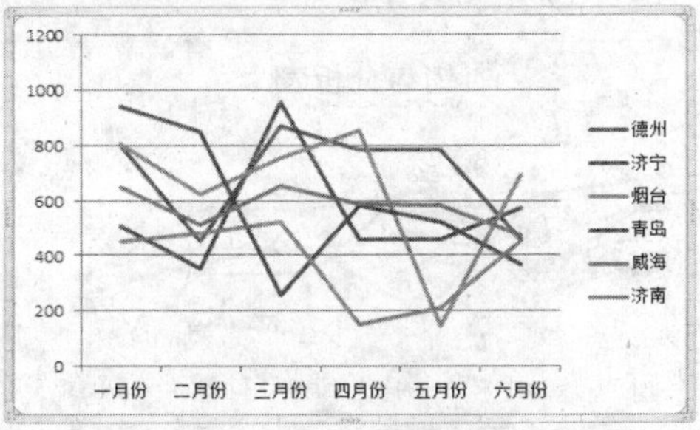

图14.23　选择图表

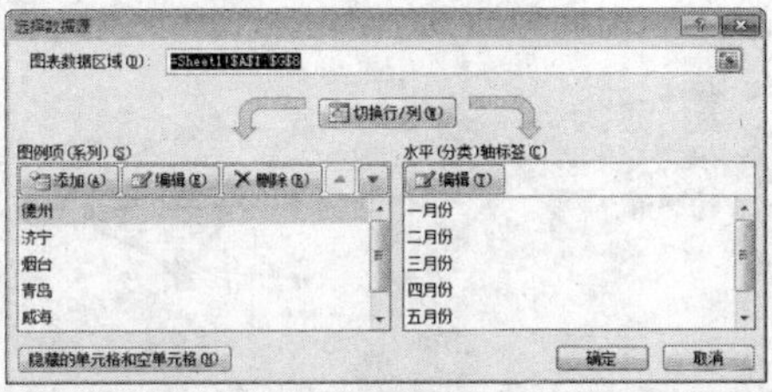

图14.24　“选择数据源”对话框

03 在该对话框中的“图表数据区域”文本框中输入要选择的数据源，或者在工作簿中拖动鼠标，直接选择数据源，在工作簿中直接选择数据源之前，可以单击“图表数据区域”右侧的按钮，将对话框暂时折叠，以方便在工作簿中选择数据源，如图14.25所示。

04 单击按钮，使对话框还原，然后再单击“确定”按钮，即可更改图表的数据源，如图14.26所示。

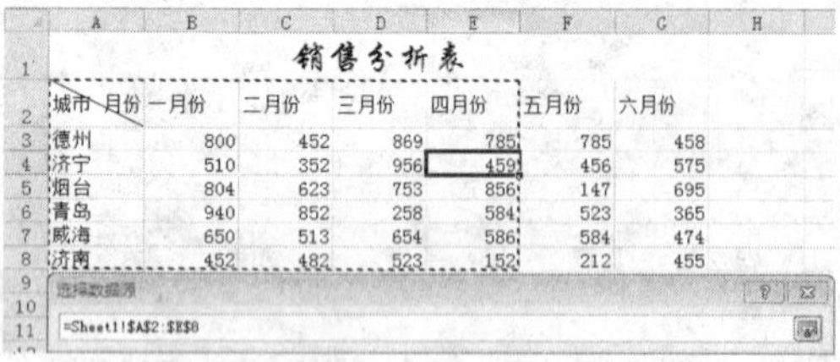

图14.25　选择数据源

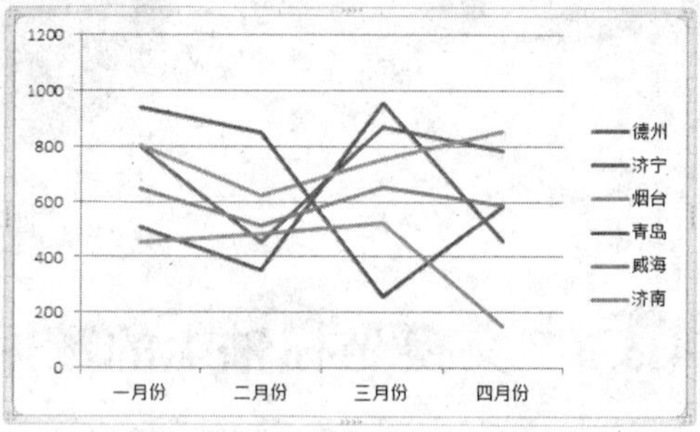

图14.26　更改图表数据源

14.3.5　更改图表布局

创建图表后，用户可以根据自己的需要来更改图表的布局。具体的操作步骤如下。

01 选择要更改布局的图表，如图14.27所示。

02 选择“图表工具”下的“设计”选项卡，在“图表布局”组中单击“其他”按钮，在弹出的下拉列表框中选择一种图表布局，例如选择“布局8”，如图14.28所示。

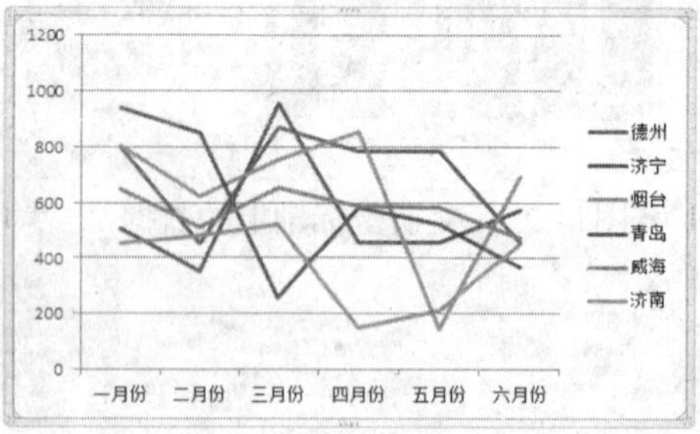

图14.27　选择图表

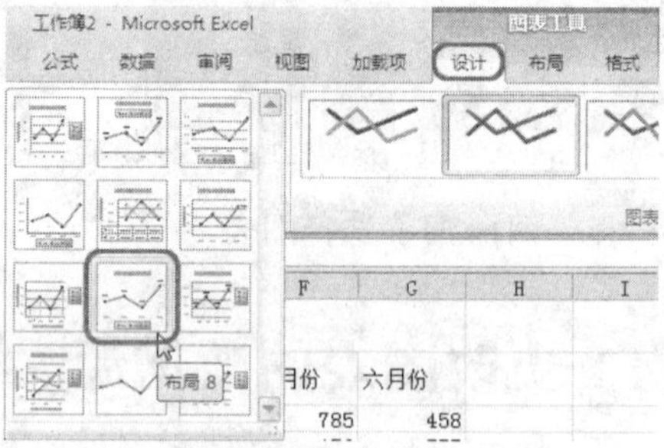

图14.28　选择“布局8”

03 更改的图表布局如图14.29所示。

04 在标有“图表标题”的文本框中，输入新的图表标题，例如输入“销售分析表”，如图14.30所示。

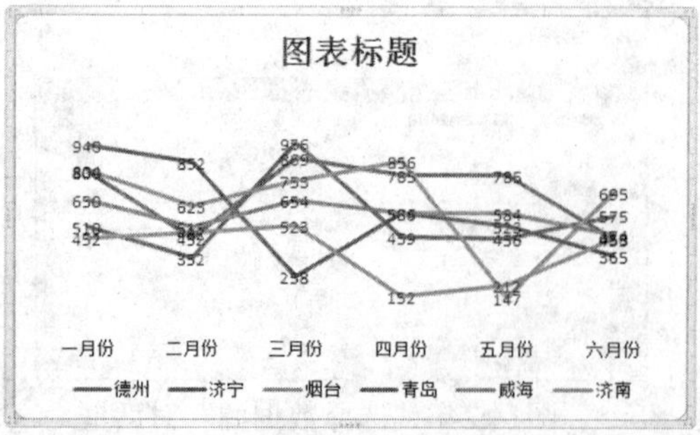

图14.29　更改图表布局

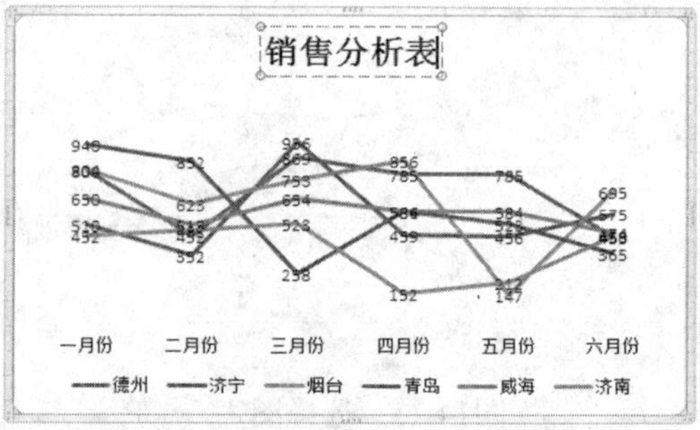

图14.30　输入图表标题

14.3.6 更改图表样式

更改图表样式的操作步骤如下。

01 选择要设置样式的图表，如图14.31所示。

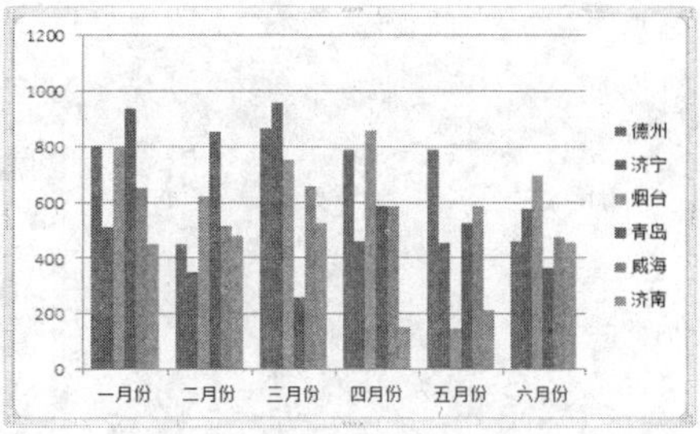

图14.31 选择图表

02 选择“图表工具”下的“设计”选项卡，在图表样式组中单击“其他”按钮，在弹出的下拉列表框中选择一种图表样式，例如选择“样式30”，如图14.32所示。

03 更改的图表样式如图14.33所示。

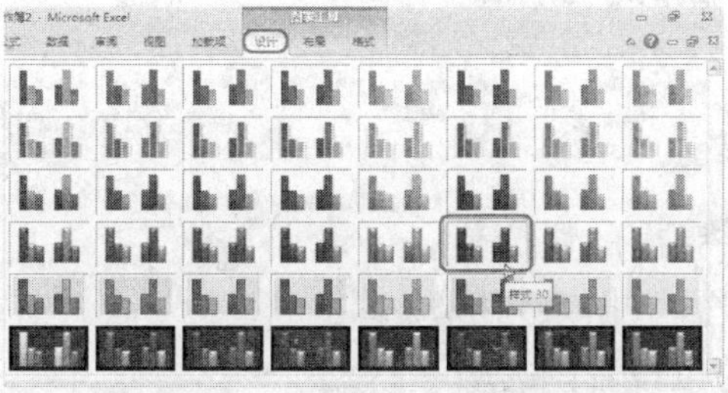

图14.32 选择图表样式

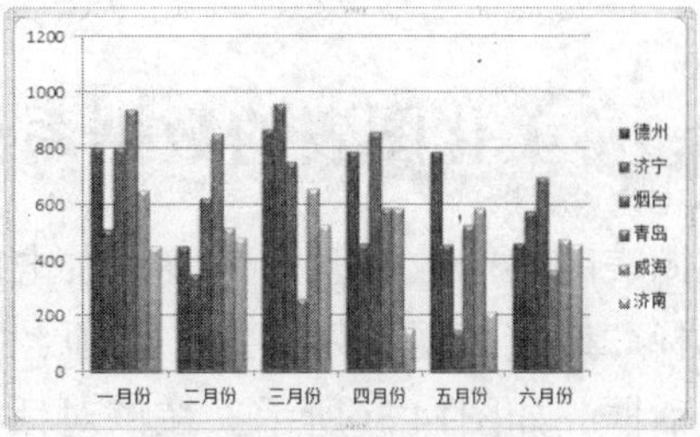

图14.33 更改图表样式

14.4 美化图表

创建图表后，可以对图表进行适当的美化，例如美化图表标题、图表坐标轴和图表的图例等。

14.4.1 美化图表标题

单击图表标题，然后选择“图表工具”下的“格式”选项卡，在“形状样式”组中单击按钮，打开“设置图表标题格式”对话框，如图14.34所示，在该对话框中，可以设置图表标题的填充颜色、边框颜色和边框样式等。或者单击图表标题后，选中标题文字，此时浮动工具栏将以淡出形式出现，用鼠标指针指向它，然后在工具栏上进行字体、字号、字体颜色等设置，还可在“格式”选项卡中进行形状样式、大小等设置。

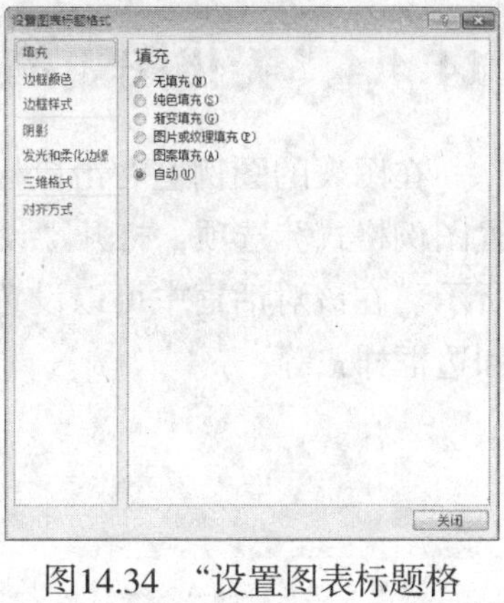

图14.34 “设置图表标题格式”对话框

14.4.2 美化图表的坐标轴

在图表的坐标轴上右击鼠标，如“垂直（值）轴”，在弹出的快捷菜单中选择“设置坐标轴格式”选项，打开“设置坐标轴格式”对话框，如图14.35所示。在该对话框中可以设置图表坐标轴的线条颜色、线型和阴影等。

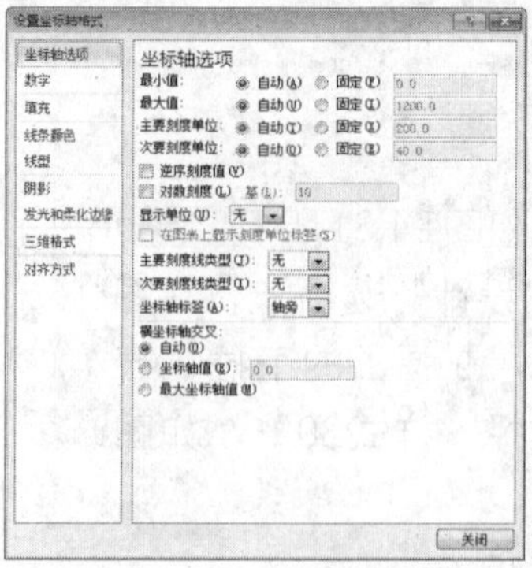

图14.35 “设置坐标轴格式”对话框

14.4.3 美化图表的数据系列

在图表的某个数据系列区域中右击鼠标，在弹出的快捷菜单中选择“设置数据系列格式”选项，打开“设置数据系列格式”对话框，如图14.36所示。在该对话框中，可以设置图表数据系列的填充颜色、边框颜色和边框样式等。

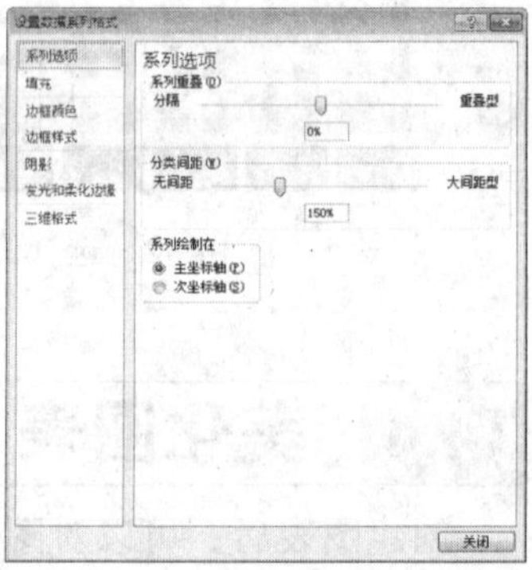

图14.36 “设置数据系列格式”对话框

14.4.4 美化图表的图例

在图表的图例上右击鼠标，在弹出的快捷菜单中选择“设置图例格式”选项，打开“设置图例格式”对话框，如图14.37所示。在该对话框中可以设置图表图例的填充颜色、边框颜色和边框样式等。

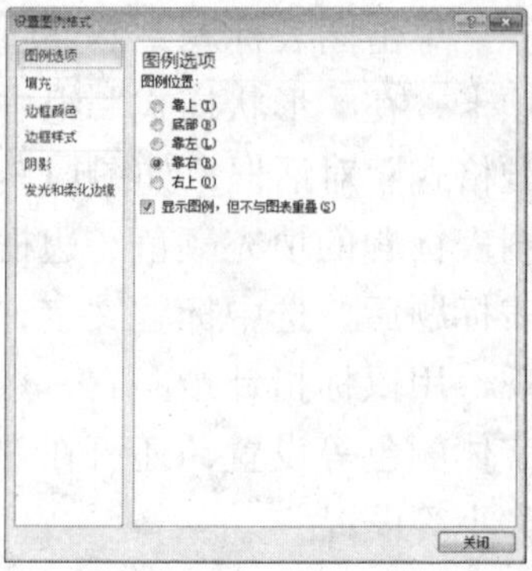

图14.37 “设置图例格式”对话框

14.4.5 美化图表的绘图区

在图表的绘图区上右击鼠标，在弹出的快捷菜单中选择“设置绘图区格式”选项，打开“设置绘图区格式”对话框，如图14.38所示，在该对话框中，可以设置图表绘图区的边框颜色、边框样式和阴影等。

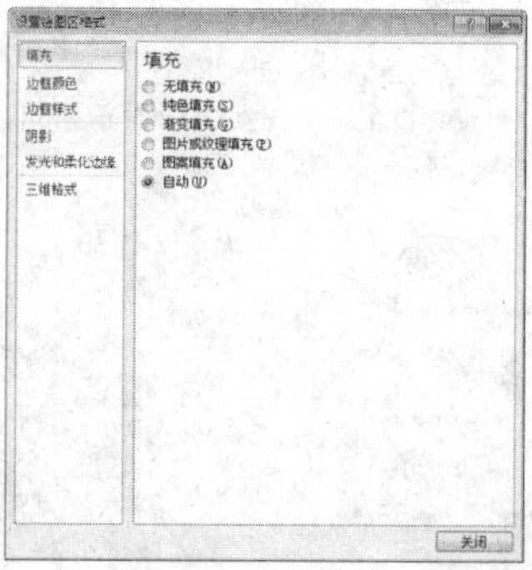

图14.38 “设置绘图区格式”对话框

14.5 实战操作

本节将介绍产品年销售收入统计表和初三各班期末考试各科平均分对比表的制作方法。

14.5.1 制作产品年销售收入统计表

本例将介绍产品年销售收入统计表的制作，主要运用了插入图表与美化图表等操作方法，完成后的效果如图14.39所示。

01 启动Excel 2010后，选择A1:D1单元格区域，然后选择“开始”选项卡，在“对齐方式”组中单击“合并后居中”按钮，即可合并单元格，如图14.40所示。

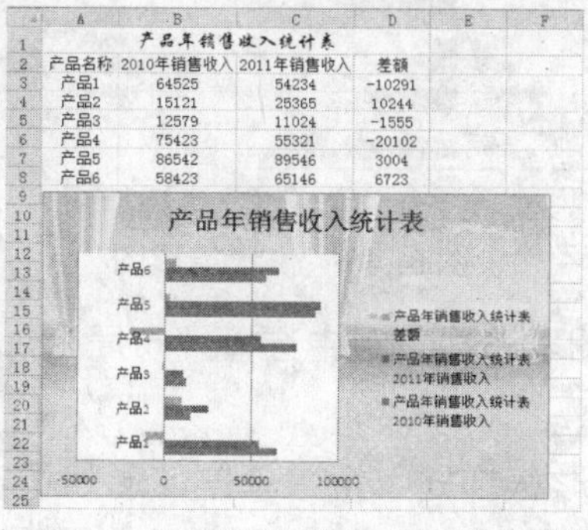

图14.39 产品年销售收入统计表效果

图14.40 合并单元格

02 在合并的单元格中输入文字，然后选中输入的文字，选择“开始”选项卡，在“字体”组中，将“字体”设置为“华文行楷”，“字号”设置为14，如图14.41所示。

03 在其他的单元格中输入内容，并适当调整单元格的大小，如图14.42所示。

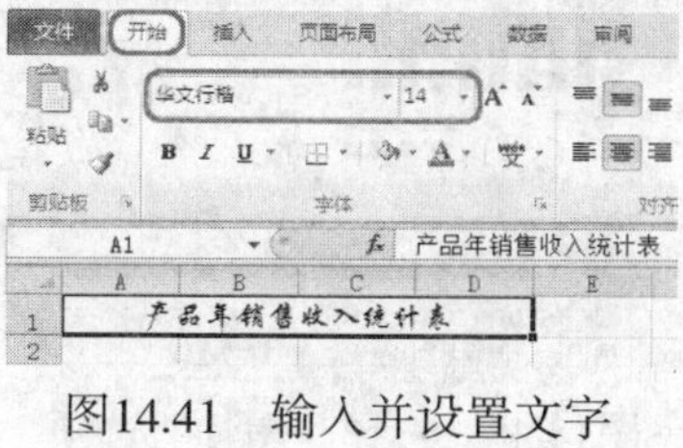

图14.41 输入并设置文字

	A	B	C	D
1	产品年销售收入统计表			
2	产品名称	2010年销售收入	2011年销售收入	差额
3	产品1	64525	54234	
4	产品2	15121	25365	
5	产品3	12579	11024	
6	产品4	75423	55321	
7	产品5	86542	89546	
8	产品6	58423	65146	

图14.42 输入内容

04 选择输入的内容，然后选择“开始”选项卡，在“对齐方式”组中单击“居中”按钮，如图14.43所示。

05 在D3单元格中输入公式“=C3-B3”，按Enter键确认，即可在D3单元格中显示出计算结果，如图14.44所示。

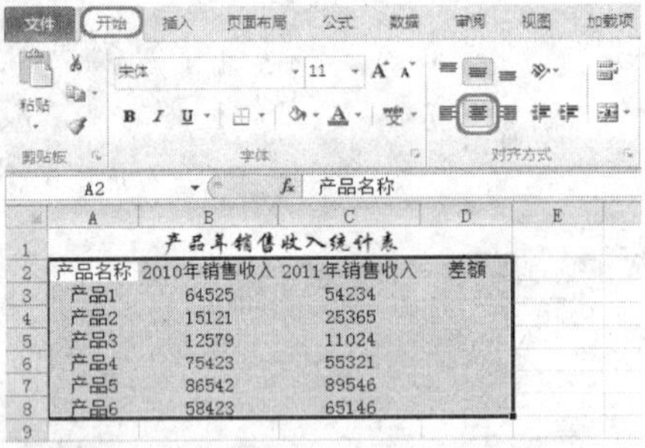

图14.43　单击“居中”按钮

图14.44　输入公式

06 选择D3单元格，将鼠标移至单元格的右下角，当鼠标变成+形状时，按住鼠标左键向下拖曳，在D8单元格上松开鼠标左键，即可将D3单元格中的公式自动填充到单元格D4到D8中，如图14.45所示。

07 单击数据列表中的任意一个单元格，然后选择“插入”选项卡，在“图表”组中单击“条形图”按钮，在弹出的下拉列表中选择“簇状条形图”选项，创建的簇状条形图如图14.46所示。

图14.45　自动填充公式

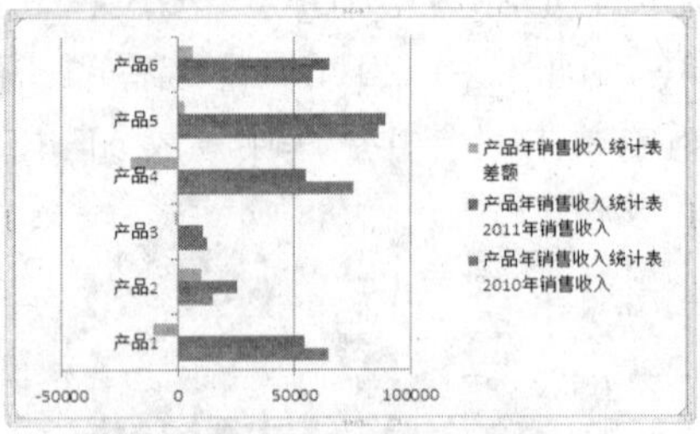

图14.46　簇状条形图

08 选择“图表工具”下的“设计”选项卡，在“图表布局”组中选择“布局1”，如图14.47所示。

09 选择“图表工具”下的“格式”选项卡，在“形状样式”组中单击“形状填充”按钮，在弹出的下拉列表中选择“图片”选项，如图14.48所示。

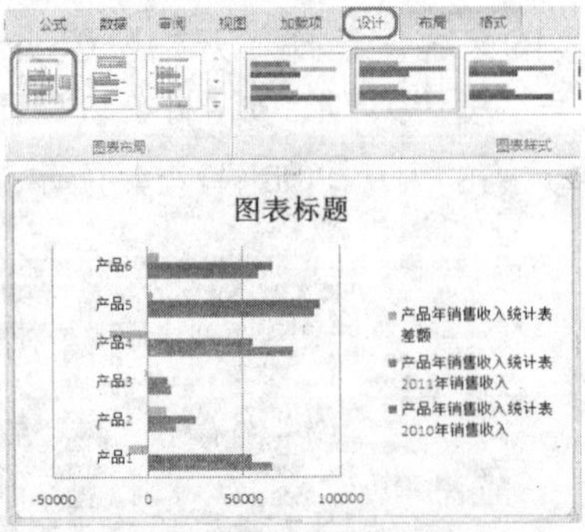

图14.47　选择“布局1”

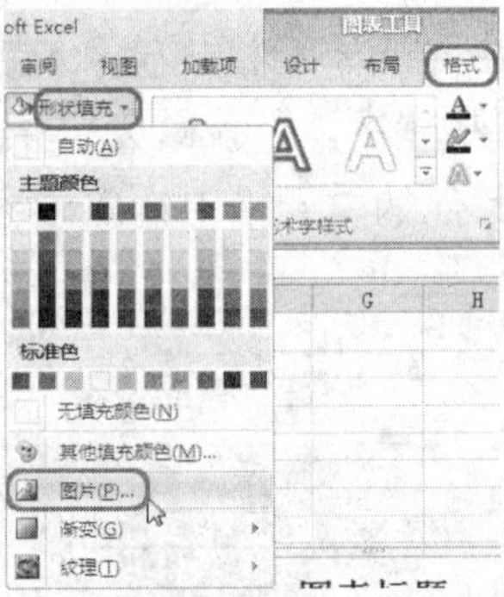

图14.48　选择“图片”选项

10 在打开的“插入图片”对话框中选择随书附带光盘中的CDROM\素材\Cha14\001.jpg素材图形，如图14.49所示。

11 单击“插入”按钮，插入图片后的效果如图14.50所示。

12 更改图表的标题，如图14.39所示。

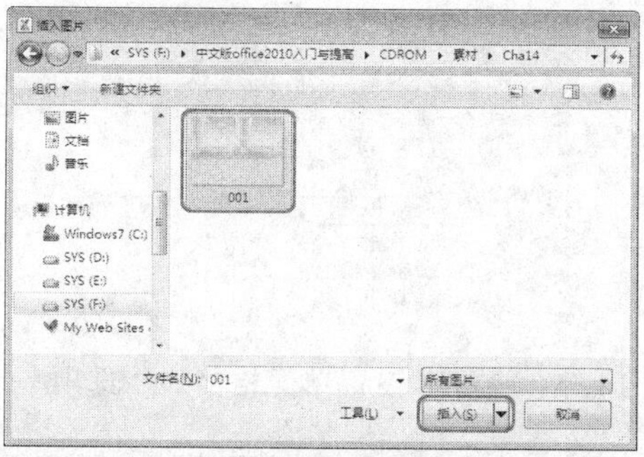

图14.49 选择图片001

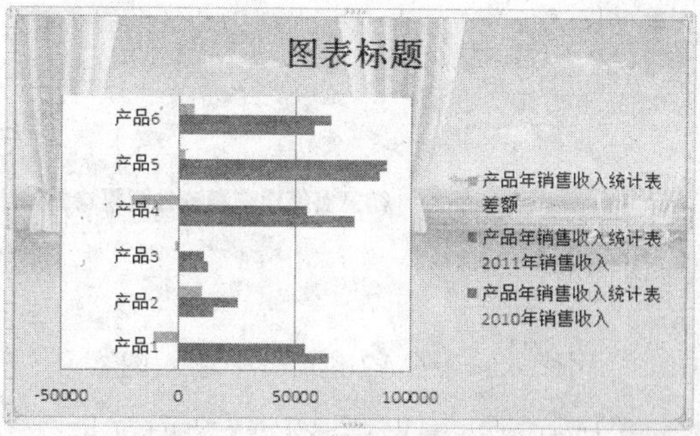

图14.50 插入图片后的效果

14.5.2 制作初三各班期末考试各科平均分对比表

本例将介绍初三各班期末考试各科平均分对比表的制作方法，主要运用了插入图表与美化图表等操作，完成后的效果如图14.51所示。

初三各班期末考试各科平均分对比表

班级 科目	语文	数学	英语	化学	物理	政治	历史	地理	生物
一班	92	90	85	35	39	40	39	39	37
二班	89	91	90	32	38	39	40	35	35
三班	90	89	91	39	32	35	37	34	34
四班	91	88	88	35	36	38	36	38	39
五班	85	92	90	30	34	37	38	32	36

图14.51 初三各班期末考试各科平均分对比表

01 按Ctrl+N键，新建一个空白的工作簿，选择A1:J1区域单元格，然后选择“开始”选项卡，在“对齐方式”组中单击“合并后居中”按钮，即可合并单元格，如图14.52所示。

02 在合并的单元格中输入文字，然后选择输入的文字，选择“开始”选项卡，在“字体”组中，将“字体”设置为“华文琥珀”，“字号”设置为16，如图14.53所示。

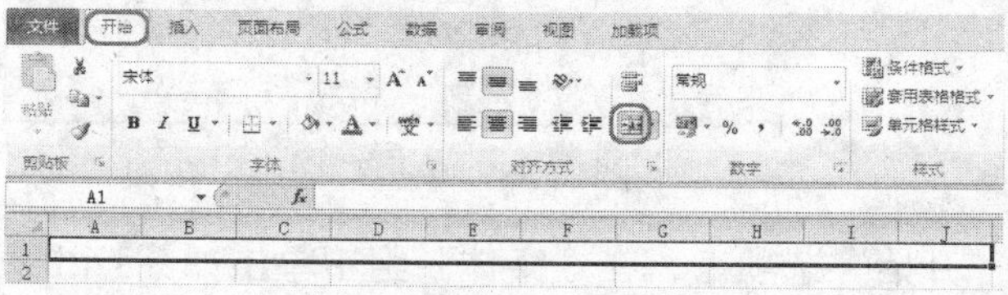

图14.52 合并单元格

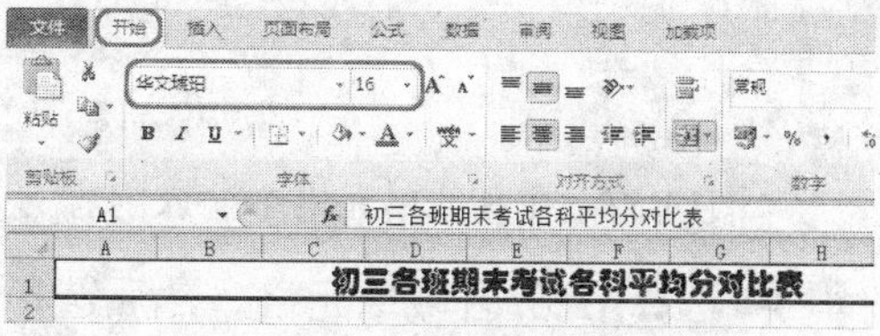

图14.53 输入并设置文字

03 在A2单元格中输入“班级 科目”，并适当调整单元格的大小，如图14.54所示。

04 选择A2单元格，单击鼠标右键，在弹出的快捷菜单中选择“设置单元格格式”选项，如图14.55所示。

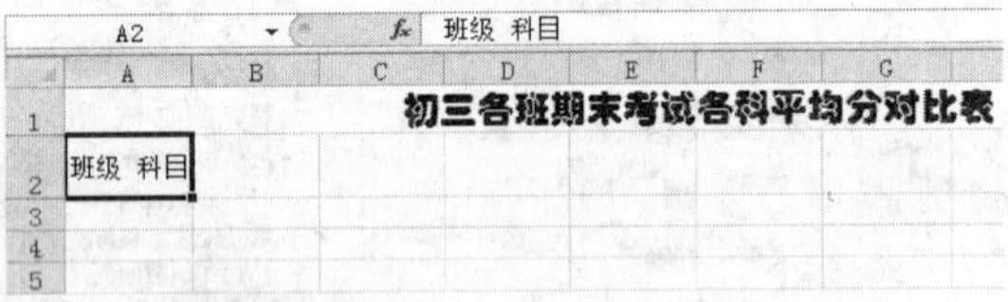

图14.54 在A2单元格中输入内容

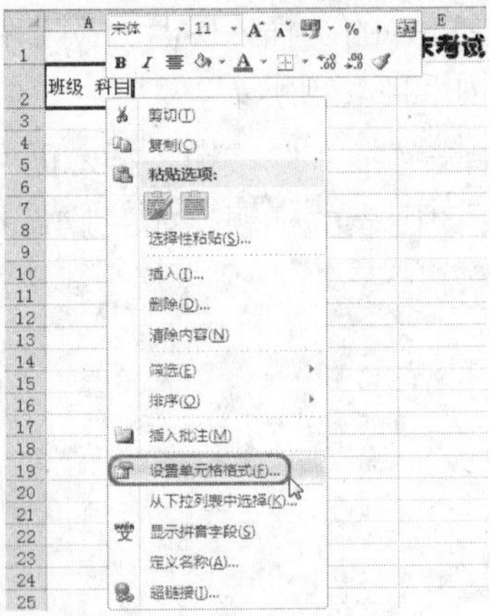

图14.55 选择“设置单元格格式”选项

05 打开“设置单元格格式”对话框，在对话框中选择“边框”选项卡，在“边框”区域中单击按钮，如图14.56所示。

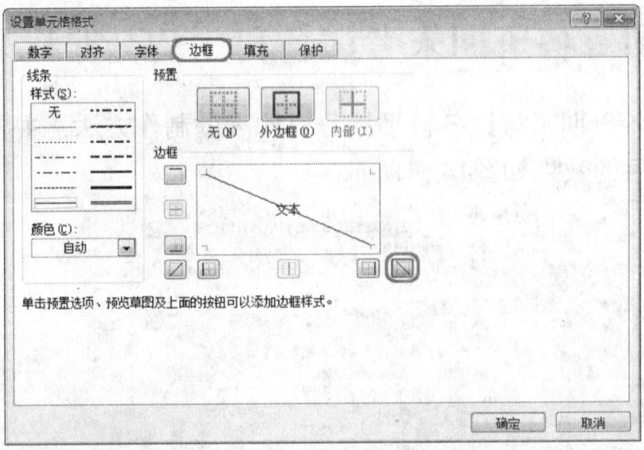

图14.56 “设置单元格格式”对话框

06 单击“确定”按钮，在其他的单元格中输入内容，如图14.57所示。

07 选择A2:J7区域单元格，然后选择“开始”选项卡，在“对齐方式”组中单击“居中”按钮，如图14.58所示。

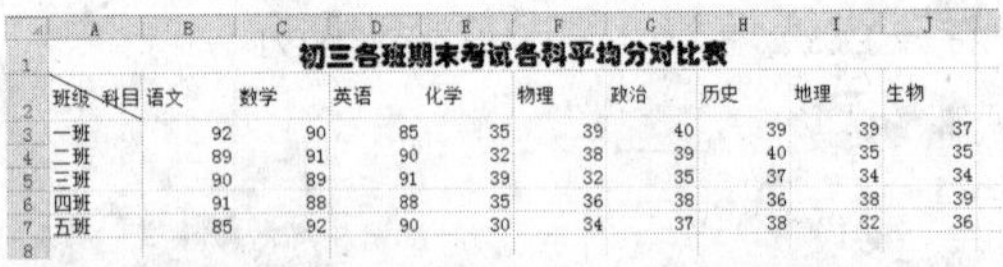

图14.57 在其他单元格中输入内容

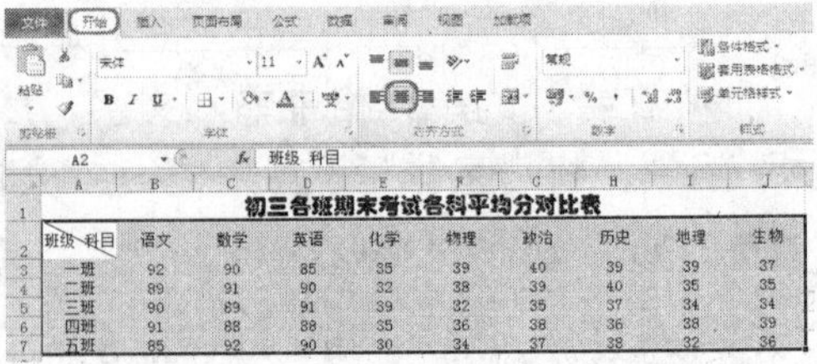

图14.58 单击“居中”按钮

08 选择A1:J7区域单元格，然后选择“开始”选项卡，在“字体”组中单击如图14.59所示的按钮，在弹出的下拉列表中选择“其他边框”选项。

09 打开“设置单元格格式”对话框，在“样式”列表框中选择双线条的样式，在“颜色”下拉列表框中，选择“橄榄色，强调文字颜色3，深色25%”，在“预置”区域中单击“外边框”按钮和“内部”按钮，如图14.60所示。

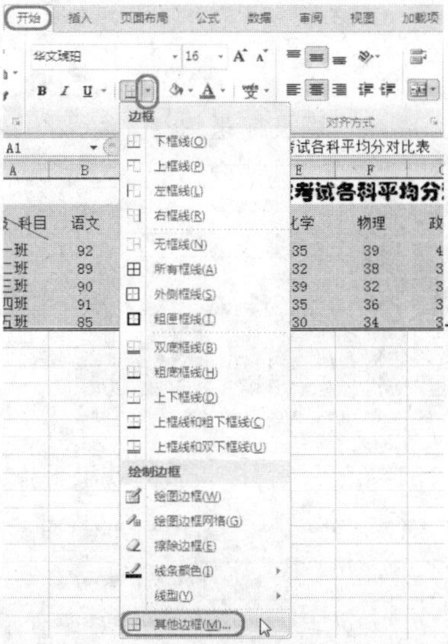

图14.59 选择“其他边框”选项

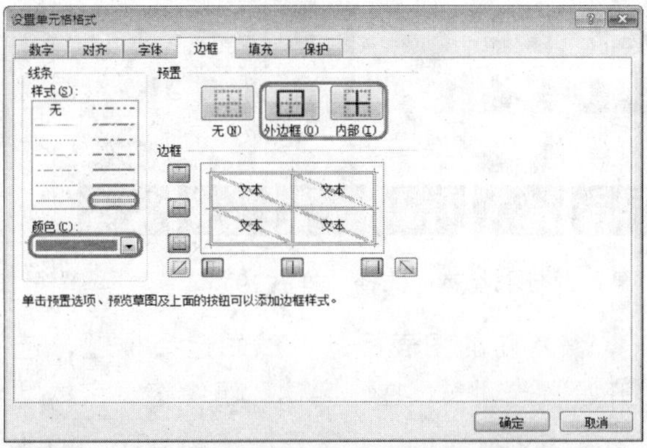

图14.60 “设置单元格格式”对话框

⑩ 单击“确定”按钮，效果如图14.61所示。

⑪ 单击数据列表中的任意一个单元格，然后选择“插入”选项卡，在“图表”组中单击“柱形图”按钮，在弹出的下拉列表中选择“簇状柱形图”选项，创建的簇状柱形图如图14.62所示。

初三各班期末考试各科平均分对比表

班级 科目	语文	数学	英语	化学	物理	政治	历史	地理	生物
一班	92	90	85	35	39	40	39	39	37
二班	89	91	90	32	38	39	40	35	35
三班	90	89	91	39	32	35	37	34	34
四班	91	88	88	35	36	38	36	38	39
五班	85	92	90	30	34	37	38	32	36

图14.61 设置边框效果

⑫ 选择“图表工具”下的“设计”选项卡，在“图表布局”组中选择“布局1”选项，如图14.63所示。

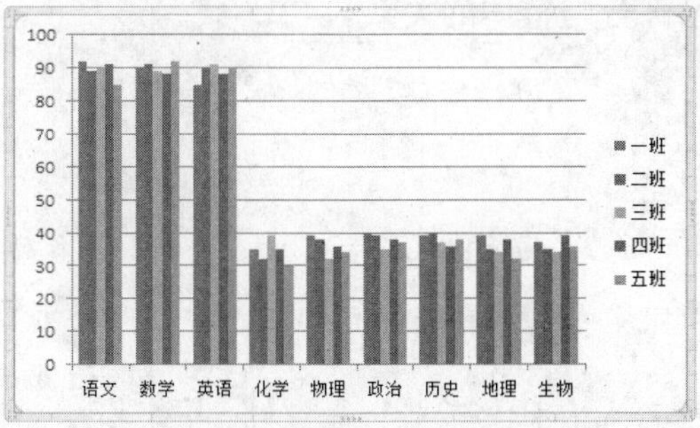

图14.62 簇状柱形图

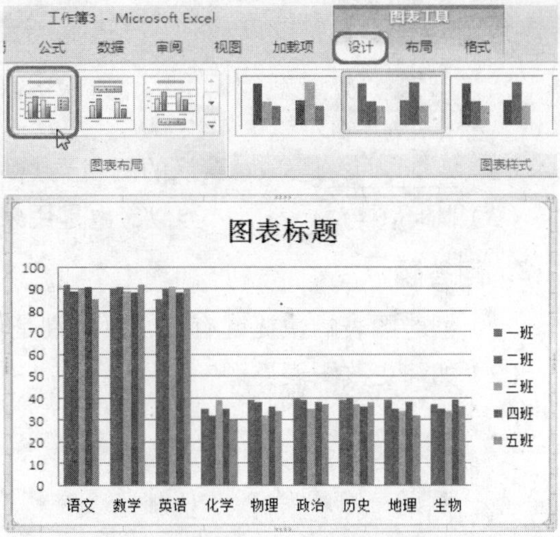

图14.63 选择“布局1”

⑬ 选择“图表工具”下的“设计”选项卡，在“图表样式”组中单击“其他”按钮，在弹出的下拉列表框中选择“样式29”，如图14.64所示。

⑭ 设置样式后的效果如图14.65所示。

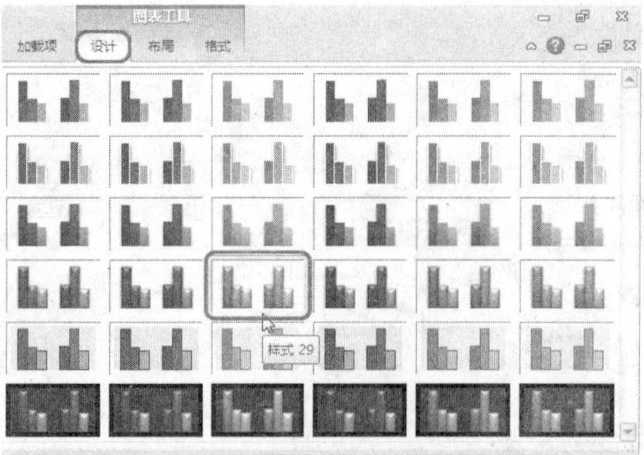

图14.64　选择“样式29”

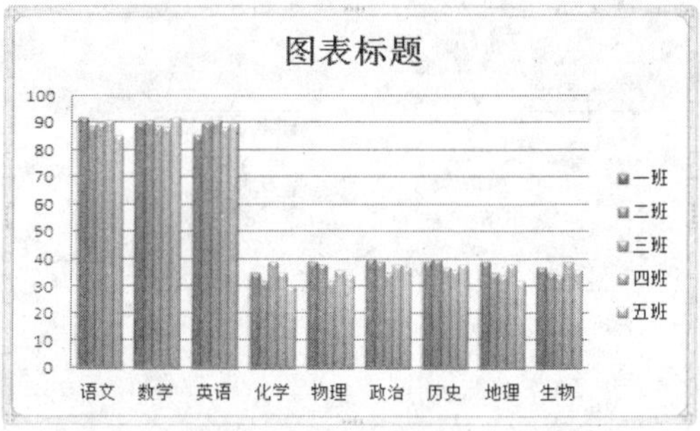

图14.65　设置样式后的效果

⑮ 输入新的图表标题，然后选择标题，选择“开始”选项卡，在“字体”组中将“字体”设置为“华文行楷”，“字号”设置为16，如图14.66所示。

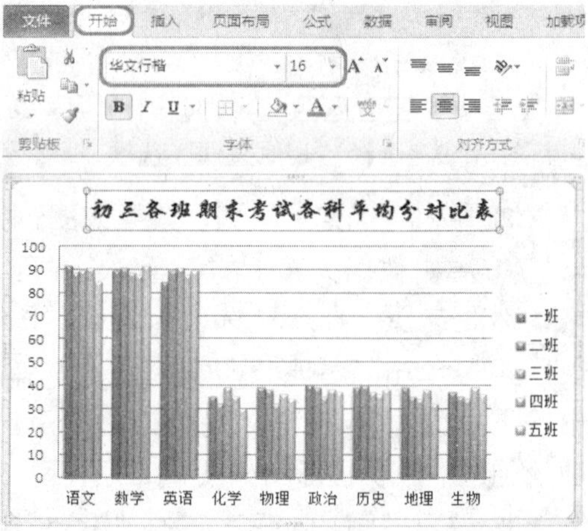

图14.66　输入并设置图表标题

14.6 练习

1. 填空题

（1）________是Excel默认的图表类型，用长条显示数据点的值。

（2）圆环图与________类似，也是用来显示部分与整体的关系。

2. 问答题

（1）创建图表的快捷键有几个？分别是什么？

（2）如何更改图表类型？

第15章 打印Excel工作表

本章要点

对于设置完成后的工作表还要对其进行打印，在打印Excel工作表之前，需要对页面、页边距、页眉、页脚、打印区域等进行设置，本章将详细介绍关于Excel工作表的打印。

本章内容主要包括

- 页面设置
- 设置Excel工作表
- 分页符
- 打印Excel

go>>

15.1 页面设置

在打印制作完成的Excel工作表之前，为了得到满意的打印输出效果，可以通过“页面布局”选项卡中的相关按钮对页面进行设置，如图15.1所示。例如：设置纸张的方向、纸张的大小、打印区域、页边距以及是否打印网格线等，这些操作都可通过单击该选项卡上的按钮来完成。

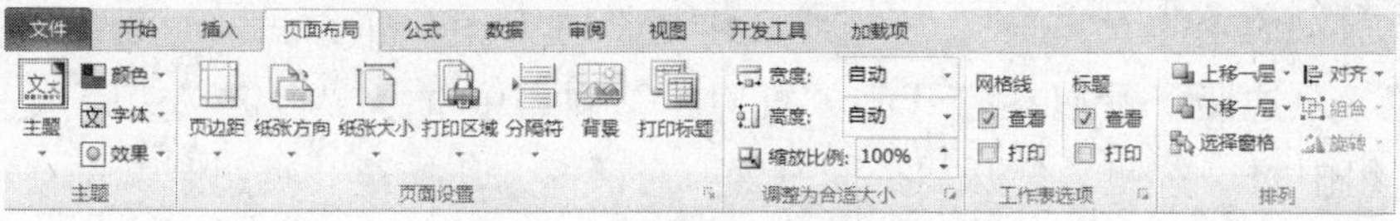

图15.1 “页面布局”选项卡

如果要进行更详细的设置，可单击“页面设置”组中的按钮，打开“页面设置”对话框，在此对话框中包括有“页面”、“页边距”、“页眉/页脚”以及“工作表”四个选项卡，用户可根据需要选择相应的选项进行详细设置。

15.1.1 页面

用户可以通过在“页面布局”选项卡中单击“页面设置”组中的“纸张方向”按钮或“纸张大小”按钮，然后在打开的列表中选择页面的打印方向或纸张大小，如图15.2所示为纸张方向下拉列表，如图15.3所示为纸张大小下拉列表。

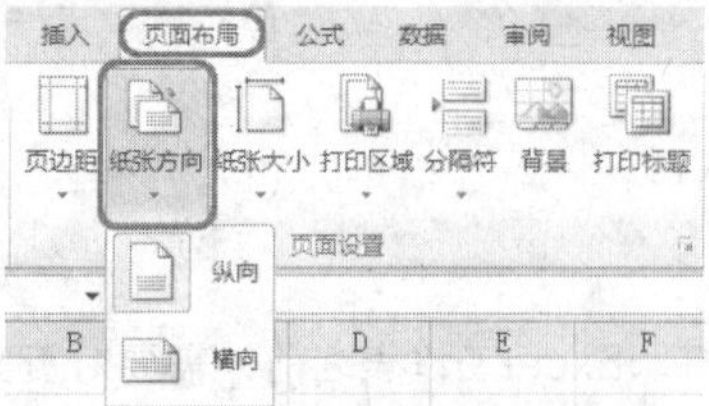

图15.2 “纸张方向”列表

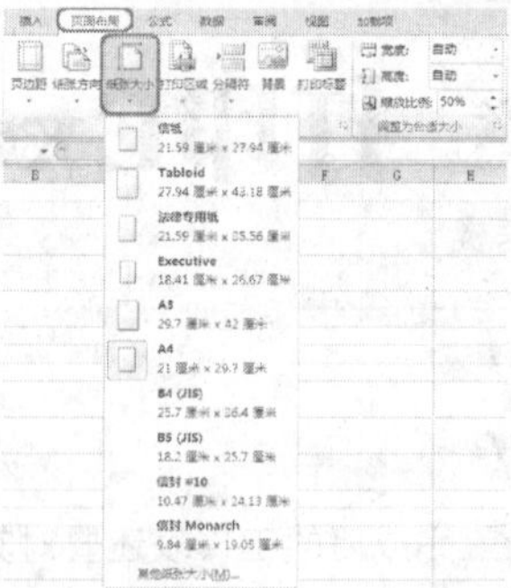

图15.3 “纸张大小”列表

除此之外，还可以单击“页面设置”组中的按钮，打开“页面设置”对话框，切换至“页面”选项卡，如图15.4所示，其中各部分功能如下。

- 方向：可以设置打印的方向为纵向或横向。
- 缩放：即可以通过设置缩放百分比来缩小或放大工作表，也可以通过设置页宽、页高来进行缩放。
- 纸张大小：用于设置打印纸张的大小，可以从它的下拉列表中选择所需的纸张，默认的纸张大小为A4。
- 打印质量：设置打印输出的质量。
- 起始页码：用来设置页码的起始编号，默认为自动，即从1开始编号，要更改起始页码，直接在文本框中输入编号即可。

图15.4 “页面”选项卡

15.1.2 页边距

页边距是工作表数据与页面边缘之间的空白区域部分，通常以“厘米”作为单位。

在“页面布局”选项卡中，单击“页面设置”组中的“页边距”按钮，在打开的列表中，可以选择Excel内置的“普通”、“宽”和“窄”三种页边距样式，如图15.5所示。

若要自定义页边距，可以在打开的“页边距”列表中选择“自定义边距”选项或单击“页面设置”组中的按钮，打开“页面设置”对话框，切换至“页边距”选项卡中进行设置，如图15.6所示。其中的选项如下。

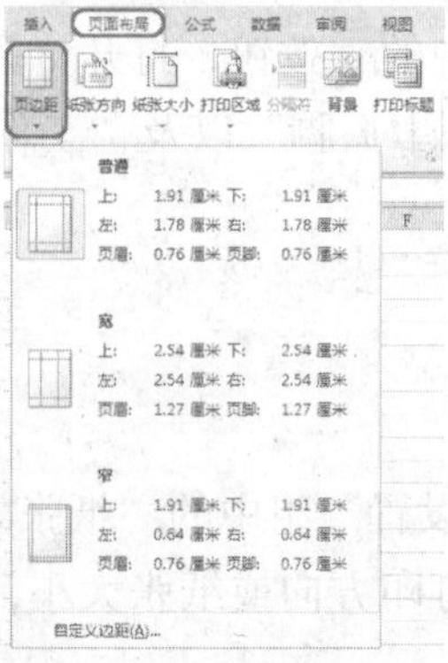

图15.5 “页边距”列表

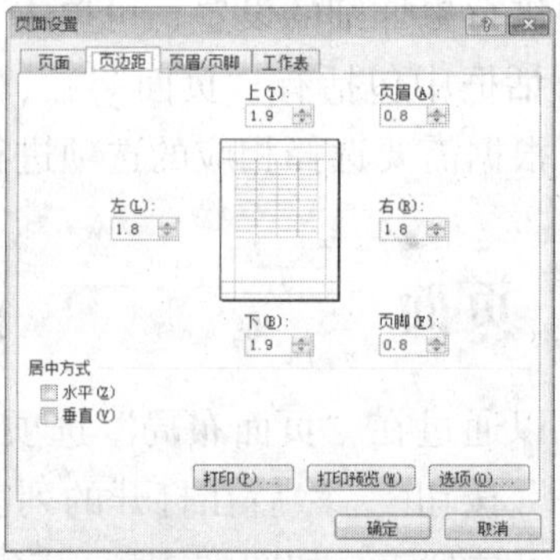

图15.6 “页边距”选项卡

- 上、下、左、右：设置上、下、左、右四个方向的页边距大小。
- 页眉、页脚：设置页眉与页脚距页面边缘的距离。
- 居中方式：设置页面内容在页面中的居中方式。

15.1.3 页眉与页脚

页眉与页脚分别位于页面的顶端和底端，用于信息的重复显示，如书名、章节名等。可以通过“页面设置”对话框或“视图”选项卡中的“页面布局”按钮来进行设置。

在“页面布局”选项卡中，单击“页面设置”组中的按钮，打开“页面设置”对话框，切换至“页眉/页脚”选项卡中进行设置，如图15.7所示，其中的选项如下。

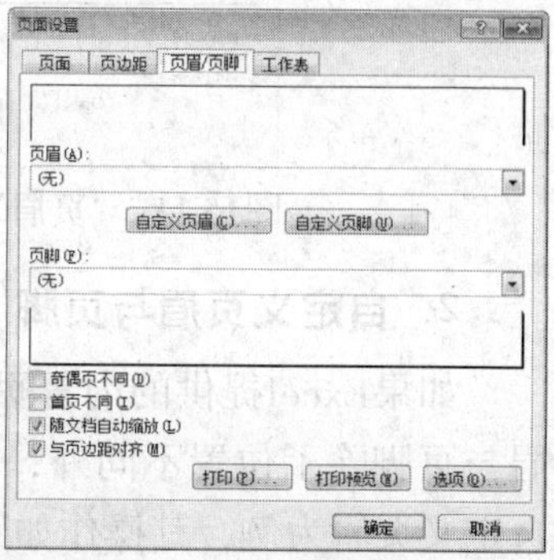

图15.7 “页眉/页脚”选项卡

- 页眉、页脚：设置第一页顶部重复的页眉或底部重复的页脚，在其下拉列表中可以选择Excel内置的页眉、页脚。
- 自定义页眉、自定义页脚：单击该按钮，可以自定义所需的页眉或页脚。
- 奇偶页不同：选中该复选框，则奇数页与偶数页的页眉和页脚不同。
- 首页不同：选中该复选框，则首页的页眉和页脚与其他页不同。
- 随文档自动缩放：选中该复选框，则页眉与页脚跟随文档的调整自动放大或缩小。
- 与页边距对齐：选中该复选框，则页眉和页脚与页边距对齐。

在“视图”选项卡中，单击“工作簿视图”组中的“页面布局”按钮，如图15.8所示，工作表将变为如图15.9所示的布局，单击顶部的“单击可添加页眉”，即可插入光标，输入页眉内容，在任意位置单击鼠标确认，效果如图15.10所示。

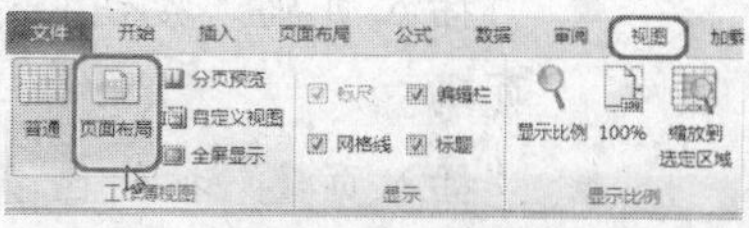

图15.8 选择“页面布局”按钮

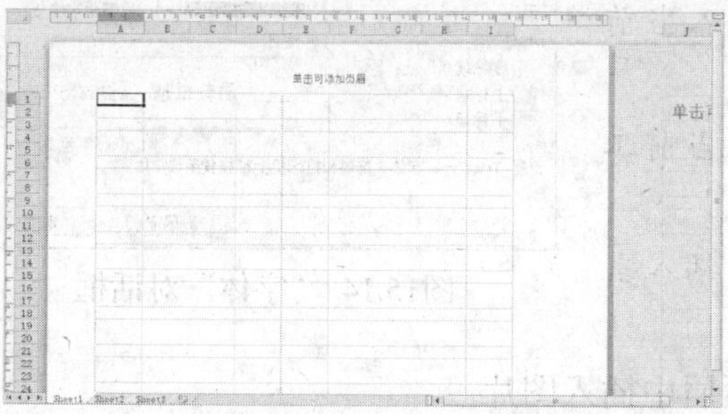

图15.9 单击“页面布局”按钮后的效果

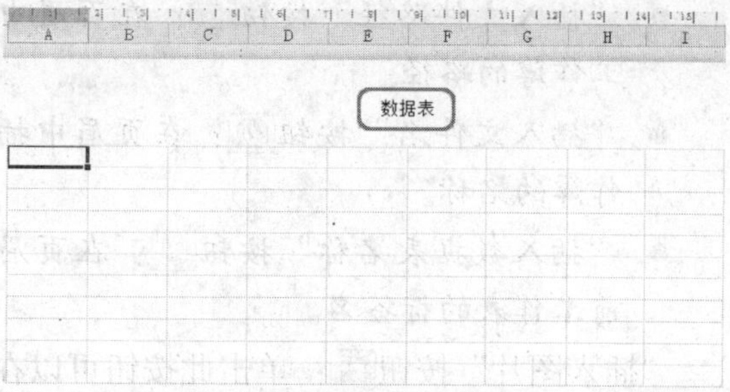

图15.10 输入页眉效果

同样，单击底部的“单击可添加页脚”按钮，输入页脚内容。

1．使用Excel内置页眉与页脚

Excel提供了一些内置的页眉和页脚格式，使用这些内置页眉页脚的方法是在“页面布局”选项卡中单击“页面设置”组中的按钮，打开“页面设置”对话框，单击“页眉”下的下三角按钮，在列表中选择一种内置页眉，如图15.11所示，同样，单击“页脚”下的下三角按钮

▼，在列表中选择一种内置页脚，如图15.12所示，设置完成后单击“确定”按钮即可。

图15.11 “页眉”下拉列表

图15.12 “页脚”下拉列表

2. 自定义页眉与页脚

如果Excel提供的内置页眉或页脚不能满足需要，用户可以自定义页眉或页脚。由于页眉与页脚除了位置不同外，自定义的方法是一样的，以自定义页眉为例，其操作如下。

01 打开“页面设置”对话框，切换至“页眉/页脚”选项中，单击“自定义页眉”按钮，打开“页眉”对话框，如图15.13所示。

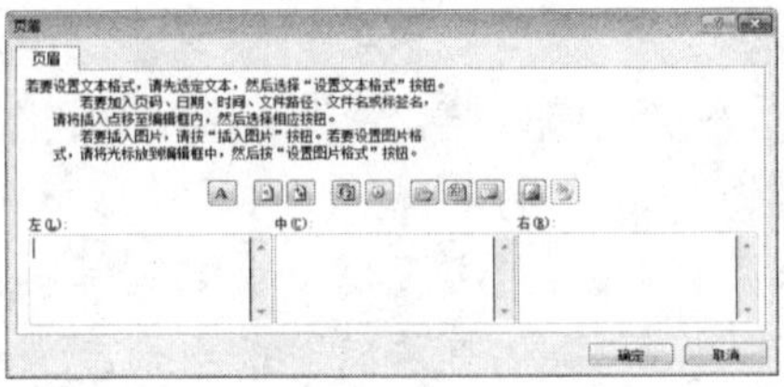

图15.13 “页眉”对话框

该对话框中各按钮的功能如下。

- “格式文本”按钮A：用于设置页眉的文本格式。单击该按钮将打开“字体”对话框，如图15.14所示。
- “插入页码”按钮：在页眉中插入页码。添加或删除工作表时，Excel会自动更新页码。
- “插入页数”按钮：在页眉中插入总页数。
- “插入日期”按钮：在页眉中插入当前日期。
- “插入时间”按钮：在页眉中插入当前时间。
- “插入文件路径”按钮：在页眉中插入当前工作簿的路径。
- “插入文件名”按钮：在页眉中插入当前工作簿的名称。
- “插入数据表名称”按钮：在页眉中插入当前工作表的标签名。

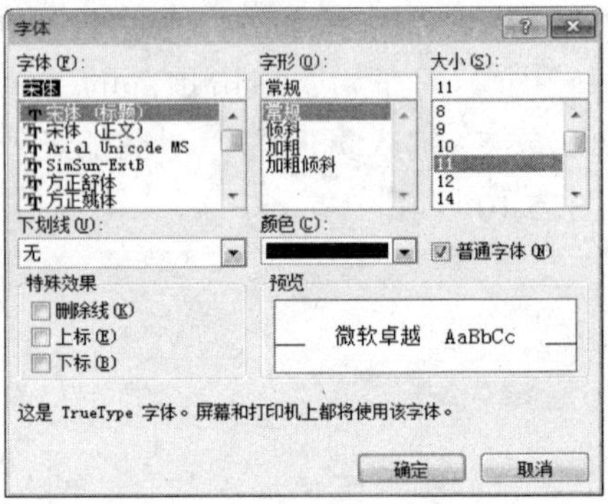

图15.14 “字体”对话框

“插入图片”按钮：单击此按钮可以在页眉中插入图片。

- “设置图片格式”按钮：单击此按钮可以设置插入图片的格式。
- “左”编辑框：在该编辑框中输入或插入的内容将出现在页眉的左边。
- “中”编辑框：在该编辑框中输入或插入的内容将出现在页眉的中间。
- “右”编辑框：在该编辑框中输入或插入的内容将出现在页眉的右边。

02 如果要设置文本格式，在需要的编辑框中输入文本，并选择输入的文本，再单击“格式文本”按钮A，在打开的“字体”对话框中进行设置。

图15.15 “插入图片”对话框

03 如果要插入页码、页数、日期、时间、文件路径、文件名或数据表名称，应先在某个编辑框中单击鼠标，将光标放置在该编辑框中，再单击相应的按钮即可。

04 如果要插入图片，单击“插入图片”按钮，将会打开“插入图片”对话框，如图15.15所示，在对话框中找到所需的图片，单击“插入”按钮即可。

05 设置完成后单击“确定”按钮，返回到“页面设置”对话框中，再单击“确定”按钮即可，也可以单击“打印预览”看一下效果。

提示 用户也可以先使用内置的页眉或页脚，然后再利用自定义页眉或页脚的方法对其进行修改。方法是：先从“页眉”或“页脚”的下拉列表中选择一种内置的页眉或页脚，再单击“自定义页眉”按钮或“自定义页脚”按钮，然后在相应的编辑框中对其进行修改。

15.1.4 设置Excel工作表

在实际的打印操作中，常常还需要对工作表进行一些设置，例如，打印的区域，是否打印标题或网格线等。这些都可以在“页面设置”对话框中的“工作表”选项卡中进行设置。

1. 打印区域

打印区域是指在不需要打印整个工作表时，指定的一个或多个单元格区域。设置了打印区域之后，再打印工作表时，将会打印设置区域中的内容。

在工作表中选择需要打印的单元格区域，然后在“页面布局”选项卡中单击“页面设置”组中的“打印区域”按钮，在打开的列表中选择“设置打印区域”选项，如图15.16所示，即可将选择的区域设置为打印区域。

用户也可以在“页面设置”对话框中的“工作表”选项卡中进行打印区域的设置，如图15.17所示。在该选项卡中设置打印区域的方法如下。

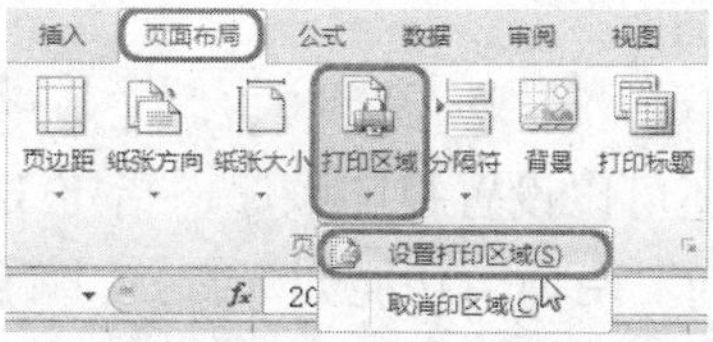

图15.16 选择“设置打印区域”选项

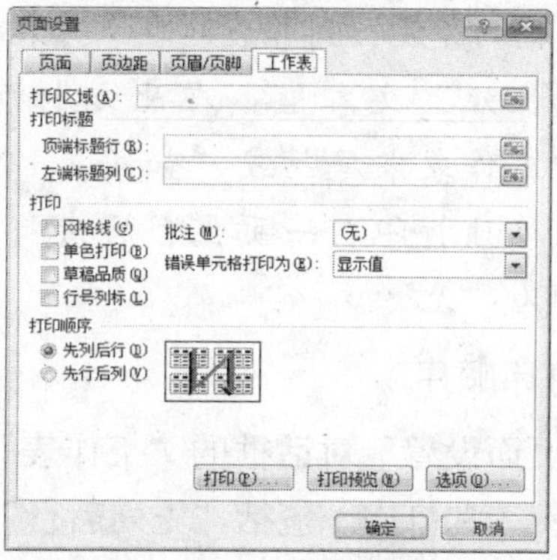

图15.17 “工作表”选项卡

01 直接在“打印区域”文本框中输入要打印区域的引用。

02 单击“打印区域”文本框右侧的按钮，将该对话框折叠，在工作表中用鼠标选择要打印的区域，再单击按钮展开“页面设置”对话框。

03 在“打印区域”文本框中单击鼠标左键，插入光标，直接在工作表中选择要打印的区域。

提示 用户也可同时设置多个打印区域。方法如下。

（1）在工作表中，利用Ctrl键选择多个区域，再选择“打印区域”列表中的“设置打印区域”选项。

（2）在“打印区域”文本框中，输入多个打印区域的引用，区域引用之间用逗号隔开。或将“页面设置”对话框折叠，利用Ctrl键在工作表中选择多个区域，再展开“页面设置”对话框。

多个打印区域的内容在打印时，将被打印在不同的页面上。

要取消打印区域，先选择该区域，然后单击“页面设置”组中的“打印区域”按钮，在打开的列表中选择“取消印区域”选项；如果重新设置了打印区域，则在此之前设置的打印区域将自动取消。

2．打印效果

在“页面设置”对话框中的“工作表”选项卡中，还可以设置一些打印的特殊效果（例如，打印标题、网格线、批注或草稿品质等），各种特殊效果如下。

- “打印标题”：分为“顶端标题行”和“左端标题列”两项，作用是在打印的工作表的每一页中都打印相同的行或列作为标题。
- “网格线”复选框：勾选该复选框，即可在工作表中打印网格线。
- “单色打印”复选框：勾选该复选框，打印时可忽略其他打印颜色，适用于单色打印机用户。
- “草稿品质”复选框：勾选该复选框，可缩短打印时间。打印时将不打印网格线，同时图形以简化方式输出。
- “行号列标”复选框：勾选该复选框，打印时打印行号或列标。行号打印在工作表数据的左端，列号打印在工作表数据的顶端。
- “批注”文本框：在此文本框中，可确定打印时是否包含批注。选择其中的“工作表末尾”或“如同工作表中的显示”选项时，都将打印批注。前者把批注单独打印在一页上，后者将批注随工作表打印在批注显示的位置处。默认选项为“无”。

3．打印顺序

在“页面设置”对话框的“工作表”选项卡中，还可以设置打印顺序，指定工作表中的数据如何阅读和打印。包括“先列后行”和“先行后列”两项，功能如下。

- “先列后行”单选钮：选择该单选钮后，可先由上向下，再由左向右打印。
- “先行后列”单选钮：选择该单选钮后，可先由左向右，再由上向下打印。

4．图表

如果用户打印的是图表工作表或工作表中的图表时，在“页面设置”对话框中的“工作表”选项卡则变为“图表”选项卡，其他选项卡及其内容仍保持不变，如图15.18所示。

- “图表”选项卡中的各选项功能如下。
- “草稿品质”复选框：勾选该复选框，可忽略图形和网格线打印，加快打印速度，节省内存。
- “按黑白方式”复选框：勾选该复选框，将以黑白方式打印图表数据系列。

图15.18 “图表”选项卡

提示 对Excel工作表中的图表进行打印设置时，必须先选择图表，将其激活。

15.2 分页符

分页符是为了打印而将一张Excel工作表分为若干个单独的页的分隔符。在分页预览视图中，用户还可以对分页符进行移动或删除操作。

15.2.1 插入分页符

如果要打印的工作表不是一页，Excel会自动插入分页符。这些分页符以设置的纸张大小、页边距和缩放比例为基础，用户也可通过手动插入水平分页符或垂直分页符来改变页面上要打印的列或行。

1．插入水平分页符

插入水平分页符的操作步骤如下。

01 单击要在某一行上面插入分页符的行号，如图15.19所示。

02 在“页面布局”选项卡中，单击“页面设置”组中的“分隔符”按钮，在打开的列表中选择“插入分页符”选项，在该行的上方插入一条水平分页符，如图15.20所示，上半部分为第1页，下半部分为第2页。

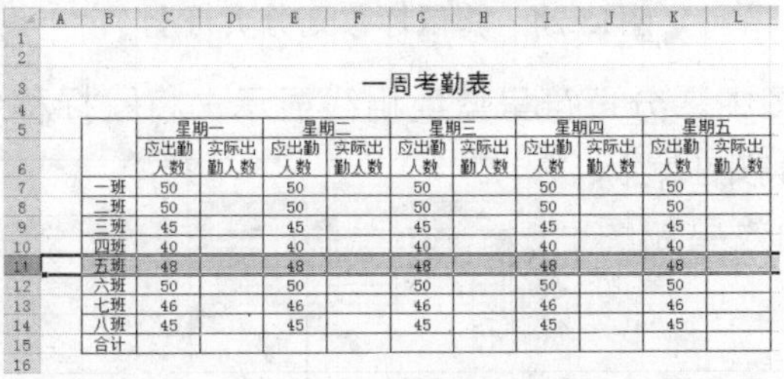

一周考勤表

	星期一		星期二		星期三		星期四		星期五	
	应出勤人数	实际出勤人数	应出勤人数	实际出勤人数	应出勤人数	实际出勤人数	应出勤人数	实际出勤人数	应出勤人数	实际出勤人数
一班	50		50		50		50		50	
二班	50		50		50		50		50	
三班	45		45		45		45		45	
四班	40		40		40		40		40	
五班	48		48		48		48		48	
六班	50		50		50		50		50	
七班	46		46		46		46		46	
八班	45		45		45		45		45	
合计										

图15.19 单击行号

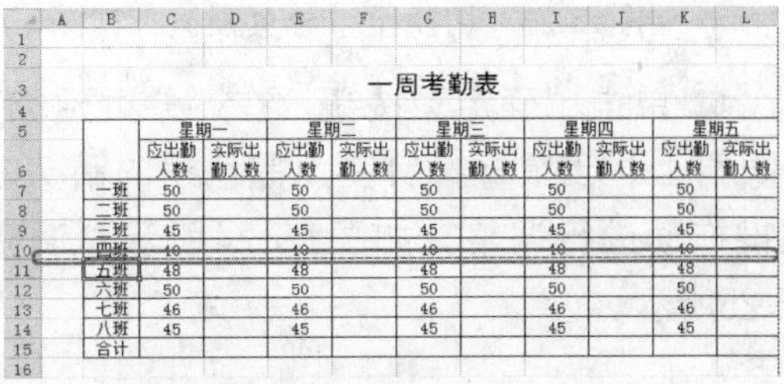

一周考勤表

	星期一		星期二		星期三		星期四		星期五	
	应出勤人数	实际出勤人数	应出勤人数	实际出勤人数	应出勤人数	实际出勤人数	应出勤人数	实际出勤人数	应出勤人数	实际出勤人数
一班	50		50		50		50		50	
二班	50		50		50		50		50	
三班	45		45		45		45		45	
四班	40		40		40		40		40	
五班	48		48		48		48		48	
六班	50		50		50		50		50	
七班	46		46		46		46		46	
八班	45		45		45		45		45	
合计										

图15.20 插入水平分页符

2. 插入垂直分页符

插入垂直分页符的操作步骤如下。

01 单击要在某一列左侧插入分页符的列标，如图15.21所示。

02 在“页面布局”选项卡中单击“页面设置”组中的“分隔符”按钮，在打开的列表中选择“插入分页符”选项，在该列的左侧会插入一条垂直分页符，如图15.22所示。左半部分为第1页，右半部分为第2页。

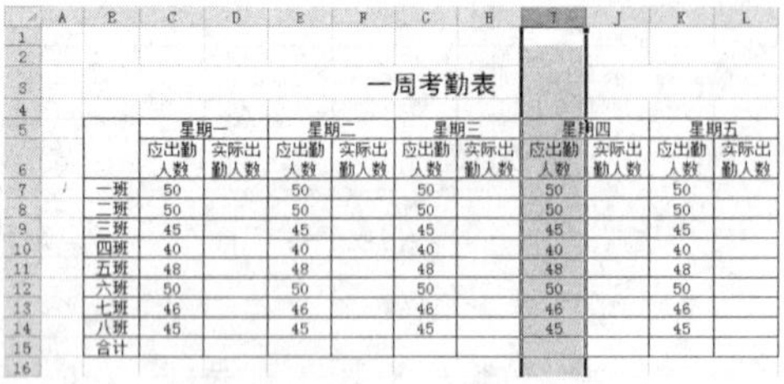

图15.21 单击列标

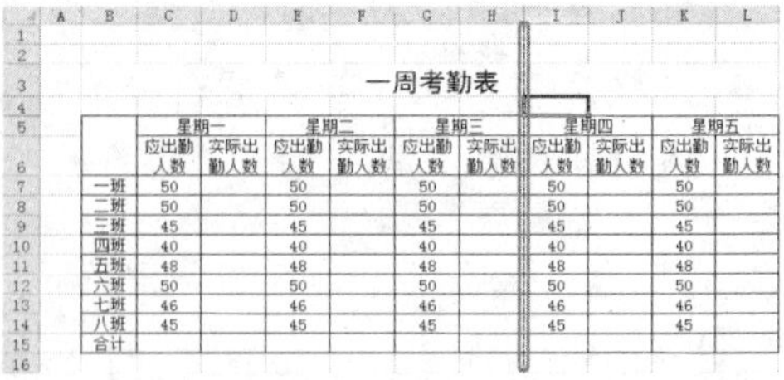

图15.22 插入垂直分页符

> 提示：如果单击的是Excel工作表中其他位置上的单元格，将同时插入水平分页符和垂直分页符，将一页分成四页。

15.2.2 移动分页符

对于已插入的分页符还可以进行移动，调整其位置，要对分页符进行移动操作，需要切换至“分页预览”视图中。其操作步骤如下。

01 在“视图”选项卡中单击“工作簿视图”组中的“分页预览”按钮，切换至“分页预览”视图，如图15.23所示。

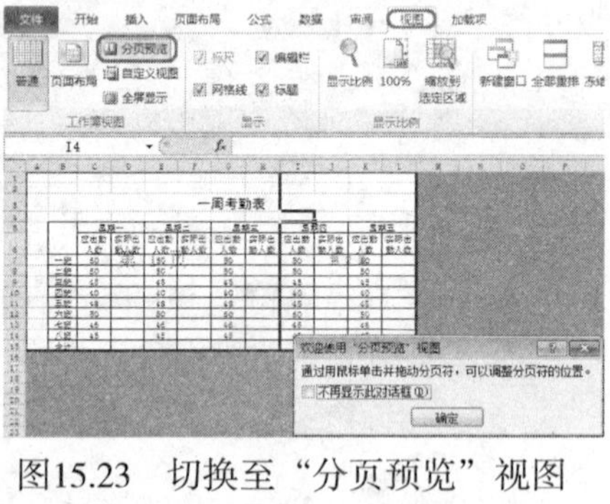

图15.23 切换至“分页预览”视图

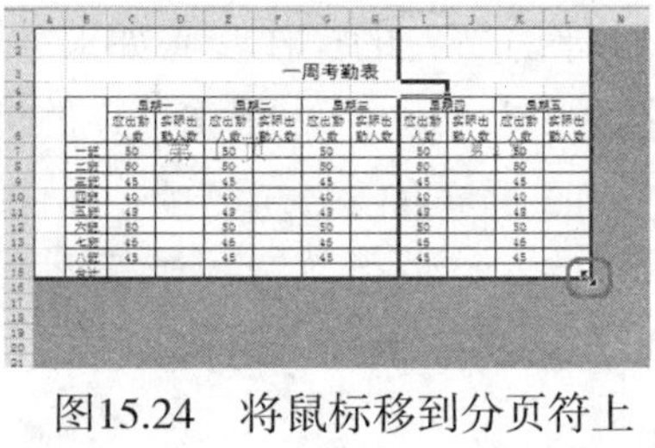

图15.24 将鼠标移到分页符上

02 单击“确定”按钮，在“分页预览”视图中，分页符呈蓝色粗线显示，将鼠标移到分页符上，当鼠标指针变为黑色双向箭头时，可按住鼠标左键拖动进行调整，如图15.24所示。调整后的效果如图15.25所示。

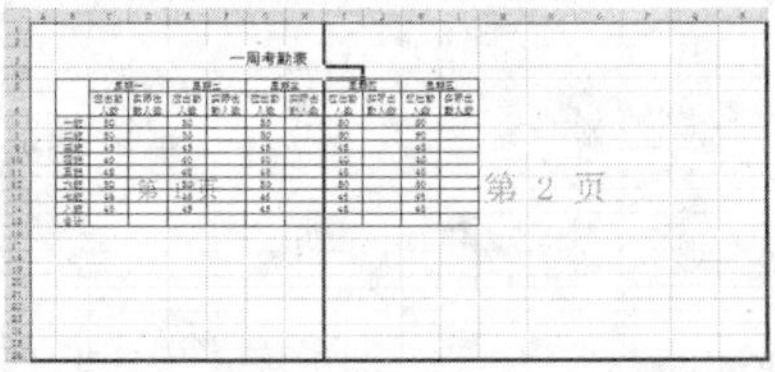

图15.25 移动分页符后的效果

15.2.3 删除分页符

如果要删除水平分页符，选择该水平分页符下方的一行，或该行中的任意一个单元格，在“页面布局”选项卡中单击“页面设置”组中的“分隔符”按钮，在打开的列表中选择“删除分页符”选项即可。

如果要删除垂直分页符，选择该垂直分页符右侧的一列，或该列中的任意一个单元格，再单击“删除分页符”按钮即可。

提示 在Excel 2010中，不能删除自动分页符。

15.3 打印Excel工作表

在用户选择了打印区域并设置好打印页面后，就可以正式打印Excel工作表了。如果对打印的Excel工作表设置完成以后，希望看看打印输出的效果，此时就要用到Excel的打印预览功能了。

15.3.1 打印预览

利用Excel提供的打印预览功能，可以预览设置的页面，不满意的话，可以及时调整。单击“文件”按钮，然后选择“打印”选项，可以在窗口的右侧进行预览，如图15.26所示。

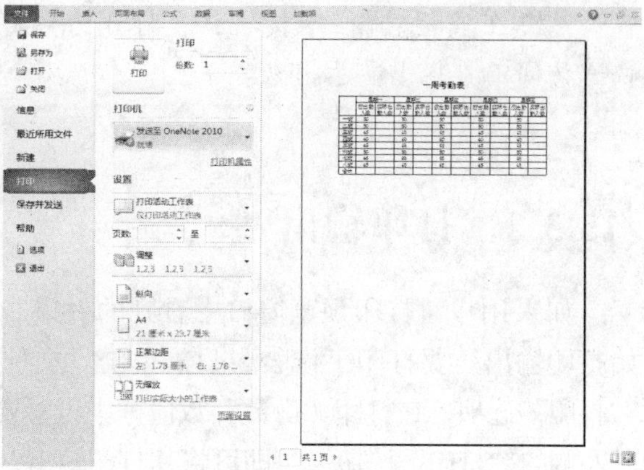

图15.26 打印预览

1. 打印预览中的工具按钮

在打印预览状态下，用户也可以使用其中的一系列工具按钮对不满意的地方及时进行修改。各工具按钮的功能如下。

- “上一页”按钮：单击该按钮，显示上一页。如果只有一页，则该按钮呈灰色显示。
- “下一页”按钮：单击该按钮，显示下一页。如果只有一页，则该按钮呈灰色显示。
- “打印”：在“份数”文本框中输入要打印的数量。
- “打印机”：用于选择打印机，单击“打印机属性”按钮，可以在打开的对话框中设置有关打印机的各种属性。
- “设置”选项组：可以对“打印范围”、“方向”、“纸张大小”、“页边距”等进行设置。
- “页面设置”：单击该按钮，将打开“页面设置”对话框。
- “显示边距”按钮：单击该按钮，可显示或隐藏页边距、页眉/页脚边距以及列宽的控制柄，如图15.27所示。在窗口中可以通过直接拖动各控制柄来调整页边距或列宽。

- “缩放到页面”按钮：单击该按钮，可放大或缩小预览区。

提示 出现在打印预览窗口中的各页的外观有时因可用的字体、打印机的分辨率或可用的颜色不同而变化。

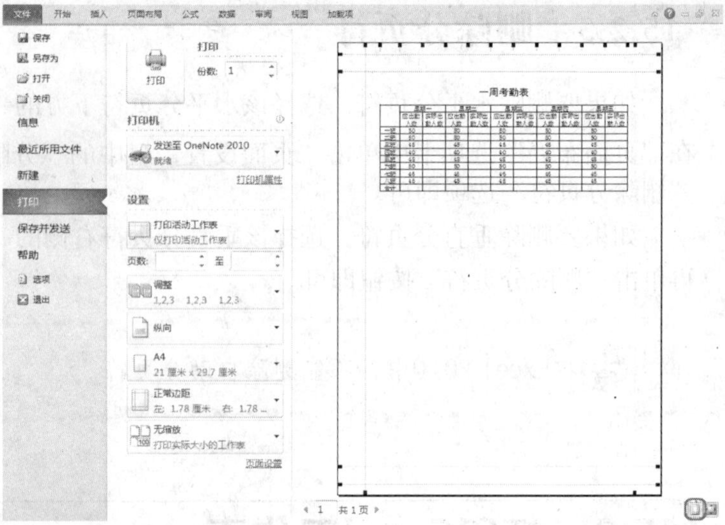

图15.27 显示边距效果

2. 启用打印预览的其他方法

在Excel中，用户除了可以用上述方法进行打印预览外，还可使用以下两种方法。

- 单击快速访问工具栏中的“打印预览和打印”按钮。
- 在“页面设置”对话框中单击“打印预览”按钮。

提示 如果快速访问工具栏中没有显示“打印预览和打印”按钮，可以单击快速访问工具栏右侧的按钮，在打开的列表中选择“打印预览和打印”选项，即可使其在快速访问工具栏上显示出来。

15.3.2 打印输出

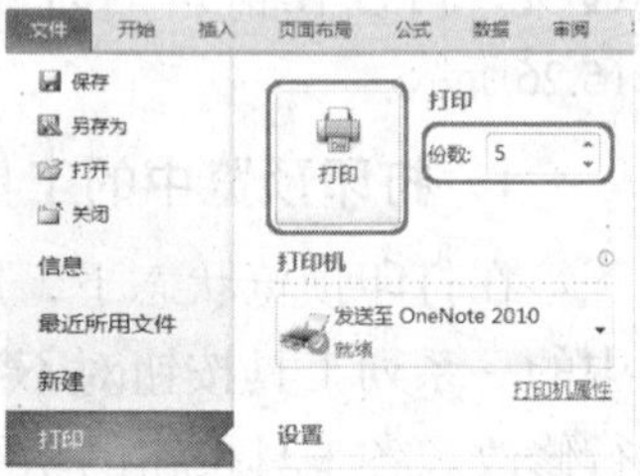

图15.28 设置打印份数

如果用户对打印预览窗口中看到的效果非常满意，便可以开始打印输出。要打印工作表，只需单击“文件”按钮，然后选择“打印”选项，在打印“份数”数值框中设置要打印的份数，单击其左侧的“打印”按钮，即可将其打印输出，如图15.28所示。

15.4 实战操作——水费通知单

本例介绍水费通知单的制作，同时为制作的水费通知单进行页面设置和打印操作，使用户掌握前面所讲的有关单元格的各种操作和打印的基本操作。

15.4.1 制作水费通知单

本节将利用编辑、美化单元格、公式的输入等操作制作水费通知单，使用户巩固前面的基础知识，制作的水费通知单效果如图15.29所示。

	A	B	C	D	E	F
1	水费通知单					
2	住户门牌号	上月抄表数	本月抄表数	用量（立方）	实际单价	应缴金额
3	101	120	128	8	2.95	23.60
4	102	117	128	11	2.95	32.45
5	201	166	173	7	2.95	20.65
6	202	152	162	10	2.95	29.50
7	301	133	143	10	2.95	29.50
8	302	180	189	9	2.95	26.55
9	401	100	111	11	2.95	32.45
10	402	96	107	11	2.95	32.45
11	501	177	188	11	2.95	32.45
12	502	130	141	11	2.95	32.45
13						
14	水单价：	1.85	水资源费：	0.40	污水处理费：	0.70
15						

图15.29　水费通知单效果

01 打开Excel 2010系统会自动新建一个空白工作簿。

02 在单元格区域A2:F2、A3:C12和A14:F14中，分别输入如图15.30所示的内容，将鼠标移到列标题的边界处，当鼠标指针变为“水平双向箭头”标志✛时，双击鼠标左键，以单元格中的内容自动调整其列宽大小，效果如图15.31所示。

	A	B	C	D	E	F
1						
2	住户门牌号	上月抄表数	本月抄表数	用量（立方）	实际单价	应缴金额
3	101	120	128			
4	102	117	128			
5	201	166	173			
6	202	152	162			
7	301	133	143			
8	302	180	189			
9	401	100	111			
10	402	96	107			
11	501	177	188			
12	502	130	141			
13						
14	水单价：	1.85	水资源费：	0.4	污水处理费：	0.7
15						

图15.30　输入内容

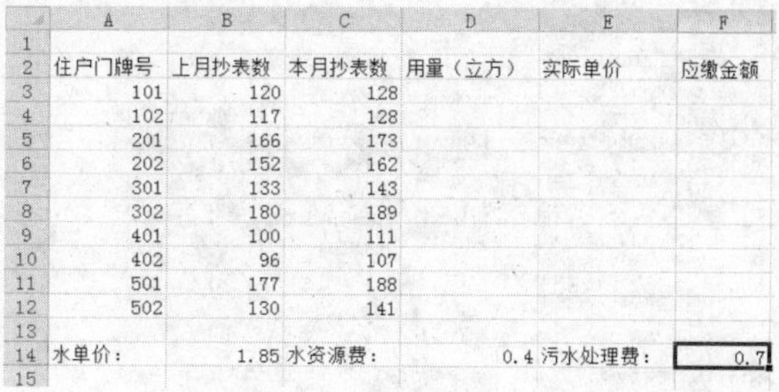

	A	B	C	D	E	F
1						
2	住户门牌号	上月抄表数	本月抄表数	用量（立方）	实际单价	应缴金额
3	101	120	128			
4	102	117	128			
5	201	166	173			
6	202	152	162			
7	301	133	143			
8	302	180	189			
9	401	100	111			
10	402	96	107			
11	501	177	188			
12	502	130	141			
13						
14	水单价：	1.85	水资源费：	0.4	污水处理费：	0.7
15						

图15.31　调整列宽效果

03 选择单元格区域A3:A12，并在选择的区域上单击鼠标右键，在弹出的快捷菜单中选择“设置单元格格式”命令，如图15.32所示，打开“设置单元格格式”对话框，切换至“数字”选项卡，在左侧的“分类”列表框中选择“文本”选项，如图15.33所示。

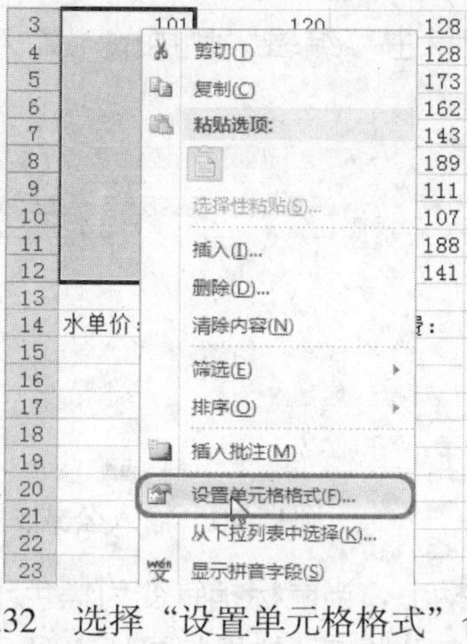

图15.32　选择“设置单元格格式”命令

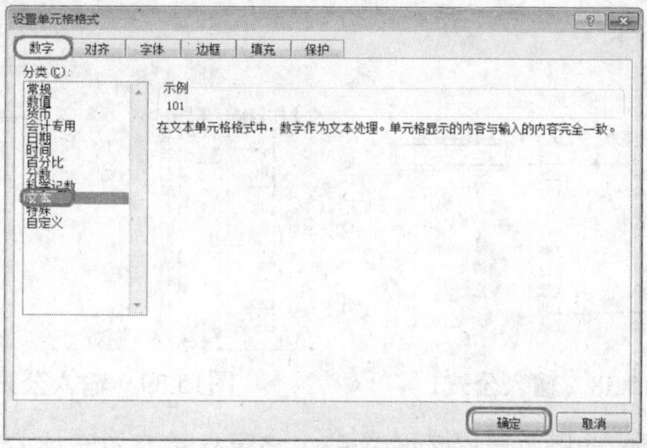

图15.33　“设置单元格格式”对话框

04 单击“确定”按钮，选择单元格区域F3:F12，按住Ctrl键再选择单元格B14、D14和F14，并打开“设置单元格格式”对话框，在“数字”选项卡中的“分类”列表框中选择“数值”选项，“小数位数”设置为2，如图15.34所示，单击“确定”按钮，效果如图15.35所示。

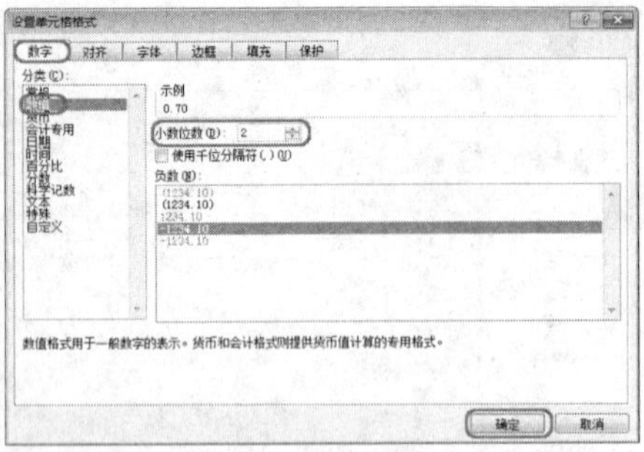

图15.34 “设置单元格格式”对话框

图15.35 设置单元格格式效果

05 选择单元格区域A2:F12，按住Ctrl键再选择单元格A14、C14和E14，在“开始”选项卡中，单击“对齐方式”组中的“居中”按钮，如图15.36所示。

06 选择单元格B14，按住Ctrl键再选择单元格D14和F14，单击“对齐方式”组中的“文本左对齐”按钮，如图15.37所示。

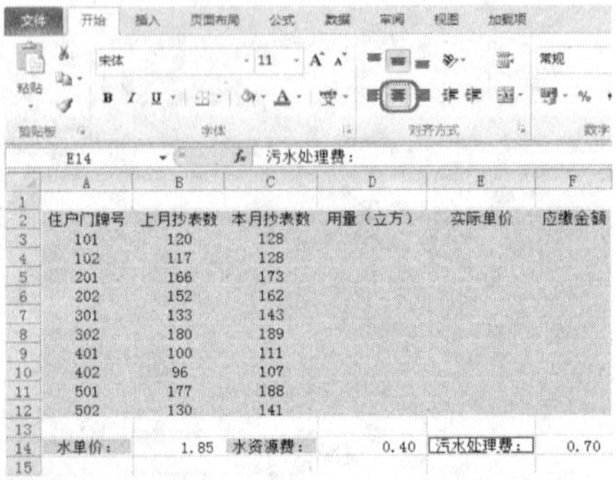

图15.36 “居中”对齐效果

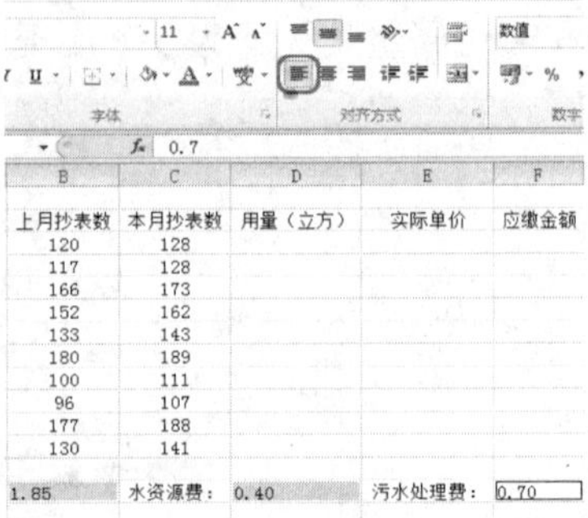

图15.37 “左对齐”效果

07 在单元格D3中输入公式“= C3-B3”，如图15.38所示，单击“编辑”栏中的“输入”按钮，在单元格E3中输入公式“= $B$14+$D$14+$F$14”，如图15.39所示，单击“编辑”栏中的“输入”按钮。

08 在单元格F3中输入公式“D3*E3”，如图15.40所示，单击“编辑”栏中的“输入”按钮，

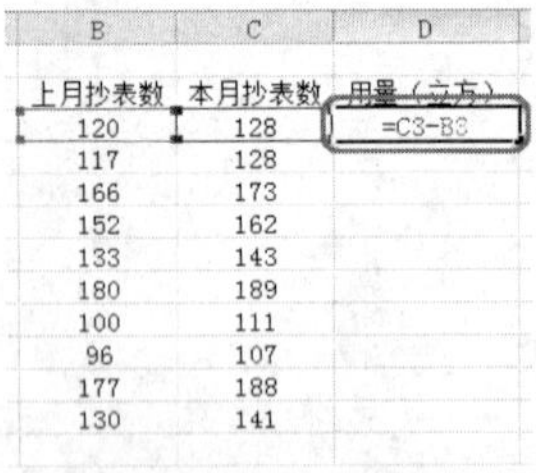

图15.38 输入公式1

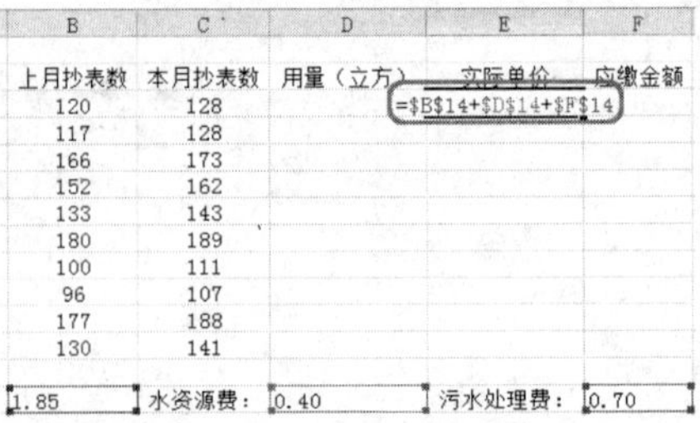

图15.39 输入公式2

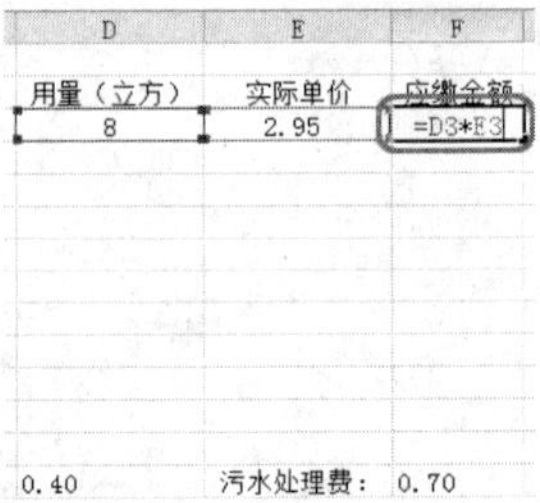

图15.40 输入公式3

09 选择单元格区域D3:F3，将鼠标移至单元格右下角的填充柄上，当鼠标指针变为黑色十字形时，如图15.41所示，按住鼠标左键向下拖动鼠标，进行公式的自动填充，效果如图15.42所示。

10 选择单元格区域A1:F1，按住Ctrl键再选择单元格区域A13:F13，在“开始”选项卡中，单击“对齐方式”组中的“合并后居中”按钮，并在A1单元格中输入文本“水费通知单”，将“字体”设置为“黑体”，“字号”设置为18，如图15.43所示。

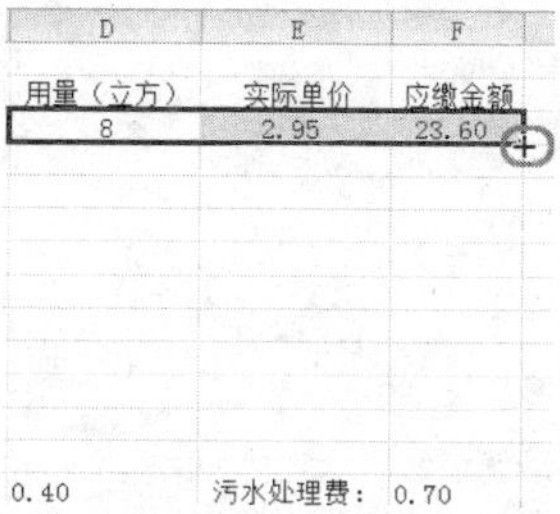

图15.41　将鼠标指针移至填充柄

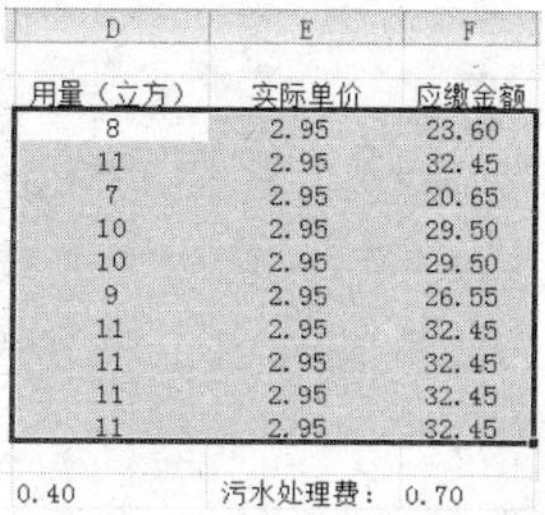

图15.42　填充公式

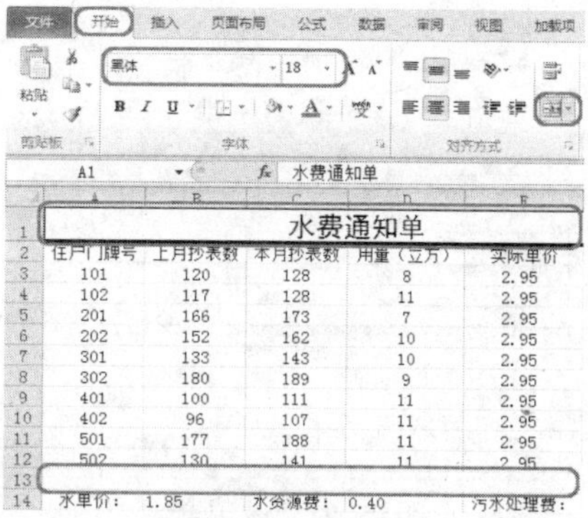

图15.43　输入并设置文本

⑪ 选择单元格区域A2:F2，按住Ctrl键再选择单元格A3:A12、A14、C14和E14，在“开始”选项卡中的“字体”组中，将“字体”设置为“华文楷体”，并单击“加粗”按钮 B ，如图15.44所示。

⑫ 单击行号13，在“开始”选项卡中单击“单元格”组中的“格式”按钮，在打开的列表中选择“行高”选项，打开“行高”对话框，将行高设置为8，如图15.45所示，单击“确定”按钮，效果如图15.46所示。

图15.44　设置字体与加粗

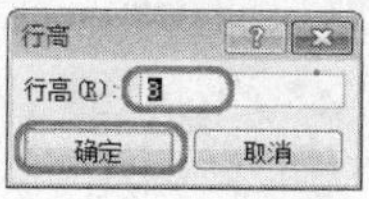

图15.45　设置行高

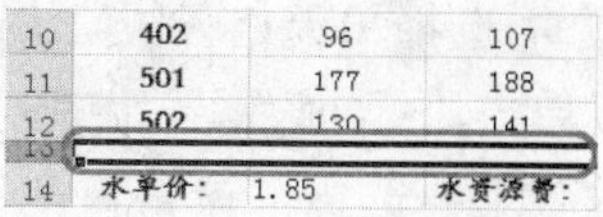

图15.46　设置行高的效果

⑬ 选择单击格区域A1:F14，并在其上右击鼠标，在弹出的快捷菜单中选择“设置单元格格式”命令，如图15.47所示。

⑭ 打开“设置单元格格式”对话框，切换至“边框”选项卡，将“颜色”设置为“蓝色”，在“样式”列表框中选择一种粗线样式，单击“预置”区域中的“外边框”按钮 ⊞ ，如图15.48所示。

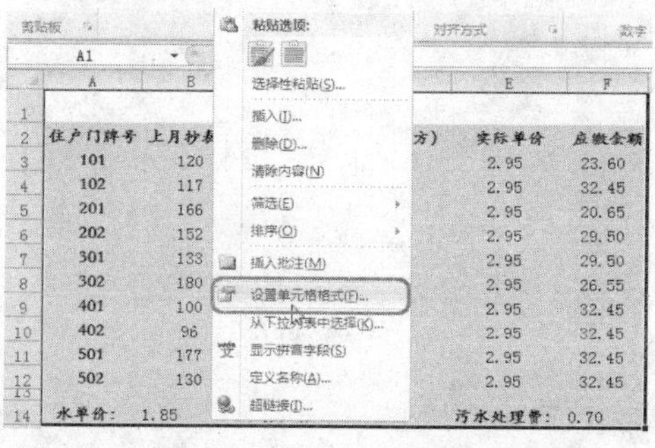

图15.47　选择“设置单元格格式”命令

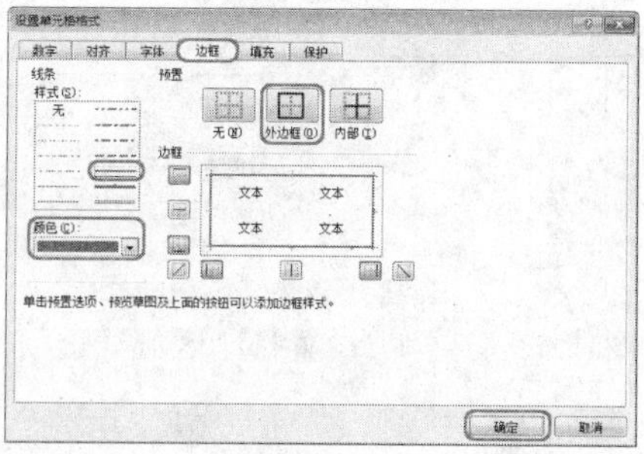

图15.48　“设置单元格格式”对话框

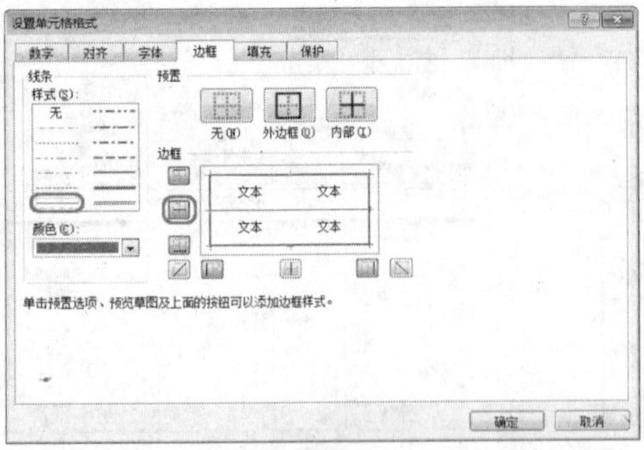

图15.49　设置粗线边框

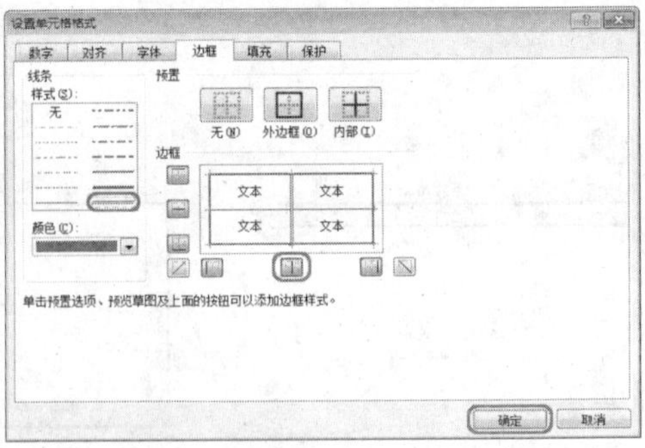

图15.50　设置边框

15 在“样式”列表框中选择一种细线样式，单击“边框”区域中的▤按钮，如图15.49所示，在“样式”列表框中选择一种双线样式，单击“边框”区域中的▥按钮，如图15.50所示，单击“确定”按钮，设置边框后的效果如图15.51所示。

水费通知单

住户门牌号	上月抄表数	本月抄表数	用量（立方）	实际单价	应缴金额
101	120	128	8	2.95	23.60
102	117	128	11	2.95	32.45
201	166	173	7	2.95	20.65
202	152	162	10	2.95	29.50
301	133	143	10	2.95	29.50
302	180	189	9	2.95	26.55
401	100	111	11	2.95	32.45
402	96	107	11	2.95	32.45
501	177	188	11	2.95	32.45
502	130	141	11	2.95	32.45
水单价：	1.85	水资源费：	0.40	污水处理费：	0.70

图15.51　设置边框后的效果

15.4.2　打印水费通知单

水费通知单至此制作并编辑完成，接下来要进行页面设置并打印输出，打印预览效果如图15.52所示。

东城自来水公司

水费通知单

住户门牌号	上月抄表数	本月抄表数	用量（立方）	实际单价	应缴金额
101	120	128	8	2.95	23.60
102	117	128	11	2.95	32.45
201	166	173	7	2.95	20.65
202	152	162	10	2.95	29.50
301	133	143	10	2.95	29.50
302	180	189	9	2.95	26.55
401	100	111	11	2.95	32.45
402	96	107	11	2.95	32.45
501	177	188	11	2.95	32.45
502	130	141	11	2.95	32.45
水单价：	1.85	水资源费：	0.40	污水处理费：	0.70

2011年6月2日

图15.52　打印水费通知单效果

01 选择单元格区域A1:F14，在“页面布局”选项卡中，单击“页面设置”组中的“打印区域”按钮，在打开的列表中选择“设置打印区域”选项，如图15.53所示，设置了打印区域的边界被添加了虚线，如图15.54所示。

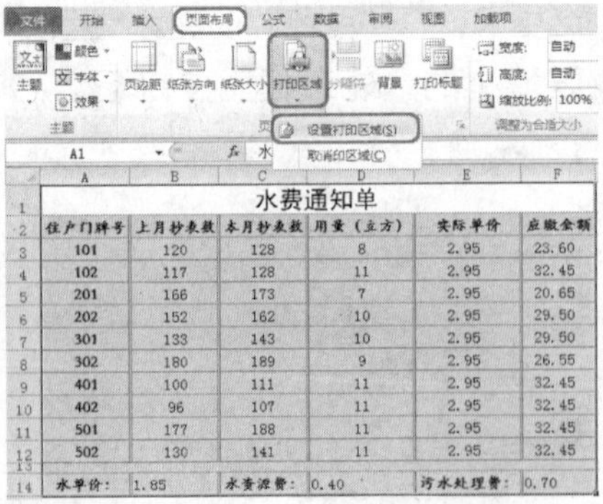

水费通知单

住户门牌号	上月抄表数	本月抄表数	用量（立方）	实际单价	应缴金额
101	120	128	8	2.95	23.60
102	117	128	11	2.95	32.45
201	166	173	7	2.95	20.65
202	152	162	10	2.95	29.50
301	133	143	10	2.95	29.50
302	180	189	9	2.95	26.55
401	100	111	11	2.95	32.45
402	96	107	11	2.95	32.45
501	177	188	11	2.95	32.45
502	130	141	11	2.95	32.45
水单价：	1.85	水资源费：	0.40	污水处理费：	0.70

图15.53　选择“设置打印区域”选项

水费通知单

住户门牌号	上月抄表数	本月抄表数	用量（立方）	实际单价	应缴金额
101	120	128	8	2.95	23.60
102	117	128	11	2.95	32.45
201	166	173	7	2.95	20.65
202	152	162	10	2.95	29.50
301	133	143	10	2.95	29.50
302	180	189	9	2.95	26.55
401	100	111	11	2.95	32.45
402	96	107	11	2.95	32.45
501	177	188	11	2.95	32.45
502	130	141	11	2.95	32.45
水单价：	1.85	水资源费：	0.40	污水处理费：	0.70

图15.54　设置打印区域效果

02 在“布局”选项卡中，单击“页面设置”组中的◲按钮，打开“页面设置”对话框，切换至“页面”选项卡，选择“横向”单选钮，再选择“缩放比例”单选钮，并将“缩放比例”设置为160，单击“纸张大小”右侧的下三角按钮▾，在打开的下拉列表中选择“B5（JIS）”选项，如图15.55所示，单击“打印预览”按钮，效果如图15.56所示。

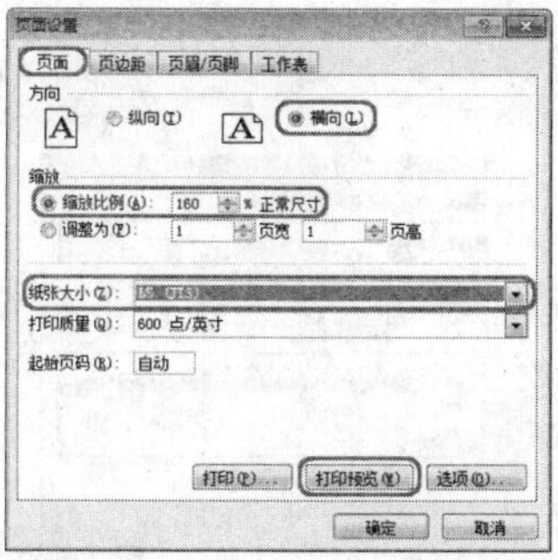

图15.55 “页面设置”对话框

水费通知单					
住户门牌号	上月抄表数	本月抄表数	用量（立方）	实际单价	应缴金额
101	120	128	8	2.95	23.60
102	117	128	11	2.95	32.45
201	166	173	7	2.95	20.65
202	152	162	10	2.95	29.50
301	133	143	10	2.95	29.50
302	180	189	9	2.95	26.55
401	100	111	11	2.95	32.45
402	96	107	11	2.95	32.45
501	177	188	11	2.95	32.45
502	130	141	11	2.95	32.45
水单价:	1.85	水资源费:	0.40	污水处理费:	0.70

图15.56 打印预览效果

03 在打印预览左侧单击“页面设置”按钮，打开“页面设置”对话框，切换至“页眉/页脚”选项卡，单击“自定义页眉”按钮，打开“页眉”对话框，在“左”编辑框中输入“东城自来水公司”，选择输入的文本，单击“格式文本”按钮A，如图15.57所示。

04 打开“字体”对话框，将“字体”设置为“华文行楷”，“字形”设置为“倾斜”，“大小”设置为14，“下划线”设置为“单下划线”，“颜色”设置为“蓝色”，如图15.58所示。

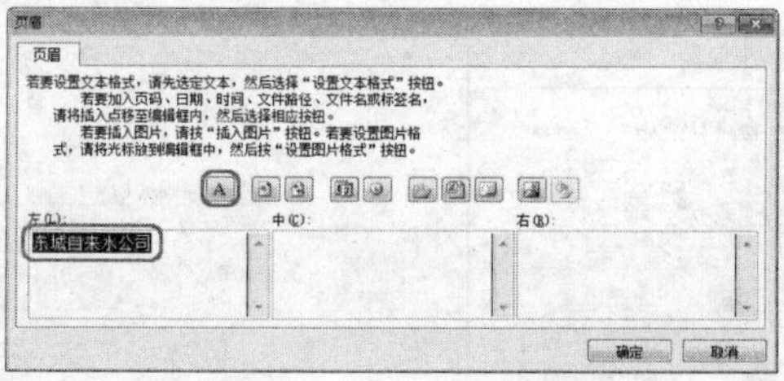

图15.57 “页眉”对话框

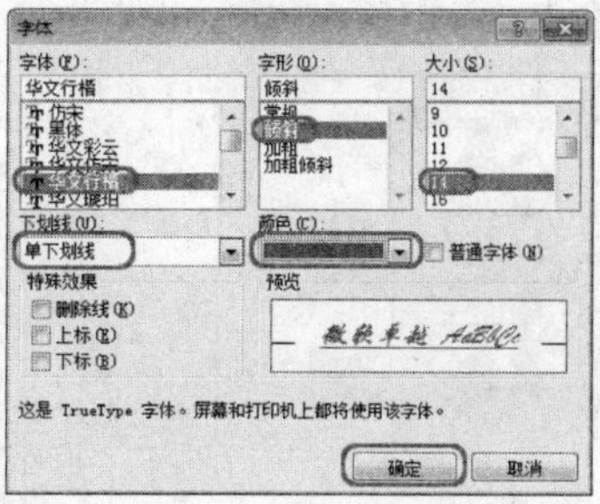

图15.58 “字体”对话框

05 单击两次“确定”按钮，返回到“页面设置”对话框，此时，在“页眉”区域中显示出所设置的页眉内容，如图15.59所示。

06 在“页面设置”对话框中单击“自定义页脚”按钮，打开“页脚”对话框，在“右”编辑框中输入“2011年6月2日”，选择输入的日期，单击“格式文本”按钮A，如图15.60所示。

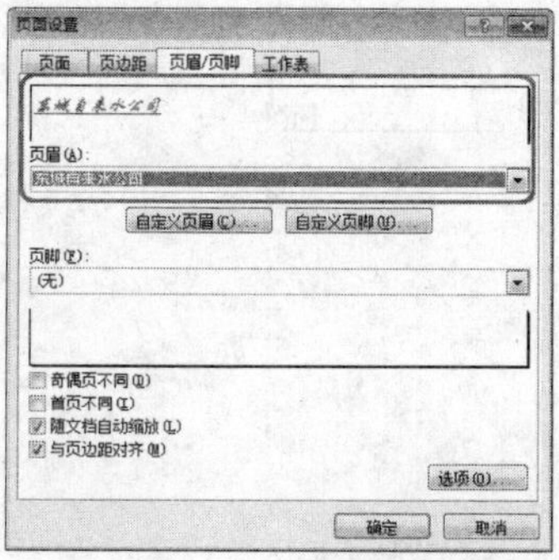

图15.59 “页面设置”对话框

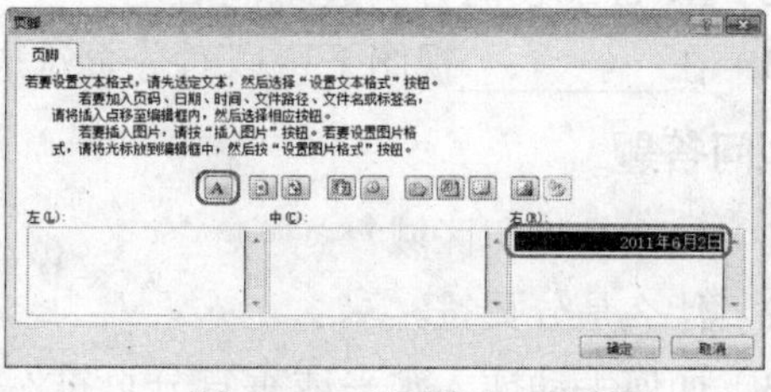

图15.60 “页脚”对话框

07 打开“字体”对话框，将“字形”设置为“倾斜”，“大小”设置为12，“颜色”设置为“蓝色”，如图15.61所示。

08 单击两次“确定”按钮，返回到“页面设置”对话框，此时，在“页脚”区域中显示出所设置的页脚内容，如图15.62所示。

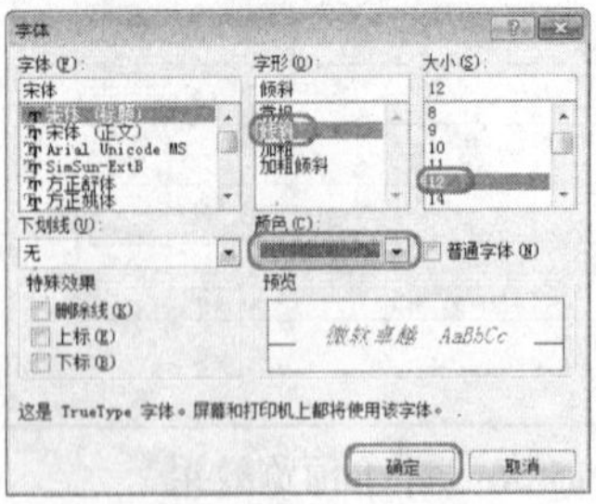

图15.61 “字体”对话框

图15.62 “页面设置”对话框

09 切换至“页边距”选项卡，将“页脚”设置为1.2，其他使用默认，单击“居中方式”区域中的“水平”和“垂直”复选框，如图15.63所示。单击“确定”按钮，打印预览中的效果如图15.64所示。

10 在“打印”区域的“份数”文本框中输入要打印的份数，在“打印机”下的列表中选择与计算机相连的打印机，单击“打印”按钮，如图15.65所示，即可将制作的水费通知单打印输出。

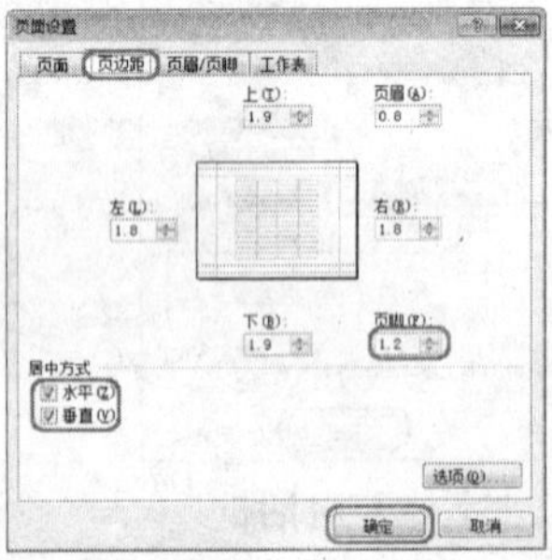

图15.63 “页边距”对话框

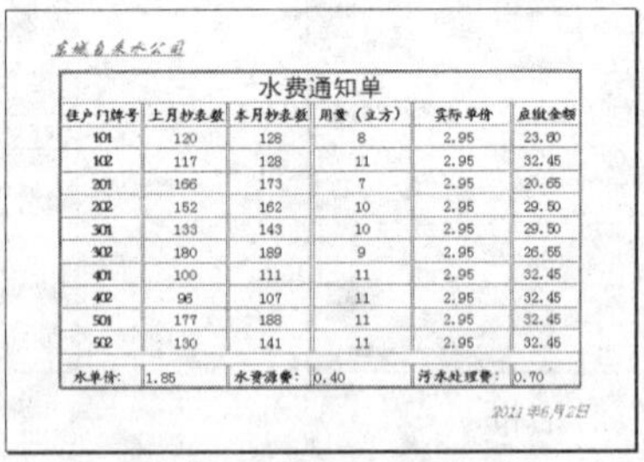

东城自来水公司

水费通知单

住户门牌号	上月抄表数	本月抄表数	用量（立方）	实际单价	应缴金额
101	120	128	8	2.95	23.60
102	117	128	11	2.95	32.45
201	166	173	7	2.95	20.65
202	152	162	10	2.95	29.50
301	133	143	10	2.95	29.50
302	180	189	9	2.95	26.55
401	100	111	11	2.95	32.45
402	96	107	11	2.95	32.45
501	177	188	11	2.95	32.45
502	130	141	11	2.95	32.45
水单价:	1.85	水资源费:	0.40	污水处理费:	0.70

2011年6月2日

图15.64 打印预览效果

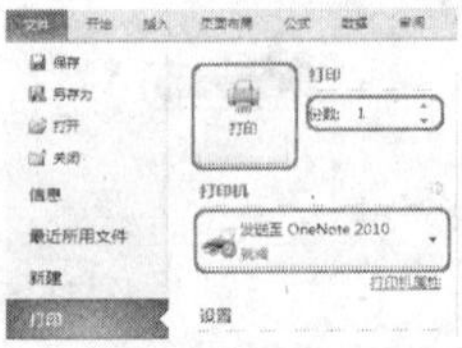

图15.65 设置打印机与份数

15.5 练习

1. 填空题

（1）Excel工作表数据与页面边缘之间的空白区域部分叫________。

（2）Excel 2010内置页边距包括________、________和________。

（3）在________视图下可以对分页符进行移动操作。

2. 问答题

（1）什么是打印区域？

（2）什么是分页符？

（3）如何手动插入水平或垂直分页符？

第16章 PowerPoint基本操作

本章要点

PowerPoint 2010是Office 2010套装软件的重要组件之一。PowerPoint首先引入了演示文稿（Presentation）概念，改变了过去幻灯片零散杂乱的缺点。

通过本章的学习，可以初步了解PowerPoint的基本功能，能够使用多种方法建立一个或一组幻灯片，同时能进行输入文字、编辑文字等基本操作。

本章内容主要包括

- PowerPoint 2010 简介
- PowerPoint 2010操作概要
- 新建演示文稿
- 添加新幻灯片
- 向幻灯片中添加内容
- 编辑文本
- 使用超链接

go>>

16.1 PowerPoint 2010 简介

对于对PowerPoint有所了解的用户来说，学习PowerPoint 2010会感觉比较容易；而对于初学者，可以从一个全新的起点来认识PowerPoint 2010。

16.1.1 PowerPoint的定义

PowerPoint是Microsoft Office 2010办公套装软件的一个重要组成部分，使用该软件可以很方便地创建演示文稿，该演示文稿包括提纲、发放给观众的材料及演讲注释，同时可以利用多媒体技术创建具有悦耳音响效果和图文并茂的演示文稿。通常，使用PowerPoint也能创建电子教案、专业简报等，因此，PowerPoint深受广大教师、干部、学生及各行各业人士的欢迎。

不仅可以用PowerPoint创建演示文稿，还可以在互联网上召开面对面会议、远程会议或在Web上给观众展示演示文稿。它是企业用户展示形象和进行舆论宣传、演示的有力工具。

16.1.2 PowerPoint 2010的优点

PowerPoint 2010的工作界面和Office 2010其他组件保持了一致的风格。全新设计的界面更便于查找和使用软件的各种功能。用户只需通过“浏览”、“选取”、“单击”这样简单的操作就可以完成很多复杂的设计，而无须像以前那样打开对话框并进行选项设置。

例如，在全新设计的PowerPoint 2010界面上，可以使用“动画”选项卡中的功能按钮向演示文稿中添加动态效果，“动画”选项卡如图16.1所示。

图16.1 “动画”选项卡

可以使用PowerPoint 2010界面上的“幻灯片放映”选项卡中的功能按钮来设置演示文稿和创建自定义演示文稿。此选项卡便于用户访问所有的PowerPoint演示文稿，从而便于新手的入门操作和自定义要演示的内容，“幻灯片放映”选项卡如图16.2所示。

图16.2 “幻灯片放映”选项卡

总的说来，PowerPoint 2010比以前版本具有更多优点。

● 使用重新设计的用户界面，可更快地获得更好的结果。

PowerPoint 2010对用户界面的外观进行了全新设计，使创建、演示和共享演示文稿更简单、更直观。丰富的特性和功能集中在一个经过改进的、整齐有序的功能区中，可以最大限度地降低干扰，有助于用户更加快速、轻松地获得所需的结果。

● 创建强大、动态的SmartArt图形。

可以在PowerPoint 2010中轻松地创建强大的动态关系、工作流程或层次结构图。

● 重复使用PowerPoint 2010幻灯片内容。

通过PowerPoint 2010幻灯片库（选项列表），用户可以在Microsoft Office SharePoint Server 2010所支持的网站上将演示文稿存储为单个幻灯片。使用幻灯片库，可以与工作组中的成员或同事共享演示文稿的内容，使任何人都可以轻松重用别人的幻灯片内容。

● 使用PowerPoint 2010主题，统一设置演示文稿格式。

PowerPoint 2010主题使用户只需一次单击，即可更改整个演示文稿的外观。更改演示文稿的主题不仅可以更改背景色，而且还可以更改表格、图表和字体的颜色，甚至可以更改演示文稿中任何项目符号的样式。通过应用主题，可以确保整个演示文稿具有专业且一致的外观。

16.2 PowerPoint 2010操作概要

PowerPoint 2010 拥有一个全新的外观，它用既简单又显而易见的功能区替代了早期版本 PowerPoint 中的菜单、工具栏和大部分任务窗口。这个新的用户界面能够帮助用户更高效地使用 PowerPoint、更容易找到完成各种任务的相应功能等。

16.2.1 功能区

在PowerPoint 2010中，用来替代菜单和工具栏的是功能区。为了便于浏览，功能区包含多个围绕特定方案或对象进行组织的选项卡。功能区比菜单和工具栏能承载更丰富的内容，如图16.3所示。

图16.3 功能区

16.2.2 选项卡

- 选项卡：将一种类型的活动（功能）组织在一起形成选项卡，在选项卡中包含若干个组。
- 组：将选项卡中完成某一类功能的按钮选项组织在一起形成组。
- 按钮选项：按钮选项被组织到组中。

16.2.3 显示"库"

对于某些设置（如形状样式、艺术字样式或动画效果等），PowerPoint中包括了许多种选项，但功能区上只显示了少数几个选项。要查看完整的选项列表，只需单击"其他"按钮，即可显示出更多的选项，如图16.4所示。

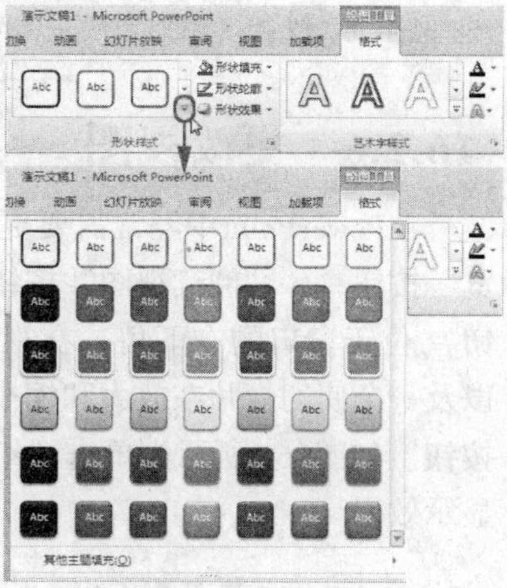

图16.4 显示的列表

16.2.4 使用高级选项

在一个组内无法容纳下所有的命令和选项，只能显示一些最常用的命令。如果需要使用一个不太常用的命令，则需要单击位于组右下角的按钮，即可显示更多选项。

例如，在"开始"选项卡中的"字体"组中，只显示了加粗、倾斜和字体颜色等常用的格式设置按钮。如果需要使用其他类型的格式设置功能，例如设置删除线效果，就需要单击"开始"选项卡中"字体"组右下角的按钮，打开"字体"对话框，在该对话框中进行设置，如图16.5所示。

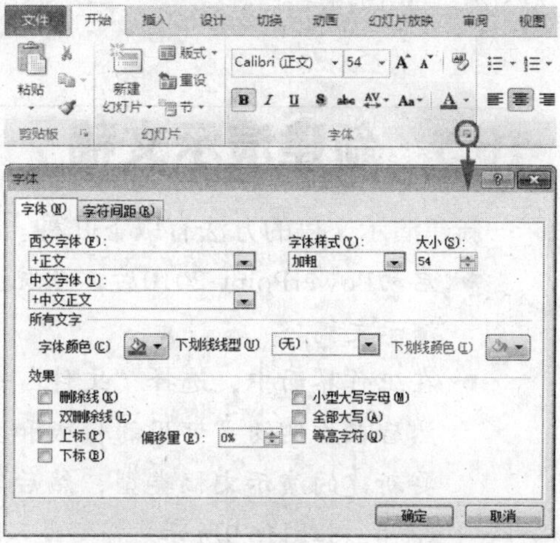

图16.5 打开的"字体"对话框

16.2.5 快速访问工具栏

在用户处理演示文稿的过程中，可能会执行某些常见的或重复性的操作，对于这类情况，可以使用快速访问工具栏，该工具栏位于功能区的左上方，其中包含“保存”按钮、“撤销”按钮和“恢复”按钮。用户还可以根据需要添加自己经常会用到的功能按钮。

例如，用户经常使用到“艺术字”功能按钮，可以按照下面的步骤将其添加到快速访问工具栏中。选择“插入”选项卡，在“文本”组中右击“艺术字”按钮，在弹出的快捷菜单中选择“添加到快速访问工具栏”选项，如图16.6所示。即可将“艺术字”按钮添加到快速访问工具栏上，如图16.7所示。

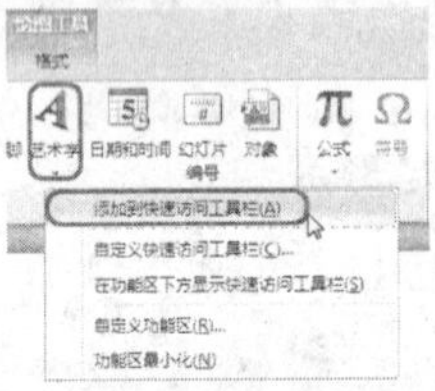

图16.6 选择“添加到快速访问工具栏”选项

图16.7 添加到快速访问工具栏中的按钮

16.2.6 更改视图

在PowerPoint中经常需要更改视图，用于切换视图的“普通视图”按钮、“幻灯片浏览”按钮，“阅读视图”按钮和“幻灯片放映”按钮位于窗口的右下角。在视图按钮后还有缩放滑块以及一个使幻灯片在放大和缩小后重新适应窗口大小的按钮。如图16.8所示为单击“幻灯片浏览”按钮时的显示效果。

图16.8 幻灯片浏览视图

提示 要查看更多视图，可选择“视图”选项卡，在其中包含了其他的视图，如备注页视图、幻灯片母版视图等。

16.3 新建演示文稿

新建演示文稿的方法有以下几种。

- 启动PowerPoint 2010后，系统会新建一个空白的演示文稿。
- 在工作界面中，选择“文件”→“新建”命令，然后在右侧的“可用的模板和主题”区域中选择要新建的演示文稿类型，然后单击“创建”按钮即可，如图16.9所示。
- 按Ctrl+N快捷键，新建一个空白的演示文稿。

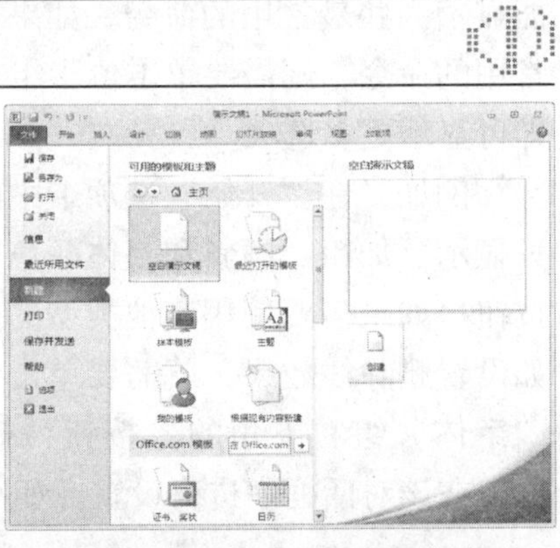

图16.9 选择“新建”命令

16.4 添加新幻灯片

系统默认新建的幻灯片是“标题幻灯片”，在操作过程中，有时需要继续添加其他幻灯片。添加新幻灯片最直接的方法是选择“开始”选项卡，在“幻灯片”组中单击“新建幻灯片”按钮，如图16.10所示。

图16.10 单击“新建幻灯片”按钮

“新建幻灯片”按钮有以下两种方法。

- 如果单击上面的“新建幻灯片”按钮，则会立即在当前幻灯片的下面添加一个新的幻灯片，如图16.11所示。
- 如果单击下面的“新建幻灯片”按钮，则会弹出如图16.12所示的下拉列表。选择一个合适的版式后，将插入该版式的幻灯片。所谓版式就是幻灯片的内容框架，主要包括标题和各种内容的占位符。版式的选择应根据内容的需要而定。

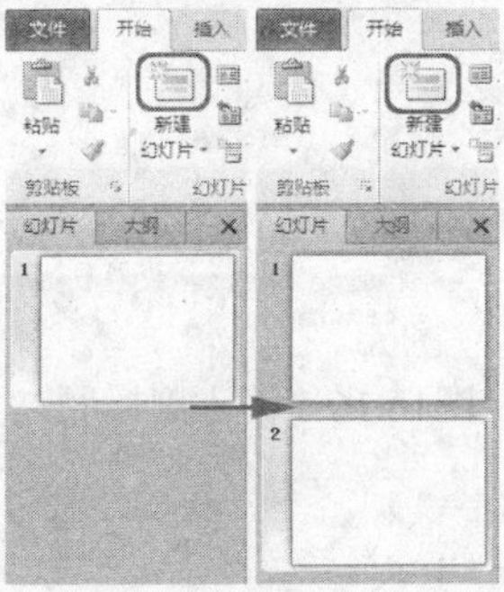

图16.11 添加新的幻灯片

图16.12 选择新建幻灯片版式

16.5 向幻灯片中添加内容

新建完演示文稿后，就需要向演示文稿的幻灯片中添加内容了，例如在幻灯片中输入文字，添加形状、剪贴画等。

16.5.1 在“大纲”选项卡中输入文字

在“大纲”选项卡中编辑文字，主要注重文字的条理性。由于幻灯片的篇幅不可能很大，因此幻灯片中的文字最重要的是简洁、清楚、富有感染力。

在“大纲”选项卡中输入标题的操作步骤如下。

01 选择大纲选项卡。

02 在“大纲”选项卡下输入标题，同时也会在幻灯片中显示出来，如图16.13所示。

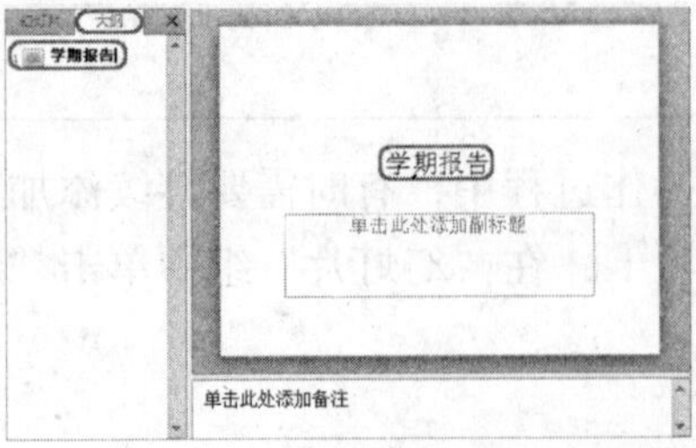

图16.13　输入标题

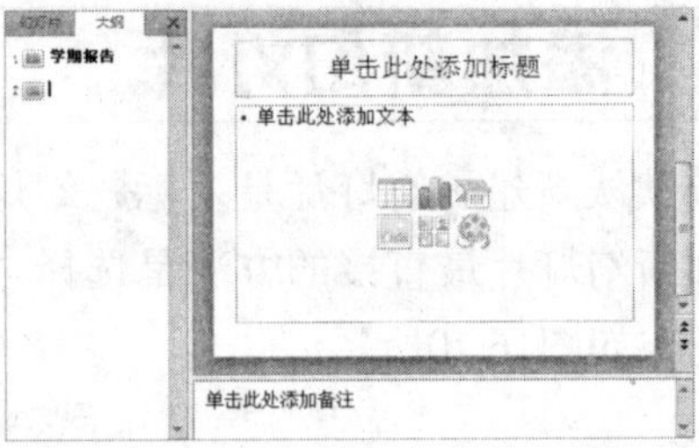

图16.14　新建幻灯片

在“大纲”选项卡中输入副标题的操作步骤如下。

01 将光标置于“大纲”选项卡中标题的后面，然后按Enter键，即可新建一个幻灯片，如图16.14所示。

02 选择“开始”选项卡，在“段落”组中单击“提高列表级别”按钮，即可将其转换为副标题，如图16.15所示。

03 转换完成后输入副标题即可，如图16.16所示。

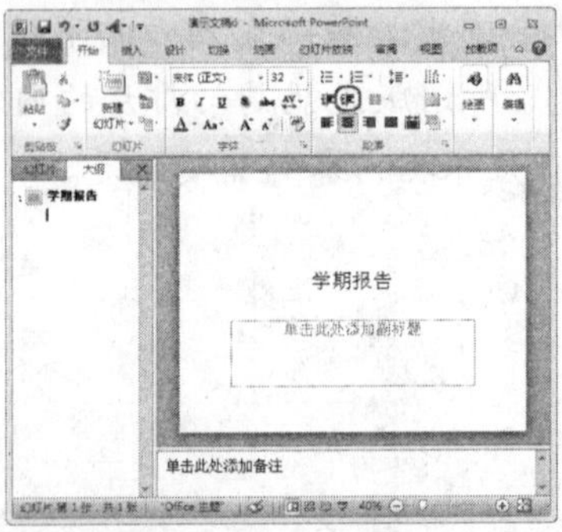

图16.15　转换为副标题

图16.16　输入副标题

16.5.2　在占位符中输入文字

启动PowerPoint 2010之后，系统会新建一个默认的“标题幻灯片”版式，如图16.17所示。

幻灯片中的虚线边框为占位符。用户可以在占位符中输入标题、副标题或正文文本。要在幻灯片上的占位符中添加正文或标题文本，可以在占位符中单击鼠标，然后输入或粘贴文本，如图16.18所示。可以使用同样的方法，在下面的文本框中输入副标题。如果文本的大小超过了占位符的大小，PowerPoint会在输入文本时以递减方式减小字体大小和行间距，使文本适应占位符的大小。

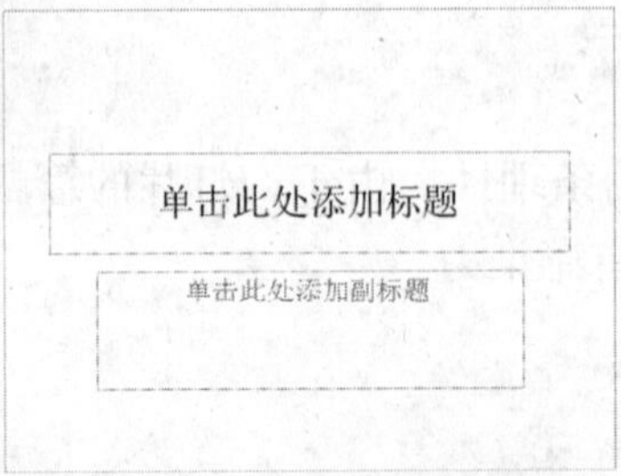

图16.17　“标题幻灯片”版式

图16.18　输入标题

提示 输入每张幻灯片的大标题时，如果一行不够用，不要使用Enter键，而要让PowerPoint自动换行。如果加入回车符，则PowerPoint会将其看成是另外一个大标题。同样，在输入副标题时，也不要使用Enter键，否则PowerPoint将其看成是另外一个副标题。

16.5.3 将文本添加到形状中

在矩形、椭圆、心形和箭头总汇等形状中都可以包含文本。在形状中输入文本时，文本会附加到形状上，并随形状一起移动和旋转，也可以输入覆盖于形状并且不会随形状一起移动的文本。

要在形状中添加文本，并使之成为形状的组成部分，方法如下。

（1）选择“开始”选项卡，在“绘图”组中单击“形状”按钮，在弹出的下拉列表中选择一种形状，例如选择“椭圆”，如图16.19所示。

（2）在幻灯片中绘制形状，并在绘制的形状上右击鼠标，在弹出的快捷菜单中选择“编辑文字”选项，即可在绘制的形状中输入或粘贴文本，如图16.20所示。

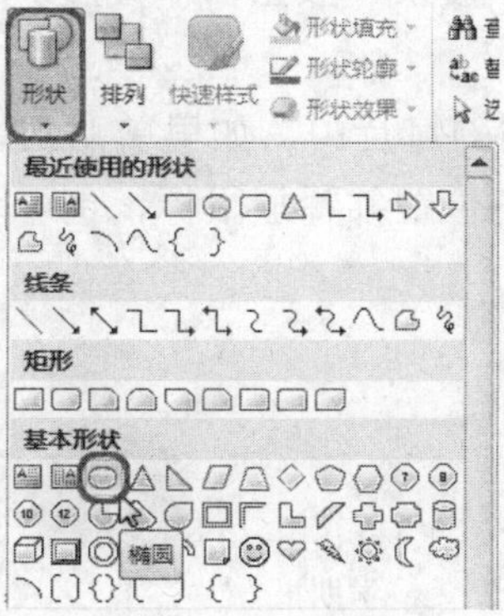

图16.19 选择椭圆

图16.20 在形状中输入文本

要添加不会随形状一起移动的文本，可以添加一个文本框，然后在添加的文本框内输入或粘贴文本。

16.5.4 将文本添加到文本框中

使用文本框可以将文本放置到幻灯片上的任意位置，例如，可以通过创建文本框并将其放置在图片旁边来为图片添加标题。可以在文本框中为文本添加边框、填充、阴影或三维效果。

向文本框中添加文本的操作步骤如下。

01 选择“插入”选项卡，在“文本”组中单击“文本框”按钮，在弹出的下拉列表中选择“横排文本框”或“垂直文本框”选项，如图16.21所示。

02 按住鼠标左键不放，在要插入文本框的位置拖动绘出文本框，并在文本框中输入文本，然后再调整文本框的位置即可，如图16.22所示。

图16.21 选择文本框

图16.22 在文本框中输入文本

16.5.5 添加其他内容

在幻灯片中，除了可以添加文字外，还可以添加其他内容，例如插入表格、图片、剪贴画、图表、Smart Art图形、艺术字、文本框、日期和时间等。

下面以插入剪贴画为例，介绍在幻灯片中添加其他内容的方法，具体操作步骤如下。

01 选择“插入”选项卡，在“图像”组中单击“剪贴画”按钮，打开“剪贴画”窗口，在“搜索文字”文本框中输入“蝴蝶”，然后单击“搜索”按钮，即可搜索出与蝴蝶有关的剪贴画，如图16.23所示。

02 在任意一个剪贴画上单击鼠标，即可将其添加到幻灯片中，如果剪贴画的位置不合适，可以单击剪贴画并拖动其控制柄，将其拖动到合适的位置并释放鼠标，也可以调整剪贴画的大小，如图16.24所示。

图16.23 “剪贴画”窗口

图16.24 调整剪贴画的位置和大小

16.6 编辑文本

在幻灯片中输入文本后，还可以对其进行修改。

16.6.1 更改文字外观

输入文字之后，为了使其美观，还可以对其进行修改，例如更改文字的字体、字号等。具体的操作步骤如下。

01 选择需要修改的文字，如图16.25所示。

02 选择“开始”选项卡，在“字体”组中单击“字体”右侧的下三角按钮，在弹出的下拉列表中选择一种字体，例如选择“华文琥珀”，如图16.26所示。

图16.25 选择需要修改的文字

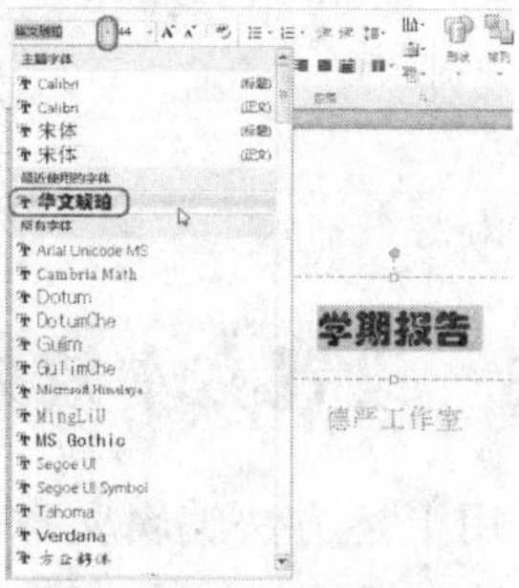

图16.26 设置字体

03 在“字体”组中单击“字号”右侧的下三角按钮，在弹出的下拉列表中选择一个字号，例如选择72，如图16.27所示。

04 在“字体”组中，单击“倾斜”按钮 *I* 和“文字阴影”按钮 S，如图16.28所示。

图16.27 选择“字号”

图16.28 单击功能按钮

05 在“字体”组中，单击“字体颜色”按钮 A 右侧的下三角按钮，在弹出的下拉列表中选择一种颜色，例如选择“红色”，如图16.29所示。

06 设置完成后的效果如图16.30所示。

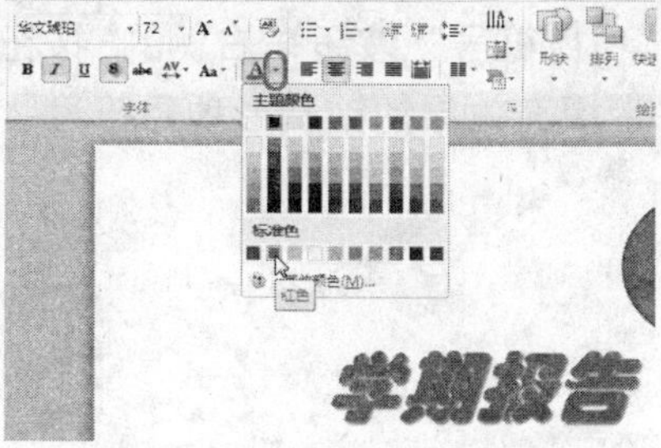

图16.29 选择“字体颜色”

图16.30 设置后的效果

16.6.2 对齐文本

对齐文本是指更改文字在占位符、形状或文本框中的对齐方式，具体的操作步骤如下。

01 选择需要设置的文本。

02 选择“开始”选项卡，在“段落”组中单击“对齐文本”按钮，在弹出的下拉列表中选择一种对齐方式即可，如图16.31所示。

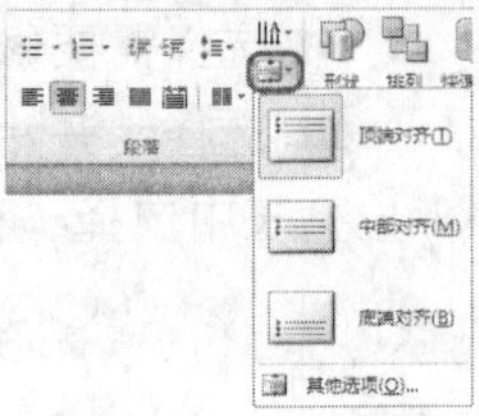

图16.31 “对齐文本”下拉列表

16.6.3 设置文本效果格式

除了用上述方法编辑文本外，还可以使用“设置文本效果格式”对话框对文本进行编辑，打开该对话框的方法如下。

01 选择需要设置的文本。

02 选择“开始”选项卡，在“段落”组中单击“对齐文本”按钮，在弹出的下拉列表中选择“其他选项”，打开“设置文本效果格式”对话框，如图16.32所示。

在该对话框中，包含“文本填充”、“文本边框”、“轮廓样式”、“阴影”、“映像”、“发光和柔化边缘”、“三维格式”、“三维旋转”和“文本框”选项，在每个选项中都包含若干个可设置的参数，通过设置这些参数，可以使文本看起来更具感染力。

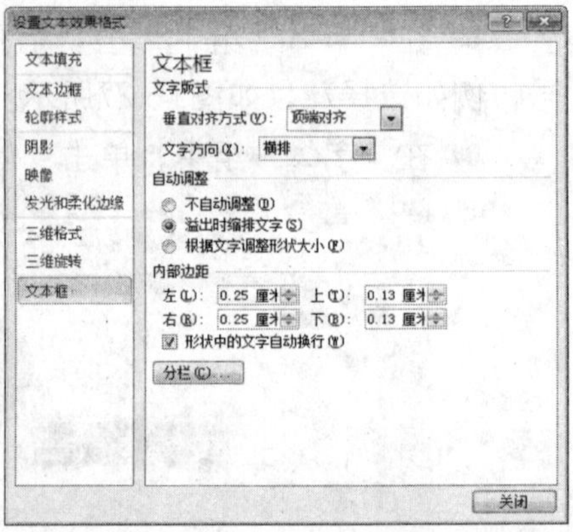

图16.32 “设置文本效果格式”对话框

16.6.4 添加项目符号或编号

为文本添加项目符号的操作步骤如下。

01 选择需要添加项目符号的文本，如图16.33所示。

02 选择“开始”选项卡，在“段落”组中单击“项目符号”按钮右侧的按钮，在弹出的下拉列表中选择一种项目符号样式，例如选择“带填充效果的钻石形项目符号”，如图16.34所示。

图16.33 选择文本

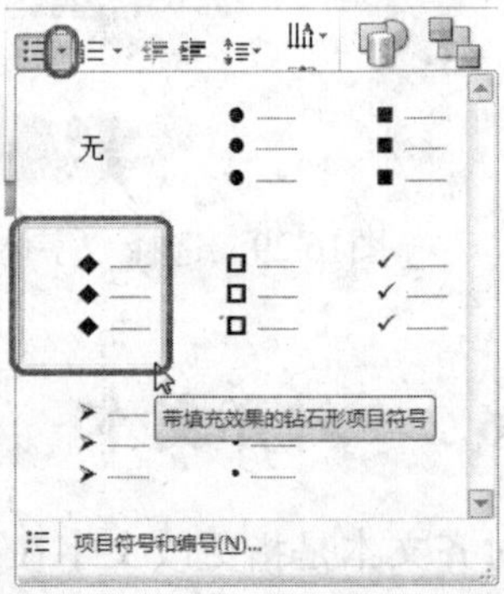

图16.34 选择项目符号样式

03 添加项目符号后的效果如图16.35所示。

为文本添加编号的操作步骤如下。

01 选择需要添加编号的文本，如图16.36所示。

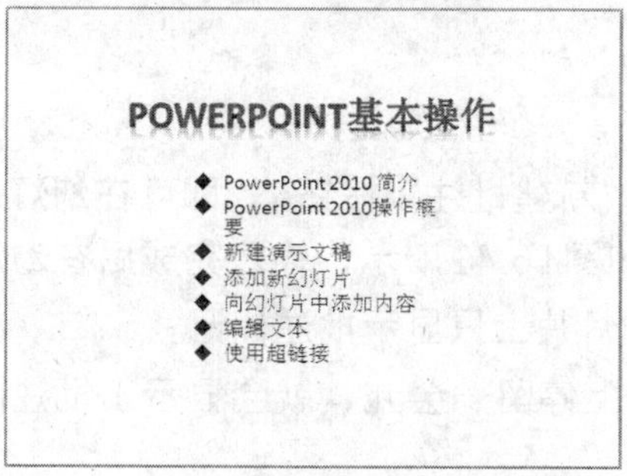

图16.35　添加项目符号后的效果

图16.36　选择文本

02 选择“开始”选项卡，在“段落”组中单击“编号”按钮右侧的按钮，在弹出的下拉列表中选择一种编号样式，例如选择“带圆圈编号”，如图16.37所示。

03 添加编号后的效果如图16.38所示。

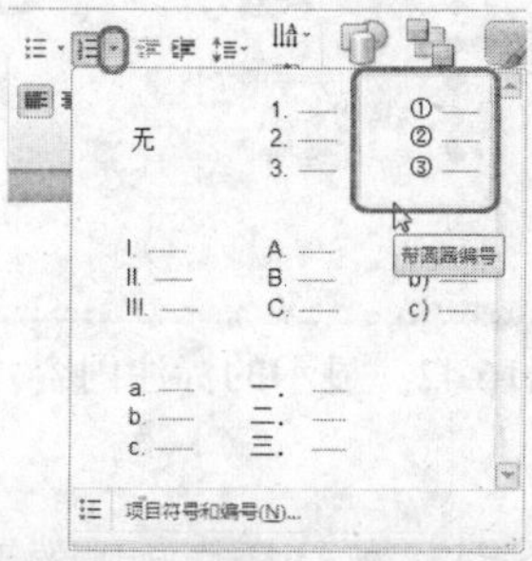

图16.37　选择编号样式

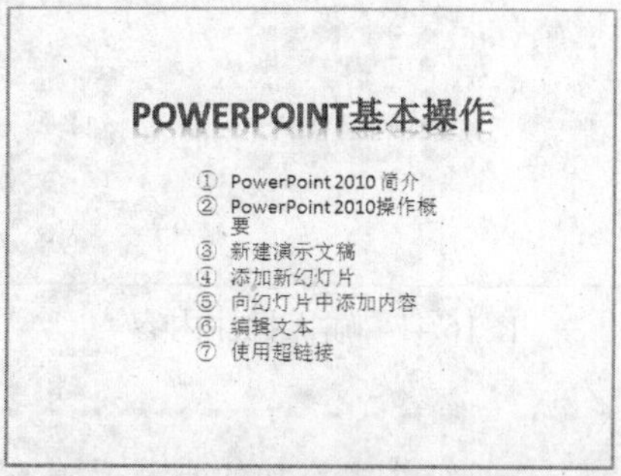

图16.38　添加编号后的效果

单击“项目符号”按钮或单击“编号”按钮右侧的按钮，在弹出的下拉列表中选择“项目符号和编号”选项，打开“项目符号和编号”对话框，如图16.39所示，在该对话框中，可以设置项目符号和编号的大小，颜色、自定义项目符号和编号样式。

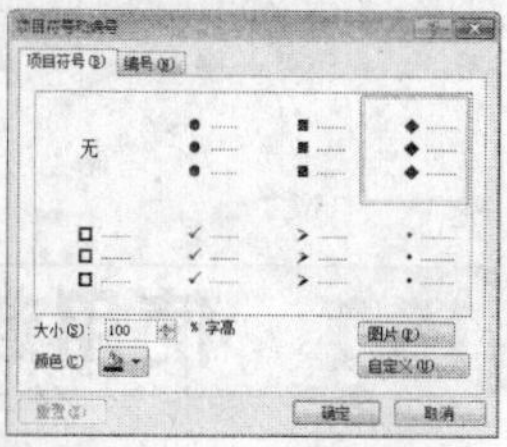

图16.39　“项目符号和编号”对话框

16.6.5　添加符号和批注

下面介绍向幻灯片中添加符号和批注的方法。

1. 添加符号

向幻灯片中添加符号的操作步骤如下。

01 将插入符置于需要添加符号的位置。

02 选择“插入”选项卡，在“符号”组中单击“符号”按钮，打开“符号”对话框，如图16.40所示。

图16.40　“符号”对话框

03 在“符号”对话框中选择一种符号后，单击“插入”按钮，即可将选择的符号添加到插入符处。

2．添加批注

向幻灯片中添加批注的操作步骤如下。

01 切换到需要添加批注的幻灯片中。

02 选择“审阅”选项卡，在“批注”组中单击“新建批注”按钮，即可在幻灯片中打开一个批注的文本框，在文本框中输入标注内容，如图16.41所示，输入完成后在幻灯片的空白位置处单击鼠标左键，即可关闭该文本框，在幻灯片上只显示批注标记。

03 如果想查看批注，只需将鼠标指针移到标记上停留一会儿，就会显示出批注内容，如图16.42所示。

图16.41　输入批注内容

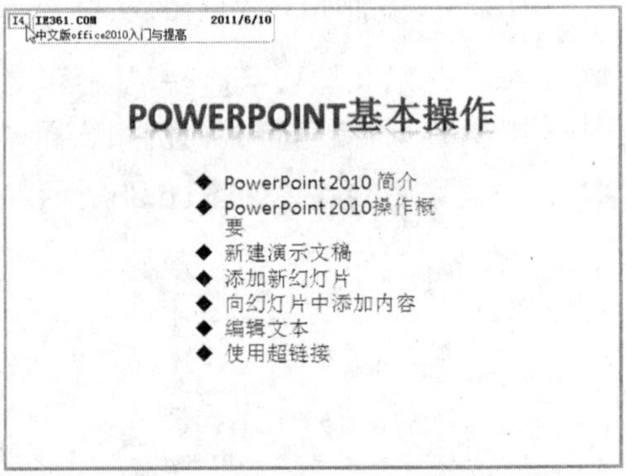

图16.42　显示的标注内容

提示　在幻灯片中添加的批注只有在编辑幻灯片时才能看到，在幻灯片放映的时候不会显示出来。

16.7 使用超链接

16.7.1 创建超链接

在 PowerPoint 中，超链接可以是从一张幻灯片到同一演示文稿中另一张幻灯片的连接，也可以是从一张幻灯片到不同演示文稿中另一张幻灯片、电子邮件、网页或文件的连接。同时也可以从文本或对象（如图片、图形、形状或艺术字）创建超链接。

1．链接同一演示文稿中的幻灯片

01 在幻灯片窗口中选择第一张幻灯片，选择文本“云台山风光”作为超链接的对象。如图16.43所示。

02 选择“插入”选项卡，在“链接”组中单击“超链接”按钮，如图16.44所示。

图 16.43 选择链接文本

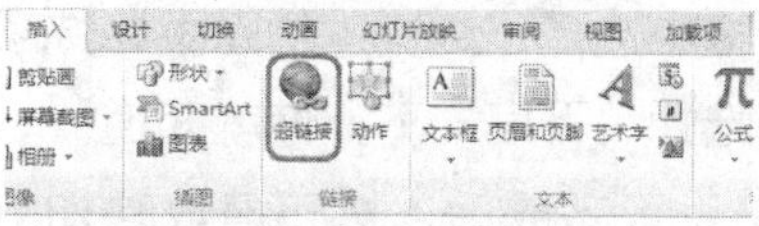

图16.44 单击“超链接”按钮

03 弹出“插入超链接”对话框，在“链接到”列表中选择“本文档中的位置”。在“请选择文档中的位置”列表框中选择“幻灯片标题”组下的“幻灯片2”选项。选择完成后单击“确定”按钮，如图16.45所示。

04 设置完成后，按F5键放映幻灯片，此时会发现，设置链接的文本下方会出现下划线，如图16.46所示。说明我们链接成功，此时移动鼠标到文本上，鼠标指针变为小手形状，单击鼠标会自动链接到“幻灯片2”。

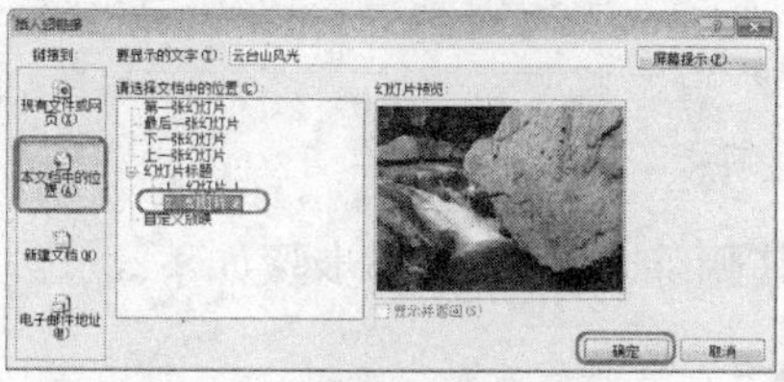

图16.45 “插入超链接”对话框

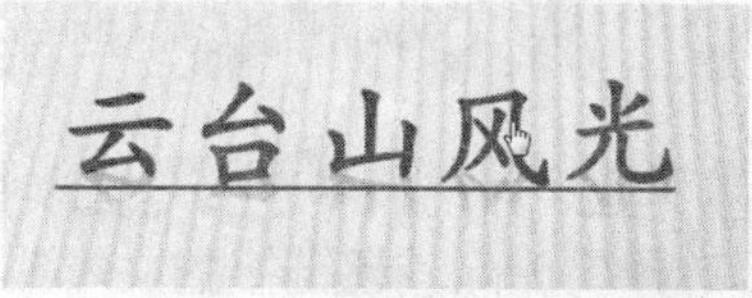

图 16.46 链接完成后的效果

2. 链接不同演示文稿中的幻灯片

01 首先创建两个不同的演示文稿，打开其中一个演示文稿，选择文本“云台山风光”作为超链接的对象。

02 选择“插入”选项卡，在“链接”组中单击“超链接”按钮。

03 弹出“插入超链接”对话框，在“链接到”列表中选择 “现有文件或网页”。在“查找范围”列表框中选择我们放置好的另外一个演示文稿的文件夹，然后选择另一个演示文稿文件。选择完成后单击“确定”按钮，如图16.47所示。

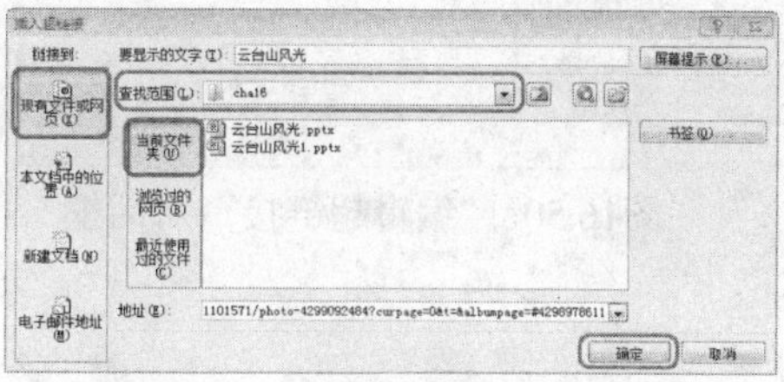

图16.47 “插入超链接”对话框

04 设置完成后，按F5键放映幻灯片，此时发现，设置链接的文本下方会出现下划线，说明链接成功，此时移动鼠标到文本上，鼠标指针变为小手形状，单击鼠标会自动链接到“云台山风光1”幻灯片。

提示 如果在主演示文稿中添加了指向演示文稿的链接，则在将主演示文稿复制到便携电脑中时，请确保将链接的演示文稿也复制到主演示文稿所在的文件夹中。如果不复制链接的演示文稿，或者出现重命名、移动或删除链接文件，则当从主演示文稿中单击指向链接的演示文稿的超链接时，链接的演示文稿不可用。

3.链接Web上的页面

01 首先打开演示文稿，选择文本“百度首页”作为超链接的对象。

02 选择“插入”选项卡，在“链接”组中单击“超链接”按钮。

03 弹出“插入超链接”对话框，在“链接到”列表中选择“现有文件或网页”。在右侧的列表框中选择“浏览过的网页”选项，在列表框中就会显示出来我们之前浏览过的网页。这里我们选择“百度一下，你就知道”，选择完成后单击“确定”按钮，如图16.48所示。

04 设置完成后，按F5键放映幻灯片，移动鼠标到文本上，鼠标指针变为小手形状，并且显示出了链接的网址，如图16.49所示。单击鼠标左键会自动链接到百度网站的首页。

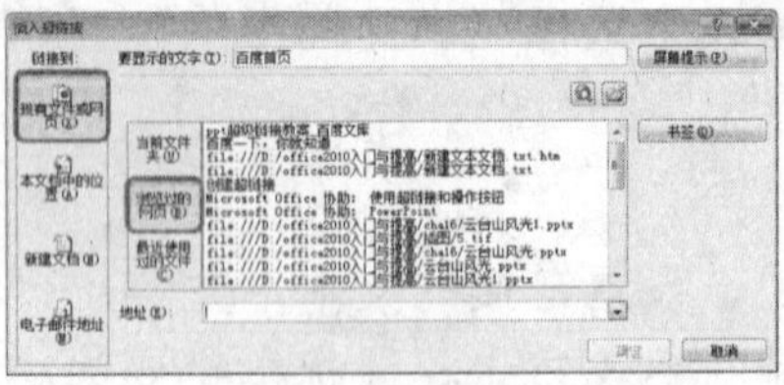

图16.48 “插入超链接”对话框

图16.49 设置网页超链接

16.7.2 从文本对象中删除超链接

超链接使用完成后或者设置错误时，我们可以将其删除。具体操作步骤如下。

01 选择要删除其超链接的文本或对象。

02 选择“插入”选项卡，在“链接”组中单击“超链接”按钮，弹出“编辑超链接”对话框，单击“删除链接”按钮，如图16.50所示。

03 此时超链接下方的下划线消失，说明我们成功地删除了超链接，如图16.51所示。

图16.50 “编辑超链接”对话框

图16.51 删除超链接

16.8 实战操作——制作风景浏览幻灯片

在组织一个活动时，活动的组织者与观众交流的最好方式就是让他们参与其中，比如旅行社要推销自己的旅游线路，可以将自己的优势或特色线路以及当地的美景制作成幻灯片，让关注者可以选择自己感兴趣的内容进行观看体验。下面我们以制作风景浏览幻灯片为例进行介绍。

01 首先启动PowerPoint 2010，选择“开始”选项卡，在“幻灯片”组中单击“幻灯片版式”按钮，在弹出的下拉列表中选择“仅标题”选项，如图16.52所示。此时幻灯片将变为仅标题幻灯片。

02 在标题栏中输入文本“各地风景浏览”，选择“开始”选项卡，在“字体”组中，将“字体”设置为“隶书”，将“字号”大小设置为“54”，然后单击“字体颜色”按钮右侧的下三角按钮，在弹出的颜色下拉列表中选择“紫色”，如图16.53所示。

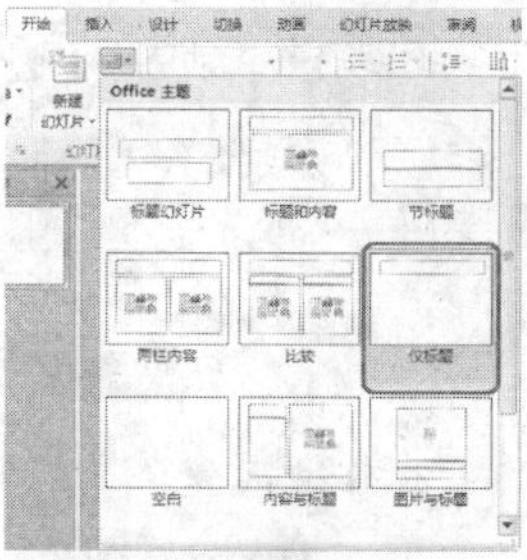

图16.52 选择“空白”选项

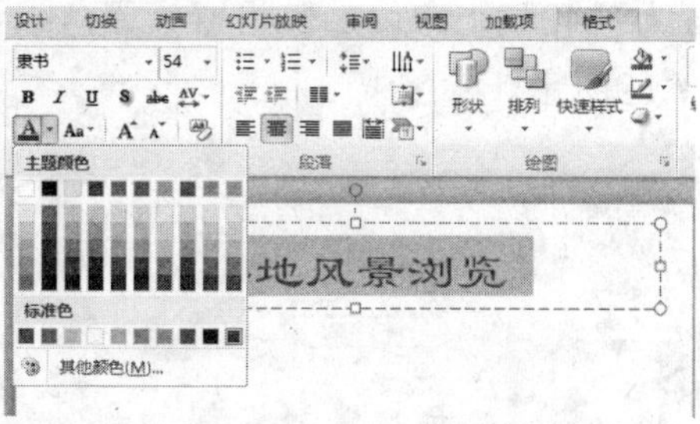

图16.53 选择“新建相册”命令

03 设置完成后调整其位置，选择“开始”选项卡，在绘图组中单击“快速样式”按钮，在弹出的列表框中选择“细微效果—橄榄色，强调颜色3”，如图16.54所示。

04 选择“插入”选项卡，在“插图”组中单击“形状”按钮，在弹出的列表框中选择“箭头总汇”组中“五边形”选项，如图16.55所示。

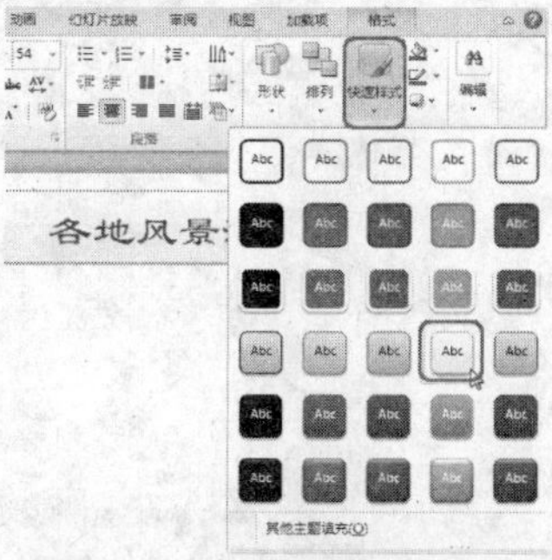

图16.54 设置快速样式

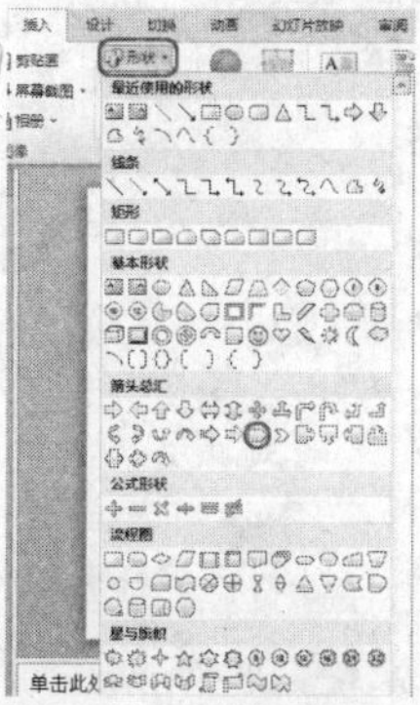

图16.55 选择“五边形”

05 创建完形状后，选择“绘图工具”下的“格式”选项卡，在“形状样式”组中单击“形状效果”按钮，在弹出的下拉列表中选择“阴影”，弹出级联菜单，在“外部”组中选择“右下斜偏移”效果，如图16.56所示。

06 选择完成后，设置箭头颜色。选择箭头，在“形状样式”组中单击“形状填充”按钮，在弹出的颜色列表中选择“蓝色，强调文字颜色1，淡色60%”，如图16.57所示。

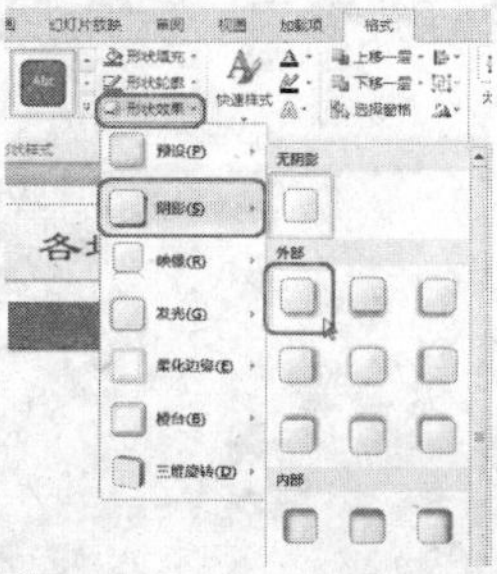

图16.56 设置阴影效果

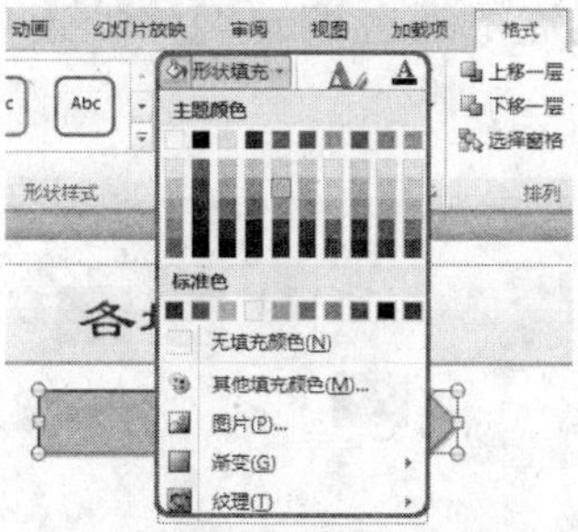

图16.57 为箭头设置颜色

07 选择“插入”选项卡，在“文本”选项组中单击“文本框”下方的下三角按钮，在弹出的列表中选择“横排文本框”，如图16.58所示。

08 拖动鼠标左键，在箭头内部绘制文本框，绘制完成后，在文本框中输入文本，选择输入的文本，选择“开始”选项卡，在“字体”组中将“字体”设置为“隶书”，“字号”大小设置为“40”，字体颜色设置为黑色，设置完成后调整文本框的位置。调整完成后的效果如图16.59所示。

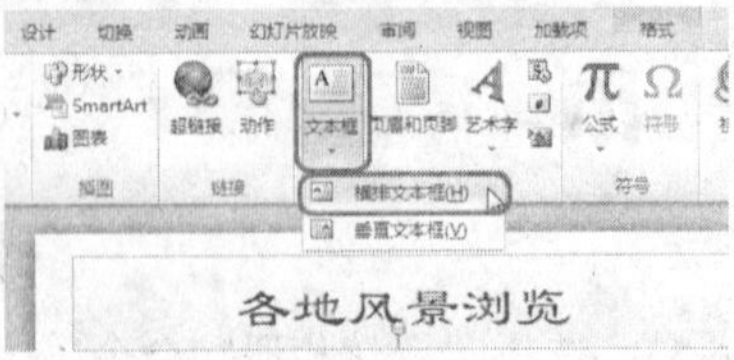

图16.58　选择“横排文本框”

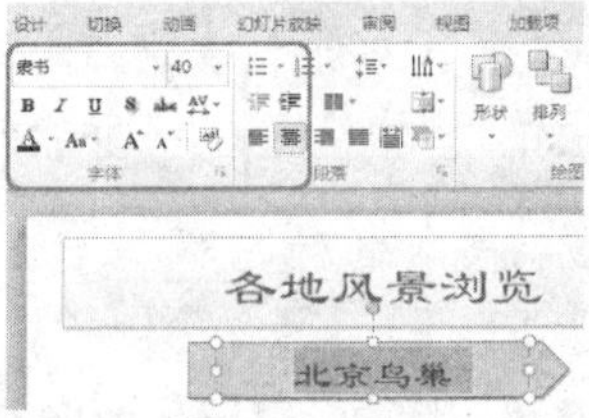

图16.59　输入文本

09 使用相同的方法，继续在幻灯片窗口中创建五边形箭头，然后在箭头中输入文本，设置完成后的效果如图16.60所示。

10 选择“开始”选项卡，在“幻灯片”组中单击“新建幻灯片”按钮，在弹出的下拉列表中选择“空白”选项，如图16.61所示，新建空白幻灯片。

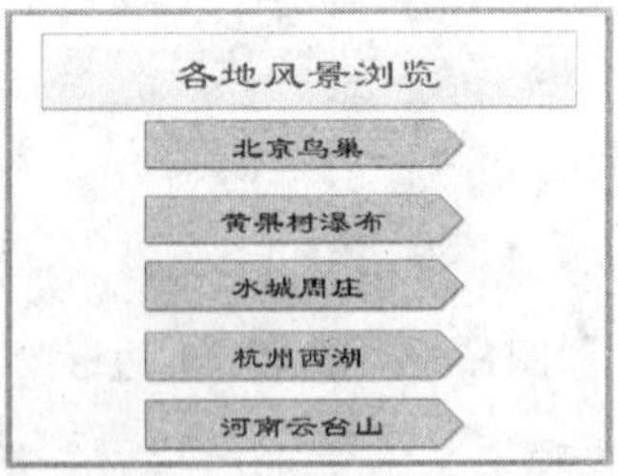

图16.60　完成后的效果

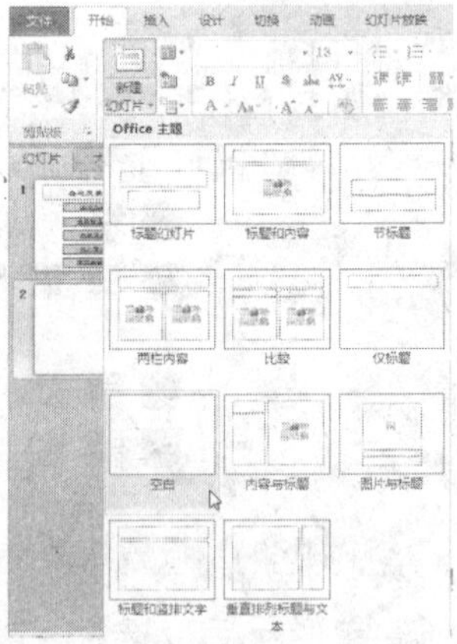

图16.61　新建空白幻灯片

11 选择“插入”选项卡，在“图像”组中单击“图片”按钮，弹出“插入图片”对话框，选择CDROM\素材\cha16\北京鸟巢.jpg素材文件，然后单击“插入”按钮右侧的下三角按钮，在弹出的下拉列表中选择“插入和链接”选项，如图16.62所示。

12 插入完成后，调整图片的大小和位置，让其占满幻灯片窗口，完成后的效果如图16.63所示。

图16.62　“插入图片”对话框

图16.63　调整完成的效果

⑬ 使用相同的方法继续创建空白幻灯片，依次在幻灯片中插入“黄果树瀑布.jpg”、“水城周庄.jpg”、“杭州西湖.jpg”和“河南云台山.jpg”素材图片，插入完成后的效果如图16.64所示。

⑭ 在幻灯片窗口中选择第一张幻灯片，选择文本“北京鸟巢”作为超链接的对象，选择“插入”选项卡，在“链接”组中单击“超链接”按钮，如图16.65所示。

图16.64　图片插入完成后的效果

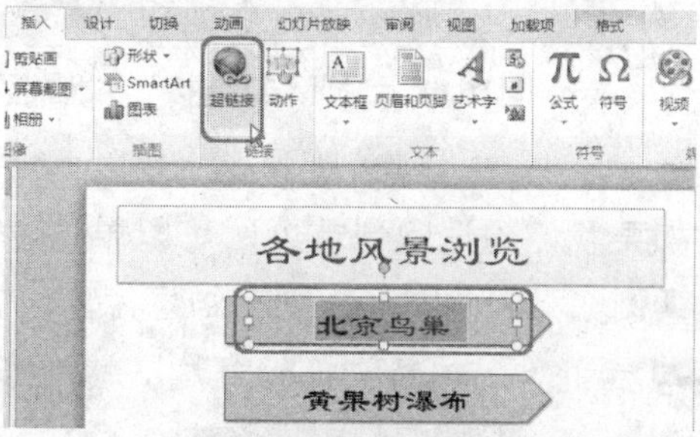

图16.65　选择“超链接”按钮

⑮ 弹出“插入超链接”对话框，在“链接到”列表中选择“本文档中的位置”。在“请选择文档中的位置”列表框中选择“幻灯片标题”组下的“幻灯片2”选项。选择完成后单击“确定”按钮，如图16.66所示。

⑯ 使用相同的方法为其他文本设置超链接，设置完成后，文本下方会出现下划线，如图16.67所示。

⑰ 设置完成后，放映幻灯片式，单击相应的文本，就会链接到与其对应的图片，但是我们观看完成后无法返回首页，下面我们制作“返回”按钮并为其设置超链接。选择第二张幻灯片，使用上面创建形状和文本的方法在图片右下角继续创建，创建完成后选择“返回”作为超链接的对象，选择“插入”选项卡，在“链接”组中单击“超链接”按钮，弹出“插入超链接”对话框，在“链接到”列表中选择“本文档中的位置”。在“请选择文档中的位置”列表框中选择“幻灯片标题”组下的“各地风景浏览”选项。选择完成后单击“确定”按钮，如图16.68所示。使用相同的方法再每张图片右下角都设置一个“返回”超链接，也可以采用复制的方式来进行设置，这样依然可以保留链接，不再需要进行烦琐的设置。

图16.66　“插入超链接”对话框

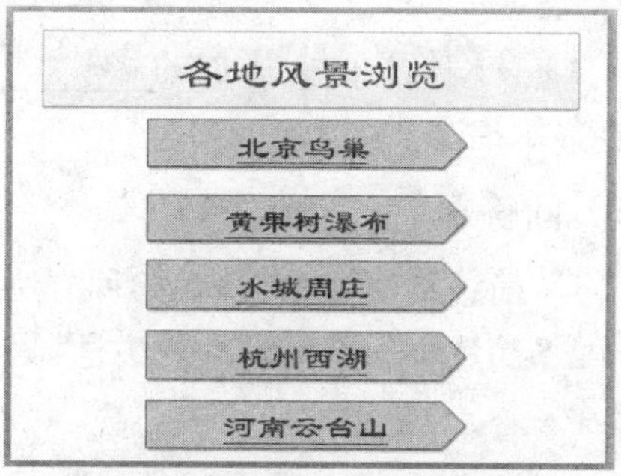

图16.67　设置完成后的效果

⑱ 设置完成后，按F5键放映幻灯片，此时会发现，设置链接的文本下方会出现下划

线，说明链接成功，此时移动鼠标到文本上，鼠标指针变为小手形状，如图16.69所示。

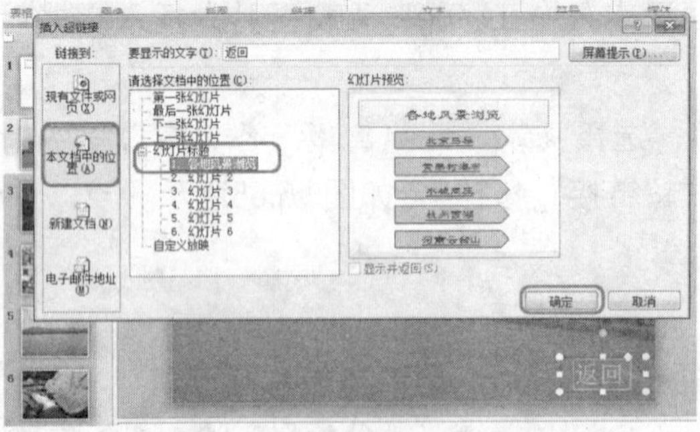

. 图16.68 “插入超链接”对话框

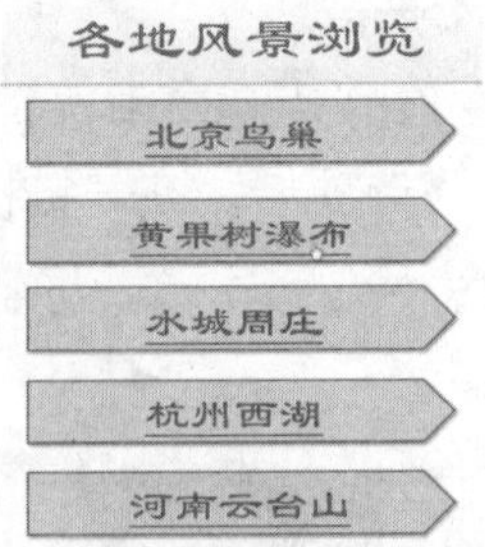

图16.69 链接完成后效果

⑲ 在“黄果树瀑布”文本上单击鼠标，此时会链接到其素材图片幻灯片上，观看完成后，如果我们想返回到首页，可以单击右下角的“返回”按钮，如图16.70所示。如果我们想继续浏览下面的图片，则在幻灯片窗口中单击鼠标即可。

⑳ 至此，“风景浏览幻灯片”就制作完成，完成后的效果如图16.71所示。

图16.70 “返回”按钮

图16.71 最终完成后的效果

16.9 练习

1．填空题

（1）在__________对话框中可以设置项目符号和编号的大小，颜色和自定义项目符号和编号样式。

（2）在幻灯片中，添加的__________只有在编辑幻灯片时才能看到，在幻灯片放映的时候不会显示出来。

2．问答题

（1）简述新建演示文稿的3种方法。

（2）简述添加新幻灯片的方法。

第17章 设置幻灯片

本章要点

通过本章的学习，掌握怎样编辑已经创建好的幻灯片。例如，如何插入图像、应用配色方案、自定义动画以及插入多媒体文件等。

本章内容主要包括

- 插入图像
- 幻灯片的管理
- 应用文档主题和模板
- 自定义动画
- 插入多媒体文件

go>>

17.1 插入图像

在PowerPoint 2010中，用户可以将图片或图标插入到幻灯片中。下面分别加以介绍。

17.1.1 插入来自文件的图片

在幻灯片中插入来自文件的图片的具体操作步骤如下。

01 在幻灯片窗格中，选择要插入图片的幻灯片。

02 单击“插入”选项卡，在“图像”组中单击“图片”按钮，打开如图17.1所示的对话框。

03 在“插入图片”对话框中找到需要插入的图片，双击该图片，或单击“插入”按钮，将其插入到幻灯片中，如图17.2所示。

图17.1 “插入图片”对话框

图17.2 插入图片

若要调整图片的大小，请选中已插入到幻灯片中的图片。若要在一个或多个方向上增加或减小图片大小，请将尺寸控点拖向或拖离中心，同时执行下列操作之一。

- 若要保持对象中心的位置不变，请在拖动尺寸控点的同时按住Ctrl键。
- 若要保持对象的比例，请在拖动尺寸控点的同时按住Shift键。
- 若要保持对象的比例并保持其中心位置不变，请在拖动尺寸控点时的同时按住 Ctrl 和 Shift键。

17.1.2 绘制图形

用户可以在 Microsoft Office 2010 文件中添加一个形状，或者合并多个形状，以生成一个绘图或一个更为复杂的形状。可用的形状包括：线条、基本几何形状、箭头、公式形状、流程图形状等，具体操作步骤如下。

01 单击“插入”选项卡，在“插图”组中单击“形状”按钮，在弹出的下拉列表中选择一种形状，如图17.3所示。

02 在幻灯片窗格中单击鼠标左键并向右下角拖动鼠标，在合适的位置上释放鼠标即可绘制图形，如图17.4所示。

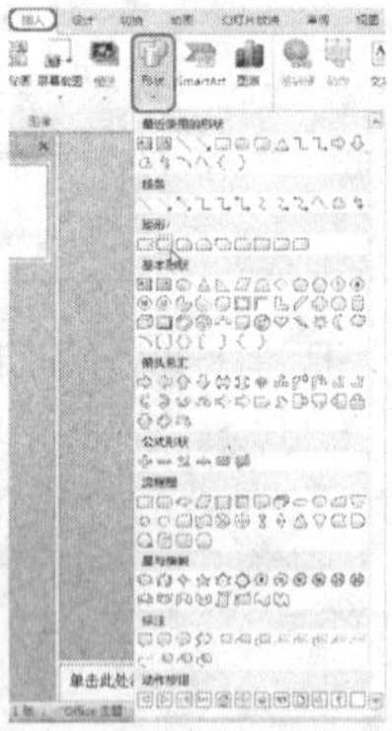

图17.3 “形状”下拉列表

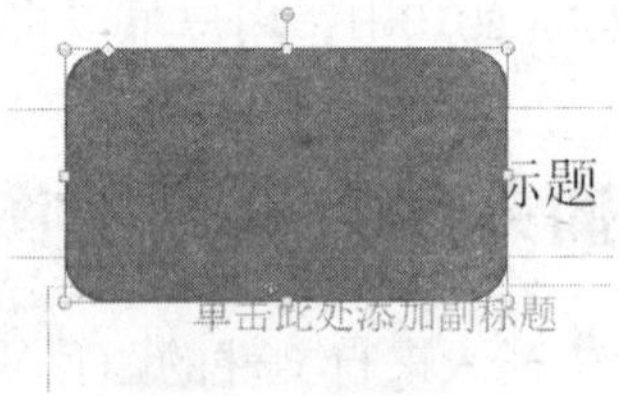

图17.4 绘制图形

17.1.3 在PowerPoint中插入表格

PowerPoint 2010具有自己的表格制作功能，不必依靠Word来制作表格，而且其方法跟Word表格的制作方法是一样的。用户还可以根据需要插入Excel表格。

1. 插入表格

在PowerPoint中插入表格的具体操作步骤如下。

01 选择要添加表格的幻灯片。

02 单击“插入”选项卡的“表格”组中的“表格”按钮，在下拉列表中选择“插入表格”选项，弹出如图17.5所示的对话框。

03 在“插入表格”对话框中的“列数”和“行数”文本框中，分别输入列数与行数，输入完成后，单击“确定”按钮，即可插入表格，如图17.6所示。

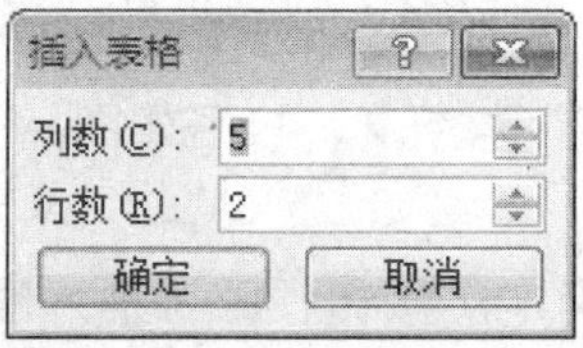

图17.5 “插入表格”对话框

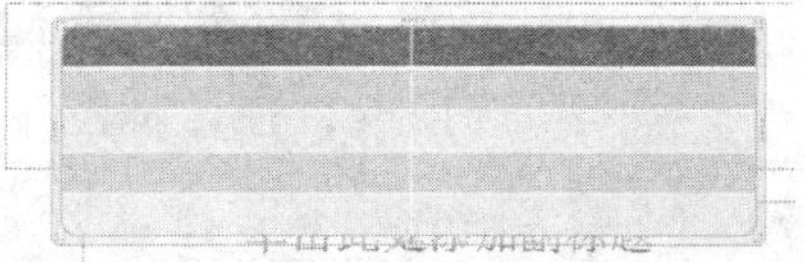

图17.6 插入表格

除此之外，用户还可以在“表格”下拉列表框中选择插入表格的行数与列数，如图17.7所示。

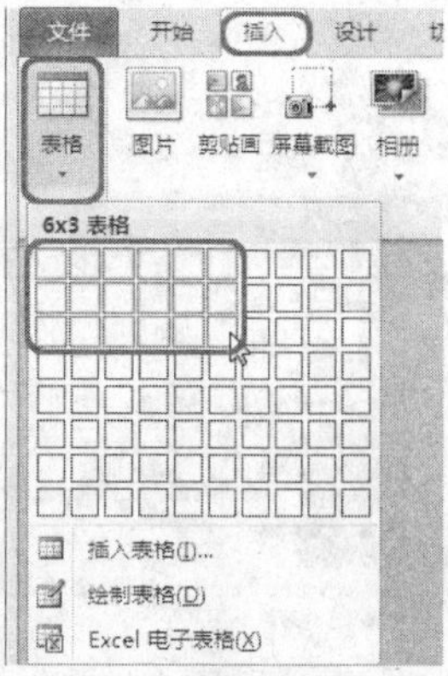

图17.7 选择行数与列数

2．插入Excel电子表格

在向演示文稿中插入 Excel 电子表格时，可以利用某些 Excel 电子表格函数的优点。其具体操作步骤如下。

01 选择要插入 Excel 电子表格的幻灯片。

02 单击“插入”选项卡，在“表格”组中单击“表格”按钮，在弹出的下拉列表中选择“Excel电子表格”选项，如图17.8所示。

03 执行操作后，即可插入Excel电子表格，如图17.9所示。

图17.8 选择“Excel电子表格”

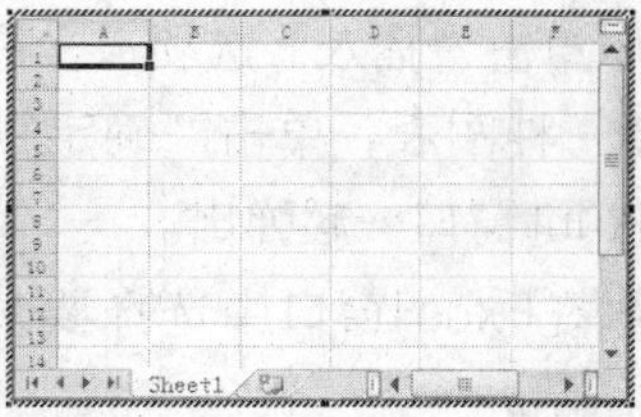

图17.9 插入Excel电子表格

04 如果需要在表格单元格中添加文字，可以单击相应的单元格，然后输入文字，输入文字后，单击该表格外的任意位置即可。

提示 若要在取消选择Excel电子表格后对其进行编辑，可以双击该表格。

17.1.4 插入图表

在PowerPoint 2010中，用户可以插入多种数据图表和图形，如柱形图、折线图、饼图、条形图、面积图、散点图、股价图、曲面图、圆环图、气泡图和雷达图等。

1．在幻灯片中插入图表

在幻灯片中插入图表的具体操作步骤如下。

01 打开一个演示文稿，切换到要插入图表的幻灯片中。

02 单击“插入”选项卡，在“插图”组中单击“图表”按钮，打开如图17.10所示的对话框。

03 在“插入图表”对话框中选择一种图表，单击“确定”按钮，即可插入图表，在插入图表的同时，Excel窗口会与PowerPoint窗口一起弹出，如图17.11所示。

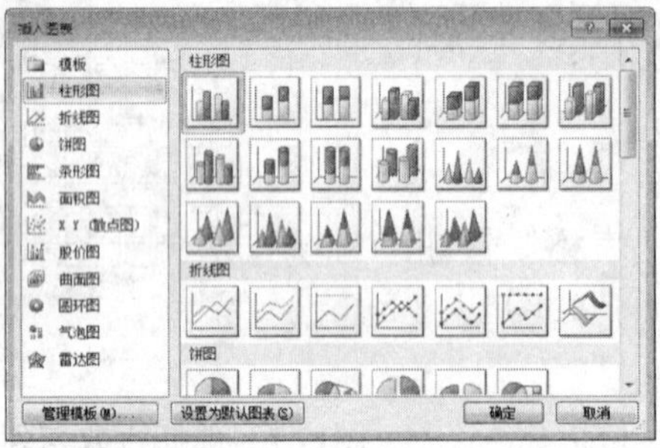

图17.10 “插入图表”对话框

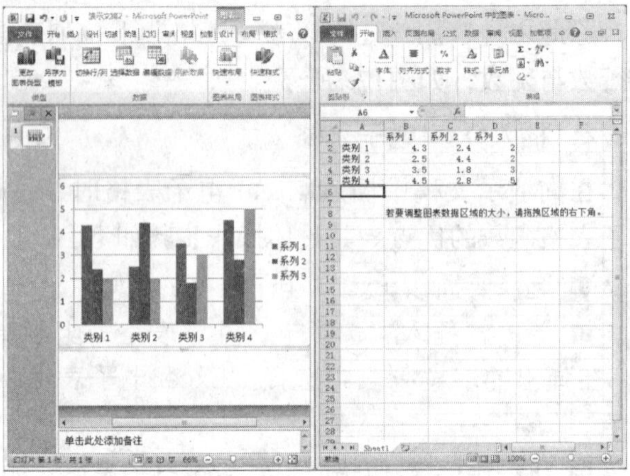

图17.11 插入的图表

2. 插入Excel中的图表

用户可以直接将Excel中的表格数据复制到演示文稿中作为表格，具体操作步骤如下。

01 打开一个演示文稿，切换到要插入图表的幻灯片中。

02 单击“插入”选项卡，在“插图”组中单击“图表”按钮，在“插入图表”对话框中选择一种图表，单击“确定”按钮，即可插入图表，在插入图表的同时，Excel窗口会与PowerPoint窗口一起弹出。

03 在Excel窗口中选择要复制的Excel单元格区域，按Ctrl+C组合键进行复制，如图17.12所示。

04 再切换到PowerPoint 2010中，选择要插入单元格区域的幻灯片，单击“开始”选项卡的“剪贴板”组中“粘贴”按钮下方的下三角按钮，在弹出的下拉列表中选择“选择性粘贴”选项，如图17.13所示。

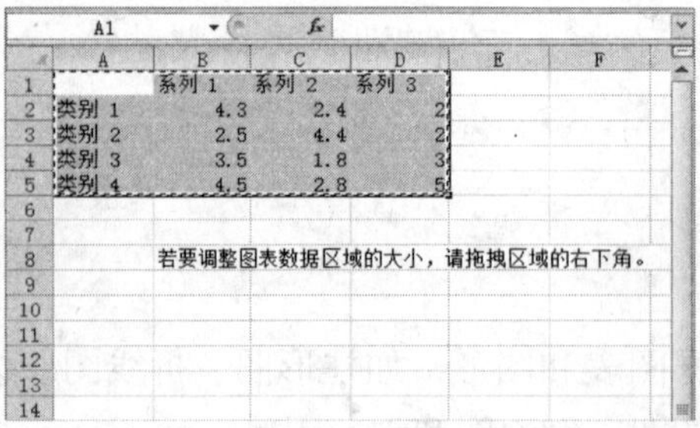

图17.12 在Excel中选择单元格区域

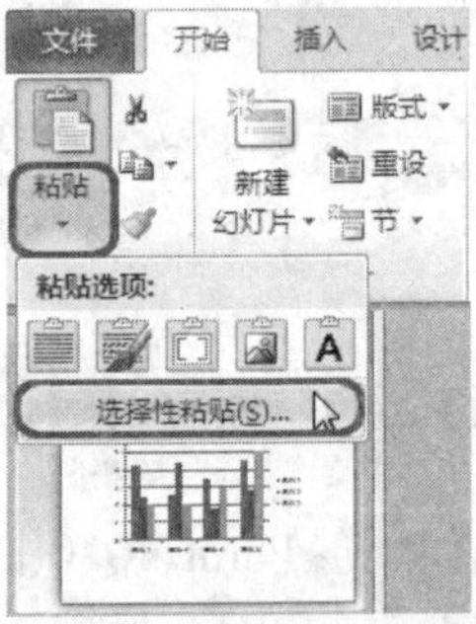

图17.13 选择“选择性粘贴”选项

05 在弹出的“选择性粘贴”对话框中选择“Microsoft Excel 工作表对象”，如图17.14所示。

06 单击“确定”按钮，将Excel单元格插入PowerPoint 2010中。

07 双击插入的对象，用户在PowerPoint中可以像在Excel中一样编辑表格，如图17.15所示。编辑完成后，在Excel表格外的任意位置上单击鼠标左键即可。

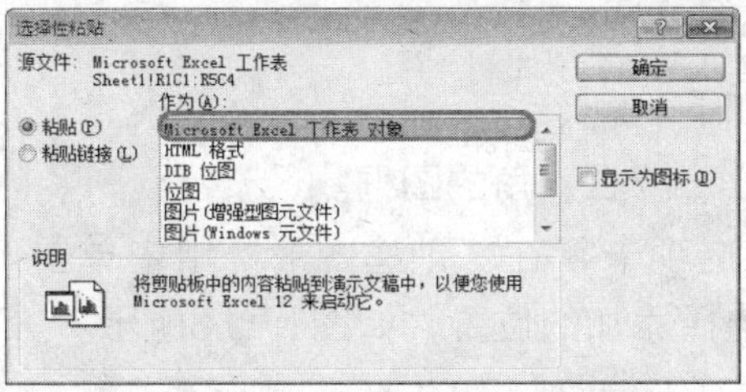

图17.14 “选择性粘贴”对话框

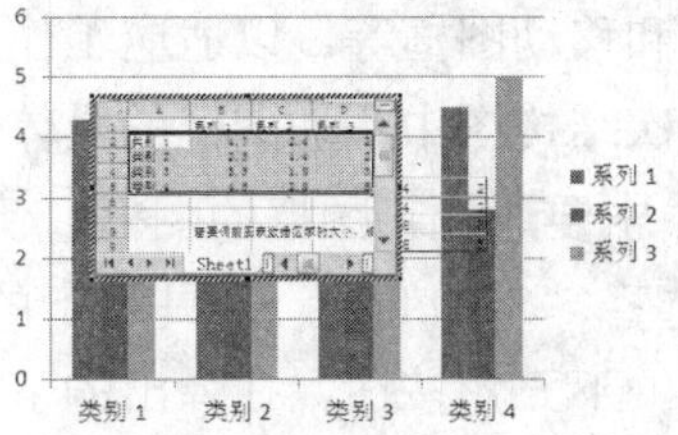

图17.15 编辑Excel表格

17.1.5 层次结构图

组织结构图就是用于表现组织结构的图表，它由一系列图框和连线组成，通常用来显示一个组织机构的等级和层次关系。

1．创建层次结构图

创建组织结构图的具体操作步骤如下。

01 选择要添加层次结构图的幻灯片。

02 单击“插入”选项卡，在“插图”组中单击“SmartArt”按钮，弹出“选择SmartArt图形”对话框，如图17.16所示。

03 在该对话框的左侧列表框中选择“层次结构”选项卡，再在右侧的列表框中选择一种层次结构图，单击“确定”按钮，即可将其插入到幻灯片中，如图17.17所示。

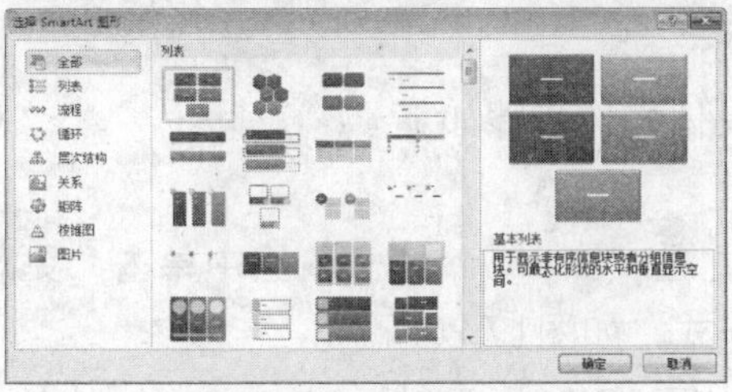

图17.16 “选择SmartArt图形”对话框

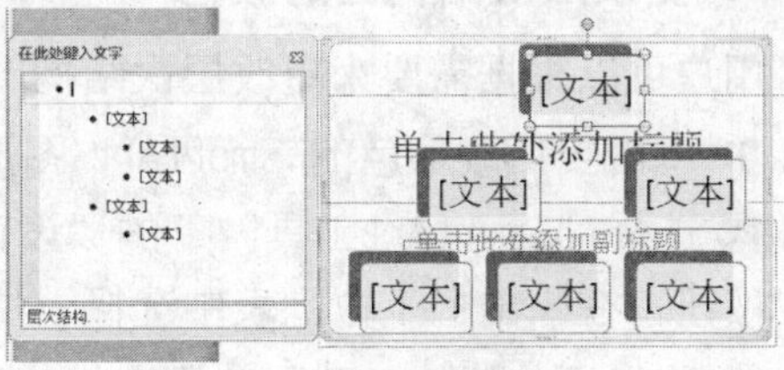

图17.17 插入层次结构图

可以看到，层次结构图中包含一些占位符，这是为减少用户工作量而设计的，它使得用户向层次结构图中输入信息的工作变得简便易行。用户可以非常方便地对层次结构图进行创建、编辑以及设置图表格式等操作。

2．在层次结构图中输入文本

用户想要在层次结构图中输入文本，可单击图框中的文字，将插入符置于其中的相应位置。这时，用户就可以像在其他编辑软件中一样进行输入操作。用户还可以在“在此键入文字”对话框中的文本框中对文本进行编辑。

如果要删除文字，可以先选择它们，然后按Delete键。此外，也可以将插入符移动到要删除文字的前面或后面，然后按Delete键或Backspace键进行删除。

3．添加、删除和移动图框

在PowerPoint 2010中提供的只是一个简单的层次结构图。在实际工作中，这样简单的层次结构图是不能满足用户的需求的，因此，用户必须对层次结构图作进一步的修改，例如增加、删除和移动图框等，以适应工作的需要。

在层次结构图中添加图框的具体操作步骤如下。

01 单击要添加新图框的图框。例如选择图17.17右下角的图框。

02 选择“SmartArt 工具”下的“设计”选项卡，在“创建图形”组中单击“添加形状”右侧的下三角按钮，在弹出的下拉菜单中选择添加的位置，如图17.18所示。

03 执行操作后，即可添加图框，效果如图17.19所示。

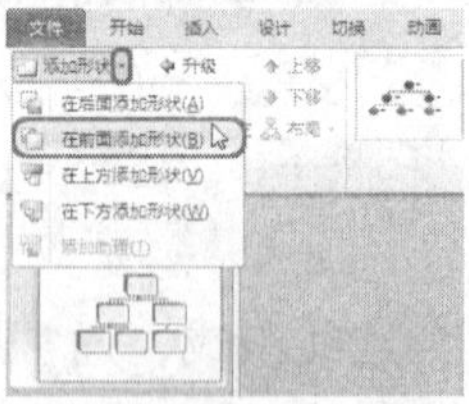

图17.18　选择添加的位置

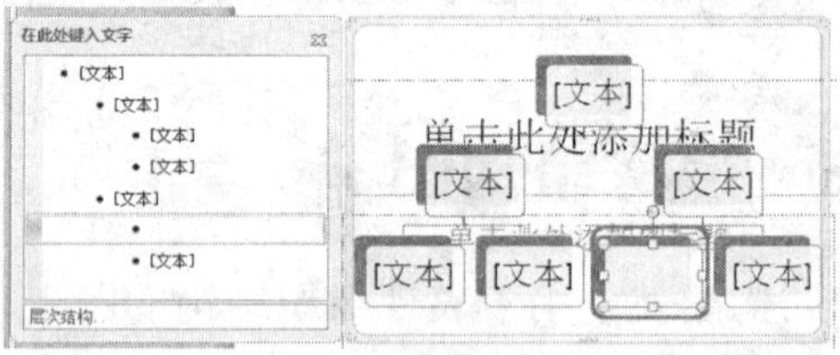

图17.19　添加图框

提示　“添加助理 ”选项在层次结构图中是不可用的，它仅对组织结构图可用。

除此之外，用户还可以对图框进行删除和调整。若要删除某个图框，先选择该图框，然后按Delete键即可。如果该图框下面还有分支，其分支将上升一级，连接到删除的图框的上级图框下。

如果不调整层次结构图的版式，图框的位置在层次结构图中一般是相对固定的，不能进行移动。但如果将一个图框拖动到另一个图框上，则该图框将成为另一个图框的分支。

4．更改层次结构图的颜色

用户可以根据需要来更改层次结构图的颜色，具体操作步骤如下。

01 单击要更改颜色的 SmartArt 图形。

02 选择“SmartArt工具”下的“设计”选项卡，在“SmartArt样式”组中单击“更改颜色”按钮，在弹出的下拉列表中选择一种SmartArt样式，如图17.20所示。

03 执行操作后，即可更改层次结构图的颜色，如图17.21所示。

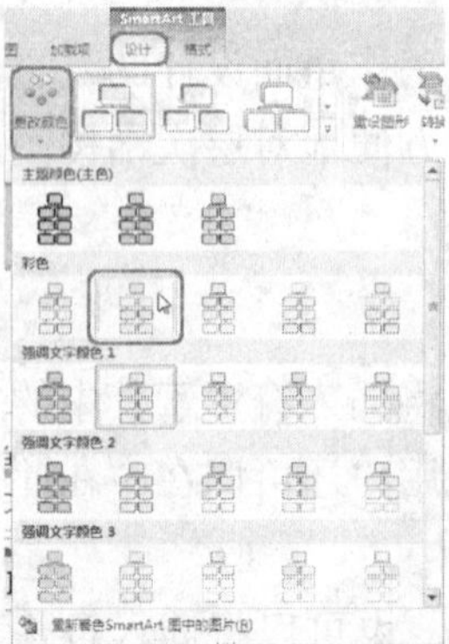

图17.20　选择SmartArt样式

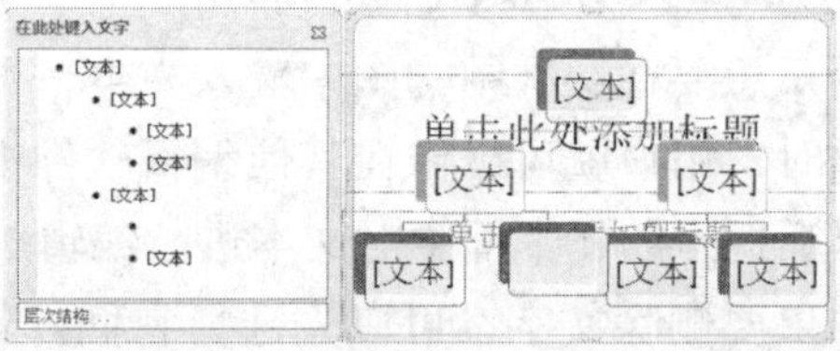

图17.21　更改层次结构图的颜色

5. 更改层次结构图中某个图框的背景颜色

01 选择需要更改背景颜色的图框。

02 选择“SmartArt工具”下的“格式”选项卡，在“形状样式”组中单击“形状填充”按钮，在弹出的下拉列表中选择需要的颜色，如图17.22所示。

03 执行操作后，即可更改选中图框的背景颜色，如图17.23所示。

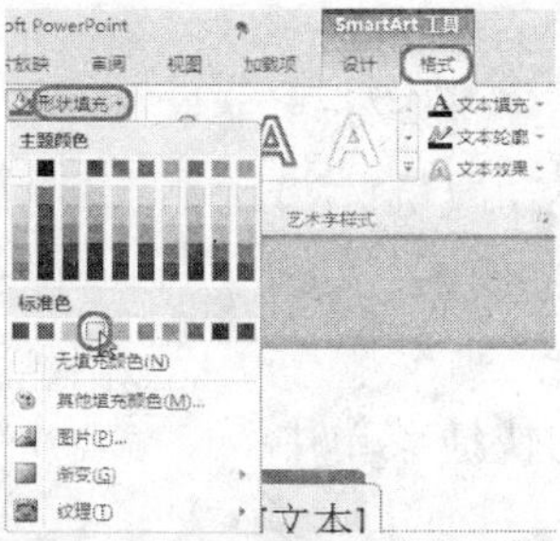

图17.22 选择背景颜色

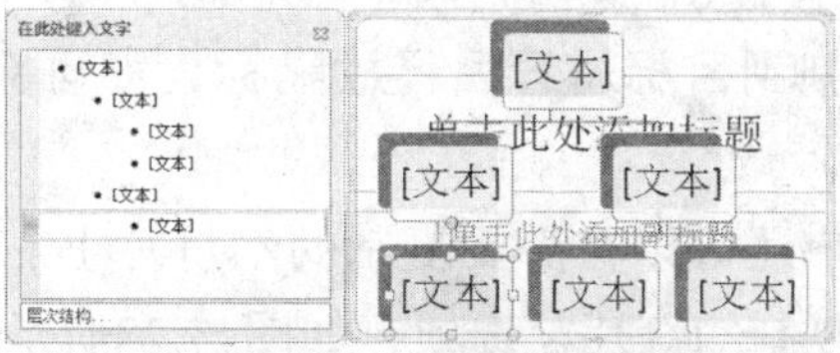

图17.23 更改背景颜色

17.2 幻灯片的管理

在制作演示文稿时，有时需要对演示文稿进行调整，例如：复制一张新的幻灯片、删除某张幻灯片、调整幻灯片的位置，以及为幻灯片进行编号等，通过对幻灯片的调整，使之更加具有条理性。

17.2.1 复制与删除幻灯片

如果用户需要创建两个或多个内容和布局都类似的幻灯片，可以通过创建一个具有两个幻灯片都共享的所有格式和内容的幻灯片，然后通过复制幻灯片来进行操作。除此之外，用户还可以对幻灯片进行删除。

1. 使用“剪贴板”中的按钮复制幻灯片

使用“剪贴板”中的按钮复制幻灯片的操作步骤如下。

01 在幻灯片窗口左侧的“幻灯片”窗格中，选中要复制的幻灯片，如图17.24所示。

02 单击“开始”选项卡，在“剪贴板”组中单击“复制”按钮。

03 在“剪贴板”组中单击“粘贴”按钮进行粘贴，完成后的效果如图17.25所示。

图17.24 选择幻灯片

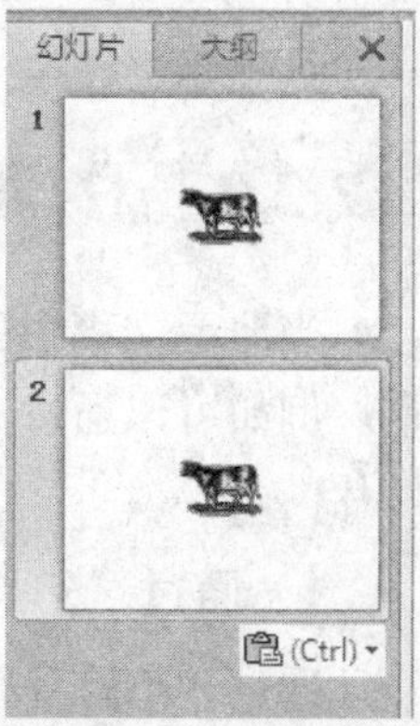

图17.25 复制幻灯片

2. 使用鼠标拖动复制幻灯片

使用鼠标拖动复制幻灯片的操作步骤如下。

01 在状态栏中单击“幻灯片浏览”按钮，将其切换到幻灯片视图中。

02 选中想要复制的幻灯片，如图17.26所示。

图17.26 选择幻灯片

图17.27 复制幻灯片

03 按住Ctrl键，在选中的幻灯片上单击鼠标左键并拖动鼠标，将幻灯片拖到目标位置后释放鼠标，即可完成幻灯片的复制，如图17.27所示。

用户还可以在需要复制的幻灯片上右击鼠标，在弹出的快捷菜单中选择“复制幻灯片”选项，如图17.28所示。

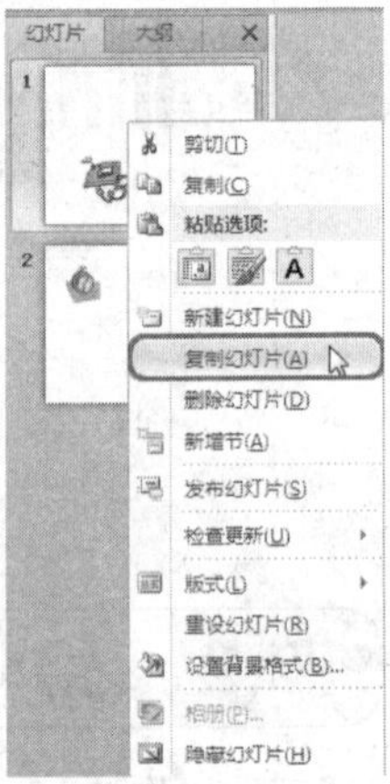

图17.28 选择“复制幻灯片”选项

3．删除幻灯片

若要从演示文稿中删除幻灯片，可在“幻灯片”窗格中选择要删除的幻灯片，按Delete键即可将其删除。或右击鼠标，在弹出的快捷菜单中选择“删除幻灯片”选项，如图17.29所示，执行操作后，即可将选中的幻灯片进行删除。

要删除多个连续的幻灯片，先单击选中第一张幻灯片，然后在按住Shift键的同时单击要选择的最后一张幻灯片，然后按Delete键即可，要选择多个不连续的幻灯片，先按Ctrl键，再单击每个要选择的幻灯片，选择幻灯片后按Delete键删除即可。

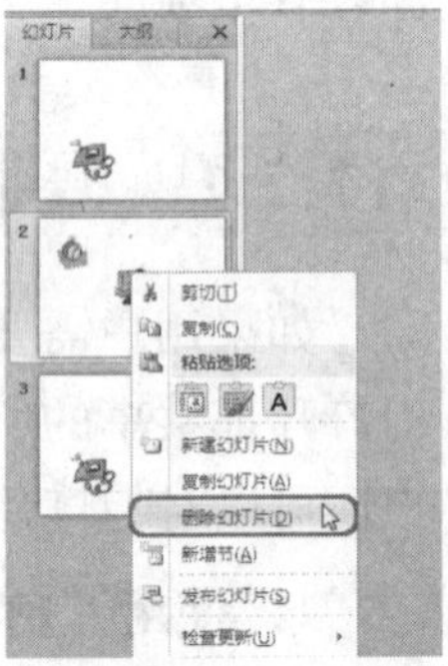

图17.29 选择“删除幻灯片”选项

> 提示 在当前的演示文稿存储之前，所有的删除都可以恢复，一旦保存文件后，所有删除的幻灯片就不能再恢复了。

17.2.2 移动幻灯片

当演示文稿中的每张幻灯片制作完成后，如果发现其顺序不合适，可以对其顺序进行调整。例如可以通过“幻灯片”窗格中移动幻灯片，还可以通过“幻灯片浏览”视图来移动幻灯片。

1．通过“幻灯片”窗格移动幻灯片

通过“幻灯片”窗格移动幻灯片的具体操作步骤如下。

01 在“幻灯片”窗格中选定要移动的幻灯片。

02 按住鼠标左键的同时拖动幻灯片到目标位置，拖动时有一个长条的直线就是插入

点，如图17.30所示。

03 在合适的位置上释放鼠标左键，即可将幻灯片移动到新的位置，如图17.31所示。

图17.30　向下拖动幻灯片

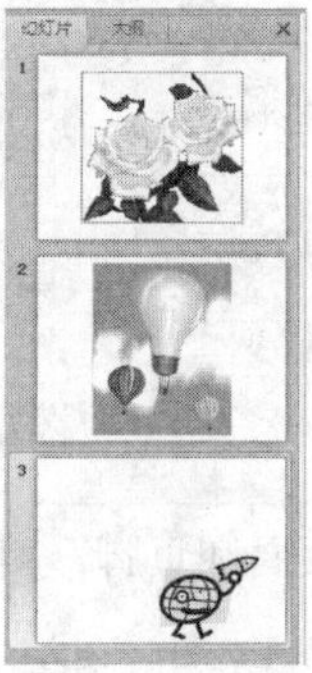

图17.31　移动位置

2. 在“幻灯片浏览”视图中移动幻灯片

当演示文稿中的每张幻灯片制作完成后，如果发现其顺序不合适，可以对其顺序进行调整。用户可以切换到幻灯片浏览视图状态下，即可实现幻灯片顺序的自由调整。操作步骤如下。

01 打开需要调整的演示文稿。

02 在状态栏中单击“幻灯片浏览”按钮，将视图切换到“幻灯片浏览”视图中，如图17.32所示。

03 选择需要移动位置的幻灯片，按住鼠标向其他位置上拖动，将其拖动到合适的位置上后释放鼠标，即可调整幻灯片的位置，如图17.33所示。

图17.32　“幻灯片浏览”视图

图17.33　调整幻灯片的位置

17.2.3　为幻灯片添加编号、日期和时间

用户可以为幻灯片添加编号、日期，使其看起来更美观，下面介绍如何为幻灯片添加编号、日期和时间。

1. 为幻灯片添加编号

为幻灯片添加编号的操作步骤如下。

01 在“幻灯片”窗格中选择要添加编号的幻灯片。

02 单击“插入”选项卡，在“文本”组中单击“幻灯片编号”按钮，弹出如图17.34所示的对话框。

03 在弹出的“页眉和页脚”对话框中选择“幻灯片”选项卡，勾选“幻灯片编号”复选框，如图17.35所示。

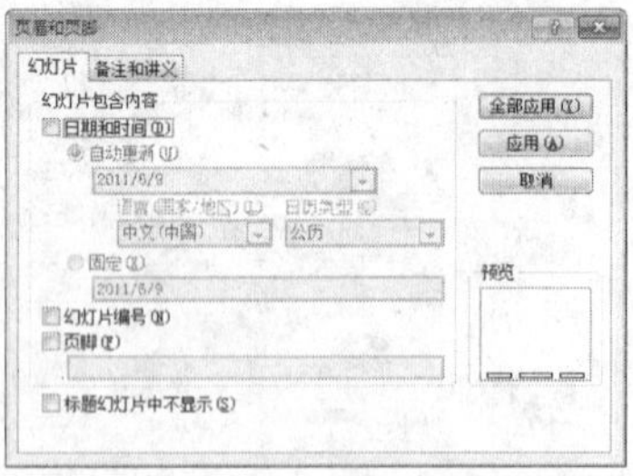

图17.34 “页眉和页脚”对话框

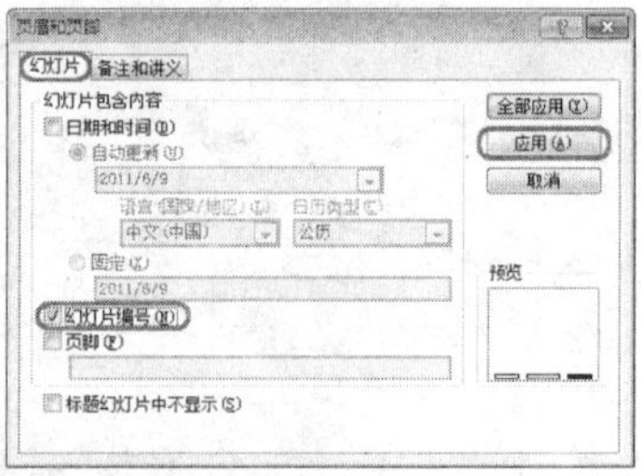

图17.35 勾选“幻灯片编号”复选框

04 单击“应用”按钮，即可为幻灯片添加编号，如图17.36所示。

图17.36 为幻灯片添加编号

2. 为幻灯片添加日期

为幻灯片添加日期的具体操作步骤如下。

01 在“幻灯片”窗格中选择演示文稿中的第一个幻灯片缩略图。

02 单击“插入”选项卡，在“文本组”中单击“日期和时间”按钮，在弹出的“页眉和页脚”对话框中勾选“日期和时间”复选框。

03 若要将日期和时间设置为特定的日期，可以单击“固定”单选钮，然后在“固定”文本框中输入日期，如图17.37所示。

04 输入完成后，单击“应用”按钮，即可为幻灯片添加日期，如图17.38所示。

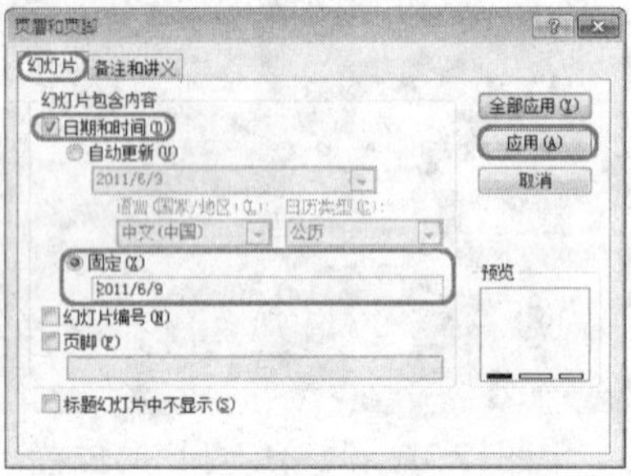

图17.37 勾选“时间和日期”复选框

图17.38 为幻灯片添加日期

提示 如果要向演示文稿中的所有幻灯片或备注页添加日期和时间，可以单击“全部应用”按钮。若要指定在每次打开或打印演示文稿时反映当前日期和时间的更新，可以单击“自动更新”按钮，然后选择所需的日期和时间格式。

17.3 应用文档主题和模板

在Word、Excel和PowerPoint之类的程序中，都会提供几个预定义的文档主题和模板，也可以自定义现有的文档主题，然后将其另存为自定义文档主题来创建文档主题。文档主题可以在各个Office程序之间共享，以便所有Office文档都具有相同、一致的外观。

17.3.1 应用主题

用户可以根据需要选择“设计”选项卡，在“主题”组中单击主题列表框右侧的下三角按钮，在弹出的下拉列表中将显示PowerPoint中所有内置的文档主题，如图17.39所示。用户可以在弹出的下拉列表中选择需要的主题。选择主题后，即可将选中的主题应用到幻灯片中，如图17.40所示。

图17.39 显示所有主题

图17.40 应用主题

17.3.2 自定义配色方案

主题颜色包含4种文本和背景颜色、6种强调文字颜色和两种超链接颜色。单击“主题颜色”按钮后，在弹出的下拉列表中可以看到的“主题颜色”名称旁边的一组颜色，代表该主题的强调文字颜色和超链接颜色。如果更改了其中的颜色来创建一组主题颜色，则在“主题颜色”按钮选项中以及“主题颜色”名称旁边显示的颜色将会相应地发生变化。用户可以自定义配色方案，具体操作步骤如下。

01 应用文档主题后，单击“设计”选项卡，在“主题”组中单击“颜色”按钮，在弹出的下拉列表中选择“新建主题颜色”选项，如图17.41所示。

02 在打开“新建主题颜色”对话框中的“主题颜色”选项组中，单击需要更改的主题颜色元素对应的按钮，并进行设置，如图17.42所示。

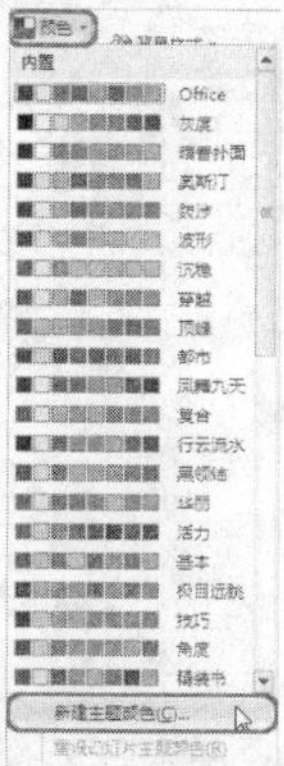

图17.41 选择“新建主题颜色”选项

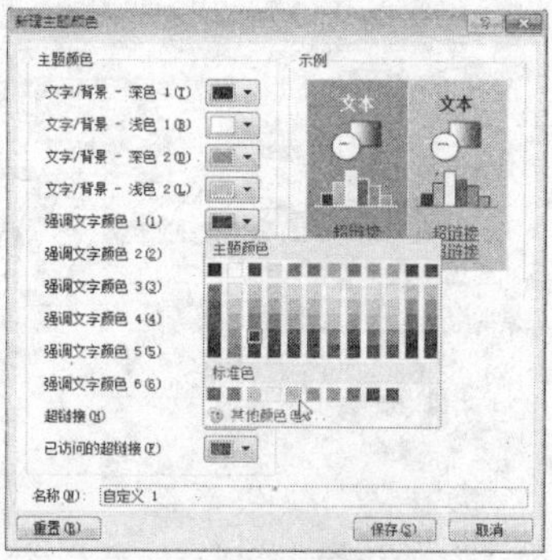

图17.42 设置主题颜色

03 在“名称”文本框中，为新的主题颜色输入一个适当的名称，如图17.43所示。

04 单击“保存”按钮。这样就定义了颜色方案，在“颜色”下拉列表中，可以看到新定义的主题颜色，如图17.44所示。

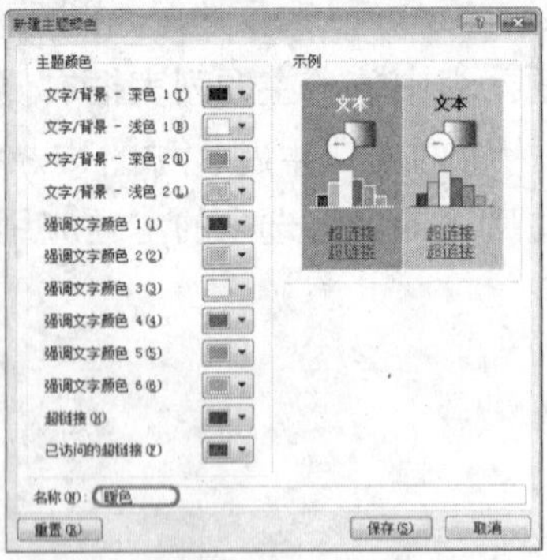

图17.43　为新主题输入名称

图17.44　新建的主题颜色

如果要使用自定义的主题颜色，首先要应用一个原有的主题，如图17.45所示。然后，再为其设置自定义的主题颜色，设置后的效果如图17.46所示。

图17.45　原有的主题

图17.46　应用自定义的主题颜色

同样还可以为文字、主题以及背景设置一个合适的效果。

17.3.3　应用样本模板

在PowerPoint中应用模板的具体操作步骤如下。

01 选择“文件”→“新建”选项卡，如图17.47所示。

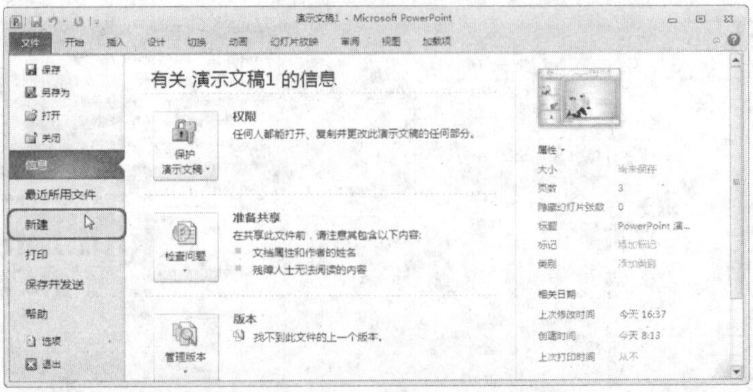

图17.47　选择“新建”选项卡

02 在弹出的列表中选择“样本模板”选项，并在“样本模板”选项区域中选择适合的模板，如图17.48所示。

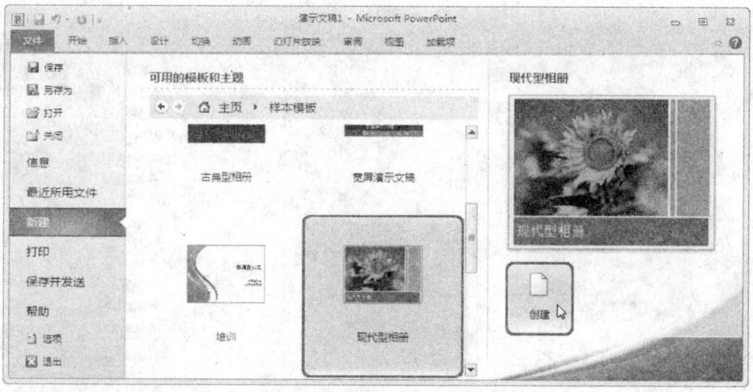

图17.48 选择样本模板

03 单击“创建”按钮，即可创建样本模板，如图17.49所示。

图17.49 创建样本模板

17.4 自定义动画

用户可以将Microsoft PowerPoint 2010演示文稿中的文本、图片、形状、表格、SmartArt图形和其他对象制作成动画，赋予它们进入、退出、大小或颜色变化甚至移动等视觉效果。

17.4.1 动画效果

用户可以为幻灯片中的对象添加不同的动画效果，从而使幻灯片更具个性。

1. 插入动画效果

用户可以为幻灯片中的对象设置进入、强调、退出和路径等动画效果。由于设置进入、强调和退出3种动画效果的方法基本相同，所以这里只介绍为幻灯片对象添加“进入”动画效果。

插入“进入”动画效果的具体操作步骤如下。

01 在幻灯片中选择需要添加动画的对象。

02 单击“动画”选项卡，在“动画”组中单击动画文本框右侧的下三角按钮，在弹出的下拉列表中选择“更多进入效果”选项，如图17.50所示。

03 在弹出的“更多进入效果”对话框中选择一种效果，例如选择“玩具风车”选项，如图17.51所示。

图17.50 选择“更多进入效果”选项

图17.51 选择进入效果

04 单击“确定”按钮，即可将该效果应用于幻灯片中所选的对象。这时，在幻灯片窗格中的幻灯片对象上出现了动画效果标记，例如 1 ，如图17.52所示。

如果要更改动画效果的开始方式，可以在“动画”选项卡中的“计时”组中单击“开始”右侧的下三角按钮，在弹出的下拉列表中选择一种开始的方式，如图17.53所示，其中的选项如下。

图17.52 插入动画

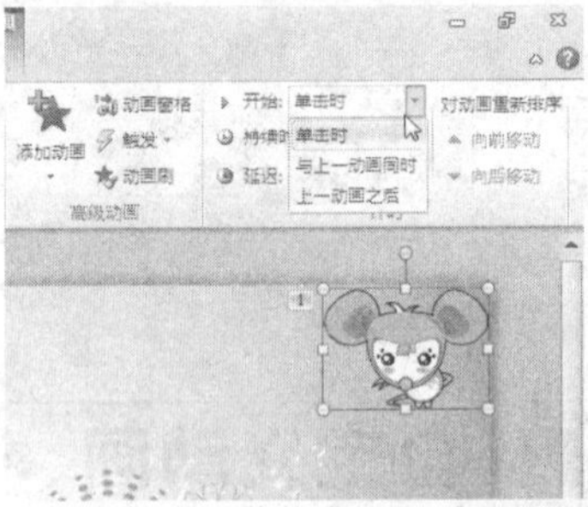

图17.53 “开始”下拉列表

- “单击时”：选择此选项，则当幻灯片放映到动画效果序列中的该动画时，单击鼠标才开始动画显示幻灯片中的对象，否则将一直停在此位置，等待用户单击鼠标来激活。
- “与上一动画同时”：选择此选项，则该动画效果和前一个动画效果同时发生，这时其序号将和前一个用单击来激活的动画效果的序号相同。
- “上一动画之后”：选择此选项，则该动画效果将在前一个动画效果播放完时发生，这时其序号将和前一个用单击来激活的动画效果的序号相同。

设置完成后，可以在“动画”选项卡中的“预览”组中单击“预览”按钮来预览动画效果。

提示 添加动作路径与添加插入动画效果的方法基本相同。只是在添加后，会出现动作路径的路径控制点，如图17.54所示。

图17.54　动作路径

2．调整动画序列

设置了动画效果后，还可以根据需要调整动画的序列，其具体操作步骤如下。

01 选择需要重新排列动画顺序的幻灯片。

02 单击“动画”选项卡，在“高级动画”组中单击“动画窗格”按钮，弹出如图17.55所示的对话框。

03 在弹出的“动画窗格”中选择要移动的项目，单击鼠标，将其拖到其他位置即可，或单击“动画窗格”下方的和按钮来调整动画的序列，调整后的效果如图17.56所示。

此外，用户还可以删除动画效果，具体操作步骤如下。

01 单击“动画”选项卡，在“高级动画”组中单击“动画窗格”按钮，在弹出的“动画窗格”对话框中选择需要删除的动画效果。

02 单击该效果右侧的下三角按钮，在弹出的下拉菜单中选择“删除”选项，如图17.57所示。或按Delete键，即可删除选定的动画效果。

图17.55　“动画窗格”对话框

图17.56　调整序列

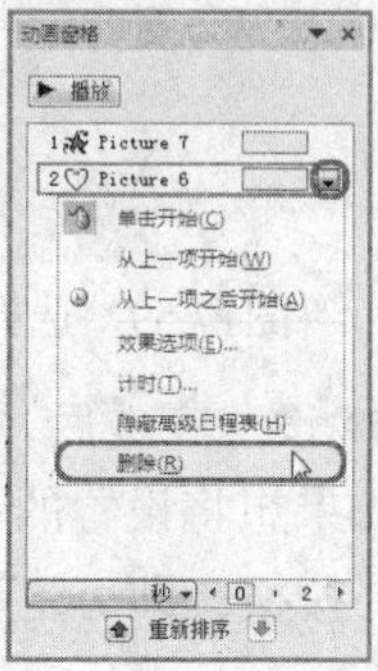

图17.57　选择“删除”选项

17.4.2　对单个对象应用多个动画效果

PowerPoint 2010提供了多种动画方案，在其中设定了幻灯片的切换效果和幻灯片中各对象的动画显示效果。使用这些预设的动画方案，能快速地为演示文稿中的一个或所有幻灯片设置动画效果。同时，用户也可以对单个对象应用多个动画效果。具体操作步骤如下。

01 选择需要添加多个动画效果的对象。

02 单击“动画”选项卡，在“高级动画”组中单击“添加动画”按钮，在弹出的下拉列表中选择一种动画效果，如图17.58所示。

除此之外，用户还可以在弹出的“添加动画”下拉列表中选择“更多进入效果”选项，为选中的对象添加其他的进入效果。如果为图形设置了动画方案，可单击“高级动画”组中的“动画窗格”按钮，在“动画窗格”中说明了该动画的信息，用户还可在“动画窗格”中单击“播放”按钮，播放设置的动画。

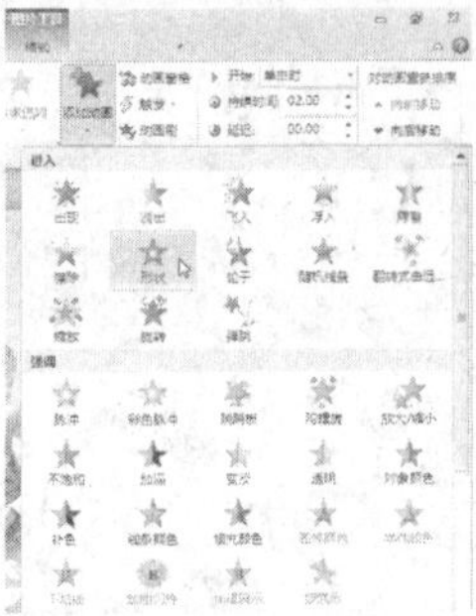

图17.58 “添加动画”下拉列表

17.4.3 为幻灯片添加切换效果

切换效果是指幻灯片之间衔接的特殊效果。在幻灯片放映的过程中，由一张幻灯片转换到另一张幻灯片时，可以设置多种不同的切换方式，如“碎片”方式或“擦出”方式等。其具体操作步骤如下。

01 在“幻灯片”窗格中，选择需要添加切换效果的幻灯片，例如选择第一张幻灯片，如图17.59所示。

02 单击“切换”选项卡，在“切换到此幻灯片”组中单击切换效果列表框右侧的下三角按钮，在弹出的下拉列表中选择一种切换效果，如图17.60所示。

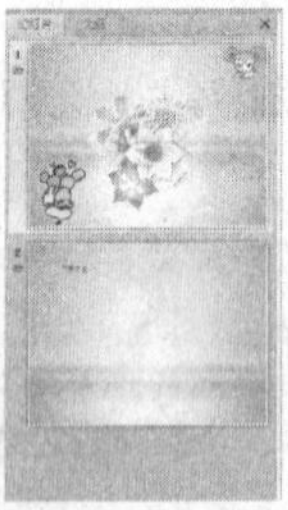

图17.59 选择幻灯片

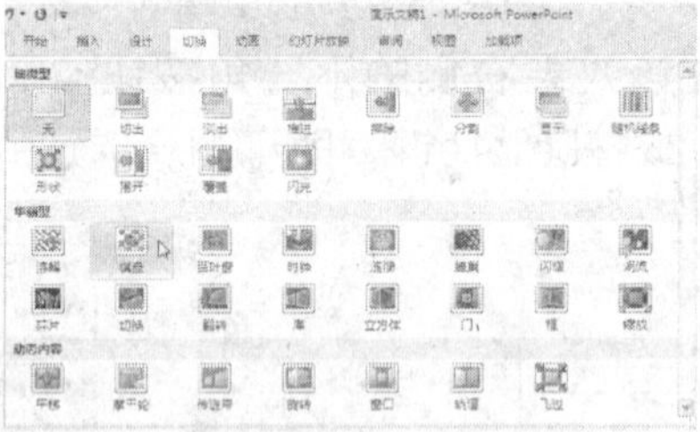

图17.60 切换效果下拉列表

03 设置完成后，在“预览”组中单击“预览”按钮，即可进行预览。

如果想将设置的切换效果应用于演示文稿的所有幻灯片上，单击“计时”组中的“全部应用”按钮，即可将设置的切换效果应用到所有的幻灯片中。

提示 用户可以单击“计时”组中的“声音”按钮右侧的下三角按钮，在弹出的下拉菜单中选择一种声音特效，为幻灯片添加声音特效。

17.4.4 设置动作

可以为选定的对象添加一个操作，以指定单击该对象时或鼠标移过对象时执行的操作，具体操作步骤如下。

01 在幻灯片中选择需要建立动作的对象。

02 选择“插入”选项卡，在“链接”组中单击“动作”按钮，弹出如图17.61所示的对话框。

03 在“动作设置”对话框中选择“单击鼠标”选项卡，单击“超链接到”单选钮，并单击下方的下三角按钮，在下拉菜单中选择要链接到的幻灯片选项。

04 再在该对话框中勾选“播放声音”按钮，并单击下方的下三角按钮，在弹出的下拉菜单中选择一种声音，为幻灯片添加声音特效，如图17.62所示。

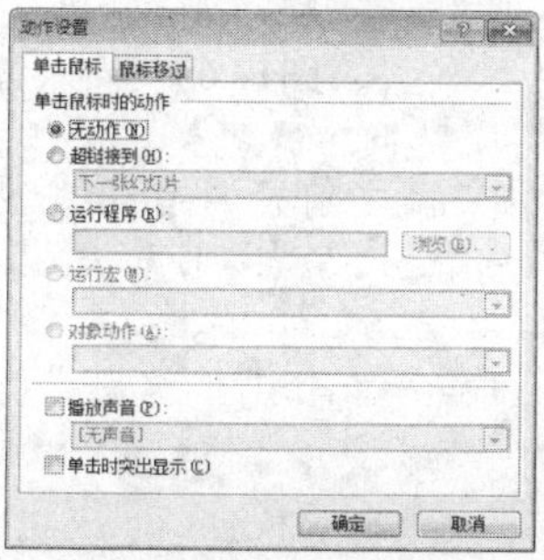

图17.61 “动作设置”对话框

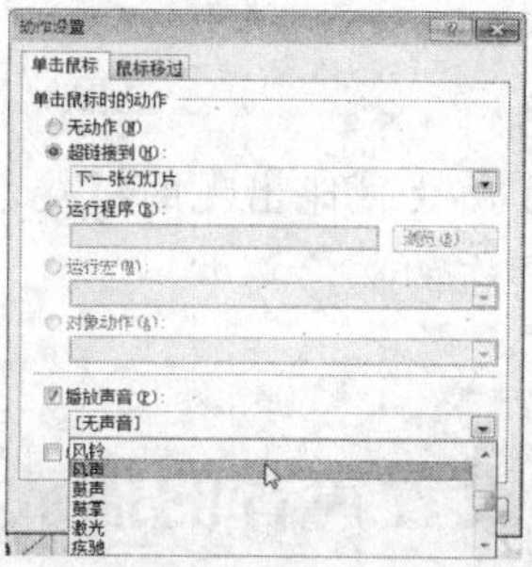

图17.62 选择声音特效

05 设置完成后，单击“确定”按钮即可。

用户可以根据同样的方法指定鼠标移过时执行的操作。

17.5 插入多媒体文件

在幻灯片中引入声音可以丰富幻灯片的内容，增强感染力。例如，在演示幻灯片中加入优雅的背景音乐或视频，可以使观看者身心放松，更加专心观看演示的内容。

17.5.1 插入声音

插入声音主要使用“插入”选项卡的“媒体”组中的“音频”按钮，具体操作步骤如下。

01 单击要添加声音的幻灯片。

02 单击“插入”选项卡，在“媒体”组中单击“音频”下方的下三角按钮，在弹出的下拉列表中选择“文件中的音频”选项，如图17.63所示。

03 在弹出的“插入音频”对话框中选择需要插入的音频文件，如图17.64所示。

图17.63 音频下拉菜单

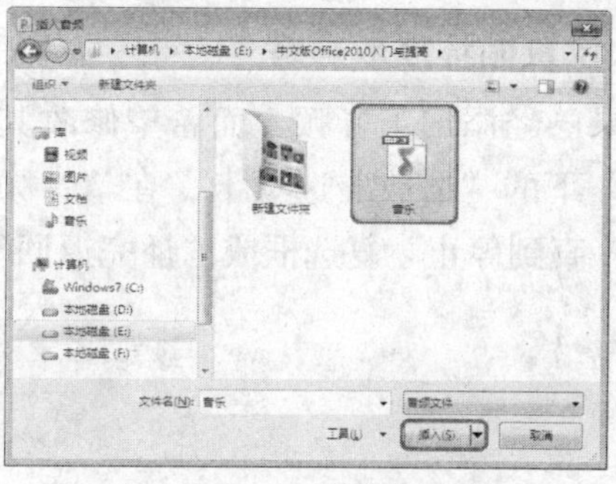

图17.64 选择音频文件

04 单击“插入”按钮，即可插入音频，如图17.65所示。

如果声音文件大于100 KB，默认情况下会自动将声音链接到文件，而不是嵌入文件。演示文稿链接到文件后，如果要在另一台计算机上播放此演示文稿，则必须在复制该演示文稿的同时复制它所链接的文件。

图17.65　插入音频文件图

提示　为了防止可能出现的链接问题，最好在添加演示文稿之前将声音文件复制到演示文稿所在的文件夹中。

17.5.2　设置声音的播放方式

插入声音后，用户可以根据需要对其播放方式进行设置。

1. 设置声音的开始播放方式

设置声音播放方式的具体操作步骤如下。

01 在幻灯片中单击声音图标，将其选中。

02 单击“动画”选项卡，单击“动画”组右下角的按钮，在弹出的“播放音频”对话框中选择“效果”选项卡，在“开始播放”选项区域中可以将声音设置为从头开始、从上一位置或指定开始时间，在此选择“从上一位置”单选钮，在“停止播放”选项区域中单击“在　　张幻灯片后”单选钮，再在后面的文本框中输入在第几张幻灯片之后停止播放，如图17.66所示。

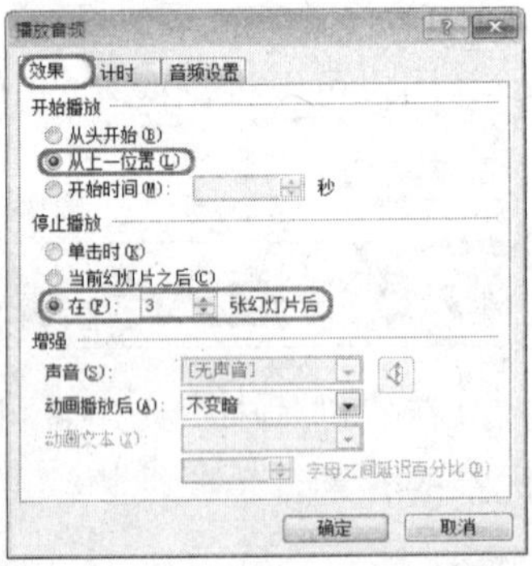

图17.66　“效果”选项卡

03 切换到“计时”选项卡，单击“开始”右侧的下三角按钮，在弹出的下拉菜单中选择“上一动画之后”选项，在单击“重复”右侧的下三角按钮，在弹出的下拉菜单中选择“直到幻灯片末尾”选项，如图17.67所示。

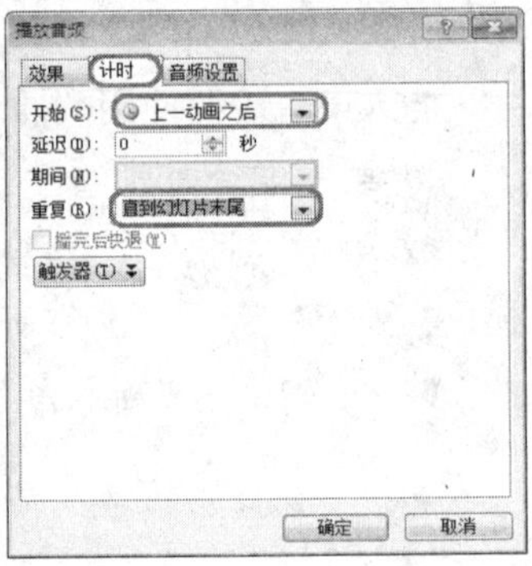

图17.67　“计时”选项卡

04 设置完成后，单击“确定”按钮即可。

2. 设置循环播放声音

如果已经添加了音频，而希望修改其选项，可以选择“音频工具”下的“播放”选项卡，在“音频选项”组中勾选“循环播放，直到停止”复选框或“播完返回开头”复选框，如图17.68所示。

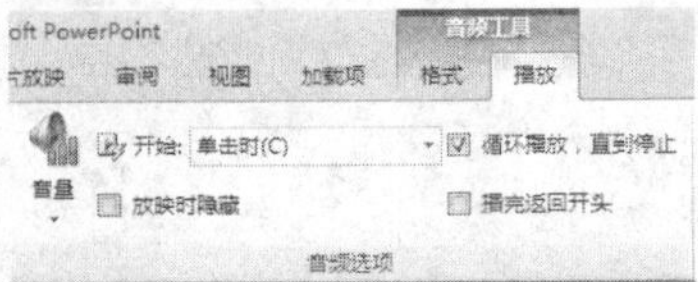

图17.68　勾选“循环播放，直到停止”复选框

17.5.3 插入视频

视频文件包括AVI或MPEG，文件扩展名包括.avi、.mov、.mpg和.mpeg。典型的视频可能包含一个演讲者的发言，例如无法亲自参加会议的领导的讲话，可以使用视频开展培训或进行演示。

动态GIF文件包含动画，其文件扩展名为.gif。尽管从技术上讲，动态GIF文件不是视频，但它们包含多个图像，按顺序播放图像即可产生动画效果，因此也将其归为视频剪辑一类。可以从文件Microsoft剪辑管理器或网络中向幻灯片添加视频和动态GIF文件，并可以使用多种方式进行播放。

视频文件始终都链接到演示文稿，而不是嵌入到演示文稿中。插入链接的视频文件时，PowerPoint会创建一个指向视频文件当前位置的链接。如果之后将该视频文件移动到其他位置，则在播放时，PowerPoint会找不到播放文件。因此最好在插入视频前将视频文件复制到演示文稿所在的文件夹中。PowerPoint创建一个指向视频文件的链接，只要视频文件位于演示文稿文件夹中，PowerPoint就能够找到该视频文件，即使将该文件夹移动或复制到其他计算机上，也不例外。

提示 确保链接文件位于演示文稿所在文件夹中的另一种方法是使用（打包成CD）功能。此功能可以将所有的文件复制到演示文稿所在的位置（CD或文件夹中），并自动更新视频文件的所有链接。当演示文稿包含链接的文件时，如果打算在另一台计算机上进行演示或用电子邮件发送演示文稿，必须将链接的文件和演示文稿一同复制。

插入视频的步骤如下。

01 在普通视图中，单击要添加视频或动态GIF文件的幻灯片。

02 单击“插入”选项卡，在“媒体”组中单击“视频”下方的下三角按钮，在弹出下拉菜单中选择“文件中的视频”选项。

03 在弹出的“插入视频文件”对话框中找到包含所需文件的文件夹，然后选择需要添加的视频文件，如图17.69所示。

04 单击“插入”按钮，即可插入视频文件，如图17.70所示。

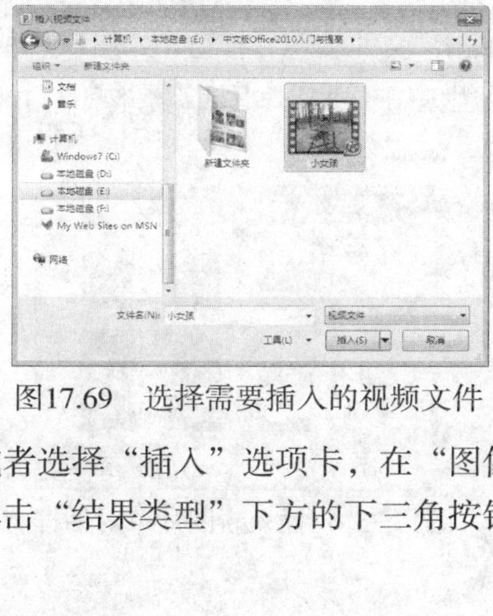

图17.69 选择需要插入的视频文件

图17.70 插入视频文件

或者选择“插入”选项卡，在“图像”组中单击“剪贴画”按钮，打开“剪贴画”对话框，单击“结果类型”下方的下三角按钮，在弹出的下拉菜单中，勾选“视频”复选框，如

图17.71所示。再在“搜索文字”文本框中输入关键字，单击“搜索”按钮即可。用户可以在查找出的结果中拖动滚动条来查找所要的剪辑，然后单击该剪辑，将其添加到幻灯片中。

视频插入完毕后，幻灯片中的视频自动保持为被选中状态，此时影片四周有尺寸句柄，可以通过拖动尺寸句柄调节视频的大小。设置视频的播放方式与设置声音的播放方式相同，用户可以根据上面的介绍来进行设置。

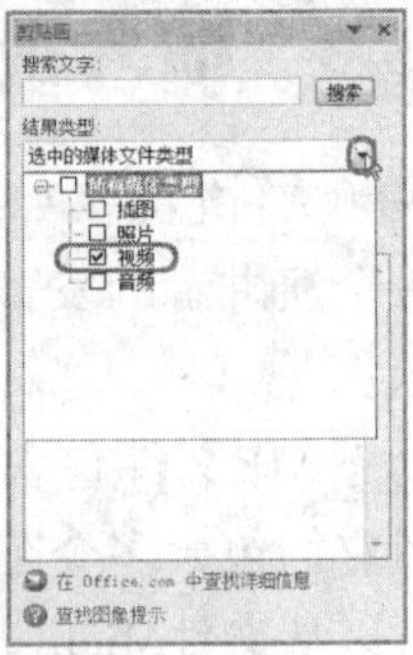

图17.71 勾选“视频”复选框

17.6 实战操作

17.6.1 旅游纪念册

外出旅游回来，肯定会有很多漂亮的照片，随着时间的久远和去过地方的增加，照片会越来越多，我们可以把不同地点的照片选择出几张自己满意的，制作成旅游纪念册。这样不仅可以按照地点对照片进行分类，看起来也更加规整，还可以添加文字解释，使照片图文并茂。

01 首先启动PowerPoint 2010，选择“开始”选项卡，在“幻灯片”组中单击“幻灯片版式”按钮，在弹出的下拉列表中选择“空白”选项，如图17.72所示。此时幻灯片将变为空白幻灯片。

02 选择“插入”选项卡，在“图像”组中单击“相册”右侧的下三角按钮，在弹出的下拉列表中选择“新建相册”命令，如图17.73所示。

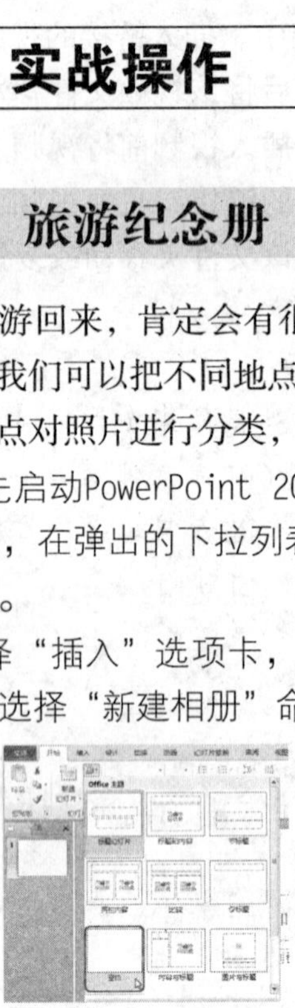

图17.72 选择“空白”选项

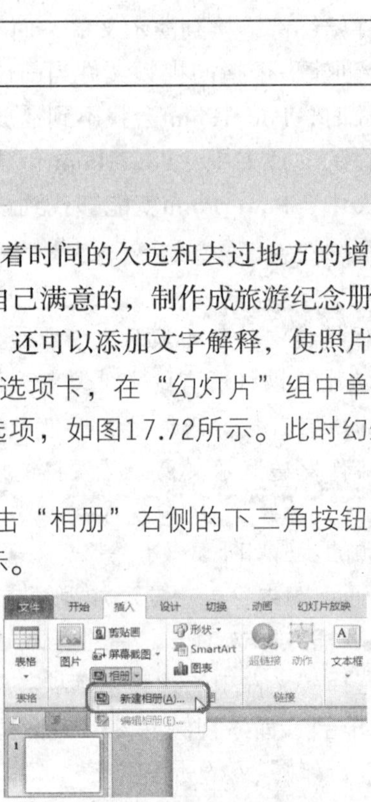

图 17.73 选择“新建相册”命令

03 弹出“相册”对话框，在“相册内容”选项组中单击“文件/磁盘”按钮，如图17.74所示。

04 弹出“插入新图片”对话框，选择随书附带光盘中的CDROM\cha17\素材\01.jpg~10.jpg素材文件，单击“插入”按钮，如图17.75所示。

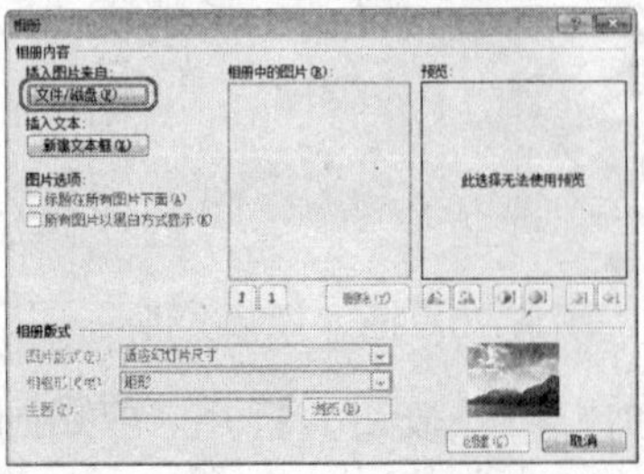

图 17.74 “相册”对话框

图17.75 “插入新图片”对话框

05 返回到“相册”对话框，单击“相册版式”选项组中“图片版式”文本框右侧的下三角按钮，在弹出的下拉列表中选择“2张图片（带标题）”选项，单击“相框形状”文本框右侧的下三角按钮，在弹出的下拉列表中选择“居中矩形阴影”，选择完成后单击“创建”按钮，如图17.76所示。

06 此时，PowerPoint会自动创建一个新的演示文稿。并且按照我们的设置创建出相册，如图17.77所示。如果需要对相册进行修改，可以在“插入”选项卡的“图像”组中单击“相册”右侧的下三角按钮，在弹出的下拉列表中选择“编辑相册”命令，即可对当前相册进行修改。

图17.76 设置相册参数

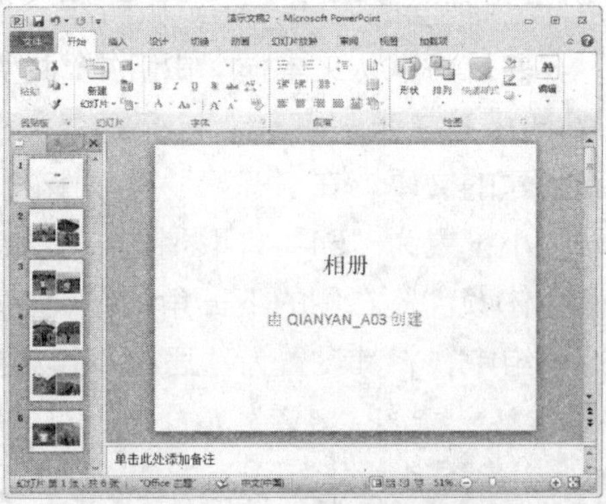

图17.77 创建完成的相册

07 下面为相册设置主题，选择“设计”选项卡，在“主题”组中单击“其他”按钮，在弹出的“所有主题”列表中选择一种主题样式，如图17.78所示。

08 此时，所有幻灯片都已应用了新创建的主题，如图17.79所示。

图17.78 “所有主题”列表

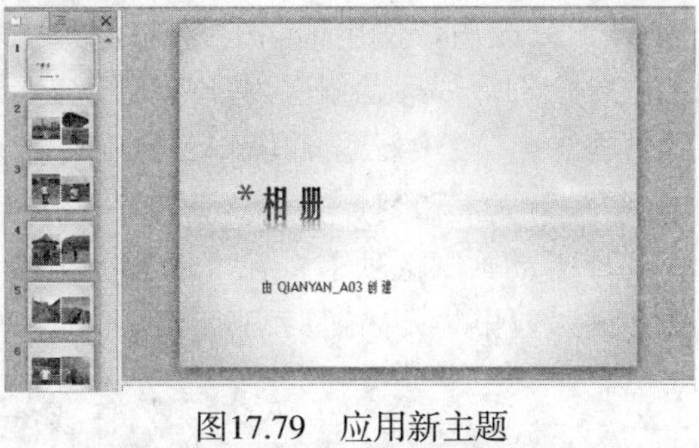

图17.79 应用新主题

09 主题设置完成后，下面为首页幻灯片添加标题。选择“插入”选项卡，在“文本”组中单击“艺术字”按钮，在弹出的下拉列表中选择“填充-蓝色，强调文字颜色1，塑料棱台，映像”，如图17.80所示。

10 此时在页面中会弹出文本框，将默认文本框“相册”删除，在新文本框中输入“旅游纪念册”，输入完成后，选择“开始”选项卡，在“字体”组中，将字体设置为“华文楷体”，将字号大小设置为“80”，如图17.81所示。

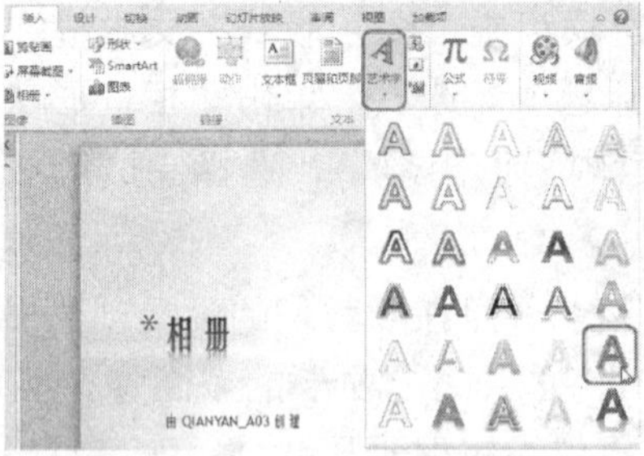

图17.80　选择艺术字样式

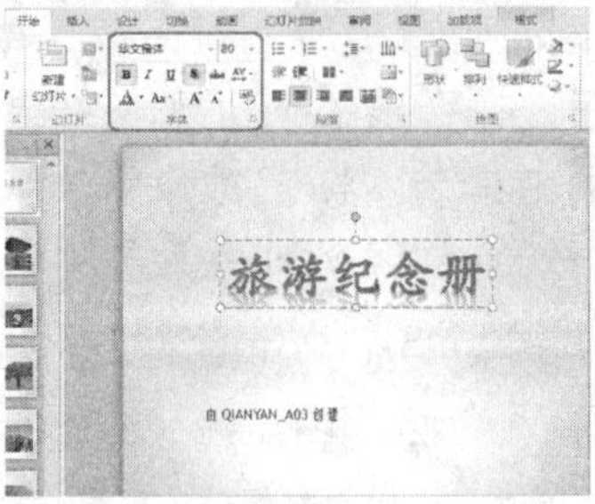

图17.81　设置艺术字

⑪ 使用相同的方法，在“旅游纪念册”文本的右下方继续输入文本“留住青春美好的记忆”，并且将默认文本框“由QIANYAN_A03创建”删除，如图17.82所示。

⑫ 选择第二张幻灯片，将标题文本框中的文本删除，然后输入“上海世博会留念”，选择新创建的文本，在“开始”选项卡的“字体”组中，将字体设置为“方正胖娃简体”，将字号大小设置为“54”，取消选中“加粗”选项，选择“倾斜”和“下划线”选项，然后单击“字体颜色”右侧的下三角按钮，在弹出的“颜色”下拉列表中选择“橙色”。在“段落”选项组中，将其设置为“居中”，如图17.83所示。

图17.82　设置首页文字

图17.83　设置标题文字

⑬ 设置完成后，使用相同的方法继续为其他幻灯片添加标题，并为标题文字设置不同的颜色。各个幻灯片标题依次为“中山陵与秦淮河畔”、“伟大的首都——北京”、“寻找北京的古香古色”、“云里仙境—云台山”，设置完成后的效果如图17.84所示。

⑭ 下面为文本和图片添加动画效果。选择第一张幻灯片，按住Shift键的同时选择两个文本，选择“动画”选项卡，在“动画”组中单击“动画样式”按钮，在弹出的列表中选择“更多进入效果”，如图17.85所示。

图17.84　设置完成后的效果

图17.85　设置动画方案

⑮ 弹出“更改进入效果”对话框，在“温和型”选项组中，选择“翻转式由远及近”效果，勾选“预览效果”复选框可以在工作区中预览动画效果，设置完成后单击“确定”按钮，如图17.86所示。

⑯ 选择第二张幻灯片，按住Shift键的同时选择两张图片，选择“动画”选项卡，在“高级动画”组中单击“添加动画”按钮，在弹出的列表中选择“更多进入效果”，如图17.87所示。

图17.86 “更改进入效果”对话框

图17.87 设置动画方案

⑰ 弹出“更改进入效果”对话框，在“温和型”选项组中选择“回旋”效果，设置完成后单击“确定”按钮，如图17.88所示。

⑱ 设置完成后，选择“动画”选项卡，在“高级动画”组中单击“动画窗格”按钮，如图17.89所示。

图17.88 “更改进入效果”对话框

图17.89 单击“动画窗格”按钮

⑲ 此时在幻灯片窗口的右侧会弹出“动画窗格”对话框，其中，显示了我们为两张图片设置的动画，单击“图片2”选项，此时，右侧会出现下三角按钮，单击此按钮，在弹出的菜单中选择“从上一项开始”选项，如图17.90所示。

⑳ 选择完成后，使用相同的方法设置“图片3”，在弹出的列表中选择“从上一项之后开始”选项，如图17.91所示。

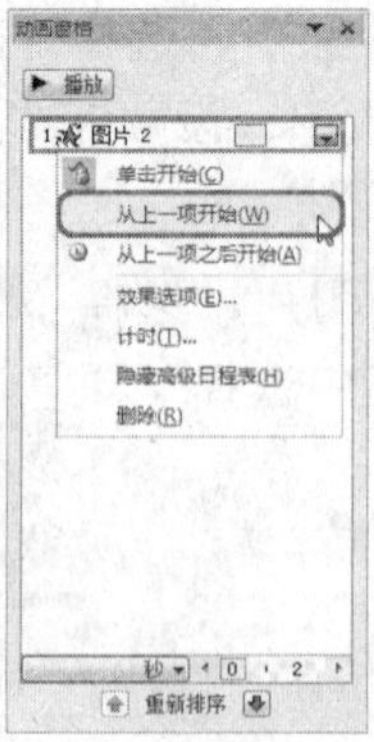

图17.90 设置“图片2”

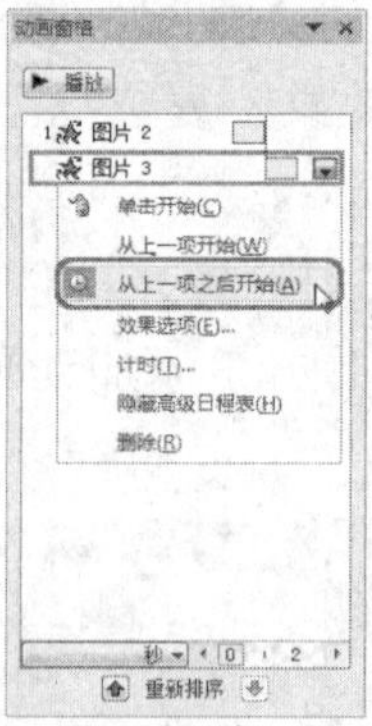

图17.91 设置“图片3”

21 使用相同的方法，根据个人喜好继续为其他图片设置动画，设置完成后，单击“幻灯片放映”选项卡，在“开始放映幻灯片”组中单击“从头开始”按钮，或者按F5键即可放映幻灯片。放映完成后，将幻灯片文件进行存储。至此，“旅游纪念册”幻灯片就制作完成了，最终效果如图17.92所示。

图17.92 完成后的效果

17.6.2 招生简章

对于公司培训员工或者对新人宣传自己的企业来说，使用幻灯片的形式来介绍是最好不过的了，不但摒弃了以往枯燥乏味的口述方式，而且可以更加直观地配合图片、图表进行讲述。下面介绍“招生简章”幻灯片的制作。

01 首先启动PowerPoint 2010，系统会自动创建一个新的演示文稿。选择“开始”选项卡，在“幻灯片”组中单击“版式”按钮，在弹出的下拉列表中选择“空白”选项，如图17.93所示。此时幻灯片将变为空白幻灯片。

02 选择“插入”选项卡，在“图像”组中单击“图片”按钮，弹出“插入图片”对话框，在该对话框中，选择随书附带光盘中的CDROM\cha17\素材\11.png素材文件，然后单击“插入”按钮右侧的下三角按钮，在弹出的下拉列表中选择“插入和连接”选项，如图17.94所示。

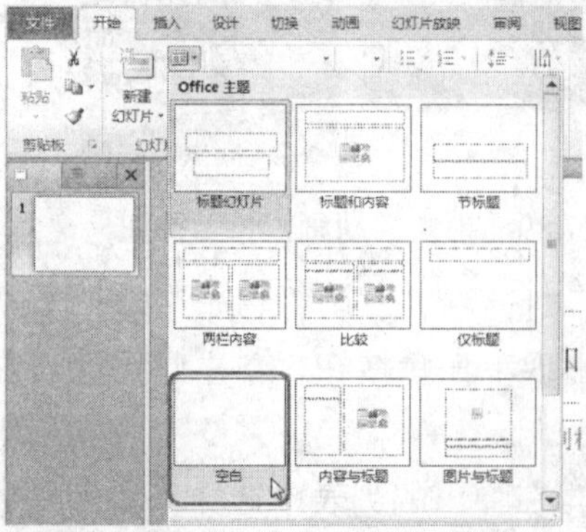

图17.93 选择“空白”选项

图17.94 选择“插入和连接”

03 选择刚插入的图片，选择“绘图工具”下的“格式”选项卡，在“排列”组中单击“旋转”按钮，在弹出的下拉菜单中选择“水平翻转”选项，如图17.95所示。

04 设置完成后，选择素材图片，此时图片四周会出现八个句柄，在幻灯片窗口中拖动句柄来调整素材图片的大小，调整后的效果如图17.96所示。

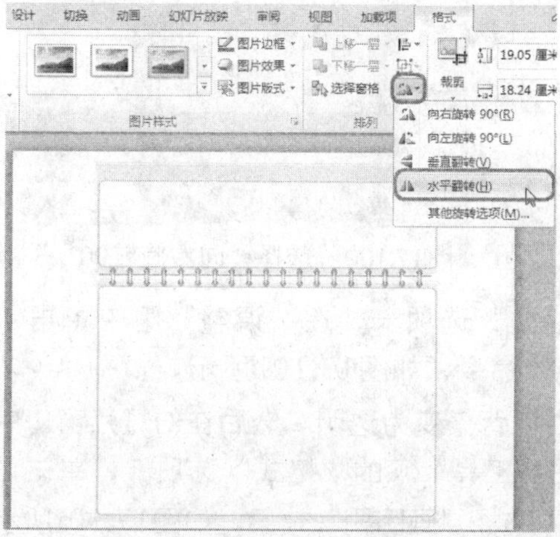

图17.95　选择“水平翻转”

图17.96　调整后的效果

05 选择“插入”选项卡，在“文本”组中单击“艺术字”按钮，在弹出的下拉列表中选择“渐变填充-蓝色，强调文字颜色1”，如图17.97所示。

06 此时在页面中会弹出文本框，将文本框中的文本删除，然后调整其位置，输入“摩卡建筑动画学院”，输入完成后，选择“开始”选项卡，在“字体”组中，将字体设置为“汉仪综艺体简”，将字号大小设置为“66”，如图17.98所示。

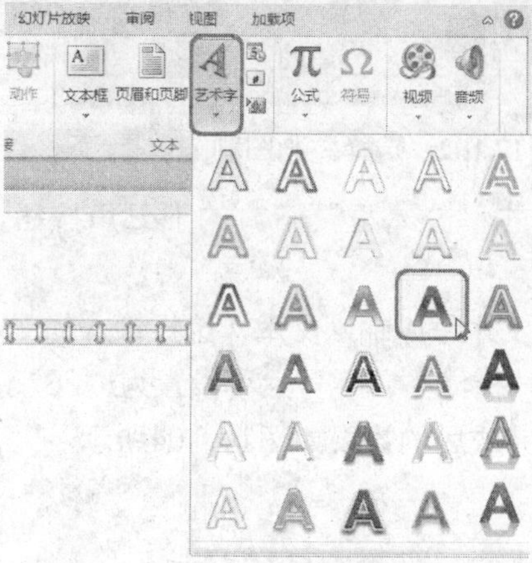

图17.97　选择艺术字样式

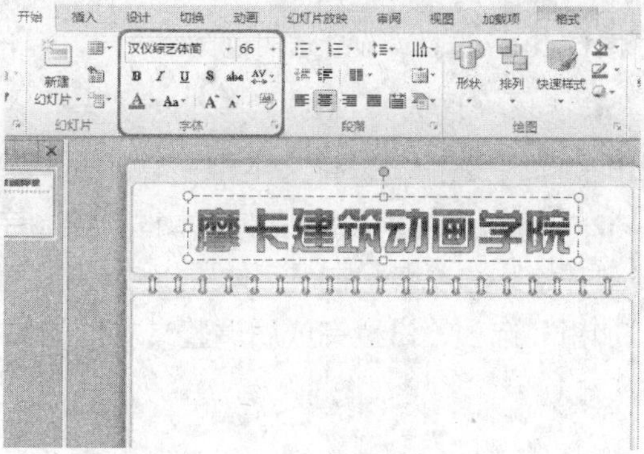

图17.98　设置艺术字

07 选择“插入”选项卡，在“图像”组中单击“图片”按钮，弹出“插入图片”对话框，在该对话框中，选择随书附带光盘中的CDROM\cha17\素材\12.jpg素材文件，然后单击“插入”按钮右侧的下三角按钮，在弹出的下拉列表中选择“插入和连接”选项，如图17.99所示。

08 选择刚插入的图片，在“绘图工具”下的“格式”选项卡中单击“排列”组中“旋转”右侧的下三角按钮，在弹出的下拉菜单中选择“向左旋转90°”，如图17.100所示。

图17.99　插入素材图片

图17.100　选择“向左旋转90°”

09 插入完成后，选择“图片工具”下的“格式”选项卡，在“调整”组中单击“颜色”按钮，在弹出的下拉列表中选择“设置透明色”命令，如图17.101所示。

10 使用鼠标单击素材图片的白色背景，此时白色背景变为透明。然后在幻灯片窗口中调整素材图片的大小和位置。调整完成后，单击“图片工具”下的“格式”选项卡，单击“调整”组中的“艺术效果”按钮，在弹出的下拉列表中选择“画图刷”效果，如图17.102所示。

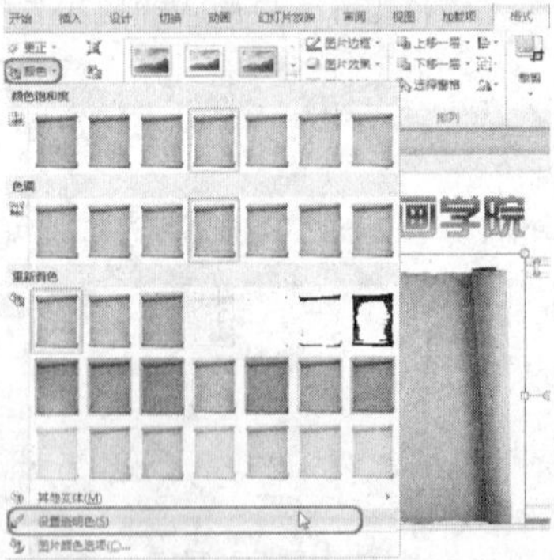

图17.101　选择“设置透明色”命令

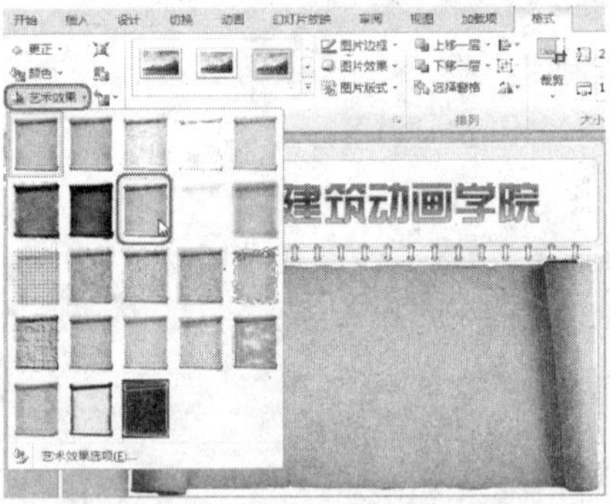

图17.102　选择“画图刷”效果

11 选择“插入”选项卡，在“文本”选项组中单击“文本框”下方的下三角按钮，在弹出的列表中选择“横排文本框”，如图17.103所示。

12 拖动鼠标左键即可绘制文本框，绘制完成后，在文本框中输入文本，选择输入的文本，选择“开始”选项卡，在“字体”组中，将字体设置为“楷体”，字号大小设置为“28”，选择“加粗”选项，设置完成后调整文本框的位置。调整完成后的效果如图17.104所示。

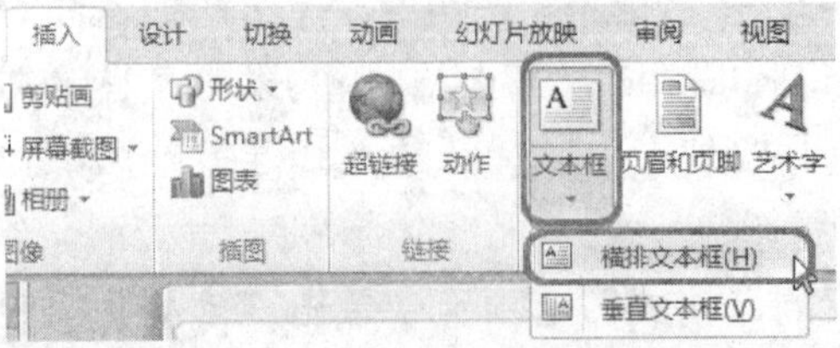

图17.103　选择“横排文本框”

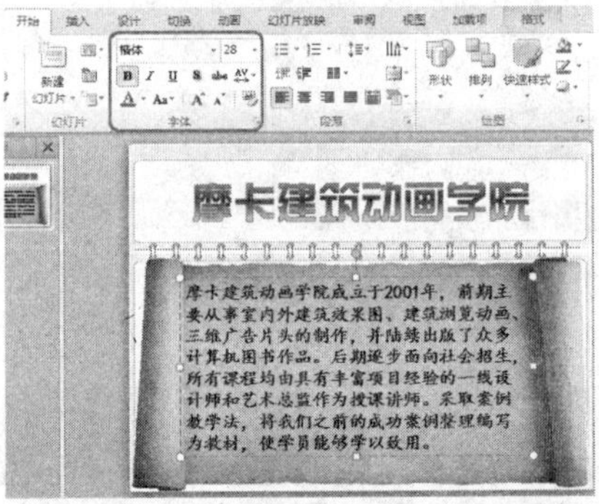

图17.104　调整完成后的效果

⑬ 选择“开始”选项卡，在“幻灯片”组中单击“新建幻灯片”按钮下方的下三角按钮，在弹出来的下拉列表中选择空白幻灯片，如图17.105所示。

⑭ 选择完成后会新建一个空白幻灯片，然后选择“插入”选项卡，在“图像”组中单击“图片”按钮，弹出“插入图片”对话框，选择随书附带光盘中的CDROM\cha17\素材\11.png素材文件，然后单击“插入”按钮右侧的下三角按钮，在弹出的下拉列表中选择“插入和连接”选项。选择刚插入的图片，在“图片工具”下的“格式”选项卡中单击“排列”组中的“旋转”按钮，在弹出的下拉菜单中选择“向左旋转90°”，然后调整素材图片的大小和位置。调整完成后的效果如图17.106所示。

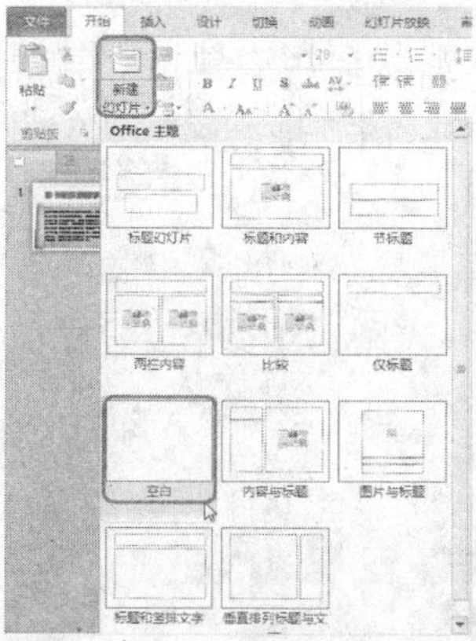

图17.105 选择“空白”幻灯片

图17.106 调整完成后效果

⑮ 选择“插入”选项卡，在“文本”组中单击“艺术字”按钮，在弹出的下拉列表中选择“填充—橄榄色，强调文字颜色3，轮廓，文本2”，如图17.107所示。

⑯ 此时在页面中会弹出文本框，在文本框内单击鼠标右键，在弹出的快捷菜单中选择“设置形状格式”命令，如图17.108所示。

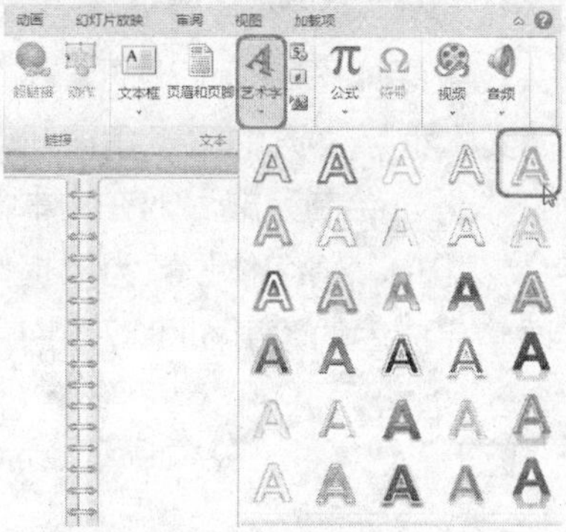

图17.107 选择艺术字样式

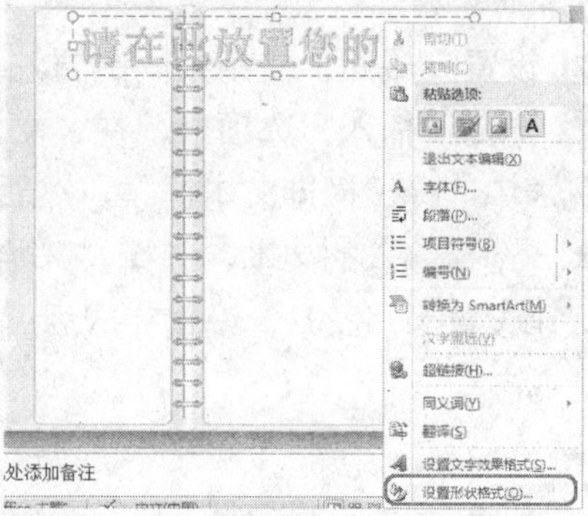

图17.108 选择“设置形状格式”命令

⑰ 弹出“设置形状格式”对话框，在左侧的列表框中选择“文本框”，在右侧的“文字版式”选项组中，将“水平对齐方式”设置为“居中”，将“文字方向”设置为“竖排”，设置完成后单击“关闭”按钮，如图17.109所示。

⑱ 返回到幻灯片窗口中，在文本框中输入“课程介绍”，输入完成后，选择“开始”选项卡，在“字体”组中，将字体设置为“汉仪综艺体简”，将字号大小设置为“88”，为文本添加“加粗”、“下划线”、“文字阴影”效果，然后调整其位置，如图17.110所示。

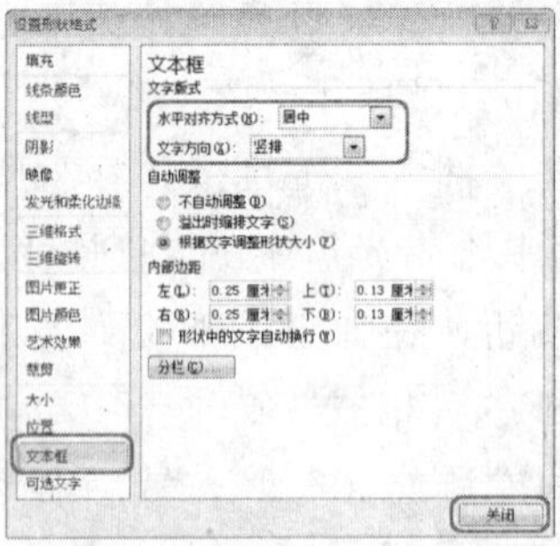

图17.109 “设置形状格式”对话框

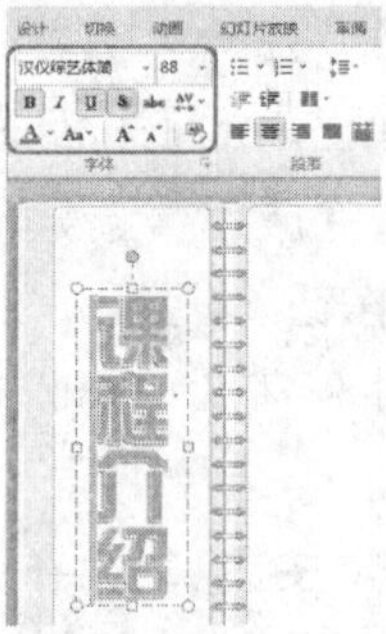

图17.110 设置文本

⑲ 选择“绘图工具”下的“格式”选项卡，在“插入形状”组中单击“其他”按钮，在弹出的下拉列表中选择“下弧形箭头”，如图17.111所示。然后拖动鼠标在幻灯片窗口中绘制下弧形箭头并调整其大小和位置。

⑳ 调整完成后，选择刚绘制的下弧形箭头，在“绘图工具”下的“格式”选项卡中单击“形状样式”组中的“其他”按钮，在弹出的对话框中选择“细微效果-橄榄色，强调颜色3”，可以更改下弧形箭头的颜色，如图17.112所示。

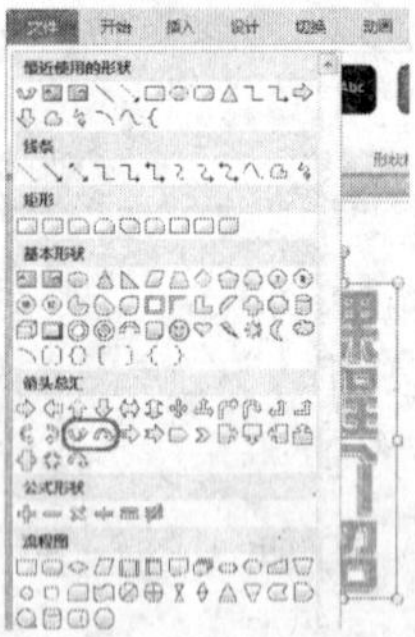

图17.111 选择形状

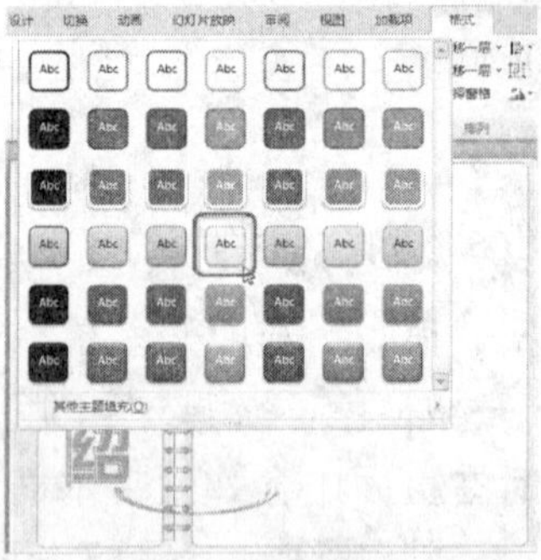

图17.112 设置箭头颜色

㉑ 设置完成后，使用相同的方法设置文本上面的箭头。效果如图17.113所示。

㉒ 选择“插入”选项卡，在“文本”选项组中单击“文本框”下方的下三角按钮，在弹出的列表中选择“横排文本框”，然后拖动鼠标左键绘制文本框，绘制完成后，在文本框中输入文本，选择输入的文本，选择“开始”选项卡，在“字体”组中，将字体设置为“楷体”，字号大小设置为“22”，设置完成后调整文本框的位置。调整完成后的效果如图17.114所示。

图17.113 完成后效果

图17.114 添加文本

23 选择“开始”选项卡，在“幻灯片”组中单击“新建幻灯片”按钮下方的下三角按钮，在弹出来的列表中选择“空白”幻灯片。选择“插入”选项卡，在“文本”选项组中单击“文本框”下方的下三角按钮，在弹出的列表中选择“横排文本框”，然后拖动鼠标左键绘制文本框，绘制完成后，在文本框中输入文本，选择输入的文本，选择“开始”选项卡，在“字体”组中，将字体设置为“汉仪综艺体简”，字号大小设置为“48”，再单击“文字阴影”按钮，为其添加阴影效果，单击“字体颜色”右侧的下三角按钮，在弹出的列表中选择“浅蓝”，如图17.115所示，设置完成后调整文本框的位置。

24 调整完成后，选择“插入”选项卡，在“插图”组中单击“SmartArt”按钮，如图17.116所示。

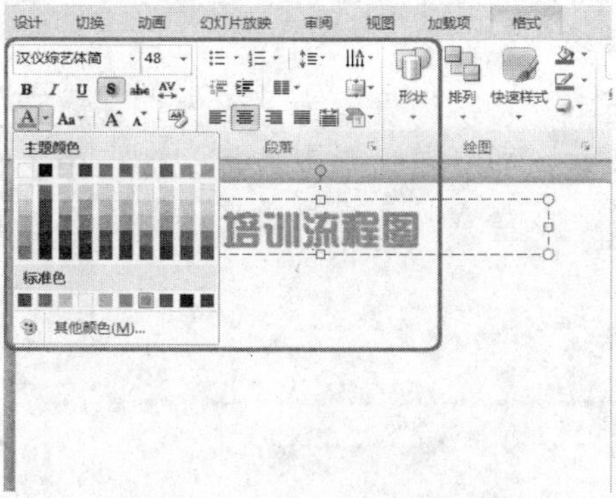

图17.115 设置文本效果

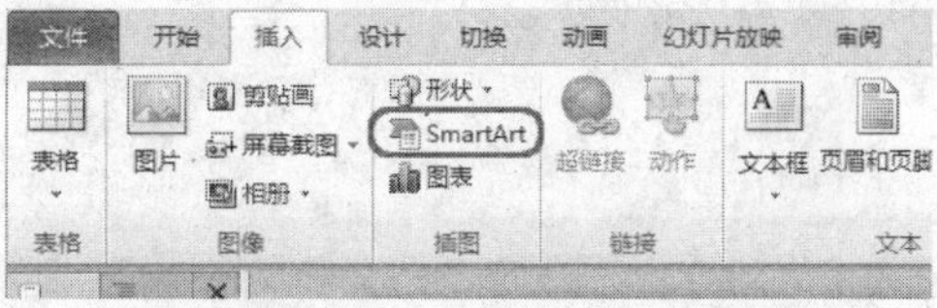

图17.116 “SmartArt”按钮

25 弹出“选择SmartArt图形”对话框，在左侧的列表中选择“流程”选项，在中间的列表框中选择“分段流程”样式，然后单击“确定”按钮，如图17.117所示。

26 此时，图形将插入到幻灯片窗口中，选择刚插入的图形，选择“SmartArt工具”下的“设计”选项卡，在“SmartArt样式”组中，单击“更改颜色”按钮，在弹出的对话框中，选择“渐变范围-强调文字颜色1”选项，如图17.118所示。

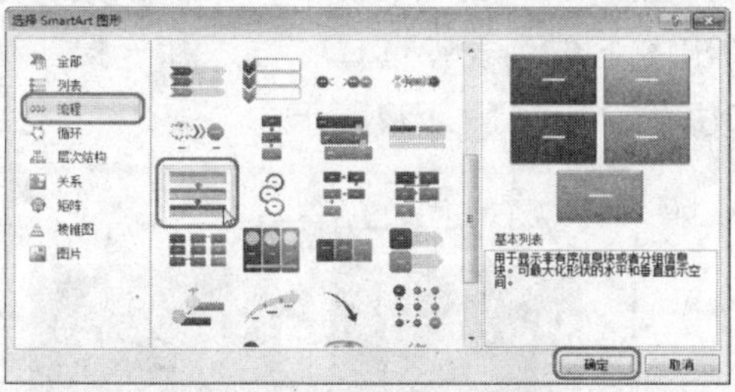

图17.117 “选择SmartArt图形”对话框

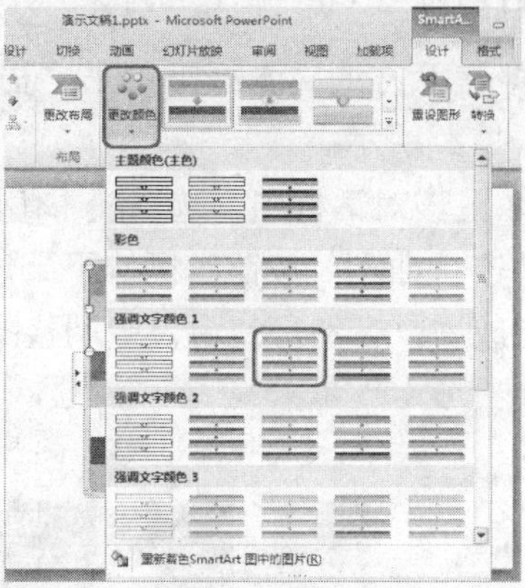

图17.118 更改“SmartArt”图形颜色

27 设置完颜色后，将多余的文本框删除，选择文本框，直接按Delete键即可，删除后的效果如图17.119所示。

28 在文本框中输入文本，设置每个流程的首行文本为“楷体”，字号为“32”，选择“加粗”选项。次行文本为“楷体”，字号为“26”，选择“加粗”选项。效果如图17.120所示。

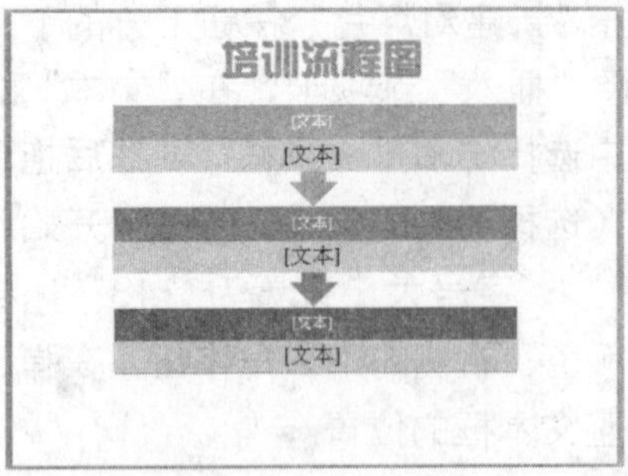

图17.119　删除文本框

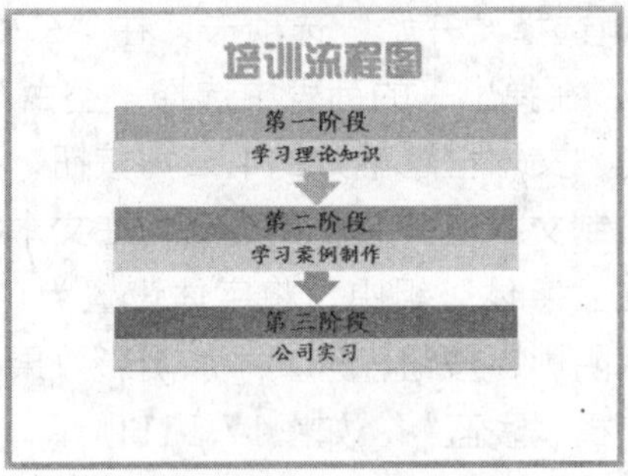

图17.120　输入文本后效果

29 设置完成后，选择“开始”选项卡，在“幻灯片”组中单击“新建幻灯片”按钮下方的下三角按钮，在弹出来的列表中选择“标题和内容”幻灯片，如图17.121所示。

30 在标题栏文本框中输入标题，在“字体”组中，将字体设置为“汉仪综艺体简”，字号大小设置为“44”，再单击“文字阴影”按钮S，为其添加阴影效果，然后单击“字体颜色”右侧的下三角按钮，在弹出的列表中选择“浅蓝”，设置完成后调整文本框的位置，如图17.122所示。

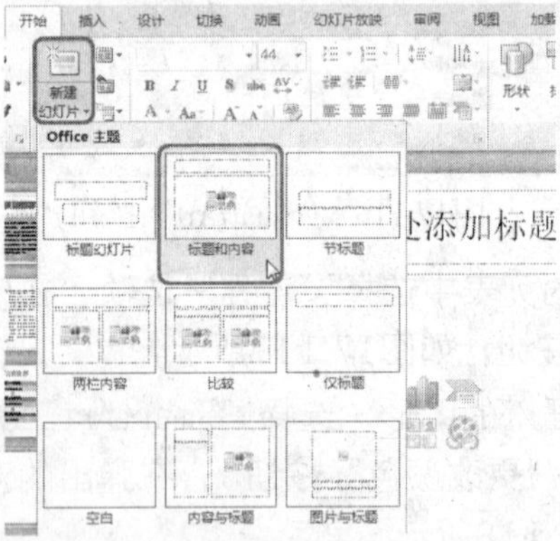

图17.121　选择“标题和内容”幻灯片

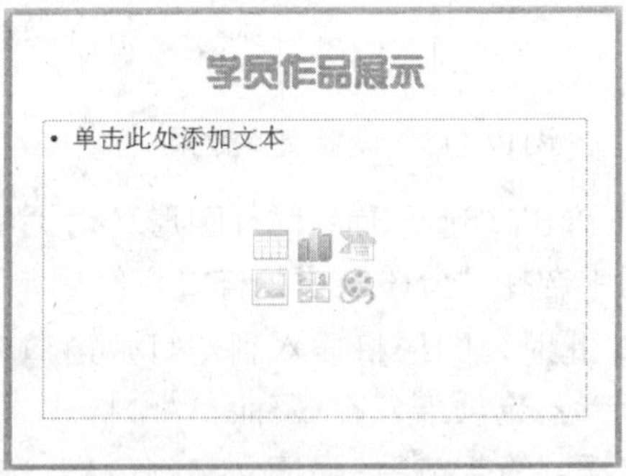

图17.122　输入文本后的效果

31 在下方的文本框中单击“插入来自文件的图片”选项，弹出“插入图片”对话框，如图17.123所示。

32 在该对话框中，选择随书附带光盘中的CDROM\cha17\素材\13.jpg~15.jpg素材文件，然后单击“插入”按钮右侧的下三角按钮，在弹出的下拉列表中选择“插入和连接”选项，插入完成后，在幻灯片窗口中调整图片的大小和位置，如图17.124所示。

图17.123　选择素材文件

图17.124　图片调整完成后效果

33 调整完图片后，我们为图片添加动画，按住Shift键，依次选择三张图片，然后选择“动画”选项卡，在“高级动画”组中单击“添加动画”按钮，在弹出的对话框中选择“进入”组中的“浮入”效果，如图17.125所示。

34 设置完成后，选择“动画”选项卡，在“高级动画”组中单击“动画窗格”按钮。此时，在幻灯片窗口右侧会弹出“动画窗格”对话框，其中显示了我们为三张图片设置的动画，如图17.126所示。

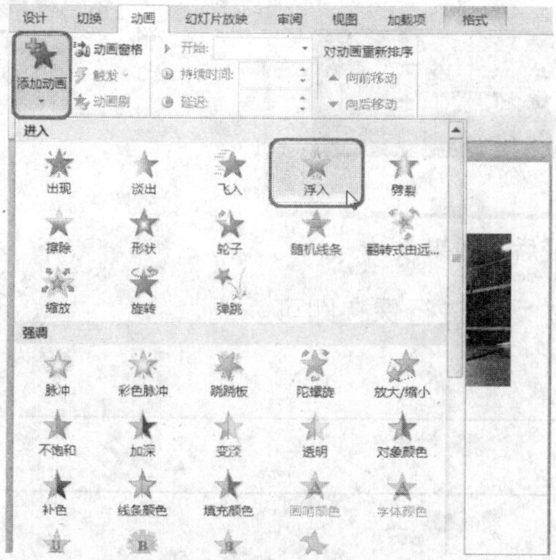

图17.125 选择“浮入”效果

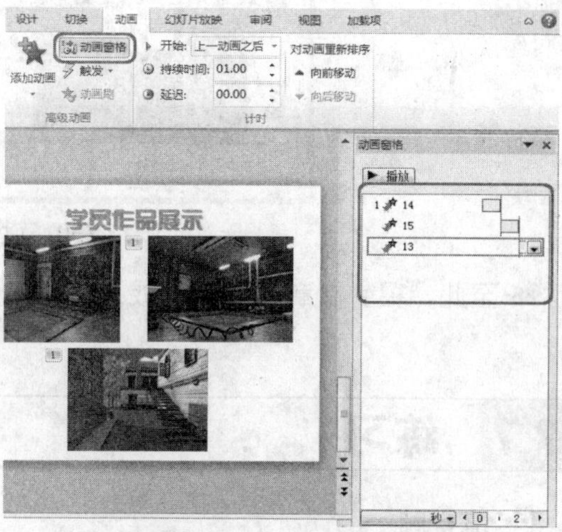

图17.126 显示动画窗格

35 单击“图片14”选项，此时右侧会出现下三角按钮，单击此按钮，在弹出的菜单中选择“从上一项开始”选项，如图17.127所示。

36 选择完成后，使用相同的方法设置“图片15”、“图片13”，在弹出的列表中选择“从上一项之后开始”选项，如图17.128、图17.129所示。

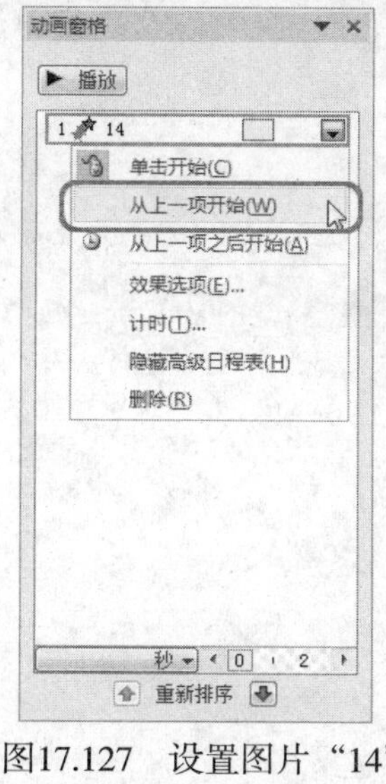

图17.127 设置图片“14”

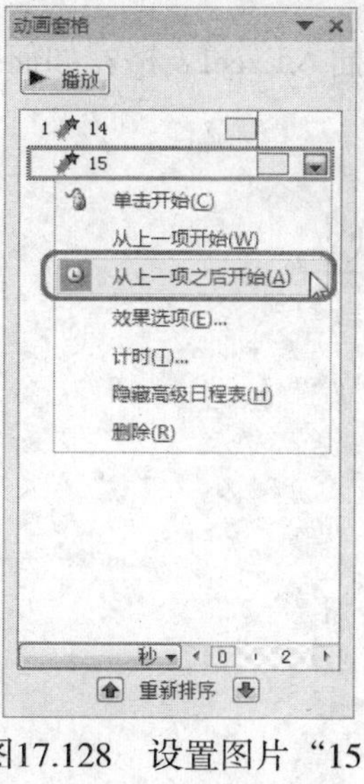

图17.128 设置图片“15”

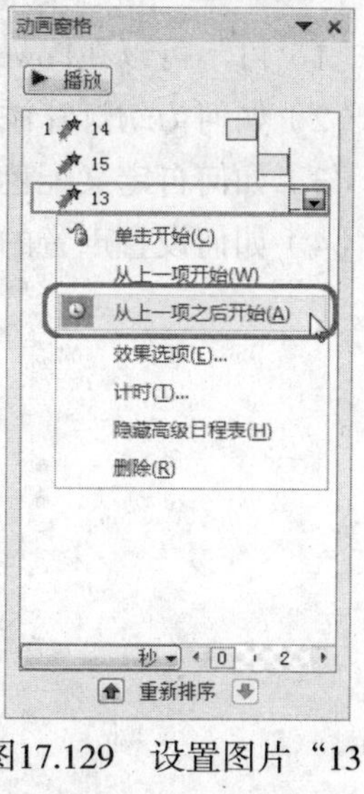

图17.129 设置图片“13”

37 设置完成后，使用相同的方法制作另外一张学员作品。设置完成后的效果如图17.130所示。

图17.130　设置完成后的效果

38 至此，招生简章就制作完成了，对完成后的场景进行保存即可。

17.7 练习

1. 填空题

（1）如果需要调整图片的大小，但要保持对象中心的位置不变，可以在拖动尺寸控点的同时按住________键。

（2）如果要移动幻灯片的位置，可以通过________窗格和________视图来移动。

（3）如果要调整幻灯片中的动画序列，可以通过________来调整。

2. 问答题

（1）可不可以在PowerPoint中插入Excel表格？如何插入？

（2）如何为幻灯片添加日期？

（3）如何自定义配色方案？

（4）如何设置声音的播放方式？

第18章 幻灯片的放映与打印

本章要点

当幻灯片中的各种内容创建编辑完成之后，还需要对放映方式、幻灯片放映时间进行设置，最后便可对幻灯片进行放映，观看效果，对幻灯片进行打印输出。

本章内容主要包括

- 幻灯片的放映
- 设置幻灯片放映时间
- 指针选项
- 打印幻灯片

go>>

18.1 幻灯片的放映

放映幻灯片就是将PowerPoint中制作的所有效果和功能在电子屏幕上演示，这些效果和功能包括幻灯片的切换、放映时间、影片、动画和声音等，本节将主要介绍PowerPoint中的两种放映方式，即连续放映与自定义放映。

18.1.1 放映幻灯片

幻灯片的放映主要通过“幻灯片放映”选项卡中的“开始放映幻灯片”组中的相关工具按钮来实现，也可以单击状态栏中的“幻灯片放映”按钮，如图18.1所示。

图18.1 “幻灯片放映”选项卡

“幻灯片放映”选项卡中各按钮的功能如下。

- “从头开始”按钮：从第一张幻灯片开始放映幻灯片。
- “从当前幻灯片开始”按钮：从当前所选择的幻灯片开始放映。
- “广播幻灯片”按钮：可以向在Web浏览器中观看的远程观众播放幻灯片。
- “自定义幻灯片放映”按钮：创建自定义幻灯片的播放顺序。单击“自定义幻灯片放映”按钮，在打开的列表中选择“自定义放映”选项，打开“自定义放映”对话框，单击“新建”按钮，在打开的“定义自定义放映”对话框中进行设置。

- “设置幻灯片放映”按钮：设置幻灯片放映的高级选项。例如放映类型、换片方式等。
- “隐藏幻灯片”按钮：在放映幻灯片时不显示设置了隐藏的幻灯片。
- “排练计时”按钮：用于定义每张幻灯片上所用的时间，将其保存并用于自动放映。
- “录制幻灯片演示”按钮：录制音频旁白、激光笔势或幻灯片和动画，在放映幻灯片时播放。
- “播放旁白”复选框：在幻灯片放映时回放音频旁白和激光笔势。
- “使用计时”复选框：在幻灯片放映时回放幻灯片和动画计时。
- “显示媒体控件”复选框：在幻灯片放映期间，当您将鼠标指针移动到音频和视频剪辑时，将显示播放控件。
- “分辨率”：选择全屏播放幻灯片时使用的屏幕分辨率，通常，分辨率越低，显示速度越快，但高分辨率可以显示更多视觉细节。
- “显示位置”：选择用于全屏放映幻灯片的监视器，如果只有一台监视器，或使用的便携式计算机，不带外部监视器，则该命令不可用。
- “使用演示者视图”复选框：使用“演示者视图”放映幻灯片，此视图可将幻灯片投射到一个监视器上，而在另一个监视器上查看特殊的“演示者视图”（该视图包括计时和演讲者备注）。此功能需要有多个监视器或者具有双显示功能的便携式计算机。

1. 连续放映幻灯片

连续放映幻灯片有以下两种方法。

- 手动连续放映。
- 设置演示文稿循环放映。

要手动连续播放幻灯片，其操作步骤如下。

01 单击状态栏中的“幻灯片放映”按钮，按F5快捷键。

02 在幻灯片放映视图中单击鼠标右键，在弹出的快捷菜单中选择“下一张”选项，如图18.2所示，此时在屏幕上将会显示出下一张幻灯片。

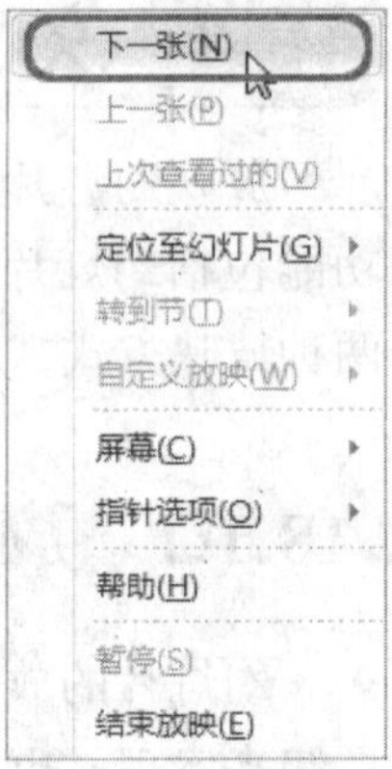

图18.2　快捷菜单

提示：在幻灯片放映视图中，单击鼠标左键，也可以自动播放下一张幻灯片。使用方向键或N、P键也可以在上一张幻灯片与下一张幻灯片之间切换。

2. 放映方式

通过“设置放映方式”对话框可以设置幻灯片放映的方式，如选择放映类型、设置放映选项与换片方式等，设置循环放映的操作步骤如下。

01 在“幻灯片放映”选项卡中，单击“设置”组中的“设置幻灯片放映”按钮，打开

“设置放映方式”对话框。

02 在“放映选项”区域中勾选“循环放映，按Esc键终止”复选框，如图18.3所示。

03 单击“确定”按钮即可。

在“设置方式”对话框中，各选项组中的功能如下。

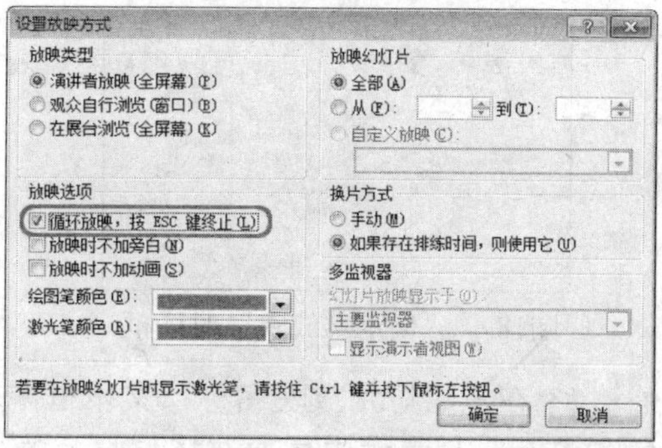

图18.3 “设置放映方式”对话框

（1）“放映类型”选项组

- “演讲者放映（全屏幕）”单选钮：这是最常见的放映状态，由演讲者自己控制全部放映过程。
- “观众自行浏览（窗口）”单选钮：适用于网络放映，由观众自行决定幻灯片的切换，这种放映类型是在窗口中进行的。
- “在展台浏览（全屏幕）”单选钮：使用该放映类型，可以让幻灯片自动循环放映，按Esc键才终止放映。

（2）“放映选项”选项组

- “循环放映，按Esc键终止”复选框：可以在放映最后一张幻灯片后，继续再从第一张幻灯片开始放映，直到按Esc键终止放映。
- “放映时不加旁白”复选框：在放映时不会附加旁白解释。
- “放映时不加动画”复选框：可以在放映时，隐藏幻灯片上为对象所加的动画效果，但不删除动画效果，当取消该复选框的勾选时，放映幻灯片时重现动画效果。

（3）“放映幻灯片”选项组

- “全部”单选钮：勾选该单选钮，可以从第一张幻灯片开始放映，直到最后一张。
- “从：到：”单选钮：勾选该单选钮后，可以设置从哪一张幻灯片开始放映，到哪一张结束，通过在“从”和“到”的文本框中输入数值来指定幻灯片放映的范围。
- “自定义放映”单选钮：首先应打开“自定义放映”对话框，单击“新建”按钮，在打开的“定义自定义放映”对话框中创建自定义放映，然后才可以在这里选择自定义放映的内容。

（4）“换片方式”选项组

- “手动”单选钮：勾选该单选钮，可以通过按键或单击鼠标键进行人工换片。
- “如果存在排练时间，则使用它”单选钮：勾选该单选钮，可以根据设置的时间自动切换下一张幻灯片，如果未设置自动换片的时间，则该项不能使用。

3. 自定义幻灯片放映

如果要自定义幻灯片放映，其操作步骤如下。

01 在“幻灯片放映”选项卡中单击“开始放映幻灯片”组中的“自定义幻灯片放映”按钮，在打开的列表中选择“自定义放映”选项，打开“自定义放映”对话框，如图18.4所示。

02 单击“新建”按钮，打开“定义自定义放映”对话框，如图18.5所示。

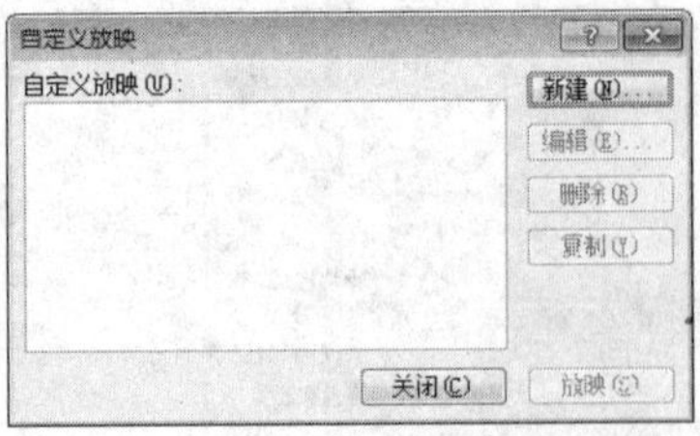

图18.4 “自定义放映”对话框

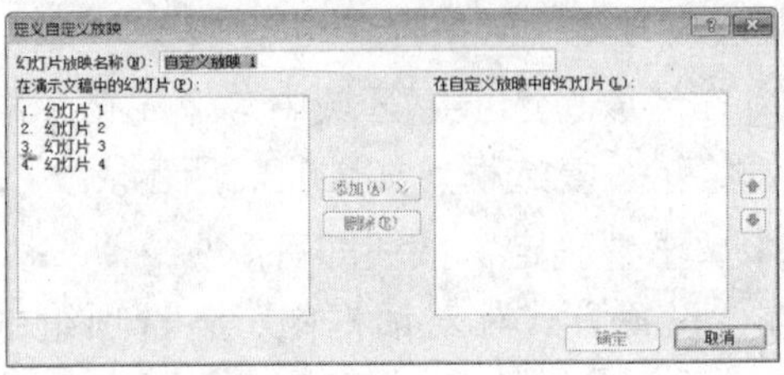

图18.5 “定义自定义放映”对话框

03 在“幻灯片放映名称”文本框中输入要自定义放映的幻灯片名称，“在演示文稿中的幻灯片”列表框中依次选择幻灯片的名称后，单击“添加”按钮，将其添加到“在自定义放映中的幻灯片”列表框中，如图18.6所示。如果要删除添加在“在自定义放映中的幻灯片”列表框中的幻灯片，则选择要删除的幻灯片，单击“删除”按钮即可。

04 设置完成后，单击“确定”按钮，返回到“自定义放映”对话框，此时所设置的自定义放映将显示在“自定义放映”列表框中，如图18.7所示。

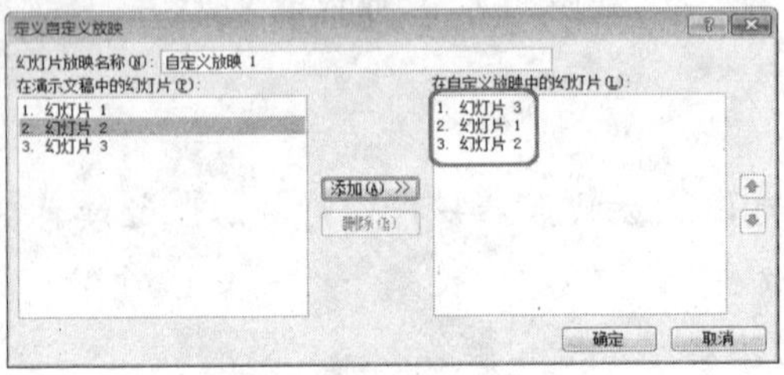

图18.6 添加自定义放映

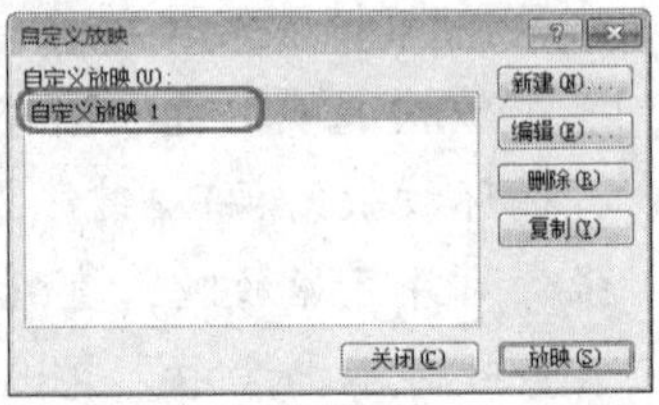

图18.7 显示设置的自定义放映

05 若单击“放映”按钮，即可放映幻灯片。

06 单击“关闭”按钮，关闭该对话框。如果要放映自定义的幻灯片，在“幻灯片放映”选项卡中，单击“开始放映幻灯片”组中的“自定义幻灯片放映”按钮，在打开的列表中选择自定义幻灯片的名称，如图18.8所示，即可开始放映幻灯片。

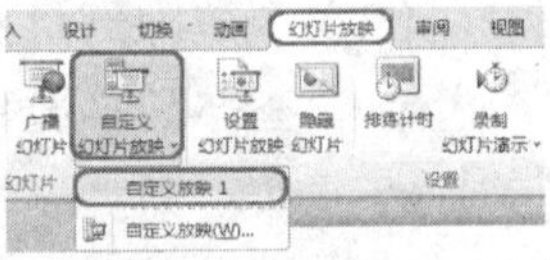

图18.8 选择自定义的幻灯片名称

对于使用“自定义放映”对话框创建的自定义幻灯片，还可以进行编辑、删除、复制操作，所有这些都可以在“自定义放映”对话框中实现。

18.1.2 返回普通视图

在幻灯片放映状态下返回到幻灯片普通视图的方法有3种。

- 播放至最后一张幻灯片时，在屏幕最上方会提示我们“放映结束，单击鼠标退出”，如图18.9所示，单击鼠标左键即可返回到幻灯片普通视图状态。
- 在幻灯片放映视图中单击鼠标右键，在弹出的快捷菜单中选择“结束放映”命令，如图18.10所示。即可返回到幻灯片普通视图状态。
- 按Esc键，也可返回到幻灯片普通视图状态。

图18.9 提示信息

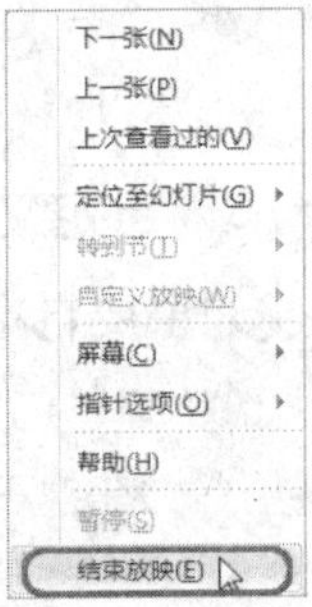

图18.10 选择“结束放映”命令

18.2 设置幻灯片放映时间

在幻灯片放映时，每播放一个幻灯片或一个动作，都要手动单击鼠标来进入下一张幻灯片，或下一个动作，其实我们可以设置播放时间，让其进行自动切换。

为幻灯片设置放映时间的方法有两种。

- 手动设置时间。
- 使用“排练计时”设置时间。

要手动设置时间，为每个需要设置时间的幻灯片进行以下操作。

01 在普通视图的“幻灯片”窗格中，选择需要设置时间的幻灯片。

02 单击“切换”选项卡，在“计时”组中勾选“设置自动换片时间”复选框，然后在后面输入时间（秒），表示多少秒后将自动切换到下一张幻灯片，取消勾选“单击鼠标时”复选框，如图18.11所示。

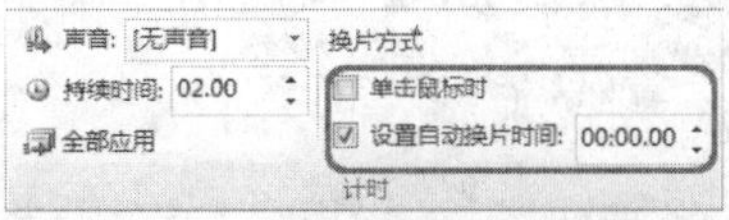

图18.11 “计时”组

提示 使用上述方法仅对当前设置的幻灯片有效，不能应用于所有幻灯片。如果要应用于所有幻灯片，需要重复上述步骤。因此，为了方便，最好使用第二种方法，即使用“排练计时”设置时间。

还可以进行排练演示文稿，以确保它满足特定的时间框架。进行排练时，可以使用幻灯片计时功能记录演示每个幻灯片所需的时间，然后在向观众演示时使用记录的时间自动播放幻灯片。

要在排练时记录排练时间，需单击“排练计时”按钮。排练计时是指启动全屏幻灯片放映，排练演示文稿在每张幻灯片上所用的时间将被记录下来，供以后自动播放时使用。进行排练计时的操作如下。

01 在“幻灯片放映”选项卡中，单击“设置”组中的“排练计时”按钮，打开幻灯片放映视图，同时在视图左上角出现“录制”工具栏，如图18.12所示。

02 当达到了所需要的放映时间后，单击“下一项”按钮，或在视图中单击鼠标左键，切换至下一张幻灯片，在“幻灯片放映时间”框中，将会自动从0开始新的计时。如果不需要再记录播放时间，单击“暂停录制”按钮或“关闭”按钮。其中，单击“暂停录制”按钮将弹出录制已暂停的提示对话框，如图18.13所示。单击“继续录制”按钮继续进行排练计时操作。

03 在单击“关闭”按钮或在最后一张幻灯片上单击鼠标时，将会弹出如图18.14所示的提示对话框。单击“是”按钮，则会保留幻灯片的排练时间，下次播放幻灯片时，则按照记录的时间自动播放幻灯片，单击“否”按钮，则不会保留幻灯片的排练时间。

图18.12 录制工具栏

图18.13 提示对话框

图18.14 结束提示对话框

18.3 指针选项

幻灯片播放时，在屏幕左下角有四个按钮，从左向右分别是“上一张”、“指针选项”、“菜单”和“下一张”。本节将介绍“指针选项”中的各个命令及功能。

单击状态栏中的“幻灯片放映”按钮，或按F5快捷键进入放映幻灯片视图中后，在屏幕的左下角，单击左侧的第一个按钮，弹出指针选项菜单，如图18.15所示，或在视图中单击鼠标右键，在弹出的快捷菜单中选择“指针选项”命令，将弹出“指针选项”子菜单，如图18.16所示。

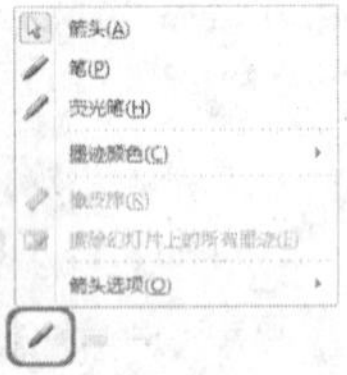

图18.15 “指针选项”按钮

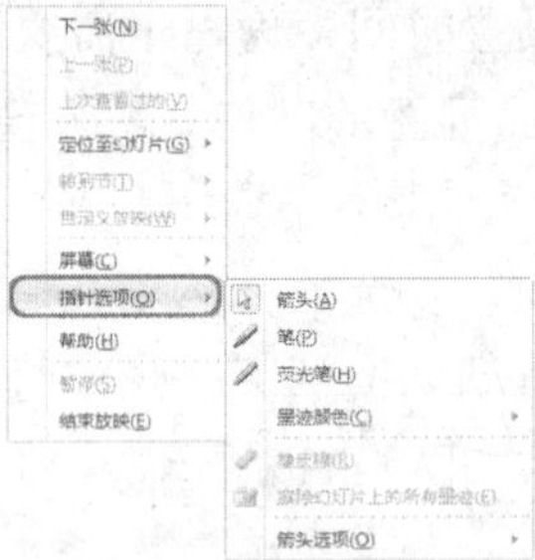

图18.16 “指针选项”子菜单

其中各选项的功能如下。

- “箭头”：将鼠标指针恢复为箭头形状。
- “笔”：将鼠标指针变为笔形状，可以在放映的幻灯片上任意制作图形或文字。如图18.17中的红圈便是用笔形状绘制的图形。

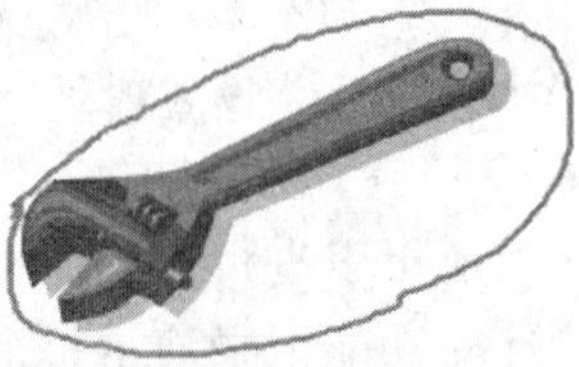

图18.17 用笔形状绘制图形

- “荧光笔”：与笔的功能一样，只是形状为荧光笔。
- “墨迹颜色”：可以在打开的子菜单中选择绘图笔绘制的图形的颜色，如图15.18所示。
- “橡皮擦”：把橡皮擦移动到视图中要删除的用绘图笔绘制的图形墨迹上，单击鼠标左键可以清除墨迹。
- “擦除幻灯片上的所有墨迹”：选择该命令，将擦除幻灯片上的所有墨迹。
- “箭头选项”：选择该命令，在打开的子菜单中包括三个选项，如图18.19所示。
- “自动”：默认情况下，鼠标指针将处于这种状态，这种状态下，在未单击鼠标或移动鼠标时，鼠标指针为隐藏。
- “可见”：选择该命令后，鼠标指针一直显示。
- “永远隐藏”：选择该命令后，即使单击或移动鼠标也不会显示鼠标指针。

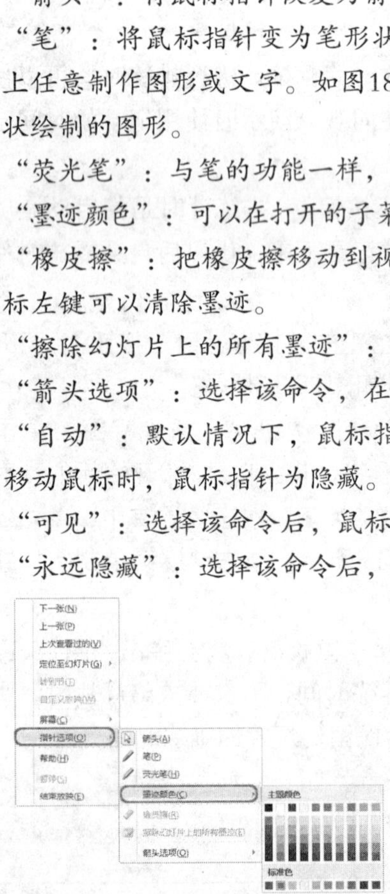

图18.18 “墨迹颜色”子菜单

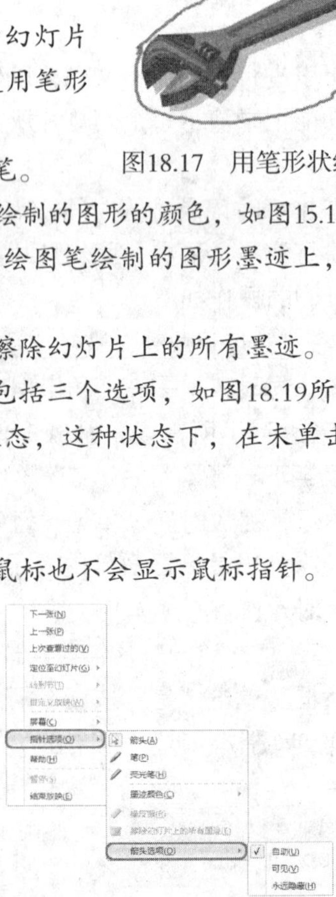

图18.19 “箭头选项”子菜单

18.4 打印幻灯片

由于幻灯片均设计为以彩色模式显示，而一般的打印机并不是彩色打印机，或不需要彩色打印，只以黑白或灰度模式打印。

以灰度模式打印时，彩色图像将以介于黑色和白色之间的各种灰色色调打印出来。打印幻灯片时需要设置演示文稿的颜色，使其与所选打印机的功能相符。可以调整幻灯片的大小以适合不同的纸张大小（包括信纸和A4纸张），也可以自定义纸张的大小。在PowerPoint中，可以打印演示文稿的其他部分，例如讲义、备注页或大纲视图中的演示文稿等。

18.4.1 打印设置

在打印幻灯片前，可以进行打印设置，其方法是单击“文件”按钮，然后选择“打印”选项，在右侧的区域中进行打印设置，如图18.20所示。

- 打印范围：在此下拉列表中可以选择“打印全部幻灯片”或“打印所选幻灯片”等选项，如图18.21所示。

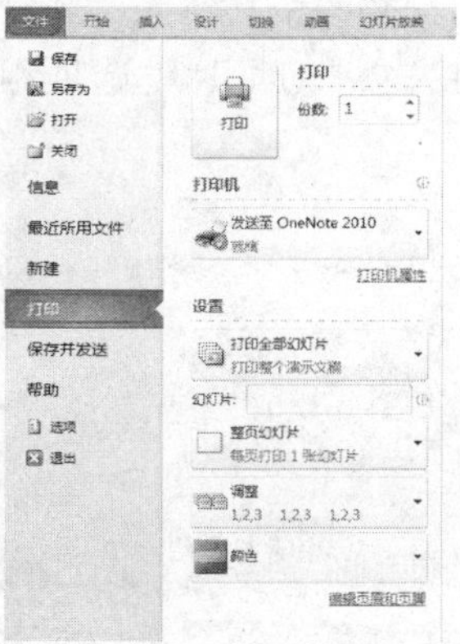

图18.20 选择“打印”选项

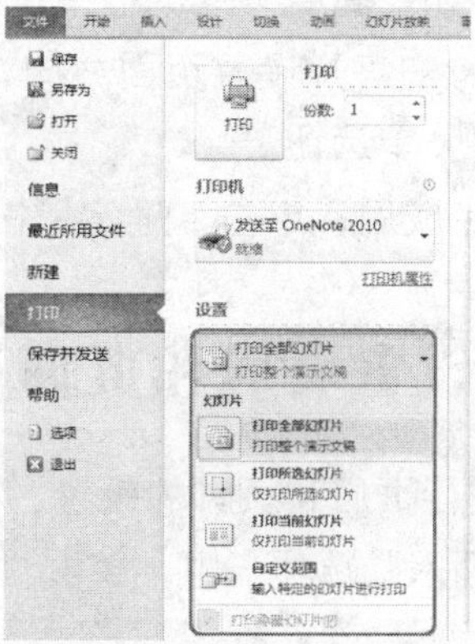

图18.21 设置打印范围

- 打印内容：在此下拉列表中可以选择“整页幻灯片”、“备注页”、“大纲”和“讲义”选项，如图18.22所示。
- 色彩模式：在此下拉列表中可以选择“颜色”、“灰度”或“纯黑白”选项，如图18.23所示。

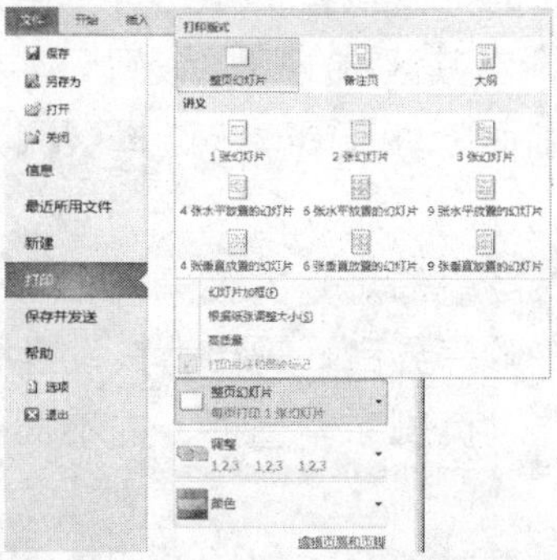

图18.22 设置打印内容

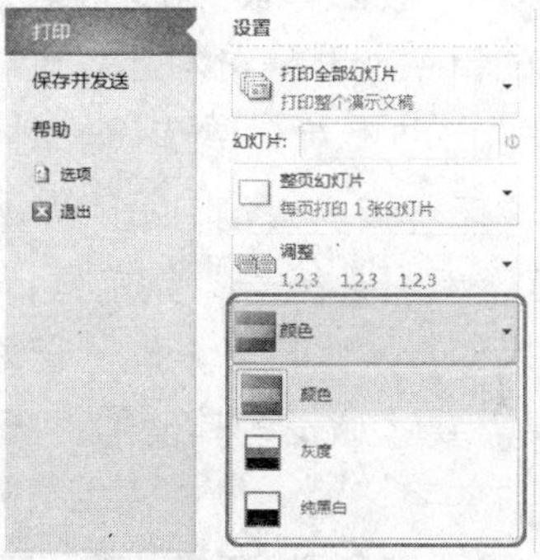

图18.23 色彩模式

另外，还可以在打印内容下拉列表中选择“幻灯片加框”、“根据纸张调整大小”和“高质量”选项，以及设置打印“份数”等。

完成各种设置后，单击“打印”按钮，即可打印输出文件。

18.4.2 设置幻灯片大小和打印方向

对要打印的幻灯片可以设置幻灯片大小和打印方向，其操作步骤如下。

01 在“设计”选项卡中单击“页面设置”组中的“页面设置”按钮，如图18.24所示，打开“页面设置”对话框，如图18.25所示。

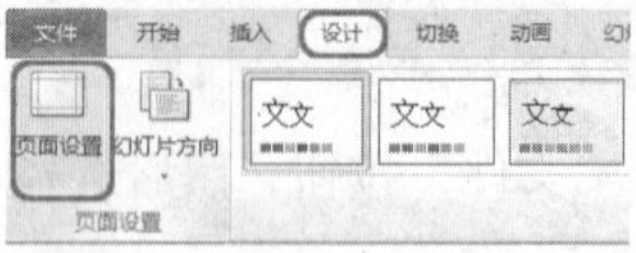

图18.24 单击“页面设置”按钮

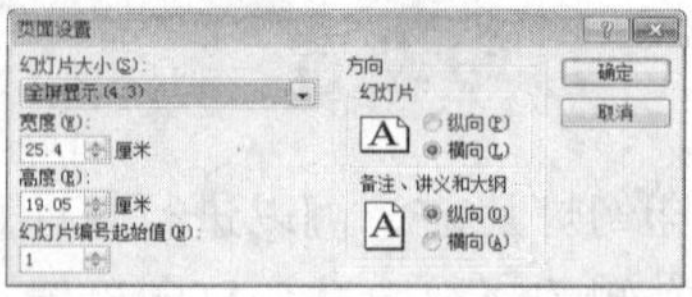

图18.25 “页面设置”对话框

02 在“幻灯片大小”下拉列表中选择要打印的纸张大小。如果选择“自定义”选项，则在“宽度”和“高度”文本框中输入所需的尺寸。

03 若要为幻灯片设置页面方向，可在“方向”区域中的“幻灯片”选项组中勾选“纵向”或“横向”单选钮。

04 设置完成后，单击“确定”按钮即可。

18.4.3 设置页眉和页脚

还可以进行页眉和页脚的设置，其操作步骤如下。

01 在“插入”选项卡中，单击“文本”组中的“页眉和页脚”按钮，如图18.26所示。

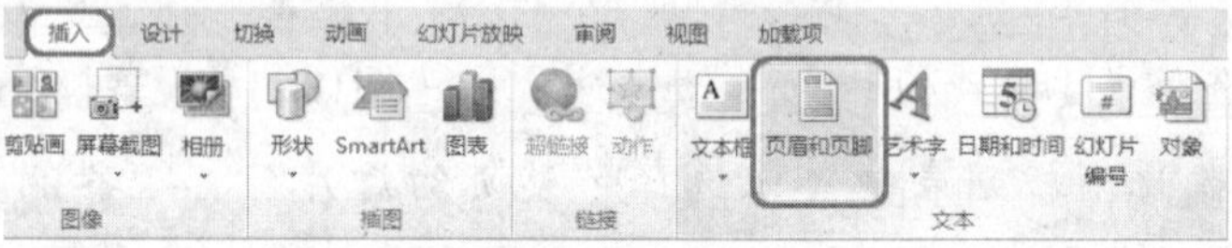

图18.26 单击“页眉和页脚”按钮

02 打开“页眉和页脚”对话框，如图18.27所示，当前为“幻灯片”选项卡。

03 幻灯片一般都有较大的标题，所以不包含页眉，但可以包含页脚，页脚中可以包含制作幻灯片的日期和时间，勾选“日期和时间”复选框，在其区域下可以设置日期和时间，其中，选择“自动更新”单选钮，时间会随着系统的时间变动而更改，选择“固定”单选钮，则在文本框中输入一个固定的日期和时间。

04 勾选“幻灯片编号”复选框，可以在页脚中加入当前幻灯片的编号，相当于文档中的页码。如果幻灯片比较多，为了避免打印出来后文稿的顺序弄乱，需要为其设置编号。

05 如果需要添加一些其他的页脚，如文字等，勾选“页脚”复选框，在下面的文本框中输入所需的文字。

06 如果需要打印备注和讲义，那么同样可以为其设置页眉和页脚，方法是切换至“备注和讲义”选项卡，如图18.28所示，其设置方法与设置“幻灯片”的方法相同。

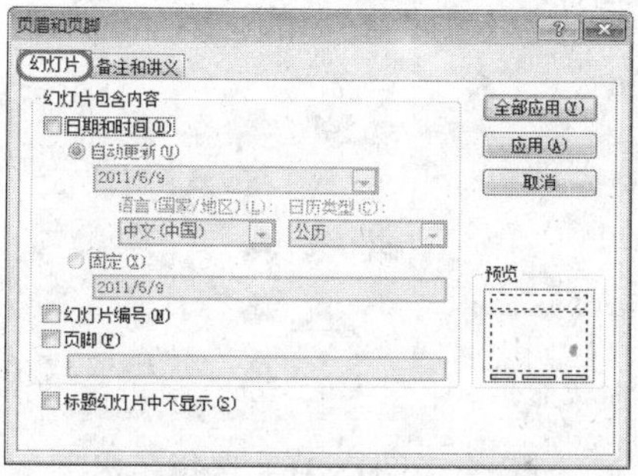

图18.27 “幻灯片”选项卡

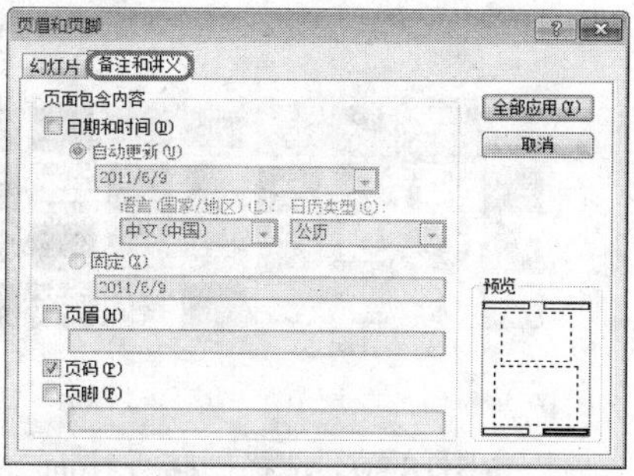

图18.28 “备注和讲义”选项卡

提示 讲义是指一页演示文稿中有1张、2张、3张、4张、6张或9张幻灯片，这样观众既可以在你进行演示时观看到相应的文稿，也可以留作以后参考。

在“页眉和页脚”对话框中为“备注和讲义”设置的页眉和页脚，在打印时不会显示在幻灯片片中。

18.5 实战操作——制作花卉百科

本节主要介绍“花卉百科”的制作，要点在于插入与编辑图片，设置动画等操作，完成后的效果如图18.29所示。

图18.29 花卉百科的效果图

1. 制作第1张幻灯片

01 启动PowerPoint 2010软件，系统会自动新建一个空白演示文稿，在“设计”选项卡中单击“主题”组的“其他”按钮，在打开的下拉列表框中，选择“暗香扑面”主题，如图18.30所示。

02 将“幻灯片1”上的占位符删除，选择“插入”选项卡，在“文本”组中单击“艺术字”按钮，在打开的列表中选择“填充-金色，强调文字颜色6，暖色粗棱台”选项，如图18.31所示。

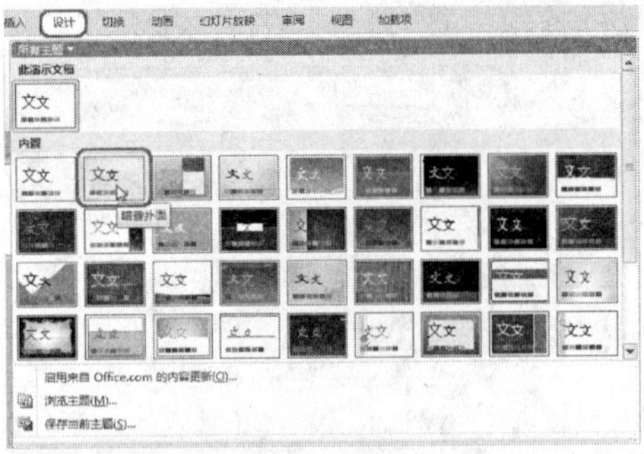

图18.30　选择“暗香扑面”主题

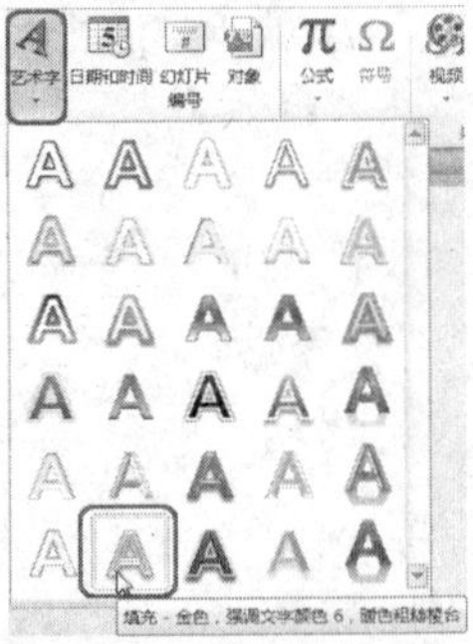

图18.31　选择艺术字

03 在插入的艺术字文本框中输入“花卉百科”，将鼠标移动到文本框边界处，当鼠标变为时，按住鼠标左键拖动至幻灯片顶部，如图18.32所示。

04 单击“绘图工具”下的“格式”选项卡，在“艺术字样式”组中单击“文字效果”按钮，在打开的列表中选择“映像”选项，在打开的子列表中选择“紧密映像，4 pt偏移量”选项，如图18.33所示。

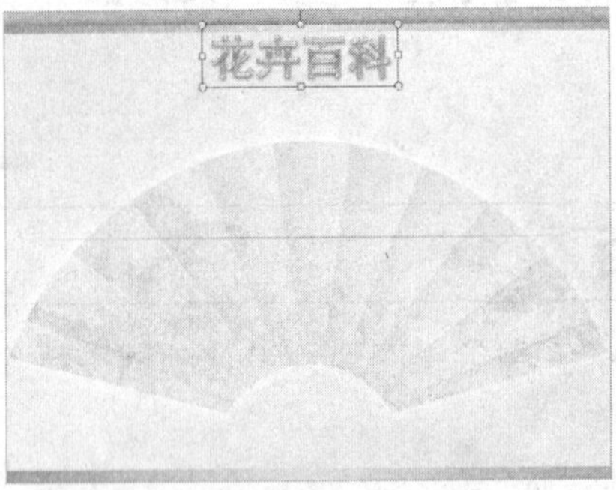

图18.32　输入文本并调整位置

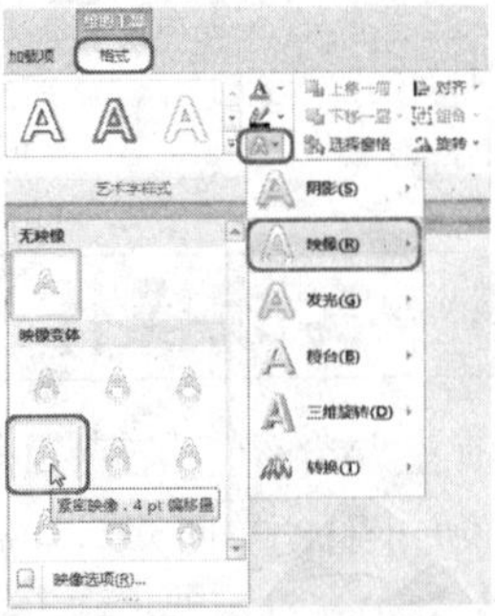

图18.33　设置映像

05 单击“文字效果”按钮，在打开的列表中选择“棱台”选项，在打开的子列表中选择“角度”选项，如图18.34所示。

06 对艺术字设置了“映像”和“棱台”效果后的效果如图18.35所示。

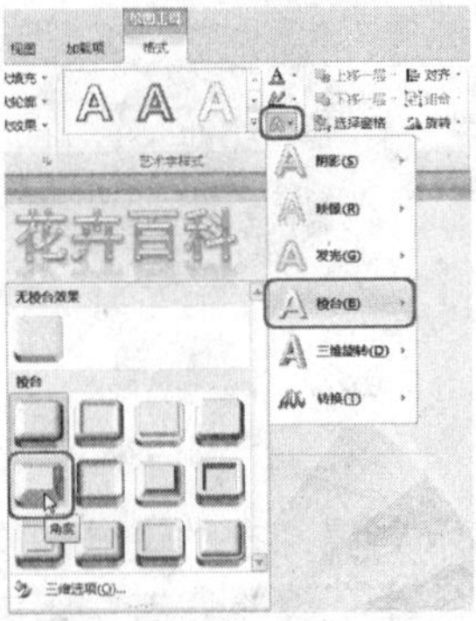

图18.34　设置棱台

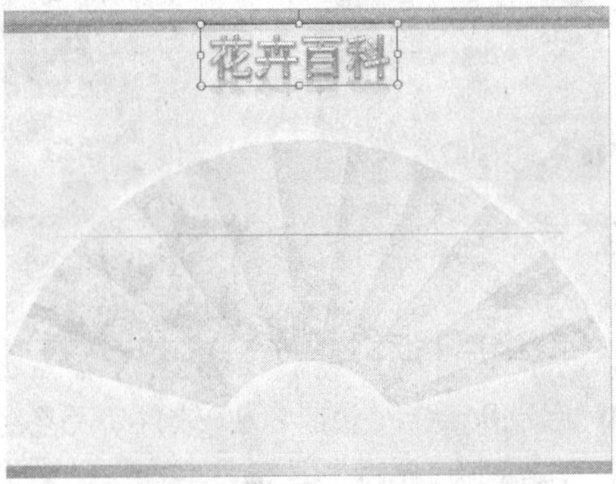

图18.35　设置文字效果

07 在“插入”选项卡中单击“图片”按钮，打开“插入图片”对话框，选择随书附带光盘中的CDROM\素材\Cha18\紫罗兰.jpg图片，如图18.36所示。

08 单击“插入”按钮，单击“图片工具”下的“格式”选项卡，在“图片样式”组中单击“其他”按钮，在打开的列表框中选择“映像棱台，白色”选项，如图18.37所示。

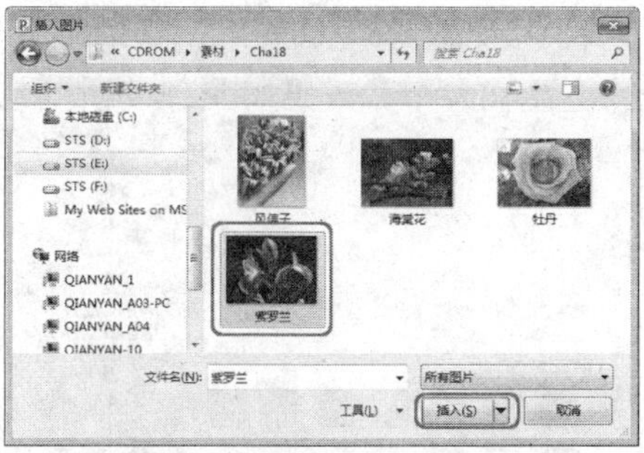

图18.36　选择图片素材

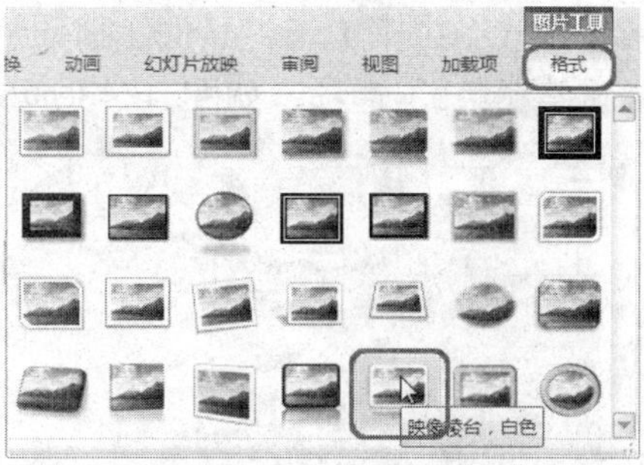

图18.37　选择图片样式

09 调整图片的位置，完成后的效果如图18.38所示，在“插入”选项卡中单击“文本”组中的“文本框”按钮，在打开的列表中选择“垂直文本框”选项，如图18.39所示。

图18.38　调整图片的位置

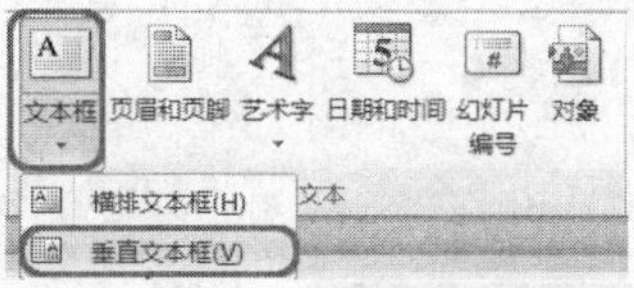

图18.39　选择“垂直文本框”选项

10 在幻灯片中创建一个垂直文本框，并输入如图18.40所示的内容，选择文本框中的所有文本，在“开始”选项卡中的“字体”组中，将“字体”设置为“黑体”，“字号”设置为16，并调整文本框的大小和位置，如图18.40所示。

11 利用Ctrl键选择“紫罗兰”和“花语：”文本，在“字体”组中，将“字体”设置为“隶书”，“字号”设置为22，如图18.41所示。

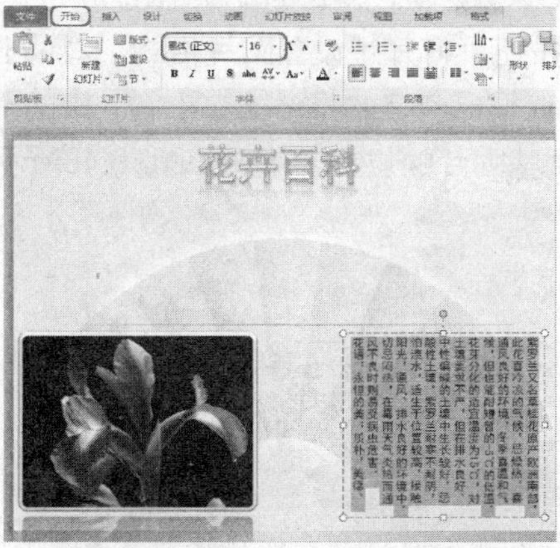

图18.40　输入并设置文本内容

图18.41　设置字体与字号

12 在“插入”选项卡中，单击“插图”组中的“形状”按钮，在打开的列表中选择“右箭头”选项，如图18.42所示。

⑬ 在幻灯片中绘制箭头，并选择绘制的箭头，单击“绘图工具”下的“格式”选项卡，在“形状样式”组中单击“其他”按钮，在打开的列表中选择“浅色1轮廓，彩色填充-蓝-灰，强调整颜色5”选项，如图18.43所示。调整箭头的位置和大小，效果如图18.44所示。

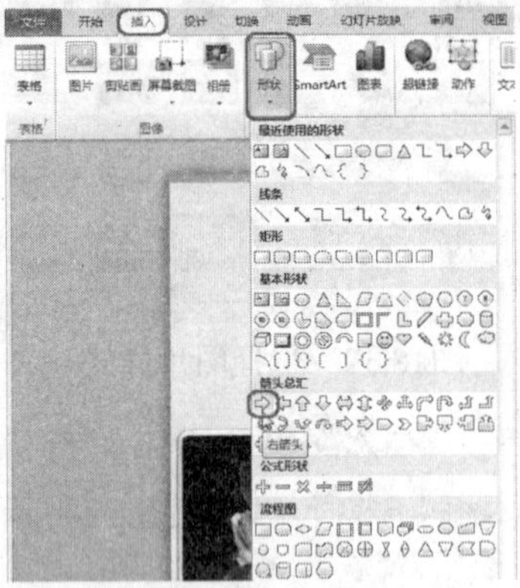

图18.42 选择形状

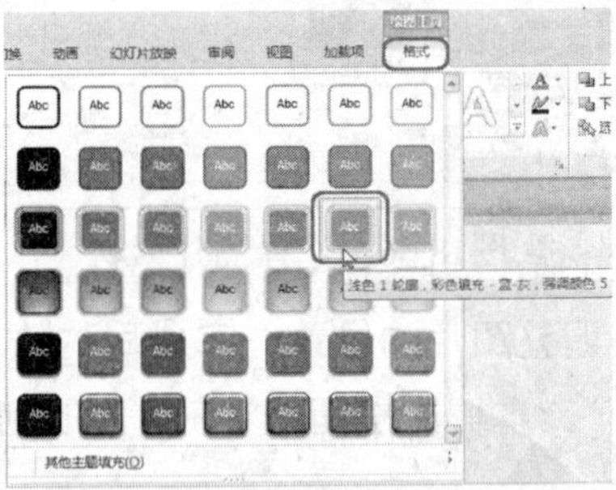

图18.43 选择形状样式

⑭ 在“插入”选项卡中，单击“图像”组中的“图片”按钮，打开“插入图片”对话框，选择随书附带光盘中的CDROM\素材\Cha18\海棠花.jpg图片，如图18.45所示。

图18.44 设置箭头后的效果

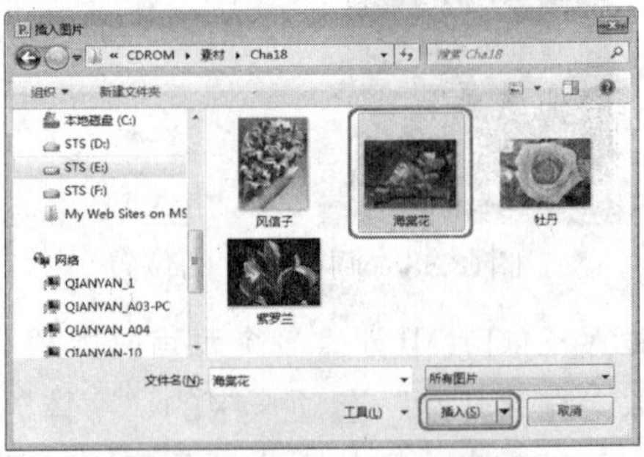

图18.45 选择图片素材

⑮ 单击“插入”按钮，在“图片工具”下的“格式”选项卡中，单击“图片样式”组中的“其他”按钮，在打开的列表框中选择“矩形投影”选项，如图18.46所示。

⑯ 在“格式”选项卡中，单击“大小”组中的按钮，打开“设置图片格式”对话框，确定“锁定纵横比”和“相对于图片原始尺寸”两个复选框已勾选，将“缩放比例”中的“高度”设置为70，如图18.47所示，单击“关闭”按钮，调整图片的位置，效果如图18.48所示。

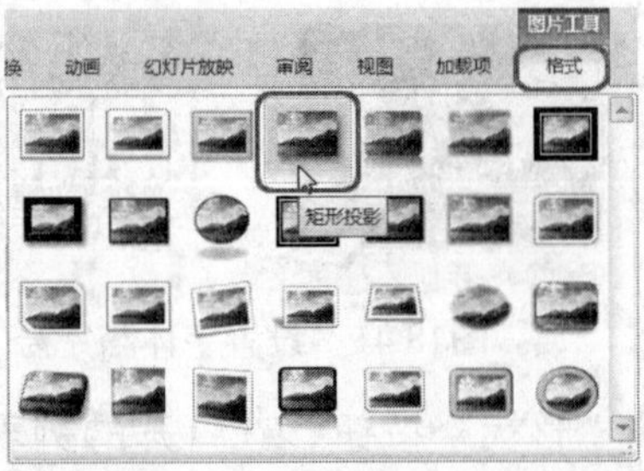

图18.46 选择图片样式

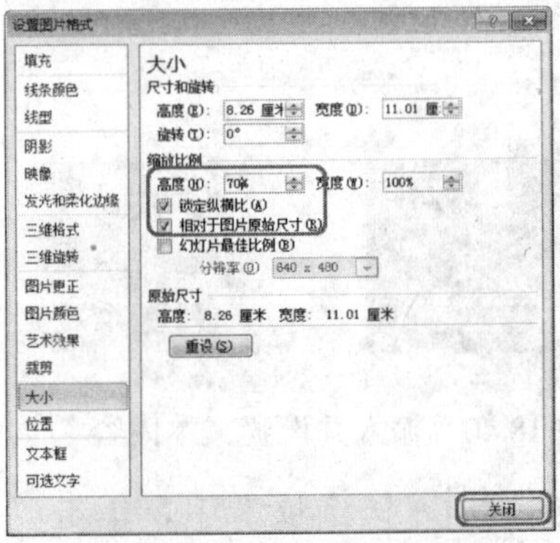

图18.47 设置“缩放比例”

17 在“插入”选项卡中，单击“文本”组中的“文本框”按钮，在打开的列表中选择“横排文本框”，如图18.49所示。

图18.48 插入并设置图片

图18.49 选择“横排文本框”

18 在幻灯片中创建横排文本框，并输入如图18.50所示的内容，选择文本框中的所有文本，在“开始”选项卡中的“字体”组中，将“字体”设置为“黑体”，“字号”设置为16，利用Ctrl键选择“海棠花”和“花语：”文本，将“字体”设置为“隶书”，“字号”设置为22，并调整文本框的大小和位置，效果如图18.50所示。

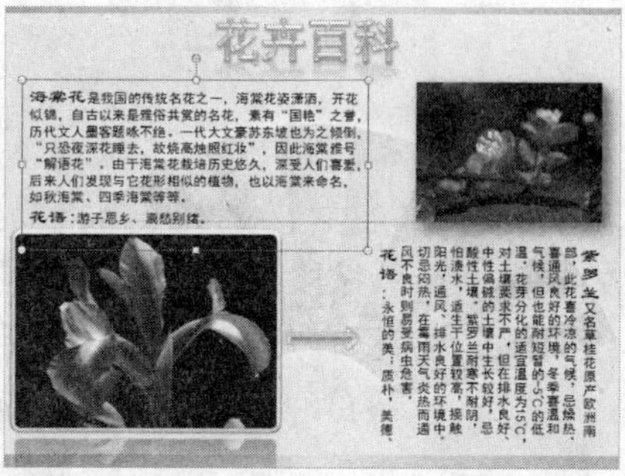

图18.50 输入并设置文本

19 在“插入”选项卡中，单击“插图”组中的“形状”按钮，在打开的列表中选择“左箭头”选项，如图18.51所示，在幻灯片中绘制箭头，并在“格式”选项卡中单击“形状样式”组中的“其他”按钮，在打开的列表中选择“浅色1轮廓，彩色填充-蓝-灰，强调整颜色5”选项，并调整其位置和大小，效果如图18.52所示。

20 选择标题，在“动画”选项卡中单击“动画”组中的“其他”按钮，在打开的列表中选择“更多进入效果”选项，打开“更改进入效果”对话框，在该对话框中选择“展开”选项，如图18.53所示。

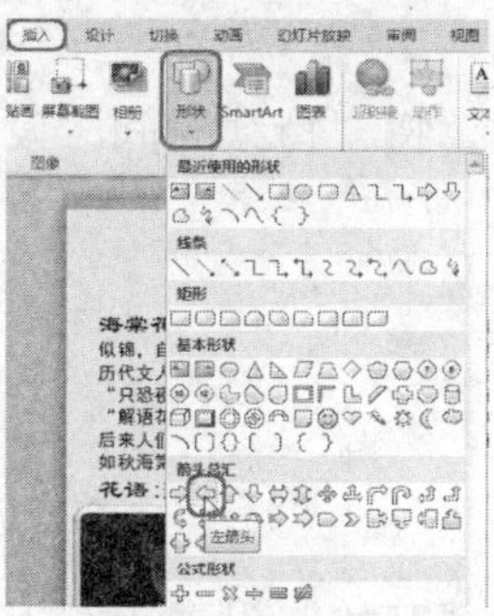

图18.51 选择形状样式

图18.52 设置箭头后的效果

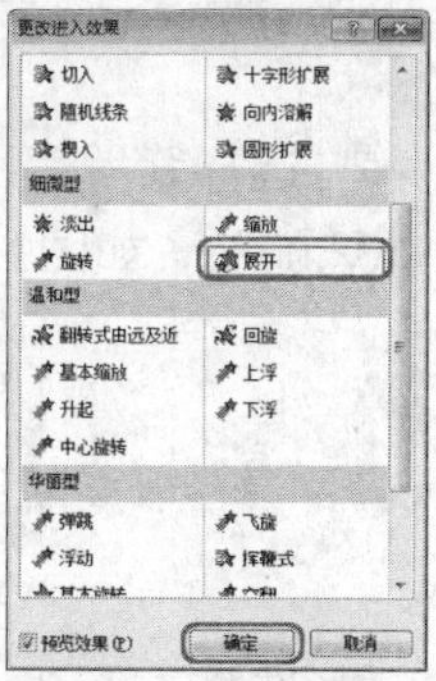

图18.53 选择进入效果

21 单击“确定”按钮，在“计时”组中，将“开始”设置为“上一动画之后”，“延迟”设置为“00.10”，如图18.54所示。

22 选择海棠花图片，打开“更改进入效果”对话框，选择“阶梯状”选项，如图18.55所示，单击“确定”按钮，在“计时”组中将“持续时间”设置为“02.00”，如图18.56所示。

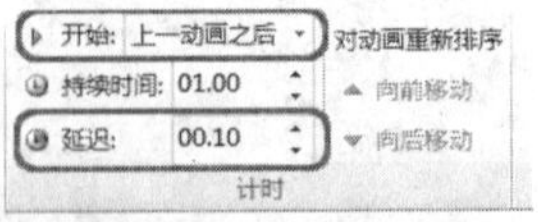

图18.54 “计时”组

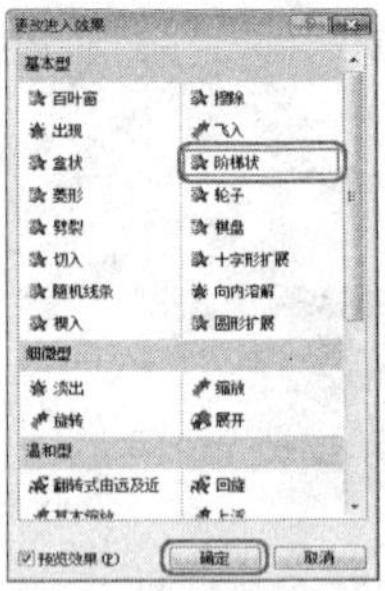

图18.55 选择进入效果

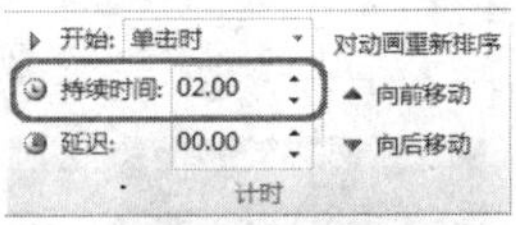

图18.56 “计时”组

23 选择左箭头，将动画设置为“淡出”，在“计时”组中，将“开始”设置为“上一动画之后”，“持续时间”设置为“01.00”，“延迟”设置为00.20，如图18.57所示。

图18.57 设置动画与计时

24 选择海棠花文本框，将动画设置为“浮入”，单击“效果选项”按钮，在打开的列表中选择“按段落”选项，在“计时”组中，将“开始”设置为“上一动画之后”，“持续时间”设置为“02.00”，如图18.58所示。

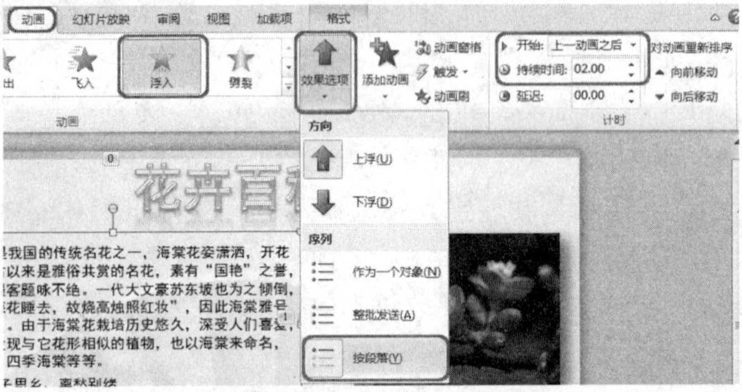

图18.58 设置动画与计时

25 选择紫罗兰图片，将动画设置为“轮子”，在“计时”组中，将“持续时间”设置为“02.00”，如图18.59所示。

图18.59 设置动画与计时

26 选择右箭头，将动画设置为“淡出”，在“计时”组中，将“开始”设置为“上一动画之后”，“持续时间”设置为“01.00”，“延迟”设置为“00.20”，如图18.60所示。

图18.60 设置动画与计时

27 选择紫罗兰文本框，将动画设置为“浮入”，单击“效果选项”按钮，在打开的列表中分别选择“下浮”和“按段落”选项，在“计时”组中，将“开始”设置为“上一动画之后”，“持续时间”设置为“02.00”，如图18.61所示。

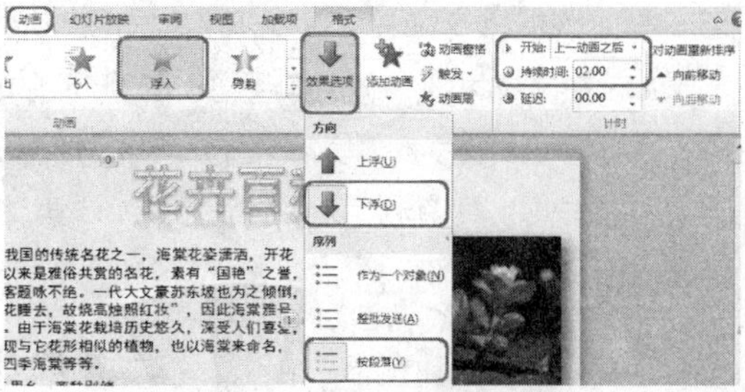

图18.61　设置动画与计时

2. 制作第2张幻灯片

01 在“开始”选项卡中单击“幻灯片”组中的“新建幻灯片”按钮，在打开的列表框中选择“空白”选项，如图18.62所示。

02 在“插入”选项卡中，单击“图像”组中的“图片”按钮，在打开的“插入图片”对话框中，选择随书附带光盘中的CDROM\素材\Cha18\风信子.jpg图片，如图18.63所示。

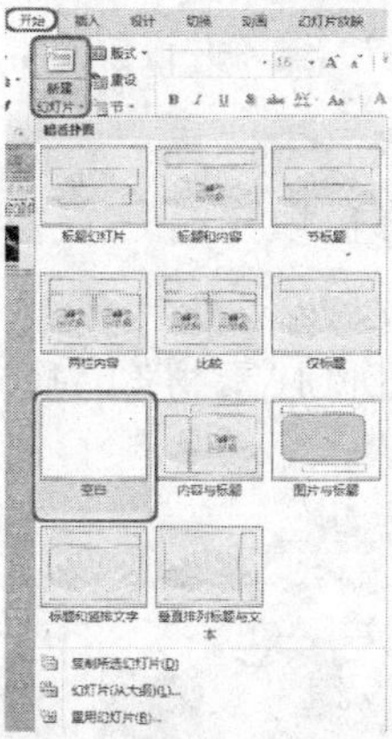

图18.62　新建“空白”幻灯片

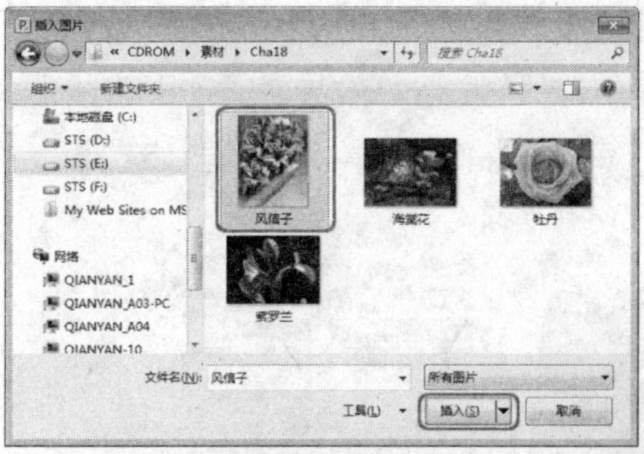

图18.63　选择图片素材

03 单击“插入”按钮，在“格式”选项卡中，单击“图片样式”组中的“其他”按钮，在打开的列表框中选择“旋转，白色”选项，如图18.64所示。

04 在“大小”组中单击按钮，打开“设置图片格式”对话框，将“缩放比例”中的“高度”设置为60，如图18.65所示。

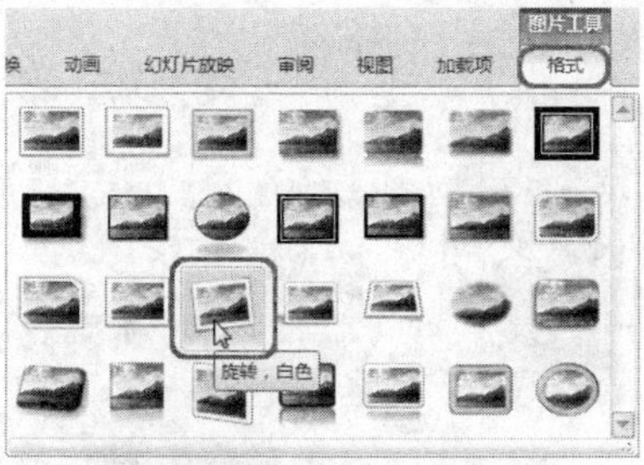

图18.64　选择图片样式

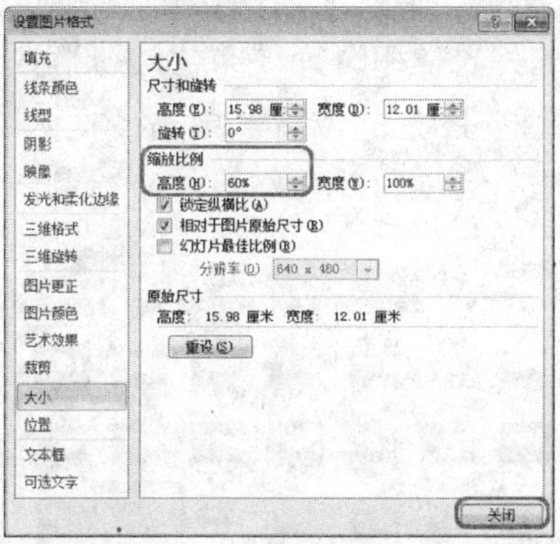

图18.65　设置缩放比例

05 单击“关闭”按钮，调整图片的位置，在“插入”选项卡中单击“文本”组中的“文本框”按钮，在打开的列表中选择“横排文本框”选项，并在幻灯片中绘制一个横排文本框，如图18.66所示。

06 在文本框中输入如图18.67所示的内容，选择文本框中的所有文本，在“字体”组中将“字体”设置为“黑体”，“字号”设置为16，利用Ctrl键分别选择“风信子”和“花语：”文本，将其“字体”设置为“隶书”，“字号”设置为22，并调整文本框大小和位置，如图18.67所示。

图18.66 调整图片位置和创建文本框

图18.67 输入并设置文本

07 在“插入”选项卡中单击“形状”按钮，在打开的列表中选择“右箭头”，在幻灯片中绘制箭头，并将其“形状样式”设置为“浅色1轮廓，彩色填充-蓝-灰，强调整颜色5”，调整其位置和大小，效果如图18.68所示。

08 再打开“插入图片”对话框，选择随书附带光盘中的CDROM\素材\Cha18\牡丹.jpg图片，如图18.69所示。

图18.68 设置箭头后的效果

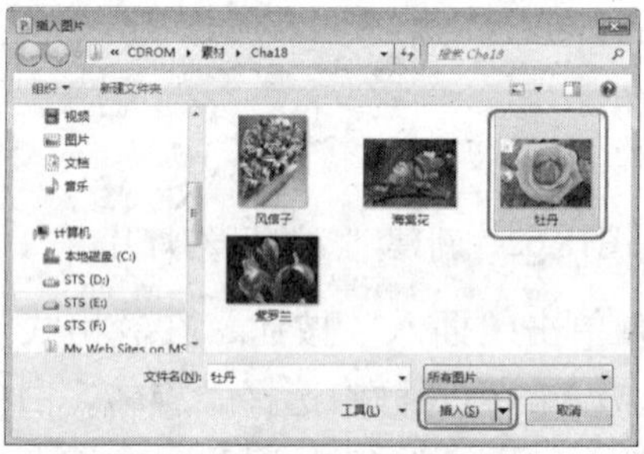

图18.69 选择图片素材

09 单击“插入”按钮，在“格式”选项卡中单击“图片样式”组中的“其他”按钮，在打开的列表框中选择“柔化边缘椭圆”选项，如图18.70所示。

10 调整图片的位置，单击“插入”选项卡中的文本框按钮，在打开的列表中选择“横排文本框”选项，并在幻灯片中绘制一个横排文本框，如图18.71所示。

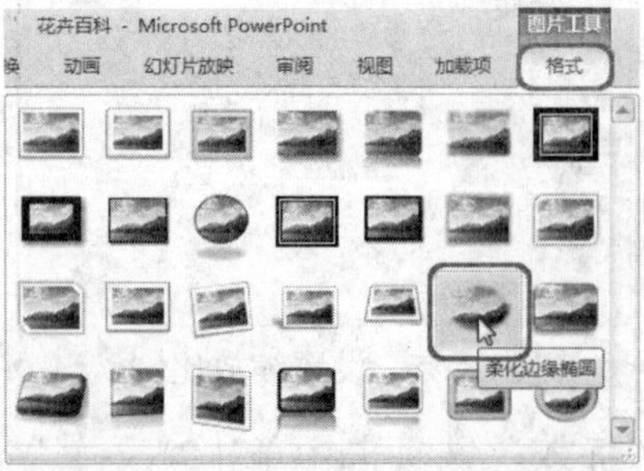

图18.70 选择图片样式

图18.71 调整图片位置和创建文本框

⑪ 在文本框中输入如图18.72所示的内容，选择文本框中的所有文本，在“开始”选项卡中的“字体”组中，将“字体”设置为“黑体”，“字号”设置为16，利用Ctrl键选择“牡丹”和“花语：”文本，将“字体”设置为“隶书”，“字号”设置为22，调整文本框的大小和位置，效果如图18.72所示。

⑫ 在“插入”选项卡中，单击“插图”组中的“形状”按钮，在打开的列表中选择“左箭头”选项，并在幻灯片中绘制箭头，将“形状样式”设置为“浅色1轮廓，彩色填充-蓝-灰，强调整颜色5”，调整其位置和大小，效果如图18.73所示。

图18.72　输入并设置文本

图18.73　设置箭头后的效果

⑬ 选择风信子图片，在“动画”选项卡中，单击“动画”组中的“其他”按钮，在打开的列表框中选择“更多进入效果”，打开“更改进入效果”对话框，选择“曲线向上”选项，如图18.74所示。

⑭ 单击“确定”按钮，在“计时”组中，将“持续时间”设置为“02.00”，如图18.75所示。

图18.74　选择进入效果

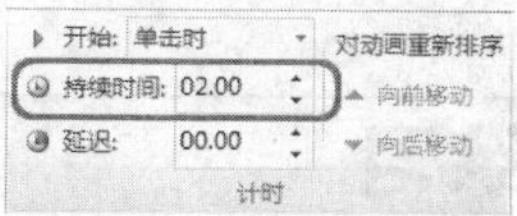

图18.75　设置持续时间

⑮ 选择右箭头，在“动画”组中将动画设置为“淡出”，在“计时”组中将“开始”设置为“上一动画之后”，“持续时间”设置为“01.00”，“延迟”设置为“00.20”，如图18.76所示。

图18.76　设置动画与计时

⑯ 选择风信子文本框，将动画设置为“浮入”，单击“效果选项”按钮，在打开的列表中，分别选择“下浮”和“按段落”选项，在“计时”组中将“开始”设置为“上一动画之后”，“持续时间”设置为“02.00”，“延迟”设置为“00.20”，如图18.77所示。

17 使用同样的方法，将牡丹图片的“动画”设置为“旋转”，将其“持续时间”设置为“02.00”；将左箭头的“动画”设置为“淡出”，将“开始”设置为“上一动画之后”，“持续时间”设置为“01.00”，“延迟”设置为“00.20”；将牡丹文本框的“动画”设置为“浮入”，在“效果选项”列表中选择“按段落”选项，将“开始”设置为“上一动画之后”，“持续时间”设置为“02.00”，“延迟”设置为“00.20”。

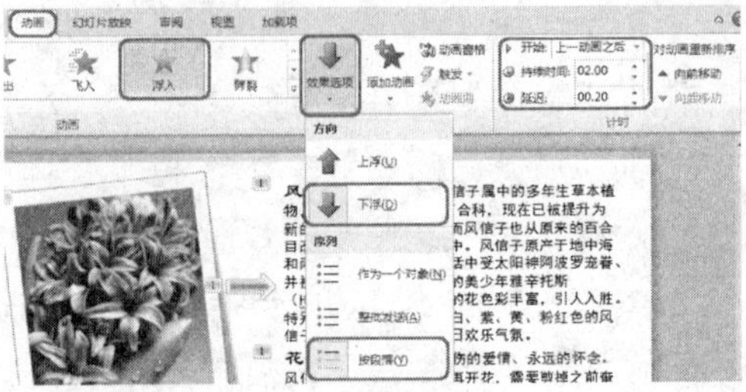

图18.77　设置动画与计时

3．设置幻灯片切换

01 在左侧的“幻灯片”窗格中选择“幻灯片1”，在“切换”选项卡中，单击“切换到此幻灯片”组中的“其他”按钮，在打开的拉列表框中选择“随机线条”选项，如图18.78所示。

02 使用同样的方法，为“幻灯片2”的切换效果设置为“翻转”，如图18.79所示。

图18.78　选择“随机线条”切换效果

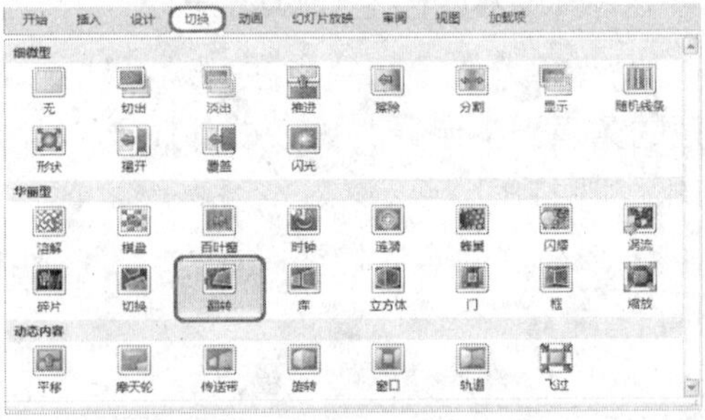

图18.79　选择“翻转”切换效果

03 此时幻灯片就制作完成了，按F5键放映幻灯片看一下效果，最后将幻灯片进行保存。

18.6 练习

1．填空题

（1）单击状态栏中的__________按钮可以放映幻灯片。

（2）设置幻灯片放映时间的方法是__________、__________。

（3）在播放幻灯片时，屏幕左下角有__________、__________、__________和__________四个按钮。

2．问答题

（1）放映幻灯片时，可以使用哪几种方法返回到普通视图？

（2）如何插入页眉和页脚？

习题答案

第1章

1. 填空题

1. 标题栏

2. Ctrl+S

3. Word选项

第2章

1. 填空题

1. 输入文字，在文档中插入被遗漏的文字，删除，修改输入错误的文字

2. 剪贴板

第3章

1. 填空题

1. 标尺，段落

2. 线型，颜色

第4章

1. 填空题

1. 横排，竖排

2. 艺术字样式

3. Shift

第5章

1. 填空题

1. 表格网格

2. Shift

第6章

1. 填空题

1. 页面视图，阅读版式视图，Web版式视图，大纲视图和草图视图。

2. 页面视图

3. 导航窗格

4. 文档底部，文档结尾

第7章

1. 填空题

1. 页面设置，页边距

2. 草稿视图，Delete

3. 栏宽，栏间距

第8章

1. 填空题

1. 文本框，脚注，尾注

2. 开始，段落，显示/隐藏编辑标记

3. Delete

4. F9

第9章

1. 填空题

1. 正号，小数点，百分号，千位分隔号

2. Ctrl+，Ctrl+Shift+

3. $

第10章

1. 填空题

1. 添加批注，添加批注

2. 移动单元格数据，复制数据

第11章

1. 填空题

1. 粗体，倾斜

2. 数字，对齐，字体，边框，填充，保护

第12章

1. 填空题

1. 1~255

2. 单元格，图形对象，图表，方案

第13章

1．填空题

1. 升序 降序

2. 自动筛选，自定义筛选，高级筛选

3. 方案管理器，单变量求解，模拟运算表

第14章

1．填空题

1. 柱形图

2. 饼图

第15章

1．填空题

1. 页边距

2. 普通，宽，窄

3. 分布预览

第16章

1．填空题

1. 项目符号和编号

2. 批注

第17章

1．填空题

1. Ctrl

2. 幻灯片，幻灯片浏览

3. 动画窗格

第18章

1．填空题

1. 幻灯片放映按钮

2. 手动设置时间，使用“排练计时”设置时间

3. 上一张，指针选项，菜单，下一张